有用植物和・英・学名便覧

有用植物
和・英・学名便覧

由田宏一 ❖ 編

北海道大学図書刊行会

はしがき

　人は植物なしに生きることはできない。動物性食料を含め必要な食料のすべてを植物に依存しているといっても過言でないからである。食料だけでなく，人は植物を実に多様な方法で生活に利用してきた。現存する植物は約30万種と推定され，そのうち有用植物と称されるものは3,000～5,000種といわれている。

　有用植物といっても，小麦のように食糧として世界的に消費されるものもあれば，薬用や嗜好品として利用がごく狭い範囲に限られるものがある。また，昔は利用されたが現在ではほとんど省みられない植物や，逆に新たに有用性が見いだされた植物などもある。本書では，新旧や国の内外を問わず和名のある有用植物をできるだけ収録した。和名では標準的なもののほか別称，古称，外国語や方言由来の名前も加え，対応する英語を添えた。ただし，和名と学名とを対にする関係で，有用とされていても広い意味で和名（日本で通用する名前）のない植物はとりあげていない。また，花を観賞する植物も人間生活を潤し癒す意味で有用といえるが，膨大な数故に割愛せざるをえなかった。

　日常，私たちが名前で区別している植物は，分類学上ほぼ種(species)に相当する植物群である。種の定義は必ずしも一様でないが，一般に基本的な形態や生活史が同じで，次代にその特徴が受け継がれる個体の一群を指し，国際規約に従って属名(genus)と種を特徴づける種小名により表される（二名法）。植物によってはさらに細分されて亜種(subspecies, ssp.)，変種(variety, var.)，品種(forma, f.)などの名前が連記されるものも少なくない。斜体のラテン(化)語で書かれる種の学名は日本人にとって馴染みにくいが，植物名の世界共通語であるからできるだけ覚えるようにしたい。また，種名の後に命名者を付すのが原則で，その書き方にもルールがある。詳しいことは分類学の解説書に譲るが，引用の際には命名者（短縮形を用いることが多い）を記すよう心がけたいものである。

　本書では，被子植物についてはクロンキストの分類体系(1988)を，その他の植物については新エングラーの分類体系(1964)を主として用いた。被子植物に関する両者の違いは，科(family)より上の階級をどう扱うかによっているが，私たちが実用上使用するのはせいぜい科までであり，どちらの体系を使うかは大きな問題ではない。ただし，新エングラーの分類で亜科(subfamily)で

i

あったものが，クロンキストの分類では科に格上げされたり，逆に複数の科が1科に統合されたケースがいくつかある。どの科名を使うかは自由であるが，少なくとも2つの分類体系を混用しないことが望ましい。分類学の世界では科の新設や変更はまれである。しかし，属以下のレベルではしばしば新説が生まれ，論争となる。使う側としては，同じ植物に別の名前（異名）があるのは困るが，本書では現在使われることの多い種名を採用し，異名もできるだけ記載するよう心がけた。

　本書は名前だけが羅列された単純なリストである。和名から学名・英名を調べる「和名の部」，学名から和名・英名を調べる「学名の部」，英名から和名・学名を調べる「英名の部」，そして「科名一覧」の4部から構成されており，植物自体の解説は用途を簡略に記した以外一切ない。ある植物について知りたいとき，私たちは図鑑や辞書，あるいは専門書をひもとく。しかし，前者は総論的で，大部のものでない限り間に合わないことが多いし，逆に専門書は細部にわたるが分野ごとに分かれており，調べるのに意外と時間がかかる。困ったことに，身近な植物について単に名前を確認したい，学名を知りたい，あるいは類縁の植物を知りたいと思うときでも，その事情は変わらないのである。外国語の文献のなかに植物の学名が出てきたときも同様であろう。このようなとき手近においで簡便に調べられる書物があったなら，という筆者の思いから本書が生まれた。

　生物種の分類体系は主として形態の違いを基準に組み立てられている。ごく最近，ヒトのゲノム解析が終了したとの報道があり，今後ますます多くの生物のDNA塩基配列が明らかにされていくであろう。しかし，どの部分が遺伝子として実際の形態や機能に結びついているかを知るにはさらに多くの時間を必要とする。植物によってはこの方面の解析によって進化論的な見方が変わる場合がでてくるであろうが，200年以上にわたって築き上げられてきた現在の分類体系そのものが大きく変わることはないと思われる。

2004年4月20日　　　　　　北海道大学 北方生物圏フィールド科学センター
　　　　　　　　　　　　　　　　生物生産研究農場

　　　　　　　　　　　　　　　　　　　　由　田　宏　一

目　次

はしがき
第Ⅰ部　和名の部—和名から学名・英名を調べる　………　1
第Ⅱ部　学名の部—学名から和名・英名を調べる　……… 133
第Ⅲ部　英名の部—英名から和名・学名を調べる　……… 263
第Ⅳ部　科名一覧—和名・学名を調べる　………………… 357
あとがき

第Ⅰ部

和名の部
― 和名から学名・英名を調べる ―

(1) 記載の順序は次の通り。標準名については,
  和名(太字), 剛別名, 学名, [異名], 科の和名, 英名, 用途
 別名のときは"→"で標準名を示し, 以下を略した。
(2) 和名に相当する漢字がある場合は, 慣用の当て字を含めて( )に付した。外国語由来の和名は原則としてカタカナ書きとした。
(3) 学名は属名, 種小名, 命名者の順。亜種(ssp.), 変種(var.), 亜変種(sv.), 品種(f.)についても命名者を付した。×印のあるものは種間あるいは属間雑種である。
(4) 異名では, 属名が異なる場合に限りそれぞれひとつのみを[ ]内にあげた。命名者は略した。同属の異名については「学名の部」を参照されたい。
(5) 英語では, 前後にある単語が重複するとき, 省略のために"/"および"( )"を用いた。
  (例) European / silver fir = European fir, silver fir
      sisal agave / hemp = sisal agave, sisal hemp
      (glove) artichoke = glove artichoke, artichoke
(6) 用途を示す1文字の意味は以下の通りである。用途は参考であって, 厳密なものではない。
  食:生食したり, 煮る・蒸す・炒める・揚げるなどして食べる。ジュース, ジャムや果実酒用を含む。
  油:油を利用する(食用, 燃料用, 灯火用, 工業用など)。蝋を含む。
  甘:甘味料。
  香:香料, 香辛料。
  嗜:嗜好品(茶や酒などの飲料用, 喫煙用など)。
  薬:(漢方, 民間)薬として利用。毒薬を一部含む。
  繊:繊維を利用する(布, 綱, 紙, 家具・道具など)。
  染:染料(媒染剤を含む)。
  塗:塗料として利用。
  ゴ:ゴムとして利用。
  飼:家畜の飼料(主として牧草)。
  肥:緑肥として利用。
  被:土壌被覆用。
  材:木材(建築材, 家具・道具用)。茸栽培原木, 薪炭用も含めた。
  台:接ぎ木の台木。
  糊:製紙用, 鳥もちなど。
  鞣:皮の鞣し用。
(7) "／"は, 又はの意。
(8) ＊の後に後方一致の和名を並べた。
  (例) あい(藍) ＊インドあい, きあい, ぎんあい, ……

[あ]

アーティチョーク 剛ちょうせんあざみ(朝鮮薊) *Cynara scolymus* L. キク科 (glove) artichoke 食
アーモンド 剛アマンド, アメンドウ, はたんきょう(巴旦杏), へんとう(偏桃) *Amygdalus communis* L. [*Prunus amygdalus*] バラ科 almond (tree) 食・薬 ＊スィートアーモンド, ビターアーモンド, ロシアアーモンド
あい(藍) 剛あいたで(藍蓼), たであい・りょうらん(蓼藍) *Persicaria tinctoria* (Aiton) H.Gross [*Polygonum tinctorium*] タデ科 Chinese / polygonum indigo 染・薬・食 ＊インドあい, きあい, ぎんあい, くれのあい, たであい, やまあい, りゅうきゅうあい
あいおもいぐさ(相思草) → タバコ(煙草)
あいぎょくし(愛玉子) → かんてんいたび(寒天木蓮子)
あいぐろまつ(合黒松) 剛あかぐろまつ(赤黒松) *Pinus ×densi-thunbergii* Uyeki マツ科 材
あいこ → みやまいらくさ(深山刺草)
あいたで(藍蓼) → あい(藍)
あいばな(藍花) → つゆくさ(露草)
あおあずき(青小豆) → りょくとう(緑豆)
あおい(葵) ＊うすべにあおい, うすべにたちあおい, えのきあおい, からあおい, かんあおい, じゃこうあおい, ぜにあおい, たちあおい, つゆあおい, とろろあおい, においとろろあおい, のじあおい, はなあおい, ビロードあおい, ふゆあおい, みずあおい
あおいまめ(葵豆) → ライまめ(‐豆)
あおいもどき(葵擬) ＊とげあおいもどき, とろろあおいもどき
あおうり(青瓜) → しろうり(白瓜)
あおかごのき(青鹿子木) → ばりばりのき(‐木)
あおがし(青樫) → ばりばりのき(‐木)／ほそばたぶ(細葉椨)
あおかずら(青葛) *Sabia japonica* Maxim. アワブキ科 薬
あおき(青木) *Aucuba japonica* Thunb. ミズキ科 aucuba, Japan laurel 薬 ＊いそやまあおき, ほうらいあおき, やえやまあおき
あおぎり(青桐・梧桐) 剛ごどう(梧桐) *Firmiana simplex* (L.) W.Wight [*Hibiscus simplex; Sterculia simplex*] アオギリ科 Chinese bottle / parasol tree, phoenix tree 材・繊・食
あおげいとう(青鶏頭) → あおびゆ(青莧)
あおじな(青科) → おおばぼだいじゅ(大葉菩提樹)
あおだも(青‐) 剛こばのとねりこ(小葉梣) *Fraxinus lanuginosa* Koidz. f. *serrata* (Nakai) Murata モクセイ科 材 ＊あらげあおだも, みやまあおだも, やまとあおだも
あおつづらふじ(青葛藤) 剛かみえび(神蝦) *Cocculus trilobus* (Thunb.) DC. ツヅラフジ科 薬
あおとどまつ(青椴松) *Abies sachalinensis* (F.Schmidt) Mast. var. *mayriana* Miyabe et Kudô マツ科 材
あおのりゅうぜつらん(青竜舌蘭) 剛アガベ *Agave americana* L. リュウゼツラン科 agave, century plant 薬
あおはだ(青膚・青肌) 剛まるばうめもどき(丸葉梅擬) *Ilex macropoda* Miq. モチノキ科 材
あおばな(青花) → つゆくさ(露草)
あおばなルーピン(青花‐) 剛ほそばルーピン(細葉‐) *Lupinus angustifolius* L. マメ科 blue lupin(e), narrow leaf lupin(e) 飼
あおびゆ(青莧) 剛あおげいとう(青鶏頭) *Amaranthus retroflexus* L. ヒユ科 green amaranth, redroot pigweed 食
あおみず(青‐) *Pilea mongolica* Wedd. イラクサ科 食
あおもじ(青文字) 剛こしょうのき(胡椒木) *Litsea cubeba* Pers. [*Laurus cubeba; Lindera citri‐*

odora〕クスノキ科 mountain spice tree　材・香
あおもりとどまつ(青森椴松)　→　おおしらびそ(大白檜曽)
あかいたや(赤板屋)　剛べにいたや(紅板屋)　*Acer pictum* Thunb. ssp. *mayrii* (Schwer.) H.Ohashi カエデ科　材
あかえぞまつ(赤蝦夷松)　剛しこたんまつ(色丹松)，やちえぞ(谷地蝦夷)　*Picea glehnii* (F.Schmidt) Mast.〔*Abies glehnii*〕マツ科 Sakhalin spruce　材・繊
あかがし(赤樫)　剛おおばがし(大葉樫)　*Quercus acuta* Buch.-Ham. ex Wall. ブナ科 evergreen / Japanese red oak　材
あかがしわ(赤柏)　剛あかなら(赤楢)　*Quercus rubra* L. ブナ科 northern red oak　材
あかぎ(赤木)　剛かたん　*Bischofia javanica* Blume トウダイグサ科 Java bishopwood, toog　材・薬
あかキナのき(赤-木)　→　キナのき(-木)
あかクローバ(赤-)　剛あかつめくさ(赤詰草)，むらさきつめくさ(紫詰草)，レッドクローバ　*Trifolium pratense* L. マメ科 broad-leaved / peavine / purple / red clover, cowgrass　飼・薬
あかぐろまつ(赤黒松)　→　あいぐろまつ(合黒松)
あかゴムのき(赤-木)　*Eucalyptus sideroxylon* A.Cunn. ex Benth. フトモモ科 red iron bark 材・油
あかざ(藜)　*Chenopodium album* L. var. *centrorubrum* Makino アカザ科 goosefoot, pigweed, wild spinach　食・薬　＊こあかざ，しろあかざ，はまあかざ，ほそばのはまあかざ
あかささげ(赤豇豆)　*Vigna vexillata* (L.) A.Rich.〔*Phaseolus vexillatus*〕マメ科 pois zombi, wild cowpea, zombi pea　食・飼・肥
アカシア　剛ふさアカシア(房-)，ミモザ　*Acacia dealbata* Link　ネムノキ科 acacia, mimosa, silver wattle　材・薬・ゴ　＊にせアカシア，モリシマアカシア
アカシアゴム　→　アラビアゴムのき(-木)
あかじしゃ(赤-)　→　しろもじ(白文字)
あかしで(赤四手)　剛しでのき(四手木)，こしで(小四手)　*Carpinus laxiflora* (Sieb. et Zucc.) Blume カバノキ科 red-leaved hornbeam　材
あかじな(赤科)　→　しなのき(科木)
あかすぐり(赤酸塊)　→　カーランツ
あかだいこん(赤大根)　→　あかながかぶ(赤長蕪)
あかだも(赤-)　→　はるにれ(春楡)
あかつめくさ(赤詰草)　→　あかクローバ(赤-)　＊おおばのあかつめくさ，ビロードあかつめくさ
あかてつ(赤鉄)　*Pouteria obovata* (R.Br.) Baehni〔*Planchonella obovata*〕アカテツ科 lucuma, lucmo　材　＊おおみあかてつ(大実赤鉄)
あかとどまつ(赤椴松)　→　とどまつ(椴松)
あかながかぶ(赤長蕪)　剛あかだいこん(赤大根)　*Brassica rapa* L. var. *japonica* Kitam. アブラナ科　食
あかなす(赤茄子)　→　トマト
あかなら(赤楢)　→　あかがしわ(赤柏)
あかね(茜)　*Rubia cordifolia* L. アカネ科 (Indian) madder　染・薬　＊くるまばあかね，せいようあかね
あかばなおうぎ(赤花黄耆)　*Hedysarum coronarium* L. マメ科 Italian / Spanish sainfoin, sulla (sweetvetch)　飼・肥
あかばなひるぎ(赤花蛭木)　→　おひるぎ(雄蛭木)
アガベ　→　あおのりゅうぜつらん(青竜舌蘭)
あかまつ(赤松)　剛めまつ(雌松・女松)　*Pinus densiflora* Sieb. et Zucc. マツ科 Japanese red pine　材・薬　＊おうしゅうあかまつ，ヨーロッパあかまつ，りゅうきゅうあかまつ
あかまめのき(赤豆木)　*Ormosia monosperma* Urb. マメ科 necklace tree　材
あかまんま(赤飯)　→　いぬたで(犬蓼)

あかみぐわ(赤実桑) *Morus rubra* Lour. クワ科 American / red mulberry 食
あかみのき(赤実木) *Haematoxylum campechianum* L. ジャケツイバラ科 campeachy wood, logwood 材・染
あかめがしわ(赤芽柏) 剛ごさいば(御菜葉),さいもりば(菜盛葉),ひさぎ(楸) *Mallotus japonicus* (L.f.) Müll.-Arg.［*Croton japonicum*］トウダイグサ科 材・食・薬・染
あかめもち(赤芽鵜) → かなめもち(要鵜)
あかめやなぎ(赤芽柳) 剛まるばやなぎ(丸葉柳) *Salix chaenomeloides* Kimura ヤナギ科 Japanese pussy willow 材
あかもの(赤物) → いわはぜ(岩櫨)
あかやじおう(赤矢地黄) → じおう(地黄)
あかやなぎ(赤柳) → おおばやなぎ(大葉柳)
あかラワン(赤-) *Shorea negrosensis* Foxw. フタバガキ科 red lauan 材
アキー *Blighia sapida* K.D.Koenig ムクロジ科 a(c)kee 食・香
あきうこん(秋鬱金) → うこん(鬱金)
あきからまつ(秋唐松) *Thalictrum minus* L. var. *hypoleucum* (Sieb. et Zucc.) Miq. キンポウゲ科 薬
あきぎり(秋桐) *Salvia glabrescens* Makino シソ科 食 ＊きばなあきぎり
あきぐみ(秋茱萸) *Elaeagnus umbellata* Thunb. グミ科 autumn ealaeagnus 食・薬
あきざくら(秋桜) → コスモス
あきさんご(秋珊瑚) → さんしゅゆ(山茱萸)
あきたすぎ(秋田杉) *Cryptomeria japonica* (L.f.) D.Don var. *radicans* Nakai スギ科 材
あきたぶき(秋田蕗) 剛おおぶき(大蕗) *Petasites japonicus* (Sieb. et Zucc.) Maxim. ssp. *giganteus* (F.Schmidt ex Trautv.) Kitam. キク科 giant Japanese butterbur 食・薬
あぎなし(顎無) *Sagittaria aginashi* (Makino) Makino オモダカ科 Japanese pearlwort 食
あきにれ(秋楡・榔楡) 剛いしけやき(石欅) *Ulmus parvifolia* Jacq. ニレ科 Chinese elm 材・薬
あきのきりんそう(秋麒麟草) 剛あわだちそう(泡立草) *Solidago virgaurea* L. ssp. *asiatica* Kitam. ex H.Hara キク科 薬 ＊アメリカあきのきりんそう
あきののげし(秋野芥子) *Lactuca indica* L. キク科 Indian lettuce 食
あきまめ(秋豆) → だいず(大豆)
アクアティカはっか(-薄荷) → ウォーターミント
あくしば(灰汁柴) *Vaccinium japonicum* Miq. ツツジ科 食
あけび(通草・木通) 剛やまひめ(山姫) *Akebia quinata* (Houtt.) Decne.［*Rajania quinata*］アケビ科 chocolate vine, five-leaved akebia 食・薬 ＊ごようあけび,つちあけび,ときわあけび,みつばあけび
あけぼのすぎ(曙杉) → メタセコイア
アゲラータム → かっこうあざみ(藿香薊)
あこう(赤榕・雀榕) 剛あこぎ *Ficus superba* Miq. var. *japonica* Miq. クワ科 材
あこぎ → あこう(赤榕)
アコニット 剛ようしゅとりかぶと(洋種鳥兜) *Aconitum napellus* Thunb. キンポウゲ科 aconite, monkshood 薬
アコン 剛かいがんタバコ(海岸煙草) *Calotropis gigantea* (L.) Dryand. ex Aiton［*Asclepias gigantea*］ガガイモ科 bowstring hemp, crown flower, giant milkweed 薬・繊
あさ(麻) 剛たいま(大麻) *Cannabis sativa* L. var. *indica* Lam. アサ科 hash(ish), (Indian / true) hemp 繊・薬 ＊インドあさ,カンタラあさ,きりあさ,サイザルあさ,ニュージーランドあさ,のりあさ,マニラあさ,やまあさ
アサイやし(-椰子) 剛わかばキャベツやし(若葉-椰子) *Euterpe oleracea* Engel ヤシ科 cabbage / euterpe palm, multistemed assai palm 食

あさうり(浅瓜) → しろうり(白瓜)
あさがお(朝顔) 剾けんごし(牽牛子) *Ipomoea nil* (L.) Roth [*Convolvulus nil; Pharbitis nil*] ヒルガオ科 Japanese morning-glory 薬 ＊のあさがお, まるばあさがお
あさがお(朝顔) → ききょう(桔梗)／むくげ(木槿)
あさがおな(朝顔菜) → ようさい(甕菜)
あさがら(麻殻・白辛樹) *Pterostyrax corymbosus* Sieb. et Zucc. [*Halesia corymbosa*] エゴノキ科 材
あさがら(麻殻) → ふかのき(鱶木)
あさざ(莕菜・荇菜・浅沙) 剾はなじゅんさい(花蓴菜) *Nymphoides peltata* (S.G.Gmel.) Kuntze [*Menyanthes nymphoides*] ミツガシワ科 water-fringe, yellow floating-heart 食・薬
あさしらげ → はこべ(繁縷)
あさだ *Ostrya japonica* Sarg. カバノキ科 hop-hornbeam 材
あさたぬきまめ(麻狸豆) → サンヘンプ
あさつき(浅葱・糸葱) 剾いとねぎ(糸葱), せんぼんわけぎ(千本分葱) *Allium schoenoprasum* L. var. *foliosum* Regel ユリ科 asatsuki, chive 食
あさのはいらくさ(麻葉刺草) *Urtica cannabina* L. イラクサ科 Kentucky hemp 繊・薬
あさばひよどり(麻葉鵯) *Eupatorium cannabinum* L. キク科 hemp agrimony 薬
あざぶたで(麻布蓼) 剾えどたで(江戸蓼) *Persicaria hydropiper* (L.) Spach var. *fastigiata* (Makino) Araki [*Polygonum hydropiper* var. *fasigiatum*] タデ科 香
あさまつげ(浅間柘植) → つげ(柘植)
あさまぶどう(浅間葡萄) → くろまめのき(黒豆木)
あざみ(薊) ＊あれちあざみ, えぞあざみ, えぞのきつねあざみ, おおあざみ, おにあざみ, かっこうあざみ, きつねあざみ, きばなあざみ, ごぼうあざみ, さわあざみ, たちあざみ, ちしまあざみ, ちょうせんあざみ, なんぶあざみ, のあざみ, はあざみ, はくさんあざみ, はまあざみ, ひめあざみ, ひれあざみ, ふじあざみ, マリアあざみ, もりあざみ, やまあざみ
あざみのげし(薊野芥子) 剾メキシコひなげし(雛罌粟) *Argemone mexicana* L. ケシ科 Mexican / prickly poppy 薬
あし(葦・蘆・葭) 剾はまおぎ(浜荻), ひとはぐさ(一葉草), よし(葦・蘆・葭) *Phragmites communis* Trin. イネ科 carrizo, common reed, reed (grass) 繊・薬
アジアわた(-棉) 剾きだちわた(木立棉) *Gossipium arboreum* L. アオイ科 Asiatic / tree cotton 繊
あじうり(味瓜) → まくわうり(真桑瓜)
あじさい(紫陽花) *Hydrangea macrophylla* (Sieb. et Zucc.) Seringe アジサイ科 bigleaf hydrangea 薬 ＊さわあじさい, じょうざんあじさい, つるあじさい, やまあじさい
あしたぐさ(鹹草) → あしたば(明日葉)
あしたば(明日葉) 剾あしたぐさ(鹹草), はちじょうそう(八丈草) *Angelica keiskei* (Miq.) Koidz. セリ科 食
あしび(馬酔木) → あせび(馬酔木)
あじまめ(藊豆) → ふじまめ(藤豆)
アジュガ → せいようじゅうにひとえ(西洋十二単)
アショーカのき(-木) → むゆうじゅ(無憂樹)
あずき(小豆・赤小豆) 剾しょうず(小豆) *Vigna angularis* (Willd.) Ohwi et H.Ohashi [*Azukia angularis; Dolichos angularis; Phaseolus angularis*] マメ科 a(d)zuki bean, small red bean 食・薬 ＊あおあずき, けつるあずき, しろとうあずき, たけあずき, つるあずき, とうあずき, なんばんあかあずき, なんばんあかばなあずき, なんばんあずき, はまあずき
あずきな(小豆菜) → なんてんはぎ(南天萩)／ゆきざさ(雪笹)
あずきなし(小豆梨) 剾はかりのめ(秤目) *Aria alnifolia* Sieb. et Zucc. [*Micromeles alnifolia;*

Sorbus alnifolia] バラ科　材・染
あずさ(梓)　圀おおばみねばり(大葉峰榛)、みずめ、よぐそみねばり(夜糞峰榛)　*Betula grossa* Sieb. et Zucc. カバノキ科 Japanese cherry birch　材
あずさ(梓)　→　きささげ(木豇豆)
あすなろ(翌檜・明日檜)　圀あてひ(明檜)、ひば(檜葉)　*Thujopsis dolabrata* (L.f.) Sieb. et Zucc. [*Thuja dolabrata*] ヒノキ科 hiba / false arborvitae　材　＊ひのきあすなろ
アスパラガス　圀オランダきじかくし(-雉隠)、せいよううど(西洋独活)、まつばうど(松葉独活)　*Asparagus officinalis* L. var. *altilis* L. ユリ科（common / edible / garden) asparagus　食
アスパラガスレタス　→　かきぢしゃ(掻萵苣)
あずまいちげ(東一花)　*Anemone raddeana* Regel キンポウゲ科　薬
あずましの(東篠)　→　あずまねざさ(東根笹)
あずまねざさ(東根笹)　圀あずましの(東篠)　*Pleioblastus chino* (Franch. et Sav.) Makino [*Arundinaria chino; Bambusa chino*] イネ科　材
あぜだいこん(畔大根)　→　いぬがらし(犬芥子)
あせび(馬酔木)　圀あしび・ばすいぼく(馬酔木)　*Pieris japonica* (Thunb.) D.Don ex G.Don [*Andromeda japonica*] ツツジ科 Japanese andromeda, lily-of-the-valley bush　材
あぜむしろ(畔筵)　圀みぞかくし(溝隠)　*Lobelia chinensis* Lour. キキョウ科 Chinese lobelia　薬
アセロラ　*Malpighia glabra* L. キントラノオ科 acerola, Barbados / Puerto Rican / West Indian cherry 食
あせんやくのき(阿仙薬木)　圀ペグのき(-木)　*Acacia catechu* (L.f.) Willd. [*Mimosa catechu*] ネムノキ科 (black) catechu, (black / pegu) cutch　薬・染
あだん(阿檀・栄蘭)　圀えらん(栄蘭)、しまたこのき(島蛸木)　*Pandanus tectorius* Soland. ex Parkins. タコノキ科 Tahitian / Thatch / Veitch screwpine　材　＊においあだん
あっけしそう(厚岸草)　圀やちさんご(谷地珊瑚)　*Salicornia europaea* L. アカザ科 crab grass, glasswort, pickle plant, saltwort　食
アッサムゴムのき(-木)　→　インドゴムのき(印度-木)
アッサムちゃ(-茶)　圀ほそばちゃ(細葉茶)　*Camellia sinensis* (L.) Kuntze var. *assamica* (Mast.) Kitam. [*Thea sinensis* var. *assamica*] ツバキ科 Assam tea　嗜
アップルミント　圀まるばはっか(丸葉薄荷)　*Mentha rotundifolia* (L.) Huds. シソ科 apple mint　香
あでく　*Syzygium buxifolium* Hook. et Alston フトモモ科　食・材　＊たちばなあでく、もちあでく
あてひ(明檜)　→　あすなろ(翌檜)
あなどみかん(穴門蜜柑)　→　いよかん(伊予柑)
アニス　*Pimpinella anisum* L. セリ科 (common) anise　香・薬　＊スターアニス
アニスヒソップ　*Agastache foeniculum* (Pursh) Kuntze シソ科 anise hyssop　香
アニマルフォニオ　*Brachiaria deflexa* (Schmach.) C.E.Hubb ex Robyns. イネ科 animal fonio, Guinea millet　飼・食
アヌウ　圀たまのうぜんはれん(玉凌霄葉蓮)　*Tropaeolum tuberosum* Ruiz. et Pav. [*Chymocarpus tuberosus*] ノウゼンハレン科 anyu, edible / Peruvian / tuber nasturtium, Peruvian capucine 食
アバカ　→　マニラあさ(-麻)
アビウ　*Pouteria caimito* (Ruiz et Pavon) Radlk. アカテツ科 abiu　食
アビシニアからし(-辛子)　*Brassica carinata* A.Braun アブラナ科 Abyssinian / Ethiopian mustard 油・食
アビシニアこむぎ(-小麦)　*Triticum abyssinicum* Vavilov イネ科 Abyssinian wheat　食
アビシニアばしょう(-芭蕉)　→　エンセーテ
アブシント　→　にがよもぎ(苦蓬)
あぶらぎく(油菊)　→　しまかんぎく(島寒菊)

あぶらぎり（油桐）　剛いぬぎり（犬桐），どくえ（毒荏）　*Aleurites cordatus* (Thunb.) R.Br. ex Steud. トウダイグサ科　Japan wood-oil tree　油・材　＊おおあぶらぎり，かんとんあぶらぎり，しなあぶらぎり，たいわんあぶらぎり，なんようあぶらぎり
あぶらすぎ（油杉）　剛てっけんゆさん（鉄堅油杉）　*Keteleeria davidiana* (Franch.) Beissn. マツ科　材
あぶらちゃん（油瀝青）　剛じしゃ，むらだち（叢立）　*Lindera praecox* (Sieb. et Zucc.) Blume［*Benzoin praecox; Parabenzoin praecox*］クスノキ科　材・油
あぶらつばき（油椿）→　ゆちゃ（油茶）
あぶらな（油菜）　剛こさい（胡菜），な（菜），なたね（菜種），なのはな（菜花）　*Brassica rapa* L. ssp. *oleifera* (DC.) Metzg. アブラナ科　canola, field mustard, rapeseed, turnip rape　食・油　＊せいようあぶらな
あぶらやし（油椰子）　剛アフリカあぶらやし（-油椰子），ギニアあぶらやし（-油椰子）　*Elaeis guineensis* Jacq. ヤシ科　(African) oil palm, macaw-fat　油
アフリカあぶらやし（-油椰子）→　あぶらやし（油椰子）
アフリカいね（-稲）　*Oryza glaberrima* Steud. イネ科　African rice　食
アフリカキノかりん（-花櫚）　*Pterocarpus erinaceus* Poiret　マメ科　African / Senegal rosewood　材・薬
アフリカすおう（-蘇芳）→　オベチェ
アフリカちからしば（-力芝）→　キクユグラス
アフリカバオバブ　→　バオバブ
アフリカはねがや（-羽茅）→　エスパルト
アフリカひげしば（-髭芝）→　ローズグラス
アフリカめひしば（-雌日芝）→　パンゴラグラス
アフリカマンゴのき（-木）　*Irvingia gabonensis* (Aubrey-Lecomte ex O.Rorke) Baill. ニガキ科　African mango, Dika nut　食
アフリカンマリーゴールド　剛せんじゅぎく（千寿菊），まんじゅぎく（万寿菊）　*Tagetes erecta* L. キク科　African / Aztec / big marigold　香・薬
アプリコット　→　あんず（杏）
あべまき　剛コルクくぬぎ（-櫟），わたくぬぎ（綿櫟）　*Quercus variabilis* Blume　ブナ科　Chinese / Japanese cork oak　材・食・薬
アボカド　剛バターフルーツ，わになし（鰐梨）　*Persea americana* Mill.［*Laurus persea*］クスノキ科　aguacate, alligator pear, avocado, butter fruit　食・薬　＊カヨアボカド
あま（亜麻）　剛ぬめごま（滑胡麻）　*Linum usitatissimum* L. アマ科　(common) flax, linseed　繊・油・薬
あまういきょう（甘茴香）→　イタリアういきょう（-茴香）
あまうり（甘瓜）→　まくわうり（真桑瓜）
あまかずら（甘葛）→　あまちゃづる（甘茶蔓）
あまき（甘木）→　かんぞう（甘草）
あまぎあまちゃ（天城甘茶）　*Hydrangea serrata* (Thunb.) Ser. var. *angustata* (Franch. et Sav.) H.Ohba　アジサイ科　嗜
あまくさ（甘草）→　かんぞう（甘草）
あまぐり（甘栗）　剛しなぐり（支那栗），ちゅうごくぐり（中国栗）　*Castanea mollissima* Blume　ブナ科　Chinese chestnut　食・材
アマゾンコカ　*Erythroxylum coca* Lam. var. *ipadu* Plowman　コカノキ科　Amazonian coca　薬
あまだいだい（甘橙）→　オレンジ
あまちゃ（甘茶）　*Hydrangea serrata* (Thunb.) Ser. var. *thunbergii* (Sieb.) H.Ohba　アジサイ科　hydrangea tea　嗜・薬　＊あまぎあまちゃ
あまちゃづる（甘茶蔓）　剛あまかずら（甘葛）　*Gynostemma pentaphyllum* (Thunb.) Makino　ウリ科

嗜・薬

あまづる(甘蔓) 剾おとこぶどう(男葡萄) *Vitis saccharifera* Makino ブドウ科　食

あまどころ(甘野老) 剾いずい(萎蕤), なるこらん(鳴子蘭) *Polygonatum odoratum* (Mill.) Druce var. *pluriflorum* (Miq.) Ohwi ユリ科 polygonatum　食・薬　＊おおあまどころ

あまな(甘菜) 剾むぎくわい(麦慈姑) *Amana edulis* (Miq.) Honda [*Tulipa edulis*] ユリ科　食・薬　＊きばなのあまな

あまにがなすび(甘苦茄子) 剾つるなす(蔓茄子) *Solanum dulcamara* L. ナス科 bittersweet, felonwood, woody nightshade　薬

あまにゅう(甘-) 剾まるばえぞにゅう(丸葉蝦夷-) *Angelica edulis* Miyabe ex Yabe セリ科　食

あまはステビア(甘葉-) 剾ステビア *Stevia rebaudiana* (Bertoni) Hemsl. キク科 stevia　甘・薬

アマランサス 剾すぎもりけいとう(杉森鶏頭) *Amaranthus cruentus* L. ヒユ科　African spinach, prince's feather, purple / red amaranth　食

アマランサス [赤粒・粳] 剾ひもげいとう(紐鶏頭), せんにんこく(仙人穀) *Amaranthus caudatus* L. ヒユ科 grain amaranth, Inca wheat, love lies bleeding, tassel / velvet flower　食

アマランサス [白粒・糯] *Amaranthus hypocondriacus* L. ヒユ科　grain amaranth　食

アマンド → アーモンド

あみがさそう(編笠草) → えのきぐさ(榎草)　＊きだちあみがさ

あみがさゆり(編笠百合) → ばいも(貝母)

あみメロン(網-) 剾ネットメロン, マスクメロン *Cucumis melo* L. var. *reticulatus* Ser. ウリ科 cantaloup, (musk / netted) melon　食

アムラのき(-木) *Spondias pinnata* (L.f.) Kurz [*Mangifera pinnata*] ウルシ科 amra, Andaman / Indian mombin, common hog plum　食

あめだまのき(飴玉木) *Phyllanthus acidus* (L.) Skeels [*Cicca acidus*] トウダイグサ科 country / Otaheit / star gooseberry　食

アメリカあきのきりんそう(-秋麒麟草) *Solidago virga-aurea* L. キク科 goldenrod　薬

アメリカえのき(-榎) *Celtis occidentalis* L. ニレ科 common hackberry　材

アメリカおおなす(-大茄子) *Solanum melongena* L. var. *esculentum* H.Hara ナス科　食

アメリカおおもみ(-大樅) 剾グランドもみ(-樅) *Abies grandis* (Dougl. ex D.Don) Lindl. マツ科 giant / grand / lowland fir　材

アメリカがき(-柿) *Diospyros virginiana* L. カキノキ科 (common) persimmon, date plum, possum apple　食

アメリカかんぞう(-甘草) *Glycyrrhiza lepidota* Pursh マメ科 American licorice　薬・香

アメリカきささげ(-木豇豆) *Catalpa binonioides* Walt [*Bignonia catalpa*] ノウゼンカズラ科 Indian bean, Indian big tree, southern catalpa　薬

アメリカぐり(-栗) *Castanea dentata* Borkh. ブナ科 American chestnut　食・材

アメリカくろとうひ(-黒唐檜) 剾くろとうひ(黒唐檜) *Picea mariana* (Mill.) Britton, Sterns et Poggenb. マツ科 black / bog spruce　材

アメリカくろもじ(-黒文字) 剾においベンゾイン(匂-) *Lindera benzoin* Meisn. [*Laurus benzoin*] クスノキ科 spice bush / wood, wild allspice　香

アメリカくろやまならし(-黒山鳴) 剾なみきどろ(並木泥) *Populus deltoides* Bartram et Marshall ヤナギ科 black aspen, (eastern) cottonwood　繊

アメリカゴムのき(-木) 剾パナマゴムのき(-木), メキシコゴムのき(-木) *Castilla elastica* Cerv. クワ科 Mexican / Panama rubber tree, Central American rubber tree　ゴ

アメリカさいかち(-皂莢) *Gymnocladus dioica* (L.) Koch マメ科 (Kentucky) coffee (bean) tree, (honey) locust, stump tree　材・食

アメリカさといも(-里芋) 剾タニア, ヤウテア *Xanthosoma sagittifolium* Liebm. サトイモ科 taniar, tannia, yautia　食

アメリカさんしょう(-山椒) *Zanthoxylum americanum* Mill. ミカン科 prickly ash, toothache tree 薬
アメリカしょうま(-升麻) *Cimicifuga racemosa* (L.) Nutt. キンポウゲ科   black bugbane / kohosh / snakeroot 薬
アメリカすいしょう(-水松) → ぬますぎ(沼杉)
アメリカすぎ(-杉) → べいすぎ(米杉)
アメリカすぐり(-酸塊) *Ribes hirtellum* Michx.［*Grossularia hirtella*］スグリ科 American gooseberry 食
アメリカすずかけのき(-鈴懸木) 剛せいようぼたんのき(西洋釦木) *Platanus occidentalis* L. スズカケノキ科 American / Western plane, button wood   材
アメリカすずめのひえ(-雀稗) → バヒアグラス
アメリカすのき(-酢木) → ラビットアイブルーベリー
アメリカすべりひゆ(-滑莧) *Portulaca retusa* Engelm. スベリヒユ科 roughseed purslane 食
アメリカすもも(-酸桃) *Prunus americana* Marsh. バラ科 American / August / goose / hog / red / wild plum, sloe 食
アメリカチェリー *Cerasus serotina* (Ehrh.) Loisel.［*Padus serotina; Prunus serotina*］バラ科 American / bird / black / plum / rum cherry 食
アメリカちょうせんあさがお(-朝鮮朝顔) → けちょうせんあさがお(毛朝鮮朝顔)
アメリカつが(-栂) *Tsuga heterophylla* (Raf.) Sarg.［*Abies heterophylla*］マツ科 Alaskan / Colombia / western hemlock 材・繊
アメリカつのくさねむ(-角草合歓) *Sesbania exaltata* (Raf.) Rydb.［*Darwinia exaltata; Sesban exaltata*］マメ科 Colorado River hemp 繊・被
アメリカとねりこ(-梣) *Fraxinus americana* L. モクセイ科 white ash 材・薬
アメリカにれ(-楡) *Ulmus americana* L. ニレ科 American / white elm 材・繊
アメリカにわとこ(-接骨木) 剛カナダにわとこ(-接骨木) *Sambucus canadensis* L. スイカズラ科 American / Canadian / sweet elder 食・薬
アメリカにんじん(-人参) *Panax quinquefolius* L. ウコギ科 American ginseng 薬
アメリカねずこ(-鼠子) → べいすぎ(米杉)
アメリカねむのき(-合歓木) 剛サマン, たいわんねむのき(台湾合歓木) *Albizia saman* (Jacq.) F.Muell.［*Enterolobium saman; Samanea saman*］ネムノキ科 monkey pod, rain tree, South American acasia 材
アメリカねり → オクラ
アメリカはなのき(-花木) 剛べにかえで(紅楓) *Acer rubrum* L. カエデ科 red / scarlet / soft / swamp maple 材
アメリカはりぐわ(-針桑) *Maclura pomifera* (Raf.) Schneid. クワ科 Osage orange   材・飼
アメリカひのき(-檜) → アラスカひのき(-檜)
アメリカひるぎ(-蛭木) *Rhizophora mangle* L. ヒルギ科 red mangrove   材・食
アメリカふう(-楓) → もみじばふう(紅葉葉楓)
アメリカぶな(-橅) *Fagus grandifolia* Ehrh. ブナ科 American beech 材
アメリカぼうふう(-防風) → パースニップ
アメリカほどいも(-塊芋) *Apios americana* Medik. マメ科 groundnut, potato / wild bean 食
アメリカまこも(-真菰) *Zizania aquatica* L. イネ科 (annual) wild rice, Indian rice 食
アメリカまつ(-松) → べいまつ(米松)
アメリカまんさく(-満作) *Hamamelis virginiana* L. マンサク科 witch hazel 薬
アメリカやまごぼう(-山牛蒡) 剛ようしゅやまごぼう(洋種山牛蒡) *Phytolacca americana* L. ヤマゴボウ科 garget, inkberry, pokeroot, pokeweed, scoke 食
アメリカやまならし(-山鳴) *Populus tremuloides* Michx. ヤナギ科 quaking ash / aspen 繊
アメリカやまぶどう(-山葡萄) *Vitis labrusca* L. ブドウ科 fox / skunk grape, wild vine 食・嗜

アメリカるいようぼたん（-類葉牡丹） *Caulophyllum thalictroides* (L.) Michx. メギ科 blue cohosh, squaw root 薬
アメンドウ → アーモンド
あらがし（粗樫）剛くろがし（黒樫）*Quercus glauca* Thunb. ブナ科 blue Japanese oak, ring cupped oak 材
あらげあおだも（荒毛青-）*Fraxinus lanuginosa* Koidz. モクセイ科 材
アラスカとうひ（-唐檜）→ シトカとうひ（-唐檜）
アラスカひのき（-檜）剛アメリカひのき（-檜）*Chamaecyparis nootkatensis* Sudw. ヒノキ科 Alaska / Nootka / yellow cypress 材
あらせいとう（紫羅欄花） ＊おおあらせいとう、きばなあらせいとう、においあらせいとう
アラビアコーヒーのき（-木）*Coffea arabica* L. アカネ科 Arabian / Arabica / common coffee 嗜
アラビアゴムのき（-木）剛アカシアゴム *Acacia senegal* (L.) Willd. ネムノキ科 acacia gum, gum Arabic / Senegal ゴ・繊・薬
アラビアゴムもどき（-擬）*Acacia nilotica* (L.) Willd. ex Delile ［*Mimosa nilotica*］ ネムノキ科 babul acacia, Egyptian mimosa / thorn ゴ・薬・飼
アラビアちゃのき（-茶木）剛カート、チャット *Catha edulis* (Vahl) Forssk. ex Endl. ニシキギ科 Abyssinian / African / Arabian tea, catha, khat 薬・嗜
アラビアもつやく（-没薬）*Commiphora abyssinica* Engl. カンラン科 Abyssinian myrrh 薬
あららぎ（蘭）→ いちい（一位） ＊さわあららぎ、やまあららぎ
ありたそう（有田草）*Chenopodium ambrosioides* L. ［*Ambrina ambrosioides*］ アカザ科 American / Indian goosefoot / wormseed, epazote, Mexican tea 薬
ありたそう（有田草）→ けいがい（荊芥）
アルカネット *Anchusa officinalis* L. ムラサキ科 alkanet, anchusa, (dyer's) bugloss 薬・染
アルサイクロバー 剛たちオランダげんげ（立-紫雲英）、たちつめくさ（立詰草）*Trifolium hybridum* L. マメ科 alsike / hybrid / Swedish clover 飼
アルジュナミロバラン *Terminalia arjuna* Bedd. シクンシ科 Arjuna (myrobalan) 薬
アルセム → にがよもぎ（苦蓬）
アルニカ 剛やまうさぎぎく（山兎菊）*Arnica montana* L. キク科 mountain arnica / tobacco, leopard's bane 薬
アルファルファ 剛こがねうまごやし（黄金馬肥）、ルサーン *Medicago falcata* L. マメ科 lucerne, sickle medic, yellow alfalfa, 飼
アルファルファ 剛むらさきうまごやし（紫馬肥）、もくしゅく（苜蓿）、ルサーン *Medicago sativa* L. マメ科 (blue) alfalfa, lucerne, Spanish trefoil 飼・食 ＊ざっしゅアルファルファ
アレカやし（-椰子）→ びんろうじゅ（檳榔樹）
アレキサンドリアセンナ *Senna alexandrina* Mill. ジャケツイバラ科 Alexandrian senna 薬
あれちあざみ（荒地薊）*Breea segetum* (Bunge) Kitam. ［*Cephalonoplos segetum*］ キク科 薬
アロエ 剛キュラソーアロエ、しんろかい（真蘆薈）、バルバドスアロエ、ほんアロエ（本-）*Aloe barbadensis* Mill. アロエ科 aloe vera, Barbados / medicinal / true aloe 薬 ＊きだちアロエ、ソコトラアロエ
アローリーフクローバ *Trifolium vesiculosum* Savi マメ科 arrowleaf clover 飼
アロールート → くずうこん（葛鬱金）
あわ（粟）*Setaria italica* (L.) P.Beauv. ［*Chaetochloa italica; Panicum italicum*］ イネ科 Bengal / Japanese grass, (foxtail) / German / Italian) millet 食 ＊おおあわ、こあわ
あわだちそう（泡立草）→ あきのきりんそう（秋麒麟草）
あわばな（粟花）→ おみなえし（女郎花）
あわぶき（泡吹）*Meliosma myriantha* Sieb. et Zucc. アワブキ科 材
あわぶき（泡吹）→ さんごじゅ（珊瑚樹）

- 11 -

あんず（杏・杏子）剛アプリコット, からもも（唐桃）*Armeniaca vulgaris* Lam.［*Prunus armeniaca*］バラ科　apricot (tree)　材・食・薬　＊まんしゅうあんず, もうこあんず
アンゼリカ　*Angelica officinalis* Hoffm. セリ科　(garden) angelica　香・薬
あんそっこうのき（安息香木）*Styrax benzoin* Dryand. エゴノキ科　benzoin tree, gum benzoin　薬・香
アンデスかたばみ（-酢漿草）→ オカ
アンペラそう（-草）*Lepironia articulata* (Retz.) Domin カヤツリグサ科　Chinese mat rush　繊
あんまろく（阿摩勒）剛ゆかん（油柑）*Emblica officinalis* Gaertn.［*Phyllanthus emblica*］トウダイグサ科　emblic (myrobalan), Indian gooseberry　薬・食
あんらんじゅ（安蘭樹）→ かりん（榠樝）

［い］

い（藺）→ いぐさ（藺草）＊かんがれい, くさい, さんかくい, しちとうい, たいこうい, ふとい, ほたるい, りゅうきゅうい
いいぎり（飯桐）剛なんてんぎり（南天桐）*Idesia polycarpa* Maxim.［*Cathayeia polycarpa*］イイギリ科　材
イエライシャン（夜来香）*Telosma cordata* (Burm.f.) Merr.［*Pergularia odoratissima*］ガガイモ科　west coast creeper　薬・香・食
いがまめ（毬豆）→ セインフォイン
いかりそう（錨草）*Epimedium grandiflorum* C.Morren メギ科　(purple) barrenwort　薬　＊きばないかりそう, ほそざきいかりそう
いきぐさ（活草）→ べんけいそう（弁慶草）
イギリスこむぎ（-小麦）→ リベットこむぎ（-小麦）
イギリスなら（-楢）→ ヨーロッパなら（-楢）
いぐさ（藺草）剛い（藺）, とうしんそう（灯芯草）*Juncus effusus* L. var. *decipiens* Buchenau イグサ科　(common / mat) rush　繊・薬
いけま（生馬・牛皮消）*Cynanchum caudatum* (Miq.) Maxim. ガガイモ科　薬
いしけやき（石欅）→ あきにれ（秋楡）
いしみかわ（石実皮・石見川・杠板帰・石膠）*Persicaria perfoliata* (L.) H.Gross［*Polygonum perfoliatum*］タデ科　薬
いじゅ　*Schima wallichii* (DC.) Korth. ssp. *liukiuensis* (Nakai) Bloemb. ツバキ科　材・薬
いずい（萎蕤）→ あまどころ（甘野老）
いずせんりょう（伊豆千両・杜茎山）剛うばがねもち *Maesa japonica* (Thunb.) Moritzi ヤブコウジ科　染・薬
いすのき（柞・柞樹・蚊母樹）剛ひょんのき（-木）, ゆしのき（柞）*Distylium racemosum* Sieb. et Zucc. マンサク科　材・染
いそつつじ（磯躑躅）剛えぞいそつつじ（蝦夷磯躑躅）*Ledum palustre* L. var. *diversipilosum* Nakai ツツジ科　wild rosemary　薬・食
いそのき（磯木）*Rhamnus crenata* Sieb. et Zucc. クロウメモドキ科　薬　＊せいよういそのき
いそやまあおき（磯山青木）剛こうしゅうういやく（衡州烏薬）*Cocculus laulifolius* DC. ツヅラフジ科　snail seed　薬
いたいたぐさ（痛痛草）→ いらくさ（刺草）
いたじい（-椎）→ すだじい（-椎）
いたちぐさ（鼬草）→ たかさぶろう（高三郎）／れんぎょう（連翹）
いたちささげ（鼬豇豆）*Lathyrus davidii* Hance マメ科　食

いたちはぎ(鼬萩) → くろばなえんじゅ(黒花槐)
いたどり(虎杖) 剄さいたずま *Reynoutria japonica* Houtt. [*Fallopia japonica; Persicaria japonica; Pleuropterus cuspidatus; Polygonum cuspidatum*] タデ科 Japanese knotweed 食・薬 ＊おおいたどり
いたび(木蓮子) → いぬびわ(犬枇杷) ＊おおいたび，かんてんいたび
いたやかえで(板屋楓) 剄えぞいたや(蝦夷板屋)，つたもみじ(蔦紅葉)，ときわかえで(常磐楓) *Acer pictum* Thunb. ssp. *mono* (Maxim.) H.Ohashi カエデ科 painted maple 食・材 ＊あかいたや，くろびいたや，べにいたや，みやべいたや
いたやめいげつ(板屋名月) 剄こはうちわかえで(小羽団扇楓) *Acer sieboldianum* Miq. カエデ科 材
イタリアいとすぎ(-糸杉) → いとすぎ(糸杉)
イタリアういきょう(-茴香) 剄あまういきょう(甘茴香)，フロレンスういきょう(-茴香) *Foeniculum azonicum* Thell. セリ科 finocchio, Florence fennel 食・香
イタリアかさまつ(-傘松) 剄ストーンパイン *Pinus pinea* L. マツ科 (Italian) stone pine, parasol / umbrella pine 材・食
イタリアかんらん(-甘藍) → ブロッコリ
イタリアにんじんぼく(-人参木) → せいようにんじんぼく(西洋人参木)
イタリアポプラ → ポプラ
イタリアンライグラス 剄ねずみむぎ(鼠麦) *Lolium multiflorum* Lam. イネ科 Italian ryegrass 飼
いちい(一位) 剄あららぎ(蘭)，オンコ *Taxus cuspidata* Sieb. et Zucc. イチイ科 Japanese yew 材・薬 ＊せいよういちい，ヨーロッパいちい
いちいがし(一位樫) *Quercus gilva* Blume ブナ科 食・材
いちいもどき(一位擬) → セコイア
いちご(苺) 剄オランダいちご(-苺) *Fragaria* × *magna* Thuill. バラ科 (cultivated / garden) straw-berry 食 ＊うらじろいちご，えぞいちご，えぞへびいちご，おおばらいちご，おにいちご，おへびいちご，かんいちご，きそいちご，くさいちご，くまいちご，くろいちご，くわのはいちご，ごがついちご，こがねいちご，こじきいちご，ごしょいちご，ごよういちご，しまあわいちご，しまばらいちご，しろばなへびいちご，せいようやぶいちご，なわしろいちご，にがいちご，のうごういちご，はすのはいちご，はちじょういちご，ばらいちご，ばらばきいちご，ひめごよういちご，ひめばらいちご，ビロードいちご，ふゆいちご，べにばないちご，へびいちご，ほろむいいちご，みやまいちご，みやまうらじろいちご，みやまふゆいちご，みやまもみじいちご，もみじいちご，もりいちご，やちいちご，やなぎいちご，ヨーロッパきいちご，りゅうきゅういちご，わせいちご
いちごのき(苺木) *Arbutus unedo* L. ツツジ科 cane apple, common strawberry tree, madrone 食・薬
いちごばんじろう(苺蕃石榴) → てりはばんじろう(照葉蕃石榴)
いちじく(無花果・映日果) 剄とうがき(唐柿)，なんばんがき(南蛮柿) *Ficus carica* L. クワ科 (common) fig, fig tree 食・薬 ＊エジプトいちじく，おおばいちじく，こいちじく
いちび(茼麻・青麻) 剄きりあさ(桐麻)，ごさいば(御菜葉)，てんしんジュート(天津-)，ぼうま(茼麻・青麻) *Abutilon theophrasti* Medik. アオイ科 butter-print, button / velvet weed, China jute, Chinese hemp, Indian mallow 繊・薬 ＊おがさわらいちび，しまいちび，たいわんいちび，たかさごいちび
いちやくそう(一薬草) *Pyrola japonica* Klenze ex Alef. イチヤクソウ科 薬・食 ＊こいちやくそう，べにばないちやくそう
いちょう(銀杏・公孫樹) 剄ぎんなん(銀杏) *Ginkgo biloba* L. [*Salisburia adiantifolia*] イチョウ科 ginkgo, maidenhair tree 食・薬・材
いちろべごろし(市郎兵衛殺) → どくうつぎ(毒空木)
いとうり(糸瓜) → へちま(糸瓜)

いとすぎ（糸杉）剛イタリアいとすぎ（-糸杉）, せいよういとすぎ（西洋糸杉）, せいようひのき（西洋檜） *Cupressus sempervirens* L. ヒノキ科 (Italian) cypress　材・薬

いとねぎ（糸葱）→ あさつき（浅葱）

いとやなぎ（糸柳）→ しだれやなぎ（枝垂柳）

いとらん（糸欄）剛ユッカ *Yucca filamentosa* L. リュウゼツラン科 Adam's needle, beargrass, silk grass　繊

いなごまめ（稲子豆）剛キャロブ, ヨハンパンのき（-木）*Ceratonia siliqua* L. マメ科 algar(r)oba / locust bean, carob, St. John's-bread　食・飼

いぬえんじゅ（犬槐）剛おおえんじゅ（大槐）*Maackia amurensis* Rupr. et Maxim. ssp. *buergeri* (Maxim.) Kitam. [*Cladrastis buergeri*] マメ科　材

いぬがや（犬榧）剛へだま, へぼがや（-榧）*Cephalotaxus harringtonia* (Knight ex F.B.Forbes) K.Koch f. *drupacea* (Sieb. et Zucc.) Kitam. イヌガヤ科 cow's tail pine, Japanese plum yew 材・薬　＊はいいぬがや

いぬがらし（犬芥子）剛あぜだいこん（畔大根）, のがらし（野芥子）*Rorippa indica* (L.) Hiern アブラナ科　食・薬　＊こいぬがらし

いぬからまつ（犬唐松）*Pseudolarix amabilis* (J.Nelson) Rehder [*Larix amabilis*] マツ科 golden larch　薬

いぬきくいも（犬菊芋）剛ちょろぎいも（草石蚕芋）*Helianthus strumosus* L. キク科 pale-leaved / woodland sunflower　飼・食

いぬぎり（犬桐）→ あぶらぎり（油桐）

いぬぐす（犬楠）→ たぶのき（椨木）

いぬサフラン（犬-）剛コルチカム *Colchicum autumnale* L. ユリ科 autumn / fall crocus, colchicum, meadow saffron, misteria　薬

いぬざんしょう（犬山椒）*Zanthoxylum schinifolium* Sieb. et Zucc. [*Fagara schinifolia*] ミカン科　薬

いぬしで（犬四手）剛しろしで（白四手）, そろ *Carpinus tschonoskii* Maxim. カバノキ科 Korean hornbeam　材

いぬたで（犬蓼）剛あかまんま（赤飯）*Persicaria longiseta* (Bruyn) Kitag. [*Polygonum longisetum*] タデ科 tufted knotweed　食

いぬつげ（犬柘植）*Ilex crenata* Thunb. モチノキ科 Japanese holly　材・糊

いぬなずな（犬薺）*Draba nemorosa* L. var. *hebecarpa* Lindblon アブラナ科 whitlow grass　食・薬

いぬなつめ（犬棗）剛インドなつめ（印度棗）*Ziziphus vulgaris* Lam. var. *mauritiana* Lam. クロウメモドキ科 cottony / Indian / sour / Yunnan jujube　食

いぬのいばら（犬野薔薇）剛ヨーロッパのいばら（-野薔薇）*Rosa canina* L. バラ科 dog rose　食

いぬはっか（犬薄荷）→ キャットミント

いぬびわ（犬枇杷）剛いたび（木蓮子）, こいちじく（小無花果）*Ficus erecta* Thunb. クワ科　食

いぬぶし → じぞうかんば（地蔵樺）

いぬぶどう（犬葡萄）→ えびづる（海老蔓）

いぬぶな（犬橅）剛くろぶな（黒橅）*Fagus japonica* Maxim. ブナ科 Japanese beech　材

いぬほおずき（犬酸漿）*Solanum nigrum* L. ナス科 black / garden nightshade, hound's berry　薬

いぬまき（犬槇）→ まき（槇）

いぬむぎ（犬麦）→ レスクグラス

いぬりんご（犬林檎）→ まるばかいどう（円葉海棠）

いね（稲）剛とみぐさ（富草）, みずかげぐさ（水陰草・水影草）*Oryza sativa* L. イネ科 paddy, rice 食　＊アフリカいね

いね（稲）[インド型] *Oryza sativa* L. ssp. *indica* Kato　イネ科

いね(稲)[日本型] *Oryza sativa* L. ssp. *japonica* Kato　イネ科
いのこしば(猪子柴) → はいのき(灰木)
いのこずち(牛膝) 剛ふしだか(節高) *Achyranthes bidentata* Blume　ヒユ科　Japanese chaff flower　食・薬　＊やなぎいのこずち
イノンド → ディル
いぶき(伊吹) → びゃくしん(柏槙)
いぶきじゃこうそう(伊吹麝香草) 剛ひゃくりこう(百里香) *Thymus serpyllum* L. ssp. *quinquecostatus* (Celak.) Kitam.　シソ科　香・薬　＊ようしゅいぶきじゃこうそう
いぶきとらのお(伊吹虎尾) *Bistorta major* S.F.Gray［*Polygonum bistorta*］タデ科　bistort, snakeweed　薬
いぶきびゃくしん(伊吹柏槙) → びゃくしん(柏槙)
いぶきぼうふう(伊吹防風) *Seseli libanotis* (L.) W.D.J.Koch ssp. *japonica* (H.Boissieu) H.Hara［*Libanotis ugoensis*］セリ科　食
イポー(一保) → ウパス
いぼたのき(水蝋木・疣取木・伊保多木) *Ligustrum obtusifolium* Sieb. et Zucc.　モクセイ科　ibota privet　材
いぼメロン(疣-) *Cucumis melo* L. var. *cantalupensis* Naudin　ウリ科　(European / true) cantaloup, rock melon　食
いまめがし(今芽樫) → うばめがし(姥目樫)
いもぜり(芋芹) *Arracacia xanthorrhiza* Bancr.　セリ科　arracacha, Peruvian carrot / parsnip　食
いものき(芋木) 剛たかのつめ(鷹爪) *Evodiopanax innovans* (Sieb. et Zucc.) Nakai［*Acanthopanax innovans*］ウコギ科　食・材
いものき(芋木) → キャッサバ
いよかん(伊予柑) 剛あなどみかん(穴門蜜柑) *Citrus iyo* hort. ex Tanaka　ミカン科　Iyo orange / tangerine　食
いよみずき(伊予水木) → ひゅうがみずき(日向水木)
いらくさ(刺草) 剛いたいたぐさ(痛痛草) *Urtica thunbergiana* Sieb. et Zucc.　イラクサ科　食・薬
　　＊あさのはいらくさ、えぞいらくさ、せいよういらくさ、みやまいらくさ、むかごいらくさ
いらな(刺菜) *Brassica juncea* (L.) Czerniak. et Coss. var. *japonica* (Thunb.) Bailey［*Sinapis japonica*］アブラナ科　食
いらもみ(刺樅) 剛まつはだ(松膚) *Picea bicolor* Mayr［*Abies bicolor*］マツ科　Alcock spruce　材・繊
イランイランのき(-木) *Cananga odorata* (Lam.) Hook.f. et T.Thomson［*Canangium odoratum*］バンレイシ科　ilang-ilang, ylang-ylang　香
いろはかえで(伊呂波楓) → いろはもみじ(伊呂波紅葉)
いろはもみじ(伊呂波紅葉) 剛いろはかえで(伊呂波楓), たかおもみじ(高尾紅葉) *Acer palmatum* Thunb.　カエデ科　Japanese maple　食・材
いわおうぎ(岩黄耆) 剛たてやまおうぎ(立山黄耆) *Hedysarum vicioides* Turcz. ssp. *japonicum* (B. Fedtsch.) B.H.Choi et H.Ohashi　マメ科　薬
いわタバコ(岩煙草) 剛いわな(岩菜), いわぢしゃ(岩萵苣) *Conandron ramondioides* Sieb. et Zucc.　イワタバコ科　食・薬
いわぢしゃ(岩萵苣) → いわタバコ(岩煙草)
いわつつじ(岩躑躅) *Vaccinium praestans* Lamb.　ツツジ科　Kamchatka bilberry　食
いわてとうき(岩手当帰) → みやまとうき(深山当帰)
いわな(岩菜) → いわタバコ(岩煙草)／つるな(蔓菜)
いわなし(岩梨) *Epigaea asiatica* Maxim.［*Parapyrola asiatica*］ツツジ科　trailing arbutus　食
いわはぜ(岩櫨) 剛あかもの(赤物) *Gaultheria adenothrix* (Miq.) Maxim.［*Andromeda adeno-*

thrix] ツツジ科　食
イングリッシュラベンダー　→　ラベンダー
いんげんまめ（隠元豆）　剛ごがつささげ（五月豇豆），さいとう（菜豆），さんどまめ（三度豆），とうささげ（唐豇豆）*Phaseolus vulgaris* L. マメ科　common / French / green / haricot / kidney / salad / snap / string / wax bean　食　＊くずいんげん，ひろはいんげん，べにばないんげん
インジゴ　→　インドあい（印度藍）
インタミーデートホィートグラス　*Agropyron intermedium* Beauv. イネ科　intermediate wheatgrass　飼
インドあい（印度藍）　剛インジゴ，きあい（木藍），たいわんこまつなぎ（台湾駒繋）*Indigofera tinctoria* L. マメ科　common / French / Indian / true indigo　染
インドあさ（印度麻）　→　つなそ（綱麻）
インドくわずいも（印度不食芋）*Alocasia macrorrhiza* (L.) G.Don サトイモ科　elephant ear, giant taro　食
インドこくたん（印度黒檀）　→　こくたん（黒檀）
インドこまつなぎ（印度駒繋）　→　ぎんあい（銀藍）
インドこむぎ（印度小麦）*Triticum sphaerococcum* Perciv. イネ科　Indian dwarf wheat　食
インドゴムのき（印度-木）　剛アッサムゴムのき（-木）*Ficus elastica* Roxb. クワ科　Assam rubber, Indian rubber tree　ゴ
インドしたん（印度紫檀）　剛かりん（花櫚・花梨・花李），やえやましたん（八重山紫檀）*Pterocarpus indicus* Willd. マメ科　Malay padauk, narra　材
インドじゃぼく（印度蛇木）*Rauvolfia serpentina* (L.) Benth. et Kurtz キョウチクトウ科　Indian snake-root, Java devil pepper, serpentine tree　薬
インドじゅずのき（印度数珠木）　剛じゅずぼだいじゅ（数珠菩提樹）*Elaeocarpus sphaericus* (Gaertn.) K.Schum. ホルトノキ科　bead tree of India　材
インドせんぶり（印度千振）　→　チレッタそう（-草）
インドそけい（印度素馨）*Plumeria acutifolia* Poiret キョウチクトウ科　red jusmine, temple flower / tree　薬
インドチャンチン（印度香椿）　剛インドマホガニー（印度-），トーナのき（-木）*Cedrela toona* Roxb. ex Rottler センダン科　Indian cedar / mahogany　材　＊にしインドチャンチン
インドながこしょう（印度長胡椒）　剛ひはつ（華茇・華撥）*Piper longum* Blume [*Chavica roxburghii*] コショウ科　(Indian) long pepper　香・薬
インドなつめ（印度棗）　→　いぬなつめ（犬棗）
インドにんじん（印度人参）　剛ウィタニア　*Withania sommifera* Dunal ナス科　withania　薬
インドひえ（印度稗）*Echinochloa frumentacea* (Roxb.) Link [*Panicum frumentaceum*] イネ科　billion dollar grass, Indian barnyard millet　食
インドぼだいじゅ（印度菩提樹）　剛てんじくぼだいじゅ（天竺菩提樹）*Ficus religiosa* L. クワ科　bodhi tree, bo-tree, peepal, pipal　薬
インドまつり（印度茉莉）　剛セイロンまつり（-茉莉）*Plumbago zeylanica* L. イソマツ科　Ceylon leadwort　薬
インドマホガニー（印度-）　→　インドチャンチン（印度香椿）
インドもっこう（印度木香）　→　もっこう（木香）
インドわた（印度棉）　剛しろばなわた（白花棉）*Gossipium herbaceum* L. アオイ科　Levant / short-staple cotton　繊
インドわたのき（印度綿木）　剛きわたのき（木綿木），パンヤのき（-木）*Bombax ceiba* L. パンヤ科　silk cotton tree　材・食

[う]

ウィーピングラブグラス 別しなだれすずめがや(撓垂雀茅) *Eragrostis curvula* (Schrad.) Nees [*Poa curvula*] イネ科 African / weeping lovegrass 被

ういきょう(茴香・蘹香) 別くれのおも(呉母), フェンネル *Foeniculum vulgare* Mill. [*Anethum foeniculum*] セリ科 (sweet) fennel 薬・香 ＊あまういきょう, イタリアういきょう, だいういきょう, はっかくういきょう, ひめういきょう, フロレンスういきょう

ういきょうぜり(茴香芹) → チャービル

ウィタニア → インドにんじん(印度人参)

ウィメラライグラス *Lolium rigidum* Gaud. イネ科 annual / wimmera ryegrass 飼

ウィンターセイボリー 別やまきだちはっか(山木立薄荷) *Satureja montana* L. シソ科 winter savory 香・薬

ウィンターベッチ → ヘアリベッチ

ウェスタンホイートグラス *Agropyron smithii* Rydb. イネ科 western wheatgrass 飼

ウォータークレス → クレソン

ウォーターミント 別アクアティカはっか(-薄荷) *Mentha aquatica* L. シソ科 water mint 香・薬

ウォールジャーマンダー → ジャーマンダー

うきくさ(浮草・浮萍) 別かがみぐさ(鏡草) *Spirodela polyrhiza* (L.) Schleid. ウキクサ科 (giant) duckweed 薬

うきやがら(浮矢幹) *Bolboschoenus fluviatilis* (Torr.) T.Koyama ssp. *yagara* (Ohwi) T.Koyama [*Scirpus yagara*] カヤツリグサ科 river bulrush 薬

うぐいすかぐら(鶯神楽) *Lonicera gracilipes* Miq. スイカズラ科 slenderstalk honeysuckle 食 ＊くろみのうぐいすかぐら

うぐいすな(鶯菜) → こまつな(小松菜)

うこぎ(五加・五加木) 別ひめうこぎ(姫五加木) *Eleutherococcus sieboldianus* (Makino) Koidz. [*Acanthopanax sieboldianus; Aralia pentaphylla*] ウコギ科 食・薬 ＊えぞうこぎ, おにうこぎ, たうこぎ, やまうこぎ

うこん(鬱金) 別あきうこん(秋鬱金), きぞめぐさ(黄染草), ターメリック *Curcuma longa* L. ショウガ科 curcuma, Indian saffron, turmeric, yellow ginger 薬・染 ＊くずうこん, くすりうこん, はるうこん, ばんうこん

うこんばな(鬱金花) → だんこうばい(檀香梅)

うしごろし(牛殺) → わたげかまつか(綿毛鎌柄) ＊けなしうしごろし

うしのけぐさ(牛毛草) → シープフェスク ＊おおうしのけぐさ, おにうしのけぐさ, ひろはうしのけぐさ

うしはこべ(牛繁縷) *Stellaria aquatica* (L.) Scop. [*Cerastium aquaticum; Malachium aquaticum*] ナデシコ科 water starwort 薬・食

うすかわみかん(薄皮蜜柑) → こうじ(柑子)

うすのき(臼木) 別かくみのすのき(角実酢木) *Vaccinium hirtum* Thunb. ツツジ科 食 ＊せいようすのき

うすばさいしん(薄葉細辛) 別さいしん(細辛) *Asarum sieboldii* Miq. [*Asiasarum sieboldii*] ウマノスズクサ科 食・薬

うすべにあおい(薄紅葵) *Malva sylvestris* L. アオイ科 common mallow 薬

うすべにたちあおい(薄紅立葵) → ビロードあおい(-葵)

うすべににがな(薄紅苦菜) *Emilia sonchifolia* (L.) DC. キク科 red tasselflower 薬

うずまきうまごやし(渦巻馬肥) *Medicago orbicularis* (L.) Bartal. マメ科 button clover, large disk medic 被

うだいかんば(鵜台樺・鵜松明樺) 別さいはだかんば(-樺) *Betula maximowicziana* Regel カバノ

キ科 Maximowicz's／monarch birch　材
うちわかつら(団扇桂) → ひろはかつら(広葉桂)
うちわやし(団扇椰子) → おうぎやし(扇椰子)
うつぎ(空木)　剄うのはな(卯花), かきみぐさ(垣見草), ゆきみぐさ(雪見草)　*Deutzia crenata* Sieb. et Zucc. アジサイ科 Japanese snowflower 材・薬　＊たにうつぎ, どくうつぎ, にしきふじうつぎ, のりうつぎ, はこねうつぎ, ふさふじうつぎ, みつばうつぎ
ウッドセージ　剄むらさきサルビア(紫-)　*Teucrium scorodonia* L. シソ科 sage-leaved salvia, wood sage　薬
うつぼぐさ(靫草)　剄かこそう(夏枯草)　*Prunella vulgaris* L. ssp. *asiatica* (Nakai) H.Hara シソ科 食・薬　＊せいよううつぼぐさ
うど(独活)　*Aralia cordata* Thunb. ウコギ科 udo 食・薬　＊おおししうど, おおはなうど, ししうど, せいよううど, はなうど, まつばうど
うのはな(卯花) → うつぎ(空木)
うばがねもち → いずせんりょう(伊豆千両)
うはぎ(齊蒿) → よめな(嫁菜)
ウパス　剄イポー(一保)　*Antiaris toxicaria* (Pers.) Lesch. クワ科 antiar, upas (tree)　薬・繊・材
うばたま(烏羽玉) → ペヨーテ
うばめがし(姥目樫)　剄いまめがし(今芽樫)　*Quercus phillyraeoides* A.Gray ブナ科　食・材
うばゆり(姥百合)　*Cardiocrinum cordatum* (Thunb.) Makino [*Hemerocallis cordata; Lilium cordatum*] ユリ科 heart-leaf lily 食　＊おおうばゆり
うべ(郁子) → むべ(郁子)
うまぐり(馬栗) → せいようとちのき(西洋栃)
うまごやし(馬肥) → バークローバ　＊うずまきうまごやし, こがねうまごやし, こめつぶうまごやし, つのうまごやし, むらさきうまごやし, もんつきうまごやし
うまぜり(馬芹) → とうき(当帰)
うまのあしがた(馬脚形・馬足形・毛茛) → きんぽうげ(金鳳花)
うまのすずくさ(馬鈴草)　剄ばとうれい(馬兜鈴)　*Aristolochia debilis* Sieb. et Zucc. ウマノスズクサ科 birthwort　薬　＊おおばうまのすずくさ
うまのみつば(馬三葉)　剄おにみつば(鬼三葉)　*Sanicula chinensis* Bunge セリ科　薬
うみくろうめもどき(海黒梅擬)　*Hippophae rhamnoides* L. グミ科 sea buckthorn　薬
うみぶどう(海葡萄) → はまべぶどう(浜辺葡萄)
うめ(梅)　*Armeniaca mume* Sieb. [*Prunus mume*] バラ科 Japanese (flowering) apricot, (m)ume 材・食・薬　＊こうめ, なつうめ, にわうめ, ゆすらうめ
うめばちも(梅鉢藻) → ばいかも(梅花藻)
うめもどき(梅擬)　*Ilex serrata* Thunb. モチノキ科 Japanese winterberry　材
うやく(烏薬)　剄てんだいうやく(天台烏薬)　*Lindera strychnifolia* (Sieb. et Zucc.) Fern.-Vill. [*Benzoin strychnifolium*] クスノキ科　薬　＊こうしゅううやく
うらじろいちご(裏白苺) → えびがらいちご(海老殻苺)
うらじろえのき(裏白榎)　*Trema orientalis* (L.) Blume [*Celtis orientalis*] ニレ科 charcoal tree, Indian nettle tree　材・繊・染
うらじろがし(裏白樫)　剄やなぎがし(柳樫)　*Quercus salicina* Blume ブナ科　材・薬・食
うらじろかんば(裏白樺)　剄ねこしで(猫四手)　*Betula corylifolia* Regel et Maxim. カバノキ科　材
うらじろだも(裏白-) → しろだも(白-)
うらじろのき(裏白木)　*Sorbus japonica* Hedl. [*Aria japonica; Micromeles japonica*] バラ科 Japanese whitebeam　材　＊しまうらじろのき, もみじばうらじろのき
うらじろはこやなぎ(裏白箱柳)　剄ぎんどろ(銀泥)　*Populus alba* L. ヤナギ科 abele, silver-leaved／white poplar　材・繊

うらじろまたたび(裏白木天蓼) *Actinidia arguta* (Sieb. et Zucc.) Planch. ex Miq. var. *hypoleuca* (Nakai) Kitam. マタタビ科　食

うらじろもみ(裏白樅) 剛だけもみ(岳樅), にっこうもみ(日光樅) *Abies homolepis* Sieb. et Zucc. マツ科 Nikko (silver) fir　材・繊・薬

ウラルかんぞう(-甘草) → かんぞう(甘草)

うり(瓜)　＊あおうり, あさうり, あじうり, あまうり, いとうり, かもうり, からすうり, きからすうり, きゅうり, コロシントうり, しろうり, すずめうり, そばうり, ちちうり, ちょうせんうり, ちょうせんからすうり, つけうり, てんぐすずめうり, とうからすうり, にがうり, はやとうり, へびうり, まくわうり, もみうり

うりかえで(瓜楓) 剛めうりかえで(女瓜楓・雌瓜楓), めうりのき(雌瓜木) *Acer crataegifolium* Sieb. et Zucc. カエデ科 hawthorn maple　材

うりかわ(瓜皮) 剛やなぎおもだか(柳面高・柳沢瀉), おおぼしそう(大星草) *Sagittaria pygmaea* Miq. オモダカ科　食

うりのき(瓜木) *Alangium platanifolium* (Sieb. et Zucc.) Harms var. *trilobum* (Miq.) Ohwi ウリノキ科　薬

うりはだかえで(瓜膚楓) *Acer rufinerve* Sieb. et Zucc. カエデ科 snake-bark maple　材

うるい → おおばぎぼうし(大葉擬宝珠)

ウルコ *Ullucus tuberosus* Caldas [*Basella tuberosa; Melloca tuberosa*] ツルムラサキ科 papa lisa, tuberous basella, ulluco　食

うるし(漆) 剛うるしのき(漆木) *Rhus verniciflua* Stokes [*Toxicodendron verniciflua*] ウルシ科 Japanese lacquer tree, varnish tree　塗・油・薬・材　＊にわうるし, はぜうるし, やまうるし

ウワウルシ → くまこけもも(熊苔桃)

うわばみそう(蟒草) 剛くちなわじょうご(蛇漏斗), みずな(水菜) *Elatostema umbellatum* Blume var. *majus* Maxim. イラクサ科　食

うわみずざくら(上溝桜) 剛こんごうざくら(金剛桜), ははか *Padus grayana* (Maxim.) C.K.Schneid. [*Prunus grayana*] バラ科 Gray's bird cherry　材・染・食　＊えぞのうわみずざくら

うんこう(芸香) 剛こへンルーダ(小-) *Ruta chalepensis* L. ミカン科 fringed rue　薬

うんしゅうみかん(温州蜜柑) *Citrus unshiu* S.Marcov. ミカン科 Japanese / Satsuma mandarin, Unshu mandarin / orange　食

うんだい(蕓苔) → せいようあぶらな(西洋油菜)

うんなんびわ(雲南枇杷) *Eriobotrya bengalensis* Hook.f. バラ科　食

［え］

え(荏) → えごま(荏胡麻)

えいじゅ(栄樹) → ブライア

えごのき(-木) 剛ろくろぎ(轆轤木) *Styrax japonica* Sieb. et Zucc. エゴノキ科 Japanese snowbell　材・塗　＊せいようえごのき

えごま(荏胡麻) 剛え(荏), じゅうねん(十稔) *Perilla frutescens* (L.) Britton var. *japonica* (Hassk.) H. Hara [*Ocimum frutescens*] シソ科 perilla　油・食

エジプトいちじく(-無花果) *Ficus sycomorus* L. クワ科 sycamore fig　食

エジプトクローバ *Trifolium alexandrinum* L. マメ科 berseem / Egyptian clover　飼

エジプトこむぎ(-小麦) *Triticum pyramidale* Schult. イネ科 Egyptian wheat　食

エジプトルーピン *Lupinus termis* Forskal マメ科 Egyptian lupine, termis　食

エシャロット → シャロット

エストラゴン → タラゴン

エスパルト 剛アフリカはねがや(-羽芽) *Stipa tenacissima* L. イネ科 esparto / Spanish grass 繊
えぞあざみ(蝦夷薊) → ちしまあざみ(千島薊)
えぞいそつつじ(蝦夷磯躑躅) → いそつつじ(磯躑躅)
えぞいたや(蝦夷板屋) → いたやかえで(板屋楓)
えぞいらくさ(蝦夷刺草) *Urtica platyphylla* Wedd. イラクサ科 食
えぞうこぎ(蝦夷五加木) 剛シベリアにんじん(-人参) *Eleutherococcus senticosus* (Rupr. et Maxim.) Maxim. [*Acanthopanax senticosus*] ウコギ科 Siberian ginseng 食・薬
えぞえのき(蝦夷榎) *Celtis jessoensis* Koidz. ニレ科 食・材
えぞえんごさく(蝦夷延胡索) *Corydalis fumariifolia* Maxim. ssp. *azurea* Linden et Zetterl. ケマンソウ科 薬・食
えぞおおばこ(蝦夷車前草) *Plantago camtschatica* Cham. ex Link. オオバコ科 食
えぞかんぞう(蝦夷萱草) 剛えぞぜんていか(蝦夷禅定花) *Hemerocallis middendorfii* Trautv. et C.A.Mey. ユリ科 食
えぞきいちご(蝦夷木苺) 剛ヨーロッパきいちご(-木苺), ラズベリー *Rubus idaeus* L. バラ科 American / European red raspberry 食
えぞくがいそう(蝦夷九蓋草) *Veronicastrum sachalinense* (Boriss.) T.Yamaz. ゴマノハグサ科 薬
えぞこうほね(蝦夷河骨) → ねむろこうほね(根室河骨)
えぞさんざし(蝦夷山査子) *Crataegus jezoana* Schneid. バラ科 材・食
えぞしろね(蝦夷白根) *Lycopus uniflorus* Michx. シソ科 bugleweed 食
えぞすぐり(蝦夷酸塊) *Ribes latifolium* Jancz. スグリ科 broadleaf currant 食
えぞすずしろ(蝦夷清白) 剛きたみはたざお(北見旗竿) *Erysimum cheiranthoides* L. アブラナ科 wormseed wallflower 薬
えぞぜんていか(蝦夷禅定花) → えぞかんぞう(蝦夷萱草)
えぞたいせい(蝦夷大青) 剛はまたいせい(浜大青) *Isatis yezoensis* Ohwi アブラナ科 染
えぞたんぽぽ(蝦夷蒲公英) *Taraxacum venustum* Koidz. キク科 食
えぞつるきんばい(蝦夷蔓金梅) *Potentilla anserina* L. ssp. *egedei* (Wormsk.) Hittonen バラ科 食
えぞとりかぶと(蝦夷鳥兜) *Aconitum yezoense* Nakai キンポウゲ科 薬
えぞにゅう(蝦夷-) *Angelica ursina* (Rupr.) Maxim. セリ科 bear's angelica 食 ＊まるばえぞにゅう
えぞにわとこ(蝦夷接骨木) *Sambucus racemosa* L. ssp. *kamtschatica* (E. L.Wolf) Hultén スイカズラ科 薬
えぞねぎ(蝦夷葱) 剛チャイブ *Allium schoenoprasum* L. ユリ科 chive 食
えぞのうわみずざくら(蝦夷上溝桜) *Padus racemosa* (Lam.) C.K.Schneid. [*Prunus padus*] バラ科 (European) bird cherry 材・染・薬
えぞのぎしぎし(蝦夷羊蹄) *Rumex obtusifolius* L. タデ科 broadleaf dock 食
えぞのきつねあざみ(蝦夷狐薊) *Breea setosa* (M.Bieb.) Kitam. [*Cirsium setosum*] キク科 creeping thistle 薬
えぞのきぬやなぎ(蝦夷絹柳) → きぬやなぎ(絹柳)
えぞのきりんそう(蝦夷麒麟草) *Sedum kamtschaticum* Fisch ベンケイソウ科 薬
えぞのりゅうきんか(蝦夷立金花) 剛やちぶき(谷地蕗) *Caltha fistulosa* Schipcz. キンポウゲ科 食
えぞはんのき(蝦夷榛木) → やちはんのき(谷地榛木)
えぞへびいちご(蝦夷蛇苺) *Fragaria vesca* L. バラ科 Alpine / sow-teat / wild strawberry 食
えぞまつ(蝦夷松) 剛くろえぞまつ(黒蝦夷松) *Picea jezoensis* (Sieb. et Zucc.) Carr. [*Abies jezoensis*] マツ科 Japanese / Yeddo / Yezo spruce 材・繊 ＊あかえぞまつ
えぞみそはぎ(蝦夷禊萩) *Lythrum salicaria* L. ミソハギ科 purple / spiked loosestrife 食・薬
えぞやまざくら(蝦夷山桜) → おおやまざくら(大山桜)
えぞゆずりは(蝦夷譲葉) *Daphniphyllum macropodum* Miq. var. *humile* (Maxim. ex Franch. et Sav.) K.Rosenthal ユズリハ科 薬

えぞよもぎ(蝦夷蓬) → おおよもぎ(大蓬)
えぞよもぎぎく(蝦夷蓬菊) → タンジー
えぞりんどう(蝦夷龍胆) *Gentiana triflora* Pall. var. *japonica* (Kusn.) H. Hara リンドウ科　薬
えぞれんりそう(蝦夷連理草) *Lathyrus palustris* L. ssp. *pilosus* (Cham.) Hultén マメ科　食・薬
えぞわさび(蝦夷山葵) *Cardamine yezoensis* Maxim. アブラナ科　香
えどたで(江戸蓼) → あざぶたで(麻布蓼)
えどところ(江戸野老) → ひめどころ(姫野老)
えどひがん(江戸彼岸) *Cerasus spachiana* (Lavallée ex H.Otto) H.Otto f. *ascendens* (Makino) H.Ohba バラ科　材・台
エニシダ(金雀枝・金雀児) *Cytisus scoparius* (L.) Link [*Genista scoparia; Sarothamus scoparius*] マメ科　common / Scotch / yellow broom, genista　薬　＊ひとつばエニシダ
えにす(槐) → えんじゅ(槐樹)
えのき(榎・朴) *Celtis sinensis* Pers. ニレ科　Chinese / Japanese hackberry　材・食・薬　＊アメリカえのき, うらじろえのき, えぞえのき, こばのちょうせんえのき
えのきあおい(榎葵) *Malvastrum coromandelianum* (L.) Garcke アオイ科　broomweed, false mallow　薬
えのきぐさ(榎草) 剛あみがさそう(編笠草) *Acalypha australis* L. トウダイグサ科　(three-seeded) copperleaf　薬
えのころやなぎ(狗尾柳) → ねこやなぎ(猫柳)
えびかずら(海老葛) → えびづる(海老蔓)
えびがらいちご(海老殻苺) 剛うらじろいちご(裏白苺) *Rubus phoenicolasius* Maxim. バラ科　wine raspberry　食
えびすぐさ(夷草・恵比須草) 剛けつめい(決明) *Senna obtusifolia* (L.) H.S.Irwin et Barneby [*Cassia obtusifolia*] ジャケツイバラ科　oriental / sickle senna, sickle pod　薬・肥・嗜
えびづる(海老蔓) 剛いぬぶどう(犬葡萄), えびかずら(海老葛) *Vitis thunbergii* Sieb. et Zucc. ブドウ科　食・薬
えびらはぎ(箙萩) → スィートクローバ　＊せいようえびらはぎ
えびらふじ(箙藤) *Vicia venosa* (Willd. ex Link) Maxim. var. *cuspidata* Maxim. マメ科　食
えらん(栄蘭) → あだん(阿檀)
エルム → はるにれ(春楡)
エレファントグラス → ネピアグラス
えんごさく(延胡索) *Corydalis yanhusuo* W.T.Wang ケマンソウ科　corydalis　薬　＊えぞえんごさく
えんじゅ(槐・槐樹) 剛えにす(槐), きふじ(木藤) *Sophora japonica* L. [*Stypholobium japonicum*] マメ科　Chinese scholar tree, Japanese pagoda tree　材・薬・染　＊いぬえんじゅ, おおえんじゅ, くさえんじゅ, くろばなえんじゅ, はりえんじゅ, やまえんじゅ
エンセーテ 剛アビシニアばしょう(-芭蕉) *Ensete ventricosum* (Welw.) Cheesman バショウ科　Abyssinian banana, ensete　食・繊
エンダイブ 剛オランダちしゃ(-萵苣), きくぢしゃ(菊萵苣), にがぢしゃ(苦萵苣) *Cichorium endivia* L. キク科　(spidere / whit) endive, escarole　食
えんどう(豌豆) 剛ことう(胡豆), さやえんどう(莢豌豆), しろえんどう(白豌豆), なつまめ(夏豆), のらまめ(野良豆) *Pisum sativum* L. マメ科　(common / garden / green) pea　食　＊おおからすのえんどう, からすのえんどう, すずめのえんどう, はまえんどう, やはずえんどう
えんばく(燕麦) 剛オートむぎ(-麦), まからすむぎ(真烏麦) *Avena sativa* L. イネ科　oats　食・飼・肥　＊はだかえんばく
えんぴつのき(鉛筆木) → えんぴつびゃくしん(鉛筆柏槇)
えんぴつびゃくしん(鉛筆柏槇) 剛えんぴつのき(鉛筆木) *Sabina virginiana* (L.) Antoine [*Juniperus virginiana*] ヒノキ科　Eastern red cedar, pencil cedar　材

エンマーこむぎ(-小麦) 別ふたつぶこむぎ(二粒小麦) *Triticum dicoccum* Schubl. イネ科 emmer / two-grained wheat 食
えんめいぎく(延命菊) → ひなぎく(雛菊)
えんめいそう(延命草) → ひきおこし(引起)
えんれいそう(延齢草) 別たちあおい(立葵) *Trillium apetalon* Makino ユリ科 trillium 薬・食
　　＊おおばなのえんれいそう, たちえんれいそう

[お]

おうぎ(黄耆)　＊あかばなおうぎ, いわおうぎ, きばなおうぎ, たいつりおうぎ, たてやまおうぎ
おうぎばしょう(扇芭蕉) 別たびびとのき(旅人木) *Ravenala madagascariensis* J.F.Gmel. ゴクラクチョウカ科 traveler's palm / tree 材・食
おうぎやし(扇椰子) 別うちわやし(団扇椰子), パルミラやし(-椰子) *Borassus flabellifer* L. ヤシ科 brad tree, dessert / Palmyra / tala / wine palm, great fun palm 甘・食・繊・材
おうごんじゅ(黄金樹) → はなきささげ(花木豇豆)
おうごんはぎ(黄金萩) → クラウンベッチ
おうしゅうあかまつ(欧州赤松) → ヨーロッパあかまつ(-赤松)
おうしゅうとうひ(欧州唐檜) → ドイツとうひ(-唐檜)
おうしゅうななかまど(欧州七竈) → ヨーロッパななかまど(-七竈)
おうしゅうなら(欧州楢) → ヨーロッパなら(-楢)
おうしゅうにれ(欧州楡) → ヨーロッパにれ(-楡)
おうしゅうはるにれ(欧州春楡) → せいようはるにれ(西洋春楡)
おうしゅうぶな(欧州橅) → ヨーロッパぶな(-橅)
おうしゅうもみ(欧州樅) → ヨーロッパもみ(-樅)
おうしゅうよもぎ(欧州蓬) *Artemisia vulgaris* L. キク科 mugwort 薬
おうち(楝・樗) → せんだん(栴檀)
おうとう(桜桃) → せいようみざくら(西洋実桜)　＊かんかおうとう, さんかおうとう, ちゅうごくおうとう
おうばく(黄蘗・黄柏) → きはだ(黄膚)
おうれん(黄連) 別きくばおうれん(菊葉黄蓮) *Coptis japonica* (Thunb.) Makino キンポウゲ科 Japanese goldthread 薬　＊こおうれん, しなおうれん, みつばおうれん
おおあざみ(大薊) 別マリアあざみ(-薊) *Silybum marianum* (L.) Gaertn. キク科 blessed / holy / lady's / milk thistle 薬
おおあぶらぎり(大油桐) → しなあぶらぎり(支那油桐)
おおあまどころ(大甘野老) *Polygonatum odoratum* (Mill.) Druce var. *maximowiczii* (F.Schmidt) Koidz. ユリ科 食・薬
おおアメリカきささげ(大-木豇豆) → はなきささげ(花木豇豆)
おおあらせいとう(大紫羅欄花) 別しょかつさい(諸葛菜), はなだいこん(花大根), むらさきはなな(紫花菜) *Orychophragmus violaceus* (L.) O.E.Schulz アブラナ科 食
おおあわ(大粟・粱) 別こうりょう(黄粱) *Setaria italica* (L.) P.Beauv. var. *maxima* Al. イネ科 Italian millet 食
おおあわがえり(大粟還) → チモシー
おおいたどり(大虎杖) *Reynoutria sachalinensis* (F.Schmidt) Nakai [*Fallopia sachalinensis*; *Polygonum sachalinense*] タデ科 giant / Sakhalin knotweed 食・薬
おおいたび(大木蓮子・大崖爬・薜荔) *Ficus pumila* L. クワ科 climbing / creeping fig 食・薬
おおいぬのふぐり(大犬陰嚢) *Veronica persica* Poiret ゴマノハグサ科 Persian speedwell 薬

おおうしのけぐさ(大牛毛草) → レッドフェスク
おおうばゆり(大姥百合) *Cardiocrinum cordatum* (Thunb.) Makino var. *glehnii* (F.Schmidt) H.Hara [*Lilium cordatum* var. *glehnii*] ユリ科　食
おおえんじゅ(大槐) → いぬえんじゅ(犬槐)
おおかにこうもり(大蟹蝙蝠) *Cacalia nikomontana* Matsum. キク科　食
おおかにつり(大蟹釣) → トールオートグラス
おおかめのき(大亀木)　剛むしかり　*Viburnum furcatum* Blume ex Maxim. スイカズラ科　材
おおがらし(大芥子) → たかな(高菜)
おおからすのえんどう(大烏豌豆) → コモンベッチ
オーク　＊セイロンオーク, ホワイトオーク
おおくまたけらん(大熊竹蘭) → げっとう(月桃)
おおぐるま(大車) *Inula helenium* L. キク科　elecampane, yellow starwort　薬・香
おおくろぐわい(大黒慈姑) *Eleocharis dulcis* (Burm.f.) Trin ex Hensch var. *tuberosa* (Roxb.) T.Koyama カヤツリグサ科　(Chinese) water chestnut, matai　食・薬
おおししうど(大猪独活) → よろいぐさ(鎧草)
おおしまざくら(大島桜) *Cerasus lannesiana* Carr. var. *speciosa* Makino [*Prunus lannesiana* var. *speciosa*] バラ科　Oshima cherry　材・台
おおしらびそ(大白檜曽)　剛あおもりとどまつ(青森椴松), おおしらべ(大白檜), おおりゅうぜん(大龍髯)　*Abies mariesii* Mast. マツ科　Maries fir　材・繊
おおしらべ(大白檜) → おおしらびそ(大白檜曽)
おおすずめのてっぽう(大雀鉄砲) → メドーフォクステール
おおすべりひゆ(大滑莧) → たちすべりひゆ(立滑莧)
おおぜり(大芹) → どくぜり(毒芹)
おおたにわたり(大谷渡) *Asplenium antiquum* Makino [*Neottopteris antiqua*] チャセンシダ科　bird's nest fern　食
おおちどめ(大血止) *Hydrocotyle ramiflora* Maxim. セリ科　薬
オーチャードグラス　剛かもがや(鴨茅)　*Dactylis glomerata* L. イネ科　cock's foot, orchard grass　飼
おおつづらふじ(大葛藤) → つづらふじ(葛藤)
おおつりばな(大吊花) *Euonymus planipes* (Koehne) Koehne ニシキギ科　食
おおつわぶき(大石蕗) *Farfugium japonicum* (L.) Kitam. var. *giganteum* (Sieb. et Zucc.) Kitam. キク科　食
おおとねりこ(大梣)　剛やまとあおだも(大和青-)　*Fraxinus longicuspis* Sieb. et Zucc. モクセイ科　材
オートむぎ(-麦) → えんばく(燕麦)
おおながみくだものとけいそう(大長実果物時計草) → おおみのとけいそう(大実時計草)
おおなら(大楢) → みずなら(水楢)
おおなるこゆり(大鳴子百合)　剛おおばおうせい(大葉黄精), やまなるこゆり(山鳴子百合)　*Polygonatum macranthum* (Maxim.) Koidz. ユリ科　食
おおにら(大韮) → らっきょう(辣韮)
おおね(大根) → だいこん(大根)
おおばあさがら(大葉麻殻)　剛けあさがら(毛麻殻)　*Pterostyrax hispida* Sieb. et Zucc. エゴノキ科　epaulette tree　材
おおばいちじく(大葉無花果) *Ficus auriculata* Lour. クワ科　Roxburgh fig　食
おおばうまのすずくさ(大葉馬鈴草) *Aristolochia kaempferi* Willd. ウマノスズクサ科　薬
おおばおうせい(大葉黄精) → おおなるこゆり(大鳴子百合)
おおばがし(大葉樫) → あかがし(赤樫)
おおばぎぼうし(大葉擬宝珠)　剛うるい　*Hosta sieboldiana* (Lodd.) Engl. ユリ科　plantain lily　食

おおばくさふじ（大葉草藤）　*Vicia pseudo-orobus* Fisch. et Mey. マメ科　食
おおばぐみ（大葉茱萸）　圀まるばぐみ（丸葉茱萸）　*Elaeagnus macrophylla* Thunb. グミ科　食
おおばくろもじ（大葉黒文字）　*Lindera umbellata* Thunb. var. *membranacea* (Maxim.)
　　Momiyama クスノキ科　香
おおばげっきつ（大葉月橘）　圀なんようさんしょう（南洋山椒）　*Murraya koenigii* (L.) Spreng.
　　[*Bergera koenigii*] ミカン科　curry leaf (tree)　香
おおばげっけい（大葉月桂）　*Acronychia penduculata* (L.) Miq. ミカン科　jambol　薬
おおばこ（大葉子・車前）　*Plantago asiatica* L. オオバコ科　Asiatic plantain, ribwort　食・薬　＊え
　　ぞおおばこ, おにおおばこ, へらおおばこ, ようしゅおおばこ
おおばしなのき（大葉科木）　→　おおばぼだいじゅ（大葉菩提樹）
おおはしばみ（大榛）　*Corylus heterophylla* Fisch. ex Besser カバノキ科　Siberian hazelnut / filbert
　　食・材
おおはしりどころ（大走野老）　→　ベラドンナ
おおばすのき（大葉酢木）　*Vaccinium smallii* A.Gray ツツジ科　食
おおばせんきゅう（大葉川芎）　*Angerica genuflexa* Nutt. ex Torr. et A.Gray セリ科　kneeling
　　angelica　食
おおばたねつけばな（大葉種付花）　圀ていれぎ（葶藶）　*Cardamine scutata* Thunb. アブラナ科　食
おおばぢしゃ（大葉萵苣）　→　はくうんぼく（白雲木）
おおばとねりこ（大葉梣）　→　やちだも（谷地-）
おおはなうど（大花独活）　*Heracleum dulce* Fisch. セリ科　食・薬
おおばなおけら（大花朮）　*Atractylodes macrocephala* Koidz. [*Atractylis macrosephala*] キク
　　科　薬
おおばなカカオのき（大花-木）　*Theobroma grandiflora* (G.Don) K.Schum. アオギリ科　食
おおばなカリッサ（大花-）　*Carissa macrocarpa* (Ecklon) A.DC. キョウチクトウ科　amatungulu, Natal
　　plum　食
おおばなさるすべり（大花百日紅）　*Lagerstroemia speciosa* (L.) Pers. ミソハギ科　jarul, queen crape
　　myrtle　材・薬
おおばなそけい（大花素馨）　→　ジャスミン
おおばなのえんれいそう（大花延齢草）　*Trillium camschatcense* Ker Gawl. ユリ科　食・薬
おおばのあかつめくさ（大葉赤詰草）　→　ジグザグクローバ
おおばのセンナ（大葉-）　圀ほそばはぶそう（細葉波布草）　*Senna sophera* L. [*Cassia sophera*]
　　ジャケツイバラ科　薬
おおばのマンゴスチン（大葉-）　*Garcinia dulcis* (Roxb.) Kunz　オトギリソウ科　baniti　食
おおばひめまお（大葉姫真麻）　*Pouzolzia zeylanica* Benn. イラクサ科　薬・食
おおばひるぎ（大葉蛭木）　→　やえやまひるぎ（八重山蛭木）
おおばぼだいじゅ（大葉菩提樹）　圀あおじな（青科）, おおばしなのき（大葉科木）　*Tilia maximo-*
　　wicziana Shiras. シナノキ科　材
おおばぼんてんか（大葉梵天花）　*Urena lobata* L. アオイ科　繊
おおはまぼう（大黄槿）　圀やまあさ（山麻）　*Hibiscus tiliaceus* L. アオイ科　coast cotton tree, lagoon /
　　linden / sea hibiscus　繊・材
おおばマホガニー（大葉-）　*Swietenia macrophylla* King センダン科　baywood, big-leaved /
　　Honduras / Mexican mahogany　材
おおばみねばり（大葉峰榛）　→　あずさ（梓）
おおばやなぎ（大葉柳）　圀あかやなぎ（赤柳）　*Salix cardiophylla* Trautv. et Mey. var. *urbaniana*
　　(Seemen) Kudo [*Toisusu urbaniana*] ヤナギ科　材
おおばゆきざさ（大葉雪笹）　→　やまとゆきざさ（大和雪笹）
おおばらいちご（大薔薇苺）　*Rubus rosifolius* Sm. var. *tropicus* f. *genuinus* Makino バラ科　食

おおばりんどう(大葉龍胆) *Gentiana macrophylla* Pall リンドウ科　薬
おおはるしゃぎく(大波斯菊) → コスモス
おおはんげ(大半夏) *Pinellia tripartita* (Blume) Schott サトイモ科　薬
おおびる(大蒜) → にんにく(忍辱)
おおぶき(大蕗) → あきたぶき(秋田蕗)
おおぶどうほおずき(大葡萄酸漿) → ほおずきトマト(酸漿-)
おおふともも(大蒲桃) → レンブ(蓮霧)
おおべにみかん(大紅蜜柑) 剮べにみかん(紅蜜柑) *Citrus tangerina* hort. ex Tanaka ミカン科　tangerine　食
おおべんけいそう(大弁慶草) *Hylotelephium spectabile* (Boreau) H.Ohba [*Sedum spectabile*] ベンケイソウ科　薬
おおぼしそう(大星草) → うりかわ(瓜皮)
おおまつよいぐさ(大待宵草) *Oenothera glaziociana* Micheli アカバナ科　large-flowered evening primrose　食
おおみあかてつ(大実赤鉄) → マメー
おおみさんざし(大実山査子) *Crataegus pinnatifida* Bunge var. *major* N.E. Br. バラ科　red hawthorn　薬・食
おおみつばたぬきまめ(大三葉狸豆) *Crotalaria pallida* Aiton マメ科　smooth crotalaria　飼・被
おおみてんぐやし(大実天狗椰子) → ミリチーやし(-椰子)
おおみのつるこけもも(大実蔓苔桃) → クランベリー
おおみのとけいそう(大実時計草) 剮おおながみくだものとけいそう(大長実果物時計草) *Passiflora quadrangularis* L. トケイソウ科　(giant) granadilla　食
おおみやし(大実椰子) 剮ふたごやし(双子椰子) *Lodoicea maldivica* (J.F.Gmel.) Pers. ex H.Wendl. [*Borassus sonneratii*; *Cocos maldivica*] ヤシ科　coco-de-mer, double / sea coconut, Seychelles nut　材・食
おおむぎ(大麦) 剮かちがた, ふとむぎ(太麦) *Hordeum vulgare* L. イネ科　(common / six-rowed) barley　食　＊にじょうおおむぎ, やばねおおむぎ
おおもみじ(大紅葉) *Acer amoenum* Carr. カエデ科　材
おおやまざくら(大山桜) 剮えぞやまざくら(蝦夷山桜) *Cerasus sargentii* (Rehder) H.Ohba [*Prunus sargentii*] バラ科　sargent cherry　材
おおよもぎ(大蓬) 剮えぞよもぎ(蝦夷蓬) *Artemisia montana* (Nakai) Pamp. キク科　mountain mugwort　薬
おおりゅうぜん(大龍髭) → おおしらびそ(大白檜曽)
オールスパイス 剮ピメントのき(-木) *Pimenta dioica* (L.) Merr. [*Eugenia pimenta*; *Myrtus pimenta*] フトモモ科　allspice, Jamaica pepper, pimento　香
オカ 剮アンデスかたばみ(-酢漿草) *Oxalis tuberosa* Molina カタバミ科　edible tuberous oxalis, oca of Peru, oka　食
おがさわらいちび(小笠原苘麻) → たいわんいちび(台湾苘麻)
おがさわらまつ(小笠原松) → もくまおう(木麻黄)
おかぜり(陸芹) *Cnidium monnieri* (L.) Cusson セリ科　Monnier's snowparsley　薬
おがたまのき(招霊木) 剮だいしこう(大師香), ときわこぶし(常磐拳) *Michelia compressa* (Maxim.) Sarg. [*Magnolia compressa*] モクレン科　香・材　＊とうおがたま
おかとらのお(丘虎尾) *Lysimachia clethroides* Duby サクラソウ科　loosestrife　食・薬・飼
おかのり(陸海苔) *Malva verticillata* L. var. *crispa* L. アオイ科　食
おかひじき(陸鹿尾菜) 剮おかみる(陸水松), みるな(水松菜) *Salsola komarovii* Iljin アカザ科　barilla, saltwort　食
おかみる(陸水松) → おかひじき(陸鹿尾菜)

おかめざさ（阿亀笹） 剛かぐらざさ（神楽笹），ごまいざさ（五枚笹） *Shibataea kumasaca* (Zoll. ex Steud.) Nakai ［*Bambusa kumasaca; Phyllostachys kumasaca*］ イネ科　材

おかれんこん（陸蓮根） → オクラ

おきなぐさ（翁草） 剛ぜがいそう（善界草） *Pulsatilla cernua* (Thunb.) Bercht. et Opiz ［*Anemone cernua*］ キンポウゲ科　薬　＊せいようおきなぐさ，ひろはおきなぐさ

おきなわつげ（沖縄柘植） *Buxus liukiuensis* (Makino) Makino ツゲ科　材

おきなわまつ（沖縄松） → りゅうきゅうあかまつ（琉球赤松）

おぎょう（御行） → ははこぐさ（母子草）

おくえぞさいしん（奥蝦夷細辛） *Asarum heterotropoides* F. Schmidt ［*Asiasarum heterotropoides*］ ウマノスズクサ科　食・薬

おくとりかぶと（奥鳥兜） 剛やまとりかぶと（山鳥兜） *Aconitum japonicum* Thunb. キンポウゲ科 Japanese aconite　薬

オクラ 剛アメリカねり，おかれんこん（陸蓮根） *Abelmoschus esculentus* (L.) Moench ［*Hibiscus esculentus*］ アオイ科 bindi, gumbo, lady's finger, okra　食

おぐるま（小車） *Inula britannica* L. ssp. *japonica* (Thunb.) Kitam. キク科　薬　＊おおぐるま，さわおぐるま，ようしゅおぐるま

おけら（朮・白朮） 剛じゅつ（朮） *Atractylodes japonica* Koidz. ex Kitam. ［*Atractylis ovata* var. *ternata*］ キク科　薬　＊おおばなおけら，しなおけら，ほそばおけら

おさばふうろ（筬葉風露） *Biophytum sensitivum* (L.) DC. ［*Oxalis sensitivum*］ カタバミ科 life plant　薬

おじぎそう（御辞儀草） 剛ねむりぐさ（眠草） *Mimosa pudica* L. ネムノキ科 action / humble / sensitive / shame plant, mimosa, touch-me-not　薬　＊みずおじぎそう

おしだ（雄羊歯） *Dryopteris crassirhizoma* Nakai オシダ科 male fern　薬

おしろいばな（白粉花） 剛ゆうげしょう（夕化粧） *Mirabilis jalapa* L. オシロイバナ科 beauty-of-the-night, four-o'clock, marvel-of-Peru　薬

おたからこう（雄宝香） *Ligularia fischeri* (Ledeb.) Turcz. キク科　食・薬

おたねにんじん（御種人参） → ちょうせんにんじん（朝鮮人参）

おとぎりそう（弟切草） *Hypericum erectum* Thunb. オトギリソウ科　薬　＊せいようおとぎり，ひめおとぎり，みやまおとぎり

おとこえし（男郎花） *Patrinia villosa* (Thunb.) Juss. オミナエシ科　食

おとこぶどう（男葡萄） → あまづる（甘蔓）

おとこよもぎ（牡蓬） *Artemisia japonica* Thunb. キク科 western mugwort　食・薬

おどりこそう（踊子草） *Lamium album* L. var. *barbatum* (Sieb. et Zucc.) Franch. et Sav. シソ科　食・薬　＊せいようおどりこそう

おなもみ（巻耳・葉耳） *Xanthium strumarium* L. キク科 burweed, (common) cocklebur　薬

おにあざみ（鬼薊） *Cirsium borealinipponense* Kitam. キク科 plumed thistle　食

おにいちご（鬼苺） *Rubus ellipticus* Sm. バラ科 golden evergreen raspberry, Himalayan raspberry　食

おにうこぎ（鬼五加木） → やまうこぎ（山五加木）

おにうしのけぐさ（鬼牛毛草） → トールフェスク

おにおおばこ（鬼大葉子） 剛ようしゅおおばこ（洋種大葉子） *Plantago major* L. オオバコ科 common / great plantain　薬

おにく（御肉） 剛きむらたけ（金精茸） *Boschniakia rossica* (Cham. et Schtdl.) B.Fedtsch. ハマウツボ科　薬

おにぐるみ（鬼胡桃） *Juglans ailantifolia* Carr. クルミ科 Japanese / Siebold walnut　材・食

おにげし（鬼罌粟） *Papaver orientale* L. ケシ科 oriental poppy　薬

おにサルビア（鬼-） → クラリーセージ

おにぜきしょう（鬼石菖）→ しょうぶ（菖蒲）
おにぜんまい（鬼薇） *Osmunda claytoniana* L. ［*Osmundastrum claytonianum*］ ゼンマイ科 interrupted fern　食
おにたびらこ（鬼田平子） *Youngia japonica* (L.) DC. キク科 Asiatic hawksbeard　薬・食
おにのげし（鬼野芥子） *Soncus asper* (L.) Hill. キク科 spiny-leaved sow thistle　食
おにのしこぐさ（鬼醜草）→ しおん（紫苑）
おにのだけ（鬼土当帰・鬼野竹） *Angelica gigas* Nakai セリ科 Korean angelica　薬
おにのやがら（鬼矢幹） *Gastrodia elata* Blume ラン科　薬
おにばす（鬼蓮）剛みずぶき（水蕗） *Euryale ferox* Salisb. スイレン科 chicken's head, fox nut, prickly water-lily　食・薬
おにはまだいこん（鬼浜大根） *Cakile maritima* Scop. アブラナ科 (European) sea rocket　食
おにびし（鬼菱） *Trapa natans* L. var. *japonica* Nakai ヒシ科 (European) water chestnut, horn chestnut, water caltrops　食
おにひば（鬼檜葉） *Calocedrus decurrens* (Torr.) Florin ［*Heyderia decurrens; Libocedrus decurrens*］ ヒノキ科 (California) incense cedar　材
おにまたたび（鬼木天蓼）→ キーウィフルーツ
おにみつば（鬼三葉）→ うまのみつば（馬三葉）
おにもみじ（鬼紅葉）剛かじかえで（梶楓） *Acer diabolicum* Blume ex K.Koch カエデ科 devil's maple, horned maple　材
おにゆり（鬼百合）剛てんがいゆり（天蓋百合） *Lilium lancifolium* Thunb. ユリ科 tiger lily　食・薬
　＊こおにゆり
おのえやなぎ（尾上柳）剛カラフトやなぎ（-柳），ながばやなぎ（長葉柳） *Salix udensis* Trautv. et Mey. ヤナギ科 Japanese fantail willow　材・繊
おのおれかんば（斧折樺）剛みねばり（峰榛） *Betula schmidtii* Regel カバノキ科 Schmidt's birch 材　＊こおのおれ
おはぐろのき（御歯黒木） *Cratoxylum ligustrum* (Spach) Blume オトギリソウ科　材・薬
おばな（尾花）→ すすき（薄）
おひしば（雄日芝）剛ちからぐさ（力草） *Eleusine indica* (L.) Gaertn. イネ科 crowfoot / goose / wire / yard grass　食・薬
おひるぎ（雄蛭木）剛あかばなひるぎ（赤花蛭木） *Bruguiera gymnorrhiza* (L.) Lam. ヒルギ科　材・染
オヒョウ *Ulmus laciniata* (Trautv.) Mayr ニレ科　繊・材
オベチェ　剛アフリカすおう（-蘇芳） *Triplochiton scleroxylon* K.Schum. アオギリ科 African maple, obeche　材
おへびいちご（雄蛇苺） *Potentilla sundaica* (Blume) Kuntze var. *robusta* (Franch. et Sav.) Kitag. バラ科　薬
おまつ（雄松）→ くろまつ（黒松）
おみなえし（女郎花）剛あわばな（粟花），じょろうばな（女郎花） *Patrinia scabiosifolia* Fisch. ex Trevir. オミナエシ科　薬・食　＊はるおみなえし，ひごおみなえし
おもだか（面高・沢瀉）剛はなぐわい（花慈姑） *Sagittaria trifolia* L. オモダカ科 arrowhead　食・薬
　＊さじおもだか，やなぎおもだか
おもと（万年青） *Rohdea japonica* (Thunb.) Roth ［*Orontium japonicum*］ ユリ科 Japanese rohdea, lily-of-China　薬
おやこぐさ（親子草）→ ゆずりは（譲葉）
おやまぼくち（雄山火口）剛やまごぼう（山牛蒡） *Synurus pungens* (Franch. et Sav.) Kitam. キク科　食
オランダいちご（-苺）→ いちご（苺）

- 27 -

オランダがらし(-辛子) → クレソン
オランダきじかくし(-雉隠) → アスパラガス
オランダぐさ(-草) → そくず(蒴藋)
オランダげんげ(-紫雲英) → しろクローバ(白-) ＊たちオランダげんげ
オランダしゃくやく(-芍薬) 剾せいようしゃくやく(西洋芍薬) *Paeonia officinalis* L. ボタン科 common peony 薬
オランダずいせん(-水仙) → チュベローズ
オランダせきちく(-石竹) → カーネーション
オランダぜり(-芹) → クレソン／パセリ
オランダちしゃ(-萵苣) → エンダイブ
オランダドリアン → とげばんれいし(棘蕃茘枝)
オランダはっか(-薄荷) → スペアミント
オランダみつば(-三葉) → セルリー
オランダもみ(-樅) → こうようざん(広葉杉)
オランダわれもこう(-吾木香) *Sanguisorba minor* Scop. [*Poterium sanguisorba*] バラ科 garden / salad burnet 薬・香
オリーブ *Olea europaea* L. モクセイ科 (common) olive 油・食・薬・材 ＊セイロンオリーブ
オルドがき(-柿) *Diospyros oldhamii* Maxim. カキノキ科 食
オレガノ 剾はなはっか(花薄荷) *Origanum vulgare* L. シソ科 (common / pot / wild) marjoram, oregano, organy, origano 香・染
オレゴンはんのき(-榛木) → レッドオルダー
オレンジ 剾あまだいだい(甘橙)、スィートオレンジ *Citrus sinensis* (L.) Osbeck [*Aurantium sinense*] ミカン科 (sweet) orange 食 ＊ネーブルオレンジ
オロシャぎく(-菊) → こしかぎく(小鹿菊)
オンコ → いちい(一位)
おんじ(遠志) → ひめいとはぎ(姫糸萩)
おんなぐさ(女草) → せんきゅう(仙芎)

［か］

ガーデンクレス 剾こしょうそう(胡椒草) *Lepidium sativum* L. アブラナ科 common / garden cress 食・香
ガーデンベッチ → くさふじ(草藤)
カート → アラビアちゃのき(-茶木)
カーネーション 剾オランダせきちく(-石竹)、じゃこうなでしこ(麝香撫子) *Dianthus caryophyllus* L. ナデシコ科 carnation, clove pink 香
カーペットグラス 剾つるめひしば(蔓雌日芝) *Axonopus compressus* (Sw.) P.Beauv. イネ科 broad-leaf / tropical carpetgrass 被・飼
カーランツ 剾あかすぐり(赤酸塊)、ふさすぐり(房酸塊) *Ribes rubrum* L. スグリ科 (common / garden / red) currant 食
ガーリック → にんにく(忍辱)
かいがんタバコ(海岸煙草) → アコン
かいけいじおう(塊茎地黄) *Rehmannia glutinosa* (Gaertn.) Libosch. ex Fisch. et C.A.Mey. f. *hueichingensis* (Cao et Schih) Hsiao ゴマノハグサ科 薬
かいこうず(海紅豆) → なんばんあかあずき(南蛮赤小豆)

かいじんそう(海神草) → みずおじぎそう(水御辞儀草)
かいそう(海葱) *Urginea maritima* (L.) Baker [*Drimia maritima; Scilla maritima*] ユリ科 (red) squill, sea onion 薬
かいどう(海棠) ＊まるばかいどう、みつばかいどう
かいとうめん(海島棉) 剛ペルーわた(-棉) *Gossipium barbadense* L. アオイ科 Egyptian / sea island cotton 繊
かいなんぼく(海南木) *Dichapetalum longipetalum* Graib カイナンボク科 薬
カイニット → スターアップル
かいらん(芥藍) *Brassica oleracea* L. var. *alboglabra* (Bailey) Musil アブラナ科 Chinese broccoli / kale 食
カヴァ *Piper methysticum* G.Forst. コショウ科 kava(-kava), kava / kawa pepper 薬・嗜
カウピー → ささげ(豇豆)
カウリコーパルのき(-木) 剛カウリまつ(-松) *Agathis australis* Steud. ナンヨウスギ科 Kauri (pine) 塗・材
カウリまつ(-松) → カウリコーパルのき(-木)
かえで(楓) ＊いたやかえで、いろはかえで、うりかえで、うりはだかえで、かじかえで、こはうちわかえで、さとうかえで、せいようかじかえで、てつかえで、ときわかえで、とねりこばのかえで、ネグンドかえで、はうちわかえで、はなかえで、ひとつばかえで、べにかえで、ほそえかえで、まるばかえで、みつでかえで、めいげつかえで、めうりかえで、やましばかえで
かえでばすずかけのき(楓葉鈴懸木) → もみじばすずかけのき(紅葉葉鈴懸木)
かえんさい(火焔菜) → テーブルビート
かおう(花王) → ぼたん(牡丹)
ががいも(蘿藦) 剛ちちぐさ(乳草) *Metaplexis japonica* (Thunb.) Makino ガガイモ科 薬・食
カカオのき(-木) *Theobroma cacao* L. アオギリ科 cacao, chocolate nut tree 油・嗜 ＊おおばなカカオのき
かがち → ほおずき(酸漿)
かかつがゆ(和活油) 剛やまみかん(山蜜柑) *Cudrania cochinchinensis* (Lour.) Corner var. *gerontogea* (Sieb. et Zucc.) H.Ohashi [*Maclura cochinchinensis* var. *gerontogea*] クワ科 食・薬・染・繊
かがみぐさ(鏡草) 剛びゃくれん(白薟) *Ampelopsis japonica* (Thunb.) Makino ブドウ科 薬
かがみぐさ(鏡草) → うきくさ(浮草)
かき(柿) 剛かきのき(柿木) *Diospyros kaki* Thunb. カキノキ科 Chinese / Japanese persimmon tree, date plum, kaki, keg fig 食・材 ＊アメリカがき、オルドがき、くろがき、けがき、しなのがき、すいしょうがき、とうがき、なんばんがき、ぶどうがき、まめがき、メキシコがき、やまがき、りゅうきゅうがき、りゅうきゅうまめがき
かぎかずら(鉤蔓) *Uncaria rhynchophylla* (Miq.) Miq. アカネ科 薬
かきぢしゃ(掻萵苣) 剛アスパラガスレタス、くきぢしゃ(茎萵苣) *Lactuca sativa* L. var. *angustana* Irish ex Bailey キク科 asparagus / cutting lettuce 食
かきどおし(垣通・籬通) 剛かんとりそう(疳取草)、れんせんそう(連銭草) *Glechoma hederacea* L. [*Nepeta glechoma*] シソ科 cat's foot, ground ivy 薬
かきのき(柿木) → かき(柿)
かきのきだまし(柿木騙) → ちしゃのき(萵苣木)
かきばちしゃのき(掻葉萵苣木) *Cordia dichotoma* Forst. ムラサキ科 食・材
かきみぐさ(垣見草) → うつぎ(空木)
かくばもみ(角葉樅) *Abies magnifica* Murray マツ科 (California) red fir 材
かくみのすのき(角実酢木) → うすのき(臼木)
かくみひば(角実檜葉) *Tetraclinis articulata* (Vahl) Mast. ヒノキ科 arar tree 塗

かぐらざさ(神楽笹) → おかめざさ(阿亀笹)
かくれみの(隠蓑) 剛みつながしわ(御綱柏) *Dendropanax trifidus* (Thunb.) Makino [*Gilbertia trifida*] ウコギ科　塗
かこそう(夏枯草) → うつぼぐさ(靫草)
かごのき(鹿子木) *Actinodaphne lancifolia* (Sieb. et Zucc.) Meisn. [*Litsea lancifolia*] クスノキ科　材　＊あおかごのき
かさもち(藁本) *Nothosmyrnium japonicum* Miq. セリ科　薬
かし(樫) ＊あかがし, あらがし, いちいがし, いまめがし, うばめがし, うらじろがし, おおばがし, くろがし, コルクがし, しらかし, つくばねがし, はながし, ひいらぎかし, まてばがし, やなぎがし
カシア 剛けい(桂), しなにっけい(支那肉桂) *Cinnamomum cassia* J.Presl クスノキ科　cassia, cassia-bark tree, Chinese cinnamon　香・薬
かじいちご(構苺) *Rubus trifidus* Thunb. バラ科　fire raspberry　食
かじかえで(梶楓) → おにもみじ(鬼紅葉)　＊せいようかじかえで
かしぐるみ(菓子胡桃) → てうちぐるみ(手打胡桃)
カシス → くろふさすぐり(黒房酸塊)
かじのき(梶木・緒木・構木) 剛かみのき(紙木) *Broussonetia papyrifera* (L.) L'Hér. ex Vent. クワ科　paper mulberry, tapa-cloth tree　繊・薬
かしゅう(何首烏) → つるどくだみ(蔓蕺草)
カシュー → カシューナットのき(-木)
かしゅういも(何首烏芋) *Dioscorea bulbifera* L. ヤマノイモ科　aerial / potato yam　薬・食
カシューナットのき(-木) 剛カシュー, まがたまのき(勾玉木) *Anacardium occidentale* L. ウルシ科　cashew (nut)　食・材・染・油
がじゅつ(莪術・莪朮) *Curcuma zedoaria* (Christm.) Roscoe [*Amomum zedoaria*] ショウガ科　setwall, white turmeric, zedoary (turmeric)　香・薬
ガジュマル 剛ようじゅ(榕樹) *Ficus microcarpa* L.f. クワ科　Chinese banyan, laurel / smallfruit fig　材
がしょうそう(鵞掌草) → にりんそう(二輪草)
かしわ(柏・槲) *Quercus dentata* Thunb. ブナ科　daimyo oak　材・食・染　＊あかがしわ, あかめがしわ, くすのはがしわ, このてがしわ, ならがしわ, ほおがしわ, もうこかしわ
かしわなら(柏楢) → ならがしわ(楢柏)
カスカスかや(-茅) → ベチベルそう(-草)
かすみざくら(霞桜) *Cerasus verecunda* (Koidz.) H.Ohba バラ科　材
かたかご(堅香子) → かたくり(片栗)
かたくり(片栗) 剛かたかご(堅香子), かたこ(片子) *Erythronium japonicum* Decne. ユリ科　adder's tongue, fawn lily, (Japanese) dog-tooth violet　食・薬
かたこ(片子) → かたくり(片栗)
かたしろぐさ(片白草) → はんげしょう(半夏生)
かたばみ(酢漿草・酸漿草・傍食) 剛すいものぐさ(酢物草) *Oxalis corniculata* L. [*Xanthoxalis corniculata*] カタバミ科　creeping oxalis, creeping / yellow wood-sorrel　薬・食　＊アンデスかたばみ, むらさきかたばみ
かたばみも(酢漿草藻) → でんじそう(田字草)
かたん → あかぎ(赤木)
かちがた → おおむぎ(大麦)
かちくビート(家畜-) *Beta vulgaris* L. var. *crassa* Alef. アカザ科　field / fodder / forage / stock / white beet, mangel, mangold　飼
かっこうあざみ(藿香薊) 剛アゲラータム *Ageratum conyzoides* L. キク科　tropic ageratum　薬
かっこうちょろぎ(藿香草石蚕) 剛ベトニー *Stachys officinalis* (L.) Trevis. [*Betonica officinalis*]

シソ科 (purple / wood) betony, bishop's wort　薬
カッシー　→　きんごうかん(金合歓)
かつら(桂)　*Cercidiphyllum japonicum* Sieb. et Zucc.　カツラ科　Japanese Judas tree, katsura (tree)　材・染　＊うちわかつら, ひろはかつら
かなくぎのき(金釘木)　*Lindera erythrocarpa* Makino　クスノキ科　材
カナダつが(-栂)　*Tsuga canadensis* Carr.　マツ科　Canada / eastern hemlock　材・繊・薬
カナダとうひ(-唐檜)　別しろとうひ(白唐檜)　*Picea glauca* (Moench) Voss　マツ科　Canadian / white spruce　材
カナダにわとこ(-接骨木)　→　アメリカにわとこ(-接骨木)
カナダヒドラチス　*Hydrastis canadensis* L.　キンポウゲ科　goldenseal, orange-root　薬
カナダブルーグラス　別こいちごつなぎ(小苺繋)　*Poa compressa* L.　イネ科　Canada bluegrass, flat meadowgrass　飼
カナダブルーベリー　*Vaccinium myrtilloides* Michx.　ツツジ科　Canadian blueberry　食
かなびきそう(鉄引草)　*Thesium chinense* Turcz.　ビャクダン科　薬
かなむぐら(金葎・葎草)　*Humulus japonicus* Sieb. et Zucc.　アサ科　Japanese hop　薬
かなめもち(要黐)　別あかめもち(赤芽黐)　*Photinia glabra* (Thunb.) Maxim.　バラ科　材
カナリアかんらん(-橄欖)　→　カナリアのき(-木)
カナリアくさよし(-草葦)　→　カナリーグラス
カナリアのき(-木)　別カナリアかんらん(-橄欖)　*Canarium vulgare* Leenh.　カンラン科　Java almond　食・油
カナリーグラス　別カナリアくさよし(-草葦)　*Phalaris canariensis* L.　イネ科　canary grass / seed　飼　＊リードカナリーグラス
かにくさ(蟹草)　別つるしのぶ(蔓忍)　*Lygodium japonicum* (Thunb.) Sw.　フサシダ科　(Japanese) climbing fern　薬
かにこうもり(蟹蝙蝠)　*Cacalia adenostyloides* (Franch. et Sav. ex Maxim.) Matsum.　キク科　食
カニステル　別くだものたまご(果物卵)　*Pouteria campechiana* (Humb., Bonp. et Kunth) Baehni　アカテツ科　canistel, egg fruit　食
かにのめ(蟹眼)　→　つるあずき(蔓小豆)
かのこそう(鹿子草)　別けつそう(纈草)　*Valeriana fauriei* Briq.　オミナエシ科　薬・香　＊せいようかのこそう, つるかのこそう, べにかのこそう
かぶ(蕪・蕪青)　別かぶな(蕪菜), かぶら(蕪・蕪青), すずな(鈴菜)　*Brassica rapa* L. var. *glabra* Kitam.　アブラナ科　(seven-top / true / vegetable) turnip, rapini　食・飼　＊あかながかぶ, スェーデンかぶ
かぶかんらん(蕪甘藍)　→　コールラビ／ルタバガ
かぶとぎく(兜菊)　→　とりかぶと(鳥兜)
かぶな(蕪菜)　→　かぶ(蕪)
かぶら(蕪)　→　かぶ(蕪)
カプリンチェリー　*Prunus capuli* Cav. ex Spreng.　バラ科　capelin cherry　食
かぼす(香母酢・臭橙)　*Citrus sphaerocarpa* hort. ex Tanaka　ミカン科　kabosu　香
カボチャ(南瓜)　＊くりカボチャ, くろだねカボチャ, ざっしゅカボチャ, せいようカボチャ, つるなしカボチャ, にほんカボチャ, へちまカボチャ, ペポカボチャ, ミクスタカボチャ
カポックのき(-木)　→　パンヤのき(-木)
がま(蒲・香蒲)　別こうほ(香蒲), みすぐさ(御簾草)　*Typha latifolia* L.　ガマ科　bulrush, (common) cat-tail, cat's tail, great reed-mace, nail-rod　食・薬　＊こがま, ひめがま
がまずみ(莢蒾)　*Viburnum dilatatum* Thunb.　スイカズラ科　Japanese bush cranberry, viburnum　材・食・薬　＊こばのがまずみ, みやまがまずみ
かまつか(鎌柄)　別けなしごろし(毛無牛殺)　*Pourthiaea villosa* (Thunb.) Decne. var. *laevis*

(Thunb.) Stapf ［*Photinia villosa* var. *laevis*］ バラ科　材　＊わたげかまつか
かみえび(神蝦)　→　あおつづらふじ(青葛藤)
かみがやつり(紙蚊屋吊)　→　パピルス
カミツレ　→　カモミール　＊こうやカミツレ，ローマカミツレ
かみのき(紙木)　→　かじのき(梶木)／がんぴ(雁皮)／こうぞ(楮)
かみめぼうき(神目箒)　→　ホーリーバジル
かみやつで(紙八手)　剛つうそう(通草)，つうだつぼく(通達木)　*Tetrapanax papyriferus* (Hook.) K.Koch　ウコギ科　rice paper plant　繊
カミルレ　→　カモミール
カムウッド　*Baphia nitida* Lodd.　［*Carpolobia versicolor; Podalyria haematoxylon*］マメ科 camwood　材・染
カムカム　*Myrcicaria dubia* (Humb., Bonpl. et Kunth) Burret　フトモモ科　camu-camu　食
かめばひきおこし(亀葉引起)　*Rabdosia umbrosa* (Maxim.) H.Hara var. *leucantha* (Murai) H.Hara ［*Isodon kameba; Plectranthus kameba*］シソ科　食
かもうり(毛氈瓜)　→　とうがん(冬瓜)
かもがや(鴨茅)　→　オーチャードグラス
カモミール　剛カミツレ，カミルレ　*Matricaria chamomilla* L.　［*Chamomilla officinalis*］キク科 (sweet / false / German) c(h)amomile　薬・香　＊ローマカモミール
かや(茅)　→　すすき(薄)　＊カスカスかや，かもがや，こうすいがや，しなだれすずめがや，しらげかや，ちがや，はねがや，はるがや，レモンがや
かや(榧)　*Torreya nucifera* (L.) Sieb. et Zucc. ［*Taxus nucifera*］イチイ科　Japanese plum yew, Japanese torreya, kaya　材・食・油　＊いぬがや，しながや，へぼがや
かやつり(蚊帳吊)　＊かみがやつり，かんえんがやつり，しょくようかやつり
ガヤナしば(-芝)　→　ローズグラス
カユプテ　*Melaleuca leucadendra* (L.) L.　フトモモ科　cajeput / punk tree, liver tea tree, paperbark 油・材・薬　＊ごせいカユプテ
カヨアボカド　剛チニニ，チュクテ　*Persea schiedeana* Nees　クスノキ科　Cayo avocado, chinini, chucte 食
からあおい(唐葵)　→　たちあおい(立葵)
カラードギニアグラス　*Panicum coloratum* L.　イネ科　colored Guinea grass, white buffalo grass　飼
からいも(唐芋)　→　さつまいも(薩摩芋)／きくいも(菊芋)
からくさけまん(唐草華鬘)　*Fumaria officinalis* Schimp. ex Hammar　ケマンソウ科　fumitory　薬
からくちなし(唐梔子)　→　しくんし(使君子)
からぐわ(唐桑)　剛からやまぐわ(唐山桑)，しろぐわ(白桑)，とうぐわ(唐桑)，まぐわ(真桑)　*Morus alba* L.　クワ科　(white) mulberry　薬・飼
からぐわ(唐桑)　→　はなずおう(花蘇芳)
からし(芥子・辛子)　＊アビシニアからし，いぬがらし，おおがらし，きくばがらし，きだちとうがらし，くろがらし，しろがらし，ちりめんがらし，とうがらし，のがらし，みずがらし，ようがらし，やまがらし
からすうり(烏瓜)　*Trichosanthes cucumeroides* (Ser.) Maxim.　ウリ科　Japanese snake gourd　薬・食 ＊きからすうり，ちょうせんからすうり，とうからすうり
からすざんしょう(烏山椒)　*Zanthoxylum ailanthoides* Sieb. et Zucc.　ミカン科　材・薬
からすのえんどう(烏豌豆)　→　ナローリーブドベッチ　＊おおからすのえんどう
からすびしゃく(烏柄杓)　剛はんげ(半夏)　*Pinellia ternata* (Thunb.) Breitenb.　サトイモ科　薬
ガラスまめ(-豆)　剛グラスピ-　*Lathyrus sativus* L.　マメ科　chickling vetch, giant / Spanish lentil, grass pea (vine), Khesari dahl　食・飼
からすむぎ(烏麦)　剛ちゃひきぐさ(茶挽草・茶引草)　*Avena fatua* L.　イネ科　wild oats　食・飼 ＊まからすむぎ

からだいおう(唐大黄) *Rheum undulatum* L. タデ科 curved rhubarb 食・薬・染
からたち(唐橘・枳殻・枸橘) 剛からたちばな(唐橘), きこく(枳殻) *Poncirus trifoliata* (L.) Raf. [*Citrus trifoliata*] ミカン科 golden apple, hardy / trifoliate orange 台・薬 ＊とげなしからたち
からたちばな(唐橘) *Ardisia crispa* (Thunb.) A.DC. [*Bladhia crispa*] ヤブコウジ科 coral ardisia, downy coralberry 食・薬
からたちばな(唐橘) → からたち(唐橘)
からとうき(唐当帰) *Angelica sinensis* (Oliver) Diels セリ科 China angelica 薬
ガラナ *Paullinia cupana* Humb., Bonpl. et Kunth ムクロジ科 Brazilian cocoa, guarana (bread), paullinia 嗜・薬
からなし(唐梨) → かりん(榠樝)
からはなそう(唐花草) *Humulus lupulus* L. var. *cordifolius* (Miq.) Maxim. アサ科 繊・香 ＊せいようからはなそう
カラフトがしわ(-柏) → モンゴリなら(-楢)
カラフトくろやなぎ(-黒柳) → けしょうやなぎ(化粧柳)
カラフトやなぎ(-柳) → おのえやなぎ(尾上柳)
からほお(唐朴) *Magnolia officinalis* Rehder et E.H.Wilson モクレン科 Chinese magnolia 薬
からぼけ(唐木瓜) → ぼけ(木瓜)
からまつ(唐松・落葉松) 剛しんしゅうからまつ(信州唐松), ふじまつ(富士松), らくようしょう(落葉松) *Larix kaempferi* (Lamb.) Carr. [*Abies leptolepis*] マツ科 Japanese larch 材・繊・油 ＊しこたんからまつ, ダフリアからまつ, ヨーロッパからまつ
からまつそう(唐松草) *Thalictrum aquilegifolium* L. var. *intermedium* Nakai キンポウゲ科 columbine-leaved meadow rue 食
からまめ(唐豆) → らっかせい(落花生)
カラマンシー 剛しききつ(四季橘), とうきんかん(唐金柑) *Citrus madurensis* Lour. ミカン科 calamondin, China orange, golden / Kalamansi lime 食・香
からみざくら(唐実桜) 剛しなのみざくら(支那実桜), ちゅうごくおうとう(中国桜桃) *Cerasus pseudo-cerasus* (Lindl.) G.Don [*Prunus pauciflora*] バラ科 Chinese cherry 食
カラミント *Calamintha officinalis* Moench シソ科 calamint (balm) 薬
からむし(苧・紵) 剛くさまお(草麻) *Boehmeria nivea* (L.) Gaudich. ssp. *nipononivea* Kitam. イラクサ科 China ramie 繊
からもも(唐桃) → あんず(杏)
からやまぐわ(唐山桑) → からぐわ(唐桑)
カリッサ *Carissa carandas* L. キョウチクトウ科 caranda, carissa, Christ's thorn 食 ＊おおばなカリッサ
カリフラワー 剛はなかんらん(花甘藍), はなキャベツ(花-), はなな(花菜), はなやさい(花椰菜) *Brassica oleracea* L. var. *botrytis* L. アブラナ科 (common) cauliflower 食
かりやす(刈安・青茅) *Miscanthus tinctorius* (Steud.) Hack. [*Saccharum tinctorium*] イネ科 dyeing silver grass 染 ＊はちじょうかりやす
カリロク(訶梨勒) → ミロバラン
かりん(榠樝・花梨) 剛あんらんじゅ(安蘭樹), からなし(唐梨), めいさ(榠樝) *Chaenomeles sinensis* (Thouin) Koehne [*Cydonia sinensis; Pseudocydonia sinensis*] バラ科 Chinese quince 食・材 ＊せいようかりん
かりん(花櫚・花梨・花李) → インドしたん(印度紫檀)
カルーナ 剛ぎょりゅうもどき(御柳擬) *Calluna vulgaris* Salisb. ツツジ科 heather 香・薬
カルダモン 剛しょうずく(小豆蔲) *Elettaria cardamomum* (L.) Maton [*Amomum cardamomum*] ショウガ科 (bastard / Ceylon / cluster / Malabar / round) cardamom 香・薬

カルドン　*Cynara cardunculus* L. キク科　artichoke thistle, cardoon, prickly artichoke　食
ガルバンゾー　→　ひよこまめ(雛豆)
カルム　→　キャラウェー
ガレガ　*Galega orientalis* Lam. マメ科　galega　飼
ガレガそう(‐草)　剛やくようガレガ(薬用‐)　*Galega officinalis* L. マメ科　French lilac, goat's rue　薬・飼
カロライナジャスミン　→　ゲルセミウム
かわき　→　とがさわら(栂椹)
かわぐるみ(川胡桃)　→　さわぐるみ(沢胡桃)
かわぢしゃ(川萵苣)　*Veronica undulata* Wall. ゴマノハグサ科　食
かわな(川菜)　→　せり(芹)
かわみどり(藿香)　*Agastache rugosa* (Fisch. et C.A.Mey.) Kuntze シソ科　giant hyssop　薬
かわやなぎ(川柳)　→　ねこやなぎ(猫柳)
かわらけつめい(河原決明)　剛ねむちゃ(合歓茶)　*Chamaecrista nomame* (Sieb.) H.Ohashi [*Cassia mimosoides* var. *nomame*] ジャケツイバラ科　嗜・薬
かわらけな(土器菜)　→　たびらこ(田平子)
かわらさいこ(河原柴胡)　*Potentilla chinensis* Ser. バラ科　薬
かわらなでしこ(河原撫子)　→　なでしこ(撫子)
かわらにんじん(河原人参)　*Artemisia apiacea* Hance キク科　薬　＊せいようかわらにんじん
かわらはんのき(河原榛木)　*Alnus serrulatoides* Callier カバノキ科　材
かわらふじ(川原藤)　→　じゃけついばら(蛇結薔)
かわらぼうふう(河原防風)　剛やまにんじん(山人参)　*Peucedanum terebinthaceum* (Fisch.) Fisch. ex Turcz. セリ科　薬・食
かわらよもぎ(河原蓬)　剛はまよもぎ(浜蓬)　*Artemisia capillaris* Thunb. キク科　fragrant wormwood　薬・食
かんあおい(寒葵)　*Asarum nipponicum* F.Maek. ウマノスズクサ科　薬
かんいちご(寒苺)　→　ふゆいちご(冬苺)
かんえんがやつり(灌園蚊屋吊)　剛かんぞう(莞草)，ワングル　*Cyperus exaltatus* Retz. ssp. *iwasakii* (Makino) T.Koyama　カヤツリグサ科　繊
かんかおうとう(甘果桜桃)　→　せいようみざくら(西洋実桜)
かんがれい(寒枯藺)　*Schoenoplectus mucronatus* (L.) Palla ssp. *robustus* T.Koyama [*Scirpus mucronatus* ssp. *robustus*] カヤツリグサ科　hard-stem bulrush　薬
がんくびそう(雁首草)　*Carpesium divaricatum* Sieb. et Zucc. キク科　薬
がんこうらん(岩高蘭)　*Empetrum asiaticum* Nakai ガンコウラン科　black crowberry, crake berry, heathberry　食
かんこのき(‐木)　*Glochidion obovatum* Sieb. et Zucc. トウダイグサ科　材・薬
かんざんちく(寒山竹)　*Pleioblastus hindsii* (Munro) Nakai [*Arundinaria hindsii*] イネ科　食
がんじつそう(元日草)　→　ふくじゅそう(福寿草)
かんしゃ・かんしょ(甘蔗)　→　さとうきび(砂糖黍)
かんしょ(甘藷)　→　さつまいも(薩摩芋)
かんぞう(萱草)　＊えぞかんぞう、とびしまかんぞう、のかんぞう、ほんかんぞう、やぶかんぞう
かんぞう(莞草)　→　かんえんがやつり(灌園蚊屋吊)
かんぞう(甘草)　剛あまき(甘木)、あまくさ(甘草)、ウラルかんぞう(‐甘草)　*Glycyrrhiza uralensis* Fisch. et DC. マメ科　Chinese licorice　薬・香・甘　＊アメリカかんぞう、スペインかんぞう、つるかんぞう、なんきんかんぞう
がんそく(雁足)　→　くさそてつ(草蘇鉄)
カンタラあさ(‐麻)　*Agave cantala* Roxb. リュウゼツラン科　cantala　繊

かんちく（寒竹）*Chimonobambusa marmorea* (Mitford) Makino　イネ科　marbled bamboo　材・食
かんてんいたび（寒天木蓮子）刪あいぎょくし（愛玉子）　*Ficus awkeotsang* Makino　クワ科　食
かんとう（款冬）→　ふきたんぽぽ（蒲公英）
かんとりそう（疳取草）→　かきどおし（垣通）
カントンあぶらぎり（広東油桐）　*Aleurites montana* (Lour.) E.H.Wilson　トウダイグサ科　tung-oil tree　油・薬
かんば（樺）　*うだいかんば，うらじろかんば，おのおれかんば，さいはだかんば，じぞうかんば，しだれかんば，しらかんば，そうしかんば，だけかんば，やえがわかんば
がんぴ（雁皮）刪かみのき（紙木）　*Diplomorpha sikokiana* (Franch. et Sav.) Honda ［*Wikstroemia sikokiana*］ジンチョウゲ科　繊　*きがんぴ，さくらがんぴ，みずがんぴ
ガンビールのき（-木）　*Uncaria gambir* Roxb.　アカネ科　gambi(e)r (catechu)　薬・鞣・嗜
かんぼく（肝木）　*Viburnum opulus* L. var. *calvescens* H.Hara　スイカズラ科　guelder rose　材・食・薬　*せいようかんぼく，てまりかんぼく，ようしゅかんぼく
かんらん（橄欖）　*Canarium album* (Lour.) Räusch.　カンラン科　Chinese olive　食・薬　*カナリアかんらん
かんらん（甘藍）→　キャベツ　*イタリアかんらん，かぶかんらん，こもちかんらん，はごろもかんらん，はなかんらん，ひめかんらん，りょくようかんらん
かんれんぼく（旱蓮木）刪きじゅ（喜樹）　*Camptotheca acuminata* Decne.　ミズキ科　薬

［き］

きあい（木藍）刪なんばんこまつなぎ（南蛮駒繋）　*Indigofera suffruticosa* Mill.　マメ科　anil, West Indian indigo　染
きあい（木藍）→　インドあい（印度藍）／りゅうきゅうあい（琉球藍）
キーウィフルーツ　刪おにまたたび（鬼木天蓼），しなさるなし（支那猿梨）　*Actinidia chinensis* Planch.　マタタビ科　Chinese gooseberry, kiwi fruit / berry　食
きいちご（木苺）　*えぞきいちご，くろみきいちご，ばらばきいちご，ヨーロッパきいちご
ギーマ　刪ひめしゃしゃんぼ（姫小小坊）　*Vaccinium wrightii* A.Gray　ツツジ科　食
きいろギニアヤム（黄色-）　*Dioscorea cayenensis* Lam.　ヤマノイモ科　yellow (Guinea) yam　食
きいろジャスミン（黄色-）→　ゲルセミウム
きおん（黄苑）刪ひごおみなえし（肥後女郎花）　*Senecio nemorensis* L.　キク科　薬・食
きからすうり（黄烏瓜）刪てんか（天瓜）　*Trichosanthes kirilowii* Maxim. var. *japonica* (Miq.) Kitam.　ウリ科　薬・食
きがんぴ（黄雁皮）　*Diplomorpha trichotoma* (Thunb.) Nakai ［*Wikstroemia trichotoma*］ジンチョウゲ科　繊
ききゅう（鬼臼）刪はすのはぐさ（蓮葉草）　*Podophyllum versipella* Hance ［*Dysosma versipellis*］メギ科　薬
ききょう（桔梗）刪あさがお（顔顔），きちこう（桔梗）　*Platycodon grandiflorum* (Jacq.) A.DC.　キキョウ科　balloon flower, Chinese / Japanese bellflower　薬・食　*さわぎきょう，ひなぎきょう
ききょうらん（桔梗蘭）　*Dianella ensifolia* (L.) DC.　ユリ科　薬
きく（菊）　*あぶらぎく，えぞよもぎぎく，えんめいぎく，おおはるしゃぎく，おろしゃぎく，かぶとぎく，こしかぎく，こごめぎく，しまかんぎく，しゅんぎく，しょくようぎく，じょちゅうぎく，たかさごぎく，だんどぼろぎく，チャンパぎく，なつしろぎく，においまんじゅぎく，のこんぎく，のじぎく，のぼろぎく，はまかんぎく，ひな　ぎく，フランスぎく，まんじゅぎく，むしよけぎく，やぐるまぎく，やまうさぎぎく，よもぎぎく，りょうりぎく

きくいも(菊芋) 剧からいも(唐芋) *Helianthus tuberosus* L. キク科 Canada potato, girasol, Jerusalem artichoke, topinamber 食・飼 ＊いぬきくいも
きくごぼう(菊牛蒡) → もりあざみ(森薊)／きばなばらもんじん(黄花波羅門参) ＊フランスきくごぼう
きくざとうなす(菊座唐茄子) *Cucurbita moschata* (Duchesne ex Lam.) Duchesne ex Poiret var. *meloniiformis* Makino ウリ科 食
きくぢしゃ(菊萵苣) → エンダイブ
きくな(菊菜) → しゅんぎく(春菊)
きくにがな(菊苦菜) → チコリー
きくばおうれん(菊葉黄蓮) → おうれん(黄連)
きくばがらし(菊葉芥子) → しろがらし(白芥子)
キクユグラス *Pennisetum clandestinum* Hochst et Chiov. イネ科 kikuyu grass 飼
きこく(枳穀) → からたち(唐橘)
きささげ(木豇豆・梓) 剧あずさ(梓), ひさぎ(楸) *Catalpa ovata* G.Don ノウゼンカズラ科 Chinese catalpa 薬 ＊アメリカきささげ, おおアメリカきささげ, とうきささげ, はなきささげ
きじかくし(雉隠) *Asparagus schoberioides* Kunth ユリ科 食 ＊オランダきじかくし
ぎしぎし(羊蹄) *Rumex japonicus* Houtt. タデ科 (bitter) dock 食・薬・染 ＊えぞのぎしぎし, ながばぎしぎし
きじゅ(喜樹) → かんれんぼく(旱蓮木)
きしゅうみかん(紀州蜜柑) *Citrus kinokuni* hort. ex Tanaka ミカン科 Kinokuni mandarin 食
きしょうぶ(黄菖蒲) *Iris pseudacorus* L. アヤメ科 yellow flag / iris 染
きそいちご(木曽苺) *Rubus kisoensis* Nakai バラ科 食
きぞめぐさ(黄染草) → うこん(鬱金)
きたこぶし(北辛夷) *Magnolia kobus* DC. var. *borealis* Sarg. モクレン科 材
きだちあみがさ(木立編笠) *Acalypha indica* L. トウダイグサ科 Indian nettle, three-seeded mercury 食
きだちアロエ(木立-) 剧きだちろかい(木立蘆薈) *Aloe arborescens* Mill. アロエ科 candelabra aloe, octopus / torch plant 薬
きだちとうがらし(木立唐辛子) → タバスコ
きだちトマト(木立-) → トマトのき(-木)
きだちはっか(木立薄荷) → セイボリー ＊やまきだちはっか
きだちひゃくりこう(木立百里香) → タイム
きだちまおう(木立麻黄) *Ephedra equisetina* Bunge マオウ科 薬
きだちよもぎ(木立蓬) → せいようかわらにんじん(西洋河原人参)
きだちるりそう(木立瑠璃草) → ヘリオトロープ
きだちろかい(木立蘆薈) → きだちアロエ(木立-)
きだちわた(木立棉) → アジアわた(-棉)
きたみはたざお(北見旗竿) → えぞすずしろ(蝦夷清白)
きちがいなすび(気違茄子) → ちょうせんあさがお(朝鮮朝顔)
きちこう(桔梗) → ききょう(桔梗)
きっしょうそう(吉祥草) → ふっきそう(富貴草)
きづた(木蔦) 剧ふゆづた(冬蔦) *Hedera rhombea* (Miq.) Bean ウコギ科 Japanese ivy 薬
きつねあざみ(狐薊) *Hemistepta lyrata* (Bunge) Bunge キク科 食
きつねのてぶくろ(狐手袋) → ジギタリス ＊きばなきつねのてぶくろ
きつねのまご(狐孫) *Rostellularia procumbens* (L.) Nees ［*Justicia procumbens*］ キツネノマゴ科 water willow 薬・食
キドニーベッチ *Anthyllis vulneraria* L. マメ科 kidney / spring vetch 飼
キナのき(-木) 剧あかキナのき *Cinchona pubescens* Vahl アカネ科 kina, red cinchona 薬 ＊ボ

リビアキナのき
ギニアあぶらやし(-油椰子) → あぶらやし(油椰子)
ギニアきび(-黍) → ギニアグラス
ギニアグラス 剔ギニアきび(-黍) *Panicum maximum* Jacq. イネ科 Guinea grass, Hamilgrass 飼
　　　＊カラードギニアグラス
ギニアヤム ＊きいろギニアヤム, しろギニアヤム
キヌア → キノア
きぬかわみかん(絹皮蜜柑) 剔こうじろみかん(神代蜜柑) *Citrus glaberrima* hort. ex Tanaka ミカン科 食
きぬやなぎ(絹柳) 剔えぞのきぬやなぎ(蝦夷絹柳), ぎんやなぎ(銀柳) *Salix schwerinii* E.Wolf ヤナギ科 材
キノのき(-木) *Pterocarpus marsupium* Roxb. マメ科 kino (tree) 薬・鞣
キノア 剔キヌア *Chenopodium quinoa* Willd. アカザ科 quinoa, quinua 食
きのみばんじろう(黄実蕃石榴) *Psidium littorale* Raddi. フトモモ科 yellow Cattley / strawberry guava, waiawi 食
きはだ(黄膚・黄蘗・黄柏) 剔おうばく(黄檗), きわだ(黄膚・黄蘗・黄柏), しころ, ひろはのきはだ(広葉黄膚) *Phellodendron amurense* Rupr. ミカン科 Amur cork-tree 材・染・薬 ＊しなきはだ, たいわんきはだ
きばなあきぎり(黄花秋桐) *Salvia nipponica* Miq. シソ科 食
きばなあざみ(黄花薊) *Scolymus hispanicus* L. キク科 golden thistle 食
きばなあざみ(黄花薊) → さんとりそう(-草)
きばなあらせいとう(黄花紫羅欄花) → においあらせいとう(匂紫羅欄花)
きばないかりそう(黄花錨草) *Epimedium grandiflorum* C.Morren ssp. *koreanum* (Nakai) Kitam. メギ科 薬
きばなおうぎ(黄花黄耆) → たいつりおうぎ(鯛釣黄耆)
きばなオランダせんいち(黄花-千日) *Spilanthes oleracea* L. キク科 Brazil / Para cress 食
きばなきつねのてぶくろ(黄花狐手袋) *Digitalis lutea* L. ゴマノハグサ科 yellow foxglove 薬
きばなクレス(黄花-) *Barbarea verna* (Mill.) Asch. アブラナ科 American / spring cress, Belle Isle cress 香
きばなすずしろ(黄花清白) → ロケットサラダ
きばなつのくさねむ(黄花角草合歓) *Sesbania bispinosa* (Jacq.) W.F.Wight [*Coronilla cannabina*] マメ科 canicha, danchi, prickly sesban 繊・肥・薬
きばなのあまな(黄花甘菜) *Gagea lutea* (L.) Ker Gawl. ユリ科 yellow star-of-Betlehem 食
きばなのくりんざくら(黄花九輪桜) 剔きばなのくりんそう(黄花九輪草), せいようさくらそう(西洋桜草) *Primula veris* L. サクラソウ科 cowslip, herb-Peter 薬
きばなのくりんそう(黄花九輪草) → きばなのくりんざくら(黄花九輪桜)
きばなのこぎりそう(黄花鋸草) *Achillea filipendulina* Lam. キク科 fern-leaf / yellow yarrow, cloth of gold 薬
きばなのだんどく(黄花檀特) *Canna indica* L. var. *flava* Loxb. カンナ科 食
きばなのはうちわまめ(黄花羽団扇豆) → きばなルーピン(黄花-)
きばなばらもんじん(黄花波羅門参) 剔きくごぼう(菊牛蒡) *Scorzonera hispanica* L. [*Tragopogon pratensis*] キク科 black oyster plant, black salsify, common viper's grass 食
きばなりんどう(黄花龍胆) → ゲンチアナ
きばなルーピン(黄花-) 剔きばなのはうちわまめ(黄花羽団扇豆), のぼりふじ(昇藤) *Lupinus luteus* L. マメ科 (European) yellow lupin(e) 飼・肥
きび(黍・稷) *Panicum miliaceum* L. イネ科 (broom / common / hog / Indian / proso / true) millet 食・飼 ＊ギニアきび, こうらいきび, さとうきび, たまきび, とうきび, なんばんきび, はぜきび

きふじ(木藤) → えんじゅ(槐)
きぶし(木付子・木五倍子) 剄まめふじ(豆藤) *Stachyurus praecox* Sieb. et Zucc. キブシ科 材・染
ぎぼうし(擬宝珠)　＊おおばぎぼうし, こばぎぼうし, みずぎぼうし
きまめ(木豆・樹豆) 剄りゅうきゅうまめ(琉球豆) *Cajanus cajan* (L.) Millsp. [*Cytisus cajan*] マメ科 Angola / Congo / no-eye / pigeon pea, cajang, da(h)l, red gram　食・飼・薬
きみかげそう(君影草) → すずらん(鈴蘭)
きみのとけいそう(黄実時計草) → みずレモン(水-)
ギムネマ *Gymnema sylvestre* (Retz.) R.Br. ex Schult. ガガイモ科 gurmar, gymnema　薬
きむらたけ(金精茸) → おにく(御肉)
キャッサバ 剄いものき(芋木), タピオカのき(-木), マニオク *Manihot dulcis* Pax ／ *M. esculenta* Crantz トウダイグサ科 cassava, manioc, tapioca (plant), yuca　食
キャットニップ → キャットミント
キャットミント 剄いぬはっか(犬薄荷), キャットニップ, ちくまはっか(筑摩薄荷) *Nepeta cataria* L. シソ科 cat mint, catnip　香・薬
きやにもも(木脂桃) → たまごのき(卵木)
キャベツ 剄かんらん(甘藍), たまな(玉菜) *Brassica oleracea* L. var. *capitata* L. アブラナ科 (head, white) cabbage　食　＊はなキャベツ, めキャベツ
キャラウェー 剄カルム, ひめういきょう(姫茴香) *Carum carvi* L. セリ科 caraway　香・薬
きゃらぼく(伽羅木) *Taxus cuspidata* Sieb. et Zucc. var. *nana* hort. ex Rehder イチイ科　材
キャロブ → いなごまめ(稲子豆)
きゅうけいかんらん(球茎甘藍) → コールラビ
ぎゅうしんり(牛心梨) *Annona reticulata* L. バンレイシ科 bullock's heart, common custard apple　食
きゅうり(胡瓜・黄瓜) 剄そばうり(稜瓜) *Cucumis sativus* L. ウリ科 (common) cucumber　食
きゅうりぐさ(胡瓜草) *Trigonotis peduncularis* (Trevis.) Benth. ex Hemsl. ムラサキ科　食
キュラソーアロエ → アロエ
きょうおう(姜黄・薑黄) 剄はるうこん(春鬱金) *Curcuma aromatica* Salisb. ショウガ科 aromatic / wild turmeric, yellow zedoary　薬・染
ぎょうぎしば(行儀芝) → バーミューダグラス
ぎょうじゃにんにく(行者忍辱) 剄やまびる(山蒜) *Allium victorialis* L. ssp. *platyphyllum* (Hultén) Makino ユリ科　食
ぎょうじゃのみず(行者水) → さんかくづる(三角蔓)
きょうちくとう(夾竹桃) *Nerium indicum* Mill. キョウチクトウ科 Indian / sweet-scented oleander　薬　＊せいようきょうちくとう, とうきょうちくとう
きょうな(京菜) 剄みずな(水菜) *Brassica rapa* L. var. *laciniifolia* Kitam. アブラナ科 potherb mustard　食
ぎょぼく(魚木) *Crateva religiosa* Forst. フウチョウソウ科 three-leaved caper　材・薬・食
ぎょりゅう(御柳) 剄タマリスク *Tamarix chinensis* Lour. ギョリュウ科 Chinese tamarisk　薬・材　＊ときわぎょりゅう
ぎょりゅうばい(御柳梅) *Leptospermum scoparium* J.R.Forst. et G.Forst. フトモモ科　薬・嗜
ぎょりゅうもどき(御柳擬) → カルーナ
きらんそう(金瘡小草) 剄じごくのかまのふた(地獄釜蓋) *Ajuga decumbens* Thunb. シソ科 bugle, bugleweed　食　＊はいきらんそう
きり(桐) 剄ひとはぐさ(一葉草) *Paulownia tomentosa* (Thunb.) Steud. [*Bignonia tomentosa*] ゴマノハグサ科 karri / princess tree, paulownia　材　＊あおぎり, あきぎり, あぶらぎり, いいぎり, いぬぎり, ここのえぎり, しなぎり, なんてんぎり, はすのはぎり, はてるまぎり, はりぎり
きりあさ(桐麻) → いちび(莔麻)

ギリシャもみ(-樅) *Abies cephalonica* Loud. マツ科 Greek fir　材
きりんけつ(麒麟血) *Daemonoropus draco* (Willd.) Blume ［*Calamus draco*］ ヤシ科 dragon's blood palm　塗・薬
きりんそう(麒麟草・黄輪草) *Sedum aizoon* L. var. *floribundum* Nakai ベンケイソウ科　薬・食
　＊あきのきりんそう, えぞのきりんそう
きればラベンダー(切葉-) 剛フリンジドラベンダー *Lavandula dentata* L. シソ科 fringed lavender　香
きわだ(黄膚) → きはだ(黄膚)
きわたのき(木綿木) → インドわたのき(印度綿木)
キワノ *Cucumis metuliferus* Naudin ウリ科 African horned cucumber / melon, kiwano　食
ぎんあい(銀藍) 剛インドこまつなぎ(印度駒繋) *Indigofera articulata* Gouan マメ科　染
きんかん　＊ちょうじゅきんかん, とうきんかん, ながみきんかん, にんぽうきんかん, ねいはきんかん, ふくしゅうきんかん, まるみきんかん
きんきじゅ(金亀樹) *Pithecellobium dulce* (Roxb.) Benth. ネムノキ科 Manila tamarind, monkey's ear-ring　食・材
きんぎんか(金銀花) → すいかずら(吸葛)
きんごうかん(金合歓) 剛カッシー *Acacia farnesiana* (L.) Willd. ［*Mimosa farnesiana*］ ネムノキ科 cassie, huisache, sponge tree, sweet acacia　香・薬・染
ぎんごうかん(銀合歓) → ぎんねむ(銀合歓)
きんこうじ(金柑子) *Citrus obovoidea* hort. ex Tanaka ミカン科　食
きんこうぼく(金厚木・金厚朴) *Michelia champaca* L. モクレン科 (fragrant) champac　香・材
きんごじか(金午時花) *Sida rhombifolia* L. アオイ科 Cuba jute, Queensland / sida hemp, tea plant　繊・薬
きんさい(芹菜) 剛スープセロリ *Apium graveolens* L. var. *secalinum* Alef. セリ科 soup celery 食
きんじそう(金時草) → すいぜんじな(水前寺菜)
きんせんか(金盞花) → マリゴールド
ぎんどろ(銀泥) → うらじろはこやなぎ(裏白箱柳)
ぎんなん(銀杏) → いちょう(銀杏)
ぎんねむ(銀合歓) 剛ぎんごうかん(銀合歓) *Leucaena leucocephala* (Lam.) de Wit ［*Mimosa leucocephala*］ ネムノキ科 ekoa, koa haole, leucaena, lead / Saturn's tree, white popinac, wild tamarind　材・繊・肥・飼
ぎんばいか(銀梅花) *Myrtus communis* L. フトモモ科 (common) myrtle　香
きんぽうげ(金鳳花) 剛うまのあしがた(馬脚形・馬足形・毛茛) *Ranunculus japonicus* Thunb. キンポウゲ科 buttercup　薬
キンマ(蒟醤) *Piper betle* L. ［*Chavica betle*］ コショウ科 betel (pepper), pawn　薬・嗜
きんみずひき(金水引) *Agrimonia pilosa* Ledeb. var. *japonica* (Miq.) Nakai バラ科 hair-vein agrimony　薬・食　＊せいようきんみずひき
ぎんもくせい(銀木犀) *Osmanthus fragrans* Lour. ［*Olea fragrans*］ モクセイ科 fragrant / sweet / tea olive　材・香
ぎんもみ(銀樅) → ヨーロッパもみ(-樅)
ぎんやなぎ(銀柳) → きぬやなぎ(絹柳)
ぎんようぐみ(銀葉茱萸) *Elaeagnus commutata* Bernh. ex Rydb. グミ科 silverberry, wolfberry 食
きんれんか(金蓮花) → のうぜんはれん(凌霄葉蓮)

［く］

グアバ 剛ばんざくろ・ばんじろう(蕃石榴) *Psidium guajava* L. ［*Guajava pyrifera*］ フトモモ科 (apple / common / round / tropical / yellow) guava 食
グアヤクのき(-木) → ゆそうぼく(癒瘡木)
グアユール *Parthenium argentatum* A.Gray キク科 guayule, Mexican rubber ゴ
グアル → クラスタまめ(-豆)
クィーンズランドナッツ → マカダミアナッツ
グイまつ(-松) 剛しこたんからまつ(色丹唐松) *Larix gmelinii* (Rupr.) Rupr. ex Kuzen. var. *japonica* (Maxim. ex Regel) Pilg. マツ科 材
グーズベリー 剛せいようすぐり(西洋酸塊)、まるすぐり(丸酸塊)、ヨーロッパすぐり(-酸塊) *Ribes uva-crispa* L. var. *sativum* DC. スグリ科 catberry, (English / European) gooseberry 食
  ＊ケープグーズベリー
くがい(苦艾) → にがよもぎ(苦蓬)
くがいそう(九蓋草・九階草) *Veronicastrum sibiricum* (L.) Pennell ssp. *japonicum* (Nakai) T.Yamaz. ゴマノハグサ科 Culver's root 薬 ＊えぞくがいそう
くきぢしゃ(茎萵苣) → かきぢしゃ(掻萵苣)
ククイのき(-木) *Aleurites moluccana* (L.) Willd. トウダイグサ科 candlenut, country walnut, kukui, Moluccan oil tree, varnish tree 油・染
くこ(枸杞) 剛ぬみくすね・ぬみぐすり(枸杞) *Lycium chinense* Mill. ナス科 boxthorn, Chinese matrimony -vine / wolfberry, lycium 薬・食
くさい(草蘭) *Juncus tenuis* Willd. イグサ科 slender rush 繊
くさいちご(草苺) 剛わせいちご(早生苺) *Rubus hirsutus* Thunb. バラ科 bramble 食
くさえんじゅ(草槐樹) → くらら(眩草)
くさぎ(臭木) *Clerodendrum trichotomum* Thunb. クマツヅラ科 glory bower / flower 染・薬・材
  ＊こくさぎ、ヒマラヤくさぎ、ぼたんくさぎ
くさすぎかずら(草杉葛) 剛てんもんどう(天門冬) *Asparagus cochinchinensis* (Lour.) Merr. ユリ科 Chinese / cypress asparagus 食・薬
くさセンナ(草-) → はぶそう(蝮草)
くさそてつ(草蘇鉄) 剛がんそく(雁足)、こごみ(屈) *Matteuccia struthiopteris* (L.) Tod. イワデンダ科 ostrich fern 食
くさとべら(草海桐花) *Scaevola taccada* (Gaertn.) Roxb. クサトベラ科 fan flower, Malaya rice paper plant 薬・材
くさにわとこ(草接骨木) → そくず(蒴藋)
くさのおう(草黄・草王・瘡王) *Chelidonium majus* L. var. *asiaticum* (H.Hara) Ohwi ケシ科 薬
  ＊ようしゅくさのおう
くさふじ(草藤) 剛ガーデンベッチ *Vicia cracca* L. マメ科 bird / blue / cow / Gerard / tufted vetch 飼・薬 ＊おおばくさふじ、しらげくさふじ、しろばなくさふじ、なんばんくさふじ、はまくさふじ、ビロードくさふじ、ひろはくさふじ
くさぼけ(草木瓜) 剛こぼけ(小木瓜)、じなし(地梨) *Chaenomeles japonica* (Thunb.) Lindl. ex Spach ［*Cydonia japonica; Pyrus japonica*］ バラ科 dwarf Japanese quince 食
くさまお(草真麻) → からむし(苧)
くさよし(草葦) → リードカナリーグラス ＊カナリアくさよし
くじゃくそう(孔雀草) → フレンチマリゴールド
くじゃくやし(孔雀椰子) *Caryota urens* Jacq. ヤシ科 toddy / wine palm 食・繊・飼
くす(楠・樟) → くすのき(楠木) ＊いぬぐす

- 40 -

くず(葛)　*Pueraria lobata* (Willd.) Ohwi [*Dolichos lobatus; Pachyrhizus thunbergianus*] マメ科　Japanese arrow root, ko-hemp, kudzu (vine)　食・薬・繊・飼・被　＊ねったいくず

くずいも(葛薯・荳薯) 別ヤムビーン　*Pachyrhizus erosus* (L.) Urb. [*Dolichos erosus; Robynsia macrophylla; Stizolobium bulbosum; Taeniocarpum articulatum*] マメ科　manioc bean, (Mexican) yam bean　食・肥

くずいんげん(葛隠元)　→　ねったいくず(熱帯葛)

くずうこん(葛鬱金) 別アロールート　*Maranta arundinacea* L. クズウコン科 (West Indian) arrow-root, maranta, obedience plant　食・薬・飼

クスクスヤム 別みつばどころ(三葉野老)　*Dioscorea trifida* L.f. ヤマノイモ科　cush-cush yam, yampee　食

くすたぶ(樟欅)　→　やぶにっけい(藪肉桂)

くすどいげ　*Xylosma congestum* (Lour.) Merr. イイギリ科　材・薬

くすのき(楠・楠木・樟) 別くす(楠・樟)　*Cinnamomum camphora* (L.) J.Presl [*Laurus camphora*] クスノキ科　camphor (tree)　材・薬

くすのはがしわ(楠葉柏) 別くすのはかずら(楠葉葛)　*Mallotus philippensis* (Lam.) Müll.-Arg. トウダイグサ科　kamala tree　薬・鞣

くすのはかずら(楠葉葛)　→　くすのはがしわ(楠葉柏)

くずもどき(葛擬)　*Calopogonium mucunoides* Desv. マメ科　calopo, frisolilla　被

くすりうこん(薬鬱金)　*Curcuma xanthorrhiza* D.Dietr. ショウガ科　false turmeric, giant curcuma　薬

くそにんじん(糞人参)　→　ほそばにんじん(細葉人参)

くだものたまご(果物卵)　→　カニステル

くだものとけいそう(果物時計草)　→　パッションフルーツ　＊おおながみくだものとけいそう, バナナくだものとけいそう

くちなし(梔子・卮子・山梔子)　*Gardenia jasminoides* J.Ellis アカネ科　Cape jasmine, (common) gardenia　薬・染・香・食　＊からくちなし

くちなわじょうご(蛇漏斗)　→　うわばみそう(蟒草)

くちべにずいせん(口紅水仙)　*Narcissus poeticus* L. ユリ科　poet's narcissus　香

くつくさ(履草)　→　つぼくさ(坪草)

グッタペルカのき(-木)　*Palaquium gutta* (Hook.f.) Baill. アカテツ科　gutta-percha　ゴ

くぬぎ(椚・櫟・橡・櫪)　*Quercus acutissima* Carruth. ブナ科　Japanese chestnut oak　材　＊コルクくぬぎ, わたくぬぎ

グネモンのき(-木)　*Gnetum gnemon* L. グネツム科　gnetum　食・繊・材

くねんぼ(九年母) 別こうきつ(香橘)　*Citrus × nobilis* Lour. ミカン科　king mandarin / orange　食

クノニア　*Cunonia capensis* L. クノニア科　red els, rooi-els　材

クバ　→　びろう(檳榔)

ぐびじんそう(虞美人草)　→　ひなげし(雛罌粟)

くまいざさ(九枚笹)　*Sasa senanensis* (Franch. et Sav.) Rehder [*Bambusa senanensis*] イネ科　食

くまいちご(熊苺)　*Rubus crataegifolius* Bunge バラ科　食

くまこけもも(熊苔桃) 別ウワウルシ　*Arctostaphylos uva-ursi* (L.) Spreng. ツツジ科　bearberry, uva-ursi　薬

くまざさ(隈笹)　*Sasa veitchii* (Carr.) Rehder イネ科　kuma bamboo grass, low striped bamboo　薬

くましで(熊四手)　*Carpinus japonica* Blume カバノキ科　Japanese hornbeam　材

くまたけらん(熊竹蘭) 別そうずく(草豆蔲)　*Alpinia formosana* K.Schum. ショウガ科　pinstripe ginger　薬　＊おおくまたけらん

くまつづら(熊葛)　*Verbena officinalis* L. クマツヅラ科　common verbena, holy herb, vervain　薬

くまにんにく(熊大蒜) 別ラムソン　*Allium ursinum* L. ユリ科　ramsons　薬

くまのみずき(熊野水木) *Cornus brachypoda* C.A.Mey. ［*Swida macrophylla*］ ミズキ科　材
くまやなぎ(熊柳) *Berchemia racemosa* Sieb. et Zucc. クロウメモドキ科　食・材・薬
ぐみ(茱萸・胡頽子)　＊あきぐみ, おおばぐみ, ぎんようぐみ, だいおうぐみ, たわらぐみ, つくばぐみ, つるぐみ, とうぐみ, なつぐみ, なわしろぐみ, にっこうまめぐみ, ほそばぐみ, まめぐみ, まるばぐみ, やなぎばぐみ
ぐみみかん(茱萸蜜柑)　剛しなライム(支那-), とげなしからたち(刺無枸橘) *Triphasia trifolia* (Burm.f.) P.Wils. ［*Limonia trifolia*］ミカン科 Chinese / myrtle lime, lime berry　食
ぐみもどき(茱萸擬) *Prinsepia sinensis* (Oliv.) Oliv. ex Bean バラ科 cherry prinsepia　食
クミン(馬芹) *Cuminum cyminum* L. セリ科　cum(m)in　香・薬
クラウンベッチ　剛おうごんはぎ(黄金萩), たまざきふじ(玉咲藤) *Coronilla varia* L. マメ科 axseed, crown vetch　飼・被
クラスタまめ(-豆)　剛グアル *Cyamopsis tetragonoloba* (L.) Taub. マメ科 Calcutta lucerne, cluster bean, guar, Siam bean　食・飼・肥
グラスピー → ガラスまめ(-豆)
クラブこむぎ(-小麦)　剛みつほこむぎ(密穂小麦) *Triticum compactum* Host イネ科 club / dwarf wheat　食
クラムよもぎ(-蓬) *Artemisia kurramensis* Quazilb. キク科　薬
くらら(眩草・苦参)　剛くさえんじゅ(草槐) *Sophora flavescens* Aiton マメ科　薬
クラリーセージ　剛おにサルビア(鬼-), クレアリー *Salvia sclarea* L. シソ科 clary sage, clear-eye　香・薬
グランドもみ(-樅) → アメリカおおもみ(-大樅)
クランベリー　剛おおみのつるこけもも(大実蔓苔桃) *Vaccinium macrocarpon* Aiton ［*Oxycoccus macrocarpus*］ツツジ科 (American / large) cranberry　食
くり(栗)　＊あまぐり, アメリカぐり, うまぐり, ささぐり, しなぐり, しばぐり, ちゅうごくぐり, にほんぐり, ヘンリーぐり, ヨーロッパぐり
クリーピングベント　剛はいいぬかぐさ(這小糠草) *Agrostis stolonifera* L. イネ科 creeping bent grass　被
グリーンパニック *Panicum maximum* Jacq. var. *trichoglume* Eyles イネ科 green panicgrass　飼
くりカボチャ(栗南瓜) → せいようカボチャ(西洋南瓜)
クリスマスローズ *Helleborus niger* L. キンポウゲ科 Christmas rose　薬
クリムソンクローバ　剛べにばなつめくさ(紅花詰草) *Trifolium incarnatum* L. マメ科 crimson / Italian / scarlet clover　飼
くりやし(栗椰子) → ももみやし(桃実椰子)
くりんそう(九輪草)　剛しちかいそう(七階草) *Primula japonica* A.Gray サクラソウ科 Japanese primrose　薬　＊きばなのくりんそう
クルーバ *Passiflora antioquiensis* H.Karst. トケイソウ科 banana passion fruit, curuba　食
くるまばあかね(車葉茜) *Rubia pratensis* (Maxim.) Nakai アカネ科　薬
くるまばそう(車葉草) *Asperula odorata* L. アカネ科 sweet woodruff, sweet-scented squinancy　香・薬・染
くるみ(胡桃)　＊おにぐるみ, かしぐるみ, くろぐるみ, しろぐるみ, せいようぐるみ, たいへいようぐるみ, ちゅうごくぐるみ, ちょうせんぐるみ, てうちぐるみ, バターぐるみ, ひめぐるみ, ペルシアぐるみ
クレアリー → クラリーセージ
グレープフルーツ *Citrus paradisi* Macfad. ミカン科 grapefruit, pomelo　食
クレオメ → せいようふうちょうそう(西洋風蝶草)
クレステッドホイートグラス　剛とさかかもじぐさ(鶏冠髢草) *Agropyron cristatum* Gaertn. イネ科 crested wheatgrass　飼
クレソン　剛ウォータークレス, オランダがらし(-芥子), オランダぜり(-芹), みずがらし(水芥子)

- 42 -

Nasturtium officinale R.Br. [*Rorippa nasturtium-aquaticum*] アブラナ科 cresson, water-cress 食 ＊ガーデンクレス, きばなクレス
くれたけ(呉竹) → はちく(淡竹)
くれのあい(呉藍) → べにばな(紅花)
くれのおも(呉母) → ういきょう(茴香)
くろいちご(黒苺) *Rubus mesogaeus* Focke バラ科 blackberry 食
くろうすご(黒臼子) *Vaccinium ovalifolium* Sm. ツツジ科 oval-leaved blueberry 食
くろうめもどき(黒梅擬) *Rhamnus japonica* Maxim. var. *decipiens* Maxim. クロウメモドキ科 Japanese buckthorn 薬・材 ＊うみくろうめもどき
くろえぞまつ(黒蝦夷松) → えぞまつ(蝦夷松)
クローバ ＊あかクローバ, アルサイククローバ, アローリーフクローバ, エジプトクローバ, クリムソンクローバ, しろクローバ, ペルシャクローバ, ボールクローバ, ホワイトクローバ, ホワイトチップクローバ, ラジノクローバ, レッドクローバ, ローズクローバ
クローブ 剛ちょうじのき(丁字木・丁子木) *Syzygium aromaticum* (L.) Merr. et L.M.Perry [*Caryophyllus aromaticus*; *Eugenia aromatica*] フトモモ科 clove (tree) 香・薬
くろがき(黒柿) 剛けがき(毛柿), たいわんこくたん(台湾黒檀) *Diospyros discolor* Willd. カキノキ科 butterfly / velvet apple, mabolo 食・材
くろがし(黒樫) → あらがし(粗樫)
くろがねもち(黒鉄黐) *Ilex rotunda* Thunb. モチノキ科 kurogane holly 材・糊・染
くろがらし(黒芥子) *Brassica nigra* (L.) W.D.J.Koch [*Sinapis nigra*] アブラナ科 brown mustard 香・薬・食
くろき(黒木) *Symplocos lucida* Sieb. et Zucc. [*Dicalyx lucida*] ハイノキ科 材・染
くろき(黒木) → やえやまこくたん(八重山黒檀)
くろぐるみ(黒胡桃) *Juglans nigra* L. クルミ科 black walnut 材・食
くろぐわい(黒慈姑) *Eleocharis kuroguwai* Ohwi カヤツリグサ科 rush nut 食 ＊おおくろぐわい
くろすぐり(黒酸塊) → くろふさすぐり(黒房酸塊)
くろだねカボチャ(黒種南瓜) *Cucurbita ficifolia* Bouché [*Pepo ficifolia*] ウリ科 black-seeded squash, fig-leaf / Malabar gourd, Thai marrow 台
くろちく(黒竹・烏竹) *Phyllostachys nigra* (Lodd. ex Loudon) Munro イネ科 black bamboo 材
くろつが(黒栂) → こめつが(米栂)
くろつぐ(桄榔) *Arenga engleri* Becc. ヤシ科 dwarf / Formosan / Taiwan sugar palm 食・材
くろとうひ(黒唐檜) → アメリカくろとうひ(-黒唐檜)
くろばい(黒灰) 剛とちしば(橡柴) *Symplocos prunifolia* Sieb. et Zucc. [*Dicalyx prunifolia*] ハイノキ科 染
くろばなえんじゅ(黒花槐) 剛いたちはぎ(鼬萩) *Amorpha fruticosa* L. マメ科 bastard indigo, indigo bush 材
くろばなひきおこし(黒花引起) *Rabdosia trichocarpa* (Maxim.) H.Hara シソ科 薬
くろび(黒檜) → くろべ(黒檜)
くろびいたや(黒皮板屋) 剛みやべいたや(宮部板屋) *Acer miyabei* Maxim. カエデ科 Miyabe maple 材
くろふさすぐり(黒房酸塊) 剛カシス, くろすぐり(黒酸塊) *Ribes nigrum* L. スグリ科 common / European black currant 食
くろぶな(黒橅) → いぬぶな(犬橅)
くろべ(黒檜) 剛くろび(黒檜), ねずこ(鼠子) *Thuja standishii* (Gordon) Carr. [*Thujopsis standishii*] ヒノキ科 Japanese arborvitae 材
くろポプラ(黒-) → ヨーロッパくろやまならし(-黒山鳴)
くろまつ(黒松) 剛おまつ(雄松) *Pinus thunbergii* Parl. マツ科 Japanese black pine 材 ＊あいぐ

ろまつ
くろまめのき(黒豆木) 剛あさまぶどう(浅間葡萄) *Vaccinium uliginosum* L. ツツジ科 bog bilberry, moorberry 食
くろみきいちご(黒実木苺) *Rubus occidentalis* L. バラ科 black raspberry / cap 食
くろみぐわ(黒実桑) *Morus nigra* L. クワ科 black / common mulberry 食
くろみさんざし(黒実山査子) *Crataegus chlorosarca* Maxim. バラ科 材・食
くろみのうぐいすかぐら(黒実鶯神楽) 剛ハスカップ *Lonicera caerulea* L. ssp. *edulis* (Turcz.) Hultén var. *emphyllocalyx* (Maxim.) Nakai スイカズラ科 食
くろみのなつはぜ(黒実夏櫨) → ビルベリー
くろむぎ(黒麦) → そば(蕎麦)／ライむぎ(-麦)
くろもじ(黒文字) *Lindera umbellata* Thunb. [*Benzoin umbellatum*] クスノキ科 材・油・薬
　＊アメリカくろもじ, おおばくろもじ
くろゆり(黒百合) *Fritillaria camtschatcensis* (L.) Ker Gawl. ユリ科 black lily, Kamchatka fritillary / lily 食
くろよな(黒与那) *Pongamia pinnata* (L.) Pierre マメ科 Indian beech, pongam oil tree 油・薬
くわ(桑) ＊あかみぐわ, からぐわ, からやまぐわ, くろみぐわ, しろぐわ, とうぐわ, まぐわ, まるばぐわ, もうこぐわ, やまぐわ, ろぐわ
くわい(慈姑) 剛しろぐわい(白慈姑) *Sagittaria trifolia* L. var. *edulis* (Sieb.) Ohwi オモダカ科 Japanese arrowhead 食 ＊おおくろぐわい, くろぐわい, はなぐわい, むぎくわい
くわのはいちご(桑葉苺) *Rubus nesiotes* Focke バラ科 食

[け]

けあさがら(毛麻殻) → おおばあさがら(大葉麻殻)
けい(桂) → カシア
けいがい(荊芥) 剛ありたそう(有田草) *Schizonepeta tenuifolia* Briquet [*Nepeta japonica*] シソ科 Japanese catnip 薬
けいじゅ(桂樹) → はまびわ(浜枇杷)
けいとう(鶏頭) ＊あおげいとう, すぎもりけいとう, のげいとう, ひもげいとう
けいりんさいしん(桂林細辛) *Asarum heterotropoides* F. Schmidt var. *mandschuricum* (Maxim.) Kitag. [*Asiasarum heterotropoides* var. *mandschuricum*] ウマノスズクサ科 薬
ケーパー 剛せいようふうちょうぼく(西洋風蝶木) *Capparis spinosa* L. フウチョウソウ科 caper (bush) 食・香
ケープグーズベリー 剛しまほおずき(島酸漿) *Physalis peruviana* L. ナス科 Cape gooseberry, goldenberry, Peruvian cherry 食
ケール 剛はごろもかんらん(羽衣甘藍), りょくようかんらん(緑葉甘藍) *Brassica oleracea* L. var. *acephala* DC. アブラナ科 borecole, collard, kale 食
けがき(毛柿) → くろがき(黒柿)
けし(罌粟・芥子) *Papaver somniferum* L. ケシ科 breadseed / garden / medicinal / opium poppy 薬・油 ＊おにげし, ひなげし
ケジギタリス(毛-) *Digitalis lanata* Ehrh. ゴマノハグサ科 Grecian foxglove 薬
けしょうやなぎ(化粧柳) 剛カラフトくろやなぎ(-黒柳) *Salix arbutifolia* Pall. [*Chosenia arbutifolia*] ヤナギ科 材
けぢしゃ(毛萵苣) *Lactuca virosa* L. キク科 wild lettuce 薬

けちょうせんあさがお(毛朝鮮朝顔)〔別〕アメリカちょうせんあさがお(-朝鮮朝顔) *Datura innoxia* Mill. ナス科 angel's trumpet, sacred datura 薬
げっかこう(月下香) → チュベローズ
げっきつ(月橘) *Murraya paniculata* (L.) Jack [*Chalcas paniculata*] ミカン科 Chinese box, cosmetic barktree, jasmine orange, orange jasmine 材
げっけいじゅ(月桂樹)〔別〕ローレル *Laurus nobilis* L. クスノキ科 bay (tree), victor's laurel, sweet / royal bay 香・薬
けつそう(纈草) → かのこそう(鹿子草)
げっとう(月桃)〔別〕おおくまたけらん(大熊竹蘭) *Alpinia zerumbet* (Pers.) B.L.Burtt et R.M.Sm. ショウガ科 pink porcelain lily, shell-flower, shell ginger 食・薬・繊
けつめい(決明) → えびすぐさ(夷草) ＊かわらけつめい
けつるあずき(毛蔓小豆) *Vigna mungo* (L.) Hepper [*Azukia mungo; Phaseolus mungo; Rudea mungo*] マメ科 black mappe / gram, mung bean, urd 食・飼
けなしうしころし(毛無牛殺) → かまつか(鎌柄)
けなしもも(毛無桃) → ネクタリン
ケナフ *Hibiscus cannabinus* L. [*Abelmoschus verrucosus*] アオイ科 Ambari / Deccan / Guinea hemp, bastard jute, kenaf, mesta 繊
けぶかわた(毛深棉) → りくちめん(陸地棉)
けやき(欅・槻) *Zelkova serrata* (Thunb.) Makino ニレ科 Japanese / saw-leaf zelkova, keyaki 材 ＊いしけやき
けやまはんのき(毛山榛木) *Alnus hirsuta* Turcz. カバノキ科 Manchurian alder 材
けよのみ *Lonicera caerulea* L. ssp. *edulis* (Turcz.) Hultén スイカズラ科 sweetberry honeysuckle 食
ゲルセミウム〔別〕カロライナジャスミン、きいろジャスミン(黄色-) *Gelsemium sempervirens* (L.) Aiton マチン科 gelsemium, yellow / Carolina jasmine 薬
ゲロンガン *Cratoxylum arborescens* (Vahl) Blume オトギリソウ科 gerong-gang 材
げんげ(紫雲英) → れんげ(蓮華) ＊オランダげんげ, たちオランダげんげ
けんごし(牽牛子) → あさがお(朝顔)
ケンタッキーブルーグラス〔別〕ながはぐさ(長葉草) *Poa pratensis* L. イネ科 Kentucky bluegrass, smooth meadow grass 飼・被
ゲンチアナ〔別〕きばなりんどう(黄花龍胆) *Gentiana lutea* L. リンドウ科 (yellow) gentian 薬
げんのしょうこ(験証拠・現証拠)〔別〕たちまちぐさ(忽草), みこしぐさ(神輿草) *Geranium thunbergii* Sieb. et Zucc. フウロソウ科 cranesbill 食・薬
けんぽなし(玄圃梨) *Hovenia dulcis* Thunb. クロウメモドキ科 Japanese raisin tree 材・食

[こ]

こあかざ(小藜) *Chenopodium ficifolium* Smith アカザ科 fig-leaf goosefoot 食
こあかそ(小赤麻) *Boehmeria spicata* (Thunb.) Thunb. イラクサ科 食
こあわ(小粟) *Setaria italica* (L.) P.Beauv. var. *germanica* (Mill.) Schrad. イネ科 golden wonder millet 食
こいちごつなぎ(小苺繋) → カナダブルーグラス
こいちじく(小無花果) → いぬびわ(犬枇杷)
こいちやくそう(小一薬草) *Pyrola secunda* L. イチヤクソウ科 one-sided wintergreen 薬
こいぬがらし(小犬芥子) *Rorippa cantoniensis* (Lour.) Ohwi. アブラナ科 薬
こうおうか(紅黄花) → ランタナ

こうおうそう(紅黄草) → フレンチ・マリゴールド
こうかっこう(香藿香) → パチョリ
こうきしたん(紅木紫檀) → したん(紫檀)
こうきつ(香橘) → くねんぼ(九年母)
こうさい(香菜) → コリアンダー
こうじ(柑子) 剛うすかわみかん(薄皮蜜柑) *Citrus leiocarpa* hort. ex Tanaka ミカン科　食　＊きんこうじ, べにこうじ
こうしゅううやく(衡州烏薬) → いそやまあおき(磯山青木)
こうしゅんしば(恒春芝) *Zoysia matrella* (L.) Merr. イネ科 Manila grass 被
こうしゅんつげ(恒春柘植) → もちあでく
こうしゅんふじまめ(恒春藤豆) *Dolichos trilobus* L. var. *kosyunensis* (Hosok.) H.Ohashi et Tateishi マメ科　薬
こうじろみかん(神代蜜柑) → きぬかわみかん(絹皮蜜柑)
こうすいがや(香水茅) → セイロンシトロネラ
こうすいぼく(香水木) → ヘリオトロープ／レモンバーベナ
こうぞ(楮) 剛かみのき(紙木), ひめこうぞ(姫楮) *Broussonetia kazinoki* Sieb. クワ科　繊
こうぞりな(剃刀菜・顔剃菜・毛蓮菜) *Picris hieracioides* L. ssp. *japonica* (Thunb.) Krylov キク科　食
こうぶし(香附子) → はますげ(浜菅)
こうほ(香蒲) → がま(蒲)
こうぼう(香茅) *Hierochloe odorata* (L.) P.Beauv. var. *pubescens* Krylov イネ科 holy / sweet / vanilla grass 香
こうぼうびえ(弘法稗) → しこくびえ(四国稗)
こうほね(河骨・川骨) *Nuphar japonicum* DC. スイレン科 spatterdock　食・薬　＊えぞこうほね, ねむろこうほね
こうま(黄麻) → つなそ(綱麻)
こうめ(小梅) → にわうめ(庭梅)／すのき(酢木)
こうもりがさそう(蝙蝠傘草) *Gunnera chilensis* Lam. グンネラ科 Chilean gunnera　食・染
こうもりそう(蝙蝠草) *Cacalia hastata* L. var. *farfarifolia* (Maxim.) Ohwi キク科　食　＊おおかにこうもり, かにこうもり, みみこうもり
こうやカミツレ(紺屋-) *Anthemis tinctoria* L. キク科 dyer's / golden / yellow chamomile 染・薬
こうやまき(高野槙) 剛ほんまき(本槙) *Sciadopitys verticillata* (Thunb.) Sieb. et Zucc. [*Pinus verticillata*; *Taxus verticillata*] コウヤマキ科 Japanese umbrella pine, parasol pine 材
こうようざん(広葉杉) 剛オランダもみ(-樅) *Cunninghamia lanceolata* (Lamb.) Hook. スギ科 China fir 材
こうらいきび(高麗黍) → とうもろこし(玉蜀黍)
こうらいしば(高麗芝) 剛ちょうせんしば(朝鮮芝) *Zoysia pacifica* Goudswaad イネ科 Korean lawn / velvet grass, mascarene grass 被
こうりばやし(行李葉椰子) *Corypha umbraculifera* L. ヤシ科 talipot / umbrella palm 材
こうりょう(黄粱) → おおあわ(大粟)
こうりょうきょう(高良姜) *Alpinia officinarum* Hance ショウガ科 Chinese-ginger, (lesser) galangal 薬
こうろ(黄櫨) → はぜのき(櫨木)
コエンドロ → コリアンダー
こおうれん(胡黄連) *Picrorhiza kurrooa* Loyle ex Benth. ゴマノハグサ科 picrorhiza 薬
コーカサスさわぐるみ(-沢胡桃) *Pterocarya fraxinifolia* (Lam.) Spach クルミ科 Caucasian walnut / wingnut 材
コーカサスとうひ(-唐檜) *Picea orientalis* (L.) Link マツ科 Oriental spruce 材

コーカサスもみ(-樅) *Abies nordmanniana* (Steven) Spach マツ科 Caucasian / Nordmann fir 材
こおにたびらこ(小鬼田平子) → たびらこ(田平子)
こおにゆり(小鬼百合) 剛すげゆり(菅百合) *Lilium leichtlinii* Hook.f. var. *maximowiczii* (Regel) Baker ユリ科 Maximowicz's lily 食
こおのおれ(小斧折) → やえがわかんば(八重皮樺)
コーパルのき(-木) ＊カウリコーパルのき, マニラコーパルのき
コーヒーのき(-木) ＊アラビアコーヒーのき, コンゴコーヒのき, ベンガルコーヒーのき, リベリアコーヒーのき, ロブスタコーヒーのき
ゴーヤー → つるれいし(蔓茘枝)
コーリャン(高粱) → もろこし(蜀黍)
コールラビ 剛かぶかんらん(蕪甘藍), きゅうけいかんらん(球茎甘藍), そてつな(蘇鉄菜) *Brassica oleracea* L. var. *gongylodes* L. アブラナ科 kohlrabi, Hungarian turnip, turnip-stemmed cabbage 食
コーンサラダ 剛のぢしゃ(野萵苣) *Valerianella locustus* (L.) Betcke オミナエシ科 corn-salad, lamb's lettuce 食
ごかくもっか(五角木瓜) 剛ババコ *Carica pentagona* Heilb. パパイア科 babaco, mountain papaya 食
ごがついちご(五月苺) → にがいちご(苦苺)
ごがつささげ(五月豇豆) → いんげんまめ(隠元豆)
こがねいちご(黄金苺) *Rubus pedatus* Sm. バラ科 five-leaf bramble, trailing raspberry 食
こがねうまごやし(黄金馬肥) → アルファルファ
こがねばな(黄金花) 剛こがねやなぎ(黄金柳) *Scutellaria baicalensis* Georgi シソ科 Baikal skullcap 薬 ＊はるこがねばな
こがねばな(黄金花) → みやこぐさ(都草)
こがねやなぎ(黄金柳) → こがねばな(黄金花)
コカのき(-木) 剛ボリビアコカ *Erythroxylum coca* Lam. コカノキ科 Bolivian / Huanuco coca, cocaine plant 薬 ＊アマゾンコカ, ジャワコカ, ながばコカのき, ペルーコカ
こがま(小蒲) *Typha orientalis* Presl ガマ科 broad-leaved cumbungi 薬
こかもめづる(小鴎蔓) *Tylophora floribunda* Miq. ガガイモ科 薬
ごきづる(御器蔓・合器蔓) *Actinostemma tenerum* Griff. ウリ科 gokizuru 薬
ごぎょう(御行) → ははこぐさ(母子草)
こくさぎ(小臭木) *Orixa japonica* Thunb. ミカン科 薬・材
こくたん(黒檀) 剛インドこくたん(印度黒檀) *Diospyros ebenum* J.König ex Retz. カキノキ科 (East Indian) ebony 材 ＊スラウェシこくたん, たいわんこくたん, やえやまこくたん, りゅうきゅうこくたん
こくわ → さるなし(猿梨)
こけもも(苔桃) 剛フレップ *Vaccinium vitis-idaea* L. ツツジ科 cowberry, foxberry, mountain cranberry 食・薬 ＊おおみのつるこけもも, くまこけもも, つるこけもも
ここのえぎり(九重桐) *Paulownia fortunei* (Seem.) Hemsl. ［*Campsis fortunei*］ゴマノハグサ科 材・薬
こごみ(屈) → くさそてつ(草蘇鉄)
こごめぎく(小米菊) *Galinsoga parviflora* Cav. キク科 gallant soldier, small-flower galinsoga 薬
こごめはぎ(小米萩) → しろばなしながわはぎ(白花品川萩)
こごめやなぎ(小米柳) *Salix jessoensis* Seemen ssp. *serissaefolia* (Kimura) H.Ohashi ヤナギ科 材・繊
ココやし(-椰子) 剛やし(椰子) *Cocos nucifera* L. ［*Palma cocos*］ヤシ科 coconut (palm) 油・食・肥・繊

こさい（胡菜） → あぶらな（油菜）／コリアンダー
ごさいば（御菜葉） → あかめがしわ（赤芽柏）／いちび（茼麻）
こしあぶら（漉油）　剛ごんぜつのき（金漆木）　*Eleutherococcus sciadophylloides* (Franch. et Sav.) H.Ohashi ［*Acanthopanax sciadophylloides; Kalopanax sciadophylloides*］ウコギ科　食・塗・材
こじい（小椎）　剛しい（椎），つぶらじい（円椎）　*Castanopsis cuspidata* (Thunb.) Schottky ［*Pasania cuspidata; Quercus cuspidata; Shiia cuspidata*］ブナ科 Chinese / Japanese chinquapin　食・材・染
こしかぎく（小鹿菊）　剛オロシャぎく(-菊)　*Matricaria matricarioides* (Less.) Ced.-Porter キク科 pineapple weed　薬
こじきいちご（乞食苺）　*Rubus sumatranus* Miq.　バラ科　食
ごしきぎ（五色木） → にしきぎ（錦木）
こしで（小四手） → あかしで（赤四手）
こしながわはぎ（小品川萩）　*Melilotus indica* (L.) All.　マメ科　Indian sweetclover, senji, sour-clover　飼
ごしゅゆ（呉茱萸）　剛にせごしゅゆ（偽呉茱萸）　*Euodia ruticarpa* (Juss.) Benth. ［*Tetradium ruticarpa*］ミカン科　薬　＊ちょうせんごしゅゆ，ほんごしゅゆ，やくようごしゅゆ
ごしょいちご（御所苺）　*Rubus chingii* Hu　バラ科　食
こしょう（胡椒）　*Piper nigrum* L.　コショウ科　(black / common / white) pepper　香・薬　＊インドながこしょう，ジャワながこしょう
こしょうそう（胡椒草） → ガーデンクレス
こしょうのき（胡椒木） → あおもじ（青文字）
こしょうはっか（胡椒薄荷） → ペパーミント
こしょうぼく（胡椒木）　*Schinus molle*·L.　ウルシ科　Brazil / California pepper-tree, Peruvian mastic tree　食・香・材
こすい（胡荽） → コリアンダー
こすずめのちゃひき（小雀茶挽） → スムースブロムグラス
コスモス　剛あきざくら（秋桜），おおはるしゃぎく（大波斯菊）　*Cosmos bipinnatus* Cav.　キク科 cosmos, Mexican aster　食
ごせいカユプテ（互生-）　*Melaleuca alternifolia* Cheel　フトモモ科　tea tree　薬
こたいし（胡頽子） → ぐみ（茱萸）
ことう（胡豆） → えんどう（豌豆）
ごどう（梧桐） → あおぎり（青桐）
ことうがらし（小唐辛子）　*Capsicum annuum* L. var. *abbreviatum* Fingerh.　ナス科　short-fruited pepper　香
ごとうづる（後藤蔓） → つるあじさい（蔓紫陽花）
コドラ　剛すずめのこびえ（雀小稗）　*Paspalum scrobiculatum* L.　イネ科　creeping / Indian paspalum, ditch / kodo millet　飼
ことりとまらず（小鳥不止） → めぎ（目木）
こなつみかん（小夏蜜柑） → ひゅうがなつ（日向夏）
こなら（小楢）　剛なら（楢），ははそ（柞）　*Quercus serrata* Thunb.　ブナ科　Japanese / konara oak　材・染・食
こぬかぐさ（小糠草） → レッドトップ　＊はいこぬかぐさ
このてがしわ（児手柏・側柏）　*Biota orientalis* (L.) Endl. ［*Platycladus orientalis; Thuja orientalis*］ヒノキ科　Chinese arborvitae　材・薬
こはうちわかえで（小羽団扇楓） → いたやめいげつ（板屋名月）
こばぎぼうし（小葉擬宝珠）　*Hosta sieboldii* (Paxton) J.W.Ingram　ユリ科　Siebold's plantain lily　食

- 48 -

こはこべ(小繁縷) → はこべ(繁縷)
こばのがまずみ(小葉莢蒾) *Viburnum erosum* Thunb. var. *punctatum* Franch et Sav. スイカズラ科　食
こばのセンナ(小葉-) *Senna acutifolia* Delile [*Cassia acutifolia*] ジャケツイバラ科　薬
こばのちょうせんえのき(小葉朝鮮榎) *Celtis biondii* Pampan. ニレ科　Korean hackberry　材
こばのとねりこ(小葉梣) → あおだも(青-)
こばのなんようすぎ(小葉南洋杉) → しまなんようすぎ(島南洋杉)
こばのやまはんのき(小葉山榛木) 別たにがわはんのき(谷川榛木) *Alnus inokumae* S.Murai et Kusaka カバノキ科　材・染
こぱらみつ(小波羅蜜) 別チンペダック, ひめぱらみつ(姫波羅蜜) *Artocarpus integer* (Thunb.) Merr. [*Radermachia integra*] クワ科　champada, chempedak, small jackfruit　食
ごばんのあし(碁盤脚) *Barringtonia asiatica* (L.) Kurz サガリバナ科　Indian oak　薬・染・材
こばんもち(小判黐) *Elaeocarpus japonicus* Sieb. et Zucc. ホルトノキ科　材・食
こひるがお(小昼顔) *Calystegia hederacea* Wall. ヒルガオ科　Japanese false bindweed　食
こぶし(辛夷・拳) 別やまあららぎ(山欄) *Magnolia praecocissima* Koidz. モクレン科　kobus magnolia　材・台・薬　＊においこぶし, ときわこぶし
こぶなぐさ(小鮒草) 別はちじょうかりやす(八丈刈安) *Arthraxon hispidus* (Thunb.) Makino イネ科　jointhead arthraxon　染
こぶみかん(瘤蜜柑) 別スワンギ, プルット *Citrus hystrix* DC. ミカン科　Djeruk purut, Kaffir lime, swangi　食・香
こヘンルーダ(小-) → うんこう(芸香)
ごぼう(牛蒡) *Arctium lappa* L. [*Lappa edulis*] キク科　edible / great burdock, gobo　食・薬　＊アメリカやまごぼう, きくごぼう, すかしたごぼう, せいようごぼう, はまごぼう, フランスきくごぼう, やまごぼう, ようしゆやまごぼう
ごぼうあざみ(牛蒡薊) → もりあざみ(森薊)
こぼけ(小木瓜) → くさぼけ(草木瓜)
ごま(胡麻) *Sesamum indicum* L. ゴマ科　gingery / teel oil-plant, sesame　油・薬　＊えごま, つのごま, とうごま, やんばるごま
ごまいざさ(五枚笹) → おかめざさ(阿亀笹)
こまつな(小松菜) 別うぐいすな(鶯菜) *Brassica rapa* L. var. *perviridis* Bailey アブラナ科　mustard spinach, spinach mustard　食
こまつなぎ(駒繋) *Indigofera pseudotinctoria* Matsum. マメ科　薬・飼　＊インドこまつなぎ, たいわんこまつなぎ, たぬきこまつなぎ, なんばんこまつなぎ
ごまな(胡麻菜) *Aster glehnii* F.Schmidt var. *hondoensis* Kitam. キク科　食
ごまのはぐさ(胡麻葉草) *Scrophularia buergeriana* Miq. ゴマノハグサ科　薬　＊せいようごまのはぐさ
こみかんそう(小蜜柑草) *Phyllanthus urinaria* L. トウダイグサ科　chamber bitter　薬
こむぎ(小麦) 別パンこむぎ(-小麦) *Triticum aestivum* L. ssp. *vulgare* (Vill.) Thell. イネ科　(bread) wheat　食　＊アビシニアこむぎ, イギリスこむぎ, インドこむぎ, エジプトこむぎ, エンマーこむぎ, クラブこむぎ, スペルトこむぎ, なつこむぎ, ふたつぶこむぎ, ペルシャこむぎ, ポーランドこむぎ, マカこむぎ, マカロニこむぎ, みつほこむぎ, リベットこむぎ
ゴムたんぽぽ(-蒲公英) 別ロシアたんぽぽ(-蒲公英) *Taraxacum kok-saghyz* L.E.Rodin キク科　Russian dandelion　ゴ
ゴムのき(-木)　＊あかゴムのき, アッサムゴムのき, アメリカゴムのき, アラビアゴムのき, インドゴムのき, シーラゴムのき, パナマゴムのき, パラゴムのき, ブラジルゴムのき, マニホットゴムのき, メキシコゴムのき
こめつが(米栂) 別くろつが(黒栂) *Tsuga diversifolia* (Maxim.) Mast. マツ科　Northern Japanese

hemlock　材・繊・染
こめつぶうまごやし(米粒馬肥) → ブラックメデック
こも(菰・薦) → まこも(真菰)
ごもじゅ(聖瑞花) *Viburnum suspensum* Lindl. スイカズラ科 sandanqua / sandankwa viburnum 食
こもちかんらん(子持甘藍) → めキャベツ(芽-)
こもちたまな(子持玉菜) → めキャベツ(芽-)
コモンベッチ 剾おおからすのえんどう(大烏豌豆), ザートビッケン *Vicia sativa* L. マメ科 common / Eurasian / spring / summer vetch 飼・肥
ごようあけび(五葉通草) *Akebia pentaphylla* Makino アケビ科 食
ごよういちご(五葉苺) *Rubus ikenoensis* H.Lév. et Vaniot バラ科 食
ごようまつ(五葉松) 剾ひめこまつ(姫小松) *Pinus parviflora* Sieb. et Zucc. マツ科 Japanese white pine 材
コラナットのき(-木) → コラのき(-木)
コラのき(-木) 剾コラナットのき(-木) *Cola nitida* (Vent.) Schott et Endl. アオギリ科 Abata cola, (bitter) cola, cola tree 嗜 ＊ひめコラのき
コリアリアじゃけついばら(-蛇結薔) 剾ジビジビ *Caesalpinia coriaria* (Jacq.) Willd. ジャケツイバラ科 American sumach, divi-divi 染・鞣
コリアンダー 剾こうさい(香菜), コエンドロ, こさい(胡菜), こすい(胡荽), ちゅうごくパセリ(中国-) *Coriandrum sativum* L. セリ科 Chinese parsley, coriander 香・薬
こりやなぎ(行李柳) *Salix koriyanagi* Kimura ex Goerz ヤナギ科 材
こりんご(小林檎) → ずみ(染)
コルクがし(-樫) *Quercus suber* L. ブナ科 cork oak 材・食
コルクくぬぎ(-橡) → あべまき
コルチカム → いぬサフラン(犬-)
ごれんし(五敛子) → スターフルーツ ＊ながばのごれんし
コロシントうり(-瓜) *Citrullus colocynthis* (L.) Schrad. [*Colocynthis vulgaris; Cucumis colocynthis*] ウリ科 bitter cucumber, colocynth, wild gourd 食・薬
コロニアルベント *Agrostis tenuis* Sibth. イネ科 colonial bent grass 被
ころは(胡蘆巴) 剾フェヌグリーク *Trigonella foenum-graecum* L. マメ科 fenugrec, fenugreek 食・飼・香・薬
コロラドもみ(-樅) → べいもみ(米樅)
コロンブスグラス *Sorghum almum* Parodi イネ科 Columbus grass 飼
こわたり(古渡) → したん(紫檀)
こんごうざくら(金剛桜) → うわみずざくら(上溝桜)
コンゴコーヒのき(-木) → ロブスタコーヒーのき(-木)
ごんずい(権萃) *Euscaphis japonica* (Thunb.) Kanitz [*Sambucus japonicus*] ミツバウツギ科 Japanese / Korean sweetheart tree 食・薬
ごんぜつのき(金漆木) → こしあぶら(漉油)
こんにゃく(蒟蒻・菎蒻) *Amorphophallus konjac* K.Koch サトイモ科 devil's-tongue, elephant foot, konjac 食
コンフリー 剾ひれはりそう(鰭針草, 鰭玻璃草) *Symphytum officinale* L. ムラサキ科 comfrey, healing herb 食・飼・薬
こんようセロリ(根用-) → セルリアク
こんろんそう(崑崙草) *Cardamine leucantha* (Tausch) O.E.Schulz アブラナ科 食

[さ]

ザーサイ（搾菜）　剛だいしんさい（大心菜）　*Brassica juncea* (L.) Czerniak. et Coss. var. *tumida* Tsen et Lee ［*Sinapis rugosa*］アブラナ科　big stem mustard, Sichuan pickling mustard　食
ザートビッケン　→　コモンベッチ
さいかち（皂莢）　*Gleditsia japonica* Miq. ジャケツイバラ科　Japanese honey locast　材・薬　＊アメリカさいかち, なんばんさいかち
さいこ（柴胡）　＊かわらさいこ, すずさいこ, みしまさいこ
サイザルあさ（-麻）　*Agave sisalana* Perrine ex Engelm. リュウゼツラン科　hemp plant, sisal agave / hemp　繊
さいしん（細辛）　→　うすばさいしん（薄葉細辛）　＊おくえぞさいしん, けいりんさいしん, すみれさいしん
さいたずま　→　いたどり（虎杖）
さいとう（菜豆）　→　いんげんまめ（隠元豆）
さいはいらん（采配蘭）　*Cremastra appendiculata* (D.Don) Makino　ラン科　食・薬
さいはだかんば（-樺）　→　うだいかんば（鵜台樺）
ざいふりぼく（采振木）　剛しでざくら（四手桜）　*Amelanchier asiatica* (Sieb. et Zucc.) Endl. ex Walp. バラ科　shadblow, shadbush　食・材
さいもりば（菜盛葉）　→　あかめがしわ（赤芽柏）
さおとめばな（早乙女花）　→　へくそかずら（屁糞葛）
さおひめ（左保姫）　→　じおう（地黄）
さかき（榊・栄樹）　*Cleyera japonica* Thunb. ［*Sakakia ochnacea*］ツバキ科　Japanese eurya, sakaki　材
さがりばな（下花）　*Barringtonia racemosa* (L.) Blume ex DC. サガリバナ科　powder-puff tree　薬・染・材
さきくさ（三枝）　→　みつまた（三椏）
さきしますおうのき（先島蘇芳木）　*Heritiera littoralis* Dryand. アオギリ科　looking glass tree　材
さきしまはまぼう（先島黄槿）　*Thespesia populnea* (L.) Sol. ex Corrêa　アオイ科　false rose wood, Indian tulip, umbrella tree　材・食
さくら（桜）　＊うわみずざくら, えぞのうわみずざくら, えぞやまざくら, おおしまざくら, おおやまざくら, かすみざくら, からみざくら, こんごうざくら, シウリざくら, しでざくら, しなみざくら, しろざくら, すみのみざくら, せいようみざくら, みやまいぬざくら, みやまざくら, やまざくら
さくらがんぴ（桜雁皮）　*Diplomorpha pauciflora* (Franch. et Sav.) Nakai ［*Wikstroemia pauciflora*］ジンチョウゲ科　繊
さくらんぼ（桜坊）　→　せいようみざくら（西洋実桜）
ざくろ（石榴・柘榴）　剛せきりゅう（石榴・柘榴）　*Punica granatum* L. ［*Granatum punicum*］ザクロ科　pomegranate　食・薬　＊はまざくろ, ばんざくろ
ざくろそう（石榴草）　*Mollugo pentaphylla* L. ザクロソウ科　薬
サゴやし（-椰子）　*Metroxylon sagu* Rottb. ヤシ科　(smooth / true) sago palm　食・繊
ささ（笹）　＊あずまねざさ, おかめざさ, かぐらざさ, くまいざさ, くまざさ, ごまいざさ, ちしまざさ
ささぐり（小栗）　→　にほんぐり（日本栗）
ささげ（豇豆・大角豆）　剛カウピー　*Vigna unguiculata* (L.) Walp. ［*Dolichos unguiculatus; Phaseolus unguiculatus*］マメ科　black-eyed bean / pea, (common) cowpea, crowder bean / pea　食　＊あかささげ, いたちささげ, さんじゃくささげ, じゅうろくささげ, とうささげ, ながささげ, はたささげ, はまささげ
ささはぎ（笹萩）　剛まるばたけはぎ（丸葉竹萩）　*Alysicarpus vaginalis* (L.) DC. ［*Hedysarum*

vaginale〕マメ科 Alyce / buffalo clover　飼
さざんか(山茶花)　剛さんざか(山茶花), ひめつばき(姫椿)　Camellia sasanqua Thunb. ツバキ科 sasanqua (camellia)　材・油
さじおもだか(匙面高・匙沢瀉)　Alisma plantago-aquatica L. var. orientale Sam. オモダカ科 oriental water plantain　薬
さしもぐさ → よもぎ(蓬)
サッサフラスのき(-木)　Sassafras albidum Nees〔Laurus sassafras〕クスノキ科 (common) sassafras　香・薬・材
ざっしゅアルファルファ(雑種-)　Medicago × media Pers. マメ科 (hybrid) alfalfa　飼
ざっしゅカボチャ(雑種南瓜)　Cucurbita maxima × moschata ウリ科　台
さつまいも(薩摩芋)　剛からいも(唐芋), かんしょ(甘藷), スィートポテト, ばんしょ(蕃藷), りゅうきゅういも(琉球藷)　Ipomoea batatas (L.) Lam.〔Batatas edulis; Convolvulus batatas〕ヒルガオ科 batata, sweet potato　食
さつまじい(薩摩椎) → まてばしい(-葉椎)
さつまふじ(薩摩藤) → ふじもどき(藤擬)
さといも(里芋)　剛たいも(田芋)　Colocasia esculenta (L.) Schott〔Arum esculenta; Leucocasia esculenta〕サトイモ科 cocoyam, dasheen, eddo, taro 食　＊アメリカさといも
さとうかえで(砂糖楓)　Acer saccharum Marshall カエデ科 hard / rock / sugar maple　甘・材
さとうきび(砂糖黍)　剛かんしゃ・かんしょ(甘蔗)　Saccharum officinarum L. イネ科 noble / sugar cane　甘
さとうだいこん(砂糖大根) → てんさい(甜菜)
さとうなつめやし(砂糖棗椰子)　Phoenix sylvestris Roxb. ヤシ科 date sugar palm, Indian / sugar / wild date　甘・材・繊
さとうまつ(砂糖松)　剛ながみまつ(長実松)　Pinus lambertiana Douglas マツ科 sugar pine　材
さとうもろこし(砂糖蜀黍) → スィートソルガム
さとうやし(砂糖椰子)　Arenga pinnata (Wurmb) Merr.〔Saguerus pinnatus〕ヤシ科 arenga / black-fiber / sugar palm　甘・繊
さねかずら(実葛)　剛びなんかずら(美男葛)　Kadsura japonica (Thunb.) Dunal マツブサ科 kadsura vine, scarlet kadsura　薬・繊
さねぶとなつめ(実太棗・核太棗)　Ziziphus jujuba Mill. var. spinosa (Bunge) Hu ex H.F.Chow クロウメモドキ科 sour-fruited / spiny jujube　食・薬
サビタ → のりうつぎ(糊空木)
サビナびゃくしん(-柏槇)　Sabina vulgaris Antoine〔Juniperus sabina〕ヒノキ科 savin(e)　薬
サプカイアナットのき(-木)　Lecythis zabucajo (Aubl.) Hook. サガリバナ科 sapucaia nut　食・油
サブクローバ → サブタレニアンクローバ
サブタレニアンクローバ　剛サブクローバ　Trifolium subterraneum L. マメ科 sub- / subterranean clover　飼
サフラン　剛ばんこうか(番紅花)　Crocus sativus L. アヤメ科 saffron (crocus)　薬・染・香　＊いぬサフラン
サポジラ　剛チクル, チューインガムのき(-木), メキシコがき(-柿)　Manilkara zapota (L.) P.Royen〔Achras zapota; Lucuma mammosa; Sapota zapodilla; Vitellaria mammosa〕アカテツ科 chewing-gum tree, chicle tree, sapodilla, sapota　食・ゴ
ザボン(朱欒)　剛ぶんたん・ぼんたん(文旦)　Citrus grandis Osbeck ミカン科 pomelo, pummelo, shaddock　食
サボンそう(石鹸草)　Saponaria officinalis L. ナデシコ科 bouncing bet, saponaria, soapwort　薬
サマン → アメリカねむのき(-合歓木)
さやえんどう(莢豌豆) → えんどう(豌豆)

さやばな(茨花) → ハウザポテト
サラカやし(-椰子) *Salacca edulis* Reinw. [*Calamus zalacca*] ヤシ科 edible salacca, salac / snake palm 食
さらしなしょうま(晒菜升麻) *Cimicifuga simplex* (Wormsk. ex DC.) Turcz. キンポウゲ科 bugbane 食・薬
さらそうじゅ(沙羅双樹・婆羅双樹) 剄さらのき(沙羅木),しゃらそうじゅ(婆羅双樹) *Shorea robusta* C.F.Gaertn. フタバガキ科 sal (tree) 材・薬・塗
サラダな(-菜) 剄たまぢしゃ(玉萵苣) *Lactuca sativa* L. var. *capitata* L. キク科 head lettuce 食
さらのき(娑羅木) → さらそうじゅ(沙羅双樹・婆羅双樹)
さるかけみかん(猿掛蜜柑) *Toddalia asiatica* (L.) Lam. ミカン科 forest paper, wild orange tree 染・薬
サルシフィー 剄せいようごぼう(西洋牛蒡),ばらもんじん(波羅門参) *Tragopogon porrifolius* L. キク科 oyster plant, salsify, vegetable oyster 食
さるすべり(百日紅・猿滑) 剄さるなめり(猿滑),ひゃくじっこう(百日紅) *Lagerstroemia indica* L. ミソハギ科 crape myrtle, Indian lilac 材 ＊おおばなさるすべり,しまさるすべり,たいわんさるすべり
さるたのき(猿田木) → ひめしゃら(姫沙羅)
さるとりいばら(猿捕茨・菝葜) 剄さんきらい(山帰来) *Smilax china* L. サルトリイバラ科 China smilax 薬・食
さるなし(猿梨) 剄こくわ,しらくちづる *Actinidia arguta* (Sieb. et Zucc.) Planch. ex Miq. マタタビ科 arguta, bower actinidia, tara vine 食 ＊しなさるなし,しまさるなし
さるなめり(猿滑) → さるすべり(百日紅)
サルビア ＊おにサルビア,やくようサルビア
サワーオレンジ → だいだい(橙)
さわあざみ(沢薊) *Cirsium yezoense* (Maxim.) Makino キク科 食
さわあじさい(沢紫陽花) → やまあじさい(山紫陽花)
サワーチェリー → すみのみざくら(酸味実桜)
さわあららぎ(沢欄) → さわひよどり(沢鵯)
さわおぐるま(沢小車) 剄さわぐるま(沢車) *Senecio pierotii* Miq. キク科 食
さわぎきょう(沢桔梗) *Lobelia sessilifolia* Lamb. キキョウ科 食・薬
さわぐるま(沢車) → さわおぐるま(沢小車)
さわぐるみ(沢胡桃) 剄かわぐるみ(川胡桃) *Pterocarya rhoifolia* Sieb. et Zucc. クルミ科 Japanese wingnut 材・繊・薬 ＊コーカサスさわぐるみ,しなさわぐるみ
さわしで(沢四手) → さわしば(沢柴)
さわしば(沢柴) 剄さわしで(沢四手) *Carpinus cordata* Blume カバノキ科 heartleaf hornbeam 材
さわひよどり(沢鵯) 剄さわあららぎ(沢欄) *Eupatorium lindleyanum* DC. キク科 薬
さわふたぎ(沢蓋木) 剄るりみのうしころし(瑠璃実牛殺) *Symplocos sawafutagi* Nagam. [*Palura chinensis* var. *pilosa*] ハイノキ科 材・染
さわら(椹) *Chamaecyparis pisifera* (Sieb. et Zucc.) Endl. ヒノキ科 sawara cypress 材 ＊たいわんさわら,とがさわら
さわらとが(椹栂) → とがさわら(栂椹)
さんがいぐさ(三界草) → ほとけのざ(仏座)
さんかおうとう(酸果桜桃) → すみのみざくら(酸味実桜)
さんかくい(三角藺) 剄たいこうい(大甲藺・大甲藺) *Schoenoplectus triqueter* (L.) Palla [*Scirpus triqueter*] カヤツリグサ科 chair-maker's rush 材
さんかくづる(三角蔓) 剄ぎょうじゃのみず(行者水) *Vitis flexuosa* Thunb. ブドウ科 食
さんかよう(山荷葉) *Diphylleia grayi* F.Schum. メギ科 食

さんきらい(山帰来) → さるとりいばら(猿捕茨)
さんごじゅ(珊瑚樹) 剛あわぶき(泡吹) *Viburnum odoratissimum* Ker Gawl. スイカズラ科 China laurustine, sweet viburnum 材
さんざか(山茶花) → さざんか(山茶花)
さんざし(山査子・山樝子) *Crataegus cuneata* Sieb. et Zucc. バラ科 Japanese hawthorn 薬・食
　　＊えぞさんざし, おおみさんざし, くろみさんざし, せいようさんざし
さんしち(三七) → さんしちそう(三七草)
さんしちそう(三七草・山漆草) 剛さんしち(三七) *Gynura japonica* (Thunb.) Juel [*Senecio japonicus*] キク科 薬・食
さんしちにんじん(三七人参) *Panax notoginseng* F.H.Chen ウコギ科 薬
さんじゃくささげ(三尺豇豆) → じゅうろくささげ(十六豇豆)
さんしゅゆ(山茱萸) 剛あきさんご(秋珊瑚), はるこがねばな(春黄金花) *Cornus officinalis* Sieb. et Zucc. [*Macrocarpium officinalis*] ミズキ科 Japanese cornel 薬・食・材 ＊せいようさんしゅゆ
さんしょう(山椒) 剛はじかみ(椒) *Zanthoxylum piperitum* (L.) DC. ミカン科 Japanese pepper, Japanese prickly ash 薬・香・材 ＊アメリカさんしょう, いぬざんしょう, からすざんしょう, とうざんしょう, ひれざんしょう, ふゆざんしょう
さんちゃ(山茶) → つばき(椿)
さんとうさい(山東菜) *Brassica rapa* L. var. *amplexicaulis* Tanaka et Ono sv. *dentata* Kitam. アブラナ科 食
さんどまめ(三度豆) → いんげんまめ(隠元豆)
さんとりそう(-草) 剛きばなあざみ(黄花薊) *Cnicus benedictus* L. キク科 blessed / holy thistle, Spanish oyster plant 薬
サンヘンプ 剛あさたぬきまめ(麻狸豆) *Crotalaria juncea* L. マメ科 brown / Indian / sun(n) hemp 繊・肥
さんぽうかん(三宝柑) *Citrus sulcata* hort. ex Tanaka ミカン科 sanbô 食

[し]

シアーバターのき(-木) *Vitellaria paradoxa* (A.DC.) C.F.Gaertn. アカテツ科 Shea butter tree 食・油
しい(椎) → こじい(小椎)／すだじい(-椎) ＊いたじい, つぶらじい, ながじい, まてばしい
シークワシャー → ひらみレモン(平実-)
じいそぶ(爺蕎) → つるにんじん(蔓人参)
シープフェスク 剛うしのけぐさ(牛毛草) *Festuca ovina* L. イネ科 sheep fescue 飼
シーボルトのき(-木) *Rhamnus utilis* Decne. クロウメモドキ科 Chinese buckthorn 染
シーラゴムのき(-木) → マニホットゴムのき(-木)
シウリざくら(-桜) 剛みやまいぬざくら(深山犬桜) *Padus ssiori* (F.Schmidt) C.K.Schneid. [*Prunus ssiori*] バラ科 材
じおう(地黄) 剛あかやじおう(赤矢地黄), さおひめ(左保姫) *Rehmannia glutinosa* (Gaertn.) Libosch. ex Fisch. et C.A.Mey. var. *purpurea* Makino ゴマノハグサ科 Chinese foxglove, rehmania 薬 ＊かいけいじおう
しおじ(塩地) *Fraxinus spaethiana* Lingelsh. モクセイ科 材 ＊たいわんしおじ
しおで(牛尾菜) *Smilax riparia* A.DC. var. *ussuriensis* (Regel) H.Hara et T.Koyama サルトリイバ

ラ科　食・薬
しおやきそう(塩焼草) → ひめふうろ(姫風露)
しおん(紫苑・紫菀)　圀おにのしこぐさ(鬼醜草) *Aster tataricus* L.f. キク科　starwort, Tartarian aster　薬　＊はるじおん
しかくまめ(四角豆) *Psophocarpus tetragonolobus* (L.) DC. ［*Botor tetragonolobus; Dolichos tetragonolobus*］マメ科　asparagus / princess pea, four-angled / Goa / Manila / winged bean　食・飼・肥
シカモア　圀せいようかじかえで(西洋梶楓) *Acer pseudoplatanus* L. カエデ科　mock plane, sycamore maple　材
しききつ(四季橘) → カラマンシー
ジギタリス　圀きつねのてぶくろ(狐手袋) *Digitalis purpurea* L. ゴマノハグサ科　digitalis, (common / purple) foxglove　薬　＊けジギタリス
しきび(樒) → しきみ(樒)
しきみ(樒・梻)　圀しきび(樒), はなのき(花木) *Illicium anisatum* L. シキミ科　Japanese anise　材・薬・香　＊とうしきみ
ジグザグローバ　圀おおばのあかつめくさ(大葉赤詰草) *Trifolium medium* L. マメ科　mammoth / zigzag clover　飼
しくんし(使君子)　圀からくちなし(唐梔子) *Quisqualis indica* L. シクンシ科　Rangoon-creeper　薬
しこうか(指甲花) → ヘンナ
じごくのかまのふた(地獄釜蓋) → きらんそう(金瘡小草)
しこくびえ(四国稗)　圀こうぼうびえ(弘法稗) *Eleusine coracana* (L.) Gaertn. イネ科　(African) finger millet, Indian / Ragi millet　食・飼
しこくむぎ(四国麦) → はとむぎ(鳩麦)
しこたんからまつ(色丹唐松) → グイまつ(-松)
しこたんまつ(色丹松) → あかえぞまつ(赤蝦夷松)
しころ → きはだ(黄膚)
ししうど(猪独活) *Angelica pubescens* Maxim. セリ科　食・薬　＊おおししうど
ししずく(肉豆蔲) → ナツメグ
ししとう(獅子唐) *Capsicum annuum* L. var. *grossum* Sendtn. ナス科　small green pepper, small sweet pepper　食
じしばり(地縛) → めひしば(雌日芝)
じしゃ → あぶらちゃん(油瀝青)　＊あかじしゃ, しろじしゃ
ししらん(獅子蘭) *Vittaria flexuosa* Fée シシラン科　薬
しそ(紫蘇)　圀のらえ(野良荏) *Perilla frutescens* (L.) Britton var. *crispa* (Thunb.) W.Deane シソ科　perilla, shiso　薬・香　＊ほそばやまじそ, やまじそ
じぞうかんば(地蔵樺)　圀いぬぶし *Betula globispica* Shirai カバノキ科　材・繊
しだやし(羊歯椰子) → なんようそてつ(南洋蘇鉄)
しだれかんば(枝垂樺) *Betula pendula* Roth カバノキ科　silver birch　薬
しだれやなぎ(枝垂柳・垂柳)　圀いとやなぎ(糸柳) *Salix babylonica* L. ヤナギ科　low-hanging / weeping willow　材・薬
したん(紫檀)　圀こわたり(古渡) *Dalbergia cochinchinensis* Pierre ex Laness. マメ科　Siam rosewood　材
したん(紫檀)　圀こうきしたん(紅木紫檀) *Pterocarpus santalinus* L.f. マメ科　red sandalwood / sanders　材・薬　＊インドしたん, やえやましたん
しちかいそう(七階草) → くりんそう(九輪草)
しちとうい(七島藺)　圀りゅうきゅうい(琉球藺) *Cyperus malaccensis* Lam. ssp. *brevifolius* (Boeck.) T.Koyama カヤツリグサ科　Chinese matgrass　繊

しちへんげ(七変化) → ランタナ
しでざくら(四手桜) → ざいふりぼく(采振木)
しでのき(四手木) → あかしで(赤四手)　＊いぬしで, くましで, さわしで, しろしで, せいようしで
シトカとうひ(-唐檜)　剛アラスカとうひ(-唐檜)　*Picea sitchensis* (Bong.) Carr. マツ科　Sitka spruce　材
しどけ → もみじがさ(紅葉笠)
しどみ → ぼけ(木瓜)
シトロネラ　＊ジャワシトロネラ, セイロンシトロネラ
シトロン　剛まるぶっしゅかん(丸仏手柑)　*Citrus medica* L. ミカン科　citron　香
しなあぶらぎり(支那油桐)　剛おおあぶらぎり(大油桐)　*Aleurites fordii* Hemsl. トウダイグサ科　China tung-oil / wood-oil tree, tung　油・薬・材
しなおうれん(支那黄連)　*Coptis chinensis* Franch. キンポウゲ科　Chinese goldthread　薬
しなおけら(支那朮)　*Atractylodes lancea* (Thunb.) DC. var. *chinensis* Kitam. キク科　薬
しながや(支那榧)　*Torreya grandis* Forst. イチイ科　Chinese torreya　食
しながわはぎ(品川萩) → スィートクローバ　＊こしながわはぎ, しろばなしながわはぎ
しなきはだ(支那黄膚)　*Phellodendron chinensis* Schneid. ミカン科　Chinese corktree　薬
しなぎり(支那桐)　*Paulownia fargesii* Franch. ゴマノハグサ科　材
しなくすもどき(支那楠擬)　*Cryptocarya chinensis* (Hance) Hemsl. クスノキ科　材
しなぐり(支那栗) → あまぐり(甘栗)
しなさるなし(支那猿梨) → キーウィフルーツ
しなさわぐるみ(支那沢胡桃)　*Pterocarya stenoptera* C.DC. クルミ科　Chinese wingnut　材
じなし(地梨) → くさぼけ(草木瓜)
しなじゃけついばら(支那蛇結薔)　*Caesalpinia decapetala* (Roth) Alston ジャケツイバラ科　Mysore thorn　薬
しなだれすずめがや(撓垂雀茅) → ウィーピングラブグラス
しなとがさわら(支那栂椹)　*Pseudotsuga sinensis* Dode マツ科　Chinese Douglas fir　材
しななつめ(支那棗) → なつめ(棗)
しなにっけい(支那肉桂) → カシア
しなのがき(信濃柿) → まめがき(豆柿)
しなのき(科木)　剛あかじな(赤科)　*Tilia japonica* (Miq.) Simonk. シナノキ科　Japanese lime / linden　材・繊　＊おおばしなのき, せいようしなのき
しなのみざくら(支那実桜) → からみざくら(唐実桜)
しなひいらぎ(支那柊) → ひいらぎもち(柊黐)
しなヒヨス(支那菲沃斯)　*Hyoscyamus niger* L. var. *chinensis* Makino ナス科　薬
しなまおう(支那麻黄) → まおう(麻黄)
シナモン　剛セイロンにっけい(-肉桂)　*Cinnamomum verum* J.Presl ［*Laurus cinnamomum*］クスノキ科　(Ceylon / common) cinnamon　香・薬
しなよもぎ(支那蓬)　剛セメンシナ　*Artemisia cina* Berg. ex Poljak. キク科　santonica, semen cina, Levant wormwood　薬
しなライム(支那-) → ぐみみかん(茱萸蜜柑)
しなれんぎょう(支那連翹)　*Forsythia viridissima* Lindl. モクセイ科　greenstem forsythia　薬
じねんじょ(自然薯) → やまのいも(山芋)
しば(芝)　*Zoysia japonica* Steud. イネ科　Japanese / Korean lawn grass　被　＊おひしば, ガヤナしば, ぎょうぎしば, こうしゅんしば, こうらいしば, ちょうせんしば, つるめひしば, めひしば
しば(柴)　＊いのこしば, さわしば, とちしば, ふくらしば
しばぐり(柴栗) → にほんぐり(日本栗)
しばな(塩場菜・芝菜)　剛もしおぐさ(藻塩草)　*Triglochin maritimum* L. シバナ科　(seaside) arrow-

grass　食
ジビジビ　→　コリアリアじゃけつついばら(-蛇結薔)
しびとばな(死人花)　→　ひがんばな(彼岸花)
ジプシーウィード　剛ヨーロッパしろね(-白根) *Lycopus europaeus* L. シソ科　gipsy weed　薬・染
しべながむらさき(蕊長紫)　*Echium vulgare* L. ムラサキ科　blueweed, viper's bugloss　薬
シベリアにんじん(-人参)　→　えぞうこぎ(蝦夷五加木)
シベリアまつ(-松)　*Pinus sibirica* Turcz. マツ科　Siberian cedar　材
シベリアもみ(-樅)　*Abies sibirica* Ledeb. マツ科　Siberian fir　材
しまあわいちご(島粟苺)　剛りゅうきゅういちご(琉球苺)　*Rubus grayanus* Maxim. バラ科　食
しまいちび(島荏麻)　→　たかさごいちび(高砂荏麻)
しまうらじろのき(島裏白木)　*Pterospermum formosanum* Matsum. アオギリ科　材
しまかんぎく(島寒菊)　剛あぶらぎく(油菊),はまかんぎく(浜寒菊)　*Dendranthema indicum* (L.) Des Moul. [*Chrysanthemum indicum*] キク科　Japanese chrysanthemum　薬・食
しまさるすべり(島百日紅)　剛たいわんさるすべり(台湾百日紅)　*Lagerstroemia subcostata* Koehne ミソハギ科　white-barked crape myrtle　材・染
しまさるなし(島猿梨)　剛なしかずら(梨葛)　*Actinidia rufa* (Sieb. et Zucc.) Planch. ex Miq. マタタビ科　食
しますずめのひえ(縞雀稗)　→　ダリスグラス
しまたこのき(島蛸木)　→　あだん(阿檀)
しまつなそ(島綱麻)　→　たいわんつなそ(台湾綱麻)
しまてんなんしょう(島天南星)　→　へんごだま
しまとう(島籐)　→　たいわんとう(台湾籐)
しまとうがらし(島唐辛子)　→　タバスコ
しまとねりこ(島梣)　剛たいわんしおじ(台湾塩地)　*Fraxinus griffithii* C.B. Clarke モクセイ科　evergreen / flowering ash　材
しまなんようすぎ(島南洋杉)　剛こばのなんようすぎ(小葉南洋杉)　*Araucaria heterophylla* (Salisb.) Franco ナンヨウスギ科　Australian / house pine, Norfolk island pine　材
しまにしきそう(島錦草)　剛たいわんにしきそう(台湾錦草)　*Euphorbia hirta* L. [*Chamaesyce hirta*] トウダイグサ科　asthma plant, garden / pill-bearing spurge　薬
しまばらいちご(島原苺)　*Rubus lambertianus* Ser. バラ科　食
しまほおずき(島酸漿)　→　ケープグーズベリー
じまめ(地豆)　→　らっかせい(落花生)
しまりゅうがん(島龍眼)　剛ばんりゅうがん(蕃龍眼)　*Pometia pinnata* J.R.Forst. et G.Forst. ムクロジ科　Fijian longan　食・薬・材
しもくれん(紫木蓮)　→　もくれん(木蓮木蘭)
しもつけそう(下野草)　*Filipendura multijuga* Maxim. バラ科　食
しもふりまつ(霜降松)　剛ヨーロッパはいまつ(-這松)　*Pinus cembra* L. マツ科　arolla pine, cembra, Russian cedar, Swiss stone pine　材・食
ジャーマンダー　剛ウォールジャーマンダー,にがくさ(苦草)*Teucrium chamaedrys* L. [*Chamaedrys officinalis*] シソ科　common / wall germander　香・薬
じゃがいも(-薯)　→　ばれいしょ(馬鈴薯)
ジャガタラいも(-薯)　→　ばれいしょ(馬鈴薯)
しゃかとう(釈迦頭)　→　ばんれいし(蕃茘枝)
しゃく(杓)　剛やまにんじん(山人参)　*Anthriscus aemula* Schischk. セリ科　薬・食
しゃくしな(杓子菜)　→　チンゲンサイ
しゃくちりそば(赤地利蕎麦)　→　しゅっこんそば(宿根蕎麦)
しゃくやく(芍薬)　剛ぬみぐすり(枸杞)　*Paeonia lactiflora* Pall. ボタン科　Chinese / garden / white

peony 薬 ＊オランダしゃくやく, せいようしゃくやく, やましゃくやく
じゃけついばら(蛇結薔・蛇結茨) 剛かわらふじ(川原藤), はまささげ(浜豇豆) *Caesalpinia decapetala* (Roth) Alston var. *japonica* (Sieb. et Zucc.) H.Ohashi ジャケツイバラ科 Mysore thorn 薬 ＊コリアリアじゃけついばら, しなじゃけついばら
じゃこうあおい(麝香葵) *Olbia moschata* (L.) [*Malva moschata*] アオイ科 musk mallow 香
じゃこうそう(麝香草) ＊いぶきじゃこうそう, たちじゃこうそう, ようしゅいぶきじゃこうそう
じゃこうとろろあおい(麝香蜀葵) → とろろあおいもどき(黄蜀葵擬)
じゃこうなでしこ(麝香撫子) → カーネーション
しゃじくそう(車軸草) *Trifolium lupinaster* L. [*Lupinaster purpurascens*] マメ科 bastard lupin, trefoil 飼
しゃしゃんぼ(小小坊・南燭) *Vaccinium bracteatum* Thunb. ツツジ科 食・材 ＊ひめしゃしゃんぼ
ジャスミン 剛おおばなそけい(大花素馨) *Jasminum grandiflorum* L. モクセイ科 Catalonian / royal / Spanish jasmine 香 ＊カロライナジャスミン, きいろジャスミン
ジャックフルーツ 剛ながみパンのき(長実-木), ぱらみつ(波羅蜜) *Artocarpus heterophyllus* Lam. クワ科 jackfruit 食
じゃのひげ(蛇鬚) 剛りゅうのひげ(龍髭) *Ophiopogon japonicus* (L.f.) Ker Gawl. ユリ科 (dwarf) lily-turf, snake's beard 薬
ジャボチカバ *Myrciaria cauliflora* O.Berg. フトモモ科 jaboticaba 食
シャボンのき(石鹸木) *Quillaja saponaria* Molina バラ科 soap-bark tree 薬
しゃみせんぐさ(三味線草) → なずな(薺)
しゃらそうじゅ(娑羅双樹) → さらそうじゅ(娑羅双樹)
しゃらのき(沙羅木) → なつつばき(夏椿) ＊ひめしゃら
しゃりんばい(車輪梅) 剛はまもっこく(浜木斛), まるばしゃりんばい(丸葉車輪梅) *Rhaphiolepis indica* (L.) Lindl. ex Ker var. *umbellata* (Thunb.) H.Ohashi [*Laurus umbellata*] バラ科 Japanese / Yeddo hawthorn 染
シャロット 剛エシャロット *Allium cepa* L. var. *aggregatum* G.Don ユリ科 eschalot, ever-ready / potato onion, shallot 食
ジャワコカ 剛ながばコカのき(長葉-木) *Erythroxylum novogranatense* (Morris) Hieron. コカノキ科 Colombian / Java coca 薬
ジャワシトロネラ *Cymbopogon winterianus* Jowitt イネ科 Java citronella 香
ジャワながこしょう(-長胡椒) 剛ひはつもどき(蓽茇擬) *Piper retrofractum* Vahl [*Chavica officinarum*] コショウ科 Balinese / Javanese long pepper 香・薬
ジャワふともも(-蒲桃) → レンブ(蓮霧)
ジュート → つなそ(綱麻)
じゅうにひとえ(十二単) *Ajuga nipponensis* Makino シソ科 薬 ＊せいようじゅうにひとえ
じゅうねん(十稔) → えごま(荏胡麻)
じゅうやく(十薬) → どくだみ(蕺)
じゅうろくささげ(十六豇豆) 剛さんじゃくささげ(三尺豇豆), ながささげ(長豇豆) *Vigna unguiculata* (L.) Walp. var. *sesquipedalis* (L.) H.Ohashi [*Dolichos sesquipedalis*] マメ科 asparagus / yard-long bean, yard-long cowpea, long podded cowpea 食・飼
しゅくしゃ(縮砂・宿砂) *Hedychium coronarium* J.König ショウガ科 ginger lily, wild Siamese cardamom 薬
じゅずさんご(数珠珊瑚) *Rivina humilis* L. ヤマゴボウ科 bloodberry, rouge plant 染
じゅずぼだいじゅ(数珠菩提樹) → インドじゅずのき(印度数珠木)
じゅつ(朮) → おけら(朮)
しゅっこんそば(宿根蕎麦) 剛しゃくちりそば(赤地利蕎麦) *Fagopyrum cymosum* Meisn. [*Polygonum cymosum*] タデ科 wild buckwheat 薬・飼

しゅっこんルーピン(宿根-) *Lupinus polyphyllus* Lindl. マメ科 large-leaved / perennial lupin(e) 飼・肥
じゅらん(樹蘭) *Aglaia odorata* Lour. センダン科 Chinese perfume / rice flower, mock lime 香・薬
しゅろ(棕櫚・棕梠) *Trachycarpus fortunei* (Hook.) H.Wendl. [*Chamaerops fortunei*] ヤシ科 (Chinese) windmill / hemp palm 繊・薬
しゅろそう(棕櫚草) *Veratrum maackii* (Regel) Kitam. ユリ科 薬
しゅんぎく(春菊) 剛きくな(菊菜) *Chrysanthemum coronarium* L. キク科 crown daisy, garland chrysanthemum, shungiku 食
じゅんさい(蓴菜) 剛ぬなわ(沼縄・蓴), ぬめりぐさ(滑草) *Brasenia schreberi* J.F.Gmel. ハゴロモモ科 water shield / target 食・薬 ＊はなじゅんさい
しゅんらん(春蘭) 剛ほくろ *Cymbidium goeringii* (Rchb.f.) Rchb.f. ラン科 hardy cymbidium orchid, Korean spring orchid 食・嗜
しょうが(生姜・生薑) 剛ジンジャー、はじかみ(薑) *Zingiber officinale* (Willd.) Roscoe [*Amomum zingiber*] ショウガ科 (Canton / common / culinary) ginger 薬・香 ＊はなしょうが
じょうざん(常山) 剛じょうざんあじさい(常山紫陽花) *Dichroa febrifuga* Lour. アジサイ科 blue evergreen hydrangea 薬
じょうざんあじさい(常山紫陽花) → じょうざん(常山)
しょうず(小豆) → あずき(小豆)
しょうずく(小豆蔲) → カルダモン
しょうぶ(菖蒲) 剛おにぜきしょう(鬼石菖), ふきぐさ(葺草) *Acorus calamus* L. ショウブ科 calamus, flagroot, sweet flag / sedge 薬・香 ＊きしょうぶ
しょうぶのき(菖蒲木) → やまこうばし(山香)
しょうべんのき(小便木) *Turpinia ternata* Nakai ミツバウツギ科 材・飼
しょうま(升麻) ＊アメリカしょうま, さらしなしょうま, とりあししょうま, やまぶきしょうま
しょかつさい(諸葛菜) → おおあらせいとう(大紫羅欄花)
しょくようかやつり(食用蚊屋吊) *Cyperus esculentus* L. カヤツリグサ科 chufa, earth almond, tiger nut, yellow nutsedge 食
しょくようカンナ(食用-) *Canna edulis* Ker Gawl. カンナ科 edible canna, purple / Queensland arrowroot 食
しょくようぎく(食用菊) 剛りょうりぎく(料理菊) *Chrysanthemum ×morifolium* Ramat. f. *esculentum* Makino キク科 食・薬
しょくようだいおう(食用大黄) → ルバーブ
しょくようとけいそう(食用時計草) → パッションフルーツ
しょくようほおずき(食用酸漿) *Physalis pruinosa* Bailey ナス科 husk / strawberry tomato 食
じょちゅうぎく(除虫菊) 剛むしよけぎく(虫除菊) *Pyrethrum cinerariifolium* Trevir. [*Chrysanthemum cinerariifolium*] キク科 Dalmatian chrysanthemum, insect flower / powder plant, pyrethrum 薬
しょよ(薯蕷) → ながいも(長芋)
じょろうばな(女郎花) → おみなえし(女郎花)
じょろうほととぎす(上臈不如帰) *Tricyrtis macrantha* Maxim. ユリ科 食
ジョンソングラス 剛せいばんもろこし(西蕃蜀黍), ひめもろこし(姫蜀黍) *Sorghum halepense* (L.) Pers. イネ科 Aleppo / Johnson grass 飼
しらかし(白樫・白橿) *Quercus myrsinaefolia* Blume ブナ科 Japanese white oak 材
しらかば(白樺) 剛しらかんば(白樺) *Betula platyphylla* Sukaczev var. *japonica* (Miq.) H.Hara カバノキ科 Japanese white birch 材・染
しらがぶどう(白神葡萄) *Vitis amurensis* Rupr. var. *siragai* (Makino) Ohwi ブドウ科 食
しらかんば(白樺) → しらかば(白樺)

しらき（白木）*Sapium japonicum* (Sieb. et Zucc.) Pax et K.Hoffm. トウダイグサ科 Japanese tallow tree 材・油
しらくちづる → さるなし（猿梨）
しらげかや（白毛茅） → ベルベットグラス
しらげくさふじ（白毛草藤） → ヘアリベッチ
しらたまのき（白玉木） 剛しろもの（白物） *Gaultheria pyroloides* Hook.f. et Thompson ex Miq. ツツジ科 deerberry, gaultheria 香・食
しらたまゆり（白玉百合） 剛しろかのこゆり（白鹿子百合） *Lilium speciosum* Thunb. var. *tametomo* Sieb. et Zucc. ユリ科 食
しらびそ（白檜曽） 剛しらべ（白檜），りゅうぜん（龍髭） *Abies veitchii* Lindl. マツ科 Veitch's silver fir 材・繊 ＊おおしらびそ
しらべ（白檜） → しらびそ（白檜曽） ＊おおしらべ
しりぶかがし（尻深樫） *Lithocarpus glabra* (Thunb.) Nakai ［*Pasania glabra; Quercus glabra*］ブナ科 材・食
ジリンまめ（-豆） *Pithecellobium jiringa* (Jack) Prain ネムノキ科 jiringa 食
しろあかざ（白藜） → しろざ（白藜）
しろいも（白芋） → はすいも（蓮芋）
しろうり（白瓜） 剛あおうり（青瓜），あさうり（浅瓜），つけうり（漬瓜），もみうり（揉瓜） *Cucumis melo* L. var. *conomon* (Thunb.) Makino ウリ科 (oriental) pickling melon 食
しろえんどう（白豌豆） → えんどう（豌豆）
しろかのこゆり（白鹿子百合） → しらたまゆり（白玉百合）
しろがらし（白芥子） 剛きくばがらし（菊葉芥子），ようがらし（洋芥子） *Sinapis alba* L. ［*Brassica alba*］アブラナ科 white mustard 香
しろギニアヤム（白-） *Dioscorea rotundata* Poiret ヤマノイモ科 white (Guinea) yam 食
しろぐるみ（白胡桃） 剛バターぐるみ（-胡桃） *Juglans cineria* L. クルミ科 butternut, white walnut 食
しろクローバ（白-） 剛オランダげんげ（-紫雲英），しろつめくさ（白詰草），ホワイトクローバ *Trifolium repens* L. マメ科 honeysuckle clover, white (Dutch) clover 飼・被・薬
しろぐわ（白桑） → からぐわ（唐桑）
しろぐわい（白慈姑） → くわい（慈姑）
しろごちょう（白胡蝶） *Sesbania grandiflora* (L.) Poiret マメ科 scarlet wistaria tree, sesban, swamp bean 食
しろこやまもも（白粉山桃） *Myrica cerifera* L. ヤマモモ科 bay / candle berry, wax myrtle 油・薬
しろざ（白藜） 剛しろあかざ（白藜） *Chenopodium album* L. アカザ科 (common) lamb's quaters, fat hen, white goose-foot 食・薬
しろざくら（白桜） → みやまざくら（深山桜）
しろじゃ（白-） → だんこうばい（檀香梅）
しろしで（白四手） → いぬしで（犬四手）
しろだも（白-） 剛うらじろだも（裏白-） *Neolitsea sericea* (Blume) Koidz. ［*Laurus sericea; Litsea glauca*］クスノキ科 材・油
しろつめくさ（白詰草） → しろクローバ（白-）
しろとうあずき（白唐小豆） *Abrus fruticulosus* Wall ex Wight et Arn. マメ科 薬
しろとうひ（白唐檜） → カナダとうひ
しろにんじん（白人参） → パースニップ
しろね（白根） *Lycopus lucidus* Turcz. シソ科 water horehound 薬・食 ＊えぞしろね，ヨーロッパしろね
しろばい（白灰） *Symplocos lancifolia* Sieb. et Zucc. ［*Dicalyx lancifolia*］ハイノキ科 染

しろばなアイリス(白花-) → においアイリス(匂-)
しろばなくさふじ(白花草藤) *Tephrosia candida* (Roxb.) DC. [*Cracca candida*] マメ科 white tephrosia 肥・被
しろばなしながわはぎ(白花品川萩) → スィートクローバ[白花]
しろばなたんぽぽ(白花蒲公英) *Taraxacum albidum* Dahlst. キク科 white dandelion 食
しろばなちょうせんあさがお(白花朝鮮朝顔) *Datura stramonium* L. ナス科 jim(p)son (weed) 薬
しろばなはなささげ(白花花豇豆) *Phaseolus coccineus* L. var. *albus* Bailey マメ科 食
しろばなひつじぐさ(白花羊草) *Nymphaea alba* L. スイレン科 white water lily 薬
しろばなひるぎ(白花蛭木) → やえやまひるぎ(八重山蛭木)
しろばなへびいちご(白花蛇苺) → もりいちご(森苺)
しろばなもめんづる(白花木綿蔓) *Astragalus cicer* L. マメ科 cicer milkvetch 飼
しろばなルーピン(白花-) *Lupinus albus* L. マメ科 white lupine 食・飼・肥
しろばなわた(白花棉) → インドわた(印度棉)
しろぶな(白橅) → ぶな(橅)
しろもじ(白文字) 剛あかじしゃ(赤-) *Lindera triloba* (Sieb. et Zucc.) Blume [*Benzoin trilobum*; *Parabenzoin trilobum*] クスノキ科 材・油・薬
しろもっこう(白木香) → そけい(素馨)
しろもの(白物) → しらたまのき(白玉木)
しろもみ(白樅) → はりもみ(針樅)
しんきょうもも(新疆桃) *Amygdalus ferganensis* (Kost. et Rjabkova) T.T.Yu et L.T.Lu バラ科 食
じんこう(沈香) *Aquilaria agallocha* Roxb. ジンチョウゲ科 agar / aloes wood 香・薬
ジンジャー → しょうが(生姜) ＊マンゴージンジャー
ジンジャーグラス *Cymbopogon martini* Wats. var. *sofia* イネ科 gingergrass 香
しんじゅ(神樹) → にわうるし(庭漆)
しんしゅうからまつ(信州唐松) → からまつ(唐松)
じんちょうげ(沈丁花) 剛ちょうじぐさ(丁字草) *Daphne odora* Thunb. ジンチョウゲ科 winter daphne 薬
しんろかい(真蘆薈) → アロエ

［す］

スィートアーモンド *Amygdalus communis* L. var. *dulcis* Borkh. ex DC. バラ科 sweet almond 食・薬
スィートオレンジ → オレンジ
スィートクローバ 剛えびらはぎ(箙萩),しながわはぎ(品川萩) *Melilotus suaveolens* Ledeb. マメ科 sweetclover 飼
スィートクローバ[白花] 剛こごめはぎ(小米萩),しろばなしながわはぎ(白花品川萩) *Melilotus albus* Medik. マメ科 hubam, white melilot, white sweet clover 飼
スィートクローバ[黄花] 剛せいようえびらはぎ(西洋箙萩) *Melilotus officinalis* (L.) Lam. [*Trifolium melilotus-officinalis*] マメ科 (yellow) melilot, yellow sweet clover 飼・薬
スィートコーン *Zea mays* L. var. *saccharata* (Sturt.) Bailey イネ科 sugar / sweet corn / maize 食
スイートシスリー *Myrrhis odorata* (L.) Scop. セリ科 great chervil, sweet cicely 甘・香
スィートソルガム 剛さとうもろこし(砂糖蜀黍),ソルゴー,ろぞく(蘆粟) *Sorghum bicolor* (L.) Moench var. *saccharatum* (L.) Mohlenbr. イネ科 sorgo, sugar / sweet sorghum 飼
スィートバーナルグラス → はるがや(春茅)

スィートポテト → さつまいも(薩摩芋)
すいか(西瓜・水瓜) *Citrullus lanatus* (Thunb.) Matsum. et Nakai [*Momordica lanata*] ウリ科 watermelon 食
すいかずら(吸葛・忍冬) 別きんぎんか(金銀花), にんどう(忍冬) *Lonicera japonica* Thunb. スイカズラ科 Japanese honeysuckle 食・薬・染
すいくきな(酸茎菜) → すぐきな(酸茎菜)
すいしょう(水松) *Glyptostrobus pensilis* (D.Don) K.Koch スギ科 Chinese / deciduous / swamp cypress, Chinese water pine 材・薬 ＊アメリカすいしょう(-水松)
すいしょうがき(-柿) → スターアップル
すいせん(水仙) ＊くちべにずいせん, にほんずいせん
すいぜんじな(水前寺菜) 別きんじそう(金時草), はるたま(春玉) *Gynura bicolor* DC. キク科 two-colored gynura 食
ずいな(髄菜) 別よめなのき(嫁菜木) *Itea japonica* Oliv. スグリ科 Japanese sweetspire 食
すいば(酸葉) 別すかんぽ, ソレル *Rumex acetosa* L. タデ科 (common / garden / green) sorrel, sour dock 食・薬 ＊ひめすいば, わせすいば
すいものぐさ(酸物草) → かたばみ(酢漿草)
スーダングラス 別スダックス *Sorghum sudanense* (Piper) Stapf イネ科 grass sorghum, Sudan grass 飼
スープセロリ → きんさい(芹菜)
スェーデンかぶ(-蕪) → ルタバガ
すおう(蘇芳・蘇方・蘇枋) *Caesalpinia sappan* L. ジャケツイバラ科 false sandalwood, Indian redwood, sappan (wood) 材・染・鞣 ＊アフリカすおう, はなずおう
すかしたごぼう(透田牛蒡) *Rorippa islandia* (Oeder) Brobás アブラナ科 marsh yellow cress 食
すかんぽ → すいば(酸葉)
すぎ(杉・椙・倭木) *Cryptomeria japonica* (L.f.) D.Don スギ科 cryptomeria, Japanese cedar 材 ＊あきたすぎ, あけぼのすぎ, アメリカすぎ, あぶらすぎ, イタリアいとすぎ, いとすぎ, スペインすぎ, せいよういとすぎ, ぬますぎ, べいすぎ
すぎな(杉菜) 別つぎまつ(接松), つくし(土筆・筆頭菜), ふでぐさ(筆草) *Equisetum arvense* L. トクサ科 (common) field horsetail 食・薬
すぎもりげいとう(杉森鶏頭) → アマランサス
すぐきな(酸茎菜) 別すいくきな(酸茎菜) *Brassica rapa* L. var. *sugukina* Kitam. アブラナ科 Japanese pickling turnip 食
すぐり(酸塊) *Ribes sinanense* F.Maek. スグリ科 食 ＊あかすぐり, アメリカすぐり, えぞすぐり, くろすぐり, くろふさすぐり, せいようすぐり, ふさすぐり, まるすぐり, ヨーロッパすぐり
すげゆり(菅百合) → こおにゆり(小鬼百合)
すずかけのき(鈴懸木・篠懸木) 別プラタナス, ぼたんのき(釦木) *Platanus orientalis* L. スズカケノキ科 Oriental plane, sycamore 材 ＊アメリカすずかけのき, かえでばすずかけのき, もみじばすずかけのき
すすき(薄・芒) 別おばな(尾花), かや(茅), つゆみぐさ(露見草) *Miscanthus sinensis* Anders. [*Eulalia japonica*; *Saccharum japonicum*] イネ科 Chinese silver grass, eulalia grass, Japanese plume grass, zebra grass 繊・薬
すすきのき(薄木) *Xanthorrhoea preissii* Endl. ススキノキ科 black boy grass tree 塗
すずさいこ(鈴柴胡) 別ひめかがみ(姫鏡) *Cynanchum paniculatum* (Bunge) Kitag. ガガイモ科 薬
すずしろ(清白) → だいこん(大根) ＊えぞすずしろ, きばなすずしろ
すずたけ(篠竹) *Sasamorpha borealis* (Hack.) Nakai [*Arundinaria purpurascens*; *Bambusa borealis*; *Sasa borealis*] イネ科 食・材

すずな(鈴菜) → かぶ(蕪)
すずめうり(雀瓜) *Melothria japonica* (Thunb.) Maxim. [*Zehneria japonica*] ウリ科　薬　＊てんぐすずめうり
すずめのえんどう(雀野豌豆) *Vicia hirusta* S.F.Gray [*Ervum terronii*] マメ科　hairy tare, tare / tiny vetch　飼・肥
すずめのこびえ(雀小稗) → コドラ
すずめのひえ(雀稗) *Paspalum thunbergii* Kunth et Steud. イネ科　Japanese paspalum　飼　＊アメリカすずめのひえ, しますずめのひえ
すずらん(鈴蘭)　別きみかげそう(君影草), たにまのひめゆり(谷間姫百合)　*Convallaria keiskei* Miq. ユリ科　lily-of-the-valley　薬　＊ドイツすずらん
スターアップル　別カイニット, すいしょうがき(-柿)　*Chrysophyllum cainito* L. アカテツ科　cainito, star apple　食
スターアニス → とうしきみ(唐樒)
スターフルーツ　別ごれんし(五斂子), ようとう(羊桃)　*Averrhoa carambola* L. カタバミ科　caramba, carambola, star fruit　食・薬
すだじい(-椎)　別いたじい(-椎), しい(椎), ながじい(長椎)　*Castanopsis cuspidata* (Thunb.) Schottky var. *sieboldii* (Makino) Nakai [*Shiia sieboldii*] ブナ科　食・材・染
すだち(酢橘)　*Citrus sudachi* hort. ex Shirai ミカン科　sudachi　香
スダックス → スーダングラス
ズッキーニ　別つるなしカボチャ(蔓無南瓜)　*Cucurbita pepo* L. var. *cylindrica* Paris ウリ科　bush / vegetable marrow, courgette, zucchini　食
ステビア → あまはステビア(甘葉-)
ストーンパイン → イタリアかさまつ(-傘松)
ストリキニーネのき(-木) → マチン(馬銭)
ストローブまつ(-松)　*Pinus strobus* L. マツ科　eastern white pine, Weymouth pine　材
ストロベリクローバ　別つめくさだまし(詰草騙)　*Trifolium fragiferum* L. マメ科　strawberry(-headed) clover, large trefoil　飼
すのき(酢木)　別こうめ(小梅)　*Vaccinium smallii* A.Gray var. *glabrum* Koidz. ツツジ科　食　＊アメリカすのき, おおばすのき, かくみのすのき, ぬますのき, ほそばすのき
スパイクラベンダー　別ひろはラベンダー(広葉-)　*Lavandula latifolia* Medik. シソ科　broad-leaved / spike lavender　香
スパニッシュラベンダー → フランスラベンダー
スペアミント　別オランダはっか(-薄荷), みどりはっか(緑薄荷)　*Mentha spicata* L. シソ科　green / spearmint　香・薬・染
スペインかんぞう(-甘草) → つるかんぞう(蔓甘草)
スペインすぎ(-杉) → にしインドチャンチン(西印度-)
すべりひゆ(滑莧)　*Portulaca oleracea* L. スベリヒユ科　(common / garden / green) purslane, little hogweed, pigweed　薬・飼・食　＊アメリカすべりひゆ, おおすべりひゆ, たちすべりひゆ
スペルトこむぎ(-小麦)　*Triticum aestivum* L. ssp. *spelta* (L.) Thell. イネ科　spelt (wheat)　飼
ずみ(染・酸実・桷・棠梨)　別こりんご(小林檎), みつばかいどう(三葉海棠)　*Malus toringo* (Sieb.) Sieb. ex de Vriese [*Pyrus toringo*] バラ科　toringo crab apple　材・台・染
すみのみざくら(酸味実桜)　別サワーチェリー, さんかおうとう(酸果桜桃)　*Cerasus vulgaris* Mill. [*Prunus cerasus*] バラ科　common / morello / pie / sour cherry　食
すみれ(菫)　別すもうとりぐさ(相撲取草), ひとはぐさ(一葉草)　*Viora mandshurica* W.Becker スミレ科　violet　食　＊せいようすみれ, たちつぼすみれ, においすみれ
すみれさいしん(菫細辛)　*Viora vaginata* Maxim. スミレ科　食
スムースブロムグラス　別こすずめのちゃひき(小雀茶挽)　*Bromus inermis* Leyss. イネ科

Hungarian / smooth bromegrass　飼
スムースベッチ　→　ヘアリベッチ
すもうとりぐさ(相撲取草)　→　すみれ(菫)／めひしば(雌日芝)
スモークツリー　剾はぐまのき(白熊木) *Cotinus coggygria* Scop.［*Rhus cotinus*］ウルシ科 fustet, smoke bush / plant, smoke / wig tree　薬・染・材
すもも(酸桃・李)　＊アメリカすもも，せいようすもも，にほんすもも，ミロバランすもも，ヨーロッパすもも
スラウェシこくたん(-黒檀) *Diospyros celebica* Bakh. カキノキ科 Sulawesi ebony　材
スリナムチェリー　剾たちばなあでく(橘-)，ピタンガ *Eugenia uniflora* L. フトモモ科 Brazil / Surinam cherry, pitanga　食
スレンダーホィートグラス *Agropyron pauciflorum* Hitchec. イネ科 slender wheatgrass　飼
スワンギ　→　こぶみかん(瘤蜜柑)

［せ］

せいたかユーカリ(背高-) *Eucalyptus regnans* F.Muell. フトモモ科 Australian oak, mountain ash, swamp gum　材
せいばんもろこし(西蕃蜀黍)　→　ジョンソングラス
セイボリー　剾きだちはっか(木立薄荷) *Satureja hortensis* L. シソ科 (summer) savory　香・薬
　　＊ウィンターセイボリー
せいようあかね(西洋茜) *Rubia tinctorium* L. アカネ科 (common / European) madder　染・薬
せいようあぶらな(西洋油菜)　剾うんだい(蕓苔)，ようしゅなたね(洋種菜種) *Brassica napus* L. アブラナ科 canola, colza, (oilseed) rape　油
せいよういそのき(西洋磯木)　→　フラングラのき(-木)
せいよういちい(西洋一位)　→　ヨーロッパいちい(--位)
せいよういとすぎ(西洋糸杉)　→　いとすぎ(糸杉)
せいよういらくさ(西洋刺草)　→　ネットル
せいよううど(西洋独活)　→　アスパラガス
せいよううすのき(西洋臼木)　→　ビルベリー
せいよううつぼぐさ(西洋靫草)　→　セルフヒール
せいようえごのき(西洋-木) *Styrax officinalis* L. エゴノキ科 snowdrop bush, storax　香
せいようえびらはぎ(西洋箙萩)　→　スィートクローバ［黄花］
せいようおきなぐさ(西洋翁草) *Pulsatilla vulgaris* Mill.［*Anemone pulsatilla*］キンポウゲ科 (European) pasqueflower, pulsatilla　薬
せいようおとぎり(西洋弟切) *Hypericum perforatum* L. オトギリソウ科 (common) St. John's wort　薬・染
せいようおどりこそう(西洋踊子草) *Lamium album* L. シソ科 day nettle, white deadnettle　薬
せいようかじかえで(西洋梶楓)　→　シカモア
せいようかのこそう(西洋鹿子草)　剾はるおみなえし(春女郎花) *Valeriana officinalis* L. オミナエシ科 all-heal, (common) valerian, garden heliotrope　薬・食
せいようカボチャ(西洋南瓜)　剾くりカボチャ(栗南瓜) *Cucurbita maxima* Duchesne ex Lam. ウリ科 giant pumpkin, sweet-fleshed pumpkin / squash, winter squash　食
せいようからしな(西洋芥子菜) *Brassica juncea* (L.) Czerniak. et Coss.［*Sinapis cerunua*］アブラナ科 brown / Indian / leaf mustard　食・薬
せいようからはなそう(西洋唐花草)　→　ホップ
せいようかりん(西洋花梨)　→　メドラ

せいようかわらにんじん(西洋河原人参) 剾きだちよもぎ(木立蓬) *Artemisia abrotanum* L. キク科 southernwood 薬
せいようかわらまつば(西洋河原松葉) *Galium verum* L. アカネ科 lady's bed straw 香・薬・染
せいようかんぼく(西洋肝木) → ようしゅかんぼく(洋種肝木)
せいようきょうちくとう(西洋夾竹桃) *Nerium oleander* L. キョウチクトウ科 oleander, rosebay 薬
せいようきんみずひき(西洋金水引) *Agrimonia eupatria* L. バラ科 agrimony 薬
せいようくさレダマ(西洋草連玉) *Lysimachia vulgaris* L. サクラソウ科 yellow loosestrife 薬
せいようぐるみ(西洋胡桃) 剾ペルシャぐるみ(-胡桃) *Juglans regia* L. クルミ科 common / English / Persian walnut 材・食
せいようくろたねそう(西洋黒種草) *Nigella sativa* L. キンポウゲ科 black caraway / cumin / seed 薬
せいようごぼう(西洋牛蒡) → サルシフィー
せいようごまのはぐさ(西洋胡麻葉草) *Scrophularia nodosa* L. ゴマノハグサ科 figwort 薬
せいようさくらそう(西洋桜草) → きばなのくりんざくら(黄花九輪桜)
せいようさんざし(西洋山査子) *Crataegus laevigata* DC. / *C. monogyna* Jacq. バラ科 (English) hawthorn, May bush / flower, white thorn 薬・食
せいようさんしゅゆ(西洋山茱萸) *Cornus mas* L. [*Macrocarpium mas*] ミズキ科 cornelian cherry 食
せいようしで(西洋四手) *Carpinus betulus* L. カバノキ科 common / European hornbeam 材
せいようしなのき(西洋科木) 剾リンデン、ライム *Tilia ×europaea* L. シナノキ科 lime, linden 薬・香
せいようしゃくやく(西洋芍薬) → オランダしゃくやく(-芍薬)
せいようじゅうにひとえ(西洋十二単) 剾アジュガ、はいきらんそう(這金瘡小草) *Ajuga reptans* L. シソ科 ajuga, carpet bugleweed, bugle herb 薬
せいようしろやなぎ(西洋白柳) *Salix alba* L. ヤナギ科 white willow 薬
せいようすぐり(西洋酸塊) → グーズベリー
せいようすみれ(西洋菫) → においすみれ(匂菫)
せいようすもも(西洋酸桃) → プラム
せいようだいこんそう(西洋大根草) *Geum urbanum* L. バラ科 herb bennett, wood avens 薬
せいようたんぽぽ(西洋蒲公英) *Taraxacum officinale* L. キク科 (common) dandelion 食・薬
せいようつげ(西洋柘植) *Buxus sempervirens* L. ツゲ科 box (tree) 材
せいようとちのき(西洋栃) 剾うまぐり(馬栗)、マロニエ *Aesculus hippocastatum* L. トチノキ科 buckeye, horse chestnut 材
せいようとねりこ(西洋梣) *Fraxinus excelsior* L. モクセイ科 (common / European) ash 材・薬
せいようなし(西洋梨) *Pyrus communis* L. バラ科 (common / European) pear 食
せいようなつゆきそう(西洋夏雪草) *Filipendura ulmaria* (L.) Maxim. バラ科 meadow sweet, queen of the meadow 薬
せいようななかまど(西洋七竈) → ヨーロッパななかまど(-七竈)
せいようにわとこ(西洋接骨木) *Sambucus nigra* L. スイカズラ科 black / European elder, bourtree 材・薬・嗜
せいようにんじんぼく(西洋人参木) 剾イタリアにんじんぼく(-人参木) *Vitex agnus-castus* L. クマツヅラ科 cheste / hemp / sage tree, Indian spice, monk's pepper tree, wild pepper 香・薬
せいようねぎ(西洋葱) → リーキ
せいようねず(西洋杜松) 剾せいようびゃくしん(西洋柏槙) *Juniperus communis* L. ヒノキ科 (common) juniper 香・薬
せいようのこぎりそう(西洋鋸草) *Achillea millefolium* L. キク科 (common) yarrow, milfoil 薬・食
せいようばくちのき(西洋博打木) *Laurocerasus officinalis* (L.) Roem. [*Padus laurocerasus; Prunus laurocerasus*] バラ科 cherry / English laurel 薬

せいようはこやなぎ(西洋箱柳) → ポプラ
せいようはしばみ(西洋榛) 剄ヘイゼルナッツ *Corylus avellana* L. カバノキ科 cobnut, filbert, (European) hazel, hazelnut 食
せいようはしりどころ(西洋走野老) → ベラドンナ
せいようはっか(西洋薄荷) → ペパーミント
せいようはるにれ(西洋春楡) 剄おうしゅうはるにれ(欧州春楡) *Ulmus glabra* Huds. ニレ科 common / Scotch / wych elm 材・繊
せいようひいらぎ(西洋柊) *Ilex aquifolium* L. モチノキ科 English holly, ilex 薬
せいようひのき(西洋檜) → いとすぎ(糸杉)
せいようびゃくしん(西洋柏槇) → せいようねず(西洋杜松)
せいようふうちょうそう(西洋風蝶草) 剄クレオメ *Cleome spinosa* Sw. フウチョウソウ科 giant spider flower, Rocky Mountain beeplant 薬
せいようふうちょうぼく(西洋風蝶木) → ケーパー
せいようぼたんのき(西洋釦木) → アメリカすずかけのき(-鈴懸木)
せいようみざくら(西洋実桜) 剄おうとう(桜桃), かんかおうとう(甘果桜桃), さくらんぼ(桜坊) *Cerasus avium* (L.) Moench [*Prunus avium*] バラ科 bird / mazzard / sweet cherry, gean 食
せいようみやこぐさ(西洋都草) → バーズフットトレフォイル
せいようめぎ(西洋目木) *Berberis vulgaris* L. メギ科 (common / European) barberry 薬・染
せいようやどりぎ(西洋宿木) *Viscum album* L. ヤドリギ科 mistletoe 薬
せいようやぶいちご(西洋藪苺) → ブラックベリー
せいようやまはっか(西洋山薄荷) → レモンバーム
せいようりんご(西洋林檎) → りんご(林檎)
せいようわさび(西洋山葵) 剄ホースラディッシュ, わさびだいこん(山葵大根) *Armoracia rusticana* P.Gaertn., B.Mey. et Schreb. [*Cochlearia armoracia; Nasturtium armoracia; Radicula armoracia; Rorippa armoracia*] アブラナ科 horseradish, red cole 香・食・薬
セイロンオーク *Schleichera oleosa* (Lour.) Merr. ムクロジ科 Ceylon oak, Malaya lac tree 食・油
セイロンオリーブ *Elaeocarpus serratus* Benth. ホルトノキ科 Ceylon olive 食
セイロンシトロネラ 剄こうすいがや(香水茅) *Cymbopogon nardus* (L.) Rendle [*Andropogon nardus*] イネ科 Ceylon citronella, citronella / nard grass 香
セイロンすぐり(-酸塊) *Dovyalis hebecarpa* (Gaertn.) Warb. イイギリ科 Ceylon gooseberry, kitambilla 食
セイロンてつぼく(-鉄木) → てつざいのき(鉄材木)
セイロンにっけい(-肉桂) → シナモン
セイロンまつり(-茉莉) → インドまつり(-茉莉)
セインフォイン 剄いがまめ(毬豆) *Onobrychis sativa* Lam. [*Hedysarum onobrychis*] マメ科 (common) sainfoin, esparcette, holy clover 飼
セージ 剄やくようサルビア(薬用-) *Salvia officinalis* L. シソ科 common salvia, sage 香・薬・染 ＊クラリーセージ, パイナップルセージ
ゼオカルパまめ(-豆) *Macrotyloma geocarpum* (Harms) Maréchal et Baudet [*Kerstengiella geocarpa*] マメ科 geocarpa / potato bean, ground bean, Kersting's bean / groundnut 食
ぜがいそう(善界草) → おきなぐさ(翁草)
せきざいユーカリ(赤材-) → ユーカリのき(-木)
せきしょう(石菖) *Acorus gramineus* Sol. ショウブ科 grassy-leaved sweet flag 薬 ＊おにぜきしょう
せきりゅう(石榴・柘榴) → ざくろ(柘榴)
セコイア 剄いちいもどき(一位擬) *Sequoia sempervirens* (D.Don) Endl. スギ科 big-tree, (coast)

redwood, giant sequoia, mammoth tree　材　＊メタセコイア
せっこつぼく(接骨木)　→　にわとこ(接骨木)
セドロ　→　にしインドチャンチン(西印度香椿)
ぜにあおい(銭葵)　*Malva sylvestris* L. var. *mauritiana* (L.) Boiss.　アオイ科　tree mallow　薬
セネガ　*Polygala senega* L.　ヒメハギ科　seneca, senega, snake root　薬　＊ひろはセネガ
セメンシナ　→　しなよもぎ(支那蓬)
セラデラ　剛つのうまごやし(角馬肥)　*Ornithopus sativus* Brot.　マメ科　serradella　飼・肥
せり(芹)　剛かわな(川菜), たぜり(田芹)　*Oenanthe javanica* (Blume) DC.　セリ科　Japanese parsley, Oriental celery, water dropwort　食・薬　＊いもぜり, うまぜり, おおぜり, おかぜり, オランダぜり, どくぜり, はまぜり, みつばぜり, やまぜり
せりにんじん(芹人参)　→　にんじん(人参)
セリフォン(雪裡紅)　*Brassica juncea* (L.) Czerniak. et Coss. var. *foliosa* Bailey　アブラナ科　plain-leaved mustard　食
セルフヒール　剛せいよううつぼぐさ(西洋靫草)　*Prunella vulgaris* L.　シソ科　heal-all, self-heal　薬
セルリアク　剛こんようセロリ(根用-), ねセルリー(根-)　*Apium graveolens* L. var. *rapaceum* (Mill.) Gaudich.　セリ科　celeriac, turnip-rooted celery　食
セルリー　剛オランダみつば(-三葉), セロリ　*Apium graveolens* L. var. *dulce* (Mill.) Pers.　セリ科　celery, smallage　食・薬　＊ねセルリー
セロリ　→　セルリー　＊こんようセロリ, スープセロリ
せんきゅう(仙芎・川芎)　剛おんなぐさ(女草)　*Cnidium officinale* Makino　セリ科　薬　＊おおばせんきゅう
せんこく(川穀)　→　はとむぎ(鳩麦)
せんごくまめ(千石豆)　→　ふじまめ(藤豆)
せんじゅぎく(千寿菊)　→　アフリカンマリゴールド
せんしょうぼく(戦捷木)　→　なつめやし(棗椰子)
せんそう(仙草)　*Mesona chinensis* Benth.　シソ科　grass jelly, jellywort　薬
せんだん(棟・栴檀)　剛おうち(棟・樗)　*Melia azedarach* L. var. *subtripinnata* Miq.　センダン科　China berry, Japanese / Syrian bead tree, paradise tree, pride-of-India / -China　材・薬　＊とうせんだん
せんだんぐさ(棟草)　*Bidens biternata* (Lour.) Merr. et Sherff ex Sherff　キク科　薬
せんだんばのぼだいじゅ(棟葉菩提樹)　→　もくげんじ(木患子)
ぜんていか(禅庭花)　→　にっこうきすげ(日光黄菅)　＊えぞぜんていか
センナ　＊アレキサンドリアセンナ, おおばのセンナ, くさセンナ, こばのセンナ, チンネベリセンナ, はねみセンナ, ほそばセンナ
せんなりなす(千成茄子)　*Solanum melongena* L. var. *depressum* Bailey　ナス科　食
せんなりほおずき(千成酸漿)　*Physalis angulata* L.　ナス科　cut-leaved ground cherry　薬
せんにんこく(仙人穀)　→　アマランサス[赤粒・粳]
せんにんそう(仙人草)　*Clematis terniflora* DC.　キンポウゲ科　sweet autumn clematis　薬
せんのき(栓木)　→　はりぎり(針桐)
せんぶり(千振)　剛とうやく(当薬)　*Swertia japonica* (Schult.) Makino [*Ophelia japonica*]　リンドウ科　薬　＊インドせんぶり, むらさきせんぶり
せんぼんわけぎ(千本分葱)　→　あさつき(浅葱)
ぜんまい(薇・紫萁)　*Osmunda japonica* Thunb.　ゼンマイ科　flowering / osumunda / royal fern　食・薬　＊おにぜんまい, やまどりぜんまい
せんりょう(千両)　*Sarcandra glabra* (Thunb.) Nakai [*Chloranthus glaber*]　センリョウ科　食　＊いずせんりょう

［そ］

そうしかんば（草紙樺）→ だけかんば（岳樺）
そうしじゅ（相思樹）*Acacia confusa* Merr. ネムノキ科 Taiwan acacia　材・染・肥
そうししょうにんじん（相思子様人参）→ とちばにんじん（栃場人参）
そうずく（草豆蔲）→ くまたけらん（熊竹蘭）
ソーセージのき（-木）*Kigelia pinnata* (Jacq.) DC. ノウゼンカズラ科 sausage tree　材・薬
そくず（蒴藋）剛オランダぐさ（-草），くさにわとこ（草接骨木）*Sambucus chinensis* Lindl.［*Ebulus chinensis*］スイカズラ科 Chinese elder　食・薬　＊たいわんそくず
そけい（素馨）剛しろもっこう（白木香），ペルシャそけい（-素馨）*Jasminum officinale* L.f. モクセイ科 poets / white jasmine　香　＊インドそけい，おおばなそけい
ソコトラアロエ　*Aloe perryi* Baker アロエ科 Socotrine / Zanzibar aloe　薬
そてつ（蘇鉄）剛てつしょう（鉄蕉），ほうびしょう（鳳尾蕉）*Cycas revoluta* Bedd. ソテツ科 cycad, Japanese fern palm, Japanese sago palm, sago cycas　食・薬　＊くさそてつ，なんようそてつ，やまそてつ
そてつな（蘇鉄菜）→ コールラビ
そば（蕎麦）剛くろむぎ（黒麦），そばむぎ（蕎麦）*Fagopyrum esculentum* Moench［*Polygonum fagopyrum*］タデ科 (common / silverhull / sweet) buckwheat　食　＊しゃくちりそば，しゅっこんそば，ダッタンそば，つるそば，みぞそば
そばうり（稜瓜）→ きゅうり（胡瓜）
そばぐり（蕎麦栗）→ ぶな（橅）
そばな（蕎麦菜）*Adenophora remotiflora* (Sieb. et Zucc.) Miq. キキョウ科 panicled lady bells　食・薬
そばむぎ（蕎麦）→ そば（蕎麦）
ソフトコーン　*Zea mays* L. var. *amylacea* (Sturt.) Bailey イネ科 flour / soft corn / maize　食
そめものいも（染物芋）*Dioscorea cirrhosa* Lour. ヤマノイモ科　染・薬
そめものむらさきせんだいはぎ（染物紫千代萩）*Baptisia tinctoria* (L.) Vernt. マメ科 wild indigo　薬
そよご（冬青）剛ふくらしば（膨柴）*Ilex pedunculosa* Miq. モチノキ科 longstalk holly　材・染
そらまめ（空豆・蚕豆）剛なつまめ（夏豆），のらまめ（野良豆），ゆきわりまめ（雪割豆）*Vicia faba* L.［*Faba vulgaris*］マメ科 broad / European / faba / field / horse / Windsor bean　食・飼
ソルガム → もろこし（蜀黍）　＊スィートソルガム
ソルゴー → スィートソルガム
ソレル → すいば（酸葉）
そろ → いぬしで（犬四手）

［た］

ターツァイ（大菜）*Brassica rapa* L. var. *narinosa* (Bailey) Kitam. アブラナ科 Chinese flat cabbage, rosette pakchoi, ta-tsai　食
ターメリック → うこん（鬱金）
だいういきょう（大茴香）→ とうしきみ（唐樒）
だいおう（大黄）*Rheum officinale* Baill. タデ科 medical rhubarb　薬　＊からだいおう，しょくようだいおう，ちょうせんだいおう，のだいおう，まるばだいおう

だいおうぐみ(大王茱萸) *Elaeagnus multiflora* Thunb. var. *gigantea* Araki グミ科 食
だいおうしょう(大王松) → だいおうまつ(大王松)
だいおうまつ(大王松) 圓だいおうしょう(大王松) *Pinus palustris* Mill. マツ科 Georgia / longleaf pine 材
たいこうい(大甲蘭) → さんかくい(三角蘭)
だいこん(大根) 圓おおね(大根), すずしろ(清白), らふく(蘿蔔) *Raphanus sativus* L. アブラナ科 Chinese / Japanese / Oriental / winter radish, daikon 食 ＊あかだいこん, あぜだいこん, おにはまだいこん, さとうだいこん, のだいこん, はつかだいこん, はなだいこん, はまだいこん, わさびだいこん
だいこんそう(大根草) *Geum japonicum* Thunb. バラ科 geum, large-leaf avens, prairie smoke 食・薬 ＊せいようだいこんそう
だいさんちく(泰山竹) *Bambusa vulgaris* Schrad. ex Wendl. [*Leleba vulgaris*] イネ科 (common / golden) bamboo 材・食
たいさんぼく(泰山木・大山木) 圓はくれんぼく(白連木) *Magnolia grandiflora* L. モクレン科 bull bay, evergreen / southern magnolia 材
だいしこう(大師香) → おがたまのき(招霊木)
だいじょ(大薯) *Dioscorea alata* L. ヤマノイモ科 greater / water / white yam 食
だいしんさい(大心菜) → ザーサイ(搾菜)
だいず(大豆) 圓あきまめ(秋豆) *Glycine max* (L.) Merr. [*Dolichos soya; Phaseolus max; Soya hispida*] マメ科 soja / soya bean, soybean 油・食
たいせい(大青) *Isatis indigotica* Fortune ex. Lindl. アブラナ科 Chinese indigo, woad 染 ＊えぞたいせい, はまたいせい, ほそばたいせい
だいだい(橙) 圓サワーオレンジ *Citrus aurantium* L. ミカン科 bigarade, bitter / Seville / sour orange 薬・香・台 ＊あまだいだい, なつだいだい
たいつりおうぎ(鯛釣黄蓍) 圓きばなおうぎ(黄花黄蓍) *Astragalus membranaceus* (Fisch.) Bunge マメ科 astragalus, milk vetch 薬
だいふうしのき(大風子木) *Hydnocarpus anthelmintica* Pierre イイギリ科 chaulmoogra tree 薬
たいへいようぐるみ(太平洋胡桃) *Inocarpus edulis* Horst. マメ科 Polynesian / Tahiti chestnut 食
たいま(大麻) → あさ(麻)
たいまつばな(松明花) → モナルダ
たいみんたちばな(大明橘) 圓ひちのき *Myrsine seguinii* H.Lév. [*Rapanea neriifolia*] ヤブコウジ科 材・食・染
タイム 圓きだちひゃくりこう(木立百里香), たちじゃこうそう(立麝香草) *Thymus vulgaris* L. シソ科 (common / garden) thyme 香・薬・染 ＊ワイルドタイム
たいも(田芋) → さといも(里芋)
たいりくきぬやなぎ(大陸絹柳) *Salix viminalis* L. ヤナギ科 basket / twiggy willow, (common) osier 材
たいわんあぶらぎり(台湾油桐) → なんようあぶらぎり(南洋油桐)
たいわんいちび(台湾莔麻) 圓おがさわらいちび(小笠原莔麻) *Abutilon asiaticum* (L.) G.Don アオイ科 繊
たいわんいぼくさ(台湾疣草) *Murdannia malabaricum* (L.) Bruckn. ツユクサ科 bird's foot grass 薬
たいわんうすばぎり(台湾薄葉桐) *Paulownia* × *taiwaniana* Hu et Chang ゴマノハグサ科 材
たいわんきはだ(台湾黄膚) *Phellodendron wilsonii* Hayata et Keneh. ミカン科 薬
たいわんこくたん(台湾黒檀) → くろがき(黒柿)
たいわんこまつなぎ(台湾駒繋) → インドあい(印度藍)
たいわんさるすべり(台湾百日紅) → しまさるすべり(島百日紅)

たいわんさわら(台湾椹) 剾たいわんひのき(台湾檜) *Chamaecyparis obtusa* (Sieb. et Zucc.) Endl. var. *formosana* (Hayata) Rehder ヒノキ科 Taiwan hinoki cypress 材
たいわんしおじ(台湾塩地) → しまとねりこ(島梣)
たいわんそくず(台湾蒴藋) *Sambucus chinensis* var. *formosana* Nakai スイカズラ科 食
たいわんつなそ(台湾綱麻) 剾しまつなそ(島綱麻), モロヘイヤ *Corchorus olitorius* L. シナノキ科 Jews mallow, mulukhiya, Nalta / Tossa jute 繊・食
たいわんつばき(台湾椿) *Gordonia axillaris* (Roxb. ex Ker Gawl.) D.Dietr. [*Camellia axillaris*; *Polyspora axillaris*] ツバキ科 材
たいわんていかかずら(台湾定家葛) → とうきょうちくとう(唐夾竹桃)
たいわんとう(台湾籐) 剾しまとう(島籐) *Calamus formosanus* Becc. ヤシ科 Taiwan rattan palm 材
たいわんにしきそう(台湾錦草) → しまにしきそう(島錦草)
たいわんにんじんぼく(台湾人参木) *Vitex negundo* L. クマツヅラ科 cut-leaf chaste tree 薬
たいわんねむのき(台湾合歓木) → アメリカねむのき(-合歓木)
たいわんはちじょうな(台湾八丈菜) *Sonchus arvensis* L. キク科 corn sow thistle, perennial sowthistle 薬
たいわんひのき(台湾檜) → たいわんさわら(台湾椹)
たいわんびわ(台湾枇杷) *Eriobotrya deflexa* Nakai バラ科 bronze loquat 食
たいわんふくぎ(台湾福木) *Garcinia multiflora* Champ. オトギリソウ科 食・薬
たうえばな(田植花) → たにうつぎ(谷空木)
たうこぎ(田五加木) *Bidens tripartita* L. キク科 bur beggarticks / marigold 食・薬
タカ 剾たしろいも(田代芋) *Tacca leontopetaloides* (L.) Kuntze タシロイモ科 Fiji / Indian / Polynesian arrowroot, pia, tacca 食
たかおもみじ(高尾紅葉) → いろはもみじ(伊呂波紅葉)
タカコ *Polakowskia tacaco* Pittier ウリ科 tacaco 食
たかさごいちび(高砂苘麻) 剾しまいちび(島苘麻) *Abutilon indicum* (L.) Sweet アオイ科 country / Indian mallow, kanghi 繊・薬
たかさごぎく(高砂菊) *Blumea balsamifera* (L.) DC. キク科 sambong 薬
たかさごしらたま(高砂白玉) *Saurauia tristyla* A.DC. マタタビ科 食
たかさごそう(高砂草) *Ixeris chinensis* (Thunb.) Nakai ssp. *strigosa* (H.Lév. et Vaniot) Kitam. キク科 食
たかさぶろう(高三郎) 剾いたちぐさ(鼬草) *Eclipta thermalis* Bunge キク科 trailing eclipta 薬・食
たかとうだい(高燈台) *Euphorbia pekinensis* Rupr. トウダイグサ科 薬
たかな(高菜) 剾おおがらし(大芥子), はからしな(葉芥子菜) *Brassica juncea* (L.) Czerniak. et Coss. var. *integrifolia* Sinskaya [*Sinapis integrifolia*] アブラナ科 leaf mustard 食
たかのつめ(鷹爪) *Capsicum annuum* L. var. *acuminatum* Fingerh. ナス科 cone / finger pepper 香
たかのつめ(鷹爪) → いものき(芋木)
たがやさんのき(鉄刀木) *Senna siamea* (Lam.) H.S.Irwin et Barneby [*Cassia siamea*] ジャケツイバラ科 Indian ironwood, kassod tree 材
ダグラスもみ(-樅) → べいまつ(米松)
たけ(竹) *くれたけ, すずたけ, どようたけ, にがたけ, ねまがりだけ, まだけ, めだけ, よしたけ
たけあずき(竹小豆) → つるあずき(蔓小豆)
だけかんば(岳樺) 剾そうしかんば(草紙樺) *Betula ermanii* Cham. カバノキ科 Erman's birch 材
たけにぐさ(竹似草・竹煮草) 剾チャンパぎく(-菊) *Macleaya cordata* (Willd.) R.Br. ケシ科 plume poppy 薬
だけもみ(岳樅) → うらじろもみ(裏白樅)
たこのき(蛸木) *Pandanus boninensis* Warb. タコノキ科 pandanus, screw pine 食・材 *しまたこ

のき，においたこのき
たしろいも(田代芋) → タカ
たしろまめ(田代豆) *Intsia bijuga* (Colebr.) Kuntze マメ科 iron wood 材
たぜり(田芹) → せり(芹)
たそがれぐさ(黄昏草) → ゆうがお(夕顔)
たちあおい(立葵) 剛からあおい(唐葵)，つゆあおい(梅雨葵)，はなあおい(花葵) *Alcea rosea* L. [*Althaea rosea*] アオイ科 althea, hollyhock 薬　＊うすべにたちあおい
たちあおい(立葵) → えんれいそう(延齢草)
たちあざみ(立薊) *Cirsium inundatum* Makino キク科　食
たちえんれいそう(立延齢草) *Trillium erectum* L. ユリ科 Beth root 薬
たちオランダげんげ(立-紫雲英) → アルサイククローバ
たちじゃこうそう(立麝香草) → タイム
たちすべりひゆ(立滑莧) 剛おおすべりひゆ(大滑莧) *Portulaca oleracea* L. var. *sativa* (Haw.) DC. スベリヒユ科 kitchen-garden purslane 食
たちぢしゃ(立萵苣) *Lactuca sativa* L. var. *longifolia* Lam. キク科 Cos lettuce, romaine (lettuce) 食
たちつぼすみれ(立壺菫) *Viora grypoceras* A.Gray スミレ科　食
たちつめくさ(立詰草) → アルサイククローバ
たちどころ(立野老) *Dioscorea gracillima* Miq. ヤマノイモ科　薬
たちトバ(立-) *Derris malaccensis* (Benth.) Prain マメ科 tuba merah / rabut / root 薬
たちなたまめ(立刀豆) 剛つるなしなたまめ(蔓無刀豆) *Canavalia ensiformis* (L.) DC. [*Dolichos ensiformis*] マメ科 Jack / overlook / sword / wonder bean 食・飼・肥・薬
たちばなあでく(橘-) → スリナムチェリー
たちびゃくぶ(立百部) *Stemona sessifolia* Franch. et Sav. ビャクブ科　薬
たちまちぐさ(忽草) → げんのしょうこ(験証拠)／にわやなぎ(庭柳)
たちやなぎ(立柳) *Salix triandra* L. ヤナギ科 almond willow 材
たつたそう(龍田草) *Jeffersonia dubia* Benth. et Hook.f. メギ科 twinleaf 薬
たつたゆり(龍田百合) *Lilium* × *batemannia* hort. ex Wallace ユリ科　食
ダッタンそば(韃靼蕎麦) *Fagopyrum tataricum* (L.) Gaertn. [*Polygonum tataricum*] タデ科 bitter / Indian / Kangra / Tartarian buckwheat 食・薬
たつなみそう(立浪草) *Scutellaria indica* L. シソ科 skullcap 薬
ダツラ → ちょうせんあさがお(朝鮮朝顔)
たで(蓼) 剛ほんたで(本蓼)，またで(真蓼)，やなぎたで(柳蓼) *Persicaria hydropiper* (L.) Spach [*Polygonum hydropiper*] タデ科 lake weed, marsh / water pepper, smartweed 食　＊あいたで，あざぶたで，いぬたで，えどたで
たであい(蓼藍) → あい(藍)
たてはぎ(帯刀) → なたまめ(鉈豆)
たてやまおうぎ(立山黄耆) → いわおうぎ(岩黄耆)
たな(田菜) → たんぽぽ(蒲公英)
タニア → アメリカさといも(-里芋)
たにうつぎ(谷空木) 剛たうえばな(田植花) *Weigela hortensis* (Sieb. et Zucc.) K.Koch スイカズラ科　材・食
たにがわはんのき(谷川榛木) → こばのやまはんのき(小葉山榛木)
たにまのひめゆり(谷間姫百合) → すずらん(鈴蘭)
たにわたし(谷渡) → なんてんはぎ(南天萩)／ねずみもち(鼠鶲)
たにわたりのき(谷渡木) *Adina pilulifera* (Lam.) Franch. ex Drake [*Nauclea orientalis*] アカネ科　薬

たぬきこまつなぎ(狸駒繋) *Indigofera hirsuta* L. マメ科 hairy indigo 被・染
たぬきまめ(狸豆) *Crotalaria sessiliflora* L. マメ科 rattlebox 薬 ＊あさたぬきまめ, おおみつばたぬきまめ
たねつけばな(種付花) *Cardamine flexuosa* With. アブラナ科 (flexuous / wavy) bitter cress, lady-smoke 薬・食 ＊おおばたねつけばな
たねパンのみ(種-実) *Artocarpus camansi* Blanco クワ科 breadnut 食
たのもじ(田文字) → でんじそう(田字草)
タバコ(煙草・烟草・莨) 別あいおもいぐさ(相思草) *Nicotiana tabacum* L. ナス科 tobacco plant 嗜 ＊いわタバコ, かいがんタバコ, まるばタバコ, やぶタバコ, ルスチカタバコ
タバスコ 別きだちとうがらし(木立唐辛子), しまとうがらし(島唐辛子) *Capsicum frutescens* L. ナス科 bird / chili / goat / hot / pungent pepper, tabasco 香
タピオカのき(-木) → キャッサバ
タヒチライム *Citrus latifolia* Tanaka ミカン科 Persian / Tahitian lime 嗜・香
たびびとなかせ(旅人泣) → つのごま(角胡麻)
たびびとのき(旅人木) → おうぎばしょう(扇芭蕉)
たびらこ(田平子) 別かわらけな(土器菜), こおにたびらこ(小鬼田平子) *Lapsana apogonoides* Maxim. キク科 nipplewort 食 ＊おにたびらこ, やぶたびらこ
たぶのき(椨・椨木) 別いぬぐす(犬楠) *Machilus thunbergii* Sieb. et Zucc. [*Persea thunbergii*] クスノキ科 材・染 ＊ほそばたぶ
ダフリアからまつ(-松) *Larix gmelinii* (Rupr.) Rupr. ex Kuzen. マツ科 Dahurian larch 材
たまがわほととぎす(玉川不如帰・玉川杜鵑) *Tricyrtis latifolia* Maxim. ユリ科 食
たまきび(玉黍) → とうもろこし(玉蜀黍)
たまごのき(卵木) 別きやにもも(木脂桃) *Garcinia xanthochymus* Hook.f. ex Anderson オトギリソウ科 egg tree, gamboge 食
たまごのき(卵木) *Spondias dulcis* G.Forst. ウルシ科 ambarella, golden / Otaheite apple, hog / Jew / Polynesian plum 食 ＊てりはたまごのき
たまざきふじ(玉咲藤) → クラウンベッチ
たまぢしゃ(玉萵苣) → サラダな(-菜)
たまつばき(玉椿) → ねずみもち(鼠黐) ／ つばき(椿)
たまな(玉菜) → キャベツ ＊こもちたまな
タマナ → てりはぼく(照葉木)
たまねぎ(玉葱) *Allium cepa* L. ユリ科 onion 食 ＊やぐらたまねぎ
たまのうぜんはれん(玉凌霄葉蓮) → アヌウ
タマラにっけい(-肉桂) *Cinnamomum tamala* Nees et Eberm. [*Laurus tamala*] クスノキ科 cassia cinnamon, Indian / Tamala cassia 香
タマリスク → ぎょりゅう(御柳)
タマリロ → トマトのき(-木)
タマリンドのき(-木) 別ちょうせんもだま(朝鮮藻玉) *Tamarindus indica* L. ジャケツイバラ科 Indian date, (sweet) tamarind 食・材・嗜・薬
ダミアナ → トゥルネラ
たむしば 別においこぶし(匂辛夷) *Magnolia salicifolia* (Sieb. et Zucc.) Maxim. モクレン科 材・薬
たむらみかん(田村蜜柑) → ひゅうがなつ(日向夏)
たも → とねりこ(梣) ＊あおだも, あかだも, あらげあおだも, うらじろだも, しろだも, まるばあおだも, みやまあおだも, やちだも, やまとあおだも
タラゴン 別エストラゴン *Artemisia dracunculus* L. キク科 estragon, tarragon 香・薬
たらのき(楤木) 別たらんぼ(楤坊) *Aralia elata* (Miq.) Seem. ウコギ科 Heracles-club, Japanese aralia 食・薬・材

たらよう(多羅葉) *Ilex latifolia* Thunb. モチノキ科 luster-leaf holly, tarajo　糊・材
たらんぼ(楤坊)　→　たらのき(楤木)
ダリスグラス　剛しますずめのひえ(縞雀稗) *Paspalum dilatatum* Poiret イネ科 Dallis / paspalum- / water- grass　飼
たわらぐみ(俵茱萸)　→　とうぐみ(唐茱萸)
たんかん(桶柑) *Citrus tankan* Hayata　ミカン科 tankan mandarin　食
たんきりまめ(痰切豆)　剛やりょくず(野緑豆), ろくず(鹿豆) *Rhynchosia volubilis* Lour. マメ科 rosary bean　薬
だんこうばい(檀香梅)　剛うこんばな(鬱金花), しろじしゃ(白-) *Lindera obtusiloba* Blume [*Benzoin obtusilobum*] クスノキ科 Japanese spice wood, wild camphor　薬・油
タンジー　剛えぞよもぎぎく(蝦夷蓬菊), よもぎぎく(蓬菊) *Tanacetum vulgare* L. [*Chrysanthemum vulgare*] キク科 (golden) buttons, tansy　薬
たんじん(丹参) *Salvia miltiorrhiza* Bunge シソ科 red sage　薬
だんちく(葭竹)　剛よしたけ(葦竹) *Arundo donax* L. [*Donax arundinaceus*] イネ科 giant / great / Spanish reed　材・薬
だんどぼろぎく(段戸襤褸菊) *Erechtites hieracifolius* (L.) Raf. ex DC. キク科 American burnweed, fire weed　食
たんぽぽ(蒲公英)　剛たな(田菜), つづみぐさ(鼓草) *Taraxacum platycarpum* Dahlst. キク科 Japanese dandelion　食・薬　＊えぞたんぽぽ, ゴムたんぽぽ, しろばなたんぽぽ, せいようたんぽぽ, もうこたんぽぽ, ロシアたんぽぽ
ダンマルじゅ(-樹)　→　マニラコーパルのき(-木)

［ち］

ち(茅)　→　ちがや(茅萱)
チークのき(-木) *Tectona grandis* L.f. クマツヅラ科 Indian oak, teak　材
チェリー　＊アメリカチェリー, カプリンチェリー, サワーチェリー, スリナムチェリー, まんしゅうチェリー
チェリートマト　剛まめトマト(豆-), ミニトマト *Lycopersicon esculentum* Mill. var. *cerasiforme* (Dunal) Alef. ナス科 cherry tomato　食
チェリモヤ *Annona cherimola* Mill. バンレイシ科 cherimoyer, cherimoya, custard apple　食・薬
ちがや(茅・茅萱・白茅)　剛ち(茅), ちばな(茅花) *Imperata cylindrica* (L.) P.Beauv. イネ科 cogon (grass)　薬・食
ちからぐさ(力草)　→　おひしば(雄日芝)
ちからしば(力柴)　→　なぎ(梛)
ちく(竹)　＊かんざんちく, かんちく, くろちく, だいさんちく, だんちく, はちく, ほうらいちく, ほていちく, まちく, もうそうちく, りょくちく
ちくしゃ(竹蔗) *Saccharum sinense* Roxb. イネ科 Chinese / Indian sugar cane　甘
ちくせつにんじん(竹節人参)　→　とちばにんじん(栃葉人参)
ちくまはっか(筑摩薄荷)　→　キャットミント
チクル　→　サポジラ
チコリー　剛きくにがな(菊苦菜) *Cichorium intybus* L. キク科 blue-sailors, chicory, succory, witloof　食・嗜
ちさ(萵苣)　→　レタス
ちしまあざみ(千島薊)　剛えぞあざみ(蝦夷薊) *Cirsium kamtschaticum* Ledeb. ex DC. キク科 食
ちしまざさ(千島笹)　剛ねまがりだけ(根曲竹) *Sasa kurilensis* (Rupr.) Makino et Shibata

[*Arundinaria kurilensis*] イネ科　食・薬
ちしゃ(萵苣) → レタス　＊いわぢしゃ, オランダぢしゃ, かきぢしゃ, かわぢしゃ, くきぢしゃ, けぢしゃ, たちぢしゃ, たまぢしゃ, ちりめんぢしゃ, とうぢしゃ, にがぢしゃ
ちしゃのき(萵苣木)　剛かきのきだまし(柿木騙)　*Ehretia ovalifolia* Hassk.　ムラサキ科　材・染・薬　＊かきばちしゃのき, まるばちしゃのき
ちちうり(乳瓜) → パパイア
ちちぐさ(乳草) → ががいも(蘿藦) / ははこぐさ(母子草)
ちちぶみねばり(秩父峰榛)　*Betula chichibuensis* H.Hara　カバノキ科　材
ちどめぐさ(血止草)　*Hydrocotyle sibthorpioides* Lam.　セリ科　lawn pennywort　薬　＊おおちどめ
ちどりのき(千鳥木)　剛やましばかえで(山柴楓)　*Acer carpinifolium* Sieb. et Zucc.　カエデ科　hornbeam maple　材
チニニ → カヨアボカド
チノット　*Citrus myrtifolia* Raf.　ミカン科　chinotto　食
ちばな(茅花) → ちがや(茅萱)
チピリン　*Crotalaria longirostrata* Hook. et Arn.　マメ科　chipilín　薬
ちぶさのき(乳房木)　*Genipa americana* L.　アカネ科　genip(ap), marmalade box　食
チモシー　剛おおあわがえり(大粟還)　*Phleum pratense* L.　イネ科　cat's tail, timothy　飼
ちゃ(茶)　剛ちゃのき(茶木)　*Camellia sinensis* (L.) Kuntze [*Thea sinensis*] ツバキ科　(common) tea, tea plant / tree　嗜　＊アッサムちゃ, あまぎあまちゃ, あまちゃ, さんちゃ, ねむちゃ, ほそばちゃ, マタラちゃ, マテちゃ, ゆちゃ
チャービル　剛ういきょうぜり(茴香芹)　*Anthriscus cerefolium* Hoffm.　セリ科　garden / leaf / salad chervil　香
チャイブ → えぞねぎ(蝦夷葱)
チャット → アラビアちゃのき(-茶木)
ちゃのき(茶木) → ちゃ(茶)　＊アラビアちゃのき, パラグアイちゃのき
ちゃひきぐさ(茶挽草・茶引草) → からすむぎ(烏麦)
チャボとけいそう(矮鶏時計草)　*Passiflora incarnata* L.　トケイソウ科　apricot vine, maypop, wild passion flower　食・薬
チャヨテ → はやとうり(隼人瓜)
チャンチン(香椿)　*Cedrela sinensis* Juss. [*Ailanthus flavescens; Toona sinensis*] センダン科　Chinese cedar　食・材　＊インドチャンチン, にレインドチャンチン
チャンチンもどき(香椿擬)　*Choerospondias axillaris* (Roxb.) B.L.Burtt et A.W.Hill　ウルシ科　薬・食・材
チャンパぎく(-菊) → たけにぐさ(竹似草)
チューインガムのき(-木) → サポジラ
ちゅうごくおうとう(中国桜桃) → からみざくら(唐実桜)
ちゅうごくぐり(中国栗) → あまぐり(甘栗)
ちゅうごくぐるみ(中国胡桃)　*Juglans cathayensis* Dode　クルミ科　Chinese butternut / walnut　食
ちゅうごくなし(中国梨)　*Pyrus bretschneideri* Rehder　バラ科　Chinese pear　食
ちゅうごくなし(中国梨) → ほくしやまなし(北支山梨)
ちゅうごくパセリ(中国-) → コリアンダー
チューリップのき(-木) → ゆりのき(百合木)
チュクテ → カヨアボカド
チュベローズ　剛オランダずいせん(-水仙), げっかこう(月下香)　*Polianthes tuberosa* L.　リュウゼツラン科　(common) tuberose　香
ちょうじぐさ(丁字草) → じんちょうげ(沈丁花)
ちょうしちく(長枝竹)　*Bambusa dolichoclada* Hayata [*Leleba dolichoclada*] イネ科　材

ちょうじのき(丁字木) → クローブ
ちょうじゃのき(長者木) → めぐすりのき(目薬木)
ちょうじゅきんかん(長寿金柑) 剔ふくしゅうきんかん(福州金柑) *Fortunella obovata* Tanaka ミカン科 Fukushu kumquat 食
ちょうせんあさがお(朝鮮朝顔) 剔ダツラ, きちがいなすび(気違茄子), てんじくなすび(天竺茄子), まんだらげ(曼陀羅華) *Datura metel* L. ナス科 downy thorn apple, Hindu datura, horn of plenty 薬 ＊アメリカちょうせんあさがお, けちょうせんあさがお, しろばなちょうせんあさがお, ようしゅちょうせんあさがお
ちょうせんあざみ(朝鮮薊) → アーティチョーク
ちょうせんうり(朝鮮瓜) → とうがん(冬瓜)
ちょうせんからすうり(朝鮮烏瓜) 剔とうからすうり(唐烏瓜) *Trichosanthes kirilowii* Maxim. ウリ科 Chinese / Mongolian snakegourd 薬
ちょうせんぐるみ(朝鮮胡桃) → てうちぐるみ(手打胡桃)
ちょうせんごしゅゆ(朝鮮呉茱萸) *Euodia daniellii* Hemsley [*Tetradium daniellii*] ミカン科 Korean euodia 油
ちょうせんごみし(朝鮮五味子) *Schisandra chinensis* (Turcz.) Baill. [*Maximowiczia chinensis*] マツブサ科 magnolia vine, schisandra 薬・食
ちょうせんごよう(朝鮮五葉) 剔ちょうせんまつ(朝鮮松) *Pinus koraiensis* Sieb. et Zucc. マツ科 Korean nut / white pine 材・食
ちょうせんしば(朝鮮芝) → こうらいしば(高麗芝)
ちょうせんだいおう(朝鮮大黄) *Rheum coreanum* Nakai タデ科 Korean rhubarb 薬
ちょうせんにれ(朝鮮楡) *Ulmus macrocarpa* Hance ニレ科 薬
ちょうせんにんじん(朝鮮人参) 剔おたねにんじん(御種人参), やくようにんじん(薬用人参) *Panax ginseng* C.A.Mey. ウコギ科 (Asiatic) ginseng 薬
ちょうせんまつ(朝鮮松) → ちょうせんごよう(朝鮮五葉)
ちょうせんもだま(朝鮮藻玉) → タマリンドのき(-木)
ちょうせんもみ(朝鮮樅) *Abies koreana* Wilson マツ科 Korean fir 材
ちょうせんやまぶどう(朝鮮山葡萄) → まんしゅうやまぶどう(満州山葡萄)
ちょうちんばな(提灯花) → ほたるぶくろ(蛍袋)
ちょうまめ(蝶豆) *Clitoria ternatea* L. [*Ternatea vulgaris*] マメ科 blue / butterfly pea, winged-leaved clitoria 飼・薬
ちょま(苧麻) 剔まお(真麻), ラミー *Boehmeria nivea* (L.) Gaudich. イラクサ科 ramie 繊・薬
ちょろぎ(甘露木・草石蚕) *Stachys sieboldii* Miq. シソ科 Chinese / Japanese artichoke, chorogi, knot root 食・薬 ＊かっこうちょろぎ
ちょろぎいも(草石蚕芋) → いぬきくいも(犬菊芋)
チリまつ(-松) *Araucaria araucana* (Molina) K.Koch [*Pinus araucana*] ナンヨウスギ科 Chile pine, monkey-puzzle 材
ちりめんがらし(縮緬芥子) 剔ちりめんな(縮緬菜) *Brassica juncea* (L.) Czerniak. et Coss. var. *sabellica* Kitam. アブラナ科 食
ちりめんぢしゃ(縮緬萵苣) *Lactuca sativa* L. var. *crispa* L. キク科 curled lettuce 食
ちりめんな(縮緬菜) → ちりめんがらし(縮緬芥子)
チレッタそう(-草) 剔インドせんぶり(印度千振) *Swertia chirayita* (Roxb.) H.Karst. リンドウ科 chiretta 薬
チンゲンサイ(青梗菜) 剔しゃくしな(杓子菜) *Brassica rapa* L. var. *chinensis* (L.) Kitam. アブラナ科 Chinese mustard (cabbage), pak-choi 食
チンネベリセンナ → ほそばセンナ(細葉-)
チンペダック → こぱらみつ(小波羅蜜)

[つ]

ついたちそう(朔日草) → ふくじゅそう(福寿草)
つうそう(通草) → かみやつで(紙八手)
つうだつぼく(通達木) → かみやつで(紙八手)
つうわさん(通和散) → とろろあおい(黄蜀葵)
つが(栂) 剛つがまつ(栂松), とが(栂) *Tsuga sieboldii* Carr. マツ科 Japanese / Siebold hemlock 材・繊　＊アメリカつが, カナダつが, くろつが, こめつが
つがまつ(栂松) → つが(栂)
つきくさ(月草) → つゆくさ(露草)
つぎまつ(接松) → すぎな(杉菜)
つきぬきぬまはこべ(突抜沼繁縷) *Montia perfoliata* (Donn) J.T.Howell スベリヒユ科　miner's lettuce, winter purslane　食
つくし(土筆) → すぎな(杉菜)
つくししゃくなげ(筑紫石楠花) *Rhododendron japonicum* (Blume) C.K.Schneid. ツツジ科　材・薬
つくねいも(捏芋・仏掌薯) *Dioscorea batatas* Decne. f. *tsukune* Makino ヤマノイモ科　食
つくばぐみ(筑波茱萸) → にっこうなつぐみ(日光夏茱萸)
つくばね(衝羽根) 剛はごのき(羽子木) *Buckleya lanceolata* (Sieb. et Zucc.) Miq. ビャクダン科　食
つくばねがし(衝羽根樫) *Quercus sessilifolia* Blume ブナ科　材・食
つげ(柘植・黄楊) 剛あさまつげ(浅間柘植), ほんつげ(本柘植) *Buxus microphylla* Sieb. et Zucc. var. *japonica* (Müll.-Arg. ex Miq.) Rehder et E.H.Wilson ツゲ科　Japanese box tree　材　＊いぬつげ, おきなわつげ, せいようつげ
つけうり(漬瓜) → しろうり(白瓜)
つけな(漬菜) → のざわな(野沢菜)
つたもみじ(蔦紅葉) → いたやかえで(板屋楓)
つちあけび(土通草) *Galeola septentrionalis* Rchb.f. ラン科　食・薬
つちぐり(土栗) 剛ぶくりょうそう(茯苓草) *Potentilla discolor* Bunge バラ科　食・薬
つつじ(躑躅)　＊いそつつじ, いわつつじ, えぞいそつつじ, やまつつじ
つづみぐさ(鼓草) → たんぽぽ(蒲公英)
つづらふじ(葛藤・防己) 剛おおつづらふじ(大葛藤) *Sinomenium acutum* (Thunb.) Rehder et E.H. Wilson ツヅラフジ科　Chinese moonseed　薬
つなそ(綱麻) 剛インドあさ(印度麻), こうま(黄麻), ジュート *Corchorus capsularis* L. シナノキ科 (white) jute　繊・食　＊しまつなそ, たいわんつなそ
つのうまごやし(角馬肥) → セラデラ
つのくさねむ(角草合歓)　＊アメリカつのくさねむ, きばなつのくさねむ
つのごま(角胡麻) 剛たびびとなかせ(旅人泣) *Proboscidea louisianica* (Mill.) Thell. ゴマ科　unicorn flower / plant　食
つのはしばみ(角榛) 剛ながはしばみ(長榛) *Corylus sieboldiana* Blume カバノキ科　Japanese hazel　食
づばいもも(椿桃) → ネクタリン
つばき(椿) 剛さんちゃ(山茶), たまつばき(玉椿), やぶつばき(藪椿) *Camellia japonica* L. ツバキ科 (common / rose) camellia, japonica　材・油　＊あぶらつばき, たいわんつばき, なつつばき, ひめつばき
つぶらじい(円椎) → こじい(小椎)
つぼくさ(坪草・壺草) 剛くつくさ(履草) *Centella asiatica* (L.) Urb. ［*Hydrocotyle asiatica*］セリ科　Indian pennywort　薬・食

つまべに(爪紅) → ほうせんか(鳳仙花)
つめくさ(詰草) ＊あかつめくさ, おおばのあかつめくさ, しろつめくさ, たちつめくさ, ひなつめくさ, ビロードあかつめくさ, べにばなつめくさ, むらさきつめくさ
つめくさだまし(詰草騙) → ストロベリクローバ
つゆあおい(梅雨葵) → たちあおい(立葵)
つゆくさ(露草) 剛あいばな(藍花), あおばな(青花), つきくさ(月草・鴨跖草), はなだぐさ(縹草), ぼうしばな(帽子花), ほたるぐさ(蛍草) *Commelina communis* L. ツユクサ科 (Asiatic) dayflower, spiderwort 薬・食・染
つゆみぐさ(露見草) → すすき(薄)
つりがねにんじん(釣鐘人参) 剛ととき *Adenophora triphylla* (Thunb.) A.DC. var. *japonica* (Regel) H.Hara キキョウ科 食・薬
つりばな(吊花) *Euonymus oxyphyllus* Miq. ニシキギ科 材 ＊おおつりばな
つりふねそう(釣舟草) *Impatiens textori* Miq. ツリフネソウ科 薬
つるあじさい(蔓紫陽花) 剛ごとうづる(後藤蔓) *Hydrangea petiolaris* Sieb. et Zucc. アジサイ科 climbing hydrangea 食
つるあずき(蔓小豆) 剛かにのめ(蟹眼), たけあずき(竹小豆) *Vigna umbellata* (Thunb.) Ohwi et H.Ohashi [*Azukia umbellata; Dolichos umbellatus; Phaseolus pubescens*] マメ科 bamboo / oriental / rice bean, climbing mountain bean 食・飼 ＊けつるあずき
つるかのこそう(蔓鹿子草) *Valeriana flaccidissima* Maxim. オミナエシ科 食
つるかんぞう(蔓甘草) 剛スペインかんぞう(‐甘草) *Glycyrrhiza glabra* L. マメ科 licorice, liquorice 薬・香・甘
つるぐみ(蔓茱萸) *Elaeagnus glabra* Thunb. グミ科 食・薬
つるこけもも(蔓苔桃) *Vaccinium oxycoccus* L. [*Oxycoccus palustris*] ツツジ科 European / small cranberry 食 ＊おおみのつるこけもも
つるしのぶ(蔓忍) → かにくさ(蟹草)
つるそば(蔓蕎麦) *Persicaria chinensis* (L.) Nakai [*Polygonum chinensis*] タデ科 Chinese buckwheat 飼
つるどくだみ(蔓蕺草) 剛かしゅう(何首烏) *Pleuropterus multiflorus* (Thunb.) Turcz. [*Fallopia multiflora; Polygonum multiflorum*] タデ科 flowery knodweed 薬
つるな(蔓菜) 剛いわな(岩菜), はまぢしゃ(浜萵苣), はまな(浜菜) *Tetragonia tetragonoides* (Pall.) O.Kuntze ハマミズナ科 New Zealand spinach, Warringal cabbage 食
つるなしカボチャ(蔓無南瓜) → ズッキーニ
つるなしなたまめ(蔓無刀豆) → たちなたまめ(立刀豆)
つるなす(蔓茄子) → あまにがなすび(甘苦茄子)
つるにんじん(蔓人参) 剛じいそぶ(爺蕎) *Codonopsis lanceolata* (Sieb. et Zucc.) Trautv. キキョウ科 bonnet bellflower 薬・食 ＊ひかげつるにんじん
つるぼ(蔓穂) *Scilla scilloides* (Lindl.) Druce ユリ科 食
つるむらさき(蔓紫) *Basella rubra* L. ツルムラサキ科 red Ceylon spinach, red Malabar spinach, red vine spinach 染
つるめひしば(蔓雌日芝) → カーペットグラス
つるりんどう(蔓龍胆) *Tripterospermum japonicum* (Sieb. et Zucc.) Maxim. リンドウ科 薬
つるれいし(蔓茘枝) 剛ゴーヤー, にがうり(苦瓜) *Momordica charantia* L. ウリ科 balsam / leprosy pear, bitter gourd / cucumber 食
つわぶき(石蕗・橐) *Farfugium japonicum* (L.) Kitam. [*Ligularia tussilaginea; Tussilago japonica*] キク科 leopard plant 食・薬 ＊おおつわぶき, りゅうきゅうつわぶき

［て］

ていかかずら(定家葛) *Trachelospermum asiaticum* (Sieb. et Zucc.) Nakai キョウチクトウ科 climbing bagbane 薬 ＊たいわんていかかずら

でいご(梯姑・梯梧・刺桐) *Erythrina variegata* L. var. *orientalis* Merr. マメ科 coral tree, Indian coral bean / tree 材・薬・飼

ディル 剛イノンド, ひめういきょう(姫茴香) *Anethum graveolens* L. セリ科 dill, sowa 香

ていれぎ(葶藶) → おおばたねつけばな(大葉種付花)

てうちぐるみ(手打胡桃) 剛かしぐるみ(菓子胡桃), ちょうせんぐるみ(朝鮮胡桃) *Juglans regia* L. var. *orientis* (Dode) Kitam. クルミ科 oriental walnut 食

デージー → ひなぎく(雛菊)

テーダまつ(-松) *Pinus taeda* L. マツ科 loblolly pine 材

デーツ → なつめやし(棗椰子)

テーブルビート 剛かえんさい(火焔菜) *Beta vulgaris* L. var. *conditiva* Alef. アカザ科 garden / red / table beet 食

テオシント 剛ぶたもろこし(豚蜀黍) *Euchlaena mexicana* Schrad. [*Zea mexicana*] イネ科 teosinte (grass) 飼

テキラりゅうぜつ(-龍舌) *Agave tequilana* Weber リュウゼツラン科 tequila 嗜

てつかえで(鉄楓) 剛てつのき(鉄木) *Acer nipponicum* H.Hara カエデ科 材

てっけんゆさん(鉄堅油杉) → あぶらすぎ(油杉)

てつざいのき(鉄材木) 剛セイロンてつぼく(-鉄木) *Mesua ferrea* L. オトギリソウ科 Ceylon ironwood, Indian rose chestnut 材

てつしょう(鉄蕉) → そてつ(蘇鉄)

てっせん(鉄線) *Clematis florida* Thunb. キンポウゲ科 clematis 薬

てつどうぐさ(鉄道草) → ひめむかしよもぎ(姫昔蓬)

てつのき(鉄木) → てつかえで(鉄楓)

テパリビーン剛 ひろはいんげん(広葉隠元) *Phaseolus acutifolius* A.Gray var. *latifolius* G.Freem. マメ科 (large-leaved) tepary bean 食

テフ *Eragrostis abyssinica* (Jacq.) Link [*Poa abyssinica*] イネ科 Abyssinian / Williams lovegrass, tef(f) 食

てまりかんぼく(手鞠肝木) *Viburnum opulus* L. var. *calvescens* H.Hara f. *strile* H.Hara スイカズラ科 薬

デリス 剛トバ, はいトバ(這-) *Derris elliptica* (Roxb.) Benth. マメ科 derris, tuba root 薬

てりはたまごのき(照葉卵木) → モンビン

てりははまぼう(照葉黄槿) *Hibiscus glabra* Matsum. アオイ科 材

てりはばんじろう(照葉蕃石榴) 剛いちごばんじろう(苺石榴) *Psidium littorale* Raddi. var. *longipes* (O.Berg.) McVaugh フトモモ科 Cattley / purple / strawberry guava 食

てりはぼく(照葉木) 剛タマナ, ヤラボ *Calophyllum inophyllum* L. オトギリソウ科 Alexandrian / Indian laurel, laurelwood, poon, tamanu 材・薬・染・油

テレピンのき(-木) *Pistacia terebinthus* L. ウルシ科 China turpentine tree, terebinth 油・薬

てんか(天瓜) → きからすうり(黄烏瓜)

てんがいゆり(天蓋百合) → おにゆり(鬼百合)

てんぐすずめうり(天狗雀瓜) *Melothria heterophylla* (Lour.) Cogn. [*Solena amplexicaulis*] ウリ科 薬

てんぐのはうちわ(天狗羽団扇) → やつで(八手)

てんさい(甜菜) 剛さとうだいこん(砂糖大根), ビート *Beta vulgaris* L. var. *altissima* Döll アカザ

科 (sugar) beet 甘
てんじくなすび(天竺茄子) → ちょうせんあさがお(朝鮮朝顔)
てんじくぼだいじゅ(天竺菩提樹) → インドぼだいじゅ(印度菩提樹)
てんじくまめ(天竺豆) → はっしょうまめ(八升豆)／ふじまめ(藤豆)
てんじくまもり(天竺守) → やつぶさ(八房)
てんじくめぎ(天竺目木) *Berberis pruinosa* Franch. メギ科　薬
でんじそう(田字草) 剛かたばみも(酢漿草藻), たのもじ(田文字) *Marsilea quadrifolia* L. デンジソウ科　European water clover, pepper-wort　食・薬
てんじょうまもり(天井守) → やつぶさ(八房)
てんしんジュート(天津-) → いちび(茼麻)
てんだいうやく(天台烏薬) → うやく(烏薬)
てんとう(甜橙) → ネーブルオレンジ
デントコーン *Zea mays* L. var. *indentata* (Sturt.) Bailey イネ科　dent corn / maize　飼
てんなんしょう(天南星) 剛まむしぐさ(蝮草) *Arisaema serratum* (Thunb.) Schott サトイモ科　薬　*しまてんなんしょう
てんにんか(天人花・金絲桃) *Rhodomyrtus tomentosa* (Aiton) Hassk. [*Myrtus tomentosa*] フトモモ科　downy / rose myrtle, hill gooseberry　食・薬
てんもんどう(天門冬) → くさすぎかずら(草杉葛)

[と]

ドイツすずらん(-鈴蘭) *Convallaria majalis* L. ユリ科　(European) lily-of-the-valley, may lily / bells　薬
ドイツとうひ(-唐檜) 剛おうしゅうとうひ(欧州唐檜), ヨーロッパとうひ(-唐檜) *Picea abies* (L.) H.Karst. [*Pinus abies*] マツ科　(common / Norway) spruce　材・繊
とう(籐) 剛ロタントう(-籐) *Calamus rotang* L. [*Draco rotang*] ヤシ科　calamus, climbing / rambling palm, rattan cane / palm　材　*しまとう, たいわんとう
とうあずき(唐小豆) 剛なんばんあずき(南蛮小豆) *Abrus precatorius* L. [*Glycine abrus*] マメ科　Indian / wild licorice, jequirity, rosary pea　薬　*しろとうあずき
とうおがたま(唐招霊) *Micheria figo* (Lour.) K.Spreng. モクレン科　banana shrub / tree　香
とうがき(唐柿) → いちじく(無花果)
とうがらし(唐辛子・唐芥子・蕃椒) *Capsicum annuum* L. ナス科　capsicum / chilli / hot / red pepper　香　*きだちとうがらし, しまとうがらし
とうからすうり(唐烏瓜) → ちょうせんからすうり(朝鮮烏瓜)
とうがん(冬瓜) 剛かもうり(毛氈瓜), ちょうせんうり(朝鮮瓜) *Benincasa hispida* (Thunb.) Cogn. [*Cucurbita hispida*] ウリ科　ash / tallow / wax / white gourd, Chinese winter melon　食・薬・台
どうかんそう(道灌草) *Vaccaria pyramidata* Medik. ナデシコ科　cow-herb　薬
とうき(当帰) 剛うまぜり(馬芹), にほんとうき(日本当帰) *Angelica acutiloba* (Sieb. et Zucc.) Kitag. [*Ligusticum acutiloba*] セリ科　薬　*いわてとうき, からとうき, ほっかいとうき, まるばとうき, みやまとうき
とうきささげ(唐木豇豆) *Catalpa bungei* C.A.Mey. ノウゼンカズラ科　Manchurian catalpa　材・薬
とうきび(唐黍) → とうもろこし(玉蜀黍)
とうきょうちくとう(唐夾竹桃) 剛たいわんていかかずら(台湾定家葛) *Trachelospermum jasminoides* (Lindl.) Lem. キョウチクトウ科　Malaya / star jasmine　薬・繊

とうきんかん(唐金柑) → カラマンシー
とうぐみ(唐茱萸) 剾たわらぐみ(俵茱萸) *Elaeagnus multiflora* Thunb. var. *hortensis* (Maxim.) Serv. グミ科　食
とうぐわ(唐桑) → からぐわ(唐桑)
とうごま(唐胡麻) → ひま(蓖麻)
とうささげ(唐豇豆) → いんげんまめ(隠元豆)
とうざんしょう(唐山椒) *Zanthoxylum simulans* Hance ミカン科　flatspine prickly ash, Szechuan pepper　香・薬
とうしきみ(唐樒) 剾スターアニス, だいういきょう(大茴香), はっかくういきょう(八角茴香) *Illicium verum* Hook.f. シキミ科　Chinese / star anise　香・薬
とうしゃじん(唐沙参) *Adenophora stricta* Miq. キキョウ科　薬
とうしんそう(灯芯草) → いぐさ(藺草)
とうじんびえ(唐人稗) → パールミレット
とうせんだん(唐棟) *Melia azedarach* L. var. *toosendan* (Sieb. et Zucc.) Makino センダン科　材・薬
とうだいぐさ(燈台草) *Euphorbia helioscopia* L. トウダイグサ科　sun spurge, wartweed　薬
とうぢしゃ(唐萵苣) → ふだんそう(不断草)
とうなす(唐茄子) → にほんカボチャ(日本南瓜)　＊きくざとうなす
とうなんてん(柊南天) → ひいらぎなんてん(柊南天)
とうねずみもち(唐鼠黐) *Ligustrum lucidum* Aiton モクセイ科　Chinese / glossy privet, (white) wax tree　薬
とうひ(唐檜) *Picea jezoensis* (Sieb. et Zucc.) Carr. var. *hondoensis* (Mayr) Rehder マツ科　Hondo spruce　材　＊アメリカくろとうひ, アラスカとうひ, おうしゅうとうひ, カナダとうひ, くろとうひ, コーカサスとうひ, シトカとうひ, しろとうひ, ドイツとうひ, やつがたけとうひ
とうびし(唐菱) *Trapa bispinosa* Roxb. ヒシ科　Indian water chestnut　食
とうもろこし(玉蜀黍) 剾こうらいきび(高麗黍), たまきび(玉黍), とうきび(唐黍), なんばんきび(南蛮黍) *Zea mays* L. イネ科　(field / Indian) corn, (grain) maize　食・飼
とうやく(当薬) → せんぶり(千振)
とうやくりんどう(当薬龍胆) *Gentiana algida* Pall. リンドウ科　arctic gentian　薬
とうようふう(東洋楓) *Liquidambar orientalis* Miller マンサク科　Levant storax　薬
とうりょくじゅ(冬緑樹) → ひめこうじ(姫柑子)
とうりんどう(唐龍胆) *Gentiana scabra* Bunge リンドウ科　Japanese gentian　薬
トゥルネラ 剾ダミアナ *Turnera diffusa* Willd. ex Schult. var. *aphrodisiaca* (Wald) Urb. トゥルネラ科　damiana, turnera　薬
とうわた(唐棉) *Asclepias curassavica* L. ガガイモ科　blood-flower　薬　＊やなぎとうわた
トーナのき(-木) → インドチャンチン(印度香椿)
トールオートグラス 剾おおかにつり(大蟹釣) *Arrhenatherum elatius* (L.) P.Beauv. ex J.Presl et C.Presl [*Avena elatior*] イネ科　false oat, tall oatgrass　飼
トールバルサム *Myroxylon balsamum* (L.) Harms [*Toluifera balsamum*] マメ科　tolu balsam / resin (tree)　香
トールフェスク 剾おにうしのけぐさ(鬼牛毛草) *Festuca arundinacea* Schreb. イネ科　alta / freed / tall fescue, tall meadow fescue　飼・被
とが(栂) → つが(栂)　＊さわらとが
とがさわら(栂椹) 剾かわき, さわらとが(椹栂) *Pseudotsuga japonica* (Shiras.) Beissn. [*Tsuga japonica*] マツ科　Japanese Douglas fir　材　＊しなとがさわら
とかどへちま(十角糸瓜) *Luffa acutangula* (L.) Roxb. [*Cucumis acutangula; Cucurbita acutangula*] ウリ科　angled / ribbed loofah, Chinese okra, ribbed / silky / ridged gourd　食

ときほこり　*Elatostema densiflorum* Franch. et Sav.　イラクサ科　食　＊やまときほこり
ときわあけび（常磐通草）→　むべ（郁子）
ときわかえで（常磐楓）→　いたやかえで（板屋楓）
ときわぎょりゅう（常磐御柳）→　とくさばもくまおう（木賊葉木麻黄）
ときわこぶし（常磐拳）→　おがたまのき（招霊木）
ときんそう（吐金草）　剛はなひりぐさ（嚔草）　*Centipeda minima* (L.) A.Br. et Asch.　キク科　spreading sneezeweed　薬
どくうつぎ（毒空木）　剛いちろべごろし（市郎兵衛殺）　*Coriaria japonica* A.Gray　ドクウツギ科　薬
どくえ（毒荏）→　あぶらぎり（油桐）
とくさ（木賊・砥草）　*Equisetum hyemale* L.　トクサ科　common horsetail, Dutch / scoring rush　薬
とくさばもくまおう（木賊葉木麻黄）　剛ときわぎょりゅう（常磐御柳）　*Allocasuarina equisetifolia* L. ［*Casuarina equisetifolia*］　モクマオウ科　bull / swamp oak, horsetail tree　材・染・薬
どくぜり（毒芹）　剛おおぜり（大芹）　*Cicuta vilosa* L.　セリ科　water hemlock, cowbane　薬
どくぜりもどき（毒芹擬）　*Ammi majus* L.　セリ科　bishop's weed, Queen Anne's lace　薬
どくだみ（蕺・蕺草）　剛じゅうやく（十薬・蕺薬）　*Houttuynia cordata* Thunb.　ドクダミ科　chameleon / rainbow plant　薬　＊つるどくだみ
どくにんじん（毒人参）　*Conium maculatum* L.　セリ科　conium, (poizon) hemlock　薬
とげあおいもどき（刺葵擬）　*Ambroma augusta* L.f.　アオギリ科　繊
とけいそう（時計草）　＊おおながみとけいそう，おおみのとけいそう，きみのとけいそう，くだものとけいそう，しょくようとけいそう，ちゃぼとけいそう，バナナくだものとけいそう
とげいぬつげ（刺犬柘植）　*Scolopia oldhamii* Hance　イイギリ科　材
とげいも（刺芋）→　はりいも（針芋）
とげどころ（刺野老）→　はりいも（針芋）
とげなしからたち（刺無枸橘）→　ぐみみかん（茱萸蜜柑）
とげばんれいし（刺蕃茘枝）　剛オランダドリアン　*Annona muricata* L.　バンレイシ科　guanabana, prickly custard apple, soursop　食
とげれいし（刺茘枝）→　ランブータン
ところ（野老）　＊あまどころ，えどところ，おおあまどころ，たちどころ，とげどころ，はしりどころ，はりどころ，ひめどころ，みつばどころ
とこん（吐根）　*Cephaelis ipecacuanha* (Brot.) A.Rich.　［*Uragoga ipecacuanha*］　アカネ科　ipecac, ipecacuanha　薬
とさかかもじぐさ（鶏冠髢草）→　クレステッドホイートグラス
とさみずき（土佐水木）　*Corylopsis spicata* Sieb. et Zucc.　マンサク科　(spike) winter hazel　材
どすなら→　はしどい
とちしば（橡柴）→　くろばい（黒灰）
とちのき（栃・橡）　*Aesculus turbinata* Blume　トチノキ科　Japanese horse chestnut　材・食　＊せいようとちのき
とちばにんじん（栃場人参）　剛そうししようにんじん（相思子様人参），ちくせつにんじん（竹節人参）　*Panax pseudoginseng* Wall. ssp. *japonicus* H.Hara　ウコギ科　薬
とちゅう（杜仲）　剛はいまゆみ　*Eucommia ulmoides* Oliv.　トチュウ科　Chinese gutta percha, hardy rubber tree　薬・材・油
ととき→　つりがねにんじん（釣鐘人参）
とどまつ（椴松）　剛あかとどまつ（赤椴松）　*Abies sachalinensis* (F.Schmidt) Mast.　マツ科　Sakhalin / todo fir　材・繊　＊あおとどまつ，あおもりとどまつ
トトラ　*Schoenoplectus californicus* (C.A.Mey) Soják ssp. *totora* (Kunth) T.Koyama　［*Scirpus totora*］　カヤツリグサ科　totora　材・食
とねりこ（梣・土橆利古）　剛たも　*Fraxinus japonica* Blume ex K.Koch　モクセイ科　材・薬　＊アメリ

カとねりこ、おおとねりこ、おおばとねりこ、こばのとねりこ、しまとねりこ、せいようとねりこ
とねりこばのかえで(梣葉楓) 剛ネグンドかえで(-楓) *Acer negundo* L. カエデ科 box elder 材・甘
トバ → デリス ＊たちトバ、はいトバ
とびしまかんぞう(飛島萱草) *Hemerocallis middendorffii* Trautv. et C.A.Mey var. *exaltata* (Stout) M.Hotta ユリ科 食
トマテ → ほおずきトマト(酸漿-)
トマト 剛あかなす(赤茄子)、ばんか(蕃茄) *Lycopersicon esculentum* Mill. [*Solanum lycopersicum*] ナス科 golden / love apple, tomato 食 ＊きだちトマト、チェリートマト、ほおずきトマト、まめトマト、ミニトマト
トマトのき(-木) 剛きだちトマト(木立-)、タマリロ *Cyphomandra betacea* (Cav.) Sendtn. [*Solanum betaceum*] ナス科 tamarillo, tomato tree, tree tomato, vegetable mercury 食
トマトル → ほおずきトマト(酸漿-)
とみぐさ(富草) → いね(稲)
ともしりそう(友知草) *Cochlearia oblongifolia* DC. アブラナ科 scurvy grass 食
どようたけ(土用竹) → ほうらいちく(蓬莱竹)
トラガカントゴム *Astragalus gummifer* Labill. マメ科 tragacanth ゴ・材
ドラゴンフルーツ → ピタヤ
とりあししょうま(鳥足升麻) *Astilbe odontophylla* Miq. ユキノシタ科 食・薬
ドリアン *Durio zibethinus* Murray パンヤ科 durian 食 ＊オランダドリアン
とりかぶと(鳥兜・鳥甲) 剛かぶとぎく(兜菊)、はなとりかぶと(花鳥兜) *Aconitum chinense* Sieb. ex Paxton キンポウゲ科 Chinese aconite 薬 ＊えぞとりかぶと、おくとりかぶと、やまとりかぶと、ようしゅとりかぶと
トリティケール → ライこむぎ(-小麦)
とりもちのき(鳥鵝木) → やまぐるま(山車)/もちのき(鵝木)
トレフォイル ＊バーズフットトレフォイル、ビックトレフォイル
どろのき(泥木) 剛どろやなぎ(泥柳) *Populus maximowiczii* A.Henry ヤナギ科 Japanese poplar 材・繊 ＊ぎんどろ、なみきどろ
どろやなぎ(泥柳) → どろのき(泥木)
とろろあおい(黄蜀葵) 剛つうわさん(通和散)、ねりぎ(練木)、はなオクラ(花-) *Abelmoschus manihot* (L.) Medik. [*Hibiscus manihot*] アオイ科 sunset hibiscus / musk-mallow, yellow hibiscus 薬・糊 ＊じゃこうとろろあおい、においとろろあおい
とろろあおいもどき(黄蜀葵擬) 剛じゃこうとろろあおい(麝香蜀葵)、においとろろあおい(匂黄蜀葵) *Abelmoschus moschatus* (L.) Medik. [*Bamia abelmoschus; Hibiscus abelmoschus*] アオイ科 ambrette, musk okra 薬・香
じゃこうあおい(麝香葵) *Olbia moschata* (L.) [*Malva moschata*] アオイ科 musk mallow 香
トンカまめ(-豆) *Dipteryx odorata* (Aubl.) Willd. [*Coumarouna odora*] マメ科 (Dutch) tonga, tonka bean 香
とんぼそう(蜻蛉草) → ひめうず(姫烏頭)

[な]

な(菜) → あぶらな(油菜)
ながいも(長芋・長薯) 剛しょよ(薯蕷) *Dioscorea opposita* Thunb. ヤマノイモ科 Chinese yam / potato, cinnamon vine / yam 食・薬
ながこしょう(長胡椒) ＊インドながこしょう、ジャワながこしょう

ながささげ(長豇豆) → じゅうろくささげ(十六豇豆)
ながじい(長椎) → すだじい(-椎)
ながなす(長茄子) Solanum melongena L. var. oblongcylindricum H.Hara ナス科 食
ながばぎしぎし(長葉羊蹄) Rumex crispus L. タデ科 yellow / curled dock 薬
ながはぐさ(長葉草) → ケンタッキーブルーグラス
ながばコカのき(長葉-木) → ジャワコカ
ながはしばみ(長榛) → つのはしばみ(角榛)
ながばのごれんし(長葉五歛子) → ビリンビ
ながばもっこく(長葉木斛) Anneslea fragrans Wall. ツバキ科 材・薬
ながばやなぎ(長葉柳) → おのえやなぎ(尾上柳)
ながみきんかん(長実金柑) Fortunella margarita (Lour.) Swingle [Citrus margarita] ミカン科 nagami / oval kumquat 食
ながみパンのき(長実-木) → ジャックフルーツ
ながみまつ(長実松) → さとうまつ(砂糖松)
なぎ(梛・竹柏) 剛ちからしば(力柴) Podocarpus nagi (Thunb.) Zoll. et Moritzi ex Makino [Nageia nagi] マキ科 broadleaf pine, Japanese laurel, nagi 材・塗・染・鞣
なぎ(菜葱・水葱) → みずあおい(水葵)
なぎなたこうじゅ(薙刀香薷) Elsholtzia ciliata (Thunb.) Hyl. シソ科 crested late-summer mint 薬
なし(梨) *あずきなし, いわなし, けんぽなし, じなし, せいようなし, ちゅうごくなし, にほんなし, ほくしやまなし, まんしゅうやまなし, やまなし
なしかずら(梨葛) → しまさるなし(縞猿梨)
なす(茄・茄子) 剛なすび(茄) Solanum melongena L. ナス科 aubergine, egg plant, Jew's apple 食 *あかなす, アメリカおおなす, せんなりなす, つるなす, ながなす, ひらなす, まるなす
なずな(薺・薺菜) 剛しゃみせんぐさ(三味線草), ぺんぺんぐさ(-草) Capsella bursa-pastoris (L.) Medik. アブラナ科 capsule / pick / shepherd's purse 食・薬 *いぬなずな, べんけいなずな, まめぐんばいなずな
なすび(茄) → なす(茄) *あまにがなすび
なたね(菜種) → あぶらな(油菜) *ようしゅなたね
なたまめ(鉈豆・刀豆) 剛たてはぎ(帯刀) Canavalia gladiata (Jacq.) DC. [Dolichos gladiatus] マメ科 Jack / scimitar / sword bean 食・飼・肥・薬 *たちなたまめ, つるなしなたまめ
なつうめ(夏梅) → またたび(木天蓼)
なつぐみ(夏茱萸) Elaeagnus multiflora Thunb. グミ科 cherry elaeagnus / silverberry, gumi 食
なつこむぎ(夏小麦) → ライむぎ(-麦)
なつしろぎく(夏白菊) Pyrethrum parthenium (L.) Sm. [Chrysanthemum parthenium; Matricaria parthenium; Tanacetum parthenium] キク科 feverfew, motherwort 薬
なつだいだい(夏橙) → なつみかん(夏蜜柑)
なつつばき(夏椿) 剛しゃらのき(沙羅木) Stewartia pseudocamellia Maxim. ツバキ科 Japanese stewartia 材
なつはぜ(夏黄櫨) Vaccinium oldhamii Miq. ツツジ科 食 *くろみのなつはぜ
なつまめ(夏豆) → えんどう(豌豆)／そらまめ(空豆)
なつみかん(夏蜜柑) 剛なつだいだい(夏橙) Citrus natsudaidai Hayata ミカン科 Japanese bitter mandarin, Japanese summer orange, natsu-daidai, natsumikan 食 *こなつみかん
なつめ(棗) 剛しななつめ(支那棗) Ziziphus jujuba Mill. クロウメモドキ科 Chinese date, jujube 食・薬・材 *いぬなつめ, インドなつめ, さねぶとなつめ
ナツメッグ 剛ししずく・にくずく(肉豆蔲) Myristica fragrans Houtt. ニクズク科 mace, (common) nutmeg (tree) 香・薬
なつめやし(棗椰子) 剛せんしょうぼく(戦捷木), デーツ Phoenix dactylifera L. [Palma major]

ヤシ科 date (palm)　食・材　＊さとうなつめやし
なでしこ(撫子・瞿麦)　剾かわらなでしこ(河原撫子)，やまとなでしこ(大和撫子)　*Dianthus superbus* L. var. *longicalycinus* (Maxim.) Williams　ナデシコ科　(fringed) pink　食・薬　＊じゃこうなでしこ
なとりぐさ(名取草)　→　ぼたん(牡丹)
ななかまど(七竈)　*Sorbus commixta* Hedl. バラ科　Japanese mountain-ash / rowan　材・薬・染　＊おうしゅうななかまど，せいようななかまど，ヨーロッパななかまど
ななみのき(滑木)　剾ななめのき(滑木)　*Ilex oldhamii* Miq. モチノキ科　材・薬・染
ななめのき(滑木)　→　ななみのき(滑木)
なのはな(菜花)　→　あぶらな(油菜)
なみきどろ(並木泥)　→　アメリカくろやまならし(-黒山鳴)
ナムナムのき(-木)　*Cynometra cauliflora* L. マメ科　lamuta, namu-namu　食
なら(楢・柞・枹)　→　こなら(小楢)　＊あかなら，イギリスなら，おうしゅうなら，おおなら，かしわなら，みずなら，モンゴリなら，ヨーロッパなら
ならがしわ(楢柏)　剾かしわなら(柏楢)　*Quercus aliena* Blume ブナ科　Oriental white oak　材
ナランジロ　剾ルロ　*Solanum quitoense* Lam. ナス科　lulo, naranjillo　食
なるこゆり(鳴子百合)　*Polygonatum falcatum* A.Gray ユリ科　naruko lily, Solomon's seal　食・薬　＊おおなるこゆり，やまなるこゆり
なるこらん(鳴子蘭)　→　あまどころ(甘野老)
なるとみかん(鳴門蜜柑)　*Citrus mediogloboса* hort. ex Tanaka ミカン科　Naruto　食
ナローリーブドベッチ　剾からすのえんどう(烏豌豆)，やはずえんどう(矢筈豌豆)　*Vicia angustifolia* L. マメ科　blackpod / narrow-leaved vetch　食・飼
なわしろいちご(苗代苺)　*Rubus parvifolius* L. バラ科　Japanese raspberry, sand blackberry　食
なわしろぐみ(苗代茱萸)　*Elaeagnus pungens* Thunb. グミ科　thorny ealaeagnus　食
なんきんかんぞう(南京甘草)　*Glycyrrhiza glabra* L. var. *glandulifera* (Waldst. et Kitam.) Regel et Herder マメ科　Russian licorice　薬
なんきんはぜ(南京櫨)　*Sapium sebiferum* (L.)Roxb.[*Croton sebiferum; Sebolium sebiferum; Triadica sebifera*] トウダイグサ科　Chinese / vegetable tallow　油・薬・材
なんきんまめ(南京豆)　→　らっかせい(落花生)
なんてん(南天)　*Nandina domestica* Thunb. メギ科　heavenly / sacred bamboo, nandin(a)　材・薬　＊とうなんてん，ひいらぎなんてん
なんてんぎり(南天桐)　→　いいぎり(飯桐)
なんてんはぎ(南天萩)　剾あずきな(小豆菜)，たにわたし(谷渡)，ふたばはぎ(双葉萩)　*Vicia unijuga* A.Br. マメ科　two-leaved vetch　食・薬
なんばんあかあずき(南蛮赤小豆)　剾かいこうず(海紅豆)　*Adenanthera pavonina* L. マメ科　Barbados pride, bead tree, coral pea, red sandalwood　食・染・材
なんばんあかばなあずき(南蛮赤花小豆)　*Macroptilium lathyroides* (L.) Urb. マメ科　phasey bean　飼
なんばんあずき(南蛮小豆)　→　とうあずき(唐小豆)
なんばんがき(南蛮柿)　→　いちじく(無花果)
なんばんきび(南蛮黍)　→　とうもろこし(玉蜀黍)
なんばんくさふじ(南蛮草藤)　*Tephrosia purpurea* (L.) Pers. マメ科　goat's-rue, wild indigo　薬
なんばんこまつなぎ(南蛮駒繋)　→　きあい(木藍)
なんばんさいかち(南蛮皂莢)　*Senna fistula* L.［*Cassia fistula*］ジャケツイバラ科　drumstick tree, golden-rain, golden shower, Indian laburnum, purging distula　薬
なんぶあざみ(南部薊)　剾ひめあざみ(姫薊)　*Cirsium nipponicum* (Maxim.) Makino キク科　食・薬
なんようあぶらぎり(南洋油桐)　剾たいわんあぶらぎり(台湾油桐)　*Jatropha curcas* L. トウダイグサ

科 Barbados / Physic / purging nut　油
なんようごみし(南洋五味子) *Antidesma bunius* (L.) Spreng. トウダイグサ科 Chinese laurel, salamander tree　食
なんようざくら(南洋桜) *Muntingia calabura* L. イイギリ科 Jamaica cherry, Panama berry　食・繊
なんようさんしょう(南洋山椒) → おおばげっきつ(大葉月橘)
なんようすぎ(南洋杉) *Araucaria cunninghamii* Sweet　ナンヨウスギ科 hoop pine, Moreton Bay pine　材　＊こばのなんようすぎ, しまなんようすぎ, ひろはのなんようすぎ
なんようそてつ(南洋蘇鉄) 剛しだやし(羊歯椰子) *Cycas circinalis* Roxb. ソテツ科 fern cycas / palm, queen sago, sago palm　食

[に]

ニームのき(-木) *Azadirachta indica* A.Juss [*Melaleuca azadirachta*] センダン科 neem　薬
においアイリス(匂-) 剛しろばなアイリス(白花-) *Iris florentina* L. アヤメ科 orris, Yemen iris　香
においあだん(匂阿檀) 剛においたこのき(匂蛸木) *Pandanus odorus* Ridl. タコノキ科　香
においあらせいとう(匂紫羅欄花) 剛きばなあらせいとう(黄花紫羅欄花) *Cheiranthus cheiri* L. アブラナ科 coast wallflower, gilly-flower　薬
においこぶし(匂辛夷) → たむしば
においすみれ(匂菫) 剛せいようすみれ(西洋菫) *Viola odorata* L. スミレ科 Neapolitan / Parma / sweet violet　薬・香
においたこのき(匂蛸木) → においあだん(匂阿檀)
においてんじくあおい(匂天竺葵) *Pelargonium graveolens* L'Herit フウロソウ科 rose(-scented) geranium　香・薬
においとろろあおい(匂黄蜀葵) → とろろあおいもどき(黄蜀葵擬)
においにんどう(匂忍冬) *Lonicera periclymenum* L. スイカズラ科 honeysuckle, woodbine　薬
においひば(匂檜葉) *Thuja occidentalis* L. ヒノキ科 American arborvitae, northern white cedar　材・薬
においベンゾイン(匂-) → アメリカくろもじ(-黒文字)
においマンゴー(匂-) *Mangifera odorata* Griff ウルシ科 (Kuweni / Saipan) mango (tree)　食
においまんじゅぎく(匂万寿菊) → ミントマリゴールド
においむらさき(匂紫) → ヘリオトロープ
においレセダ(匂-) → もくせいそう(木犀草)
ニガーシード 剛ヌグ *Guizotia abyssinica* (L.f.) Cass. キク科 Inga seed, Niger (seed)　油
にがいちご(苦苺) 剛ごがついちご(五月苺) *Rubus microphyllus* L.f. バラ科　食
にがうり(苦瓜) → つるれいし(蔓茘枝)
にがき(苦木) *Picrasma quassioides* (D.Don) Benn. [*Simaba quassioides*] ニガキ科 bitter wood, nigaki　材・薬
にがきもどき(苦木擬) *Brucea javanica* (L.) Merr. ニガキ科　薬
にがくさ(苦草) → ジャーマンダー
にがたけ(苦竹) → まだけ(真竹) / めだけ(女竹)
にがぢしゃ(苦萵苣) → エンダイブ
にがな(苦菜) *Ixeris dentata* (Thunb.) Nakai [*Lactuca dentata*] キク科　薬　＊うすべににがな, きくにがな
にがはっか(苦薄荷) 剛ホアハウンド *Marrubium vulgare* L. シソ科 (common / white) horehound　香・薬

にがよもぎ(苦蓬) 剛アブシント, アルセム, くがい(苦艾) *Artemisia absinthium* L. キク科 absinth(e), common wormwood 薬
にくずく(肉豆蔻) → ナツメッグ
にしインドチャンチン(西印度香椿) 剛スペインすぎ(-杉), セドロ *Cedrela odorata* Ruiz et Pav. センダン科 Spanish cedar, West Indian cedar 材
にしきぎ(錦木) 剛ごしきぎ(五色木) *Euonymus alatus* (Thunb.) Sieb. [*Celastrus alatus*] ニシキギ科 prickwood, winged spindle tree 材 ＊やまにしきぎ
にしきふじうつぎ(錦藤空木) → ふさふじうつぎ(房藤空木)
にしきよもぎ(錦蓬) *Artemisia indica* Willd. キク科 Indian sagebrush, variegated mugwort 薬
にじょうおおむぎ(二条大麦) → ビールむぎ(-麦)
にせアカシア(偽-) 剛はりえんじゅ(針槐) *Robinia pseudoacacia* L. マメ科 (black / yellow) locust (tree), false acacia 材・飼・嗜
にせごしゅゆ(偽呉茱萸) → ごしゅゆ(呉茱萸)
にちにちか(日日花) → にちにちそう(日日草)
にちにちそう(日日草) 剛にちにちか(日日花) *Catharanthus roseus* (L.) G.Don [*Lochnera rosea; Vinca rosea*] キョウチクトウ科 Madagascar / rose periwinkle, oldmaid 薬
にちりんそう(日輪草) → ひまわり(向日葵)
につけい(肉桂) *Cinnamomum sieboldii* Meissn. クスノキ科 cassia-flower tree, Saigon cinnamon 香・材・薬 ＊しなにつけい, セイロンにつけい, タマラにつけい, まつらにつけい, やぶにつけい
につこうきすげ(日光黄菅) 剛ぜんていか(禅庭花) *Hemerocallis middendorffii* Trautv. et C.A. Mey var. *esculenta* (Koidz.) Ohwi ユリ科 broad dwarf day-lily, Nikko day lily 食
につこうなつぐみ(日光夏茱萸) 剛つくばぐみ(筑波茱萸) *Elaeagnus nikoensis* Nakai ex H.Hara グミ科 食
につこうもみ(日光樅) → うらじろもみ(裏白樅)
ニッパやし(-椰子) *Nipa fruticans* Wurmb. ヤシ科 atap, mangrove / Nipa palm 甘・繊・材
にほんカボチャ(日本南瓜) 剛とうなす(唐茄子), ボウブラ *Cucurbita moschata* (Duchesne ex Lam.) Duchesne ex Poiret ウリ科 Japanese / musky pumpkin, musky squash, winter crookneck squash, winter straightneck squash 食
にほんぐり(日本栗) 剛ささぐり(小栗), しばぐり(柴栗) *Castanea crenata* Sieb. et Zucc. ブナ科 Japanese / small chestnut 食・材
にほんずいせん(日本水仙) *Narcissus tazetta* L. var. *chinensis* Roem. ユリ科 grand emperor, new year lily, sacred Chinese lily 薬
にほんすもも(日本酸桃) 剛はたんきょう(巴旦杏) *Prunus salicina* Lindl. バラ科 Chinese / Japanese plum 食・薬
にほんとうき(日本当帰) → とうき(当帰)
にほんなし(日本梨) 剛やまなし(山梨) *Pyrus pyrifolia* (Burm.f.) Nakai バラ科 Asian / Japanese / Oriental / sand pear, nashi 材・食
にほんはっか(日本薄荷) → はっか(薄荷)
にゅうこうじゅ(乳香樹) *Boswellia carteri* Birdw. カンラン科 Bible frankincense, mastic tree 香
ニューさいらん(新西蘭) 剛ニュージーランドあさ(-麻), まおらん(麻緒蘭) *Phormium tenax* J.R. Forst. et G.Forst. リュウゼツラン科 New Zealand flax / hemp 繊
ニュージーランドあさ(-麻) → ニューさいらん(新西蘭)
にら(韮・韭) 剛ふたもじ(二文字), みら(韮) *Allium tuberosum* Rottler ex Spreng. ユリ科 Chinese / garlic chive, Oriental garlic 食・薬 ＊おおにら, ひめにら
にらねぎ(韮葱) → リーキ
にりんそう(二輪草) 剛がしょうそう(鵞掌草) *Anemone flaccida* F.Schmidt キンポウゲ科 soft wind-

flower 食・薬
にれ（楡）→ はるにれ（春楡） ＊あきにれ, アメリカにれ, おうしゅうはるにれ, せいようはるにれ, ちょうせんにれ, のにれ, ヨーロッパにれ
にわうめ（庭梅） 別こうめ（小梅） *Cerasus japonica* (Thunb.) Loisel. ［*Prunus japonica*］バラ科 dwarf flowering cherry, Japanese bush cherry 食・薬
にわうるし（庭漆） 別しんじゅ（神樹） *Ailanthus altissima* (Mill.) Swingle ［*Toxicodendron altissimum*］ニガキ科 tree of heaven, Chinese sumac 材・飼・薬
にわタバコ（庭煙草）→ ビロードもうずいか（-毛蕊花）
にわとこ（接骨木・庭常） 別せっこつぼく（接骨木） *Sambucus racemosa* L. ssp. *sieboldiana* (Miq.) H.Hara スイカズラ科 red-berried elder 材・食・薬 ＊アメリカにわとこ, えぞにわとこ, カナダにわとこ, くさにわとこ, せいようにわとこ
にわやなぎ（庭柳） 別たちまちぐさ（忽草）, みちやなぎ（道柳） *Polygonum aviculare* L. タデ科 knotgrass, (prostrate) knotweed, wire weed 薬
にんじん（人参） 別せりにんじん（芹人参） *Daucus carota* L. var. *sativus* Hoffm. セリ科 carrot 食 ＊アメリカにんじん, インドにんじん, おたねにんじん, かわらにんじん, くそにんじん, さんしちにんじん, シベリアにんじん, しろにんじん, ちょうせんにんじん, つりがねにんじん, つるにんじん, とちばにんじん, はまにんじん, ほそばにんじん, やくようにんじん, やぶにんじん, やまにんじん
にんじんぼく（人参木） *Vitex cannabifolia* Sieb. et Succ. クマツヅラ科 薬 ＊イタリアにんじんぼく, せいようにんじんぼく, たいわんにんじんぼく
にんどう（忍冬）→ すいかずら（吸葛） ＊においにんどう
にんにく（大蒜・蒜・葫・忍辱） 別おおびる（大蒜）, ガーリック *Allium sativum* L. ユリ科 garlic 食・香・薬 ＊ぎょうじゃにんにく, くまにんにく
にんぽうきんかん（寧波金柑）→ ねいはきんかん（寧波金柑）

［ぬ］

ぬかずき（酸漿）→ ほおずき（酸漿）
ヌグ → ニガーシード
ぬすびとはぎ（盗人萩） *Desmodium podocarpum* DC. ssp. *oxyphyllum* (DC.) H.Ohashi マメ科 薬
ぬなわ（沼縄・蓴）→ じゅんさい（蓴菜）
ぬますぎ（沼杉） 別アメリカすいしょう（-水松）, らくうしょう（落羽松） *Taxodium distichum* (L.) Rich. スギ科 bald / deciduous / swamp cypress 材
ぬますのき（沼酢木）→ ブルーベリー［ハイブッシュ］
ぬまみずき（沼水木） *Nyssa sylvatica* Marshall ミズキ科 black / sour gum, pepperidge, tupelo 材
ぬみくすね（枸杞）→ くこ（枸杞）
ぬみぐすり（枸杞）→ くこ（枸杞）／しゃくやく（芍薬）
ぬめごま（滑胡麻）→ あま（亜麻）
ぬめりぐさ（滑草）→ じゅんさい（蓴菜）
ぬるで（白膠木） 別ふしのき（附子木・五倍子樹） *Rhus javanica* L. var. *chinensis* (Mill) Yamaz. ウルシ科 (Japanese) sumac 油・染・薬

［ね］

ねいはきんかん(寧波金柑) 剛にんぽうきんかん(寧波金柑) *Fortunella crassifolia* Swingle ミカン科　large round kumquat　食・薬

ネーブルオレンジ 剛てんとう(甜橙)，へそかん(臍柑) *Citrus sinensis* Osbeck var. *brasiliensis* hort. ex Tanaka　ミカン科　Bahia / Brazilian / navel orange　食

ねからしな(根芥子菜) *Brassica juncea* (L.) Czerniak. et Coss. var. *megarrhiza* Tsen et Lee アブラナ科　食

ねぎ(葱・青葱) 剛ねぶか(根深) *Allium fistulosum* L. ユリ科 cibol, ciboule, Japanese bunching onion, Welsh onion　食　＊いとねぎ，えぞねぎ，せいようねぎ，たまねぎ，にらねぎ，ポロねぎ，やぐらねぎ

ネクタリン 剛けなしもも(毛無桃)，づばいもも(椿桃)，ゆとう(油桃) *Amygdalus persica* L. var. *nucipersica* L. [*Persea nucipersica*; *Prunus persica* var. *nucipersica*] バラ科 (table) nectarine, smooth-skinned peach　食

ネグンドかえで(-楓) → とねりこばのかえで(梣葉楓)

ねこしで(猫四手) → うらじろかんば(裏白樺)

ねこのひげ(猫髯) *Orthosiphon aristatus* Miq. [*Ocimum aristatum*] シソ科 cat's whiskers 薬

ねこやなぎ(猫柳) 剛えのころやなぎ(狗尾柳)，かわやなぎ(川柳) *Salix gracilistyla* Miq. ヤナギ科 (rosegold) pussy willow, sallow 薬　＊やまねこやなぎ

ねじき(捩木・綟木) *Lyonia ovalifolia* (Wall.) Drude var. *elliptica* (Sieb. et Zucc.) Hand.-Mazz. [*Andromeda elliptica*; *Pieris elliptica*] ツツジ科　材

ねじれふさまめ(捻房豆) *Parkia speciosa* Hassk. ネムノキ科　食

ねず(杜松) 剛ねずみさし(鼠刺)，むろ(榁) *Juniperus rigida* Sieb. et Zucc. ヒノキ科 needle juniper　材・薬　＊せいようねず

ねずこ(鼠子) → くろべ(黒檜)　＊アメリカねずこ

ねずみさし(鼠刺) → ねず(杜松)

ねずみむぎ(鼠麦) → イタリアンライグラス

ねずみもち(鼠黐) 剛たにわたし(谷渡)，たまつばき(玉椿)，ひめつばき(姫椿) *Ligustrum japonicum* Thunb. モクセイ科 Japanese / wax-leaf privet　材・薬　＊とうねずみもち

ねセルリー(根-) → セルリアク

ねったいくず(熱帯葛) 剛くずいんげん(葛隠元) *Pueraria phaseoloides* (Roxb.) Benth. マメ科 puero, tropical kudsu　食・薬・飼・被

ネットメロン → あみメロン(網-)

ネットル 剛せいよういらくさ(西洋刺草) *Urtica dioica* L. イラクサ科 (common) nettle 薬・食

ねなしかずら(根無葛) *Cuscuta japonica* Choisy ヒルガオ科 Japanese dodder 薬

ねばりまめ(粘豆) *Clitoria laurifolia* Poiret マメ科 butterfly pea, laurel-leaved clitoria 飼・肥

ネピアグラス 剛アフリカちからしば(-力芝)，エレファントグラス *Pennisetum purpureum* Schumach. イネ科 elephant / Napier grass 飼

ねびる(沢蒜) → のびる(野蒜)

ねぶか(根深) → ねぎ(葱)

ねまがりだけ(根曲竹) → ちしまざさ(千島笹)

ねむちゃ(合歓茶) → かわらけつめい(河原決明)

ねむのき(合歓木) *Albizia julibrissin* Durazz. [*Acacia julibrissin*; *Mimosa nemu*] ネムノキ科 pink siris, silk tree 薬・材　＊アメリカねむのき，たいわんねむのき

ねむりぐさ(眠草) → おじぎそう(御辞儀草)

ねむろこうほね(根室河骨) 剛えぞこうほね(蝦夷河骨) *Nuphar pumilum* (Timm) DC. スイレン科

- 88 -

食・薬
ねりぎ(練木) → とろろあおい(黄蜀葵)

[の]

のあさがお(野朝顔) *Ipomoea indica* (Burm.) Merr. [*Pharbitis congesta*] ヒルガオ科 blue morning-glory 食・薬
のあざみ(野薊) *Cirsium japonicum* Fisch. ex DC. キク科 common Japanese thistle 食・薬
のいばら(野薔薇・野茨) 剛のばら(野薔薇) *Rosa multiflora* Thunb. バラ科 baby / polyantha / wild rose 台・薬 ＊いぬのいばら, フランスのいばら, ヨーロッパのいばら
のうごういちご(能郷苺) *Fragaria iinumae* Makino [*Potentilla daisenensis*]バラ科 食
のうぜんかずら(凌霄花・紫葳) *Campsis grandiflora* (Thunb.) K.Schum. [*Bignonia grandiflora*] ノウゼンカズラ科 (Chinese) trumpet-creeper / flower 薬
のうぜんはれん(凌霄葉蓮) 剛きんれんか(金蓮花) *Tropaeolum majus* L. [*Cardamindum majus*] ノウゼンハレン科 climbing / garden nasturtium, large Indian cress 食・香 ＊たまのうぜんはれん
ノーブルもみ(-樅) *Abies procera* Rheder マツ科 noble fir 材
のがらし(野芥子) → いぬがらし(犬芥子)
のかんぞう(野萱草) *Hemerocallis disticha* (Donn) M.Hotta ユリ科 day-lily 薬
のぎらん(芒蘭) *Metanarthecium leteo-viride* Maxim. ユリ科 薬
のぐるみ(野胡桃) *Platycarya strobilacea* Sieb. et Zucc. クルミ科 材・染・鞣
のげいとう(野鶏頭) *Celosia argentea* L. ヒユ科 celosia, feather cockscomb 食・薬
のげし(野芥子・野罌粟) 剛はるののげし(春野芥子) *Sonchus oleraceus* L. キク科 annual / milk sow thistle 飼・薬・食 ＊あきののげし, あざみのげし, おにのげし
のこぎりそう(鋸草) 剛はごろもそう(羽衣草) *Achillea alpina* L. キク科 Siberian yarrow 薬 ＊きばなのこぎりそう, せいようのこぎりそう
のこんぎく(野紺菊) *Aster microcephalus* (Miq.) Franch. et Sav. var. *ovatus* (Franch. et Sav.) Soejima et Mot.Ito キク科 食
のざわな(野沢菜) 剛つけな(漬菜) *Brassica rapa* L. var. *hakabura* Kitam. アブラナ科 nozawana 食
のじあおい(野路葵) *Melochia corchorifolia* L. アオイ科 chocolate weed 食・繊
のじぎく(野路菊) *Dendranthema occidentali-japonense* (Nakai) Kitam. [*Chrysanthemum japonense*] キク科 食
のだいおう(野大黄) *Rumex longifolius* DC. タデ科 longleaf dock 食
のだいこん(野大根) → はまだいこん(浜大根)
のだけ(土当帰・野竹) *Angelica decursiva* (Miq.) Franch. et Sav. セリ科 薬 ＊おにのだけ
のだふじ(野田藤) → ふじ(藤)
のぢしゃ(野萵苣) → コーンサラダ
のにれ(野楡) *Ulmus pumila* L. ニレ科 dwarf / Siberian elm 材
のばら(野薔薇) → のいばら(野薔薇)
のびる(野蒜) 剛ねびる(沢蒜・根蒜) *Allium grayi* Regel ユリ科 Chinese garlic, wild rocambole 食・薬
のぶき(野蕗) *Adenocaulon himalaicum* Edgew. キク科 食
のぶどう(野葡萄) *Ampelopsis glandulosa* (Wall.) Momiy. var. *heterophylla* (Thunb.) Momiy. ブドウ科 wild grape / vine 薬

のぼたん(野牡丹) *Melastoma candidum* D.Don ノボタン科 melastome 食・薬
のぼりふじ(昇藤) → きばなルーピン(黄花-)
のぼろぎく(野襤褸菊) *Senecio vulgaris* L. キク科 (common) groundsel 薬・食
のらえ(野良荏) → しそ(紫蘇)
のらまめ(野良豆) → えんどう(豌豆)／そらまめ(空豆)
のりあさ(糊麻) *Abelmoschus glutino-textilis* Kagawa アオイ科 糊
のりうつぎ(糊空木) 剛サビタ, のりのき(糊木) *Hydrangea paniculata* Sieb. アジサイ科 paniculate hydrangea 糊・繊・材・薬
のりのき(糊木) → のりうつぎ(糊空木)

[は]

バークローバ 剛うまごやし(馬肥) *Medicago polymorpha* L. マメ科 California / toothed burclover 飼・肥
はあざみ(葉薊) *Acanthus mollis* L. キツネノマゴ科 artist's / soft acanthus, soft-leaved bear's breech 薬
パースニップ 剛アメリカぼうふう(-防風), しろにんじん(白人参) *Pastinaca sativa* L. セリ科 parsnip, white carrot 食・薬
バーズフットトレフオイル 剛せいようみやこぐさ(西洋都草) *Lotus corniculatus* L. マメ科 bird's-foot trefoil 飼
ばあそぶ(婆蕎) *Codonopsis ussuriensis* (Rupr. et Maxim.) Hemsl. キキョウ科 食
ハーディンググラス *Phalaris tuberosa* L. イネ科 bulbous canary grass, harding grass 飼
バーバスカム 剛にわタバコ(庭煙草), ビロードもうずいか(-毛蕊花) *Verbascum thapsus* L. ゴマノハグサ科 candle-wick, common mullein, flannel / velvet plant 薬
パープルベッチ *Vicia benghalensis* L. [*Cracca atropurpurea*] マメ科 hairy / purple / winter vetch 飼・肥
バーミューダグラス 剛ぎょうぎしば(行儀芝) *Cynodon dactylon* (L.) Pers. [*Panicum dactylon*] イネ科 Bahama / Bermuda grass 被・飼
パールミレット 剛とうじんびえ(唐人稗) *Pennisetum americanum* (L.) K.Schum. [*Panicum americanum*] イネ科 African / bulrush / cattail / pearl millet 飼
はいいぬがや(這犬榧) *Cephalotaxus harringtonia* (Knight ex F.B.Forbes) K.Koch var. *nana* (Nakai) Rehder イヌガヤ科 食
ばいかも(梅花藻) 剛うめばちも(梅鉢藻) *Ranunculus nipponicus* (Makino) Nakai var. *submersus* H.Hara キンポウゲ科 食
はいきらんそう(這金瘡小草) → せいようじゅうにひとえ(西洋十二単)
ばいけいそう(梅蕙草) *Veratrum album* L. ssp. *oxysepalum* (Trucz.) Hultén ユリ科 hellebore 薬
はいこぬかぐさ(這小糠草) → クリーピングベント
はいトバ(這-) → デリス
パイナップル 剛まつりんご(松林檎) *Ananas comosus* (L.) Merr. パイナップル科 pineapple 食
パイナップルセージ *Salvia elegans* Vahl. シソ科 pineapple-scented sage 香
はいのき(灰木) 剛いのこしば(猪子柴) *Symplocos myrtacea* Sieb. et Zucc. [*Dicalyx myrtacea*] ハイノキ科 sweetleaf 材・染 ＊くろばい, しろばい, みみずばい
ハイブリッドライグラス *Lolium* ×*boucheanum* Kunth イネ科 hybrid rygrass 飼
はいまつ(這松) *Pinus pumila* (Pall.) Regel マツ科 creeping pine, dwarf Japanese / Siberian stone pine 食・材 ＊コーロッパはいまつ

はいまゆみ → とちゅう(杜仲)／まさき(柾)
ばいも(貝母) 別あみがさゆり(編笠百合) *Fritillaria verticillata* Willd. var. *thunbergii* (Miq.) Baker ユリ科 fritillaria, fritillary 薬
ハウザポテト 別さやばな(茨花) *Solenostemon parviflorus* Benth. [*Coleus parviflorus*] シソ科 Hausa potato 食
はうちわかえで(羽団扇楓) 別めいげつかえで(名月楓) *Acer japonicum* Thunb. カエデ科 full-moon / Japanese maple 材 ＊こはうちわかえで
はえどくそう(蠅毒草) *Phryma leptostachya* L. ssp. *asiatica* (H.Hara) Kitam. クマツヅラ科 lopseed 薬
バオバブ 別アフリカバオバブ *Adansonia digitata* L. パンヤ科 baobab, dead-rat tree, monkey bread tree 食・薬・繊
はからしな(葉芥子菜) → たかな(高菜)
はかりのめ(秤目) → あずきなし(小豆梨)
はぎ(萩) ＊えぞみそはぎ, えびらはぎ, おうごんはぎ, こごめはぎ, こしながわはぎ, ささはぎ, しながわはぎ, しろばなしながわはぎ, せいようえびらはぎ, なんてんはぎ, ぬすびとはぎ, ひとつばはぎ, ひめいとはぎ, ひめはぎ, ふたばはぎ, まるばたけはぎ, みそはぎ, めどはぎ
はくうんぼく(白雲木) 別おおばぢしゃ(大葉萵苣) *Styrax obassia* Sieb. et Zucc. エゴノキ科 fragrant snowbell 材・油
はくさい(白菜) *Brassica rapa* L. var. *amplexicaulis* Tanaka et Ono sv. *pe-tsai* (Bailey) Kitam. [*Sinapis pekinensis*] アブラナ科 celery / Chinese / Peking cabbage, pe-tsai 食
はくさんあざみ(白山薊) *Cirsium matsumurae* Nakai キク科 食
はくさんぼく(白山木) *Viburnum japonicum* (Thunb.) Spreng. スイカズラ科 Japanese viburnum 食・材
はくせん(白鮮) *Dictamnus dasycarpus* Turcz. ミカン科 gas plant 薬
ばくちのき(博打木) 別びらんじゅ(毘蘭樹) *Laurocerasus zippeliana* (Miq.) Browicz [*Prunus zippeliana*] バラ科 材・薬・染 ＊せいようばくちのき
パクチョイ(小白菜) *Brassica rapa* L. var. *chinensis* (L.) Kitam. アブラナ科 Chinese mustard / rape, pak-choi 食
はくちょうげ(白丁花) *Serissa japonica* (Thunb.) Thunb. アカネ科 Chinese flowering white serissa 薬
はぐまのき(白熊木) → スモークツリー
はくもくれん(白木蓮) *Magnolia heptapeta* (Buc'hoz) Dandy モクレン科 white magnolia, yulan 薬
はくれんぼく(白連木) → たいさんぼく(泰山木)
はこねうつぎ(箱根空木) *Weigela coraeensis* Thunb. スイカズラ科 材
はごのき(羽子木) → つくばね(衝羽根)
はこべ(繁縷・蘩蔞) 別あさしらげ, こはこべ(小繁縷), はこべら(繁縷) *Stellaria media* (L.) Vill. ナデシコ科 chick-weed, star / stitch wort 食・薬 ＊うしはこべ, つきぬきぬまはこべ, るりはこべ
はこべら(繁縷) → はこべ(繁縷)
はこやなぎ(箱柳) → やまならし(山鳴) ＊うらじろはこやなぎ, せいようはこやなぎ
はごろもかんらん(羽衣甘藍) → ケール
はごろもそう(羽衣草) → のこぎりそう(鋸草)
はごろものき(羽衣木) *Grevillea robusta* A.Cunn. ヤマモガシ科 silk / silky oak 材
はじかみ(椒・薑) → さんしょう(山椒)／しょうが(生姜)
はしどい 別どすなら *Syringa reticulata* (Blume) H.Hara [*Ligustrum reticulatum*] モクセイ科 Japanese tree lilac 材 ＊むらさきはしどい
はしばみ(榛) *Corylus heterophylla* Fisch. ex Besser var. *thunbergii* Blume カバノキ科

　　　　　　　　Japanese hazel　食・材　＊おおはしばみ，せいようはしばみ，つのはしばみ，ながはしばみ
ばしょう(芭蕉)　*Musa basjoo* Sieb. バショウ科　Japanese banana　繊・薬　＊アビシニアばしょう，おうぎばしょう，みばしょう，りゅうきゅういとばしょう
バジリコ　→　バジル
はしりどころ(走野老)　*Scopolia japonica* Maxim. ナス科　薬　＊おおはしりどころ，せいようはしりどころ
バジル　剛バジリコ，めぼうき(目箒)　*Ocimum basilicum* L. シソ科　basilico, common / garden / sweet basil　香・薬・染　＊ホーリーバジル
はす(蓮・藕)　剛はちす(蓮)　*Nelumbo nucifera* Gaertn. [*Nelumbium nelumbo*] ハス科　Chinese water lily, East Egyptian lotus, (Indian / sacred) lotus　食　＊おにばす
はず(巴豆)　*Croton tiglium* L. トウダイグサ科　croton oil plant, purging croton　薬
ばすいぼく(馬酔木)　→　あせび(馬酔木)
はすいも(蓮芋)　剛しろいも(白芋)　*Colocasia gigantea* (Blume) Hook.f. [*Leucocasia gigantea*] サトイモ科　elephant ears, giant taro　食
ハスカップ　→　くろみのうぐいすかぐら(黒実鴬神楽)
はすのはいちご(蓮葉苺)　*Rubus peltatus* Maxim. バラ科　食
はすのはかずら(蓮葉葛)　*Stephania japonica* (Thunb.) Miers ツヅラフジ科　tape vine　薬
はすのはぎり(蓮葉桐)　*Hernandia nymphaeifolia* (C.Presl) Kubitzki ハスノハギリ科　材
はすのはぐさ(蓮葉草)　→　ききゅう(鬼臼)
はぜ(櫨)　→　はぜのき(櫨木)　＊いわはぜ，なつはぜ，なんきんはぜ，やまはぜ
はぜうるし(黄櫨漆)　→　はぜのき(櫨木)
はぜきび(爆黍)　→　ポップコーン
はぜな(糠菜)　→　はぜらん(糠蘭)
はぜのき(櫨木)　剛こうろ(黄櫨)，はぜ(櫨)，はぜうるし(黄櫨漆)，ろうのき(蝋木)　*Rhus succedanea* L. [*Toxicodendron succedaneum*] ウルシ科　(Japanese) wax tree　材・油・薬
はぜらん(糠蘭)　剛はぜな(糠菜)　*Talinum triangulare* (Jacq.) Willd. スベリヒユ科　Ceylon spinach, coral flower　薬
パセリ　剛オランダぜり(-芹)　*Petroselinum crispum* (Mill.) Nyman ex A.W.Hill [*Apium petroselinum*] セリ科　parsley　食　＊ちゅうごくパセリ
はぜりそう(葉芹草)　*Phacelia tanacetifolia* Benth. ハゼリソウ科　fiddleneck　肥
バターぐるみ(-胡桃)　→　しろぐるみ(白胡桃)
バターナットのき(-木)　*Caryocar nuciferum* L. バターナット科　butter / souari nut tree　食・油
バターフルーツ　→　アボカド
はだかえんばく(裸燕麦)　*Avena nuda* L. イネ科　naked oats　食
はたざお(旗竿)　*Arabis glabra* (L.) Bernh. アブラナ科　arabis　食　＊きたみはたざお
はたささげ(畑豇豆)　*Vigna unguiculata* (L.) Walp. var. *catjang* (Burm.f.) H.Ohashi [*Dolichos catjang; Phaseolus cylindricus*] マメ科　Bombay / Indian / catjang cowpea, catjang bean / pea, Jerusalem / marble pea　食・飼
はたつもり(畑守)　→　りょうぶ(令法)
はたんきょう(巴旦杏)　→　アーモンド／にほんすもも(日本酸桃)
はちく(淡竹)　剛くれたけ(呉竹)　*Phyllostachys nigra* (Lodd. ex Loudon) Munro f. *henonis* (Mitord) Stapf ex Rendle イネ科　hachiku, Henon bamboo　食
はちじょういちご(八丈苺)　*Rubus ribisoideus* Matsum. バラ科　食
はちじょうかりやす(八丈刈安)　→　こぶなぐさ(小鮒草)
はちじょうそう(八丈草)　→　あしたば(明日葉)
はちじょうな(八丈菜)　*Sonchus brachyotus* DC. キク科　薬　＊たいわんはちじょうな
はちす(蓮)　→　はす(蓮)

パチョリ 剛こうかっこう(香藿香) *Pogostemon patchouli* Pell. シソ科 pa(t)chouli 香・薬
はっか(薄荷) 剛にほんはっか(日本薄荷) *Mentha arvensis* L. var. *piperascens* Malinv. ex Holmes シソ科 Japanese mint 香・薬 ＊アクアティカはっか, いぬはっか, オランダはっか, きだちはっか, せいようはっか, せいようやまはっか, ちくまはっか, にがはっか, はなはっか, まるばはっか, みどりはっか, めぐさはっか, やぐるまはっか, やなぎはっか, やまきだちはっか
はっかくういきょう(八角茴香) → とうしきみ(唐樒)
はつかぐさ(二十日草) → ぼたん(牡丹)
はっかくれん(八角蓮) *Podophyllum pleianthum* Hance [*Dysosma pleiantha*] メギ科 Chinese mayapple 薬
はつかだいこん(二十日大根) 剛ラディッシュ *Raphanus sativus* L. var. *radicula* Pers. アブラナ科 radish 食
ばっこやなぎ(-柳) 剛やまねこやなぎ(山猫柳) *Salix caprea* L. ヤナギ科 goat willow, great sallow 材
はっさく(八朔) *Citrus hassaku* hort. ex Tanaka ミカン科 hassaku orange 食
はっしょうまめ(八升豆) 剛てんじくまめ(天竺豆) *Mucuna pruriens* (L.) DC. var. *utilis* (Wight) Burck [*Stizolobium hassjoo*] マメ科 Bengal / buffalo / velvet / Yokohama bean 食・肥・飼
パッションフルーツ 剛くだものとけいそう(果物時計草), しょくようとけいそう(食用時計草) *Passiflora edulis* Sims トケイソウ科 passion fruit, (purple) granadilla 食
バッファローグラス *Buchloe dactyloides* Engelm. イネ科 buffalo grass 飼
はてるまぎり(波照間桐) *Guettarda speciosa* L. アカネ科 zebrawood 材
ばとうれい(馬兜鈴) → うまのすずくさ(馬鈴草)
はとむぎ(鳩麦) 剛しこくむぎ(四国麦), せんこく(川穀) *Coix lacryma-jobi* L. var. *ma-yuen* (Rom.-Caill.) Stapf イネ科 edible / large-fruited adlay 食・薬・嗜・飼
はなあおい(花葵) → たちあおい(立葵)
はないかだ(花筏) 剛ままこ *Helwingia japonica* (Thunb.) F.Dietr. ミズキ科 食
はなうど(花独活) *Heracleum nipponicum* Kitag. セリ科 食・薬 ＊おおはなうど
はなオクラ(花-) → とろろあおい(黄蜀葵)
はなかえで(花楓) → はなのき(花木)
はなががし(葉長樫) *Quercus hondae* Makino ブナ科 材
はなかつみ(花勝見) → まこも(真菰)
はなかんらん(花甘藍) → カリフラワー
はなきささげ(花木豇豆) 剛おうごんじゅ(黄金樹), おおアメリカきささげ(大-木豇豆) *Catalpa speciosa* Warder ex Engelm. ノウゼンカズラ科 catawba, cigar tree, Indian bean, northern / western catalpa 薬
はなキャベツ(花-) → カリフラワー
はなぐわい(花慈姑) → おもだか(面高)
はなささげ(花豇豆) → べにばないんげん(紅花隠元) ＊しろばなはなささげ
はなしのぶ(花荵・花忍) *Polemonium kiusianum* Kitam. ハナシノブ科 Jacob's ladder 薬
はなじゅんさい(花蓴菜) → あさざ(莕菜)
はなしょうが(花生姜) *Zingiber zerumbet* (L.) Roscoe ex Sm. [*Amomum zerumbet*] ショウガ科 broad-leaved / pine-cone / wild ginger 香・薬
はなずおう(花蘇芳) 剛からぐわ(唐桑) *Cercis chinensis* Bunge ジャケツイバラ科 Chinese redbud 薬
はなだいこん(花大根) → おおあらせいとう(大紫羅欄花)
はなだぐさ(縹草) → つゆくさ(露草)
はなとりかぶと(花鳥兜) → とりかぶと(鳥兜)
はなな(花菜) → カリフラワー ＊むらさきはなな

バナナ 剾みばしょう(実芭蕉) *Musa acuminata* Colla バショウ科 Chinese / dwarf / sweet's / wild banana 食 ／*M.* ×*paradisiaca* L. (edible) banana, plantain 食 ＊フェイバナナ
バナナくだものとけいそう(-果物時計草) *Passiflora mollissima* L.H.Bailey [*Tacsonia mollissima*] トケイソウ科 banana passion fruit 食
はなのき(花木) 剾はなかえで(花楓) *Acer pycnanthum* K.Koch カエデ科 材・嗜 ＊アメリカはなのき
はなのき(花木) → しきみ(樒)
はなはっか(花薄荷) → オレガノ
はなひりぐさ(嚔草) → ときんそう(吐金草)
はなひりのき(嚔木) *Leucothoe grayana* Maxim. [*Eubotryoides grayana*] ツツジ科 薬
はなぶさやし(花房椰子) *Bactris major* Jacq. ヤシ科 beach palm 食・油・材
パナマゴムのき(-木) → アメリカゴムのき(-木)
パナマそう(-草) *Carludovica palmata* Ruiz et Pav. パナマソウ科 jipijapa, Panama hat palm / plant 繊
はなまめ(花豆) → べにばないんげん(紅花隠元)
はなみょうが(花茗荷) *Alpinia japonica* (Thunb.) Miq. ショウガ科 Japanese galangal 薬
はなやさい(花椰菜) → カリフラワー ＊みどりはなやさい
はなゆ(花柚) 剾はなゆず(花柚子) *Citrus hanayu* hort. ex Shirai ミカン科 hanayu 香
はなゆず(花柚子) → はなゆ(花柚)
バニヤン → ベンガルぼだいじゅ(-菩提樹)
バニラ *Vanilla planifolia* Andrews [*Myrobroma fragrans*] ラン科 (common) vanilla 香
はねがや(羽茅・羽萱) *Achnatherum pekinense* (Hance) Ohwi [*Stipa pekinensis*] イネ科 feather grass 薬 ＊アフリカはねがや
はねみセンナ(羽根実-) *Senna alata* L. [*Cassia alata*] ジャケツイバラ科 candlestick senna, ringworm cassia 薬
パパイア 剾ちちうり(乳瓜), もっか(木瓜) *Carica papaya* L. パパイア科 common papaw, melon tree, papaya, pawpaw 食・薬
ははか → うわみずざくら(上溝桜)
ババコ → ごかくもくか(五角木瓜)
ははこぐさ(母子草) 剾おぎょう・ごぎょう(御行), ちちぐさ(乳草), ほうこぐさ(母子草), もちばな(餅花) *Gnaphalium affine* D.Don キク科 cotton weed, cudweed 食・薬 ＊やまははこ
ははそ(柞) → こなら(小楢)
バヒアグラス 剾アメリカすずめのひえ(-雀稗) *Paspalum notatum* Flügge イネ科 Bahia grass 飼・被
パピルス 剾かみがやつり(紙蚊屋吊) *Cyperus papyrus* L. [*Papyrus antiquorum*] カヤツリグサ科 Egyptian paper reed, paper plant, papyrus 繊
はぶそう(波布草, 蝮草) 剾くさセンナ(草-) *Senna occidentalis* Link [*Cassia occidentalis*] ジャケツイバラ科 coffee senna, negro coffee, stinking weed 薬・嗜 ＊ほそばはぶそう
パプリカ *Capsicum annuum* L. var. *cuneatum* Paul ナス科 Hungarian pepper, paprika 香
はまあかざ(浜藜) *Atriplex subcordata* Kitag. アカザ科 食 ＊ほそばのはまあかざ
はまあざみ(浜薊) 剾はまごぼう(浜牛蒡) *Cirsium maritimum* Makino キク科 食
はまあずき(浜小豆) 剾はまささげ(浜豇豆) *Vigna marina* (Burm.) Merr. マメ科 beach pea 食
はまうつぼ(浜靫) *Orobanche coerulescens* Steph. ハマウツボ科 薬
はまえんどう(浜豌豆) *Lathyrus japonicus* Willd. マメ科 beach / sea / seaside pea 食
はまおぎ(浜荻) → あし(葦)
はまかんぎく(浜寒菊) → しまかんぎく(島寒菊)
はまくさふじ(浜草藤) → ひろはくさふじ(広葉草藤)

はまごう(蔓荊) *Vitex rotundifolia* L.f. クマツヅラ科 beach / round-leaf vitex 香・染・食・薬
はまごぼう(浜牛蒡) → はまあざみ(浜薊)
はまざくろ(浜石榴) 剛まやぷしき *Sonneratia alba* Sm. ハマザクロ科 mangrove apple 食・染
はまささげ(浜豇豆) → はまあずき(浜小豆)／じゃけついばら(蛇結薔)
はまさじ(浜匙) *Limonium tetragonum* (Thunb.) Bullock イソマツ科 autumn statice, square stem statice 食
はますがな(浜菅菜) → はまぼうふう(浜防風)
はますげ(浜菅) 剛こうぶし(香附子) *Cyperus rotundus* L. カヤツリグサ科 nut grass / sedge, purple / red nutsedge 薬
はまぜり(浜芹) 剛はまにんじん(浜人参) *Cnidium japonicum* Miq. セリ科 食・薬
はまだいこん(浜大根) 剛のだいこん(野大根) *Raphanus sativus* L. var. *raphanistroides* Makino アブラナ科 食
はまたいせい(浜大青) → えぞたいせい(蝦夷大青)
はまぢしゃ(浜萵苣) → つるな(蔓菜)
はまな(浜菜) *Crambe maritima* L. アブラナ科 sea-kale 食
はまな(浜菜) → つるな(蔓菜)
はまなす(浜茄子・浜梨) *Rosa rugosa* Thunb. バラ科 hamanas / rugosa rose, sweet-brier 香・染・食・薬
はまにんじん(浜人参) → はまぜり(浜芹)
はまびし(浜菱) *Tribulus terrestris* L. ハマビシ科 caltrop puncture vine, devil's thorn 薬
はまびわ(浜枇杷) 剛けいじゅ(桂樹) *Litsea japonica* (Thunb.) Juss. クスノキ科 材
はまべぶどう(浜辺葡萄) 剛うみぶどう(海葡萄) *Coccoloba uvifera* (L.) L. タデ科 kino, platter leaf, sea / seaside grape 食・材・薬
はまべんけいそう(浜弁慶草) *Mertensia maritima* (L.) S.F.Gray ssp. *asiatica* Takeda ムラサキ科 oyster plant, sea lungwort 食
はまぼう(黄槿) *Hibiscus hamabo* Sieb. et Zucc. アオイ科 hamabo 繊・材 ＊おおはまぼう、さきしまはまぼう、てりははまぼう
はまぼうふう(浜防風) 剛ますがな(浜菅菜)、やおやぼうふう(八百屋防風) *Glehnia littoralis* F.Schmidt ex Miq. [*Phellopterus littoralis*] セリ科 hamabofu 食・薬
はままつな(浜松菜) *Suaeda maritima* (L.) Dumort. アカザ科 sea-blite 食・薬 ＊ひろははままつな
はまもっこく(浜木斛) → しゃりんばい(車輪梅)
はまよもぎ(浜蓬) *Artemisia scoparia* Waldst. et Kit. キク科 薬
はまよもぎ(浜蓬) → かわらよもぎ(河原蓬)
はやとうり(隼人瓜) 剛チャヨテ *Sechium edule* (Jacq.) Swartz [*Chayota edulis*] ウリ科 chayota, chayote, Christ-phone, vegetable pear 食・飼
ばらいちご(薔薇苺) 剛みやまいちご(深山苺) *Rubus illecebrosus* Focke バラ科 strawberry-raspberry 食
パラグァイちゃのき(-茶木) → マテちゃ(-茶)
パラゴムのき(-木) 剛ブラジルゴムのき(-木) *Hevea brasiliensis* Müll.-Arg. [*Siphonia brasiliensis*] トウダイグサ科 caoutchouc tree, Para rubber tree ゴ・食
パラダイスナットのき(-木) *Lecythis paraensis* Huber サガリバナ科 paradise nut 食
バラタのき(-木) *Manilkara bidentata* (A.DC.) A.Chev. アカテツ科 (Mimusops) balata (tree) ゴ
パラナまつ(-松) 剛ブラジルまつ(-松) *Araucaria angustifolia* (Bertol.) Kuntze ナンヨウスギ科 Brazilian / candelabra tree, Parana pine 材
ばらばきいちご(薔薇葉木苺) *Rubus rosifolius* Sm. バラ科 Mauritius raspberry 食
ぱらみつ(波羅蜜) → ジャックフルーツ ＊こぱらみつ、ひめぱらみつ

ばらもみ（薔薇樅）　→　はりもみ（針樅）　＊ひめばらもみ
ばらもんじん（波羅門参）　→　サルシフィー　＊きばなばらもんじん
はらん（葉蘭）　*Aspidistra elatior* Blume　ユリ科　aspidistra, cast-iron plant　薬
はりいも（針芋）　圓とげいも（刺芋），とげどころ（刺野老），はりどころ（針野老）　*Dioscorea esculenta* (Lour.) Burkill　ヤマノイモ科　fancy / potato yam, lesser Asiatic yam　食
はりえんじゅ（針槐）　→　にせアカシア（偽-）
はりぎり（針桐・刺桐）　圓せんのき（栓木・仙木），やまぎり（山桐）　*Kalopanax septemlobus* (Thunb.) Koidz.　ウコギ科　castor aralia　材・食・薬
はりぐわ（針桑）　*Cudrania tricuspidata* (Carr.) Bureau ex Lavallée ［*Maclura tricuspida*］　クワ科　silk-worm thorn　薬・繊・飼・材　＊アメリカはりぐわ
はりどころ（針野老）　→　はりいも（針芋）
ばりばりのき（-木）　圓あおかごのき（青鹿子木），あおがし（青樫）　*Actinodaphne acuminata* (Blume) Meisn. ［*Litsea acuminata*］　クスノキ科　材・染
はりぶき（針蕗）　*Oplopanax japonicus* (Nakai) Nakai ［*Echinopanax japonicus*］　ウコギ科　薬
はりもみ（針樅））　圓しろもみ（白樅），ばらもみ（薔薇樅）　*Picea polita* Carr.　マツ科　tiger-tail spruce　材・繊
はるうこん（春鬱金）　→　きょうおう（姜黄）
はるおみなえし（春女郎花）　→　せいようかのこそう（西洋鹿子草）
はるがや（春茅）　圓スィートバーナルグラス　*Anthoxanthum odoratum* L.　イネ科　sweet vernal grass　飼
はるこがねばな（春黄金花）　→　さんしゅゆ（山茱萸）
バルサ　*Ochroma lagopus* Sw.　パンヤ科　balsa　材
バルサム　＊トールバルサム，ペルーバルサム
バルサムもみ（-樅）　*Abies balsamea* (L.) Mill. ［*Pinus balsamea*］　マツ科　balsam / Eastern fir, balm / blister of Gilead fir, Canada balsam　油・香
はるじおん（春紫苑）　→　はるじょおん（春女苑）
はるじょおん（春女苑）　圓はるじおん（春紫苑）　*Erigeron philadelphicus* L.　キク科　(Philadelphia) fleabane　食
はるたま（春玉）　→　すいぜんじな（水前寺菜）
はるにれ（春楡）　圓あかだも（赤-），エルム，にれ（楡）　*Ulmus davidiana* Planch. var. *japonica* (Rehder) Nakai　ニレ科　Japanese elm　材・薬　＊おうしゅうはるにれ，せいようはるにれ
はるののげし（春野芥子）　→　のげし（野芥子）
バルバドスアロエ　→　アロエ
パルマローザ　*Cymbopogon martini* Wats. var. *motia*　イネ科　palmarosa　香
パルミットやし（-椰子）　*Euterpe edulis* Mart.　ヤシ科　assai / cabbage / Parmito palm, edible euterpe palm　食
パルミラやし（-椰子）　→　おうぎやし（扇椰子）
ばれいしょ（馬鈴薯）　圓じゃがいも（-薯），ジャガタラいも（-薯）　*Solanum tuberosum* L.　ナス科　(Irish / white) potato　食
ばんうこん（蕃鬱金）　*Kaempferia galanga* L.　ショウガ科　(East Indian) galangal, galingale　香・薬
ばんか（蕃茄）　→　トマト
ハンガリアンベッチ　*Vicia pannonica* Crantz　マメ科　Hungarian vetch　飼・肥
パンギのき（-木）　*Pangium edule* Reinw. ex Blume　イイギリ科　pangi　油
バンクスまつ（-松）　*Pinus banksiana* Lamb.　マツ科　jack pine　材
はんげ（半夏）　→　からすびしゃく（烏柄杓）　＊おおはんげ，みずはんげ，りゅうきゅうはんげ
はんげしょう（半夏生）　圓かたしろぐさ（片白草）　*Saururus chinensis* (Lour.) Baill.　ドクダミ科　薬
ばんこうか（番紅花）　→　サフラン

パンこむぎ(-小麦) → こむぎ(小麦)
パンゴラグラス 別アフリカめひしば(-雌日芝) *Digitaria decumbens* Stent イネ科 digit grass, pangola grass, slenderstem 飼
はんごんそう(反魂草・返魂草) *Senesio cannabifolius* Less. キク科 coneflower 食
ばんざくろ(蕃石榴) → グアバ
ばんしょ(蕃藷) → さつまいも(薩摩芋)
ばんじろう(蕃石榴) → グアバ ＊いちごばんじろう, きのみばんじろう, てりはばんじろう
はんてんぼく(半纏木) → ゆりのき(百合木)
はんとう(蟠桃) 別ぴんとう(平桃) *Amygdalus persica* L. var. *compressa* (Loudon) T.T.Yu et L.T.Lu [*Prunus persica* var. *compressa*] バラ科 flat peach, peento 食
はんのき(榛木) *Alnus japonica* (Thunb.) Steud. [*Betula japonica*] カバノキ科 Japanese alder 材・染 ＊えぞはんのき, かわらはんのき, けやまはんのき, こばのやまはんのき, たにがわはんのき, まるばはんのき, みやまはんのき, やちはんのき, やまはんのき
パンのき(-木) *Artocarpus altilis* (Parkinson) Fosberg クワ科 breadfruit, breadnut 食・材 ＊ながみパンのき, ヨハンパンのき
バンバラまめ(-豆) 別ふたごまめ(双子豆) *Vigna subterranea* (L.) Verdc. [*Glycine subterra; Voandzeia subterranea*] マメ科 banbara groundnut, Congo goober, earth pea, hog / Madagascar peanut 食
パンヤのき(-木) 別カポックのき(-木) *Ceiba pentandra* (L.) Gaertn. [*Eriodendron anfractuosum*] パンヤ科 ceiba, kapok / silk-cotton tree 繊・材・食
パンヤのき(-木) → インドわたのき(印度綿木)
ばんりゅうがん(蕃龍眼) → しまりゅうがん(島龍眼)
ばんれいし(蕃茘枝) 別しゃかとう(釈迦頭) *Annona squamosa* L. バンレイシ科 custard / sugar apple, sweetsop 食 ＊とげばんれいし

[ひ]

ビーチグラス *Ammophila arenaria* (L.) Link イネ科 European beach-grass 被
ビート → てんさい(甜菜) ＊かちくビート, テーブルビート
ピーナッツ → らっかせい(落花生)
ピーマン 別ピメント *Capsicum annuum* L. var. *grossum* Sendtn. ナス科 bell / sweet pepper, piment(o) 食
ひいらぎ(柊・疼木) *Osmanthus heterophyllus* (G.Don) P.S.Green [*Ilex heterophyllus; Olea ilicifolia*] モクセイ科 Chinese / false holly, holly olive 材 ＊せいようひいらぎ
ひいらぎかし(柊樫) → りんぼく(橉木)
ひいらぎなんてん(柊南天) 別とうなんてん(柊南天) *Mahonia japonica* (Thunb.) DC. メギ科 Japanese mahonia 材・薬
ひいらぎもち(柊黐) 別しなひいらぎ(支邦柊) *Ilex cornuta* Lindl. et Paxton モチノキ科 Chinese / horned holly 薬
ビールむぎ(-麦) 別にじょうおおむぎ(二条大麦), やばねおおむぎ(矢羽根大麦) *Hordeum distichon* L. イネ科 malting / two-rowed barley 食
ひえ(稗・穆子) *Echinochloa utilis* Ohwi et Yabuno イネ科 Japanese (barnyard) millet 食 ＊インドひえ, こうぼうびえ, しこくびえ, しますずめのひえ, すずめのこびえ, すずめのひえ, とうじんびえ
ひかげつるにんじん(日陰蔓人参) *Codonopsis pilosula* Nannf. キキョウ科 codonopsis 薬

ひかげのかずら(日蔭葛) *Lycopodium clavatum* L. var. *nipponicum* Nakai ヒカゲノカズラ科 clubmoss, running / ground pine 薬

ひかげへご(日陰杪) → もりへご(森杪)

ひがんばな(彼岸花) 剮しびとばな(死人花), まんじゅしゃげ(曼珠沙華), ゆうれいばな(幽霊花) *Lycoris radiata* (L'Hér.) Herb. ユリ科 (red) spider lily 薬

ピキー *Caryocar brasiliense* Cambess. バターナット科 piki, piqui 食・油・材・染

ひきおこし(引起) 剮えんめいそう(延命草) *Rabdosia japonica* (Burm.f.) H.Hara [*Amethystanus japonicus; Isodon japonica*] シソ科 薬 ＊かめばひきおこし, くろばなひきおこし

ひきよもぎ(引蓬) *Siphonostegia chinensis* Benth. ex Hook. et Arn. ゴマノハグサ科 薬

ひぐるま(日車) → ひまわり(向日葵)

ひごおみなえし(肥後女郎花) → きおん(黄苑)

ヒコリー *Carya tomentosa* (Poin) Nutt. [*Juglans tomentosa*] クルミ科 (mockernut) hickory 食・材

ひさかき(柃) *Eurya japonica* Thunb. ツバキ科 材・染

ひさぎ(楸) → あかめがしわ(赤芽柏) / きささげ(木豇豆・梓)

ひし(菱・芰) *Trapa japonica* Flerow ヒシ科 saligot, water chestnut 食・薬 ＊おにびし, とうびし, はまびし, ひめびし

ピスタチオのき(-木) *Pistacia vera* L. ウルシ科 green almond, pistachio, pistacia nut 食

ヒソップ 剮やなぎはっか(柳薄荷) *Hyssopus officinalis* L. シソ科 hyssop 香・薬・染

ビターアーモンド *Amygdalus communis* L. var. *amara* Ludw. ex DC. バラ科 bitter almond (tree) 香

ピタヤ 剮ドラゴンフルーツ, やかいサボテン(夜開-) *Hylocereus undatus* (Haw.) Britton et Rose サボテン科 dragon fruit, Honolulu-queen, night-blooming cereus, pitaya 食

ピタンガ → スリナムチェリー

ひちのき → たいみんたちばな(大明橘)

ビッグトレフォイル *Lotus major* Scop. マメ科 big trefoil 飼

ビッグブルーステム *Andropogon gerardii* Vitman イネ科 big bluestem 飼

ひとつばエニシダ(一葉金雀兒) *Genista tinctoria* L. マメ科 dyer's greenweed / greenwoad, wood-waxen 染

ひとつばかえで(一葉楓) 剮まるばかえで(丸葉楓) *Acer distylum* Sieb. et Zucc. カエデ科 linden-leaf maple 材

ひとつばはぎ(一葉萩) *Securinega suffruticosa* (Pall.) Rehder var. *japonica* (Miq.) Hurus. トウダイグサ科 薬

ひとはぐさ(一葉草) → あし(葦) / きり(桐) / すみれ(菫)

ひともじ(一文字) → わけぎ(分葱)

ひなぎきょう(雛桔梗) *Wahlenbergia marginata* (Thunb.) A.DC. キキョウ科 southern rockbell 薬

ひなぎく(雛菊) 剮えんめいぎく(延命菊), デージー *Bellis perennis* L. キク科 (common / English / Paris / true) daisy, marguerite 薬

ひなげし(雛芥子・雛罌粟) 剮ぐびじんそう(虞美人草), ポピー *Papaver rhoeas* L. ケシ科 common / corn / field / Flanders / red poppy, cup-rose 薬 ＊メキシコひなげし

ひなつめくさ(雛詰草) → ペルシャクローバ

びなんかずら(美男葛) → さねかずら(実葛)

ひのき(檜・檜木) *Chamaecyparis obtusa* (Sieb. et Zucc.) Endl. ヒノキ科 hinoki (cypress), Japanese cypress 材 ＊アメリカひのき, アラスカひのき, たいわんひのき, ローソンひのき

ひのきあすなろ(檜翌檜) *Thujopsis dolabrata* (L.f.) Sieb. et Zucc. var. *hondae* Makino ヒノキ科 材

ひのな(日野菜) *Brassica rapa* L. var. *akena* Kitam. アブラナ科 long(-rooted) Japanese turnip 食

ひば(檜葉) → あすなろ(翌檜)　＊おにひば, かくみひば, においひば
ひはつ(蓽茇) → インドながこしょう(印度長胡椒)
ひはつもどき(蓽茇擬) → ジャワながこしょう(-長胡椒)
ひま(蓖麻)　別とうごま(唐胡麻)　*Ricinus communis* L. トウダイグサ科　castor (bean), palma Christi 油・薬
ヒマラヤくさぎ(-臭木) → ぼたんくさぎ(牡丹臭木)
ヒマラヤすぎ(-杉)　*Cedrus deodara* (Roxb. ex D.Don) G.Don マツ科　deodar(a), Himalayan / Indian cedar　材
ひまわり(向日葵)　別にちりんそう(日輪草), ひぐるま(日車)　*Helianthus annuus* L. キク科　mirasol, sunflower　油・食
ひめあざみ(姫薊) → なんぶあざみ(南部薊)
ひめいとはぎ(姫糸萩)　別おんじ(遠志)　*Polygala tenuifolia* Willd. ヒメハギ科　Chinese senega　薬
ひめういきょう(姫茴香) → キャラウェー／ディル
ひめうこぎ(姫五加) → うこぎ(五加)
ひめうず(姫烏頭)　別とんぼそう(蜻蛉草)　*Semiaquilegia adoxoides* (DC.) Makino [*Aquilegia adoxoides*] キンポウゲ科　薬
ひめおとぎり(姫弟切)　別みやまおとぎり(深山弟切)　*Hypericum japonicum* Thunb. オトギリソウ科　swamp hypericum　薬
ひめかがみ(姫鏡) → すずさいこ(鈴柴胡)
ひめがま(姫蒲)　*Typha angustata* Bory et Chaub. ガマ科　lesser / small bulrush, narrow-leaf cattail, reed mace　薬
ひめかんらん(姫甘藍) → めキャベツ(芽-)
ひめぐるみ(姫胡桃)　*Juglans ailantifolia* Carr. var. *cordiformis* (Maxim.) Rehder クルミ科　heart nut　材・食
ひめこうじ(姫柑子)　別とうりょくじゅ(冬緑樹)　*Gaultheria procumbens* L. ツツジ科　(aromatic / checkerberry / creeping / spicy) wintergreen, box / spice / tea berry, deerberry, hillberry　薬
ひめこうぞ(姫楮) → こうぞ(楮)
ひめこまつ(姫小松) → ごようまつ(五葉松)
ひめごよういちご(姫五葉苺)　*Rubus pseudo-japonicus* Koidz. バラ科　食
ひめコラのき(姫-木)　*Cola acuminata* (P.Beauv.) Schott et Endl. アオギリ科　cola / kola nut　嗜
ひめしゃしゃんぼ(姫小小坊) → ギーマ
ひめしゃら(姫沙羅)　別さるたのき(猿田木)　*Stewartia monadelpha* Sieb. et Zucc. ツバキ科　材
ひめじょおん(姫女苑)　*Erigeron annuus* (L.) Pers. [*Stenactis annua*] キク科　(eastern) daisy fleabane　食
ひめすいば(姫酸葉)　*Rumex acetosella* L. タデ科　red / sheep's sorrel　薬
ひめつばき(姫椿)　*Schima wallichii* (DC.) Korth. [*Gordonia wallichii*] ツバキ科　材・薬
ひめつばき(姫椿) → さざんか(山茶花)／ねずみもち(鼠黐)
ひめどころ(姫野老)　別えどところ(江戸野老)　*Dioscorea tenuipes* Franch. et Sav. ヤマノイモ科　食
ひめにら(姫韮)　別ひめびる(姫蒜)　*Allium monanthum* Maxim. ユリ科　食
ひめはぎ(姫萩)　*Polygala japonica* Houtt. ヒメハギ科　Japanese senega　薬
ひめばらいちご(姫薔薇苺)　*Rubus minusculus* H.Lév. et Vaniot バラ科　食
ひめぱらみつ(姫波羅蜜) → こぱらみつ(小波羅蜜)
ひめばらもみ(姫薔薇樅)　*Picea maximowiczii* Regel マツ科　材・繊
ひめびし(姫菱)　*Trapa incisa* Sieb. et Zucc. ヒシ科　食
ひめびる(姫蒜) → ひめにら(姫韮)
ひめふうろ(姫風露)　別しおやきそう(塩焼草)　*Geranium robertianum* L. フウロソウ科　fox geranium, herb Robert, red robin / shanks　薬

ひめふともも(姫蒲桃) *Syzygium cleyerifolium* (Yatabe) Makino フトモモ科　食
ひめむかしよもぎ(姫昔蓬) 剛てつどうぐさ(鉄道草)、めいじぐさ(明治草) *Erigeron canadensis* L.
　　　[*Conyza canadensis*] キク科 butterweed, Canada fleabane, horseweed　薬
ひめもろこし(姫蜀黍) → ジョンソングラス
ひめやしゃぶし(姫夜叉五倍子) *Alnus pendula* Matsum. カバノキ科　染
ひめゆずりは(姫譲葉) *Daphniphyllum teijsmanni* Zoll. ユズリハ科　材
ピメント → ピーマン
ピメントのき(‐木) → オールスパイス
ひもげいとう(紐鶏頭) → アマランサス[赤粒・粳]
ひゃくじっこう(百日紅) → さるすべり(猿滑)
びゃくしん(柏槇・柏杉) 剛いぶき(伊吹), いぶきびゃくしん(伊吹柏槇) *Sabina chinensis* (L.)
　　　Antoine [*Juniperus chinensis*] ヒノキ科 Chinese (pyramid) juniper　材　＊えんぴつびゃ
　　　くしん、サビナびゃくしん
びゃくずく(白豆蔲) *Amomum compactum* Roem. et Schult. ショウガ科　Java / round / Siam
　　　cardamom　香
びゃくだん(白檀) *Santalum album* L. ビャクダン科 (white) sandalwood　材・薬・香
びゃくぶ(百部) *Stemona japonica* Miq. ビャクブ科　薬　＊たちびゃくぶ
ひゃくりこう(百里香) → いぶきじゃこうそう(伊吹麝香草)　＊きだちひゃくりこう
びゃくれん(白蘞) → かがみぐさ(鏡草)
ひゆ(莧) 剛ひゆな(莧菜) *Amaranthus tricolor* L. ssp. *mangostanus* (L.) Aellen ヒユ科
　　　Ganges amaranth　食・薬　＊あおびゆ
ひゅうがなつ(日向夏) 剛こなつみかん(小夏蜜柑), たむらみかん(田村蜜柑) *Citrus tamurana*
　　　hort. ex Tanaka ミカン科　食
ひゅうがみずき(日向水木) 剛いよみずき(伊予水木) *Corylopsis pauciflora* Sieb. et Zucc. マンサ
　　　ク科 buttercup winter hazel　材
ひゆな(莧菜) → ひゆ(莧)
ひょうかん(瓢柑) *Citrus ampullacea* hort. ex Tanaka ミカン科　食
ひょうたん(瓢箪) *Lagenaria siceraria* (Molina) Standl. var. *gourda* (Ser.) H.Hara ウリ科 bottle /
　　　calabash gourd, cucurbit　材
ひょうたんのき(瓢箪木) → ふくべのき(瓢木)
ひよこまめ(雛豆) 剛ガルバンゾー *Cicer arietinum* L. マメ科 (Bengal / common) gram, chick pea,
　　　garbanzo　食・飼
ヒヨス(菲沃斯) *Hyoscyamus niger* L. ナス科 (black) henbane　薬　＊しなヒヨス, まんしゅうヒヨス
ひよどりじょうご(鵯上戸) *Solanum lyratum* Thunb. ナス科 woody nightshade　薬
ひよどりばな(鵯花) *Eupatorium makinoi* T.Kawahara et Yahara キク科　薬　＊さわひよどり, よつ
　　　ばひよどり
ひょんのき(‐木) → いすのき(柞)
ひらなす(扁茄子) *Solanum integrifolium* Poiret ナス科 Ethiopian / scarlet eggplant, wild African
　　　aubergine, mock tomato　台
ひらまめ(扁豆) 剛レンズまめ(‐豆) *Lens culinaris* Medik. [*Cicer lens; Ervum lens; Lathyrus
　　　lens; Lentilla lens; Vicia lens*] マメ科 lentil, masurdhal, till-seed　食
ひらみレモン(扁実‐) 剛シークヮーサー *Citrus depressa* Hayata ミカン科 flat / hirami lemon,
　　　shekwasha　食・台
びらんじゅ(毘蘭樹) → ばくちのき(博打木)
ビリンビ 剛ながばのごれんし(長葉五斂子) *Averrhoa bilimbi* L. カタバミ科 bilimbi(ng), cucumber
　　　tree, tree sorrel　食
ひるがお(昼顔) *Calystegia japonica* Choisy ヒルガオ科 bellbind, (Japanese) bindweed, California

rose 薬・食 ＊こひるがお
ひるぎ(蛭木・紅樹) ＊あかばなひるぎ, アメリカひるぎ, おおばなひるぎ, おひるぎ, しろばなひるぎ, めひるぎ, やえやまひるぎ
ひるぎだまし(蛭木騙) *Avicennia marina* (Forssk.) Vierh. クマツヅラ科 grey mangrove 材・薬・繊
ひるぎもどき(蛭木擬) *Lumnitzera racemosa* Willd. シクンシ科 black mangrove 材
ビルベリー 剛くろみのなつはぜ(黒実夏櫨), せいよううすのき(西洋臼木) *Vaccinium myrtillus* L. ツツジ科 bilberry, whortle berry 食・薬
ひれあざみ(鰭薊) *Carduus crispus* L. キク科 wilted thistle 食・薬
ひれざんしょう(鰭山椒) *Zanthoxylum beecheyanum* K.Koch ミカン科 香・薬
ひれはりそう(鰭針草) → コンフリー
びろう(檳榔・蒲葵) 剛クバ *Livistona chinensis* (Jacq.) R.Br. ex Mart. var. *subglobosa* (Hassk.) Becc. [*Saribus subglobosus*] ヤシ科 Chinese fan, fountain palm 食・材
ビロードあおい(-葵) 剛うすべにたちあおい(薄紅立葵) *Althaea officinalis* L. アオイ科 marsh / white mallow 薬・糊
ビロードあかつめくさ(-赤詰草) → ローズクローバ
ビロードいちご(-苺) *Rubus villosus* Thunb. バラ科 American blackberry 食
ビロードくさふじ(-草藤) → ヘアリベッチ
ビロードもうずいか(-毛蕊花) → バーバスカム
ひろはいんげん(広葉隠元) → テパリビーン
ひろはうしのけぐさ(広葉牛毛草) → メドーフェスク
ひろはおきなぐさ(広葉翁草) *Pulsatilla chinensis* Regel [*Anemone chinensis*] キンポウゲ科 Chinese anemone 薬
ひろはかつら(広葉桂) 剛うちわかつら(団扇桂) *Cercidiphyllum magnificum* (Nakai) Nakai カツラ科 材・染
ひろはくさふじ(広葉草藤) 剛はまくさふじ(浜草藤) *Vicia japonica* A.Gray マメ科 Japanese / pale vetch 食
ひろはセネガ(広葉-) *Polygala senega* L. var. *latifolia* Torr. et A.Gray ヒメハギ科 broad-leaved senega 薬
ひろはのきはだ(広葉黄膚) → きはだ(黄膚)
ひろはのなんようすぎ(広葉南洋杉) *Araucaria bidwillii* Hook. ナンヨウスギ科 bunya (pine) 材
ひろはのれんりそう(広葉連理草) *Lathyrus latifolius* L. マメ科 everlasting / perennial pea 食
ひろはははままつな(広葉浜松菜) *Suaeda maritima* (L.) Dumort. var. *malcosperma* (H.Hara) Kitam. アカザ科 食
ひろはふさまめ(広葉房豆) *Parkia africana* R.Br. ネムノキ科 African locust (bean), Natta / Nitta nut 食
ひろはへびのぼらず(広葉蛇不登) *Berberis amurensis* Rupr. メギ科 Amur barberry 薬
ひろはラベンダー(広葉-) → スパイクラベンダー
びわ(枇杷) *Eriobotrya japonica* (Thunb.) Lindl. バラ科 (Japanese) loquat, Japanese medlar 食・薬・材 ＊いぬびわ, うんなんびわ, たいわんびわ, はまびわ, やまびわ
びわもどき(枇杷擬) *Dillenia indica* L. ビワモドキ科 elephant-apple, Indian dillenia 食
ビンゼイ *Mangifera caesia* Jack ウルシ科 binjai, Malaysian mango 食
びんとう(平桃) → はんとう(蟠桃)
びんぼうかずら(貧乏葛) → やぶがらし(藪枯)
ピンポンのき(-木) *Sterculia nobilis* Sm. アオギリ科 China chestnut, noble bottle tree, pimpon 食
びんろうじ(檳榔子) → びんろうじゅ(檳榔樹)
びんろうじゅ(檳榔樹) 剛アレカやし(-椰子), びんろうじ(檳榔子) *Areca catechu* L. ヤシ科 areca / betel nut, betel palm 材・食・薬

[ふ]

ファザントル *Chenopodium nuttaliae* Saff. アカザ科 huazontle 食
ふう(楓) *Liquidambar formosana* Hance マンサク科 Chinese / Formosan sweet gum 材・薬
　　＊アメリカふう, とうようふう, もみじばふう
ふうきそう(富貴草) → ぼたん(牡丹)
ふうせんかずら(風船葛) *Cardiospermum halicacabum* L. ムクロジ科 balloon vine, heart pea / seed 薬
ふうちょうそう(風蝶草) *Cleome gynandra* L. [*Gynandropis gynandra; Pedicellaria pentaphylla*] フウチョウソウ科 cat's whiskers 食・薬　＊せいようふうちょうそう
ふうちょうぼく(風蝶木) *Capparis formosana* Hemsl. フウチョウソウ科 材　＊せいようふうちょうぼく
ふうとうかずら(風藤葛) *Piper kadzura* (Choisy) Ohwi コショウ科 Japanese / kadzura pepper 薬
ふうろ(風露)　＊おさばふうろ, ひめふうろ
フェイジョア *Acca sellowiana* (Berg) Burret [*Feijoa sellowiana; Orthostemon sellowiana*] フトモモ科 feijor, pineapple guava 食
フェイバナナ *Musa fehi* Bertero ex Vieill. バショウ科 fehi / fe'i banana 食
フェスク　＊シープフェスク, トールフェスク, メドーフェスク, レッドフェスク
フェスツロリュウム ×*Festulolium braunii* Camus イネ科 festulolium 飼
フェヌグリーク → コロハ(胡盧巴)
フェンネル → ういきょう(茴香)
フォニオ *Brachiaria exilis* Stapf イネ科 white fonio 飼・食　＊アニマルフォニオ, ブラックフォニオ
ふかのき(鱶木) 劉あさがら(麻殻) *Schefflera octophylla* (Lour.) Harms ウコギ科　材・飼
ふき(蕗・茎・款冬) 劉ふふき *Petasites japonicus* (Sieb. et Zucc.) Maxim. キク科 fuki, (Japanese) butterbur 食・薬　＊あきたぶき, おおぶき, のぶき, はりぶき, ほろないぶき, まるばだけぶき, みずぶき, やちぶき
ふきぐさ(茸草) → しょうぶ(菖蒲)
ふきたんぽぽ(蕗蒲公英) 劉かんとう(款冬) *Tussilago farfara* L. キク科 coltsfoot 薬
ふくぎ(福木) *Garcinia subelliptica* Merr. オトギリソウ科　食・染　＊たいわんふくぎ
ふくしゅうきんかん(福州金柑) → ちょうじゅきんかん(長寿金柑)
ふくじゅそう(福寿草) 劉がんじつそう(元日草), ついたちそう(朔日草) *Adonis ramosa* Franch. キンポウゲ科 (Amur) adonis, pheasant's eye 薬　＊ようしゅふくじゅそう
ふくべ(瓢) *Lagenaria siceraria* (Molina) Standl. var. *depressa* (Ser.) H.Hara ウリ科 flat gourd 材
ふくべのき(瓢木) 劉ひょうたんのき(瓢箪木) *Crescentia cujete* L. ノウゼンカズラ科 calabash tree 材
ふくまんぎ *Ehretia microphylla* Lam. ムラサキ科 Fukien tea 食
ふくらしば(膨柴) → そよご(冬青)
ぶくりょうそう(茯苓草) → つちぐり(土栗)
ふさアカシア(房-) → アカシア
ふさざくら(房桜・総桜) *Euptelea polyandra* Sieb. et Zucc. フサザクラ科　材
ふさすぐり(房酸塊・総酸塊) → カーランツ
ふさふじうつぎ(房藤空木) 劉にしきふじうつぎ(錦藤空木) *Buddleja davidii* Franch. フジウツギ科 orange-eye butterfly bush 薬
ふさまめ(房豆) *Parkia javanica* (Lam.) Merr. ネムノキ科　食・薬　＊ねじれふさまめ, ひろはふさまめ
ふじ(藤) 劉のだふじ(野田藤) *Wisteria floribunda* (Willd.) DC. マメ科 (Japanese) wisteria 材
　　＊かわらふじ, さつまふじ, のぼりふじ

ふじあざみ(藤薊) *Cirsium purpuratum* (Maxim.) Matsum. キク科　食・薬

ふじうつぎ(藤空木) *Buddleja japonica* Hemsl. フジウツギ科　buddleia, butterfly bush　薬　＊にしきふじうつぎ, ふさふじうつぎ

ふじき(藤木) 剛やまえんじゅ(山槐) *Cladrastis platycarpa* (Maxim.) Makino マメ科　材　＊みやまふじき

ふしぐろ(節黒) *Silene firma* Sieb. et Zucc. [*Melandryum firmum*] ナデシコ科　薬

ふしだか(節高) → いのこずち(牛膝)

ふしのき(附子木) → ぬるで(白膠木)

ふじばかま(藤袴) *Eupatorium japonicum* Thunb. キク科　boneset, thoroughwort　薬・香

ふじまつ(富士松) → からまつ(唐松)

ふじまめ(藤豆・鵲豆) 剛あじまめ(藊豆), せんごくまめ(千石豆), てんじくまめ(天竺豆) *Lablab purpureus* (L.) Sweet [*Dolichos lablab; Vigna aristata*] マメ科　bonavist, bonavista / Egyptian / hyacinth / lablab / papaya bean　食・飼　＊こうしゅんふじまめ

ふしみ(伏見) *Capsicum annuum* L. var. *longum* Sendtn. ナス科　hot / long pepper, red chile pepper　香

ふじもどき(藤擬) 剛さつまふじ(薩摩藤) *Daphne genkwa* Sieb. et Zucc. ジンチョウゲ科　lilac daphne　薬

ぶしゅかん(仏手柑) → ぶっしゅかん(仏手柑)

ぶたくさ(豚草) *Ambrosia artemisiifolia* L. キク科　bitterweed, (common) ragweed, hogweed　食

ふたつぶこむぎ(二粒小麦) → エンマーこむぎ(-小麦)

ぶたもろこし(豚蜀黍) → テオシント

ふたごまめ(双子豆) → バンバラまめ(-豆)

ふたごやし(双子椰子) → おおみやし(大実椰子)

ふたばはぎ(双葉萩) → なんてんはぎ(南天萩)

ふたばむぐら(双葉葎) *Hedyotis diffusa* Willd. [*Oldenlandia diffusa*] アカネ科　薬

ふたまたまおう(二股麻黄) *Ephedra distachya* Vill. マオウ科　薬・食

ふたもじ(二文字) → にら(韮)

ふだんそう(不断草・恭菜) 剛とうぢしゃ(唐萵苣) *Beta vulgaris* L. var. *vulgaris* アカザ科　leaf / spinach beet, (Swiss) chard　食

ふっきそう(富貴草) 剛きっしょうそう(吉祥草) *Pachysandra terminalis* Sieb. et Zucc. ツゲ科　Japanese spurge　食

ぶっしゅかん(仏手柑) 剛ぶしゅかん(仏手柑) *Citrus medica* L. var. *sarcodactylis* (Nooten) Swingle ミカン科　Buddha's hand citron, fingered citron　食　＊まるぶっしゅかん

ふでぐさ(筆草) → すぎな(杉菜)

ふとい(太藺・莞) *Schoenoplectus lacustris* (L.) Palla ssp. *validus* (Vahl) T.Koyama [*Scirpus lacustris*] カヤツリグサ科　black rush, giant / soft-stem bulrush　薬

ぶどう(葡萄) ＊あさまぶどう, アメリカやまぶどう, いぬぶどう, うみぶどう, おとこぶどう, しらがぶどう, ちょうせんやまぶどう, のぶどう, はまべぶどう, まんしゅうやまぶどう, やまぶどう, ヨーロッパぶどう

ぶどうがき(葡萄柿) → まめがき(豆柿)

ふとむぎ(太麦) → おおむぎ(大麦)

ふともも(蒲桃) 剛ほとう(蒲桃) *Syzygium jambos* (L.) Alston [*Caryophyllus jambos; Eugenia jambos; Jambosa jambos*] フトモモ科　Malabar plum, plum rose, rose apple　食　＊おおふともも, ジャワふともも, ひめふともも, マレーふともも, みずふともも, むらさきふともも

ぶな(橅・椈・山毛欅) 剛しろぶな(白橅), そばぐり(蕎麦栗), ほんぶな(本橅) *Fagus crenata* Blume ブナ科　Japanese / Siebold's beech　食・油・材　＊アメリカぶな, いぬぶな, おうしゅうぶな, くろぶな, ヨーロッパぶな

ふなばらそう(船腹草) *Cynanchum atratum* Bunge ガガイモ科　薬

ふふき → ふき(蕗)
ふゆあおい(冬葵) *Malva verticillata* L. アオイ科 (curled / curly) mallow 薬
ふゆいちご(冬苺) 別かんいちご(寒苺) *Rubus buergeri* Miq. バラ科 食 ＊みやまふゆいちご
ふゆぎ(冬葱) → わけぎ(分葱)
ふゆざんしょう(冬山椒) *Zanthoxylum armatum* DC. var. *subtrifoliatum* Kitam. ミカン科 薬
ふゆづた(冬蔦) → きづた(木蔦)
ふゆのはなわらび(冬花蕨) *Sceptridium ternatum* (Thunb.) Lyon [*Botrychium ternatum*] ハナヤスリ科 食
ふゆメロン(冬-) *Cucumis melo* L. var. *inodorus* Naudin ウリ科 American / winter melon 食
ふよう(芙蓉) *Hibiscus mutabilis* L. [*Ketmia mutabilis*] アオイ科 cotton rose, cottonrose hibiscus 繊
ブライア 別えいじゅ(栄樹) *Erica arborea* L. ツツジ科 brier, tree heath 材
プラサン *Nephelium ramboutan-ake* (Labill.) Leenh. ムクロジ科 pulasan 食
ブラジルゴムのき(-木) → パラゴムのき(-木)
ブラジルナットのき(-木) *Bertholettia excelsa* Humb. et Bonpl. サガリバナ科 Amazon / Brazil / cream / Para nut 食
ブラジルぼく(-木) *Caesalpinia echinata* Lam. ジャケツイバラ科 Brasil wood, Indian redwood 材・染・薬
ブラジルまつ(-松) → パラナまつ(-松)
ブラジルろうやし(蝋椰子) → ろうやし(蝋椰子)
プラタナス → すずかけのき(鈴懸木)
ブラックフォニオ *Brachiaria ibura* Stapf イネ科 black fonio 飼・食
ブラックベリー 別せいようやぶいちご(西洋藪苺) *Rubus fruticosus* Pollich バラ科 European blackberry 食
ブラックメデック 別こめつぶうまごやし(米粒馬肥) *Medicago lupulina* L. マメ科 black medic, hop clover, yellow trefoil 飼
プラム 別せいようすもも(西洋酸桃), ヨーロッパすもも(-酸桃) *Prunus domestica* L. バラ科 (common / European / garden) plum, damson 食
フラングラのき(-木) 別せいよういそのき(西洋磯木) *Rhamnus frangula* L. クロウメモドキ科 alder buckthorn, Frangula alnus 薬
フランスぎく(-菊) *Leucanthemum paludosum* (Poiret) Bonnet et Barratte [*Chrysanthemum leucanthemum*] キク科 mini marguerite, ox-eye / snow daisy 香・薬
フランスきくごぼう(-菊牛蒡) *Scorzonera picroides* (L.) Roth. [*Reichardia picroides*] キク科 French scorzonera 食
フランスのいばら(-野薔薇) *Rosa gallica* L. バラ科 French / Province rose 香
フランスラベンダー 別スパニッシュラベンダー *Lavandula stoechas* L. シソ科 French / Spanish lavender 香・薬
ブリチーやし(-椰子) *Mauritia vinifera* Mart. ヤシ科 Buriti palm 食
フリンジドラベンダー → きればラベンダー(切葉-)
フリントコーン *Zea mays* L. var. *indurata* (Sturt.) Bailey イネ科 flint corn / maize 食
ブルーグラス ＊カナダブルーグラス, ケンタッキーブルーグラス
ブルーグラマ *Bouteloua gracilis* (Humb., Bonpl. et Kunth) Griff. イネ科 blue gra(m)ma 飼・被
ブルーステム ＊ビッグブルーステム, リトルブルーステム
ブルーパニックグラス *Panicum antidotale* Rets. イネ科 blue / giant panic grass 飼
ブルーフラッグ 別へんしょくあやめ(変色菖蒲) *Iris versicolor* L. アヤメ科 blue flag, wild iris 薬
ブルーベリー [ローブッシュ] 別ほそばすのき(細葉酢木) *Vaccinium angustifolium* Aiton ツツジ科 late sweet blueberry, lowbush blueberry 食

- 104 -

ブルーベリー ［ハイブッシュ］ 剾ぬますのき（沼酢木）*Vaccinium corymbosum* L. ツツジ科 highbush / swamp blueberry 食 ＊カナダブルーベリー, ラビットアイブルーベリー, ローブルーベリー
プルット → こぶみかん（瘤蜜柑）
プレーリーグラス *Bromus unioloides* Humb., Bonpl. et Kunth イネ科 prairie grass 飼
フレップ → こけもも（苔桃）
フレンチマリゴールド 剾くじゃくそう（孔雀草）, こうおうそう（紅黄草）*Tagetes patula* L. キク科 French marigold 香
ブロッコリ 剾イタリアかんらん（-甘藍）, みどりはなやさい（緑花野菜）*Brassica oleracea* L. var. *italica* Plencke アブラナ科 (asparagus / Italian / sprouting / winter) broccoli 食
ブロムグラス ＊スムーズブロムグラス, マウンテンブロムグラス
フロレンスういきょう（-茴香） → イタリアういきょう（-茴香）
ぶんかんか（文冠花）*Xanthoceras sorbifolia* Bunge ムクロジ科 yellowhorn 食・材
ぶんたん（文旦） → ザボン
ぶんどう（文豆） → りょくとう（緑豆）

［ヘ］

ヘアリベッチ 剾ウィンターベッチ, しらげくさふじ（白毛草藤）, スムースベッチ, ビロードくさふじ（-草藤）*Vicia villosa* Roth ssp. *varia* (Host) Corb. マメ科 hairy / smooth / winter / woollypod vetch 飼・肥・薬
べいすぎ（米杉） 剾アメリカすぎ（-杉）, アメリカねずこ（-鼠子）*Thuja plicata* Lamb. ヒノキ科 coast redwood, giant arborvitae / thuya, western red cedar 材
ヘイゼルナッツ → せいようはしばみ（西洋榛）
べいひ（米檜） → ローソンひのき（-檜）
べいまつ（米松） 剾アメリカまつ（-松）, ダグラスもみ（-樅）*Pseudotsuga menziesii* (Mirb.) Franco [*Abies menziesii*] マツ科 Douglas / red fir, Oregon pine 材・繊
べいもみ（米樅） 剾コロラドもみ（-樅）*Abies concolor* (Gord. et Glend.) Lindl. マツ科 (California / Colorado) white fir 材
ベイラムのき（-木）*Pimenta racemosa* (Mill.) J.M.Moore [*Caryophyllus racemosus*] フトモモ科 bay (rum) tree, bayberry 香
ペカン *Carya illinoinensis* (Wangenh.) K.Koch [*Hicoria pekan; Juglans illinoinensis*] クルミ科 pecan 食・材
ペグのき（-木） → あせんやくのき（阿仙薬木）
へくそかずら（屁糞葛） 剾さおとめばな（早乙女花）, やいとばな（灸花）*Paederia scandens* (Lour.) Merr. アカネ科 Chinese fever vine, skunk vine 薬
へご（桫欏・杪・欏）*Cyathea spinulosa* Wall. ex Hook. ヘゴ科 材 ＊ひかげへご, もりへご
ペジバエ → ももみやし（桃実椰子）
へそかん（臍柑） → ネーブルオレンジ
へだま → いぬがや（犬榧）
ベチベルそう（-草） 剾カスカスかや（-茅）*Vetiveria zizanioides* (L.) Nash ex Small イネ科 khus-khus, vetiver 香
へちま（糸瓜・天糸瓜） 剾いとうり（糸瓜）*Luffa cylindrica* M.Roem. [*Momordica luffa*] ウリ科 dishcloth / rag / sponge gourd, (smooth) loofa(h) 食・繊 ＊とかどへちま
へちまカボチャ（糸瓜南瓜）*Cucurbita moschata* (Duchesne ex Lam.) Duchesne ex Poiret var.

luffiformis Hara ウリ科　食
ベッチ　＊ウィンターベッチ，ガーデンベッチ，コモンベッチ，スムースベッチ，ナローリブドベッチ，パープルベッチ，ハンガリアンベッチ，ヘアリベッチ
ベトニー　→　かっこうちょろぎ(藿香草石蚕)
べにいたや(紅板屋)　→　あかいたや(赤板屋)
べにかえで(紅楓)　→　アメリカはなのき(-花木)
べにかのこそう(紅鹿子草)　*Centranthus ruber* (L.) DC. オミナエシ科　fox brush, red valerian　食
べにこうじ(紅柑子)　剛べにみかん(紅蜜柑)　*Citrus benikoji* hort. ex Tanaka ミカン科　食
べにのき(紅木)　*Bixa orellana* L. ベニノキ科　achiote, annatto, lipstick tree　染
べにばな(紅花)　剛くれのあい(呉藍)　*Carthamus tinctorius* L. キク科　bastard / false saffron, safflower　染・薬・油
べにばないちご(紅花苺)　*Rubus vernus* Focke バラ科　食
べにばないちやくそう(紅花一薬草)　*Pyrola asarifolia* Michx. ssp. *incarnata* (DC.) Haber et H.Takahashi イチヤクソウ科　薬・食
べにばないんげん(紅花隠元)　剛はなささげ(花豇豆)，はなまめ(花豆)　*Phaseolus coccineus* L. マメ科　Dutch case-knife bean, red flowered runner bean, scarlet runner (bean), seven year bean　食
べにばなつめくさ(紅花詰草)　→　クリムソンクローバ
べにひ(紅檜)　*Chamaecyparis formosensis* Matsum. ヒノキ科　Formosan cypress　材
べにみかん(紅蜜柑)　→　べにこうじ(紅柑子)／おおべにみかん(大紅蜜柑)
ペニロイヤルミント　剛めぐさはっか(目草薄荷)　*Mentha pulegium* L. シソ科　pennyroyal (mint), pudding grass　香・薬
ヘネケン　*Agave fourcroydes* Lem. リュウゼツラン科　henequen, Yucatan sisal　繊
ペパーミント　剛こしょうはっか(胡椒薄荷)，せいようはっか(西洋薄荷)　*Mentha* × *piperita* L. シソ科　pepper mint　香・薬
へびいちご(蛇苺)　*Duchesnea chrysantha* (Zoll. et Moritzi) Miq. バラ科　Indian strawberry　薬
　＊えぞへびいちご，おへびいちご，しろばなへびいちご
ペピーノ　*Solanum muricatum* Aiton ナス科　melon pear / shrub, pepino　食
へびうり(蛇瓜)　*Trichosanthes cucumerina* Buch.-Ham. ex Wall. ウリ科　club / serpent / snake gourd　食
へびのぼらず(蛇不登)　*Berberis sieboldii* Miq. メギ科　red-stemmed barberry　薬　＊ひろはへびのぼらず
へびメロン(蛇-)　*Cucumis melo* L. var. *flexuosus* (L.) Naudin ウリ科　serpent cucumber / melon, snake cucumber / melon　食
ペポカボチャ(-南瓜)　剛ポンキン　*Cucurbita pepo* L. ウリ科　(autumn / summer) pumpkin, (vegetable) marrow　食
へぼがや(-榧)　→　いぬがや(犬榧)
ペヨーテ　剛うばたま(烏羽玉)　*Lophophora williamsii* (Lem.) J.M.Coult. サボテン科　dumpling cactus, mescal, peyote　薬
へらおおばこ(箆大葉子)　*Plantago lanceolata* L. オオバコ科　buckhorn, English / ribwort plantain, ribgrass　薬
ベラドンナ　剛おおはしりどころ(大走野老)，せいようはしりどころ(西洋走野老)　*Atropa belladonna* L. ナス科　belladonna, deadly nightshade　薬
へらのき(箆木)　*Tilia kiusiana* Makino et Shiras. シナノキ科　材・繊
ヘリオトロープ　剛きだちるりそう(木立瑠璃草)，こうすいぼく(香水木)，においむらさき(匂紫)　*Heliotropium arborescens* L. ムラサキ科　cherry pie, common heliotrope　香
ペルーコカ　*Erythroxylum novogranatense* (Morris) Hieron. var. *truxillense* (Rusby) Plowman

コカノキ科 Peruvian / Trujillo coca　薬
ペルーバルサム　*Myroxylon balsamum* (L.) Harms var. *pereirae* (Royle) Harms ［*Myrospermum pereirae; Toluifera pereirae*］マメ科　balsam of Peru, black / Peru /Peruvian balsam (tree)　香
ペルーわた(-綿)　→　かいとうめん(海島綿)
ベルガモット　*Citrus bergamia* Risso et Poit. ミカン科　bergamot (orange)　香
ベルガモットミント　*Mentha × piperita* L. var. *citrata* (Ehrh.) Briq. シソ科　bergamot mint　香
ペルシャぐるみ(-胡桃)　→　せいようぐるみ(西洋胡桃)
ペルシャクローバ　別ひなつめくさ(雛詰草)　*Trifolium resupinatum* L. マメ科　birds-eye / Persian / reversed clover　飼
ペルシャこむぎ(-小麦)　*Triticum carthlicum* Nevski イネ科　Persian wheat　食
ペルシャそけい(-素馨)　→　そけい(素馨)
ベルのき(-木)　別ベンガルマルメロ　*Aegle marmelos* (L.) Corrêa ミカン科　bael, baelfruit tree, Bengal quince, elephant apple　薬
ベルベットグラス　別しらげかや(白毛茅)　*Holcus lanatus* L. イネ科　velvetgrass, woolly softgrass　飼
ペレニアルライグラス　別ほそむぎ(細麦)　*Lolium perenne* L. イネ科　perennial ryegrass　飼
ヘロニアス　*Chamaelirium luteum* (L.) A.Gray ［*Helonias dioica*］ユリ科　blazing star, false unicorn root, helonias　薬
ベンガルコーヒーのき(-木)　*Coffea bengalensis* Heyne ex Willd. アカネ科　Bengal coffee　嗜
ベンガルぼだいじゅ(-菩提樹)　別バニヤン　*Ficus benghalensis* L. クワ科　banyan, East Indian fig tree, vada tree　材・薬・食
ベンガルマルメロ(-榲桲)　→　ベルのき(-木)
ベンガルやはずかずら(-矢筈葛)　*Thunbergia grandiflora* (Roxb. ex Rottl.) Roxb. キツネノマゴ科　Bengal clock-vine, blue trumpet creeper　薬
べんけいそう(弁慶草)　別いきぐさ(活草)　*Hylotelephium erythrosticum* (Miq.) H.Ohba ［*Sedum erythrosticum*］ベンケイソウ科　orpin(e)　薬　＊おおべんけいそう
べんけいなずな(弁慶薺)　*Lepidium latifolium* L. アブラナ科　perennial pepperweed　薬
へんごだま　別しまてんなんしょう(島天南星)　*Arisaema negishii* Makino サトイモ科　食
へんしょくあやめ(変色菖蒲)　→　ブルーフラッグ
ベント　＊クリーピングベント, コロニアルベント
へんとう(偏桃)　→　アーモンド
ヘンナ　別しこうか(指甲花)　*Lawsonia inermis* L. ミソハギ科　henna, mignonette tree　染・香
ぺんぺんぐさ(-草)　→　なずな(薺)
ヘンリーぐり(-栗)　*Castanea henryi* (Skan) Rehder et E.H.Wils. ブナ科　Henry chinkapin　食
ヘンルーダ　別ルーダそう(-草)　*Ruta graveolens* L. ミカン科　(common) rue, herb-of-grace　香・薬　＊こヘンルーダ

［ほ］

ホアハウンド　→　にがはっか(苦薄荷)
ホィートグラス　＊インタミーデートホィートグラス, ウェスタンホィートグラス, クレステッドホィートグラス, スレンダーホィートグラス
ほうきぎ(箒木)　別ほうきぐさ(箒草)　*Kochia scoparia* (L.) Schrad. ［*Bassia scoparia*］アカザ科　belvedere, bloom-goosefoot, summer cypress　食・薬

ほうきぐさ(箒草) → ほうきぎ(箒木)
ほうきもろこし(箒蜀黍) *Sorghum bicolor* (L.) Moench var. *hoki* Ohwi イネ科 broom corn 材
ほうこぐさ(母子草) → ははこぐさ(母子草)
ぼうしばな(帽子花) → つゆくさ(露草)
ほうしょう(芳樟) *Cinnamomum camphora* (L.) J.Presl var. *nominale* Hayata ex Matsum. et Hayata sv. *hosho* Hatus. クスノキ科 香
ほうせんか(鳳仙花) 剛つまべに(爪紅) *Impatiens balsamina* L. ツリフネソウ科 garden / rose balsam, impatiens, touch-me-not 薬
ぼうたん(牡丹) → ぼたん(牡丹)
ほうちゃくそう(宝鐸草) *Disporum sessile* (Thunb.) D.Don ex Schult. ユリ科 Japanese fairy bells 食・薬
ほうびしょう(鳳尾蕉) → そてつ(蘇鉄)
ぼうふう(防風) *Ledebouriella seseloides* (Hoffm.) H.Wolff セリ科 薬 ＊アメリカぼうふう、いぶきぼうふう、かわらぼうふう、はまぼうふう、ぼたんぼうふう、やおやぼうふう
ボウブラ → にほんカボチャ(日本南瓜)
ぼうま(苘麻) → いちび(苘麻)
ほうらいあおき(蓬莱青木) *Rauvolfia verticillata* (Lour.) Baill. キョウチクトウ科 薬
ほうらいしょう(鳳莱蕉) → モンステラ
ほうらいちく(蓬莱竹) 剛どようたけ(土用竹) *Bambusa multiplex* (Lour.) Raeusch. [*Leleba multiplex*] イネ科 (oriental) hedge bamboo 材・食
ほうれんそう(菠薐草) *Spinacia oleracea* L. アカザ科 (garden) spinach 食 ＊やまほうれんそう
ほお(朴) → ほおのき(朴木)
ほおがしわ(朴柏) → ほおのき(朴木)
ほおずき(酸漿・鬼燈) 剛かがち、ぬかずき(酸漿) *Physalis alkekengi* L. var. *franchetii* (Mast.) Makino ナス科 Chinese / Japanese lantern plant 薬 ＊いぬほおずき、おおぶどうほおずき、しまほおずき、しょくようほおずき、せんなりほおずき、ようしゅほおずき
ほおずきトマト(酸漿-) 剛おおぶどうほおずき(大葡萄酸漿)、トマテ、トマトル *Physalis ixocarpa* Brot. ナス科 husked tomato, Mexican ground cherry, tomate 食
ホースグラム *Macrotyloma uniflorum* (Lam.) Verdc. [*Dolichos uniflorum*] マメ科 horse / Madras gram, wulawula 食・飼・肥
ホースラディッシュ → せいようわさび(西洋山葵)
ほおのき(朴木・厚朴) 剛ほお(朴)、ほおがしわ(朴柏) *Magnolia hypoleuca* Sieb. et Zucc. モクレン科 Japanese white bark magnolia, Japanese umbrella tree 材・薬 ＊からほお
ポーポー 剛ポポー *Asimina triloba* (L.) Dunal バンレイシ科 (American) papaw, pawpaw 食
ポーランドこむぎ(-小麦) *Triticum polonicum* L. イネ科 Astrakhan / Polish wheat, giant / Jerusalem rye 食
ホーリーバジル 剛かみめぼうき(神目箒) *Ocimum tenuiflorum* Heyne ex Hook.f. シソ科 holy / sacred basil 香・薬
ボールクローバ *Trifolium nigrescens* Viv. マメ科 ball clover 飼・被
ほくしやまなし(北支山梨) 剛ちゅうごくなし(中国梨)、まんしゅうやまなし(満州山梨) *Pyrus ussuriensis* Maxim. バラ科 Chinese / Ussuri pear 食
ほくろ → しゅんらん(春蘭)
ぼけ(木瓜) 剛からぼけ(唐木瓜)、しどみ、ぼっか(木瓜) *Chaenomeles speciosa* (Sweet) Nakai [*Cydonia speciosa; Malus japonica*] バラ科 flowering / Japanese quince 薬 ＊くさぼけ、こぼけ
ほしくさ(星草) 剛みずたまそう(水玉草) *Eriocaulon cinereum* R.Br. ホシクサ科 薬
ほそえうりはだ(細柄瓜膚) → ほそえかえで(細柄楓)

ほそえかえで（細柄楓） 圀ほそえうりはだ（細柄瓜膚） *Acer capillipes* Maxim. カエデ科 Japanese striped maple　材
ほそざきいかりそう（細咲錨草） *Epimedium sagittatum* Maxim. メギ科 horny goat weed 薬
ほそばおけら（細葉朮） *Atractylodes lancea* (Thunb.) DC. キク科　薬
ほそばぐみ（細茱萸） 圀やなぎばぐみ（柳葉茱萸） *Elaeagnus angustifolia* L. グミ科 oleaster, Russian / wild olive　食・薬
ほそばすのき（細葉酢木） → ブルーベリー［ローブッシュ］
ほそばセンナ（細葉-） 圀チンネベリセンナ *Senna angustifolia* ［*Cassia angustifolia*］ジャケツイバラ科 Arabian / Tinnevelly senna　薬
ほそばたいせい（細葉大青） *Isatis tinctoria* L. アブラナ科 dyer's woad, pastel　染
ほそばたぶ（細葉椨） 圀あおがし（青樫） *Machilus japonica* Sieb. ex Sieb. et Zucc. ［*Persea japonica*］クスノキ科　材
ほそばちゃ（細葉茶） → アッサムちゃ（-茶）
ほそばにんじん（細葉人参） 圀くそにんじん（糞人参） *Artemisia annua* L. キク科 annual / Chinese / sweet wormwood　薬
ほそばのはまあかざ（細葉浜藜） *Atriplex gmelinii* C.A.Mey. アカザ科 Gmelin's saltbush　食
ほそばはぶそう（細葉蝦草） → おおばのセンナ（大葉-）
ほそばやまじそ（細葉山紫蘇） *Mosla chinensis* Maxim. シソ科　薬
ほそばルーピン（細葉-） → あおばなルーピン（青花-）
ほそばわだん（細葉海菜） *Crepidiastrum lanceolatum* (Houtt.) Nakai キク科　食
ほそむぎ（細麦） → ペレニアルライグラス
ぼだいじゅ（菩提樹） ＊インドぼだいじゅ，おおばぼだいじゅ，じゅずぼだいじゅ，せんだんばのぼだいじゅ，ベンガルぼだいじゅ，てんじくぼだいじゅ
ほたるい（蛍藺） *Schoenoplectus juncoides* (Roxb.) Palla ssp. *hotarui* Soják ［*Scirpus juncoides* ssp. *hotarui*］カヤツリグサ科 Japanese bulrush　薬
ほたるぐさ（蛍草） → つゆくさ（露草）
ほたるぶくろ（蛍袋） 圀ちょうちんばな（提灯花） *Campanula punctata* Lam. キキョウ科 bellflower 食
ぼたん（牡丹） 圀かおう（花王），なとりぐさ（名取草），はつかぐさ（二十日草），ふうきそう（富貴草），ぼうたん（牡丹） *Paeonia suffruticosa* Andrews ボタン科 (Japanese) tree / moutan peony 薬
ぼたんくさぎ（牡丹臭木） 圀ヒマラヤくさぎ（-臭木） *Clerodendrum bungei* Steud. クマツヅラ科 strong-scented glory bower　薬
ぼたんのき（釦木） → すずかけのき（鈴懸木） ＊せいようぼたんのき
ぼたんぼうふう（牡丹防風） *Peucedanum japonicum* Thunb. セリ科　食・薬
ぼっか（木瓜） → ぼけ（木瓜）
ほっかいとうき（北海当帰） *Angelica acutiloba* (Sieb. et Zucc.) Kitag. var. *sugiyamae* Hikino セリ科　薬
ポッドコーン *Zea mays* L. var. *tunicata* Sturt. イネ科 pod corn / maize　飼
ホップ 圀せいようからはなそう（西洋唐花草） *Humulus lupulus* L. アサ科 (common / European) hops　薬・香
ポップコーン 圀はぜきび（爆黍） *Zea mays* L. var. *everta* (Sturt.) Bailey イネ科 popcorn, popping corn / maize　食
ほていちく（布袋竹） *Phyllostachys aurea* (Sieb. ex Miq.) Carr. ex A.Rivière et C.Rivière イネ科 fishpole / golden bamboo　材・食
ポテトビーン *Pachyrhizus tuberosus* A.Spreng. ［*Cacara tuberosa; Dolichos tuberosus; Stizolobium tuberosum*］マメ科 manioc / potato / yam bean, tuberous gram　食
ほど（塊） → ほどいも（塊芋）

ほどいも(塊芋) 剛ほど(塊) *Apios fortunei* Maxim. マメ科 食 ＊アメリカほどいも
ほとう(蒲桃) → ふともも(蒲桃)
ほとけのざ(仏座) 剛さんがいぐさ(三界草) *Lamium amplexicaule* L. シソ科 henbit 薬
ポピー → ひなげし(雛罌粟)
ポプラ 剛イタリアポプラ, せいようはこやなぎ(西洋箱柳) *Populus* × *canadensis* Moench ヤナギ科
    (Lombardy) poplar 材 ＊くろポプラ
ポポー → ポーポー
ホホバ *Simmondsia chinensis* (Link) C.K.Schneid. シムモンドシア科 goat nut, jojoba 油・飼
ホミカ → マチン(馬銭)
ボラゴそう(-草) → るりじさ(瑠璃苣)
ボリジ → るりじさ(瑠璃苣)
ボリビアキナのき(-木) *Cinchona ledgeriana* Moens ex Trimen アカネ科 ledgerbark cinchona 薬
ボリビアコカ → コカのき(-木)
ホルトそう(-草) *Euphorbia lathyris* L. トウダイグサ科 caper / myrtle spurge, mole plant 薬
ホルトのき(-木) 剛もがし *Elaeocarpus sylvestris* (Lour.) Poiret ホルトノキ科 染・材・食
ほろないぶき(幌内蕗) *Petasites palmata* A.Gray キク科 palmata butterbur, sweet coltsfoot 食
ポロねぎ(-葱) → リーキ
ほろむいいちご(幌向苺) → やちいちご(谷地苺)
ホワイトオーク *Quercus alba* L. ブナ科 white oak 材
ホワイトクローバ → しろクローバ(白-)
ホワイトサポテ 剛メキシコりんご(-林檎) *Casimiroa edulis* La Llave ミカン科 (Cochil / white)
    sapote, Mexican apple 食
ホワイトチップクローバ *Trifolium variegatum* Nutt. マメ科 whitetip clover 飼
ほんアロエ(本-) → アロエ
ポンかん(椪柑) *Citrus reticulata* Blanco var. *poonensis* (Hayata) H.H.Hu ミカン科 Chinese
    honey orange, ponkan mandarin 食
ほんかんぞう(本萱草) *Hemerocallis fulva* L. ユリ科 fulvous / orange / tawny day-lily 薬
ポンキン → ペポカボチャ(-南瓜)
ほんごしゅゆ(本呉茱萸) 剛やくようごしゅゆ(薬用呉茱萸) *Euodia ruticarpa* (Juss.) Benth. var.
    officinalis (Dode) Huang ミカン科 薬
ほんたで(本蓼) → たで(蓼)
ぼんたん(文旦) → ザボン
ほんつげ(本柘植) → つげ(柘植)
ぼんてんか(梵天花) *Urena lobata* L. var. *sinuata* (L.) Gagnep. アオイ科 繊 ＊おおばぼんてんか
ほんぶな(本橅) → ぶな(橅)
ほんまき(本槇) → こうやまき(高野槇)

[ま]

マージョラム 剛マヨラナ *Origanum majorana* L. [*Majorana hortensis*] シソ科 annual / garden /
    sweet marjoram 香・薬
マウンテンブロムグラス *Bromus marginatus* Nees イネ科 mountain bromegrass 飼
まお(真麻・真苧) → ちょま(苧麻) ＊おおばひめまお, くさまお
まおう(麻黄) 剛しなまおう(支那麻黄) *Ephedra sinica* Stapf マオウ科 Chinese ephedra, desert tea,

- 110 -

mahuang 薬　＊きだちまおう, ふたまたまおう
まおらん(麻緒蘭) → ニューさいらん(新西蘭)
マカこむぎ(-小麦) *Triticum macha* Decap. イネ科　macha wheat　食
まがたまのき(勾玉木) → カシューナットのき(-木)
マカダミアナッツ　別クィーンズランドナッツ　*Macadamia integrifolia* Maiden et Betche ／ *M. tetraphylla* L.A.S.Johnson　ヤマモガシ科　macadamia / Queensland nut　食・油
まからすむぎ(真烏麦) → えんばく(燕麦)
マカロニこむぎ(-小麦) *Triticum durum* Desf. イネ科　durum / macaroni wheat　食
まき(槇・柀)　別いぬまき(犬槇) *Podocarpus macrophyllus* (Thunb.) Sweet マキ科　Buddhist pine, Japanese yew, podocarp　材　＊あべまき, こうやまき, ほんまき
まぐわ(真桑) → からぐわ(唐桑)
まくわうり(真桑瓜)　別あじうり(味瓜), あまうり(甘瓜) *Cucumis melo* L. var. *makuwa* Makino ウリ科　Japanese cantaloup, oriental sweet melon　食
まこも(真菰・真薦)　別こも(菰・薦), はなかつみ(花勝見) *Zizania latifolia* (Griseb.) Turcz. ex Stapf イネ科　Manchurian / vegetable wild rice, water oat　食・飼　＊アメリカまこも
まさき(柾・正木)　別はいまゆみ *Euonymus japonicus* Thunb. ニシキギ科　(evergreen / Japanese) spindle tree　薬
マスクメロン → あみメロン(網-)
まだけ(真竹)　別にがたけ(苦竹) *Phyllostachys bambusoides* Sieb. et Zucc. イネ科　Japanese timber / giant bamboo, madake　食・材
またたび(木天蓼)　別なつうめ(夏梅) *Actinidia polygama* (Sieb. et Zucc.) Planch. ex Maxim. マタタビ科　silver vine　食・薬　＊うらじろまたたび, おにまたたび, みやままたたび
またで(真蓼) → たで(蓼)
マタラちゃ(-茶) *Senna auriculata* L. ［*Cassia auriculata*］ジャケツイバラ科　avaram, matara tea, Tanner's cassia　嗜・鞣
まちく(蔴竹) *Dendrocalamus latiflorus* Munro イネ科　Ma bamboo, Taiwan giant bamboo　材・食
マチン(馬銭)　別ストリキニーネのき(-木), ホミカ *Strychnos nux-vomica* L. マチン科　poison nut tree, strichnine tree　薬
まつ(松)　＊あいぐろまつ, あおとどまつ, あおもりとどまつ, あかえぞまつ, あかとどまつ, あかまつ, あきからまつ, アメリカまつ, イタリアかさまつ, いぬからまつ, えぞまつ, おうしゅうあかまつ, おがさわらまつ, おきなわまつ, おまつ, カウリまつ, からまつ, グイまつ, くろえぞまつ, くろまつ, ごようまつ, さとうまつ, しこたんからまつ, しこたんまつ, シベリアまつ, しもふりまつ, しんしゅうからまつ, ストローブまつ, だいおうまつ, ダフリアからまつ, ちょうせんまつ, チリまつ, つがまつ, つぎまつ, テーダまつ, とどまつ, ながみまつ, はいまつ, パラナまつ, バンクスまつ, ひめこまつ, ふじまつ, ブラジルまつ, べいまつ, めまつ, モンタナまつ, モンテレーまつ, ヨーロッパあかまつ, ヨーロッパはいまつ, ラジアータまつ, リジダまつ, りゅうきゅうあかまつ
まつな(松菜) *Suaeda asparagoides* (Miq.) Makino アカザ科　食　＊はままつな
まつばうど(松葉独活) → アスパラガス
まつはだ(松膚) → いらもみ(刺樅)
まつぶさ(松房) *Schisandra repanda* (Sieb. et Zucc.) Radlk. マツブサ科　薬・食
まつむしそう(松虫草) *Scabiosa japonica* Miq. マツムシソウ科　pincushon flower, scabious　食
まつらにっけい(松浦肉桂) → やぶにっけい(藪肉桂)
まつり(茉莉) → まつりか(茉莉花)
まつりか(茉莉花)　別まつり(茉莉) *Jasminum sambac* Aiton モクセイ科　(Arabian) jasmine　香
まつりんご(松林檎) → パイナップル
マテちゃ(-茶)　別パラグアイちゃのき(-茶木) *Ilex paraguayensis* St.-Hil. モチノキ科　(Yerba) mate　嗜

まてばがし(-葉樫) → まてばしい(-葉椎)
まてばしい(-葉椎) 剛さつまじい(薩摩椎)、まてばがし(-葉樫) *Lithocarpus edulis* (Makino) Nakai
　　　［*Pasania edulis; Quercus edulis*］ブナ科　材・食
マニオク → キャッサバ
マニホットゴムのき(-木) 剛シーラゴムのき(-木) *Manihot glaziovii* Müll.-Arg. トウダイグサ科
　　　Ceara rubber (plant), manihot rubber　ゴ・食
マニラあさ(-麻) 剛アバカ *Musa textilis* Née バショウ科 abaca, Manila hemp　繊
マニラコーパルのき(-木) 剛ダンマルじゅ(-樹) *Agathis dammara* (Lamb.) Rich. ナンヨウスギ科
　　　Amboina pine, Manila copal tree　塗・材
マホガニー　*Swietenia mahagoni* (L.) Jacq. センダン科　true Spanish mahogany, (West Indian)
　　　mahogany　材　＊インドマホガニー、おおばマホガニー
ままこ → はないかだ(花筏)
まむしぐさ(蝮草) → てんなんしょう(天南星)
マメー　剛おおみあかてつ(大実赤鉄) *Calocarpum sapota* (Jacq.) Merr. アカテツ科 mamey sapote,
　　　mammee　食
マメーりんご(-林檎) *Mammea americana* L. オトギリソウ科 mammey (apple), South American
　　　apricot　食・嗜
まめがき(豆柿) 剛しなのがき(信濃柿)、ぶどうがき(葡萄柿) *Diospyros lotus* L. カキノキ科　date
　　　plum, persimmon　材・塗・食　＊りゅうきゅうまめがき
まめぐみ(豆茱萸) *Elaeagnus montana* Makino グミ科　食
まめぐんばいなずな(豆軍配薺) *Lepidium virginicum* L. アブラナ科 (Virginia) pepper-grass　食
まめトマト(豆-) → チェリートマト
まめふじ(豆藤) → きぶし(木付子)
まやぶしき → はまざくろ(浜石榴)
まゆみ(真弓・檀) 剛やまにしきぎ(山錦木) *Euonymus sieboldianus* Blume ニシキギ科　材
マヨラナ → マージョラム
マリアあざみ(-薊) → おおあざみ(大薊)
マリゴールド　剛きんせんか(金盞花) *Calendura officinalis* L. キク科 (common / pot) marigold
　　　薬　＊アフリカンマリゴールド、フレンチマリゴールド、ミントマリゴールド
まるすぐり(丸酸塊) → グーズベリー
まるなす(丸茄子) *Solanum melongena* L. var. *marunus* H.Hara ナス科　食
まるばあおだも(丸葉青-) *Fraxinus sieboldiana* Blume モクセイ科 Chinese flowering ash　材
まるばあさがお(丸葉朝顔) *Ipomoea purpurea* (L.) Roth ［*Pharbitis purpurea*］ヒルガオ科
　　　common / tall morning-glory　薬
まるばうめもどき(丸葉梅擬) → あおはだ(青膚)
まるばえぞにゅう(丸葉蝦夷-) → あまにゅう(甘-)
まるばかいどう(丸葉海棠) 剛いぬりんご(犬林檎) *Malus prunifolia* (Willd.) Borkh. ［*Pyrus
　　　prunifolia*］バラ科 Chinese crab apple　台
まるばかえで(丸葉楓) → ひとつばかえで(一葉楓)
まるばぐみ(丸葉茱萸) → おおばぐみ(大葉茱萸)
まるばぐわ(丸葉桑) → ろぐわ(魯桑)
まるばしゃりんばい(丸葉車輪梅) → しゃりんばい(車輪梅)
まるばだいおう(丸葉大黄) → ルバーブ
まるばたけはぎ(丸葉竹萩) → ささはぎ(笹萩)
まるばだけぶき(丸葉岳蕗) *Ligularia dentata* (A.Gray) H.Hara ［*Senecio clivorum*］キク科
　　　golden groundsel　食
まるばタバコ(丸葉煙草) → ルスチカタバコ

まるはち(丸八) *Cyathea mertensiana* (Kunze) Copel. ヘゴ科　食・材
まるばちしゃのき(丸葉萵木) *Ehretia dicksonii* Hance ムラサキ科　食
まるばとうき(丸葉当帰) *Angelica hultenii* Fernald ［*Ligusticum hultenii*］セリ科　食
まるばはっか(丸葉薄荷) → アップルミント
まるばはんのき(丸葉榛木) → やまはんのき(山榛木)
まるばやなぎ(丸葉柳) → あかめやなぎ(赤芽柳)
まるばやはずそう(丸葉矢筈草) *Kummerowia stipulacea* (Maxim.) Makino ［*Lespedeza stipulacea; Microlespedeza stipulacea*］マメ科　Korean lespedeza　飼・肥・薬
まるばよのみ(丸葉-) *Lonicera caerulea* L. ssp. *edulis* (Turcz.) Hultén var. *venulosa* (Maxim.) Rehder スイカズラ科　食
まるぶっしゅかん(丸仏手柑) → シトロン
まるみきんかん(丸実金柑) *Fortunella japonica* (Thunb.) Swingle ［*Citrus japonica*］ミカン科　marumi / round kumquat　食
マルメロ(榲桲) *Cydonia oblonga* Mill. ［*Pyrus cydonia*］バラ科　(common) quince, marmelo　食　＊ベンガルマルメロ
マレーふともも(-蒲桃) *Syzygium malaccensis* (L.) Merr. et Perry ［*Caryophyllus malaccensis Eugenia malaccensis; Jambosa malaccensis*］フトモモ科　Malacca / Malay / mountain apple, Otaheite apple / cashew　食
マロニエ → せいようとちのき(西洋栃)
マンゴー *Mangifera indica* L. ウルシ科　(Indian) mango (tree)　食　＊においマンゴー
マンゴージンジャー *Curcuma amada* Roxb. ショウガ科　mango-ginger　薬
マンゴスチン *Garcinia mangostana* L. オトギリソウ科　mangis, mangosteen　食・薬・染　＊おおばのマンゴスチン
まんさく(満作) *Hamamelis japonica* Sieb. et Zucc. マンサク科　Japanese witch hazel　薬・材　＊アメリカまんさく
まんしゅうあんず(満州杏) *Armeniaca mandschurica* (Koehne) Kostina ［*Prunus mandschurica*］バラ科　Manchurian apricot　薬
まんしゅうチェリー(満州-) → ゆすらうめ(梅桃)
まんしゅうヒヨス(満州菲沃斯) *Hyoscyamus agrestis* Kit. et Schult. ナス科　薬
まんしゅうやまなし(満州山梨) → ほくしやまなし(北支山梨)
まんしゅうやまぶどう(満州山葡萄) 剾ちょうせんやまぶどう(朝鮮山葡萄) *Vitis amurensis* Rupr. ブドウ科　Amur grape　食・嗜
まんじゅぎく(万寿菊) → アフリカンマリゴールド
まんじゅしゃげ(曼珠沙華) → ひがんばな(彼岸花)
まんだらげ(曼陀羅華) → ちょうせんあさがお(朝鮮朝顔)／マンドレイク
マンダリン *Citrus reticulata* Blanco ［*Sinocitrus reticulata*］ミカン科　(common) mandarin, mandarin orange　食
マンドレイク 剾まんだらげ(曼陀羅華) *Mandragora officinarum* L. ナス科　devil's apple, mandrake　薬
まんねんろう(迷迭香) → ローズマリー
まんりょう(万両) *Ardisia crenata* Sims ［*Bladhia crenata*］ヤブコウジ科　coralberry, hen's eyes, spearflower　薬
まんるそう → ローズマリー

[み]

みかん（蜜柑）　＊あなどみかん, うすかわみかん, うんしゅうみかん, おおべにみかん, きしゅうみかん, きぬかわみかん, こうじろみかん, こなつみかん, こぶみかん, たむらみかん, なつみかん, なるとみかん, べにみかん

ミクスタカボチャ(-南瓜)　*Cucurbita mixta* Pangalo　ウリ科　pumpkin, walnut / winter squash　食

みくり（実栗・三稜草）　*Sparganium erectum* L.　ミクリ科　bur reed　薬

みこしぐさ（神輿草）　→　げんのしょうこ（験証拠）

みざくら（実桜）　＊からみざくら, しなのみざくら, すみのみざくら, せいようみざくら

みしまさいこ（三島柴胡）　*Bupleurum scorzonerifolium* Willd. var. *stenophyllum* Nakai　セリ科　bear's ear root, bupleurum　薬

みずあおい（水葵）　剾なぎ（菜葱・水葱）　*Monochoria korsakowii* Regel et Maack　ミズアオイ科　nagi　食

みずおじぎそう（水御辞儀草）　剾かいじんそう（海神草）　*Neptunia oleracea* Lour.　ネムノキ科　食

みずかげぐさ（水陰草）　→　いね（稲）

みずがらし（水芥子）　→　クレソン

みずがんぴ（水雁皮）　*Pemphis acidula* J.R.Forst. et G.Forst.　ミソハギ科　食・材

みずき（水木）　*Cornus controversa* Hemsl.［*Swida controversa*］ミズキ科　cornel, giant dogwood　材　＊いよみずき, くまのみずき, とさみずき, ぬまみずき, ひゅうがみずき

みずぎぼうし（水擬宝珠）　*Hosta longissima* Honda ex Maekawa　ユリ科　食

みすぐさ（御簾草）　→　がま（蒲）

みずたまそう（水玉草）　→　ほしくさ（星草）

みずな（水菜）　→　きょうな（京菜）／うわばみそう（蟒草）

みずなら（水楢）　剾おおなら（大楢）　*Quercus mongolica* Fisch. ex Ledeb. var. *grosseserrata* (Blume) Rehder et E.H.Wils.　ブナ科　食・材

みずはんげ（水半夏）　→　みつがしわ（三柏）

みずひき（水引）　*Antenoron filiforme* (Thunb.) Roberty et Vautier［*Polygonum filiforme*］タデ科　薬　＊きんみずひき, せいようきんみずひき

みずぶき（水蕗）　→　おにばす（鬼蓮）

みずふともも（水蒲桃）　→　みずレンブ（水蓮霧）

みずめ　→　あずさ（梓）

みずレモン（水-）　剾きみのとけいそう（黄実時計草）　*Passiflora laurifolia* L.　トケイソウ科　belle apple, Jamaica honeysuckle, water-lemon, yellow grandilla　食

みずレンブ（水蓮霧）　剾みずふともも（水蒲桃）　*Syzygium aqueum* (Burm.f.) Alston［*Eugenia aquea*］フトモモ科　bell fruit, (rose) water apple　食

みぞかくし（溝隠）　→　あぜむしろ（畔筵）　＊るりみぞかくし

みぞこうじゅ（溝香薷）　*Salvia plebeia* R.Br.　シソ科　薬

みぞそば（溝蕎麦）　*Persicaria thunbergii* (Sieb. et Zucc.) H.Gross［*Polygonum thunbergii*］タデ科　薬・食

みそはぎ（禊萩）　*Lythrum anceps* (Koehne) Makino　ミソハギ科　食・薬　＊えぞみそはぎ

みちやなぎ（道柳）　→　にわやなぎ（庭柳）

みつがしわ（三柏）　剾みずはんげ（水半夏）　*Menyanthes trifoliata* L.　ミツガシワ科　bogbean, buck bean, marsh trefoil　薬

みつでかえで（三手楓）　*Acer cissifolium* (Sieb. et Zucc.) K.Koch　カエデ科　ivy-leaved maple　材

みつながしわ（御綱柏）　→　かくれみの（隠蓑）

みつば（三葉）　剾みつばぜり（三葉芹）　*Cryptotaenia japonica* Hassk.　セリ科　Japanese hornwort,

mitsuba, umbelweed　食　＊うまのみつば，おにみつば，オランダみつば
みつばあけび(三葉通草) *Akebia trifoliata* (Thunb.) Koidz. アケビ科　three-leaved akebia　食・材・薬
みつばうつぎ(三葉空木) *Staphylea bumalda* (Thunb.) DC. ミツバウツギ科　(Bumalda) bladder nut　食・材
みつばおうれん(三葉黄連) *Coptis trifolia* (L.) Salisb. キンポウゲ科　threeleaf goldthread　薬
みつばかいどう(三葉海棠) → ずみ(染)
みつばぐさ(三葉草) *Pimpinella diversifolia* DC. セリ科　薬
みつばぜり(三葉芹) → みつば(三葉)
みつばどころ(三葉野老) → クスクスヤム
みつほこむぎ(密穂小麦) → クラブこむぎ(-小麦)
みつまた(三椏・三叉) 剾さきくさ(三枝) *Edgeworthia chrysantha* Lindl. ジンチョウゲ科　mitsumata, paper-bush　繊
みどりはっか(緑薄荷) → スペアミント
みどりはなやさい(緑花野菜) → ブロッコリ
ミニトマト → チェリートマト
みねばり(峰榛) → やしゃぶし(夜叉五倍子)／おのおれかんば(斧折樺)　＊おおばみねばり，ちちぶみねばり，よぐそみねばり
みばしょう(実芭蕉) → バナナ
みぶよもぎ(壬生蓬) *Artemisia maritima* L. キク科　santonica, sea wormwood, wormseed　薬
みみこうもり(耳蝙蝠) *Cacalia auriculata* DC. キク科　食
みみずばい(蚯蚓灰) *Symplocos glauca* (Thunb.) Koidz.［*Dicalyx glauca*］ハイノキ科　材・染
ミモザ → アカシア
みやこぐさ(都草) 剾こがねばな(黄金花) *Lotus corniculatus* L. var. *japonicus* Regel マメ科　食
みやべいたや(宮部板屋) → くろびいたや(黒皮板屋)
みやまあおだも(深山青-) *Fraxinus apertisquamifera* H.Hara モクセイ科　材
みやまいちご(深山苺) → ばらいちご(薔薇苺)
みやまいぬざくら(深山犬桜) → シウリざくら(-桜)
みやまいらくさ(深山刺草) 剾あいこ *Laportea macrostachya* (Maxim.) Ohwi［*Urtica macrostachya*］イラクサ科　食
みやまうらじろいちご(深山裏白苺) *Rubus idaeus* L. var. *yabei* Koidz. バラ科　食
みやまおとぎり(深山弟切) → ひめおとぎり(姫弟切)
みやまがまずみ(深山莢蒾) *Viburnum wrightii* Miq. スイカズラ科　Wright viburnum　食
みやまざくら(深山桜) 剾しろざくら(白桜) *Cerasus maximowiczii* (Rupr.) Kom.［*Prunus maximowiczii*］バラ科　miyama cherry　材
みやまとうき(深山当帰) 剾いわてとうき(岩手当帰) *Angelica acutiloba* (Sieb. et Zucc.) Kitag. ssp. *iwatensis* (Kitag.) Kitag. セリ科　薬
みやまはんのき(深山榛木) *Alnus maximowiczii* Callier［*Alnaster maximowiczii*］カバノキ科　材
みやまふじき(深山藤木) 剾ゆくのき(-木) *Cladrastis sikokiana* (Makino) Makino マメ科　virglia, yellow-wood　材
みやまふゆいちご(深山冬苺) *Rubus hakonensis* Franch. et Sav. バラ科　食
みやままたたび(深山木天蓼) *Actinidia kolomikta* (Rupr. et Maxim.) Maxim. マタタビ科　kolomikta vine　食
みやまもみじいちご(深山紅葉苺) *Rubus pseudoacer* Makino バラ科　食
みやまやしゃぶし(深山夜叉五倍子) *Alnus firma* Sieb. et Zucc. var. *hirtella* Franch. et Sav. カバノキ科　材

- 115 -

みょうが(茗荷・蘘荷) *Zingiber mioga* (Thunb.) Roscoe ショウガ科 Japanese / mioga ginger 食
　　＊はなみょうが, やぶみょうが
みら(韮) → にら(韮)
ミラクルフルーツ *Synsepalum dulcificum* (Schum. et Thonn.) Daniell アカテツ科 miracle /
　　miraculous berry, miraculous fruit / nut 食
ミリチーやし(-椰子) 剛おおみてんぐやし(大実天狗椰子) *Mauritia flexuosa* L.f. ヤシ科 Militi /
　　Moriche palm 食・材・繊
みるな(水松菜) → おかひじき(陸鹿尾菜)
ミルラのき(-木) → もつやくじゅ(没薬樹)
ミロバラン 剛カリロク(訶梨勒) *Terminalia chebula* Retz. [*Myrobalanus chebula*] シクンシ科
　　cheblic myrobalan 染・薬　＊アルジュナミロバラン
ミロバランすもも(-酸桃) *Prunus cerasifera* Ehrh. ssp. *myrobalana* (L.) C.K. Schneid. バラ科
　　cherry / myrobalan plum 食
ミント　＊アップルミント, ウォーターミント, キャットミント, スペアミント, ペニロイヤルミント, ペパーミント,
　　ベルガモットミント
ミントマリゴールド 剛においまんじゅぎく(匂万寿菊) *Tagetes lucida* Cav. キク科 Mexican / winter
　　tarragon, mint marigold, pericon 香・薬

［む］

むうじゅ(無憂樹) → むゆうじゅ(無憂樹)
むかごいらくさ(零余子刺草) *Laportea bulbifera* (Sieb. et Zucc.) Wedd. イラクサ科　食・薬
むかしよもぎ　＊ひめむかしよもぎ, むらさきむかしよもぎ
むぎくわい(麦慈姑) → あまな(甘菜)
むく(椋) → むくのき(椋木)
むくえのき(椋榎) → むくのき(椋木)
むくげ(木槿・槿) 剛あさがお(朝顔) *Hibiscus syriacus* L. [*Ketmia syriaca*] アオイ科 (shrub)
　　althea, rose of Sharon, rose mallow, Syrian rose 薬・繊
むくのき(椋木・樸樹) 剛むく(椋), むくえのき(椋榎) *Aphananthe aspera* (Thunb.) Planch. [*Celtis muku*] ニレ科 muku tree 食・材
むくろじ(無患子) *Sapindus mukorossi* Gaertn. ムクロジ科 Chinese soapberry, soap (nut) tree 材・薬
むしかり → おおかめのき(大亀木)
むしよけぎく(虫除菊) → じょちゅうぎく(除虫菊)
むべ(郁子・野木瓜) 剛うべ(郁子), ときわあけび(常磐通草) *Stauntonia hexaphylla* (Thunb.)
　　Decne. [*Rajania hexaphylla*] アケビ科 stauntonia vine 食・薬
むゆうじゅ(無憂樹) 剛アショーカのき(-木), むうじゅ(無憂樹) *Saraca asoca* (Roxb.) de Wilde ジャ
　　ケツイバラ科 asoka (tree), sorrowless tree 材
むらさき(紫) 剛むらさきそう(紫草) *Lithospermum erythrorhizon* Sieb. et Zucc. ムラサキ科
　　gromwell 染・薬　＊しべながむらさき, つるむらさき, においむらさき
むらさきうまごやし(紫馬肥) → アルファルファ
むらさきかたばみ(紫酢漿草) *Oxalis corymbosa* DC. カタバミ科 violet wood-sorrel 食
むらさきけまん(紫華鬘) *Corydalis incisa* (Thunb.) Pers. ケマンソウ科 薬
むらさきサルビア(紫-) → ウッドセージ
むらさきしきぶ(紫式部) *Callicarpa japonica* Thunb. クマツヅラ科 Japanese beauty-berry 材・薬

むらさきせんぶり(紫千振) *Swertia pseudochinensis* H.Hara [*Ophelia pseudochinensis*] リンドウ科　薬
むらさきそう(紫草) → むらさき(紫)
むらさきつめくさ(紫詰草) → あかクローバ(赤-)
むらさきはしどい(紫-) → ライラック
むらさきはなな(紫花菜) → おおあらせいとう(大紫羅欄花)
むらさきばれんぎく(紫馬簾菊) *Echinacea purpurea* (L.) Moench キク科　echinacea, purple cornflower　薬
むらさきふともも(紫蒲桃) *Syzygium cumini* (L.) Skeel [*Calyptranthes jambolana; Eugenia cumini; Myrtus cumini*] フトモモ科　black / jambolan / Java / Malabar plum　食
むらさきむかしよもぎ(紫昔蓬) 圀やんばるひごたい(山原平江帯) *Vernonia cinerea* (L.) Less. キク科　ash-colored / purple fleabane　薬
むらだち(叢立) → あぶらちゃん(油瀝青)
むろ(榁) → ねずみさし(鼠刺)

[め]

めいげつかえで(名月楓) → はうちわかえで(羽団扇楓)　＊いたやめいげつ
めいさ(榠樝) → かりん(榠樝)
めいじぐさ(明治草) → ひめむかしよもぎ(姫昔蓬)
めいてつこう(迷迭香) → ローズマリー
めうりかえで(雌瓜楓) → うりかえで(瓜楓)
めうりのき(雌瓜木) → うりかえで(瓜楓)
めぎ(目木) 圀ことりとまらず(小鳥不止), よろいどおし(鎧通) *Berberis thunbergii* DC. メギ科　Japanese barberry　薬・染　＊せいようめぎ, てんじくめぎ
メキシカンライム → ライム
メキシコがき(-柿) → サポジラ
メキシコゴムのき(-木) → アメリカゴムのき(-木)
メキシコひなげし(-雛芥子) → あざみのげし(薊野芥子)
メキシコりんご(-林檎) → ホワイトサポテ
メキシコわた(-綿) → りくちめん(陸地棉)
めキャベツ(芽-) 圀こもちかんらん(子持甘藍), こもちたまな(子持玉菜), ひめかんらん(姫甘藍) *Brassica oleracea* L. var. *gemmifera* Zenker アブラナ科　baby cabbage, Brussels sprout　食
めぐさはっか(目草薄荷) → ペニロイヤルミント
めぐすりのき(目薬木) 圀ちょうじゃのき(長者木) *Acer nikoense* Maxim. カエデ科　Nikko maple　薬・材
メスキート　*Prosopis juliflora* DC. マメ科　mesquite　食
めだけ(女竹・雌竹) 圀にがたけ(苦竹) *Pleioblastus simonii* (Carr.) Nakai [*Arundinaria simonii; Bambusa simonii*] イネ科　Simon bamboo　材
メタセコイア　圀あけぼのすぎ(曙杉) *Metasequoia glyptostroboides* Hu et W.C.Cheng スギ科　dawn redwood, metasequoia (tree), water fir　材
メドーフェスク　圀ひろはうしのけぐさ(広葉牛毛草) *Festuca pratensis* Huds. イネ科　meadow fescue　飼
メドーフォクステール　圀おおすずめのてっぽう(大雀鉄砲) *Alopecurus pratensis* L. イネ科

meadow foxtail 飼
めどはぎ(目処萩・蓍萩) *Lespedeza cuneata* (Dum.Cours.) G.Don マメ科 perennial lespedeza, sericea 飼・薬・食
メドラ 別せいようかりん(西洋花梨) *Mespilus germanica* L. [*Pyrus germanica*] バラ科 medlar 食
めなもみ(豨薟) *Siegesbeckia pubescens* Makino キク科 薬
めはじき(目弾) 別やくもそう(益母草) *Leonurus japonicus* Houtt. シソ科 Siberian motherwort 薬
めひしば(雌日芝) 別じしばり(地縛), すもうとりぐさ(相撲取草) *Digitaria adscendens* (Humb., Bonpl. et Kunth) Henrard [*Panicum ciliare*] イネ科 (southern) crab grass, summer grass 飼 ＊アフリカめひしば, つるめひしば
めひるぎ(雌蛭木) 別りゅうきゅうこうがい(琉球笄) *Kandelia candel* (L.) Druce ヒルギ科 染・材
めぼうき(目箒) → バジル ＊かみめぼうき
めまつ(雌松) → あかまつ(赤松)
めまつよいぐさ(雌待宵草) *Oenothera biennis* L. アカバナ科 evening primrose 油・香
メリッサ → レモンバーム
メロン ＊あみメロン, いぼメロン, ネットメロン, ふゆメロン, へびメロン, マスクメロン, モモルディカメロン

[も]

もうこあんず(蒙古杏) *Armeniaca sibirica* (L.) Lam. [*Prunus sibirica*] バラ科 Mongolian / Siberian apricot 薬
もうこかしわ(蒙古柏) → モンゴリなら(-楢)
もうこぐわ(蒙古桑) *Morus mongolica* C.K.Schneid. クワ科 Mongolian mulberry 飼
もうこたんぽぽ(蒙古蒲公英) *Taraxacum mongolicum* Hand.-Mazz. キク科 Chinese dandelion 薬
もうしろかい(猛刺蘆薈) *Aloe ferox* Mill. アロエ科 Cape aloe 薬
もうそうちく(孟宗竹) *Phyllostachys heterocycla* (Carr.) Matsum. イネ科 moso bamboo 食
もがし → ホルトのき(-木)
もくげんじ(木患子・木欒子) 別せんだんばのぼだいじゅ(棟葉菩提樹) *Koelreuteria paniculata* Laxm. ムクロジ科 golden rain tree 材・染・薬
もくしゅく(苜蓿) → アルファルファ
もくせいそう(木犀草) 別においレセダ(匂-) *Reseda odorata* L. モクセイソウ科 mignonette 香
もくまおう(木麻黄) 別おがさわらまつ(小笠原松) *Allocasuarina verticillata* (Lam.) L.A.S. Jhonson [*Casuarina quadrivalvis*] モクマオウ科 coast she oak, river / swamp oak 材 ＊とくさばもくまおう
もくれん(木蓮・木蘭) 別しもくれん(紫木蓮) *Magnolia quinquepeta* (Buc'hoz) Dandy モクレン科 cucumber tree, (lily) magnolia 薬 ＊はくもくれん
もしおぐさ(藻塩草) → しばな(塩場菜)
モスビーン *Vigna aconitifolia* (Jacq.) Maréchal [*Dolichos dissectus; Phaseolus aconitifolius*] マメ科 aconite / mat / moth bean, Turkish gram 食・飼
もだま(藻玉) *Entada phaseoloides* (L.) Merr. ネムノキ科 liver / matchbox / sea bean 材・食 ＊ちょうせんもだま
もちあでく 別こうしゅんつげ(恒春柘植) *Decaspermum fruticosum* Forst. フトモモ科 食・材
もちぎ(餅木) → やまこうばし(山香)
もちぐさ(餅草) → よもぎ(蓬)
もちのき(黐木) 別とりもちのき(鳥黐木) *Ilex integra* Thunb. モチノキ科 mochi tree 糊・染・材

＊うばがねもち，くろがねもち，こばんもち，とうねずみもち，ねずみもち
もちばな(餅花) → ははこぐさ(母子草)
もっか(木瓜) → パパイア ＊ごかくもっか
もっこう(木香) 剛インドもっこう(-木香) *Saussurea lappa* Clarke キク科 costus (root), kuth 薬
もっこく(木斛) *Ternstroemia gymnanthera* (Wight et Arn.) Bedd. ツバキ科 材・染 ＊ながばもっこく，はまもっこく
もつやくじゅ(没薬樹) 剛ミルラのき(-木) *Commiphora myrrha* Engl. カンラン科 (common) myrrh 薬 ＊アラビアもつやく
モナルダ 剛たいまつばな(松明花) *Monarda didyma* L. シソ科 bee balm, Oswego tea 香・薬・染
もみ(樅) *Abies firma* Sieb. et Zucc. マツ科 Japanese silver fir, momi fir 材 ＊アメリカおおもみ，いらもみ，うらじろもみ，おうしゅうもみ，オランダもみ，かくばもみ，ギリシャもみ，ぎんもみ，グランドもみ，コーカサスもみ，コロラドもみ，シベリアもみ，しろもみ，ダグラスもみ，だけもみ，にっこうもみ，ノーブルもみ，ばらもみ，はりもみ，バルサムもみ，ひめばらもみ，べいもみ，ヨーロッパもみ
もみうり(揉瓜) → しろうり(白瓜)
もみじ(紅葉) ＊いろはもみじ，おおもみじ，おにもみじ，たかおもみじ，つたもみじ，やまもみじ
もみじいちご(紅葉苺) *Rubus palmatus* Thunb. バラ科 mayberry 食
もみじがさ(紅葉笠) 剛しどけ *Cacalia delphiniifolia* Sieb. et Zucc. [*Parasenesio delphiniifolia*] キク科 食
もみじばうらじろのき(紅葉葉裏白木) *Pterospermum acerifolium* (L.) Willd. アオギリ科 dinner-plate tree 材
もみじばすずかけのき(紅葉葉鈴懸木) 剛かえでばすずかけのき(楓葉鈴懸木) *Platanus × acerifolia* (Aiton.) Willd. スズカケノキ科 London plane (tree) 材
もみじばふう(紅葉葉楓) 剛アメリカふう(-楓) *Liquidambar styraciflua* L. マンサク科 bilsted, (American) sweet gum, red gum 材・薬
もめんづる(木綿蔓) *Astragalus reflexistipulus* Miq. マメ科 食 ＊しろばなもめんづる
もも(桃) *Amygdalus persica* L. [*Persica vulgaris; Prunus persica*] バラ科 peach (tree) 食・薬 ＊からもも，きやにもも，けなしもも，しんきょうもも，づばいもも
ももタマナ(桃-) *Terminalia catappa* L. シクンシ科 Indian / tropical almond, myrobalan 食・染・材
ももみやし(桃実椰子) 剛くりやし(栗椰子) ，ペジバエ *Guilielma gasipaes* (Hume., Bonpl. et Kunth) L.H.Bailey ヤシ科 peach palm, pejibaye 食・材
モモルディカメロン *Cucumis melo* L. var. *momordica* (Roxb.) Duthie et Fuller ウリ科 Momordica melon 食
もりあざみ(森薊) 剛きくごぼう(菊牛蒡)，ごぼうあざみ(牛蒡薊)，やまごぼう(山牛蒡) *Cirsium dipsacolepis* (Maxim.) Matsum. [*Cnicus dipsacolepis*] キク科 食
もりいちご(森苺) 剛しろばなへびいちご(白花蛇苺) *Fragaria nipponica* Makino バラ科 Alpine / sow-teat / wild strawberry 食
モリシマアカシア *Acacia mearnsii* de Wild. ネムノキ科 acacia negra, black wattle 材・鞣
もりへご(森杪) 剛ひかげへご(日陰杪) *Cyathea lepifera* (J.Sm. ex Hook.) Copel. ヘゴ科 食
もろこし(唐黍・蜀黍) 剛コーリャン(高梁)，ソルガム *Sorghum bicolor* (L.) Moench [*Andropogon sorghum; Holcus sorghum*] イネ科 (grain) sorghum, great millet 食・肥 ＊さとうもろこし，せいばんもろこし，とうもろこし，ひめもろこし，ほうきもろこし
モロヘイヤ → たいわんつなそ(台湾綱麻)
モンゴリなら(-楢) 剛カラフトがしわ(-柏)，もうこかしわ(蒙古柏) *Quercus mongolica* Fisch. ex Ledeb. ブナ科 Mongolian oak 材・薬・食
モンステラ 剛ほうらいしょう(鳳莱蕉) *Monstera deliciosa* Liebm. [*Philodendron pertusum*] サトイモ科 cut-leaf philodendron, fruit-salad plant, Mexican breadfruit, monstera 食

- 119 -

モンタナまつ(-松) *Pinus montana* Mill. マツ科 (Swiss) mountain pine 材
もんつきうまごやし(紋付馬肥) *Medicago arabica* (L.) Huds. マメ科 Southern / spotted burclover 飼
モンテレーまつ(-松) → ラジアータまつ(-松)
モンビン 剄てりはたまごのき(照葉卵木) *Spondias mombin* Jacq. ウルシ科 golden apple, hog / Jamaica / Spanish plum, red / yellow mombin 食

[や]

ヤーコン *Polymnia sonchifolia* Poepp. et Endl. キク科 yacon (strawberry) 食
やいとばな(灸花) → へくそかずら(屁糞葛)
ヤウテア → アメリカさといも(-里芋)
やえがわかんば(八重皮樺) 剄こおのおれ(小斧折) *Betula davurica* Pall. カバノキ科 Dahurian birch 材
やえなり(八重成) → りょくとう(緑豆)
やえやまあおき(八重山青木) *Morinda citrifolia* L. アカネ科 awl tree, Indian mulberry, noni fruit 食・染
やえやまこくたん(八重山黒檀) 剄りゅうきゅうこくたん(琉球黒檀), くろき(黒木) *Diospyros ferrea* (Willd.) Bakh. カキノキ科 材
やえやましたん(八重山紫檀) → インドしたん(印度紫檀)
やえやまひるぎ(八重山蛭木) 剄おおばひるぎ(大葉蛭木), しろばなひるぎ(白花蛭木) *Rhizophora stylosa* Griff. ヒルギ科 (true) mangrove 材・染
やおやぼうふう(八百屋防風) → はまぼうふう(浜防風)
やかいサボテン(夜開-) → ピタヤ
やくしそう(薬師草) *Youngia denticulata* (Houtt.) Kitam. キク科 食
やくもそう(益母草) → めはじき(目弾)
やくようガレガ(薬用-) → ガレガそう(-草)
やくようごしゅゆ(薬用呉茱萸) → ほんごしゅゆ(本呉茱萸)
やくようサルビア(薬用-) → セージ
やくようにんじん(薬用人参) → ちょうせんにんじん(朝鮮人参)
やくようひめむらさき(薬用姫紫) 剄はいむらさき(這紫) *Pulmonaria officinalis* L. ムラサキ科 lungwort 薬
やぐらたまねぎ(櫓玉葱) *Allium cepa* L. var. *bulbillifera* Bailey ユリ科 top / tree onion 食
やぐらねぎ(櫓葱) *Allium fistulosum* L. var. *viviparum* Makino ユリ科 食
やぐるまぎく(矢車菊) *Centaurea cyanus* L. キク科 cropweed 薬
やぐるまはっか(矢車薄荷) *Monarda fistulosa* L. シソ科 (wild) bergamot, wild bee balm 香・薬
やし(椰子) → ココやし(-椰子)　＊アサイやし, あぶらやし, アフリカあぶらやし, アレカやし, うちわやし, おうぎやし, おおみやし, ギニアあぶらやし, くじゃくやし, くりやし, こうりばやし, さとうやし, しだやし, はなぶさやし, パルミットやし, パルミラやし, ふたごやし, ブラジルろうやし, ももみやし, ろうやし, わかばキャベツやし
やしゃぶし(夜叉五倍子) 剄みねばり(峰榛) *Alnus firma* Sieb. et Zucc. [*Alnaster firma*] カバノキ科 材・染　＊ひめやしゃぶし, みやまやしゃぶし
やちいちご(谷地苺) 剄ほろむいいちご(幌向苺) *Rubus chamaemorus* L. バラ科 cloud- / yellow-berry 食
やちえぞ(谷地蝦夷) → あかえぞまつ(赤蝦夷松)

- 120 -

やちさんご(谷地珊瑚) → あっけしそう(厚岸草)
やちだも(谷地-) 剛おおばとねりこ(大葉梣) Fraxinus mandschurica Rupr. var. japonica Maxim. モクセイ科 材
やちはんのき(谷地榛木) 剛えぞはんのき(蝦夷榛木) Alnus japonica (Thunb.) Steud. var. arguta Callier カバノキ科 材
やちぶき(谷地蕗) → えぞのりゅうきんか(蝦夷立金花)
やつがたけとうひ(八ヶ岳唐檜) Picea koyamae Shiras. マツ科 材
やつしろ(八代) Citrus yatsushiro hort. ex Tanaka ミカン科 食
やつで(八手) 剛てんぐのはうちわ(天狗羽団扇) Fatsia japonica (Thunb.) Decne. et Planch. ウコギ科 fatsia, yatsude plant 薬 ＊かみやつで
やつぶさ(八房) 剛てんじくまもり(天竺守), てんじょうまもり(天井守) Capsicum annuum L. var. fasciculatum Irish ナス科 (red) cluster pepper 香
やどりぎ(宿木・寄生木) Viscum album L. var. coloratum Kom. ヤドリギ科 Korean mistletoe 薬 ＊せいようやどりぎ
やなぎ(柳) ＊あかめやなぎ, あかやなぎ, いとやなぎ, うらじろはこやなぎ, えぞのきぬやなぎ, えのころやなぎ, おおばやなぎ, おのえやなぎ, カラフトくろやなぎ, カラフトやなぎ, かわやなぎ, ぎんやなぎ, くまやなぎ, けしょうやなぎ, こがねやなぎ, こごめやなぎ, こりやなぎ, しだれやなぎ, せいようしろやなぎ, せいようはこやなぎ, たいりくきぬやなぎ, たちやなぎ, どろやなぎ, ながばやなぎ, にわやなぎ, ねこやなぎ, ばっこやなぎ, まるばやなぎ, みちやなぎ, やまねこやなぎ
やなぎいちご(柳苺) Debregeasia edulis (Sieb. et Zucc.) Wedd. イラクサ科 食・薬
やなぎいのこずち(柳牛膝) Achyranthes longifolia (Makino) Makino ヒユ科 薬
やなぎおもだか(柳面高・柳沢瀉) → うりかわ(瓜皮)
やなぎがし(柳樫) → うらじろがし(裏白樫)
やなぎそう(柳草) → やなぎらん(柳蘭)
やなぎたで(柳蓼) → たで(蓼)
やなぎとうわた(柳唐棉) Asclepias tuberosa L. ガガイモ科 butterfly weed, pleurisy root 薬
やなぎばぐみ(柳葉茱萸) → ほそばぐみ(細葉茱萸)
やなぎはっか(柳薄荷) → ヒソップ
やなぎユーカリ(柳-) Eucalyptus leucoxylon F.Muell. フトモモ科 white gum, white iron bark 材・油
やなぎらん(柳蘭) 剛やなぎそう(柳草) Epilobium angustifolium L. [Chamaenerion angustifolia] アカバナ科 fireweed, rose bay willow herb 食・薬
やはずえんどう(矢筈豌豆) → ナローリーブドベッチ
やはずそう(矢筈草) Kummerowia striata (Thunb.) Schindl. [Lespedeza striata; Microlespedeza striata] マメ科 annual / common / Japanese lespedeza 飼・薬 ＊まるばやはずそう
やばねおおむぎ(矢羽根大麦) → ビールむぎ(-麦)
やぶがらし(藪枯) 剛びんぼうかずら(貧乏葛) Cayratia japonica (Thunb.) Gagnep. [Cissus japonica] ブドウ科 sorrel vine 食・薬
やぶかんぞう(藪萱草) 剛わすれぐさ(忘草) Hemerocallis fulva L. var. kwanso Regel ユリ科 double tawny day-lily 食・薬
やぶこうじ(藪小路) Ardisia japonica (Thunb.) Blume [Bladhia japonica] ヤブコウジ科 Japanese ardisia, marlberry 食・薬・被
やぶじらみ(藪虱) Torilis japonica (Houtt.) DC. セリ科 Japanese hedge parsley 薬
やぶタバコ(藪煙草) Carpesium abrotanoides L. キク科 薬・食
やぶたびらこ(藪田平子) Lapsana humilis (Thunb.) Makino キク科 食

やぶつばき(藪椒) → つばき(椿)
やぶにっけい(藪肉桂) 剛くすたぶ(樟樹)，まつらにっけい(松浦肉桂) *Cinnamomum japonicum* Sieb. ex Nakai [*Laurus pedunculata*] クスノキ科 Japanese cinnamon　材・香・薬
やぶにんじん(藪人参) *Osmorhiza aristata* (Thunb.) Makino et Yabe セリ科　薬
やぶまめ(藪豆) *Amphicarpaea bracteata* (L.) Fernald ssp. *edgeworthii* (Benth.) H.Ohashi var. *japonica* (Oliv.) H.Ohashi マメ科　wild bean　食
やぶみょうが(藪茗荷) *Pollia japonica* Thunb. ツユクサ科　薬
やぶらん(藪蘭) *Liriope platyphylla* F.T.Wang et Ts.Tang ユリ科　big blue lily-turf　薬
やぶれがさ(破笠) *Syneilesis palmata* (Thunb.) Maxim. キク科　食
やまあい(山藍) *Mercurialis leiocarpa* Sieb. et Zucc. トウダイグサ科　染
やまあさ(山麻) → おおはまぼう(大黄権)
やまあざみ(山薊) *Cirsium spicatum* (Maxim.) Matsum. キク科　食・染
やまあじさい(山紫陽花) 剛さわあじさい(沢紫陽花) *Hydrangea serrata* (Thunb.) Ser. アジサイ科　tea-of-heaven　嗜
やまあららぎ(山欄) → こぶし(辛夷)
やまいも(山芋) → やまのいも(山芋)
やまうこぎ(山五加) 剛おにうこぎ(鬼五加木) *Eleutherococcus spinosus* (L.f.) S.Y.Hu ウコギ科　食
やまうさぎぎく(山兎菊) → アルニカ
やまうるし(山漆) *Rhus trichocarpa* Miq. ウルシ科　薬・染
やまえんじゅ(山槐) → ふじき(藤木)
やまがき(山柿) *Diospyros kaki* Thunb. var. *sylvestris* Makino カキノキ科　台・塗・材
やまがらし(山辛子) *Barbarea orthoceras* Ledeb. アブラナ科　winter cress　食
やまきだちはっか(山木立薄荷) → ウィンターセイボリー
やまぎり(山桐) → はりぎり(針桐)
やまぐるま(山車) 剛とりもちのき(鳥鵜木) *Trochodendron aralioides* Sieb. et Zucc. ヤマグルマ科　wheel tree　材・糊
やまぐわ(山桑) *Morus bombycis* Koidz. クワ科　Japanese mulberry　材・食・薬・飼　＊からやまぐわ
やまぐわ(山桑) → やまぼうし(山法師)
やまこうばし(山香) 剛しょうぶのき(菖蒲木)，もちぎ(餅木) *Lindera glauca* (Sieb. et Zuc.) Blume [*Benzoin glaucum*] クスノキ科　食・材
やまごぼう(山牛蒡) *Phytolacca acinosa* Roxb. ヤマゴボウ科　Indian pokeweed　薬・食　＊アメリカやまごぼう，ようしゅやまごぼう
やまごぼう(山牛蒡) → もりあざみ(森薊)／おやまぼくち(雄山火口)
やまざくら(山桜) *Cerasus jamasakura* (Sieb. ex Koidz.) H.Ohba [*Prunus jamasakura*] バラ科　Japanese hill / mountain cherry　材・薬
やまじそ(山柴蘇) *Mosla japonica* (Benth. ex Oliv.) Maxim. シソ科　薬　＊ほそばやまじそ
やましばかえで(山柴楓) → ちどりのき(千鳥木)
やましゃくやく(山芍薬) *Paeonia japonica* (Makino) Miyabe et Takeda ボタン科　薬
やまぜり(山芹) *Ostericum sieboldii* (Miq.) Nakai セリ科　薬・食
やまそてつ(山蘇鉄) *Plagiogyria matsumureana* (Makino) Makino キジノオシダ科　食
やまつつじ(山躑躅) *Rhododendron obtusum* (Lindl.) Planch. var. *kaempferi* (Planch.) Wilson ツツジ科　食
やまとあおだも(大和青-) → おおとねりこ(大梻)
やまときほこり(山-) *Elatostema laetevirens* Makino イラクサ科　食
やまとなでしこ(大和撫子) → なでしこ(撫子)
やまとゆきざさ(大和雪笹) 剛おおばゆきざさ(大葉雪笹) *Smilacina hondoensis* Ohwi ユリ科　食
やまとりかぶと(山鳥兜) → おくとりかぶと(奥鳥兜)

やまどりぜんまい(山鳥薇) *Osmunda cinnamomea* L. [*Osmundastrum cinnamomea* var. *fokiense*] ゼンマイ科　cinnamon fern　食
やまなし(山梨)　→　にほんなし(日本梨)　＊ほくしやまなし, まんしゅうやまなし
やまならし(山鳴)　剛はこやなぎ(箱柳・筥柳・白楊) *Populus sieboldii* Miq. ヤナギ科　Japanese aspen　材・繊　＊アメリカくろやまならし, アメリカやまならし, ヨーロッパくろやまならし
やまなるこゆり(山鳴子百合)　→　おおなるこゆり(大鳴子百合)
やまにしきぎ(山錦木)　→　まゆみ(真弓)
やまにんじん(山人参)　→　しゃく(杓)／かわらぼうふう(河原防風)
やまねこやなぎ(山猫柳)　→　ばっこやなぎ(-柳)
やまのいも(山芋)　剛じねんじょ(自然薯・自然生), やまいも(山芋) *Dioscorea japonica* Thunb. ヤマノイモ科　Japanese yam　食
やまはぜ(山櫨) *Rhus sylvestris* Sieb. et Zucc. [*Toxicodendron sylvestre*] ウルシ科　材・染
やまははこ(山母子) *Anaphalis margaritacea* (L.) Benth. et Hook.f. キク科　pearly overlasting　薬・食
やまはんのき(山榛木)　剛まるばはんのき(丸葉榛木) *Alnus hirsuta* Turcz. var. *sibirica* (Fisch.) C.K.Schneid. カバノキ科　材・染　＊こばのやまはんのき
やまひめ(山姫)　→　あけび(通草)
やまびる(山蒜)　→　ぎょうじゃにんにく(行者大蒜)
やまびわ(山枇杷) *Meliosma rigida* Sieb. et Zucc. アワブキ科　材
やまぶき(山吹) *Kerria japonica* (L.) DC. バラ科　Japanese rose, kerria　薬
やまぶきしょうま(山吹升麻) *Aruncus dioicus* (Walter) Fernald var. *tenuifolius* (Nakai) H.Hara バラ科　goats-beard　食・薬
やまぶきそう(山吹草) *Hylomecon japonicum* (Thunb.) Plantl [*Chelidonium japonicum*] ケシ科　Japanese poppy　薬
やまぶどう(山葡萄) *Vitis coignetiae* Pulliat ex Planch. ブドウ科　crimson glory vine　食　＊ちょうせんやまぶどう, まんしゅうやまぶどう
やまぼうし(山法師)　剛やまぐわ(山桑) *Cornus kousa* Hance [*Benthamidia japonica; Cynoxylon japonica*] ミズキ科　kousa　材・食
やまほうれんそう(山菠薐草) *Atriplex hortensis* L. アカザ科　garden orach, mountain spinach　食
やまみかん(山蜜柑)　→　かかつがゆ(和活油)
やまみず(山-) *Pilea japonica* (Maxim.) Hand.-Mzt. イラクサ科　食
やまもみじ(山紅葉) *Acer amoenum* Carr. var. *matsumurae* (Koidz.) Ogata カエデ科　材
やまもも(山桃・楊梅)　剛ようばい(楊梅) *Myrica rubra* Sieb. et Zucc. ヤマモモ科　Chinese strawberry tree　食・染・薬　＊しろやまもも
やまゆり(山百合) *Lilium auratum* Lindl. ユリ科　gold-banded / Japanese / mountain lily　食
やまらっきょう(山辣韮) *Allium thunbergii* G.Don ユリ科　食
ヤム　＊きいろギニアヤム, クスクスヤム, しろギニアヤム
ヤムビーン　→　くずいも(葛薯)
ヤラッパ *Ipomoea purga* Hayne [*Convolvulus jalapa; Exogonium purga*] ヒルガオ科　(true) jalap　薬
ヤラボ　→　てりはぼく(照葉木)
やりょくず(野緑豆)　→　たんきりまめ(痰切豆)
やんばるごま(山原胡麻) *Helicteres angustifolia* L. アオギリ科　薬
やんばるひごたい(山原平江帯)　→　むらさきむかしよもぎ(紫昔蓬)

[ゆ]

ゆ・ゆう(柚) → ゆず(柚子)
ゆうがお(夕顔) 劂たそがれぐさ(黄昏草) *Lagenaria siceraria* (Molina) Standl. var. *hispida* (Thunb.) H.Hara ウリ科 dipper gourd, Italian edible gourd, long straight-necked gourd, moonflower, white-flower gourd 食・台
ゆうがぎく(柚香菊) *Aster iinumae* Kitam. ex H.Hara [*Kalimeris pinnatifida*] キク科 食
ユーカリのき(-木) 劂せきざいユーカリ(赤材-) *Eucalyptus camaldulensis* Dehnh. フトモモ科 Australian kino, (river) red gum 材
ユーカリのき(-木) *Eucalyptus globulus* Labill. フトモモ科 (Tasmanian) blue gum 材・薬・油
  ＊せいたかユーカリ, やなぎユーカリ, レモンユーカリ
ゆうげしょう(夕化粧) → おしろいばな(白粉花)
ゆうれいばな(幽霊花) → ひがんばな(彼岸花)
ゆかん(油柑) → あんまろく(按摩勒)
ゆきざさ(雪笹) 劂あずきな(小豆菜) *Smilacina japonica* A.Gray ユリ科 食・薬 ＊おおばゆきざさ, やまとゆきざさ
ゆきのした(雪下) *Saxifraga stolonifera* Meerb. ユキノシタ科 creeping-sailor, mother of thousands, strawberry stone-break 薬・食
ゆきみぐさ(雪見草) → うつぎ(空木)
ゆきわりまめ(雪割豆) → そらまめ(空豆)
ゆくのき(-木) → みやまふじき(深山藤木)
ゆしのき(柞) → いすのき(柞)
ゆず(柚子・柚) 劂ゆ・ゆう(柚) *Citrus junos* Sieb. ex Tanaka ミカン科 yuzu orange 香
ゆすらうめ(梅桃・英桃) 劂まんしゅうチェリー(満州-) *Cerasus tomentosa* (Thunb.) Wall. [*Prunus tomentosa*] バラ科 Chinese / Hansen's bush cherry, Mandchu / Nanking cherry 食
ゆずりは(譲葉) 劂おやこぐさ(親子草) *Daphniphyllum macropodum* Miq. ユズリハ科 薬・食・材 ＊えぞゆずりは, ひめゆずりは
ゆそうぼく(癒瘡木) 劂グアヤクのき(-木) *Guaiacum officinale* L. ハマビシ科 guaiacum wood, lignum vitae 材・薬
ゆちゃ(油茶) 劂あぶらつばき(油椿) *Camellia oleifera* C.Abel ツバキ科 tea oil camellia 油
ユッカ → いとらん(糸蘭)
ゆとう(油桃) → ネクタリン
ゆり(百合) ＊あみがさゆり, うばゆり, おおうばゆり, おにゆり, くろゆり, こおにゆり, しらたまゆり, すげゆり, たつたゆり, てんがいゆり, なるこゆり, やまゆり
ゆりのき(百合木) 劂チューリップのき(-木), はんてんぼく(半纏木) *Liriodendron tulipifera* L. モクレン科 tulip poplar / tree 材・繊
ゆりわさび(百合山葵) *Eutrema tenuis* (Miq.) Makino [*Cardamine bracteata; Wasavia tenuis*] アブラナ科 食

[よ]

ようがらし(洋芥子) → しろがらし(白芥子)
ようさい(甕菜) 劂あさがおな(朝顔菜) *Ipomoea aquatica* Forssk. ヒルガオ科 (Chinese) water spinach, swamp cabbage, tropical spinach, water convolvulus 食

ようじゅ(榕樹) → ガジュマル
ようしゅいぶきじゃこうそう(洋種伊吹麝香草) → ワイルドタイム
ようしゅおおばこ(洋種大葉子) → おにおおばこ(鬼大葉子)
ようしゅおぐるま(洋種小車) *Inula britannica* L. キク科 British yellowhead 薬
ようしゅかんぼく(洋種肝木) 剛せいようかんぼく(西洋肝木) *Viburnum opulus* L. スイカズラ科 cramp bark, European cranberry bush / tree 薬
ようしゅくさのおう(洋種草王) *Chelidonium majus* L. ケシ科 greater celandine, swallow-wort 薬
ようしゅちょうせんあさがお(洋種朝鮮朝顔) *Datura stramonium* L. var. *chalybea* Koch ナス科 (common) thorn apple 薬
ようしゅつるきんばい(洋種蔓金梅) *Potentilla anserina* L. バラ科 goose tansy, silver weed 薬
ようしゅとりかぶと(洋種鳥兜) → アコニット
ようしゅなたね(洋種菜種) → せいようあぶらな(西洋油菜)
ようしゅふくじゅそう(洋種福寿草) *Adonis vernalis* L. キンポウゲ科 (spring) adonis, yellow pheasant's eye 薬
ようしゅほおずき(洋種酸漿) *Physalis alkekengi* L. ナス科 alkekengi, bladder / ground / winter cherry, strawberry tomato 薬
ようしゅやまごぼう(洋種山牛蒡) → アメリカやまごぼう(-山牛蒡)
ようとう(羊桃) → スターフルーツ
ようばい(楊梅) → やまもも(山桃)
ヨーロッパあかまつ(-赤松) 剛おうしゅうあかまつ(欧州赤松) *Pinus sylvestris* L. マツ科 Scotch / Scots pine, Scotch fir 材
ヨーロッパいちい(-一位) 剛せいよういちい(西洋一位) *Taxus baccata* L. イチイ科 (common / English) yew 材・薬
ヨーロッパからまつ(-唐松) *Larix decidua* Mill. マツ科 European larch 材・薬
ヨーロッパきいちご(-木苺) → えぞきいちご(蝦夷木苺)
ヨーロッパぐり(-栗) *Castanea sativa* Mill. ブナ科 Eurasian / European / Spanish chestnut 食・薬
ヨーロッパくろやまならし(-黒山鳴) 剛くろポプラ(黒-) *Populus nigra* L. ヤナギ科 aspen, (black / trembling) poplar 材・薬
ヨーロッパしろね(-白根) → ジプシーウィード
ヨーロッパすぐり(-酸塊) → グーズベリー
ヨーロッパすもも(-酸桃) → プラム
ヨーロッパとうひ(-唐檜) → ドイツとうひ(-唐檜)
ヨーロッパななかまど(-七竃) 剛おうしゅうななかまど(欧州七竃), せいようななかまど(西洋七竃) *Sorbus aucuparia* L. バラ科 (European) mountain-ash, quickbeam, rowan 材
ヨーロッパなら(-楢) 剛イギリスなら(-楢), おうしゅうなら(欧州楢) *Quercus robur* Pall. ブナ科 common / English / pedunculate / truffle oak 材・薬
ヨーロッパにれ(-楡) 剛おうしゅうにれ(欧州楡) *Ulmus procera* Salisb. ニレ科 English elm 材
ヨーロッパのいばら(-野薔薇) → いぬのいばら(犬野薔薇)
ヨーロッパはいまつ(-這松) → しもふりまつ(霜降松)
ヨーロッパぶどう(-葡萄) *Vitis vinifera* L. ブドウ科 common / European / wine grape 食・嗜
ヨーロッパぶな(-橅) 剛おうしゅうぶな(欧州橅) *Fagus sylvatica* L. ブナ科 (common / European) beech 材
ヨーロッパもみ(-樅) 剛おうしゅうもみ(欧州樅), ぎんもみ(銀樅) *Abies alba* Mill. マツ科 common / European / silver fir 材・繊
よぐそみねばり(夜糞峰榛) → あずさ(梓)
よし(葦) → あし(葦)
よしたけ(葦竹) → だんちく(葭竹)

よつばひよどり(四葉鵯) *Eupatorium glehnii* F.Schmidt ex Trautv. キク科 食・薬
よのみ ＊けよのみ，まるばよのみ
ヨハンパンのき(-木) → いなごまめ(稲子豆)
よぶすまそう(夜衾草) *Cacalia hastata* L. var. *orientalis* (Kitam.) Ohwi [*Parasenesio hastata* ssp. *orientalis*] キク科 食
よめな(嫁菜) 剔うはぎ(薺蒿) *Aster yomena* (Kitam.) Honda [*Kalimeris yomena*] キク科 食・薬
よめなのき(嫁菜木) → ずいな(髄菜)
よもぎ(蓬・艾) 剔さしもぐさ，もちぐさ(餅草) *Artemisia princeps* Pamp. キク科 Japanese mugwort / wormwood 食・薬 ＊えぞよもぎ，おうしゅうよもぎ，おおよもぎ，おとこよもぎ，かわらよもぎ，きだちよもぎ，クラムよもぎ，しなよもぎ，にがよもぎ，にしきよもぎ，はまよもぎ，ひきよもぎ，ひめむかしよもぎ，みぶよもぎ，むらさきむかしよもぎ
よもぎぎく(蓬菊) → タンジー
よもぎな(蓬菜) *Artemisia lactiflora* Wall. ex DC. キク科 white mugwort 食
よろいぐさ(鎧草) 剔おおししうど(大猪独活) *Angelica dahurica* (Fisch.) Benth. et Hook.f. セリ科 薬
よろいどおし(鎧通) → めぎ(目木)

[ら]

ライグラス ＊イタリアンライグラス，ウィメラライグラス，ハイブリッドライグラス，ペレニアルライグラス
ライこむぎ(-小麦) 剔トリティケール ×*Triticosecale* Wittm. イネ科 triticale 飼
ライチー → れいし(茘枝)
ライマビーン → ライまめ(-豆)
ライまめ(-豆) 剔ライマビーン，あおいまめ(葵豆) *Phaseolus lunatus* L. マメ科 Burma / butter / civet / Lima / sugar bean 食
ライム 剔メキシカンライム *Citrus aurantiifolia* (Christm.) Swingle ミカン科 (acid / large / Mexican / sour) lime 香 ＊しなライム，タヒチライム
ライム → せいようしなのき(西洋科木)
ライむぎ(-麦) 剔くろむぎ(黒麦)，なつこむぎ(夏小麦) *Secale cereale* L. イネ科 (common) rye 食・肥
ライラック 剔むらさきはしどい(紫-)，リラ *Syringa vulgaris* L. モクセイ科 common lilac, pipe tree 香・材
らくうしょう(落羽松) → ぬますぎ(沼杉)
らくようしょう(落葉松) → からまつ(唐松)
ラジアータまつ(-松) 剔モンテレーまつ(-松) *Pinus radiata* D.Don マツ科 Monterey pine 材
ラジノクローバ *Trifolium repens* L. var. *giganteum* マメ科 ladino / lodi clover 飼
ラズベリー → えぞきいちご(蝦夷木苺)
らっかせい(落花生) 剔からまめ(唐豆)，じまめ(地豆)，なんきんまめ(南京豆)，ピーナッツ *Arachis hypogaea* L. マメ科 earth / monkey nut, goover, groundnut, peanut 食・油・飼・肥
らっきょう(辣韮・辣韭・薤) 剔おおにら(大韮) *Allium chinense* G.Don ユリ科 baker's garlic, rakkyo 食 ＊やまらっきょう
ラディッシュ → はつかだいこん(二十日大根) ＊ホースラディッシュ
ラバンジン *Lavandula angustifolia*×*latifolia* シソ科 lavandin 香
ラビットアイブルーベリー 剔アメリカすのき(-酢木) *Vaccinium ashei* Reade. ツツジ科 rabbit-eye

blueberry 食

らふく(蘿蔔) → だいこん(大根)

ラフストークメドーグラス *Poa privialis* L. イネ科 rough(-stalk) bluegrass, rough(-stalk) meadow grass 飼

ラフレモン *Citrus jambhiri* Lush. ミカン科 rough lemon 台

ラベンダー 別イングリッシュラベンダー *Lavandula angustifolia* Mill. シソ科 common / English / true lavender 香・薬・染 *きればラベンダー, スパイクラベンダー, スパニッシュラベンダー, ひろはラベンダー, フリンジドラベンダー, フランスラベンダー

ラミー → ちょま(苧麻)

ラミン *Gonystylus bancanus* (Miq.) Kurz ジンチョウゲ科 ramin 材

ラムソン → くまにんにく(熊大蒜)

らん(蘭) *あおのりゅうぜつらん, いとらん, がんこうらん, ききょうらん, くまたけらん, さいはいらん, ししらん, じゅらん, しゅんらん, すずらん, なるこらん, ニューさいらん, のぎらん, はぜらん, はらん, まおらん, やなぎらん, やぶらん

ランサ 別ランサのき(-木) *Lansium domesticum* Corrêa [*Aglaia domestica*] センダン科 lansat 食

ランサのき(-木) → ランサ

ランタナ 別こうおうか(紅黄花), しちへんげ(七変化) *Lantana camara* L. クマツヅラ科 common lantana, red / yellow sage 薬

ランブータン 別とげれいし(棘茘枝) *Nephelium lappaceum* L. ムクロジ科 rambutan 食

[り]

リーキ 別せいようねぎ(西洋葱), にらねぎ(韮葱), ポロねぎ(-葱) *Allium porrum* L. ユリ科 leek 食

リードカナリーグラス 別くさよし(草葦) *Phalaris arundinacea* L. [*Baldingera arundinacea*; *Typhoides arundinacea*] イネ科 reed canary grass, ribbon grass 飼

りくちめん(陸地棉) 別けぶかわた(毛深棉), メキシコわた(-棉) *Gossipium hirsutum* L. アオイ科 American / Burdon / upland cotton 繊

リジダまつ(-松) *Pinus rigida* Mill. マツ科 pitch pine 材

リトルブルーステム *Andropogon scoparius* Michx. イネ科 little bluestem 飼

リベットこむぎ(-小麦) 別イギリスこむぎ(-小麦) *Triticum turgidum* L. イネ科 corn / English / Poulard / rivet wheat 食

リベリアコーヒーのき(-木) *Coffea liberica* W.Bull ex Hiern アカネ科 Liberian / Liberica coffee 嗜

リムのき(-木) *Dacrydium cupressinum* Sol. ex G.Forst. マキ科 red pine 材

りゅうがん(龍眼) *Dimocarpus longan* Lour. [*Euphoria longan*; *Nephelium longana*] ムクロジ科 longan, lungan 食・薬 *しまりゅうがん, ばんりゅうがん

りゅうきゅうあい(琉球藍) 別きあい(木藍) *Strobilanthes cusia* (Nees) O.Kuntze [*Baphicacanthus cusia*] キツネノマゴ科 Assam indigo, rum 染・薬

りゅうきゅうあかまつ(琉球赤松) 別おきなわまつ(沖縄松) *Pinus luchuensis* Mayr マツ科 材

りゅうきゅうい(琉球藺) → しちとうい(七島藺)

りゅうきゅういちご(琉球苺) → しまあわいちご(島粟苺)

りゅうきゅういとばしょう(琉球糸芭蕉) *Musa balbisiana* Colla バショウ科 繊

りゅうきゅういも(琉球藷) → さつまいも(薩摩芋)

りゅうきゅうがき(琉球柿) *Diospyros maritima* Blume カキノキ科 材

りゅうきゅうこうがい(琉球笄) → めひるぎ(雌蛭木)
りゅうきゅうこくたん(琉球黒檀) → やえやまこくたん(八重山黒檀)
りゅうきゅうつわぶき(琉球石蕗) *Farfugium japonicum* (L.) Kitam. var. *luchuense* (Masam.) Kitam. キク科　食
りゅうきゅうはんげ(琉球半夏) *Typhonium blumei* Nicolson et Sivad. [*Arum divaricatum*] サトイモ科　薬
りゅうきゅうまめ(琉球豆) → きまめ(木豆)
りゅうきゅうまめがき(琉球豆柿) *Diospyros japonica* Sieb. et Zucc. カキノキ科　材・薬・塗
りゅうけつじゅ(龍血樹) *Dracaena draco* L. [*Draco draco*] リュウゼツラン科　dragon tree　染
りゅうじんぼく(龍神木) *Myrtillocactus geometrizans* (Mart. ex Pfeiff.) Console ヤシ科　garambulla　食
りゅうぜつさい(龍舌菜) *Lactuca indica* L. var. *dracoglossa* Kitam. キク科　食・飼
りゅうぜん(龍髯) → しらびそ(白檜曽)　＊おおりゅうぜん
りゅうのうじゅ(龍脳樹) *Dryobalanops aromatica* C.F.Gaertn. フタバガキ科　Borneo camphor tree　材・香・薬
りゅうのひげ(龍髯) → じゃのひげ(蛇鬚)
りょうぶ(令法)　別はたつもり(畑守) *Clethra barbinervis* Sieb. et Zucc. リョウブ科　食・材
りょうらん(蓼藍) → あい(藍)
りょうりぎく(料理菊) → しょくようぎく(食用菊)
りょくちく(緑竹) *Bambusa oldhamii* Munro [*Leleba oldhamii*] イネ科　Chinese evergreen, Oldham bamboo　材・食
りょくとう(緑豆)　別あおあずき(青小豆), ぶんどう(文豆), やえなり(八重成) *Vigna radiata* (L.) R.Wilcz. [*Azukia radiata; Phaseolus radiatus; Rudea aurea*] マメ科　(Burmese / Chinese / Indian) mung bean, golden / green gram, mung dahl　食・薬
りょくようかんらん(緑葉甘藍) → ケール
リラ → ライラック
りんご(林檎)　別せいようりんご(西洋林檎) *Malus × domestica* Borkh. [*Pyrus malus*] バラ科　(common) apple　食　＊いぬりんご, こりんご, まつりんご, マメーりんご, メキシコりんご, わりんご
リンデン → せいようしなのき(西洋科木)
りんどう(龍胆) *Gentiana scabra* Bunge var. *buergeri* (Miq.) Maxim. ex Franch. et Sav. リンドウ科　autumn bellflower　薬　＊えぞりんどう, おおばりんどう, きばなりんどう, とうやくりんどう, とうりんどう
りんぼく(橉木)　別ひいらぎかし(柊樫) *Laurocerasus spinulosa* (Sieb. et Zucc.) C.K.Schneid. [*Prunus spinulosa*] バラ科　材・染・薬

[る]

ルーサン → アルファルファ
ルーダそう(-草) → ヘンルーダ
ルーピン　＊あおばなルーピン, エジプトルーピン, きばなルーピン, しろばなルーピン, ほそばルーピン
ルカム *Flacourtia rukam* Zoll. et Mor. イイギリ科　rukam　食
ルスチカタバコ(-煙草)　別まるばタバコ(円葉煙草) *Nicotiana rustica* L. ナス科　Astec / rustica / wild tobacco　嗜

ルタバガ 剛かぶかんらん(蕪甘藍), スェーデンかぶ(-蕪) *Brassica napus* L. var. *napobrassica* Rchb. アブラナ科 rutabaga, Swede, Swedish turnip 食・飼
ルッコラ → ロケットサラダ
ルバーブ 剛しょくようだいおう(食用大黄), まるばだいおう(丸葉大黄) *Rheum rhaponticum* L. タデ科 (garden) rhubarb, pie / wine plant 食
るりじさ(瑠璃苣) 剛ボラゴそう(-草), ボリジ *Borago officinalis* L. ムラサキ科 common borage, cool-tankard, talewort 薬・食
るりちょうそう(瑠璃鳥草) → ロベリア
るりはこべ(瑠璃繁縷) *Anagallis arvensis* L. f. *coerulea* (Schreb.) Baumg. サクラソウ科 cure-all, poor man's weather-glass, scarlet pimpernel 薬
るりみぞかくし(瑠璃溝隠) → ロベリア
るりみのうしころし(瑠璃実牛殺) → さわふたぎ(沢蓋木)
ルロ → ナランジロ

［れ］

れいし(茘枝) 剛ライチー *Litchi chinensis* Sonn. [*Nephelium litchi*] ムクロジ科 leechee, litchi, lychee 食・材・薬 ＊つるれいし, とげばんれいし, とげれいし, ばんれいし
れいじんそう(伶人草・麗人草) *Aconitum loczyanum* Rapaics キンポウゲ科 薬
レスクグラス 剛いぬむぎ(犬麦) *Bromus catharticus* Vahl イネ科 rescuegrass 飼
レタス 剛ちさ・ちしゃ(萵苣) *Lactuca sativa* L. キク科 (garden) lettuce 食
レダマ(連玉) *Spartium junceum* L. [*Genista juncea*] マメ科 Spanish / Weaver's broom 繊・香 ＊せいようくされダマ
レッドオルダー 剛オレゴンはんのき(-榛木) *Alnus rubra* Bong. カバノキ科 red alder 材
レッドクローバ → あかクローバ(赤-)
レッドトップ 剛こぬかぐさ(小糠草) *Agrostis gigantea* Roth イネ科 black bent, redtop 被・飼
レッドフェスク 剛おおうしのけぐさ(大牛毛草) *Festuca rubra* L. イネ科 creeping / red fescue 飼
レモン(檸檬) *Citrus limon* (L.) Burm.f. ミカン科 lemon 香 ＊ひらみレモン, みずレモン, ラフレモン
レモンがや(-茅) → レモングラス
レモングラス 剛レモンがや(-茅) *Cymbopogon citratus* (DC. ex Nees) Stapf [*Andropogon citratus*] / *C. flexuosus* Stapf イネ科 fever / lemon grass 香
レモンバーベナ 剛こうすいぼく(香水木) *Lippia citriodora* (Ortega) Humb. [*Aloysia triphylla*] クマツヅラ科 lemon verbena 香
レモンバーム 剛せいようやまはっか(西洋山薄荷), メリッサ *Melissa officinalis* L. シソ科 bee / lemon / sweet balm 香・薬・染
レモンユーカリ *Eucalyptus citriodora* Hook. フトモモ科 lemon-scented gum 香
れんぎょう(連翹) 剛いたちぐさ(鼬草) *Forsythia suspensa* (Thunb.) Vahl [*Rangium suspensus; Syringa suspensa*] モクセイ科 golden bell tree, weeping forsythia 薬 ＊しなれんぎょう
れんげ(蓮華) 剛げんげ(紫雲英・翹揺), れんげそう(蓮華草) *Astragalus sinicus* L. [*Hedysarum japonicum*] マメ科 Chinese milk-vetch, genge 飼・肥・食・薬
れんげそう(蓮華草) → れんげ(蓮華)
レンズまめ(-豆) → ひらまめ(扁豆)
れんせんそう(連銭草) → かきどおし(垣通)
レンブ(蓮霧) 剛おおふともも(大蒲桃), ジャワふともも(-蒲桃) *Syzygium samarangense* (Bl.) Merr. et L.M.Perry [*Eugenia javanica; Jambosa samarangense*] フトモモ科 Java /

water / wax apple, Java / Samarang rose apple　食　＊みずレンブ
れんりそう(連理草)　*Lathyrus quinquenervis* (Miq.) Litv.　[*Vicia quinquenervia*] マメ科 vetchling　食　＊えぞれんりそう, ひろはのれんりそう

［ろ］

ろうのき(蝋木)　→　はぜのき(櫨木)
ろうやし(蝋椰子)　別ブラジルろうやし(-蝋椰子)　*Copernicia prunifera* H.E.Moore ヤシ科 Brazilian wax palm, Caranda / Carnauba palm　油
ローズウッド　*Aniba rosiodora* Ducke クスノキ科 rose wood　材・香
ローズグラス　別アフリカひげしば(-髭芝), ガヤナしば(-芝)　*Chloris gayana* Kunth イネ科 Rhodes grass　飼
ローズクローバ　別ビロードあかつめくさ(-赤詰草)　*Trifolium hirtum* All. マメ科 rose clover　飼
ローズマリー　別まんねんろう・めいてつこう(迷迭香), まんるそう, ロベージ　*Rosmarinus officinalis* L. シソ科 rosemary　香・薬・染
ローゼル　別ロゼリそう(-草)　*Hibiscus sabdariffa* L.　[*Abelmoschus cruentus*] アオイ科 Indian / Jamaica / red sorrel, jelly okra, (royal) roselle　繊・香
ローソンひのき(-檜)　別べいひ(米檜)　*Chamaecyparis lawsoniana* (A.Murray) Parl. ヒノキ科 Lawson cypress　材
ローブルーベリー　*Vaccinium pallidum* Aiton ツツジ科 blue ridge blueberry, hillside / lowbush blueberry, lowbush huckleberry　食
ローマカミツレ　別ローマンカモミール　*Anthemis nobilis* L.　[*Chamaemelum nobile*] キク科 (garden / noble / Roman) chamomile　薬
ローマンカモミール　→　ローマカミツレ
ローレル　→　げっけいじゅ(月桂樹)
ろかい(蘆薈)　＊きだちろかい, しんろかい, もうしろかい
ろくず(鹿豆)　→　たんきりまめ(痰切豆)
ろくろぎ(轆轤木)　→　えごのき(-木)
ろぐわ(魯桑)　別まるばぐわ(丸葉桑), ろそう(魯桑)　*Morus latifolia* Poiret クワ科 silkworm mulberry　薬・飼
ロケットサラダ　別きばなすずしろ(黄花清白), ルッコラ　*Eruca sativa* Mill.　[*Brassica eruca*] アブラナ科 arugula, garden / Mediterranean rocket, rocket (salad), roquette　食・油・薬
ロシアアーモンド　*Amygdalus nana* L. バラ科 Russian almond　食
ロシアたんぽぽ(-蒲公英)　→　ゴムたんぽぽ(-蒲公英)
ロゼリそう(-草)　→　ローゼル
ろそう(魯桑)　→　ろぐわ(魯桑)
ろぞく(蘆粟)　→　スイートソルガム
ロタンとう(-籐)　→　とう(籐)
ロブスタコーヒーのき(-木)　別コンゴコーヒーのき(-木)　*Coffea robusta* L.Linden アカネ科 Congo / robusta coffee　嗜
ロベージ　*Levisticum officinale* Koch.　[*Angelica levisticum; Ligusticum levisticum*] セリ科 lovage, love parsley, mountain hemlock　薬
ロベリア　別るりちょうそう(瑠璃鳥草), るりみぞかくし(瑠璃溝隠)　*Lobelia inflata* L. キキョウ科 lobelia, Indian tobacco　薬

［わ］

ワイルドタイム 剛ようしゅいぶきじゃこうそう(洋種伊吹麝香草) *Thymus serpyllum* L. シソ科 creeping / lemon / wild thyme, mother-of-thyme 香・薬
わかばキャベツやし(若葉-椰子) → アサイやし(-椰子)
ワキシーコーン *Zea mays* L. var. *ceratina* (Sturt.) Bailey イネ科 waxy corn / maize 食
わけぎ(分葱) 剛ひともじ(一文字), ふゆぎ(冬葱) *Allium* × *wakegi* Araki ユリ科 scallion, wakegi onion 食 ＊せんぼんわけぎ
わさび(山葵) *Eutrema japonica* (Miq.) Koidz. [*Alliaria wasabi*; *Cochlearia wasabi*; *Lunaria japonica*; *Wasavia japonica*] アブラナ科 Japanese horseradish, wasabi 食・香 ＊えぞわさび, せいようわさび, ゆりわさび
わさびだいこん(山葵大根) → せいようわさび(西洋山葵)
わさびのき(山葵木) *Moringa oleifera* Lam. [*Guilandina moringa*] ワサビノキ科 Be(h)n tree, drumstick (tree), horse radish tree 香・油・食
わすれぐさ(忘草) → やぶかんぞう(藪萱草)
わせいちご(早生苺) → くさいちご(草苺)
わせうんしゅう(早生温州) *Citrus unshiu* S.Marcov. var. *praecox* Tanaka ミカン科 食
わせすいば(早生酸葉) *Rumex patientia* L. タデ科 (garden) patience, patience / Spanish dock 食
わた(棉) ＊アジアわた, インドわた, きだちわた, けぶかわた, しろばなわた, ペルーわた, メキシコわた
わたくぬぎ(綿橡) → あべまき
わたげかまつか(綿毛鎌柄) 剛うしごろし(牛殺) *Pourthiaea villosa* (Thunb.) Decne. [*Photinia villosa*] バラ科 材
わだそう(和田草) *Pseudostellaria heterophylla* (Miq.) Pax ex Pax et Hoffm. ナデシコ科 lesser giseng 薬
わたとうひれん(綿唐飛廉) *Saussurea gossypiphora* D.Don キク科 薬
わたのき(綿木) ＊インドわたのき, きわたのき
わになし(鰐梨) → アボカド
わらび(蕨) *Pteridium aquilinum* (L.) Kuhn var. *latiusculum* (Dresv.) Underw. ex A.Heller コバノイシカグマ科 brake, eastern bracken (fern) 食・薬 ＊ふゆのはなわらび
わりんご(和林檎) *Malus asiatica* Nakai バラ科 食
われもこう(吾木香・吾亦紅・我毛香) *Sanguisorba officinalis* L. バラ科 burnet bloodwort, great burnet 食・薬 ＊オランダわれもこう
ワングル → かんえんがやつり(灌園蚊屋吊)

第Ⅱ部

学名の部
― 学名から和名・英名を調べる ―

(1) 記載の順序は次の通り。
　　属名(太字), その和名, 科の和名。次行に字下げして,
　　種小名, 命名者, 和名, 英名, 用途。
(2) 亜種(ssp.), 変種(var.), 亜変種(sv.), 品種(f.)があるときも順次字下げして表示した。ただし, 紛れのないときは字下げしてない。なお, ×印のあるものは種間あるいは属間雑種を示す。
(3) 和名は標準的な名称のみを示した。別名については「和名の部」を参照されたい。
(4) 和名に相当する漢字がある場合は, 慣用の当て字を含めて( )に付した。外国語由来の和名は原則としてカタカナ書きとした。[ ]は, 例えばアマランサス[赤粒・粟]のように, 和名を補足するときに用いた。
(5) 英語では, 前後にある単語が重複するとき, 省略のために"/"および"( )"を用いた。
　　(例)　European / silver fir = European fir, silver fir
　　　　　sisal agave / hemp = sisal agave, sisal hemp
　　　　　(glove) artichoke = glove artichoke, artichoke
(6) 用途を示す1文字の意味は以下の通りである。用途は参考であって, 厳密なものではない。
　　食:生食したり, 煮る・蒸す・炒める・揚げるなどして食べる。ジュース, ジャムや果実酒用を含む。
　　油:油を利用する(食用, 燃料用, 灯火用, 工業用など)。蝋を含む。
　　甘:甘味料。
　　香:香料, 香辛料。
　　嗜:嗜好品(茶や酒などの飲料用, 喫煙用など)。
　　薬:(漢方, 民間)薬として利用。毒薬を一部含む。
　　繊:繊維を利用する(布, 綱, 紙, 家具・道具など)。
　　染:染料(媒染剤を含む)。
　　塗:塗料として利用。
　　ゴ:ゴムとして利用。
　　飼:家畜の飼料(主として牧草)。
　　肥:緑肥として利用。
　　被:土壌被覆用。
　　材:木材(建築材, 家具・道具用)。茸栽培原木, 薪炭用も含めた。
　　台:接ぎ木の台木。
　　糊:製紙用, 鳥もちなど。
　　鞣:皮の鞣し用。
(7) "名前1"→"名前2"は, 名前1が名前2の異名であることを示す。名前2が同じ属でないときは学名の後に標準和名を入れた。異名の命名者は略した。

[A]

Abelmoschus　トロロアオイ属　アオイ科
　　cruentus → *Hibiscus sabdariffa* (ローゼル)
　　esculentus (L.) Moench　オクラ　bindi, gumbo, lady's finger, okra　食
　　esculentus × *manihot* → *glutino-textilis*
　　glutino-textilis　Kagawa　のりあさ(糊麻)　糊
　　manihot (L.) Medik.　とろろあおい(黄蜀葵)　sunset / yellow hibiscus, musk-mallow　薬・糊
　　moschatus (L.) Medik.　とろろあおいもどき(黄蜀葵擬)　ambrette, musk okra　薬・香
　　verrucosus → *Hibiscus cannabinus* (ケナフ)
Abies　モミ属　マツ科
　　alba Mill.　ヨーロッパもみ(-樅)　common / European / silver fir　材・繊
　　balsamea (L.) Mill.　バルサムもみ(-樅)　balsam / Eastern fir, balm / blister of Gilead fir, Canada balsam　油・香
　　bicolor → *Picea bicolor* (いらもみ)
　　cephalonica Loud.　ギリシャもみ(-樅)　Greek fir　材
　　concolor (Gord. et Glend.) Lindl.　べいもみ(米樅)　(California / Colorado) white fir　材
　　firma Sieb. et Zucc.　もみ(樅)　Japanese silver fir, momi fir　材
　　glehnii → *Picea glehnii* (あかえぞまつ)
　　grandis (Dougl. ex D.Don) Lindl.　アメリカおおもみ(-大樅)　giant / grand / lowland fir　材
　　heterophylla → *Tsuga heterophylla* (アメリカつが)
　　homolepis Sieb. et Zucc.　うらじろもみ(裏白樅)　Nikko silver fir　材・繊・薬
　　jezoensis → *Picea jezoensis* (えぞまつ)
　　koreana Wilson　ちょうせんもみ(朝鮮樅)　Korean fir　材
　　leptolepis → *Larix kaempferi* (からまつ)
　　magnifica Murray　かくばもみ(角葉樅)　(California) red fir　材
　　mariesii Mast.　おおしらびそ(大白檜曽)　Maries fir　材・繊
　　mayriana → *sachalinensis* var. *mayriana*
　　menziesii → *Pseudotsuga menziesii* (べいまつ)
　　nordmanniana (Steven) Spach　コーカサスもみ(-樅)　Caucasian / Nordmann fir　材
　　petinata → *alba*
　　procera Rheder　ノーブルもみ(-樅)　noble fir　材
　　sachalinensis (F.Schmidt) Mast.　とどまつ(椴松)　Sakhalin / Todo fir　材・繊
　　　　var. *mayriana* Miyabe et Kudô　あおとどまつ(青椴松)　材
　　sibirica Ledeb.　シベリアもみ(-樅)　Siberian fir　材
　　veitchii Lindl.　しらびそ(白檜曽)　Veitch's silver fir　材・繊
Abrus　トウアズキ属　マメ科
　　fruticulosus Wall ex Wight et Arn.　しろとうあずき(白唐小豆)　薬
　　precatorius L.　とうあずき(唐小豆)　Indian / wild licorice, jequirity, rosary pea　薬
Abutilon　イチビ属　アオイ科
　　asiaticum (L.) G.Don　たいわんいちび(台湾莔麻)　繊
　　avicennae → *theophrasti*
　　indicum (L.) Sweet　たかさごいちび(高砂莔麻)　country / Indian mallow, kanghi　繊・薬
　　theophrasti Medik.　いちび(莔麻)　butter-print, button / velvet weed, China jute, Chinese hemp, Indian mallow　繊・薬
Acacia　アカシア属　ネムノキ科

- 135 -

arabica → *nilotica*
catechu (L.f.) Willd. あせんやくのき(阿仙薬木) (black) catechu, (black / pegu) cutch　薬・染
confusa Merr. そうしじゅ(相思樹) Taiwan acacia　材・染・肥
dealbata Link アカシア acacia, mimosa, silver wattle　材・薬・ゴ
decurrens
　　var. *dealbata* → *dealbata*
　　var. *mollis* → *mearnsii*
farnesiana (L.) Willd. きんごうかん(金合歓) cassie, huisache, sponge tree, sweet acacia　香・薬・染
julibrissin → *Albizia julibrissin* (ねむのき)
mearnsii de Wild. モリシマアカシア acacia negra, black wattle　材・鞣
mollissima → *mearnsii*
nilotica (L.) Willd. ex Delile アラビアゴムもどき(-擬) babul acacia, Egyptian mimosa / thorn　ゴ・薬・飼
senegal (L.) Willd. アラビアゴムのき(-木) acacia gum, gum Arabic / Senegal　ゴ・繊・薬
verek → *senegal*

Acalypha エノキグサ属　トウダイグサ科
　australis L. えのきぐさ(榎草) (three-seeded) copperleaf　薬
　indica L. きだちあみがさ(木立編笠) Indian nettle, three-seeded mercury　食・薬

Acanthopanax (ウコギ科)
　gracilitylus → *Eleutherococcus sieboldianus* (うこぎ)
　innovans → *Evodiopanax innovans* (いもの木)
　pentaphyllus → *Eleutherococcus sieboldianus* (うこぎ)
　sciadophylloides → *Eleutherococcus sciadophylloides* (こしあぶら)
　senticosus → *Eleutherococcus senticosus* (えぞうこぎ)
　sieboldianus → *Eleutherococcus sieboldianus* (うこぎ)
　spinosus → *Eleutherococcus sieboldianus* (うこぎ)

Acanthus ハアザミ属　キツネノマゴ科
　mollis L. はあざみ(葉薊) artist's / soft acanthus, soft-leaved bear's breech　薬

Acca アッカ属(フェイジョア属)　フトモモ科
　sellowiana (Berg) Burret フェイジョア feijor, pineapple guava　食

Acer カエデ属　カエデ科
　amoenum Carr. おおもみじ(大紅葉)　材
　　var. *matsumurae* (Koidz.) Ogata やまもみじ(山紅葉)　材
　capillipes Maxim. ほそえかえで(細柄楓) Japanese striped maple　材
　carpinifolium Sieb. et Zucc. ちどりのき(千鳥木) hornbeam maple　材
　cissifolium (Sieb. et Zucc.) K.Koch みつでかえで(三手楓) ivy-leaved maple　材
　crataegifolium Sieb. et Zucc. うりかえで(瓜楓) hawthorn maple　材
　diabolicum Blume ex K.Koch おにもみじ(鬼紅葉) devil's maple, horned maple　材
　distylum Sieb. et Zucc. ひとつばかえで(一葉楓) linden-leaf maple　材
　japonicum Thunb. はうちわかえで(羽団扇楓) full-moon / Japanese maple　材
　maximowiczianum → *nikoense*
　miyabei Maxim. くろびいたや(黒皮板屋) Miyabe maple　材
　mono → *pictum* ssp. *mono*
　　ssp. *mamoratum* → *pictum* ssp. *mono*
　　ssp. *mayrii* → *pictum* ssp. *mayrii*
　　var. *glabrum* → *pictum* ssp. *mono*

  var. *mayrii* → *pictum* ssp. *mayrii*
 negundo L. とねりこばのかえで(梣葉楓) box elder　材
 nikoense Maxim. めぐすりのき(目薬木) Nikko maple　薬・材
 nipponicum H.Hara てつかえで(鉄楓)　材
 palmatum Thunb. いろはもみじ(伊呂波紅葉) Japanese maple　材・食
  ssp. *amoenum* → *amoenum*
  ssp. *matsumurae* → *amoenum* var. *matsumurae*
  var. *amoenum* → *amoenum*
  var. *matsumurae* → *amoenum* var. *matsumurae*
 parviflorum → *nipponicum*
 pictum Thunb.
  ssp. *mayrii* (Schwer.) H.Ohashi あかいたや(赤板屋)　材
  ssp. *mono* (Maxim.) H.Ohashi いたやかえで(板屋楓) painted maple　材・食
 pseudoplatanus L. シカモア　mock plane, sycamore maple　材
 pycnanthum K.Koch はなのき(花木)　材・嗜
 rubrum L. アメリカはなのき(－花木) red / scarlet / soft / swamp maple　材
  var. *pycnanthum* → *pycnanthum*
 rufinerve Sieb. et Zucc. うりはだかえで(瓜膚楓) snake-bark maple　材
 saccharum Marshall さとうかえで(砂糖楓) hard / rock / sugar maple　甘・材
 sieboldianum Miq. いたやめいげつ(板屋名月)　材
 trancatum ssp. *mono* → *pictum* ssp. *mono*
Achillea ノコギリソウ属　キク科
 alpina L. のこぎりそう(鋸草) Siberian yarrow　薬
 filipendulina Lam. きばなのこぎりそう(黄花鋸草) fern-leaf / yellow yarrow, cloth of gold　薬
 millefolium L. せいようのこぎりそう(西洋鋸草) (common) yarrow, milfoil　薬・食
 sibilica → *alpina*
Achnatherum ハネガヤ属　イネ科
 pekinense (Hance) Ohwi はねがや(羽茅) feather grass　薬
Achras (アカテツ科)
 zapota → *Manilkara zapota* (サポジラ)
Achyranthes イノコズチ属　ヒユ科
 bidentata Blume いのこずち(牛膝) Japanese chaff flower　食・薬
  var. *japonica* → *bidentata*
 japonica → *bidentata*
 longifolia (Makino) Makino やなぎいのこずち(柳牛膝)　薬
Aconitum トリカブト属　キンポウゲ科
 carmichaelii → *chinense*
 chinense Sieb. ex Paxton とりかぶと(鳥兜) Chinese aconite　薬
 fouriei → *chinense*
 japonicum Thunb. おくとりかぶと(奥鳥兜) Japanese aconite　薬
 loczyanum Rapaics れいじんそう(伶人草)　薬
 napellus Thunb. アコニット　aconite, monks-hood　薬
 wilsonii → *chinense*
 yezoense Nakai えぞとりかぶと(蝦夷鳥兜)　薬
Acorus ショウブ属　ショウブ科
 calamus L. しょうぶ(菖蒲) calamus, flagroot, sweet flag / sedge　薬・香
  var. *asiaticus* → *calamus*

gramineus Sol. せきしょう（石菖） grassy-leaved sweet flag 薬
Acronychia オオバゲッケイ属 ミカン科
　　penduculata (L.) Miq. おおばげっけい（大葉月桂） jambol 薬
Actinidia マタタビ属 マタタビ科
　　arguta (Sieb. et Zucc.) Planch. ex Miq. さるなし（猿梨） arguta, bower actinidia, tara vine 食
　　　　var. *hypoleuca* (Nakai) Kitam. うらじろまたたび（裏白木天蓼） 食
　　chinensis Planch. キーウィフルーツ Chinese gooseberry, kiwi fruit / berry 食
　　hypoleuca → *arguta* var. *hypoleuca*
　　kolomikta (Rupr. et Maxim.) Maxim. みやままたたび（深山木天蓼） kolomikta vine 食
　　polygama (Sieb. et Zucc.) Planch. ex Maxim. またたび（木天蓼） silver vine 食・薬
　　rufa (Sieb. et Zucc.) Planch. ex Miq. しまさるなし（島猿梨） 食
Actinodaphne カゴノキ属 クスノキ科
　　acuminata (Blume) Meisn. ばりばりのき（-木） 材・染
　　lancifolia (Sieb. et Zucc.) Meisn. かごのき（鹿子木） 材
Actinostemma ゴキヅル属 ウリ科
　　lobatum → *tenerum*
　　tenerum Griff. ごきづる（御器蔓） gokizuru 薬
Adansonia バオバブ属 パンヤ科
　　digitata L. バオバブ baobab, dead-rat tree, monkey bread tree 食・薬・繊
Adenanthera ナンバンアカアズキ属 マメ科
　　pavonina L. なんばんあかあずき（南蛮赤小豆） Barbados pride, bead tree, coral pea, red sandalwood 食・染・材
Adenocaulon ノブキ属 キク科
　　himalaicum Edgew. のぶき（野蕗） 食
Adenophora ツリガネニンジン属 キキョウ科
　　remotiflora (Sieb. et Zucc.) Miq. そばな（蕎麦菜） panicled lady bells 食・薬
　　stricta Miq. とうしゃじん（唐沙参） 薬
　　thunbergiana → *triphylla* var. *japonica*
　　triphylla (Thunb.) A.DC.
　　　　ssp. *apeticampanulata* → var. *japonica*
　　　　var. *japonica* (Regel) H.Hara つりがねにんじん（釣鐘人参） 食・薬
　　　　var. *tetraphylla* → var. *japonica*
Adina タニワタリノキ属 アカネ科
　　globiflora → *pilulifera*
　　pilulifera (Lam.) Franch. ex Drake たにわたりのき（谷渡木） 薬
Adonis フクジュソウ属 キンポウゲ科
　　ramosa Franch. ふくじゅそう（福寿草） (Amur) adonis, pheasant's eye 薬
　　vernalis L. ようしゅふくじゅそう（洋種福寿草） (spring) adonis, yellow pheasant's eye 薬
Aegle ミカン科
　　marmelos (L.) Corrêa ベルのき（-木） bael, Baelfruit tree, Bengal quince, Elephant apple 薬
Aesculus トチノキ属 トチノキ科
　　hippocastatum L. せいようとちのき（西洋栃） buckeye, horse chestnut 材
　　turbinata Blume とちのき（栃） Japanese horse chestnut 材・食
Agastache カワミドリ属 シソ科
　　foeniculum (Pursh) Kuntze アニスヒソップ anise hyssop 香
　　rugosa (Fisch. et C.A.Mey.) Kuntze かわみどり（藿香） giant hyssop 薬
Agathis インドナギ属（ナンヨウナギ属） ナンヨウスギ科

alba → *dammara*
　　　australis Steud.　カウリコーパルのき(-木)　Kauri (pine)　塗・材
　　　dammara (Lamb.) Rich.　マニラコーパルのき(-木)　Amboina pine, Manila copal tree　塗・材
Agave　リュウゼツラン属　リュウゼツラン科
　　　americana L.　アガベ　agave, century plant　薬
　　　cantala Roxb.　カンタラあさ(-麻)　cantala　繊
　　　fourcroydes Lem.　ヘネケン　henequen, Yucatan sisal　繊
　　　sisalana Perrine ex Engelm.　サイザルあさ(-麻)　hemp plant, sisal agave / hemp　繊
　　　tequilana Weber　テキラりゅうぜつ(-龍舌)　tequila　嗜
Ageratum　カッコウアザミ属　キク科
　　　conyzoides L.　かっこうあざみ(藿香薊)　tropic ageratum　薬
Aglaia　モラン属　センダン科
　　　domestica → *Lansium domesticum* (ランサ)
　　　odorata Lour.　じゅらん(樹蘭)　Chinese perfume / rice flower, mock lime　香・薬
Agrimonia　キンミズヒキ属　バラ科
　　　eupatria L.　せいようきんみずひき(西洋金水引)　agrimony　薬
　　　　var. *pilosa* → *pilosa* var. *japonica*
　　　pilosa Ledeb. var. *japonica* (Miq.) Nakai　きんみずひき(金水引)　hair-vein agrimony　薬・食
Agropyron　カモジグサ属　イネ科
　　　cristatum Gaertn.　クレステッドホイートグラス　crested wheatgrass　飼
　　　intermedium Beauv.　インタミーデートホイートグラス　intermediate wheatgrass　飼
　　　pauciflorum Hitchec.　スレンダーホイートグラス　slender wheatgrass　飼
　　　smithii Rydb.　ウェスタンホイートグラス　western wheatgrass　飼
Agrostis　ヌカボ属(コヌカグサ属)　イネ科
　　　alba → *gigantea*
　　　gigantea Roth　レッドトップ　black bent, redtop　被・飼
　　　palustris → *stolonifera*
　　　stolonifera L.　クリーピングベント　creeping bent grass　被
　　　tenuis Sibth.　コロニアルベント　colonial bent grass　被
Ailanthus　ニワウルシ属(シンジュ属)　ニガキ科
　　　altissima (Mill.) Swingle　にわうるし(庭漆)　tree of heaven, Chinese sumac　材・飼・薬
　　　flavescens → *Cedrela sinensis* (チャンチン)
Ajuga　キランソウ属　シソ科
　　　decumbens Thunb.　きらんそう(金瘡小草)　bugle(weed)　食
　　　nipponensis Makino　じゅうにひとえ(十二単)　薬
　　　reptans L.　せいようじゅうにひとえ(西洋十二単)　ajuga, carpet bugleweed, bugle herb　薬
Akebia　アケビ属　アケビ科
　　　lobata → *trifoliata*
　　　　var. *pentaphylla* → *pentaphylla*
　　　pentaphylla Makino　ごようあけび(五葉通草)　食
　　　quinata (Houtt.) Decne.　あけび(通草)　chocolate vine, five-leaved akebia　食・薬
　　　sempervirens → *quinata*
　　　trifoliata (Thunb.) Koidz.　みつばあけび(三葉通草)　three-leaved akebia　食・材・薬
Alangium　ウリノキ属　ウリノキ科
　　　platanifolium (Sieb. et Zucc.) Harms
　　　　var. *macrophyllum* → var. *trilobum*
　　　　var. *trilobum* (Miq.) Ohwi　うりのき(瓜木)　薬

Albizia　ネムノキ属　ネムノキ科
    julibrissin Durazz.　ねむのき(合歓木)　pink siris, silk tree　薬・材
    saman (Jacq.) F.Muell.　アメリカねむのき(-合歓木)　monkey pod, rain tree, South American acasia　材
Alcea　タチアオイ属　アオイ科
    rosea L.　たちあおい(立葵)　althea, hollyhock　薬
Aleurites　アブラギリ属　トウダイグサ科
    cordatus (Thunb.) R.Br. ex Steud.　あぶらぎり(油桐)　Japan wood-oil tree　油・材
    fordii Hemsl.　しなあぶらぎり(支那油桐)　China tung-oil / wood-oil tree, tung　油・薬・材
    moluccana (L.) Willd.　ククイのき(-木)　candlenut, country walnut, kukui, Moluccan oil tree, varnish tree　油・染
    montana (Lour.) E.H.Wilson　カントンあぶらぎり(広東油桐)　tung-oil tree　油・薬
    triloba → *moluccana*
Alisma　サジオモダカ属(ヘラオモダカ属)　オモダカ科
    orientale → *plantago-aquatica* var. *orientale*
    plantago-aquatica L. var. *orientale* Sam.　さじおもだか(匙面高)　oriental water plantain　薬
Alliaria　(アブラナ科)
    wasabi → *Eutrema japonica* (わさび)
Allium　ネギ属　ユリ科
    ampeloprasum → *porrum*
      var. *porrum* → *porrum*
    angulosum → *tuberosum*
    ascalonicum → *cepa* var. *aggregatum*
    bakeri → *chinense*
    bouddahae → *fistulosum*
    cepa L.　たまねぎ(玉葱)　onion　食
      var. *aggregatum* G.Don　シャロット　eschalot, ever-ready / potato onion, shallot　食
      var. *bulbillifera* Bailey　やぐらたまねぎ(櫓玉葱)　top / tree onion　食
    chinense G.Don　らっきょう(辣韮)　baker's garlic, rakkyo　食
    fistulosum L.　ねぎ(葱)　cibol, ciboule, Japanese bunching onion, Welsh onion　食
      var. *caespitosum* → ×*wakegi*
      var. *viviparum* Makino　やぐらねぎ(櫓葱)　食
    grayi Regel　のびる(野蒜)　Chinese garlic, wild rocambole　食・薬
    ledebourianum → *schoenoprasum* var. *foliosum*
    macrostemon → *grayi*
    monanthum Maxim.　ひめにら(姫韮)　食
    nipponicum → *grayi*
    porrum L.　リーキ　leek　食
    ×*proliferum* → ×*wakegi*
    sativum L.　にんにく(忍辱)　garlic　食・香・薬
      f. *pekinense* → *sativum*
      var. *japonicum* → *sativum*
      var. *pekinense* → *sativum*
    schoenoprasum L.　えぞねぎ(蝦夷葱)　chive　食
      var. *foliosum* Regel　あさつき(浅葱)　asatsuki, chive　食
    thunbergii G.Don　やまらっきょう(山辣韮)　食
    tuberosum Rottler ex Spreng.　にら(韮)　Chinese / garlic chive, Oriental garlic　食・薬

  ursinum L. くまにんにく(熊大蒜) ramsons 薬
  victorialis L.
   ssp. *platyphyllum* (Hultén) Makino ぎょうじゃにんにく(行者忍辱) 食
   var. *platyphyllum* → ssp. *platyphyllum*
  × *wakegi* Araki わけぎ(分葱) scallion, wakegi onion 食
Allocasuarina モクマオウ属 モクマオウ科
  equisetifolia L. とくさばもくまおう(木賊葉木麻黄) bull / swamp oak, horsetail tree 材・染・薬
  verticillata (Lam.) L.A.S.Jhonson もくまおう(木麻黄) coast she oak, river / swamp oak 材
Alnaster (カバノキ科)
  firma → *Alnus firma* (やしゃぶし)
  maximowiczii → *Alnus maximowiczii* (みやまはんのき)
Alnus ハンノキ属 カバノキ科
  crispa ssp. *maximowiczii* → *maximowiczii*
  firma Sieb. et Zucc. やしゃぶし(夜叉五倍子) 材・染
   var. *hirtella* Franch. et Sav. みやまやしゃぶし(深山夜叉五倍子) 材
  hirsuta Turcz. けやまはんのき(毛山榛木) Manchurian alder 材
   var. *sibirica* (Fisch.) C.K.Schneid. やまはんのき(山榛木) 材・染
  inokumae S.Murai et Kusaka こばのやまはんのき(小葉山榛木) 材・染
  japonica (Thunb.) Steud. はんのき(榛木) Japanese alder 材・染
   var. *arguta* Callier やちはんのき(谷地榛木) 材
  maximowiczii Callier みやまはんのき(深山榛木) 材
  oregona → *rubra*
  pendula Matsum. ひめやしゃぶし(姫夜叉五倍子) 染
  rubra Bong. レッドオルダー red alder 材
  serrulatoides Callier かわらはんのき(河原榛木) 材
  tinctoria → *hirsuta*
   var. *glabra* → *hirsuta* var. *sibilica*
   var. *microphylla* → *inokumae*
Alocasia クワズイモ属 サトイモ科
  indica → *macrorrhiza*
  macrorrhiza (L.) G.Don インドくわずいも(印度不食芋) elephant ear, giant taro 食
Aloe アロエ属 アロエ科
  arborescens Mill. きだちアロエ(木立-) candelabra aloe, octopus / torch plant 薬
  barbadensis Mill. アロエ aloe vera, Barbados / medicinal / true aloe 薬
  ferox Mill. もうしろかい(猛刺蘆薈) Cape aloe 薬
  perryi Baker ソコトラアロエ Socotrine / Zanzibar aloe 薬
  vera → *barbadensis*
  vulgaris → *barbadensis*
Alopecurus スズメノテッポウ属 イネ科
  pratensis L. メドーフォクステール meadow foxtail 飼
Aloysia (クマツヅラ科)
  triphylla → *Lippia citriodora* (レモンバーベナ)
Alpinia ハナミョウガ属 ショウガ科
  formosana K.Schum. くまたけらん(熊竹蘭) pinstripe ginger 薬
  japonica (Thunb.) Miq. はなみょうが(花茗荷) Japanese galangal 薬
  katsumadae → *formosana*
  officinarum Hance こうりょうきょう(高良姜) Chinese-ginger, (lesser) galangal 薬

  speciosa → *zerumbet*
  zerumbet (Pers.) B.L.Burtt et R.M.Sm.　げっとう（月桃）　pink porcelain lily, shell-flower, shell ginger　食・薬・繊
Althaea　ビロードアオイ属　アオイ科
  officinalis L.　ビロードあおい（-葵）　marsh / white mallow　薬・糊
  rosea → *Alcea rosea*（たちあおい）
Alysicarpus　ササハギ属　マメ科
  vaginalis (L.) DC.　ささはぎ（笹萩）　Alyce / buffalo clover　飼
Amana　アマナ属　ユリ科
  edulis (Miq.) Honda　あまな（甘菜）　食・薬
Amaranthus　ヒユ属　ヒユ科
  caudatus L.　アマランサス［赤粒・粳］　grain amaranth, Inca wheat, love lies bleeding, tassel / velvet flower　食
  cruentus L.　アマランサス　African spinach, prince's feather, purple / red amaranth　食
  edulis → *caudatus*
  hypocondriacus L.　アマランサス［白粒・糯］　食
  inamoenus → *tricolor* ssp. *mangostanus*
  mangostanus → *tricolor* ssp. *mangostanus*
  retroflexus L.　あおびゆ（青莧）　green amaranth, redroot pigweed　食
  tricolor L. ssp. *mangostanus* (L.) Aellen　ひゆ（莧）　Ganges amaranth　食・薬
Ambrina　（アカザ科）
  ambrosioides → *Chenopodium ambrosioides*（ありたそう）
Ambroma　トゲアオイモドキ属　アオギリ科
  augusta L.f.　とげあおいもどき（刺葵擬）　繊
Ambrosia　ブタクサ属　キク科
  artemisiifolia L.　ぶたくさ（豚草）　bitterweed, (common) ragweed, hogweed　食
  var. *elatior* → *artemisiifolia*
Amelanchier　ザイフリボク属　バラ科
  asiatica (Sieb. et Zucc.) Endl. ex Walp.　ざいふりぼく（采振木）　shadblow, shadbush　食・材
Amethystanus　（シソ科）
  japonicus → *Rabdosia japonicus*（ひきおこし）
Ammi　ドクゼリモドキ属　セリ科
  majus L.　どくぜりもどき（毒芹擬）　bishop's weed, Queen Anne's lace　薬
Ammophila　オオハマガヤ属　イネ科
  arenaria (L.) Link　ビーチグラス　European beach-grass　被
  arundinacea → *arenaria*
Amomum　アモムム属　ショウガ科
  angustifolium → *Zingiber officinale*（しょうが）
  cardamomum → *Elettaria cardamomum*（カルダモン）
  compactum Roem. et Schult.　びゃくずく（白豆蔲）　Java / round / Siam cardamom　香
  kepulaga → *compactum*
  zedoaria → *Curcuma zedoaria*（がじゅつ）
  zerumbet → *Zingiber zerumbet*（はなしょうが）
  zingiber → *Zingiber officinale*（しょうが）
Amorpha　クロバナハリエンジュ属　マメ科
  fruticosa L.　くろばなえんじゅ（黒花槐）　bastard indigo, indigo bush　材
Amorphophallus　コンニャク属　サトイモ科

  konjac K.Koch　こんにゃく(蒟蒻)　Devil's-tongue, elephant foot, konjac　食
  rivieri var. *konjac* → *konjac*
Ampelopsis　ノブドウ属　ブドウ科
  brevipedunculata var. *heterophylla* → *glandulosa* var. *heterophylla*
  glandulosa (Wall.) Momiy. var. *heterophylla* (Thunb.) Momiy.　のぶどう(野葡萄)　wild grape / vine　薬
  japonica (Thunb.) Makino　かがみぐさ(鏡草)　薬
  serjaniaefolia → *japonica*
Amphicarpaea　ヤブマメ属　マメ科
  bracteata (L.) Fernald ssp. *edgeworthii* (Benth.) H.Ohashi var. *japonica* (Oliv.) H.Ohashi　やぶまめ(藪豆)　wild bean　食
  edgeworthii var. *japonica* → *bracteata* ssp. *edgeworthii* var. *japonica*
Amygdalus　モモ属　バラ科
  amara → *communis* var. *amara*
  armeniaca → *Armeniaca vulgaris* (あんず)
  communis L.　アーモンド　almond (tree)　食・薬
   var. *amara* Ludw. ex DC.　ビターアーモンド　bitter almond (tree)　香
   var. *dulcis* Borkh. ex DC.　スィートアーモンド　sweet almond　食・薬
  dulcis → *communis* var. *dulcis*
  ferganensis (Kost. et Rjabkova) T.T.Yu et L.T.Lu　しんきょうもも(新彊桃)　食
  nana L.　ロシアアーモンド　Russian almond　食
  persica L.　もも(桃)　peach (tree)　食・薬
   var. *compressa* (Loudon) T.T.Yu et L.T.Lu　ばんとう(蟠桃)　flat peach, peento　食
   var. *nectarina* → var. *nucipersica*
   var. *nucipersica* L.　ネクタリン　(table) nectarine, smooth-skinned peach　食
   var. *platycarpa* → var. *compressa*
  sativus → *communis*
Anacardium　カシューナットノキ属　ウルシ科
  occidentale L.　カシューナットのき(-木)　cashew (nut)　食・材・染・油
Anagallis　ルリハコベ属　サクラソウ科
  arvensis L. f. *coerulea* (Schreb.) Baumg.　るりはこべ(瑠璃繁縷)　cure-all, poor man's weather-glass, scarlet pimpernel　薬
  repens → *arvensis*
Ananas　パイナップル属　パイナップル科
  comosus (L.) Merr.　パイナップル　pineapple　食
  sativus → *comosus*
Anaphalis　ヤマハハコ属　キク科
  margaritacea (L.) Benth. et Hook.f.　やまははこ(山母子)　pearly overlasting　薬・食
   ssp. *angustior* → *margaritacea*
   var. *angustior* → *margaritacea*
Anchusa　ウシノシタグサ属　ムラサキ科
  officinalis L.　アルカネット　alkanet, anchusa, (dyer's) bugloss　薬・染
Andromeda　(ツツジ科)
  adenothrix → *Gaultheria adenothrix* (いわはぜ)
  elliptica → *Lyonia ovaliflora* var. *elliptica* (ねじき)
  japonica → *Pieris japonica* (あせび)
Andropogon　ウシクサ属(メリケンカルカヤ属)　イネ科

citratus → *Cymbopogon citratus* (レモングラス)
　　　gerardii Vitman　ビッグブルーステム　big bluestem　飼
　　　nardus → *Cymbopogon nardus* (セイロンシトロネラ)
　　　scoparius Michx.　リトルブルーステム　little bluestem　飼
　　　sorghum → *Sorghum bicolor* (もろこし)
Anemone　イチリンソウ属　キンポウゲ科
　　　cernua → *Pulsatilla cernua* (おきなぐさ)
　　　chinensis → *Pulsatilla chinensis* (ひろはおきなぐさ)
　　　flaccida F.Schmidt　にりんそう(二輪草)　soft windflower　食・薬
　　　pulsatilla → *Pulsatilla vulgaris* (せいようおきなぐさ)
　　　raddeana Regel　あずまいちげ(東一花)　薬
Anethum　イノンド属　セリ科
　　　foeniculum → *Foeniculum vulgare* (ういきょう)
　　　graveolens L.　ディル　dill, sowa　香
Angelica　シシウド属　セリ科
　　　acutiloba (Sieb. et Zucc.) Kitag.　とうき(当帰)　薬
　　　　ssp. *iwatensis* (Kitag.) Kitag.　みやまとうき(深山当帰)　薬
　　　　var. *sugiyamae* Hikino　ほっかいとうき(北海当帰)　薬
　　　acutilobosum → *acutiloba*
　　　dahurica (Fisch.) Benth. et Hook.f.　よろいぐさ(鎧草)　食・薬
　　　decursiva (Miq.) Franch. et Sav.　のだけ(土当帰)　食・薬
　　　edulis Miyabe ex Yabe　あまにゅう(甘-)　食
　　　genuflexa Nutt. ex Torr. et A.Gray　おおばせんきゅう(大葉川芎)　kneeling angelica　食
　　　gigas Nakai　おにのだけ(鬼土当帰)　Korean angelica　薬
　　　glabra → *dahurica*
　　　hultenii Fernald　まるばとうき(丸葉当帰)　食
　　　keiskei (Miq.) Koidz.　あしたば(明日葉)　食
　　　levisticum → *Levisticum officinale* (ロベージ)
　　　officinalis Hoffm.　アンゼリカ　(garden) angelica　香・薬
　　　polymorpha → *sinensis*
　　　pubescens Maxim.　ししうど(猪独活)　食・薬
　　　shishiudo → *pubescens*
　　　sinensis (Oliver) Diels　からとうき(唐当帰)　China angelica　薬
　　　ursina (Rupr.) Maxim.　えぞにゅう(蝦夷-)　bear's angelica　食
　　　utilis → *keiskei*
　　　yabeana → *genuflexa*
Aniba　アニバ属　クスノキ科
　　　rosiodora Ducke　ローズウッド　rose wood　材・香
Anneslea　ナガバモッコク属　ツバキ科
　　　fragrans Wall.　ながばもっこく(長葉木斛)　材・薬
Annona　バンレイシ属　バンレイシ科
　　　cherimola Mill.　チェリモヤ　cherimoyer, cherimoya, custard apple　食・薬
　　　muricata L.　とげばんれいし(棘蕃茘枝)　guanabana, prickly custard apple, soursop　食
　　　reticulata L.　ぎゅうしんり(牛心梨)　bullock's heart, common custard apple　食
　　　squamosa L.　ばんれいし(蕃茘枝)　custard / sugar apple, sweetsop　食
Antenoron　ミズヒキ属　タデ科
　　　filiforme (Thunb.) Roberty et Vautier　みずひき(水引)　薬

Anthemis カミツレモドキ属（ローマカミツレ属）キク科
    nobilis L. ローマカミツレ (garden / noble / Roman) chamomile 薬
    tinctoria L. こうやカミツレ（紺屋-）dyer's / golden / yellow chamomile 染・薬
Anthoxanthum ハルガヤ属 イネ科
    odoratum L. スィートバーナルグラス sweet vernalgrass 飼
Anthriscus シャク属 セリ科
    aemula Schischk. しゃく（杓）薬・食
    cerefolium Hoffm. チャービル garden / leaf / salad chervil 香
    nemorosa → *aemula*
    sylvestris → *aemula*
Anthyllis マメ科
    vulneraria L. キドニーベッチ kidney / spring vetch 飼
Antiaris ウパス属 クワ科
    toxicaria (Pers.) Lesch. ウパス antiar, upas (tree) 薬・繊・材
Antidesma ヤマヒハツ属 トウダイグサ科
    bunius (L.) Spreng. なんようごみし（南洋五味子）Chinese laurel, salamander tree 食
Aphananthe ムクノキ属 ニレ科
    aspera (Thunb.) Planch. むくのき（椋）muku tree 材・食
Apios ホドイモ属 マメ科
    americana Medik. アメリカほどいも（-塊芋）groundnut, potato / wild bean 食
    fortunei Maxim. ほどいも（塊芋）食
    tuberosa → *americana*
Apium オランダミツバ属（セロリ属）セリ科
    graveolens L.
        var. *dulce* (Mill.) Pers. セルリー celery, smallage 食・薬
        var. *rapaceum* (Mill.) Gaudich. セルリアク celeriac, turnip-rooted celery 食
        var. *secalinum* Alef. きんさい（芹菜）soup celery 食
    petroselinum → *Petroselinum crispum* （パセリ）
Aquilaria ジンコウ属 ジンチョウゲ科
    agallocha Roxb. じんこう（沈香）agar / aloes wood 香・薬
Aquilegia (キンポウゲ科)
    adoxoides → *Semiaquilegia adoxoides* (ひめうず)
Arabis ハタザオ属 アブラナ科
    glabra (L.) Bernh. はたざお（旗竿）arabis 食
Arachis ラッカセイ属 マメ科
    hypogaea L. らっかせい（落花生）earth / monkey nut, goover, groundnut, peanut 食・油・飼・肥
        ssp. *fastigiata* Waldron らっかせい（落花生）[バレンシア型, スパニッシュ型]
        ssp. *hypogaea* L. らっかせい（落花生）[バージニア型]
Aralia タラノキ属 ウコギ科
    cordata Thunb. うど（独活）udo 食・薬
    edulis → *cordata*
    elata (Miq.) Seem. たらのき（楤木）Heracles-club, Japanese aralia 食・薬・材
    pentaphylla → *Eleutherococcus sieboldianus* (うこぎ)
Araucaria ナンヨウスギ属 ナンヨウスギ科
    angustifolia (Bertol.) Kuntze パラナまつ（-松）Brazilian / candelabra tree, Parana pine 材
    araucana (Molina) K.Koch チリまつ（-松）Chile pine, monkey-puzzle 材

    bidwillii Hook. ひろはのなんようすぎ（広葉南洋杉）bunya (pine) 材・食
    brasiliana → *angustifolia*
    cunninghamii Sweet なんようすぎ（南洋杉）hoop pine, Moreton Bay pine 材
    excelsa → *heterophylla*
    heterophylla (Salisb.) Franco しまなんようすぎ（島南洋杉）Australian / house pine, Norfolk island pine 材
    imbricata → *araucana*
Arbutus ツツジ科
    unedo L. いちごのき（苺木）cane apple, common strawberry tree, madrone 食・薬
Arctium ゴボウ属 キク科
    lappa L. ごぼう（牛蒡）edible / great burdock, gobo 食・薬
Arctostaphylos ウラシマツツジ属 ツツジ科
    uva-ursi (L.) Spreng. くまこけもも（熊苔桃）bearberry, uva-ursi 薬
Ardisia ヤブコウジ属 ヤブコウジ科
    crenata Sims まんりょう（万両）coralberry, hen's eyes, spearflower 薬
    crenulata → *crenata*
    crispa (Thunb.) A.DC. からたちばな（唐橘）coral ardisia, downy coralberry 食・薬
    japonica (Thunb.) Blume やぶこうじ（藪小路）Japanese ardisia, marlberry 食・薬・被
    lentiginosa → *crenata*
Areca ビンロウ属（アレカヤシ属, ビンロウジュ属）ヤシ科
    catechu L. びんろうじゅ（檳榔樹）areca / betel nut, betel palm 材・食・薬
Arenga クロツグ属 ヤシ科
    engleri Becc. くろつぐ（桄榔）dwarf / Formosan / Taiwan sugar palm 食・材
    gamuto → *pinnata*
    pinnata (Wurmb) Merr. さとうやし（砂糖椰子）areng / black-fiber / sugar palm 甘・繊
    saccharifera → *pinnata*
    tremula var. *engleri* → *engleri*
Argemone アザミノゲシ属 ケシ科
    mexicana L. あざみのげし（薊野芥子）Mexican / prickly poppy 薬
Aria アズキナシ属 バラ科
    alnifolia Sieb. et Zucc. あずきなし（小豆梨）材・染
    japonica → *Sorbus japonica* （うらじろのき）
Arisaema テンナンショウ属 サトイモ科
    japonicum → *serratum*
    negishii Makino へんごだま 食
    serratum (Thunb.) Schott てんなんしょう（天南星）薬
Aristolochia ウマノスズクサ属 ウマノスズクサ科
    debilis Sieb. et Zucc. うまのすずくさ（馬鈴草）birthwort 薬
    kaempferi Willd. おおばうまのすずくさ（大葉馬鈴草）薬
Armeniaca アンズ属 バラ科
    communis → *vulgaris*
    mandschurica (Koehne) Kostina まんしゅうあんず（満州杏）Manchurian apricot 薬
    mume Sieb. うめ（梅）Japanese (flowering) apricot, (m)ume 材・食・薬
    sibirica (L.) Lam. もうこあんず（蒙古杏）Mongolian / Siberian apricot 薬
    vulgaris Lam. あんず（杏）apricot (tree) 材・食・薬
Armoracia セイヨウワサビ属（ワサビダイコン属）アブラナ科
    lapatifolia → *rusticana*

rusticana P.Gaertn., B.Mey. et Schreb. せいようわさび(西洋山葵) horse-radish, red cole 香・食・薬
Arnica ウサギギク属 キク科
    montana L. アルニカ mountain arnica / tobacco, leopard's bane 薬
Arracacia セリ科
    esculenta → *xanthorrhiza*
    xanthorrhiza Bancr. いもぜり(芋芹) arracacha, Peruvian carrot / parsnip 食
Arrhenatherum オオカニツリ属 イネ科
    elatius (L.) P.Beauv. ex J.Presl et C.Presl トールオートグラス false oat, tall oatgrass 飼
Artemisia ヨモギ属 キク科
    abrotanum L. きだちよもぎ(木立蓬) southernwood 薬
    absinthium L. アブシント absinth(e), common wormwood 薬
    annua L. ほそばにんじん(細葉人参) annual / Chinese / sweet wormwood 薬
    apiacea Hance かわらにんじん(河原人参) 薬
    asiatica → *indica*
    capillaris Thunb. かわらよもぎ(河原蓬) fragrant wormwood 薬・食
    carvifolia var. *apiacea* → *apiacea*
    cina Berg. ex Poljak. セメンシナ santonica, semen cina, Levant wormwood 薬
    dracunculus L. タラゴン estragon, tarragon 香・薬
    dubia → *princeps*
    indica Willd. にしきもよぎ(錦蓬) Indian sagebrush, variegated mugwort 薬
      var. *maximowiczii* → *princeps*
    japonica Thunb. おとこよもぎ(牡蓬) western mugwort 食・薬
    kurramensis Quazilb. クラムよもぎ(-蓬) 薬
    lactiflora Wall. ex DC. よもぎな(蓬菜) white mugwort 食
    maritima L. みぶよもぎ(壬生蓬) santonica, sea wormwood, wormseed 薬
    montana (Nakai) Pamp. おおよもぎ(大蓬) mountain mugwort 薬
    nutans → *maritima*
    princeps Pamp. よもぎ(蓬) Japanese mugwort / wormwood 食・薬
      var. *orientalis* → *indica*
    scoparia Waldst. et Kit. はまよもぎ(浜蓬) 薬
    vulgaris L. おうしゅうよもぎ(欧州蓬) mugwort 薬
      var. *indica* → *princeps*
      var. *maximowiczii* → *princeps*
      var. *vulgatissima* → *montana*
Arthraxon コブナグサ属 イネ科
    hispidus (Thunb.) Makino こぶなぐさ(小鮒草) jointhead arthraxon 染
Artocarpus パンノキ属 クワ科
    altilis (Parkinson) Fosberg パンのき(-木) breadfruit, breadnut 食・材
    camansi Blanco たねパンのみ(種-実) breadnut 食
    champeden → *integer*
    communis → *altilis*
    heterophyllus Lam. ジャックフルーツ jackfruit (tree) 食
    insisus → *altilis*
    integer (Thunb.) Merr. チンペダック champada, chempedak, small jackfruit 食
    integrifolius → *heterophyllus*
    jaca → *heterophyllus*

  maxima → *heterophyllus*
Arum（サトイモ科）
 colocasia → *Colocasia esculenta*（さといも）
 divaricatum → *Typhonium blumei*（りゅうきゅうはんげ）
 esculenta → *Colocasia esculenta*（さといも）
Aruncus ヤマブキショウマ属 バラ科
 dioicus (Walter) Fernald
  var. *tenuifolius* (Nakai) H.Hara　やまぶきしょうま（山吹升麻）goats-beard 食・薬
  var. *kamtschaticus* → var. *tenuifolius*
Arundinaria（イネ科）
 chino → *Pleioblastus chino*（あずまねざさ）
 hindsii → *Pleioblastus hindsii*（かんざんちく）
 kurilensis → *Sasa kurilensis*（ちしまざさ）
 purpurascens → *Sasamorpha borealis*（すずたけ）
 simonii → *Pleioblastus simonii*（めだけ）
Arundo ダンチク属 イネ科
 donax L.　だんちく（葮竹）giant / great / Spanish reed　材・薬
Asarum カンアオイ属 ウマノスズクサ科
 heterotropoides F.Schmidt　おくえぞさいしん（奥蝦夷細辛）食・薬
  var. *mandschuricum* (Maxim.) Kitag.　けいりんさいしん（桂林細辛）薬
 nipponicum F.Maek.　かんあおい（寒葵）薬
 sieboldii Miq.　うすばさいしん（薄葉細辛）薬
  ssp. *heterotropoides* → *heterotropoides*
Asclepias トウワタ属 ガガイモ科
 curassavica L.　とうわた（唐棉）blood-flower　薬
 gigantea → *Calotropis gigantea*（アコン）
 tuberosa L.　やなぎとうわた（柳唐棉）butterfly weed, pleurisy root　薬
Asiasarum（ウマノスズクサ科）
 heterotropoides → *Asarum heterotropoides*（おくえぞさいしん）
  var. *mandschuricum* → *Asarum heterotropoides* var. *mandschuricum*（けいりんさいしん）
 sieboldii → *Asarum sieboldii*（うすばさいしん）
Asimina ポポー属（アシミナ属）バンレイシ科
 triloba (L.) Dunal　ポーポー（American) papaw, pawpaw　食
Asparagus クサスギカズラ属 ユリ科
 cochinchinensis (Lour.) Merr.　くさすぎかずら（草杉葛）Chinese / cypress asparagus　食・薬
 lucidus → *cochinchinensis*
 officinalis L. → *officinalis* var. *altilis*
  var. *altilis* L　アスパラガス（common / edible / garden) asparagus　食
 schoberioides Kunth　きじかくし（雉隠）食
Asperula クルマバソウ属 アカネ科
 odorata L.　くるまばそう（車葉草）sweet woodruff, sweet-scented squinancy　香・薬・染
Aspidistra ハラン属 ユリ科
 elatior Blume　はらん（葉蘭）aspidistra, cast-iron plant　薬
Asplenium チャセンシダ属 チャセンシダ科
 antiquum Makino　おおたにわたり（大谷渡）bird's nest fern　食
Aster シオン属 キク科

  ageratoides
   ssp. *ovatus* → *microcephalus* var. *ovatus*
   var. *ovatus* → *microcephalus* var. *ovatus*
  glehnii F.Schmidt var. *hondoensis* Kitam. ごまな(胡麻菜) 食
  iinumae Kitam. ex H.Hara ゆうがぎく(柚香菊) 食
  indicus var. *pinnatifida* → *iinumae*
  microcephalus (Miq.) Franch. et Sav. var. *ovatus* (Franch. et Sav.) Soejima et Mot.Ito のこんぎく(野紺菊) 食
  ovatus → *microcephalus* var. *ovatus*
  tataricus L.f. しおん(紫苑) starwort, Tartarian aster 薬
  yomena (Kitam.) Honda よめな(嫁菜) 食・薬
Astilbe チダケサシ属 ユキノシタ科
  odontophylla Miq. とりあししょうま(鳥足升麻) 食・薬
  thunbergii var. *congesta* → *odontophylla*
Astragalus ゲンゲ属 マメ科
  cicer L. しろばなもめんづる(白花木綿蔓) cicer milkvetch 飼
  gummifer Labill. トラガカントゴム tragacanth ゴ・材
  lotoides → *sinicus*
  membranaceus (Fisch.) Bunge たいつりおうぎ(鯛釣黄耆) astragalus, milk vetch 薬
  reflexistipulus Miq. もめんづる(木綿蔓) 食
  shinanensis → *membranaceus*
  sinicus L. れんげ(蓮華) Chinese milkvetch, genge 飼・肥・食・薬
Atractylis (キク科)
  macrosephala → *Atractylodes macrosephala* (おおばなおけら)
  ovata var. *ternata* → *Atractylodes japonica* (おけら)
Atractylodes オケラ属 キク科
  japonica Koidz. ex Kitam. おけら(朮) 薬
  lancea (Thunb.) DC. ほそばおけら(細葉朮) 薬
   var. *chinensis* Kitam. しなおけら(支那朮) 薬
  lyrata var. *ternata* → *japonica*
  macrocephala Koidz. おおばなおけら(大花朮) 薬
  ovata → *japonoca*
Atriplex ハマアカザ属 アカザ科
  gmelinii C.A.Mey. ほそばのはまあかざ(細葉浜藜) Gmelin's saltbush 食
  hortensis L. やまほうれんそう(山菠薐草) garden orach, mountain spinach 食
  subcordata Kitag. はまあかざ(浜藜) 食
Atropa ベラドンナ属 ナス科
  belladonna L. ベラドンナ belladonna, deadly nightshade 薬
Aucuba アオキ属 ミズキ科
  japonica Thunb. あおき(青木) aucuba, Japan laurel 薬
Aurantium (ミカン科)
  sinense → *Citrus sinensis* (オレンジ)
Avena カラスムギ属 イネ科
  elatior → *Arrhenatherum elatius* (トールオートグラス)
  fatua L. からすむぎ(烏麦) wild oats 食・飼
  nuda L. はだかえんばく(裸燕麦) naked oats 食・飼
  sativa L. えんばく(燕麦) oats 食・飼・肥

Averrhoa ゴレンシ属 カタバミ科
 bilimbi L. ビリンビ bilimbi(ng), cucumber tree, tree sorrel 食
 carambola L. スターフルーツ caramba, carambola, star fruit 食・薬
Avicennia ヒルギダマシ属 クマツヅラ科
 marina (Forssk.) Vierh. ひるぎだまし（蛭木騙）grey mangrove 材・薬・繊
Axonopus ツルメヒシバ属 イネ科
 affinis → *compressus*
 compressus (Sw.) P.Beauv. カーペットグラス broadleaf / tropical carpetgrass 被・飼
Azadirachta センダン科
 indica A.Juss ニームのき（- 木）neem 薬
Azukia （マメ科）
 angularis → *Vigna angularis* （あずき）
 mungo → *Vigna mungo* （けつるあずき）
 radiata → *Vigna radiata* （りょくとう）
 umbellata → *Vigna umbellata* （つるあずき）

[B]

Bactris ステッキヤシ属 ヤシ科
 major Jacq. はなぶさやし（花房椰子）beach palm 食・油・材
Baldingera （イネ科）
 arundinacea → *Phalaris arundinacea* （リードカナリーグラス）
Bambusa ホウライチク属 イネ科
 borealis → *Sasamorpha borealis* （すずたけ）
 chino → *Pleioblastus chino* （あずまねざさ）
 dolichoclada Hayata ちょうしちく（長枝竹）材
 glaucescens → *multiplex*
 kumasaca → *Shibataea kumasaca* （おかめざさ）
 liukiuensis → *multiplex*
 multiplex (Lour.) Raeusch. ほうらいちく（蓬莱竹）(oriental) hedge bamboo 材・食
 nana → *multiplex*
 oldhamii Munro りょくちく（緑竹）Chinese evergreen, Oldham bamboo 材・食
 ruscifolia → *Shibataea kumasaca* （おかめざさ）
 senanensis → *Sasa senanensis* （くまいざさ）
 simonii → *Pleioblastus simonii* （めだけ）
 vulgaris Schrad. ex Wendl. だいさんちく（泰山竹）(common / golden) bamboo 材・食
Bamia （アオイ科）
 abelmoschus → *Abelmoschus moschatus* （とろろあおいもどき）
Baphia マメ科
 haematoxylon → *nitida*
 nitida Lodd. カムウッド camwood 材・染
Baphicacanthus （キツネノマゴ科）
 cusia → *Strobilanthes cusia* （りゅうきゅうあい）
Baptisia ムラサキセンダイハギ属 マメ科
 tinctoria (L.) Vcrnt. そめものむらさきせんだいはぎ（染物紫千代萩）wild indigo 薬

Barbarea ヤマガラシ属 アブラナ科
    orthoceras Ledeb.　やまがらし (山辛子) winter cress　食
    verna (Mill.) Asch.　きばなクレス (黄花-) American / spring cress, Belle Isle cress　香
Barringtonia サガリバナ属 サガリバナ科
    asiatica (L.) Kurz　ごばんのあし (碁盤脚) 薬・染・材
    racemosa (L.) Blume ex DC.　さがりばな (下花) powder-puff tree　薬・染・材
    speciosa → *asiatica*
Basella ツルムラサキ属 ツルムラサキ科
    alba → *rubra*
    rubra L.　つるむらさき (蔓紫) red Ceylon spinach, red Malabar spinach, red vine spinach　染
        var. *alba* → *rubra*
    tuberosa → *Ullucus tuberosus* (ウルコ)
Bassia (アカザ科)
    scoparia → *Kochia scoparia* (ほうきぎ)
Batatas (ヒルガオ科)
    edulis → *Ipomoea batatas* (さつまいも)
Bellis ヒナギク属 キク科
    perennis L.　ひなぎく (雛菊) (common / English / Paris / true) daisy, marguerite　薬
Benincasa トウガン属 ウリ科
    cerifera → *hispida*
    hispida (Thunb.) Cogn.　とうがん (冬瓜) ash / tallow / wax / white gourd, Chinese winter melon　食・薬・台
Benthamidia (ミズキ科)
    japonica → *Cornus kousa* (やまぼうし)
Benzoin (クスノキ科)
    glaucum → *Lindera glauca* (やまこうばし)
    obtusilobum → *Lindera obtusiloba* (だんこうばい)
    praecox → *Lindera praecox* (あぶらちゃん)
    strychnifolium → *Lindera strychnifolia* (うやく)
    thunbergii → *Lindera umbellata* (くろもじ)
    trilobum → *Lindera triloba* (しろもじ)
    umbellatum → *Lindera umbellata* (くろもじ)
Berberis メギ属 メギ科
    amurensis Rupr.　ひろはへびのぼらず (広葉蛇不登) Amur barberry　薬
        var. *japonica* → *amurensis*
    pruinosa Franch.　てんじくめぎ (天竺目木) 薬
    sieboldii Miq.　へびのぼらず (蛇不登) red-stemmed barberry　薬
    thunbergii DC.　めぎ (目木) Japanese barberry　薬・染
    vulgaris L.　せいようめぎ (西洋目木) (common / European) barberry　薬・染
Berchemia クマヤナギ属 クロウメモドキ科
    racemosa Sieb. et Zucc.　くまやなぎ (熊柳) 食・材・薬
Bergera (ミカン科))
    koenigii → *Murraya koenigii* (おおばげっきつ)
Bertholettia ブラジルナットノキ属 サガリバナ科
    excelsa Humb. et Bonpl.　ブラジルナットのき (-木) Amazon / Brazil / cream / Para nut　食
Beta フダンソウ属 アカザ科
    vulgaris L.

var. *vulgaris* ふだんそう(不断草) leaf / spinach beet, (Swiss) chard 食
var. *alba* → var. *crassa*
var. *altissima* Döll てんさい(甜菜) (sugar) beet 甘
var. *cicla* → *vulgaris*
var. *conditiva* Alef. テーブルビート garden / red / table beet 食
var. *crassa* Alef. かちくビート(家畜-) field / fodder / forage /stock / white beet, mangel, mangold 飼
var. *esculenta* → var. *conditiva*
var. *rapa* → var. *altissima*
f. *alba* → var. *crassa*
var. *rapacea* → var. *crassa*
var. *rubra* → var. *conditiva*
var. *saccharifera* → var. *altissima*

Betonica (シソ科)
officinalis → *Stachys officinalis* (かっこうちょろぎ)

Betula カバノキ属 カバノキ科
alba var. *japonica* → *platyphylla* var. *japonica*
chichibuensis H.Hara ちちぶみねばり(秩父峰榛) 材
corylifolia Regel et Maxim. うらじろかんば(裏白樺) 材
davurica Pall. やえがわかんば(八重皮樺) Dahurian birch 材
ermanii Cham. だけかんば(岳樺) Erman's birch 材
globispica Shirai じぞうかんば(地蔵樺) 材・繊
grossa Sieb. et Zucc. あずさ(梓) Japanese cherry birch 材
japonica → *Alnus japonica* (はんのき)
maximowicziana Regel うだいかんば(鵜台樺) Maximowicz's / monarch birch 材
pendula Roth しだれかんば(枝垂樺) silver birch 薬
platyphylla Sukaczev var. *japonica* (Miq.) H.Hara しらかば(白樺) Japanese white birch 材・染
schmidtii Regel おのおれかんば(斧折樺) Schmidt's birch 材

Bidens センダングサ属 キク科
biternata (Lour.) Merr. et Sherff ex Sherff せんだんぐさ(棟草) 薬
tripartita L. たうこぎ(田五加木) bur beggarticks / marigold 食・薬

Bignonia (ノウゼンカズラ科)
catalpa → *Catalpa binonioides* (アメリカきささげ)
grandiflora → *Campsis grandiflora* (のうぜんかずら)
tomentosa → *Paulownia tomentosa* (きり)

Biophytum オサバフウロ属 カタバミ科
sensitivum (L.) DC. おさばふうろ(筬葉風露) life plant 薬

Biota コノテガシワ属 ヒノキ科
orientalis (L.) Endl. このてがしわ(児手柏) Chinese arborvitae 材・薬

Bischofia アカギ属 トウダイグサ科
javanica Blume あかぎ(赤木) Java bishopwood, toog 材・薬

Bistorta イブキトラノオ属 タデ科
major S.F.Gray いぶきとらのお(伊吹虎尾) bistort, snakeweed 薬
vulgaris → *major*

Bixa ベニノキ属 ベニノキ科
orellana L. べにのき(紅木) achiote, annatto, lipstick tree 染

Bladhia （ヤブコウジ科）
    crenata → *Ardisia crenata*（まんりょう）
    crispa → *Ardisia crispa*（からたちばな）
    japonica → *Ardisia japonica*（やぶこうじ）
Blighia　アキー属　ムクロジ科
    sapida K.D.Koenig　アキー　　a(c)kee　食・香
Blumea　ツルハグマ属　キク科
    balsamifera (L.) DC.　たかさごぎく（高砂菊）sambong　薬
Boehmeria　カラムシ属（ヤブマオ属）イラクサ科
    nivea (L.) Gaudich.　ちょま（苧麻）ramie　繊・薬
      ssp. *nipononivea* Kitam.　からむし（苧）China ramie　繊
    spicata (Thunb.) Thunb.　こあかそ（小赤麻）食
Bolboschoenus　カヤツリグサ科
    fluviatilis (Torr.) T.Koyama ssp. *yagara* (Ohwi) T.Koyama　うきやがら（浮矢幹）river bulrush　薬
Bombax　インドワタノキ属（キワタ属）パンヤ科
    ceiba L.　インドわたのき（印度綿木）silk cotton tree　材・食
    malabaricum → *ceiba*
Borago　ルリジサ属　ムラサキ科
    officinalis L.　るりじさ（瑠璃萵苣）common borage, cool-tankard, talewort　薬・食
Borassus　オウギヤシ属（ウチワヤシ属）ヤシ科
    flabellifer L.　おうぎやし（扇椰子）brad tree, dessert / Palmyra / tala / wine palm, great fun palm　甘・食・繊・材
    flabelliformis → *flabellifer*
    sonneratii → *Lodoicea maldivica*（おおみやし）
Boschniakia　ハマウツボ科
    rossica (Cham. et Schitdl.) B.Fedtsch.　おにく（御肉）　薬
Boswellia　ニュウコウ属　カンラン科
    carteri Birdw.　にゅうこうじゅ（乳香樹）Bible frankincense, mastic tree　香
Botor　（マメ科）
    tetragonolobus → *Psophocarpus tetragonolobus*（しかくまめ）
Botrychium　（ハナヤスリ科）
    ternatum → *Sceptridium ternatum*（ふゆのはなわらび）
Bouteloua　アゼガヤモドキ属　イネ科
    gracilis (Humb., Bonpl. et Kunth) Griff.　ブルーグラマ　blue gra(m)ma　飼・被
Brachiaria　ビロードキビ属　イネ科
    deflexa (Schmach.) C.E.Hubb ex Robyns.　アニマルフォニオ　animal fonio, Guinea millet　飼・食
    exilis Stapf　フォニオ　white fonio　飼・食
    ibura Stapf　ブラックフォニオ　black fonio　飼・食
Brasenia　ジュンサイ属　ハゴロモモ科
    peltata → *schreberi*
    purpurea → *schreberi*
    schreberi J.F.Gmel.　じゅんさい（蓴菜）water shield, water-target　食・薬
Brassica　アブラナ属　アブラナ科
    alba → *Sinapis alba*（しろがらし）
    alboglabra → *oleracea* var. *alboglabra*
    campestris

ssp. *chinensis* → *rapa* var. *chinensis*
　　ssp. *oleifera* → *rapa* ssp. *oleifera*
　　ssp. *pekinensis* → *rapa* var. *amplexicaulis*
　　var. *hakabura* → *rapa* var. *hakabura*
carinata A.Braun　アビシニアからし(-芥子)　Abyssinian / Ethiopian mustard　油・食
chinensis → *rapa* var. *chinensis*
　　f. *nozawana* → *rapa* var. *hakabura*
　　var. *communis* → *rapa* var. *chinensis*
　　var. *pekinensis* → *rapa* var. *amplexicaulis* sv. *pe-tsai*
　　var. *rosularis* → *rapa* var. *narinosa*
eruca → *Eruca sativa*（ロケットサラダ）
hirta → *Sinapis alba*（しろがらし）
japonica → *juncea* var. *japonica*
juncea (L.) Czerniak. et Coss.　せいようからしな(西洋芥子菜)　brown / Indian / leaf mustard
　　食・薬
　　var. *agrestis* → *juncea*
　　var. *foliosa* Bailey　セリフォン(雪裡紅)　plain-leaved mustard　食
　　var. *integrifolia* Sinskaya　たかな(高菜)　leaf mustard　食
　　var. *japonica* (Thunb.) Bailey　いらな(刺菜)　食
　　var. *megarrhiza* Tsen et Lee　ねからしな(根芥子菜)　食
　　var. *sabellica* Kitam.　ちりめんがらし(縮緬芥子菜)　食
　　var. *tumida* Tsen et Lee　ザーサイ(搾菜)　big stem mustard, Sichuan pickling mustard　食
napobrassica → *napus* var. *napobrassica*
napus L.　せいようあぶらな(西洋油菜)　canola, colza, (oilseed) rape　油
　　ssp. *napobrassica* → var. *napobrassica*
　　var. *napobrassica* Rchb.　ルタバガ　rutabaga, Swede, Swedish turnip　食・飼
　　var. *oleifera* → *napus*
narinosa → *rapa* var. *narinosa*
nigra (L.) W.D.J.Koch　くろがらし(黒芥子)　brown mustard　香・薬・食
oleracea L.
　　var. *acephala* DC.　ケール　borecole, collard, kale　食
　　var. *alboglabra* (Bailey) Musil　かいらん(芥藍)　Chinese broccoli / kale　食
　　var. *botrytis* L.　カリフラワー　(common) cauliflower　食
　　var. *capitata* L.　キャベツ　(head / white) cabbage　食
　　var. *caulorapa* → var. *gongylodes*
　　var. *chinensis* → *rapa* var. *chinensis*
　　var. *gemmifera* Zenker　めキャベツ(芽-)　baby cabbage, Brussels sprout　食
　　var. *gongylodes* L.　コールラビ　kohlrabi, Hungarian turnip, turnip-stemmed cabbage　食
　　var. *italica* Plencke　ブロッコリ　(asparagus / Italian / sprouting / winter) broccoli　食
　　var. *napobrassica* → *napus* var. *napobrassica*
pekinensis → *rapa* var. *amplexicaulis* sv. *pe-tsai*
perviridis → *rapa* var. *perviridis*
pe-tsai → *rapa* var. *amplexicaulis* sv. *pe-tsai*
rapa L.
　　ssp. *chinensis* → var. *chinensis*
　　ssp. *narinosa* → var. *narinosa*
　　ssp. *oleifera* (DC.) Metzg.　あぶらな(油菜)　canola, field mustard, rapeseed, turnip rape　食・

    油
  ssp. *pekinensis* → var. *amplexicaulis* sv. *pe-tsai*
  ssp. *perviridis* → var. *perviridis*
  ssp. *rapifera* → var. *glabra*
  var. *akena* Kitam.　ひのな(日野菜) long(-rooted) Japanese turnip　食
  var. *amplexicaulis* Tanaka et Ono
   sv. *dentata* Kitam.　さんとうさい(山東菜)　食
   sv. *pe-tsai* (Bailey) Kitam.　はくさい(白菜) celery / Chinese / Peking cabbage, pe-tsai　食
  var. *chinensis* (L.) Kitam.　チンゲンサイ(青梗菜), パクチョイ(小白菜) Chinese mustard (cabbage), pak-choi　食
  var. *glabra* Kitam.　かぶ(蕪) (seven-top / true / vegetable) turnip, rapini　食・飼
  var. *hakabura* Kitam.　のざわな(野沢菜) nozawana　食
  var. *japonica* Kitam.　あかながかぶ(赤長蕪)　食
  var. *laciniifolia* Kitam.　きょうな(京菜) potherb mustard　食
  var. *narinosa* (Bailey) Kitam.　ターツァイ(大菜) Chinese flat cabbage, rosette pakchoi, ta-tsai　食
  var. *perviridis* Bailey　こまつな(小松菜) mustard spinach, spinach mustard　食
  var. *sugukina* Kitam.　すぐきな(酸茎菜) Japanese pickling turnip　食

Breea　アレチアザミ属　キク科
 segetum (Bunge) Kitam　あれちあざみ(荒地薊)　薬
 setosa (M.Bieb.) Kitam.　えぞのきつねあざみ(蝦夷狐薊) creeping thistle　薬

Bromus　スズメノチャヒキ属　イネ科
 catharticus Vahl　レスクグラス　rescuegrass　飼
 inermis Leyss.　スムーズブロムグラス　Hungarian / smooth bromegrass　飼
 marginatus Nees　マウンテンブロムグラス　mountain bromegrass　飼
 unioloides Humb., Bonpl. et Kunth　プレーリーグラス　prairie grass　飼

Broussonetia　コウゾ属　クワ科
 kazinoki Sieb.　こうぞ(楮)　繊
 papyrifera (L.) L'Hér. ex Vent.　かじのき(梶木) paper mulberry, tapa-cloth tree　繊・薬
 sieboldii → *kazinoki*

Brucea　ニガキモドキ属　ニガキ科
 javanica (L.) Merr.　にがきもどき(苦木擬)　薬

Bruguiera　オヒルギ属　ヒルギ科
 conjugata → *gymnorrhiza*
 gymnorrhiza (L.) Lam.　おひるぎ(雄蛭木)　材・染

Buchloe　イネ科
 dactyloides Engelm.　バッファローグラス　buffalo grass　飼

Buckleya　ツクバネ属　ビャクダン科
 lanceolata (Sieb. et Zucc.) Miq.　つくばね(衝羽根)　食

Buddleja　フジウツギ属　フジウツギ科
 davidii Franch.　ふさふじうつぎ(房藤空木) orange-eye butterfly bush　薬
 japonica Hemsl.　ふじうつぎ(藤空木) buddleia, butterfly bush　薬

Bupleurum　ミシマサイコ属　セリ科
 falcatum → *scorzonerifolium* var. *stenophyllum*
  var. *komarovii* → *scorzonerifolium* var. *stenophyllum*
  var. *scorzonerifolium* → *scorzonerifolium* var. *stenophyllum*
 scorzonerifolium Willd. var. *stenophyllum* Nakai　みしまさいこ(三島柴胡) bear's ear root,

      bupleurum　薬
    sinense → *scorzonerifolium* var. *stenophyllum*
Buxus ツゲ属 ツゲ科
    japonica → *microphylla* var. *japonica*
    liukiuensis (Makino) Makino　おきなわつげ（沖縄柘植）材
    microphylla Sieb. et Zucc.
        var. *japonica* (Müll.-Arg. ex Miq.) Rehder et E.H.Wilson　つげ（柘植） Japanese box tree　材
        var. *suffruticosa* → var. *japonica*
    sempervirens L.　せいようつげ（西洋柘植） box (tree)　材

[C]

Cacalia コウモリソウ属 キク科
    adenostyloides (Franch. et Sav. ex Maxim.) Matsum.　かにこうもり（蟹蝙蝠）　食
    auriculata DC.　みみこうもり（耳蝙蝠）　食
      var. *kamtschatica* → *auriculata*
    delphiniifolia Sieb. et Zucc.　もみじがさ（紅葉笠）　食
    hastata L.
      ssp. *orientalis* → var. *orientalis*
      var. *orientalis* (Kitam.) Ohwi　よぶすまそう（夜衾草）　食
      var. *farfarifolia* (Maxim.) Ohwi　こうもりそう（蝙蝠草）　食
    maximowicziana → *hastata* var. *farfarifolia*
    nikomontana Matsum.　おおかにこうもり（大蟹蝙蝠）　食
    zigzag → *nikomontana*
Cacara （マメ科）
    tuberosa → *Pachyrhizus tuberosus* （ポテトビーン）
Caesalpinia ジャケツイバラ属 ジャケツイバラ科
    coriaria (Jacq.) Willd.　ジビジビ　American sumach, divi-divi　染・鞣
    decapetala (Roth) Alston　しなじゃけつついばら（支那蛇結薔） Mysore thorn　薬
      var. *japonica* (Sieb. et Zucc.) H.Ohashi　じゃけつついばら（蛇結薔） Mysore thorn　薬
    echinata Lam.　ブラジルぼく（-木） Brasil wood, Indian redwood　材・染・薬
    japonica → *decapetala* var. *japonica*
    sappan L.　すおう（蘇芳） false sandalwood, Indian redwood, sappan (wood)　材・染・鞣
    sepiaria → *decapetala*
      var. *japonica* → *decapetala* var. *japonica*
Cajanus キマメ属 マメ科
    cajan (L.) Millsp.　きまめ（木豆） Angola / Congo / no-eye / pigeon pea, cajang, da(h)l, red gram　食・飼・薬
    indicus → *cajan*
Cakile オニハマダイコン属 アブラナ科
    maritima Scop.　おにはまだいこん（鬼浜大根） (European) sea rocket　食
Calamintha シソ科
    ascendens → *officinalis*
    officinalis Moench　カラミント　calamint (balm)　薬
    sylvestris → *officinalis*

Calamus トウ属 ヤシ科
   draco → *Daemonorops draco*（きりんけつ）
   formosanus Becc. たいわんとう（台湾籐）Taiwan rattan palm　材
   rotang L. とう（籐）calamus, climbing / rambling palm, rattan cane / palm　材
   roxburghii → *rotang*
   scipionum → *rotang*
   zalacca → *Salacca edulis*（サラカやし）
Calendura キンセンカ属 キク科
   officinalis L. マリゴールド（common / pot）marigold　薬
Callicarpa ムラサキシキブ属 クマツヅラ科
   japonica Thunb. むらさきしきぶ（紫式部）Japanese beauty-berry　材・薬
Calluna ギョリュウモドキ属 ツツジ科
   vulgaris Salisb. カルーナ　heather　香・薬
Calocarpum アカテツ科
   sapota (Jacq.) Merr. マメー　mamey sapote, mammee　食
Calocedrus ショウナンボク属（オニヒバ属）ヒノキ科
   decurrens (Torr.) Florin おにひば（鬼檜葉）(California) incense cedar　材
Calophyllum テリハボク属 オトギリソウ科
   inophyllum L. てりはぼく（照葉木）Alexandrian / Indian laurel, laurelwood, poon, tamanu　材・薬・染・油
Calopogonium マメ科
   mucunoides Desv. くずもどき（葛擬）calopo, frisolilla　被
Calotropis カイガンタバコ属 ガガイモ科
   gigantea (L.) Dryand. ex Aiton アコン　bowstring hemp, crown flower, giant milkweed　薬・繊
Caltha リュウキンカ属 キンポウゲ科
   fistulosa Schipcz. えぞのりゅうきんか（蝦夷立金花）食
   palustris
     var. *bartheri* → *fistulosa*
     var. *nipponica* → *fistulosa*
Calyptranthes （フトモモ科）
   jambolana → *Syzygium cumini*（むらさきふともも）
Calystegia ヒルガオ属 ヒルガオ科
   hederacea Wall. こひるがお（小昼顔）Japanese false bindweed　食
   japonica Choisy ひるがお（昼顔）bellbind, (Japanese) bindweed, California rose　薬・食
Camellia ツバキ属 ツバキ科
   axillaris → *Gordonia axillaris*（たいわんつばき）
   drupifera → *oleifera*
   japonica L. つばき（椿）(common / rose) camellia, japonica　材・油
   oleifera C.Abel ゆちゃ（油茶）tea oil camellia　油
   sasanqua Thunb. さざんか（山茶花）sasanqua (camellia)　材・油
   sinensis (L.) Kuntze ちゃ（茶）(common) tea, tea plant / tree　嗜
     var. *assamica* (Mast.) Kitam. アッサムちゃ（-茶）Assam tea　嗜
   thea → *sinensis*
Campanula ホタルブクロ属 キキョウ科
   punctata Lam. ほたるぶくろ（蛍袋）bellflower　食
Campsis ノウゼンカズラ属 ノウゼンカズラ科
   chinensis → *grandiflora*

fortunei → *Paulownia fortunei*（ここのえぎり）
grandiflora (Thunb.) K.Schum. のうぜんかずら（凌霄花）(Chinese) trumpet creeper / flower 薬
Camptotheca カンレンボク属 ミズキ科
　acuminata Decne. かんれんぼく（旱蓮木）薬
Cananga イランイランノキ属 バンレイシ科
　odorata (Lam.) Hook.f. et T.Thomson イランイランのき(-木) ilang-ilang, ylang-ylang 香
Canangium （バンレイシ科）
　odoratum → *Cananga odorata*（イランイランのき）
Canarium カンラン属 カンラン科
　album (Lour.) Räusch. かんらん（橄欖）Chinese olive 食・薬
　commune → *vulgare*
　vulgare Leenh. カナリアのき(-木) Java almond 食・油
Canavalia ナタマメ属 マメ科
　ensiformis (L.) DC. たちなたまめ（立鉈豆）Jack / overlook / sword / wonder bean 食・飼・肥・薬
　　var. *gladiata* → *gladiata*
　gladiata (Jacq.) DC. なたまめ（鉈豆）Jack / scimitar / sword bean 食・飼・肥・薬
　　var. *ensiformis* → *ensiformis*
Canna カンナ属（ダンドク属）カンナ科
　edulis Ker Gawl. しょくようカンナ（食用-）edible canna, purple / Queensland arrowroot 食
　indica L. var. *flava* Loxb. きばなのだんどく（黄花檀特）食
Cannabis アサ属 アサ科
　sativa L. var. *indica* Lam. あさ（麻）hash(ish), (Indian, true) hemp 繊・薬
Capparis フウチョウボク属 フウチョウソウ科
　formosana Hemsl. ふうちょうぼく（風蝶木）材
　spinosa L. ケーパー caper (bush) 食・香
Capsella ナズナ属 アブラナ科
　bursa-pastoris (L.) Medik. なずな（薺）capsule / pick / shepherd's purse 食・薬
Capsicum トウガラシ属 ナス科
　angulosum → *annuum* var. *grossum*
　annuum L. とうがらし（唐辛子）capsicum / chili / hot / red pepper 香
　　var. *abbreviatum* Fingerh. ことうがらし（小唐辛子）short-fruited pepper 香
　　var. *acuminatum* Fingerh. たかのつめ（鷹爪）cone / finger pepper 香
　　var. *angulosum* → var. *grossum*
　　var. *conoides* → var. *acuminatum*
　　var. *cuneatum* Paul パプリカ Hungarian pepper, paprika 香
　　var. *fasciculatum* Irish やつぶさ（八房）(red) cluster pepper 香
　　var. *globiferum* → var. *grossum*
　　var. *grossum* Sendtn. ししとう（獅子唐）small green pepper, small sweet pepper, ピーマン bell / sweet pepper, piment(o) 食
　　var. *longum* (DC.) Sendtn. ふしみ（伏見）hot / long pepper, red chile pepper 香
　　var. *parvo-acuminatum* → var. *acuminatum*
　fasciculatum → *annuum* var. *fasciculatum*
　frutescens L. タバスコ bird / Chili / goat / hot / pungent pepper, tabasco 香
　　var. *fasciculatum* → *annuum* var. *fasciculatum*
　　var. *grossum* → *annuum* var. *grossum*
　grossum → *annuum* var. *grossum*

  longum → *annuum* var. *longum*
  pomiferum → *annuum* var. *grossum*
  sphaerium → *annuum* var. *grossum*
  umbilicatum → *annuum* var. *abbreviatum*
Cardamindum（ノウゼンハレン科）
  majus → *Tropaeolum majus*（のうぜんはれん）
Cardamine タネツケバナ属 アブラナ科
  bracteata → *Eutrema tenuis*（ゆりわさび）
  fauriei → *yezoensis*
  flexuosa With. たねつけばな(種付花) (flexuous / wavy) bitter cress, lady-smoke　薬・食
  leucantha (Tausch) O.E.Schulz　こんろんそう(崑崙草)　食
  regeliana → *scutata*
  scutata Thunb. おおばたねつけばな(大葉種付花)　食
  yezoensis Maxim. えぞわさび(蝦夷山葵)　香
Cardiocrinum ウバユリ属 ユリ科
  cordatum (Thunb.) Makino うばゆり(姥百合) heart-leaf lily　食
   var. *glehnii* (F.Schmidt) H.Hara おおうばゆり(大姥百合)　食
  glehnii → *cordatum* var. *glehnii*
Cardiospermum フウセンカズラ属 ムクロジ科
  halicacabum L. ふうせんかずら(風船葛) balloon vine, heart pea / seed　薬
Carduus ヒレアザミ属 キク科
  crispus L. ひれあざみ(鰭薊) wilted thistle　食・薬
Carica パパイア属 パパイア科
  papaya L. パパイア　common papaw, melon tree, papaya, pawpaw　食・薬
  pentagona Heilb. ババコ　babaco, mountain papaya　食
Carissa カリッサ属 キョウチクトウ科
  carandas L. カリッサ　caranda, carissa, Christ's thorn　食
  macrocarpa (Ecklon) A.DC. おおばなカリッサ(大花-)　amatungulu, Natal plum　食
Carludovica パナマソウ属 パナマソウ科
  palmata Ruiz et Pav. パナマそう(-草) jipijapa, Panama hat palm / plant　繊
Carpesium ヤブタバコ属 キク科
  abrotanoides L. やぶタバコ(藪煙草)　薬・食
  divaricatum Sieb. et Zucc. がんくびそう(雁首草)　薬
Carpinus クマシデ属 カバノキ科
  betulus L. せいようしで(西洋四手) common / European hornbeam　材
  carpinoides → *japonica*
  cordata Blume さわしば(沢柴) heartleaf hornbeam　材
  erosa → *cordata*
  japonica Blume くましで(熊四手) Japanese hornbeam　材
  laxiflora (Sieb. et Zucc.) Blume あかしで(赤四手) red-leaved hornbeam　材
  tschonoskii Maxim. いぬしで(犬四手) Korean hornbeam　材
Carpolobia（マメ科）
  versicolor → *Baphia nitida*（カムウッド）
Carthamus ベニバナ属 キク科
  tinctorius L. べにばな(紅花) bastard / false saffron, safflower　染・薬・油
Carum キャラウェー属(ヒメウイキョウ属) セリ科
  carvi L. キャラウェー　caraway　香・薬

Carya ペカン属 クルミ科
    illinoinensis (Wangenh.) K.Koch　ペカン　pecan　食・材
    oliviformis → *illinoinensis*
    pecan → *illinoinensis*
    tomentosa (Poin) Nutt.　ヒコリー　(mockernut) hickory　食・材
Caryocar バターナット属 バターナット科
    brasiliense Cambess.　ピキー　piki, piqui　食・油・材・染
    nuciferum L.　バターナットのき(‐木)　butter / souari nut tree　食・油
Caryophyllus （フトモモ科）
    aromaticus → *Syzygium aromaticum* (クローブ)
    jambos → *Syzygium jambos* (ふともも)
    malaccensis → *Syzygium malaccense* (マレーふともも)
    racemosus → *Pimenta racemosa* (ベイラムのき)
Caryota クジャクヤシ属 ヤシ科
    urens Jacq.　くじゃくやし(孔雀椰子)　toddy / wine palm　食・繊・飼
Casimiroa ミカン科
    edulis La Llave　ホワイトサポテ　Cochil / white sapote, Mexican apple　食
Cassia （ジャケツイバラ科）
    acutifolia → *Senna acutifolia* (こばのセンナ)
    alata → *Senna alata* (はねみセンナ)
    angustifolia → *Senna angustifolia* (ほそばセンナ)
    auriculata → *Senna auriculata* (マタラちゃ)
    densistipulata → *Senna auriculata* (マタラちゃ)
    fistula → *Senna fistula* (なんばんさいかち)
    mimosoides var. *nomame* → *Chamaecrispa nomame* (かわらけつめい)
    obtusifolia → *Senna obtusifolia* (えびすぐさ)
    occidentalis → *Senna occidentalis* (はぶそう)
    siamea → *Senna siamea* (たがやさんのき)
    sophera → *Senna sophera* (おおばのセンナ)
    tola → *Senna obtusifolia* (えびすぐさ)
    trosa → *Senna occidentalis* (はぶそう)
Castanea クリ属 ブナ科
    americana → *dentata*
    bungeana → *mollissima*
    crenata Sieb. et Zucc.　にほんぐり(日本栗)　Japanese / small chestnut　食・材
    dentata Borkh.　アメリカぐり(‐栗)　American chestnut　食・材
    henryi (Skan) Rehder et E.H.Wils.　ヘンリーぐり(‐栗)　Henry chinkapin　食
    japonica → *crenata*
    mollissima Blume　あまぐり(甘栗)　Chinese chestnut　食・材
    pubinervis → *crenata*
    sativa Mill.　ヨーロッパぐり(‐栗)　Eurasian / European / Spanish chestnut　食・薬
    vesca → *sativa*
    vulgaris → *sativa*
Castanopsis シイ属（クリガシ属）ブナ科
    cuspidata (Thunb.) Schottky　こじい(小椎)　Chinese / Japanese chinquapin　食・材・染
      var. *sieboldii* (Makino) Nakai　すだじい(‐椎)　食・材・染
    sieboldii → *cuspidata* var. *sieboldii*

Castilla アメリカゴムノキ属 クワ科
    elastica Cerv. アメリカゴムのき(-木) Central American rubber tree, Mexican / Panama rubber tree ゴ
Casuarina (モクマオウ科)
    equisetifolia → *Allocasuarina equisetifolia* (とくさばもくまおう)
    quadrivalvis → *Allocasuarina verticullata* (もくまおう)
    stricta → *Allocasuarina verticullata* (もくまおう)
Catalpa キササゲ属 ノウゼンカズラ科
    binonioides Walt アメリカきささげ(-木豇豆) Indian bean, Indian big tree, southern catalpa 薬
    bungei C.A.Mey. とうきささげ(唐木豇豆) Manchurian catalpa 材・薬
    ovata G.Don きささげ(木豇豆) Chinese catalpa 薬
    speciosa (Warder) Warder ex Engelm. はなきささげ(花木豇豆) catawba, cigar tree, Indian bean, Northern / western catalpa 薬
Catha アラビアチャノキ属 ニシキギ科
    edulis (Vahl) Forssk. ex Endl. アラビアちゃのき(-茶木) Abyssinian / African / Arabian tea, catha, khat 薬・嗜
Catharanthus ニチニチソウ属 キョウチクトウ科
    roseus (L.) G.Don にちにちそう(日日草) Madagascar / rose periwinkle, oldmaid 薬
Cathayeia (イイギリ科)
    polycarpa → *Idesia polycarpa* (いいぎり)
Caulophyllum ルイヨウボタン属 メギ科
    thalictroides (L.) Michx. アメリカるいようぼたん(-類葉牡丹) blue cohosh, squaw root 薬
Cayratia ヤブガラシ属 ブドウ科
    japonica (Thunb.) Gagnep. やぶがらし(藪枯) sorrel vine 食・薬
Cedrela チャンチン属 センダン科
    odorata Ruiz et Pav. にしインドチャンチン(西印度香椿) Spanish cedar, West Indian cedar 材
    sinensis Juss. チャンチン(香椿) Chinese cedar 食・材
    toona Roxb. ex Rottler インドチャンチン(印度香椿) Indian cedar / mahogany 材
Cedrus ヒマラヤスギ属 マツ科
    deodara (Roxb. ex D.Don) G.Don ヒマラヤすぎ(-杉) deodar(a), Himalayan / Indian cedar 材
Ceiba パンヤノキ属 パンヤ科
    casearia → *pentandra*
    pentandra (L.) Gaertn. パンヤのき(-木) ceiba, kapok / silk-cotton tree 繊・材・食
Celastrus (ニシキギ科)
    alatus → *Euonymus alatus* (にしきぎ)
Celosia ケイトウ属 ヒユ科
    argentea L. のげいとう(野鶏頭) celosia, feather cockscomb 食・薬
Celtis エノキ属 ニレ科
    biondii Pampan. こばのちょうせんえのき(小葉朝鮮榎) Korean hackberry 材
    bungeana var. *jessoensis* → *jessoensis*
    japonica → *sinensis*
    jessoensis Koidz. えぞのえのき(蝦夷榎) 食・材
    leveillei → *biondii*
    muku → *Aphananthe aspera* (むくのき)
    occidentalis L. アメリカえのき(-榎) common hackberry 材
    orientalis → *Trema orientalis* (うらじえのき)
    sinensis Pers. えのき(榎) Chinese / Japanese hackberry 材・食・薬

var. *japonica* → *sinensis*

Centaurea ヤグルマギク属 キク科
 cyanus L. やぐるまぎく (矢車菊) cropweed 薬

Centella ツボクサ属 セリ科
 asiatica (L.) Urb. つぼくさ (坪草) Indian pennywort 薬・食

Centipeda トキンソウ属 キク科
 minima (L.) A.Br. et Asch. ときんそう (吐金草) spreading sneezeweed 薬

Centranthus ベニカノコソウ属 オミナエシ科
 ruber (L.) DC. べにかのこそう (紅鹿子草) fox brush, red valerian 食

Cephaelis トコン属 アカネ科
 ipecacuanha (Brot.) A.Rich. とこん (吐根) ipecac, ipecacuanha 薬

Cephalonoplos (キク科)
 segetum → *Breea segeta* (あれちあざみ)

Cephalotaxus イヌガヤ属 イヌガヤ科
 drupacea var. *pedunculata* → *harringtonia* f. *drupacea*
 harringtonia (Knight ex F.B.Forbes) K.Koch
  f. *drupacea* (Sieb. et Zucc.) Kitam. いぬがや (犬榧) cow's tail pine, Japanese plum yew 材・薬
  var. *drupacea* → f. *drupacea*
  var. *nana* (Nakai) Rehder はいいぬがや (這犬榧) 食

Cerastium (ナデシコ科)
 aquaticum → *Stellaria aquatica* (うしはこべ)

Cerasus サクラ属 バラ科
 avium (L.) Moench せいようみざくら (西洋実桜) bird / mazzard / sweet cherry, gean 食
 collina → *vulgaris*
 jamasakura (Sieb. ex Koidz.) H.Ohba やまざくら (山桜) Japanese hill cherry, Japanese mountain cherry 材・薬
 japonica (Thunb.) Loisel. にわうめ (庭梅) dwarf flowering cherry, Japanese bush cherry 食・薬
 lannesiana Carr. var. *speciosa* Makino おおしまざくら (大島桜) Oshima cherry 材・台
 maximowiczii (Rupr.) Kom. みやまざくら (深山桜) miyama cherry 材
 pauciflora → *pseudocerasus*
 pseudocerasus (Lindl.) G.Don からみざくら (唐実桜) Chinese cherry 食
 sargentii (Rehder) H.Ohba おおやまざくら (大山桜) sargent cherry 材
 serotina (Ehrh.) Loisel. アメリカチェリー American / bird / black / plum / rum cherry 食
 spachiana (Lavallée ex H.Otto) H.Otto f. *ascendens* (Makino) H.Ohba えどひがん (江戸彼岸) 材・台
 tomentosa (Thunb.) Wall. ゆすらうめ (梅桃) Chinese / Hansen's bush cherry, Mandchu / Nanking cherry 食
 trichocarpa → *tomentosa*
 verecunda (Koidz.) H.Ohba かすみざくら (霞桜) 材
 vulgaris Mill. すみのみざくら (酸味実桜) common / morello / pie / sour cherry 食

Ceratonia イナゴマメ属 マメ科
 siliqua L. いなごまめ (稲子豆) algarroba / locust bean, carob, St. John's bread 食・飼

Cercidiphyllum カツラ属 カツラ科
 japonicum Sieb. et Zucc. かつら (桂) Japanese Judas tree, katsura (tree) 材・染
 magnificum (Nakai) Nakai ひろはかつら (広葉桂) 材・染
 ovale → *japonicum*

Cercis ハナズオウ属 ジャケツイバラ科
   chinensis Bunge はなずおう(花蘇芳) Chinese redbud 薬
Chaenomeles ボケ属 バラ科
   cardinalis → *speciosa*
   eburnea → *speciosa*
   japonica (Thunb.) Lindl. ex Spach くさぼけ(草木瓜) dwarf Japanese quince 食
   lagenaria → *speciosa*
   maulei → *japonica*
   sinensis (Thouin) Koehne かりん(榠樝) Chinese quince 食・材
   speciosa (Sweet) Nakai ぼけ(木瓜) flowering / Japanese quince 薬
     f. *eburnea* → *speciosa*
Chaetochloa (イネ科)
   italica → *Setaria italica* (あわ)
Chalcas (ミカン科)
   paniculata → *Murraya paniculata* (げっきつ)
Chamaecrista カワラケツメイ属 ジャケツイバラ科
   nomame (Sieb.) H.Ohashi かわらけつめい(河原決明) 嗜・薬
Chamaecyparis ヒノキ属 ヒノキ科
   formosensis Matsum. べにひ(紅檜) Formosan cypress 材
   lawsoniana (A.Murray) Parl. ローソンひのき(-檜) Lawson cypress 材
   nootkatensis Sudw. アラスカひのき(-檜) Alaska / Nootka / yellow cypress 材
   nutkaensis → *nootkatensis*
   obtusa (Sieb. et Zucc.) Endl. ひのき(檜) hinoki (cypress), Japanese cypress 材
     var. *formosana* (Hayata) Rehder たいわんさわら(台湾椹) Taiwan hinoki cypress 材
   pisifera (Sieb. et Zucc.) Endl. さわら(椹) sawara cypress 材
   taiwanensis → *formosensis*
Chamaedrys (シソ科)
   officinalis → *Teucrim chamaedrys* (ジャーマンダー)
Chamaelirium ユリ科
   luteum (L.) A.Gray ヘロニアス blazing star, false unicorn root, helonias 薬
Chamaemelum (キク科)
   nobile → *Anthemis nobilis* (ローマカミツレ)
Chamaenerion (アカバナ科)
   angustifolia → *Epilobium angustifolium* (やなぎらん)
Chamaerops (ヤシ科)
   fortunei → *Trachycarpus fortunei* (しゅろ)
Chamaesyce (トウダイグサ科)
   hirta → *Euphorbia hirta* (しまにしきそう)
Chamomilla (キク科)
   officinalis → *Matricaria chamomilla* (カモミール)
   recutita → *Matricaria chamomilla* (カモミール)
Chavica (コショウ科)
   betle → *Piper betle* (キンマ)
   officinarum → *Piper retrofractum* (ジャワながこしょう)
   roxburghii → *Piper longum* (インドながこしょう)
Chayota (ウリ科)
   edulis → *Sechium edule* (はやとうり)

Cheiranthus ニオイアラセイトウ属　アブラナ科
 cheiri L.　においあらせいとう（匂紫羅欄花）coast wallflower, gilly-flower　薬
Chelidonium クサノオウ属　ケシ科
 japonicum → *Hylomecon japonica*（やまぶきそう）
 majus L.　ようしゅくさのおう（洋種草王）greater celandine, swallow-wort　薬
  ssp. *asiaticum* → var. *asiaticum*
  var. *asiaticum* (H.Hara) Ohwi　くさのおう（草黄）薬
Chenopodium アカザ属　アカザ科
 album L.　しろざ（白藜）(common) lamb's quaters, fat hen, white goosefoot　食・薬
  var. *centrorubrum* Makino　あかざ（藜）goosefoot, pigweed, wild spinach　食・薬
 ambrosioides L.　ありたそう（有田草）American / Indian goosefoot / wormseed, epazote, Mexican tea　薬
  var. *anthelminticum* → *ambrosioides*
 anthelminticum → *ambrosioides*
 centrorubrum → *album* var. *centrorubrum*
 ficifolium Smith　こあかざ（小藜）fig-leaf goosefoot　食
 nuttaliae Saff.　ファザントル huazontle　食
 quinoa Willd.　キノア quinoa, quinua　食
Chimonobambusa カンチク属　イネ科
 marmorea (Mitford) Makino　かんちく（寒竹）marbled bamboo　材・食
Chloranthus（センリョウ科）
 glaber → *Sarcandra glabra*（せんりょう）
Chloris ムラサキヒゲシバ属（オヒゲシバ属）イネ科
 gayana Kunth　ローズグラス　Rhodes grass　飼
Choenomeles → *Chaenomeles*
Choerospondias チャンチンモドキ属　ウルシ科
 axillaris (Roxb.) B.L.Burtt et A.W.Hill　チャンチンもどき（香椿擬）薬・食・材
  var. *japonica* → *axillaris*
Chosenia（ヤナギ科）
 arbutifolia → *Salix arbutifolia*（けしょうやなぎ）
 bracteosa → *Salix arbutifolia*（けしょうやなぎ）
Chrysanthemum シュンギク属　キク科
 cinerariifolium → *Pyrethrum cinerariifolium*（じょちゅうぎく）
 coronarium L.　しゅんぎく（春菊）crown daisy, garland chrysanthemum, shungiku　食
  var. *spatiosum* → *coronarium*
 indicum → *Dendranthema indicum*（しまかんぎく）
 japonense → *Dendranthema occidentali-japonense*（のじぎく）
 leucanthemum → *Leucanthemum paludosum*（フランスぎく）
 ×*morifolium* Ramat. f. *esculentum* Makino　しょくようぎく（食用菊）食・薬
 parthenium → *Pyrethrum parthenium*（なつしろぎく）
 vulgare → *Tanacetum vulgare*（タンジー）
Chrysophyllum オーガストノキ属　アカテツ科
 cainito L.　スターアップル　cainito, star apple　食
Chymocarpus（ノウゼンハレン科）
 tuberosus → *Tropaeolum tuberosum*（アヌウ）
Cicca（トウダイグサ科）
 acidus → *Phyllanthus acidus*（あめだまのき）

Cicer ヒヨコマメ属 マメ科
    arietinum L. ひよこまめ(雛豆) (Bengal / common) gram, chick pea, garbanzo 食・飼
    lens → *Lens culinaris* (ひらまめ)
    sativum → *arietinum*
Cichorium キクニガナ属(キクヂシャ属) キク科
    endivia L. エンダイブ (spider / white) endive, escarole 食
    intybus L. チコリー blue-sailors, chicory, succory, witloof 食・嗜
Cicuta ドクゼリ属 セリ科
    vilosa L. どくぜり(毒芹) cowbane, water hemlock 薬
Cimicifuga サラシナショウマ属 キンポウゲ科
    racemosa (L.) Nutt. アメリカしょうま(-升麻) black bugbane / kohosh / snakeroot 薬
    simplex (Wormsk. ex DC.) Turcz. さらしなしょうま(晒菜升麻) bugbane 食・薬
        var. *ramosa* → *simplex*
Cinchona キナノキ属 アカネ科
    ledgeriana Moens ex Trimen ボリビアキナのき(-木) ledgerbark cinchona 薬
    pubescens Vahl キナのき(-木) kina, red cinchona 薬
    succirubra → *pubescens*
Cinnamomum クスノキ属 クスノキ科
    aromaticum → *cassia*
    camphora (L.) J.Presl くすのき(楠) camphor (tree) 材・薬
        var. *nominale* Hayata ex Matsum. et Hayata sv. *hosho* Hatus. ほうしょう(芳樟) 香
    cassia J.Presl カシア cassia, cassia-bark tree, Chinese cinnamon 香・薬
    japonicum Sieb. ex Nakai やぶにっけい(藪肉桂) Japanese cinnamon 材・香・薬
    loureirii → *sieboldii*
    okinawaense → *sieboldii*
    pedunculatum → *japonicum*
    sieboldii Meissn. にっけい(肉桂) cassia-flower tree, Saigon cinnamon 香・材・薬
    tamala Nees et Eberm. タマラにっけい(-肉桂) cassia cinnamon, Indian / Tamala cassia 香
    verum J.Presl シナモン (Ceylon / common) cinnamon 香・薬
    zeylanicum → *verum*
Cirsium アザミ属 キク科
    borealinipponense Kitam. おにあざみ(鬼薊) plumed thistle 食
    dipsacolepis (Maxim.) Matsum. もりあざみ(森薊) 食
    inundatum Makino たちあざみ(立薊) 食
    japonicum Fisch. ex DC. のあざみ(野薊) common Japanese thistle 食・薬
    kamtschaticum Ledeb. ex DC. ちしまあざみ(千島薊) 食
    maritimum Makino はまあざみ(浜薊) 食
    matsumurae Nakai はくさんあざみ(白山薊) 食
    nipponense → *borealinipponense*
    nipponicum (Maxim.) Makino なんぶあざみ(南部薊) 食・薬
    purpuratum (Maxim.) Matsum. ふじあざみ(藤薊) 食・薬
    setosum → *Breea setosa* (えぞのきつねあざみ)
    spicatum (Maxim.) Matsum. やまあざみ(山薊) 食・染
    yezoense (Maxim.) Makino さわあざみ(沢薊) 食
Cissus (ブドウ科)
    japonica → *Cayratia japonica* (やぶがらし)
Citrullus スイカ属 ウリ科

    battich → *lanatus*
    colocynthis (L.) Schrad.　コロシントうり(‐瓜)　bitter cucumber, colocynth, wild gourd　食・薬
    edulis → *lanatus*
    lanatus (Thunb.) Matsum. et Nakai　すいか(西瓜)　watermelon　食
       ssp. *vulgaris* var. *vulgaris* → *lanatus*
Citrus　ミカン属 ミカン科
    acida → *aurantiifolia*
    ampullacea hort. ex Tanaka　ひょうかん(瓢柑)　食
    aurantiifolia (Christm.) Swingle　ライム (acid / large / Mexican / sour) lime　香
       var. *latifolia* → *latifolia*
       var. *tahiti* → *latifolia*
    aurantium L.　だいだい(橙)　bigarade, bitter / Seville / sour orange　薬・香・台
       ssp. *amara* → *aurantium*
       ssp. *bergamia* → *bergamia*
       var. *daidai* → *aurantium*
       var. *grandis* → *grandis*
       var. *sinensis* → *sinensis*
    benikoji hort. ex Tanaka　べにこうじ(紅柑子)　食
    bergamia Risso et Poit.　ベルガモット　bergamot (orange)　香
    daidai → *aurantium*
    decumana → *grandis*
    depressa Hayata　ひらみレモン(扁実‐)　flat / hirami lemon, shekwasha　食・台
    glaberrima hort. ex Tanaka　きぬかわみかん(絹皮蜜柑)　silk-skinned orange　食
    grandis Osbeck　ザボン　pomelo, pummelo, shaddock　食
       var. *racemosa* → *paradisi*
    hanayu hort. ex Shirai　はなゆ(花柚)　hanayu　香
    hassaku hort. ex Tanaka　はっさく(八朔)　hassaku orange　食
    hystrix DC.　こぶみかん(瘤蜜柑)　Djeruk purut, Kaffir lime, swangi　食・香
    iyo hort. ex Tanaka　いよかん(伊予柑)　Iyo orange / tangerine　食
    jambhiri Lush.　ラフレモン　rough lemon　台
    japonica → *Fortunella japonica* (まるみきんかん)
    junos Sieb. ex Tanaka　ゆず(柚子)　yuzu orange　香
    kinokuni hort. ex Tanaka　きしゅうみかん(紀州蜜柑)　Kinokuni mandarin　食
    latifolia Tanaka　タヒチライム　Persian / Tahitian lime　嗜・香
    leiocarpa hort. ex Tanaka　こうじ(柑子)　食
    lima → *aurantiifolia*
    limon (L.) Burm.f.　レモン(檸檬)　lemon　香
    limonum → *limon*
       var. *vulgaris* → *limon*
    madurensis Lour.　カラマンシー　calamondin, China orange, golden / Kalamansi lime　食・香
    margarita → *Fortunella margarita* (ながみきんかん)
    maxima → *grandis*
    medica L.　シトロン　citron　香
       ssp. *limon* → *limon*
       var. *acida* → *aurantiifolia*
       var. *cedrata* → *medica*
       var. *digitata* → var. *sarcodactylis*

  var. *limon* → *limon*
  var. *junos* → *junos*
  var. *sarcodactylis* (Nooten) Swingle　ぶっしゅかん（仏手柑）　Buddha's hand citron, fingered citron　食
 medioglobosa hort. ex Tanaka　なるとみかん（鳴門蜜柑）　Naruto　食
 microcarpa → *madurensis*
 mitis → *madurensis*
 myrtifolia Raf.　チノット chinotto　食
 natsudaidai Hayata　なつみかん（夏蜜柑）　Japanese bitter mandarin, Japanese summer orange, natsu-daidai, natsumikan　食
 × *nobilis* Lour.　くねんぼ（九年母）　king mandarin / orange　食
 nobilis
  var. *kunep* → × *nobilis*
  var. *unshiu* → *unshiu*
 obovoidea hort. ex Tanaka　きんこうじ（金柑子）　食
 paradisi Macfad.　グレープフルーツ　grapefruit, pomelo　食
 × *paradisi* → *paradisi*
 reticulata Blanco　マンダリン　mandarin orange, (common) mandarin　食
  var. *poonensis* (Hayata) H.H.Hu　ポンかん（椪柑）　Chinese honey orange, ponkan mandarin　食
  var. *unshiu* → *unshiu*
 sinensis (L.) Osbeck　オレンジ　(sweet) orange　食
  var. *brasiliensis* hort. ex Tanaka　ネーブルオレンジ　Bahia / Brazilian / navel orange　食
 sphaerocarpa hort. ex Tanaka　かぼす（香母酢）　kabosu　香
 sudachi hort. ex Shirai　すだち（酢橘）　sudachi　香
 sulcata hort. ex Tanaka　さんぽうかん（三宝柑）　sanbô　食
 tamurana hort. ex Tanaka　ひゅうがなつ（日向夏）　食
 tangerina hort. ex Tanaka　おおべにみかん（大紅蜜柑）　tangerine　食
 tankan Hayata　たんかん（桶柑）　tankan mandarin　食
 trifoliata → *Poncirus trifoliata* (からたち)
 unshiu (Makino) S.Marcov.　うんしゅうみかん（温州蜜柑）　Japanese / Satsuma / Unshu mandarin, mandarin orange　食
  var. *praecox* Tanaka　わせうんしゅう（早生温州）　食
 yatsushiro hort. ex Tanaka　やつしろ（八代）　食
Cladrastis　フジキ属　マメ科
 buergeri → *Maackia amurensis* ssp. *buergeri*（いぬえんじゅ）
 platycarpa (Maxim.) Makino　ふじき（藤木）　材
 sikokiana (Makino) Makino　みやまふじき（深山藤木）　virglia, yellow-wood　材
Clematis　センニンソウ属　キンポウゲ科
 florida Thunb.　てっせん（鉄線）　clematis　薬
 recta var. *paniculata* → *terniflora*
 terniflora DC.　せんにんそう（仙人草）　sweet autumn clematis　薬
Cleome　セイヨウフウチョウソウ属　フウチョウソウ科
 gynandra L.　ふうちょうそう（風蝶草）　cat's whiskers　食・薬
 pentaphylla → *gynandra*
 spinosa Sw.　せいようふうちょうそう（風蝶草）　giant spider flower, Rocky Mountain beeplant　薬
Clerodendrum　クサギ属　クマツヅラ科

    bungei Steud.　ぼたんくさぎ（牡丹臭木）　strong-scented glory bower　薬
    foetidum → *bungei*
    trichotomum Thunb.　くさぎ（臭木）　glory bower / flower　染・薬・材
Clethra　リョウブ属　リョウブ科
    barbinervis Sieb. et Zucc.　りょうぶ（令法）　食・材
Cleyera　サカキ属　ツバキ科
    japonica Thunb.　さかき（榊）　Japanese eurya, sakaki　材
    ochnacea → *japonica*
Clitoria　チョウマメ属　マメ科
    caerulea → *ternatea*
    cajanifolia → *laurifolia*
    laurifolia Poiret　ねばりまめ（粘豆）　butterfly pea, laurel-leaved clitoria　飼・肥
    ternatea L.　ちょうまめ（蝶豆）　blue / butterfly pea, winged-leaved clitoria　飼・薬
Cnicus　サントリソウ属　キク科
    benedictus L.　さんとりそう（-草）　blessed / holy thistle, Spanish oyster plant　薬
    dipsacolepis → *Cirsium dipsacolepis*（もりあざみ）
Cnidium　ハマゼリ属　セリ科
    japonicum Miq.　はまぜり（浜芹）　食・薬
    monnieri (L.) Cusson　おかぜり（陸芹）　Monnier's snowparsley　薬
    officinale Makino　せんきゅう（仙芎）　薬
Coccoloba　ハマベブドウ属　タデ科
    uvifera (L.) L.　はまべぶどう（浜辺葡萄）　kino, platter leaf, sea / seaside grape　食・材・薬
Cocculus　アオツヅラフジ属（カミエビ属）　ツヅラフジ科
    laurifolius DC.　いそやまあおき（磯山青木）　snail seed　薬
    trilobus (Thunb.) DC.　あおつづらふじ（青葛藤）　薬
Cochlearia　トモシリソウ属　アブラナ科
    armoracia → *Armoracia rusticana*（せいようわさび）
    oblongifolia DC.　ともしりそう（友知草）　scurvy grass　食
    wasabi → *Eutrema japonica*（わさび）
Cocos　ココヤシ属　ヤシ科
    maldivica → *Lodoicea maldivica*（おおみやし）
    nucifera L.　ココやし（-椰子）　coconut (palm)　油・食・肥・繊
Codonopsis　ツルニンジン属　キキョウ科
    lanceolata (Sieb. et Zucc.) Trautv.　つるにんじん（蔓人参）　bonnet bellflower　薬・食
    pilosula Nannf.　ひかげつるにんじん（日陰蔓人参）　codonopsis　薬
    ussuriensis (Rupr. et Maxim.) Hemsl.　ばあそぶ（婆蕎）　食
Coffea　コーヒーノキ属　アカネ科
    arabica L.　アラビアコーヒーのき（-木）　Arabian / Arabica / common coffee　嗜
    bengalensis Heyne ex Willd.　ベンガルコーヒーのき（-木）　Bengal coffee　嗜
    camphora → *robusta*
    liberica W.Bull ex Hiern　リベリアコーヒーのき（-木）　Liberian / Liberica coffee　嗜
    robusta L.Linden　ロブスタコーヒーのき（-木）　Congo / robusta coffee　嗜
Coix　ジュズダマ属　イネ科
    lacryma-jobi L.
        var. *frumentacea* → var. *ma-yuen*
        var. *ma-yuen* (Rom.-Caill.) Stapf　はとむぎ（鳩麦）　edible / large-fruited adlay　食・薬・嗜・飼
    ma-yuen → *lacryma-jobi* var. *ma-yuen*

Cola　コラノキ属　アオギリ科
    acuminata (P.Beauv.) Schott et Endl.　ひめコラのき(姫-木) kola / cola nut　嗜
    nitida (Vent.) Schott et Endl.　コラのき(-木) Abata cola, (bitter) cola, cola tree　嗜
Colchicum　イヌサフラン属　ユリ科
    autumnale L. いぬサフラン(犬-)　autumn / fall crocus, colchicum, meadow saffron, misteria　薬
Coleus　(シソ科)
    parviflorus → *Solenostemon parviflorus* (ハウザポテト)
Colocasia　サトイモ属　サトイモ科
    antiquarum var. *esculenta* → *esculenta*
    esculenta (L.) Schott　さといも(里芋) cocoyam, dasheen, eddo, taro　食
    gigantea (Blume) Hook.f.　はすいも(蓮芋) elephant ears, giant taro　食
Colocynthis　(ウリ科)
    vulgaris → *Citrullus colocynthis* (コロシントうり)
Commelina　ツユクサ属　ツユクサ科
    communis L.　つゆくさ(露草) (Asiatic) dayflower, spiderwort　薬・食・染
Commiphora　カンラン科
    abyssinica Engl.　アラビアもつやく(-没薬) Abyssinian myrrh　薬
    molmol → *myrrha*
    myrrha Engl.　もつやくじゅ(没薬樹) (common) myrrh　薬
Conandron　イワタバコ属　イワタバコ科
    ramondioides Sieb. et Zucc.　いわタバコ(岩煙草)　食・薬
Conium　ドクニンジン属　セリ科
    maculatum L.　どくにんじん(毒人参) conium, (poizon) hemlock　薬
Convallaria　スズラン属　ユリ科
    keiskei Miq.　すずらん(鈴蘭)　lily-of-the-valley　薬
    majalis L.　ドイツすずらん(-鈴蘭) (European) lily-of-the-valley, may lily / bells　薬
     var. *keiskei* → *keiskei*
Convolvulus　(ヒルガオ科)
    batatas → *Ipomoea batatas* (さつまいも)
    edulis → *Ipomoea batatas* (さつまいも)
    jalapa → *Ipomoea purga* (ヤラッパ)
    nil → *Ipomoea nil* (あさがお)
Conyza　(キク科)
    canadensis → *Erigeron canadensis* (ひめむかしよもぎ)
Copernicia　ロウヤシ属　ヤシ科
    prunifera H.E.Moore　ろうやし(蝋椰子) Brazilian wax palm, Caranda / Carnauba palm　油
    cerifera → *prunifera*
Coptis　オウレン属　キンポウゲ科
    chinensis Franch.　しなおうれん(支那黄連) Chinese goldthread　薬
    japonica (Thunb.) Makino　おうれん(黄連) Japanese goldthread　薬
    trifolia (L.) Salisb.　みつばおうれん(三葉黄連) threeleaf goldthread　薬
Corchorus　ツナソ属　シナノキ科
    capsularis L.　ジュート (white) jute　繊・食
    olitorius L.　たいわんつなそ(台湾綱麻) Jews mallow, mulukhiya, Nalta / Tossa jute　繊・食
Cordia　カキバチシャ属　ムラサキ科
    dichotoma Forst.　かきばちしゃのき(掻葉萵苣木)　食・材
Coriandrum　コエンドロ属　セリ科

  diversifolium → *sativum*
  globosum → *sativum*
  majus → *sativum*
  sativum L.　コリアンダー　Chinese parsley, coriander　香・薬
Coriaria　ドクウツギ属　ドクウツギ科
  japonica A.Gray　どくうつぎ(毒空木)　薬
Cornus　ミズキ属　ミズキ科
  brachypoda C.A.Mey.　くまのみずき(熊野水木)　材
  controversa Hemsl.　みずき(水木)　cornel, giant dogwood　材
  kousa Hance　やまぼうし(山法師)　kousa　材・食
  macrophylla → *brachypoda*
  mas L.　せいようさんしゅゆ(西洋山茱萸)　cornelian cherry　食
  officinalis Sieb. et Zucc.　さんしゅゆ(山茱萸)　Japanese cornel　薬・食・材
Coronilla　オウゴンハギ属　マメ科
  cannabina → *Sesbania bispinosa* (きばなつのくさねむ)
  varia L.　クラウンベッチ　axseed, crown vetch　飼・被
Corydalis　キケマン属(ムラサキケマン属)　ケマンソウ科
  ambigua → *fumariifolia* ssp. *azurea*
  fumariifolia Maxim. ssp. *azurea* Linden et Zetterl.　えぞえんごさく(蝦夷延胡索)　薬・食
  incisa (Thunb.) Pers.　むらさきけまん(紫華鬘)　薬
  soldida → *yanhusuo*
  yanhusuo W.T.Wang　えんごさく(延胡索)　corydalis　薬
Corylopsis　トサミズキ属　マンサク科
  spicata Sieb. et Zucc.　とさみずき(土佐水木)　(spike) winter hazel　材
  pauciflora Sieb. et Zucc.　ひゅうがみずき(日向水木)　buttercup winter hazel　材
Corylus　ハシバミ属　カバノキ科
  avellana L.　せいようはしばみ(西洋榛)　cobnut, filbert, (European) hazel, hazelnut　食
  heterophylla Fisch. ex Besser　おおはしばみ(大榛)　Siberian hazelnut / filbert　食・材
   var. *thunbergii* Blume　はしばみ(榛)　Japanese hazel　食・材
  sieboldiana Blume　つのはしばみ(角榛)　Japanese hazel　食
Corypha　コウリバヤシ属　ヤシ科
  umbraculifera L.　こうりばやし(行李葉椰子)　talipot / umbrella palm　材
Cosmos　コスモス属　キク科
  bipinnatus Cav.　コスモス　cosmos, Mexican aster　食
Cotinus　ハグマノキ属　ウルシ科
  coggygria Scop.　スモークツリー　fustet, smoke bush / plant, smoke / wig tree　薬・染・材
Coumarouna　(マメ科)
  odora → *Dipteryx odorata* (トンカまめ)
  punctata → *Dipteryx odorata* (トンカまめ)
Cracca　(マメ科)
  atropurpurea → *Vicia benghalensis* (パープルベッチ)
  candida → *Tephrosia candida* (しろばなくさふじ)
Crambe　ハマナ属　アブラナ科
  maritima L.　はまな(浜菜)　sea-kale　食
Crataegus　サンザシ属　バラ科
  chlorosarca Maxim.　くろみさんざし(黒実山査子)　材・食
  cuneata Sieb. et Zucc.　さんざし(山査子)　Japanese hawthorn　薬・食

  jezoana Schneid. えぞさんざし（蝦夷山査子） 材・食
  laevigata DC. せいようさんざし（西洋山査子） (English) hawthorn, May bush / flower, white thorn 薬・食
  monogyna Jacq. せいようさんざし（西洋山査子） common hawthorn 薬・食
  oxyacantha → *laevigata*
  pinnatifida Bunge var. *major* N.E.Br. おおみさんざし（大実山査子） red hawthorn 薬・食
Crateva ギョボク属 フウチョウソウ科
  murvala → *religiosa*
  religiosa Forst. ぎょぼく（魚木） three-leaved caper 材・薬・食
Cratoxylum オハグロノキ属 オトギリソウ科
  arborescens (Vahl) Blume ゲロンガン gerong-gang 材
  ligustrum (Spach) Blume おはぐろのき（御歯黒木） 材・薬
Cremastra サイハイラン属 ラン科
  appendiculata (D.Don) Makino さいはいらん（采配蘭） 食・薬
  variabilis → *appendiculata*
Crepidiastrum アゼトウナ属 キク科
  lanceolatum (Houtt.) Nakai ほそばわだん（細葉海菜） 食
Crescentia フクベノキ属 ノウゼンカズラ科
  cujete L. ふくべのき（瓢木） calabash tree 材
Crocus サフラン属 アヤメ科
  officinalis → *sativus*
  sativus L. サフラン saffron (crocus) 薬・染・香
Crotalaria タヌキマメ属 マメ科
  benghalensis → *juncea*
  cannabinus → *juncea*
  hookeri → *pallida*
  juncea L. サンヘンプ brown / Indian / sun(n) hemp 繊・肥
  longirostrata Hook. et Arn. チピリン chipilín 薬
  mucronata → *pallida*
  pallida Aiton おおみつばたぬきまめ（大三葉狸豆） smooth crotalaria 飼・被
  sericea → *juncea*
  sessiliflora L. たぬきまめ（狸豆） rattlebox 薬
  striata → *pallida*
  tenuifolia → *juncea*
Croton ハズ属 トウダイグサ科
  japonicum → *Mallotus japonicus*（あかめがしわ）
  sebiferum → *Sapium sebiferum*（なんきんはぜ）
  tiglium L. はず（巴豆） croton oil plant, purging croton 薬
Cryptocarya シナクスモドキ属 クスノキ科
  chinensis (Hance) Hemsl. しなくすもどき（支那楠擬） 材
Cryptomeria スギ属 スギ科
  japonica (L.f.) D.Don すぎ（杉） cryptomeria, Japanese cedar 材
   var. *radicans* Nakai あきたすぎ（秋田杉） 材
Cryptotaenia ミツバ属 セリ科
  canadensis var. *japonica* → *japonica*
  japonica Hassk. みつば（三葉） mitsuba, Japanese hornwort, umbelweed 食
Cucumis キュウリ属 ウリ科

  acutangula → *Luffa acutangula* (とかどへちま)
  colocynthis → *Citrullus colocynthis* (コロシントうり)
  melo L.
   var. *cantalupensis* Naudin　いぼメロン(疣-)　(European / true) cantaloup, rock melon　食
   var. *conomon* (Thunb.) Makino　しろうり(白瓜)　(oriental) pickling melon　食
   var. *flexuosus* (L.) Naudin　へびメロン(蛇-)　serpent cucumbert / melon, snake cucumbert / melon　食
   var. *inodorus* Naudin　ふゆメロン(冬-)　American / winter melon　食
   var. *makuwa* Makino　まくわうり(真桑瓜)　Japanese cantaloup, oriental sweet melon　食
   var. *momordica* (Roxb.) Duthie et Fuller　モモルディカメロン　Momordica melon　食
   var. *reticulatus* Ser.　あみメロン(網-)　American / false cantaloup, musk / netted melon　食
   var. *saccharinus* → *conomon*
  metuliferus E. Mey. ex Naudin　キワノ　African horned cucumber / melon, kiwano　食
  sativus L.　きゅうり(胡瓜)　(common) cucumber　食
Cucurbita　カボチャ属　ウリ科
  acutangula → *Luffa acutangula* (とかどへちま)
  ficifolia Bouché　くろだねカボチャ(黒種南瓜)　black-seeded squash, fig-leaf / Malabar gourd, Thai marrow　台
  hispida → *Benincasa hispida* (とうがん)
  macrocarpa → *moschata*
  maxima Duchesne ex Lam.　せいようカボチャ(西洋南瓜)　giant pumpkin, sweet-fleshed pumpkin / squash, winter squash　食
  maxima × *moschata*　ざっしゅカボチャ(雑種南瓜)　台
  melanosperma → *ficifolia*
  mixta Pangalo　ミクスタカボチャ(-南瓜)　pumpkin, walnut / winter squash　食
  moschata (Duchesne ex Lam.) Duchesne ex Poiret　にほんカボチャ(日本南瓜)　Japanese / musky pumpkin, musky squash, winter crookneck squash, winter straightneck squash　食
   var. *luffiformis* Hara　へちまカボチャ(糸瓜南瓜)　食
   var. *meloniiformis* Makino　きくざとうなす(菊座唐茄子)　食
   var. *toonas* → *moschata*
  pepo L.　ペポカボチャ(-南瓜)　(autumn / summer) pumpkin, (vegetable) marrow　食
   var. *cylindrica* Paris　ズッキーニ　bush / vegetable marrow, courgette, zucchini　食
   var. *medullosa* → *cylindrica*
   var. *moschata* → *moschata*
Cudrania　ハリグワ属　クワ科
  cochinchinensis (Lour.) Corner var. *gerontogea* (Sieb. et Zucc.) H.Ohashi　かかつがゆ(和活油)　食・薬・繊・染
  javanensis → *cochinchinensis* var. *gerontogea*
  tricuspidata (Carr.) Bureau ex Lavallée　はりぐわ(針桑)　silk-worm thorn　薬・繊・飼・材
  triloba → *tricuspidata*
Cuminum　クミン属　セリ科
  cyminum L.　クミン(馬芹)　cum(m)in　香・薬
  odorum → *cyminum*
Cunninghamia　コウヨウザン属　スギ科
  lanceolata (Lamb.) Hook.　こうようざん(広葉杉)　China fir　材
  sinensis → *lanceolata*
Cunonia　クノニア属　クノニア科

- 172 -

    capensis L.　クノニア　red els, rooi-els　材
Cupressus　イトスギ属　ヒノキ科
    sempervirens L. いとすぎ(糸杉) (Italian) cypress　材・薬
Curcuma　ウコン属　ショウガ科
    amada Roxb.　マンゴージンジャー　mango-ginger　薬
    aromatica Salisb.　きょうおう(姜黄) aromatic / wild turmeric, yellow zedoary　薬
    domestica → *longa*
    longa L.　うこん(鬱金) curcuma, Indian saffron, turmeric, yellow ginger　薬・染
    xanthorrhiza D.Dietr.　くすりうこん(薬鬱金) false turmeric, giant curcuma　薬
    zedoaria (Christm.) Roscoe　がじゅつ(莪朮) setwall, white turmeric, zedoary (turmeric)　香・薬
Cuscuta　ネナシカズラ属　ヒルガオ科
    japonica Choisy　ねなしかずら(根無葛) Japanese dodder　薬
Cyamopsis　マメ科
    psoralioides → *tetragonoloba*
    tetragonoloba (L.) Taub.　クラスタまめ(‐豆) Calcutta lucerne, cluster bean, guar, Siam bean　食・飼・肥
Cyathea　ヘゴ属　ヘゴ科
    boninsimensis → *spinulosa*
    lepifera (J.Sm. ex Hook.) Copel.　もりへご(森桫) 食
    mertensiana (Kunze) Copel.　まるはち(丸八) 食・材
    spinulosa Wall. ex Hook.　へご(桫) 材
Cycas　ソテツ属　ソテツ科
    circinalis Roxb.　なんようそてつ(南洋蘇鉄) fern cycas / palm, queen sago, sago palm　食
    revoluta Bedd.　そてつ(蘇鉄) cycad, Japanese fern palm, Japanese sago palm, sago cycas　食・薬
Cydonia　マルメロ属　バラ科
    japonica → *Chaenomeles japonica* (くさぼけ)
    oblonga Mill.　マルメロ(榲桲) (common) quince, marmelo　食
    sinensis → *Chaenomeles sinensis* (かりん)
    speciosa → *Chaenomeles speciosa* (ぼけ)
    vulgaris → *oblonga*
Cymbidium　シュンラン属　ラン科
    goeringii (Rchb.f.) Rchb.f.　しゅんらん(春蘭) hardy cynbidium orchid, Korean spring orchid　食・嗜
Cymbopogon　オガルカヤ属　イネ科
    citratus (DC. ex Nees) Stapf　レモングラス［東インド］fever / lemon grass　香
    flexuosus Stapf　レモングラス［西インド］fever / lemon grass　香
    martini Wats.
      var. *sofia*　ジンジャーグラス　gingergrass　香
      var. *motia*　パルマローザ　palmarosa　香
    nardus (L.) Rendle　セイロンシトロネラ　Ceylon citronella, citronella / nard grass　香
    winterianus Jowitt　ジャワシトロネラ　Java citronella　香
Cynanchum　イケマ属 (カモメヅル属) ガガイモ科
    atratum Bunge　ふなばらそう(船腹草) 薬
    caudatum (Miq.) Maxim.　いけま(生馬) 薬
    paniculatum (Bunge) Kitag.　すずさいこ(鈴柴胡) 薬
Cynara　チョウセンアザミ属　キク科

  cardunculus L. カルドン artichoke thistle, cardoon, prickly artichoke 食
   var. *sativa* → *scolymus*
   var. *scolymus* → *scolymus*
  scolymus L. アーティチョーク (glove) artichoke 食
Cynodon ギョウギシバ属 イネ科
  dactylon (L.) Pers. バーミューダグラス Bahama / Bermuda grass 被・飼
Cynometra ナムナムノキ属 マメ科
  cauliflora L. ナムナムのき(-木) lamuta, namu-namu 食
Cynoxylon (ミズキ科)
  japonica → *Cornus cousa* (やまぼうし)
Cyperus カヤツリグサ属 カヤツリグサ科
  esculentus L. しょくようかやつり(食用蚊屋吊) chufa, earth almond, tiger nut, yellow nutsedge 食
   var. *sativus* → *esculentus*
  exaltatus Retz. ssp. *iwasakii* (Makino) T.Koyama かんえんがやつり(灌園蚊屋吊) 繊
  iwasakii → *exaltatus* ssp. *iwasakii*
  malaccensis Lam. ssp. *brevifolius* (Boeck.) T.Koyama しちとうい(七島藺) Chinese matgrass 繊
  monophyllus → *malaccensis* ssp. *brevifolius*
  papyrus L. パピルス Egyptian paper reed, paper plant, papyrus 繊
  rotundus L. はますげ(浜菅) nut grass / sedge, purple / red nutsedge 薬
  tegetiformis → *malaccensis* ssp. *brevifolius*
  tuberosus → *esculentus*
Cyphomandra コダチトマト属 ナス科
  betacea (Cav.) Sendtn. トマトのき(-木) tamarillo, tree tomato, tomato tree, vegetable mercury 食
  crassicaulis → *betacea*
Cytisus エニシダ属 マメ科
  cajan → *Cajanus cajan* (きまめ)
  scoparius (L.) Link エニシダ(金雀枝) common / Scotch / yellow broom, genista 薬

[D]

Dacrydium リムノキ属 マキ科
  cupressinum Sol. ex G.Forst. リムのき(-木) red pine 材
Dactylis カモガヤ属 イネ科
  glomerata L. オーチャードグラス cock's foot, orchard grass 飼
Daemonoropus キリンケツ属 ヤシ科
  draco (Willd.) Blume きりんけつ(麒麟血) dragon's blood palm 塗・薬
Dalbergia ヒルギカズラ属 マメ科
  cochinchinensis Pierre ex Laness. したん(紫檀) Siam rosewood 材
Daphne ジンチョウゲ属 ジンチョウゲ科
  genkwa Sieb. et Zucc. ふじもどき(藤擬) lilac daphne 薬
  odora Thunb. じんちょうげ(沈丁花) winter daphne 薬
Daphniphyllum ユズリハ属 ユズリハ科

  himalense ssp. *macropodum* → *macropodum*
  macropodum Miq.　ゆずりは(譲葉)　薬・食・材
   ssp. *humile* → var. *humile*
   var. *humile* (Maxim. ex Franch. et Sav.) K.Rosenthal　えぞゆずりは(蝦夷譲葉)　薬
  teijsmanni Zoll.　ひめゆずりは(姫譲葉)　材
Darwinia　(マメ科)
  exaltata → *Sesbania exaltata* (アメリカつのくさねむ)
Datura　チョウセンアサガオ属　ナス科
  alba → *metel*
  fastuosa → *metel*
  innoxia Mill.　けちょうせんあさがお(毛朝鮮朝顔)　angel's trumpet, sacred datura　薬
  metel L.　ちょうせんあさがお(朝鮮朝顔)　downy thorn apple, Hindu datura, horn of plenty　薬
  meteloides → *innoxia*
  stramonium L.　しろばなちょうせんあさがお(白花朝鮮朝顔)　jim(p)son (weed)　薬
   var. *chalybea* Koch　ようしゅちょうせんあさがお(洋種朝鮮朝顔)　(common) thorn apple　薬
Daucus　ニンジン属　セリ科
  carota L.
   ssp. *sativus* → var. *sativus*
   var. *sativus* Hoffm.　にんじん(人参)　carrot(s)　食
  sativus → *carota* var. *sativus*
Debregeasia　ヤナギイチゴ属　イラクサ科
  edulis (Sieb. et Zucc.) Wedd.　やなぎいちご(柳苺)　食・薬
Decaspermum　コウシュンツゲ属　フトモモ科
  fruticosum Forst.　もちあでく　食・材
Dendranthema　キク属　キク科
  indicum (L.) Des Moul.　しまかんぎく(島寒菊)　Japanese chrysanthemum　薬
  japonense → *occidentali-japonense*
  occidentali-japonense (Nakai) Kitam.　のじぎく(野路菊)　食
Dendrocalamus　マチク属　イネ科
  latiflorus Munro　まちく(蔴竹)　Taiwan giant bamboo, Ma bamboo　材・食
Dendropanax　カクレミノ属　ウコギ科
  trifidus (Thunb.) Makino　かくれみの(隠蓑)　塗
Derris　デリス属(ドクフジ属)　マメ科
  elliptica (Roxb.) Benth.　デリス　derris, tuba root　薬
  malaccensis (Benth.) Prain　たちトバ(立-)　merah / rabut / tuba root　薬
Desmodium　ヌスビトハギ属　マメ科
  podocarpum DC. ssp. *oxyphyllum* (DC.) H.Ohashi　ぬすびとはぎ(盗人萩)　薬
Deutzia　ウツギ属　アジサイ科
  crenata Sieb. et Zucc.　うつぎ(空木)　Japanese snowflower　材・薬
  scabra
   var. *latifolia* → *crenata*
   var. *petiolata* → *crenata*
Dianella　キキョウラン属　ユリ科
  ensifolia (L.) DC.　ききょうらん(桔梗蘭)　薬
Dianthus　ナデシコ属　ナデシコ科
  caryophyllus L.　カーネーション　carnation, clove pink　香
  superbus L. var. *longicalycinus* (Maxim.) Williams　なでしこ(撫子)　(fringed) pink　食・薬

Dicalyx （ハイノキ科）
    glauca → *Symplocos glauca* （みみずばい）
    lancifolia → *Symplocos lancifolia* （しろばい）
    lucida → *Symplocos lucida* （くろき）
    myrtacea → *Symplocos myrtacea* （はいのき）
    prunifolia → *Symplocos prunifolia* （くろばい）
Dichapetalum カイナンボク属 カイナンボク科
    longipetalum Graib　かいなんぼく（海南木）　薬
Dichroa ジョウザン属 アジサイ科
    febrifuga Lour.　じょうざん（常山）　blue evergreen hydrangea　薬
Dictamnus ハクセン属 ミカン科
    albus → *dasycarpus*
     ssp. *dasycarpus* → *dasycarpus*
    dasycarpus Turcz.　はくせん（白鮮）　gas plant　薬
Digitalis ジギタリス属 ゴマノハグサ科
    lanata Ehrh.　けジギタリス（毛-）Grecian foxglove　薬
    lutea L.　きばなきつねのてぶくろ（黄花狐手袋）yellow foxglove　薬
    purpurea L.　ジギタリス　digitalis, (common / purple) foxglove　薬
Digitaria メヒシバ属 イネ科
    adscendens (Humb., Bonpl. et Kunth) Henrard　めひしば（雌日芝）(southern) crabgrass,
        summer grass　飼
    decumbens Stent　パンゴラグラス　digit / pangola grass, slenderstem　飼
    eriantha → *decumbens*
    henryi → *adscendens*
    pentzii → *decumbens*
    sanguinalis → *adscendens*
    siliaris → *adscendens*
Dillenia ビワモドキ属 ビワモドキ科
    indica L.　びわもどき（枇杷擬）elephant-apple, Indian dillenia　食
Dimocarpus リュウガン属 ムクロジ科
    longan Lour.　りゅうがん（龍眼）longan, lungan　食・薬
Dioscorea ヤマノイモ属 ヤマノイモ科
    alata L.　だいじょ（大薯）greater / water / white yam　食
    batatas Decne. → *opposita*
     f. *tsukune* Makino　つくねいも（捏芋）食
    bulbifera L.　かしゅういも（何首烏芋）aerial / potato yam　薬・食
     f. *domestica* → *bulbifera*
    cayenensis Lam.　きいろギニアヤム（黄色-）yellow (Guinea) yam　食
    cirrhosa Lour.　そめものいも（染物芋）染・薬
    esculenta (Lour.) Burkill　はりいも（針芋）fancy / potato yam, lesser Asiatic yam　食
    gracillima Miq.　たちどころ（立野老）薬
    japonica Thunb.　やまのいも（山芋）Japanese yam　食
    opposita Thunb.　ながいも（長芋）Chinese yam / potato, cinnamon vine / yam　食・薬
    rhipogonoides → *cirrhosa*
    rotundata Poiret　しろギニアヤム（白-）white (Guinea) yam　食
    sativa → *bulbifera*
    tenuipes Franch. et Sav.　ひめどころ（姫野老）食

  trifida L.f.　クスクスヤム　cush-cush yam, yampee　食
Diospyros　カキノキ属　カキノキ科
  blancoi → *discolor*
  celebica Bakh.　スラウェシこくたん(‐黒檀)　Sulawesi ebony　材
  discolor Willd.　くろがき(黒柿)　butterfly / velvet apple, mabolo　食・材
  ebenum J.König ex Retz.　こくたん(黒檀)　(East Indian) ebony　材
  ferrea (Willd.) Bakh.　やえやまこくたん(八重山黒檀)　材
   var. *buxifolia* → *ferrea*
  japonica Sieb. et Zucc.　りゅうきゅうまめがき(琉球豆柿)　材・薬・塗
  kaki Thunb.　かき(柿)　Chinese / Japanese persimmon, date plum, kaki, keg fig　食・材
   var. *sylvestris* Makino　やまがき(山柿)　台・塗・材
  lotus L.　まめがき(豆柿)　date plum, persimmon　材・塗・食
  oldhamii Maxim.　オルドがき(‐柿)　食
  maritima Blume　りゅうきゅうがき(琉球柿)　材
  virginiana L.　アメリカがき　(common) persimmon, date plum, possum apple　食
Diphylleia　サンカヨウ属　メギ科
  grayi F.Schumidt　さんかよう(山荷葉)　食
Diplomorpha　ガンピ属　ジンチョウゲ科
  pauciflora (Franch. et Sav.) Nakai　さくらがんぴ(桜雁皮)　繊
  sikokiana (Franch. et Sav.) Honda　がんぴ(雁皮)　Chinese lycinus　繊
  trichotoma (Thunb.) Nakai　きがんぴ(黄雁皮)　繊
Dipteryx　マメ科
  odorata (Aubl.) Willd.　トンカまめ(‐豆)　(Dutch) tonga, tonka bean　香
Disporum　チゴユリ属　ユリ科
  sessile (Thunb.) D.Don ex Schult.　ほうちゃくそう(宝鐸草)　Japanese fairy bells　食・薬
Distylium　イスノキ属　マンサク科
  racemosum Sieb. et Zucc.　いすのき(柞)　材・染
Dolichos　コウシュンフジマメ属　マメ科
  albus → *Lablab purpureus* (ふじまめ)
  angularis → *Vigna angularis* (あずき)
  articulata → *Pachyrhizus erosus* (くずいも)
  biflorus → *Vigna unguiculata* var. *cylindrica* (はたささげ)
  bulbosus → *Pachyrhizus erosus* (くずいも)
  catjang → *Vigna unguiculata* var. *cylindrica* (はたささげ)
  cultratus → *Lablab purpureus* (ふじまめ)
  dissectus → *Vigna aconitifolia* (モスビーン)
  ensiformis → *Canavalia ensiformis* (たちなたまめ)
  erosus → *Pachyrhizus erosus* (くずいも)
  gladiatus → *Canavalia gladiata* (なたまめ)
  lablab → *Lablab purpureus* (ふじまめ)
   var. *hortensis* → *Lablab purpureus* (ふじまめ)
  lobatus → *Pueraria lobata* (くず)
  purpureus → *Lablab purpureus* (ふじまめ)
  sesquipedalis → *Vigna unguiculata* var. *sesquipedalis* (じゅうろくささげ)
  sinensis → *Vigna unguiculata* (ささげ)
  soya → *Glycine max* (だいず)
  tetragonolobus → *Psophocarpus tetragonolobus* (しかくまめ)

  trilobus L. var. *kosyunensis* (Hosok.) H.Ohashi et Tateishi　こうしゅんふじまめ（恒春藤豆）　薬
  tuberosus → *Pachyrhizus tuberosus* （ポテトビーン）
  umbellatus → *Vigna umbellata* （つるあずき）
  unguiculatus → *Vigna unguiculata* （ささげ）
  uniflorum → *Macrotyloma uniforum* （ホースグラム）
Donax　（イネ科）
  arundinaceus → *Arundo donax* （だんちく）
Dovyalis　セイロンスグリ属　イイギリ科
  hebecarpa (Gaertn.) Warb.　セイロンすぐり(-酸塊) Ceylon gooseberry, kitambilla　食
Draba　イヌナズナ属　アブラナ科
  nemorosa L. var. *hebecarpa* Lindblon　いぬなずな（犬薺） whitlow grass　食・薬
Dracaena　リュウケツジュ属　リュウゼツラン科
  draco L.　りゅうけつじゅ（龍血樹） dragon tree　染
Draco　（ヤシ科）
  draco → *Dracaena draco* （りゅうけつじゅ）
  dragonalis → *Dracaena draco* （りゅうけつじゅ）
  rotang → *Calamus rotang* （とう）
Drimia　（ユリ科）
  maritima → *Urginea maritima* （かいそう）
Dryobalanops　リュウノウジュ属　フタバガキ科
  aromatica C.F.Gaertn.　りゅうのうじゅ（龍脳樹） Borneo camphor tree　材・香・薬
Dryopteris　オシダ属　オシダ科
  crassirhizoma Nakai　おしだ（雄羊歯） male fern　薬
Duchesnea　ヘビイチゴ属　バラ科
  chrysantha (Zoll. et Moritzi) Miq.　へびいちご（蛇苺） Indian strawberry　薬
Durio　ドリアン属　パンヤ科
  zibethinus Murray　ドリアン durian　食
Dysosma　（メギ科）
  pleiantha → *Podophyllum pleianthum* （はっかくれん）
  versipellis → *Podophyllum versipella* （ききゅう）

［E］

Ebulus　（スイカズラ科）
  chinensis → *Sambucus chinensis* （そくず）
  javanica var. *chinensis* → *Sambucus chinensis* （そくず）
Echinacea　キク科
  purpurea (L.) Moench　むらさきばれんぎく（紫馬簾菊） echinacea, purple cornflower　薬
Echinochloa　ヒエ属　イネ科
  colona var. *frumentacea* → *frumentacea*
  crus-galli
   var. *frumentaceum* → *frumentacea*
   var. *utilis* → *utilis*
  frumentacea (Roxb.) Link　インドひえ（印度稗） billion dollar grass, Indian barnyard millet　食
  utilis Ohwi et Yabuno　ひえ（稗） Japanese (barnyard) millet　食

Echinopanax （ウコギ科）
   japonicus → *Oplopanax japonicus* （はりぶき）
Echium ムラサキ科
   vulgare L. しべながむらさき（蕊長紫）blueweed, viper's bugloss 薬
Eclipta タカサブロウ属 キク科
   thermalis Bunge たかさぶろう（高三郎）trailing eclipta 薬・食
Edgeworthia ミツマタ属 ジンチョウゲ科
   chrysantha Lindl. みつまた（三椏）mitsumata, paper-bush 繊
   papyrifera → *chrysantha*
Ehretia チシャノキ属 ムラサキ科
   dicksonii Hance まるばちしゃのき（丸葉苣木）食
     var. *japonica* → *dicksonii*
   microphylla Lam. ふくまんぎ Fukien tea 食
   ovalifolia Hassk. ちしゃのき（萵苣木）材・染・薬
Elaeagnus グミ属 グミ科
   angustifolia L. ほそばぐみ（細葉茱萸）oleaster, Russian / wild olive 食・薬
   argentina → *angustifolia*
   commutata Bernh. ex Rydb. ぎんようぐみ（銀葉茱萸）wolfberry, silverberry 食
   crispa → *umbellata*
   edulis → *multiflora*
   grabra Thunb. つるぐみ（蔓茱萸）食・薬
   longipes → *multiflora*
   macrophylla Thunb. おおばぐみ（大葉茱萸）食
   montana Makino まめぐみ（豆茱萸）食
   multiflora Thunb. なつぐみ（夏茱萸）cherry elaeagnus / silverberry, gumi 食
     f. *orbiculata* → *multiflora*
     var. *gigantea* Araki だいおうぐみ（大王茱萸）食
     var. *hortensis* (Maxim.) Serv. とうぐみ（唐茱萸）食
   nikoensis Nakai ex H.Hara にっこうなつぐみ（日光夏茱萸）食
   pungens Thunb. なわしろぐみ（苗代茱萸）thorny ealaeagnus 食
   umbellata Thunb. あきぐみ（秋茱萸）autumn ealaeagnus 食・薬
Elaeis アブラヤシ属 ヤシ科
   guineensis Jacq. あぶらやし（油椰子）(African) oil palm, macaw-fat 油
Elaeocarpus ホルトノキ属 ホルトノキ科
   decipiens → *sylvestris*
   ellipticus → *sylvestris*
   japonicus Sieb. et Zucc. こばんもち（小判鶸）材・食
   kobanmochi → *japonicus*
   serratus Benth. セイロンオリーブ Ceylon olive 食
   sphaericus (Gaertn.) K.Schum. インドじゅずのき（印度数珠木）bead tree of India 材
   sylvestris (Lour.) Poiret ホルトのき（-木）染・材・食
Elatostema ウワバミソウ属 イラクサ科
   densiflorum Franch. et Sav. ときほこり 食
   involucratum → *umbellatum* var. *majus*
   laetevirens Makino やまときほこり（山-）食
   umbellatum Blume var. *majus* Maxim. うわばみそう（蟒草）食
Eleocharis ハリイ属 カヤツリグサ科

  dulcis (Burm.f.) Trin ex Hensch. var. *tuberosa* (Roxb.) T.Koyama　おおくろぐわい（大黒慈姑）
   (Chinese) water chestnut, matai　食・薬
  edulis var. *tuberosa* → *dulcis* var *tuberosa*
  kuroguwai Ohwi　くろぐわい（黒慈姑）　食
  plantaginea var. *tuberosa* → *dulcis* var. *tuberosa*
  tuberosa → *dulcis* var *tuberosa*

Elettaria　ショウズク属　ショウガ科
  cardamomum (L.) Maton　カルダモン　(bastard / Ceylon / cluster / Malabar / round) cardamom
   香・薬

Eleusine　オヒシバ属　イネ科
  coracana (L.) Gaertn.　しこくびえ（四国稗）(African) finger millet, Indian / Ragi millet　食・飼
  indica (L.) Gaertn.　おひしば（雄日芝）crowfoot / goose / wire / yard grass　食・薬
   f. *coracana* → *coracana*

Eleutherococcus　ウコギ属　ウコギ科
  sciadophylloides (Franch. et Sav.) H.Ohashi　こしあぶら（漉油）　食・塗・材
  senticosus (Rupr. et Maxim.) Maxim.　えぞうこぎ（蝦夷五加木）Siberian ginseng　食・薬
  sessiflorus → *senticosus*
  sieboldianus (Makino) Koidz.　うこぎ（五加木）　食・薬
  spinosus (L.f.) S.Y.Hu　やまうこぎ（山五加木）　食

Elsholtzia　ナギナタコウジュ属　シソ科
  ciliata (Thunb.) Hyl.　なぎなたこうじゅ（薙刀香薷）crested late-summer mint　薬
  patrini → *ciliata*

Emblica　トウダイグサ科
  officinalis Gaertn.　あんまろく（按摩勒）emblic (myrobalan), Indian gooseberry　薬・食

Emilia　ウスベニニガナ属　キク科
  sonchifolia (L.) DC.　うすべににがな（薄紅苦菜）red tasselflower　薬

Empetrum　ガンコウラン属　ガンコウラン科
  asiaticum Nakai　がんこうらん（岩高蘭）black crowberry, crake berry, heathberry　食
  nigrum → *asiaticum*
   var. *japonicum* → *asiaticum*

Ensete　バショウ科
  ventricosum (Welw.) Cheesman　エンセーテ　Abyssinian banana, ensete　食・繊

Entada　モダマ属　ネムノキ科
  phaseoloides (L.) Merr.　もだま（藻玉）liver / sea / matchbox bean　材・食

Enterolobium　(ネムノキ科)
  saman → *Albizia saman*（アメリカねむのき）

Ephedra　マオウ属　マオウ科
  distachya Vill.　ふたまたまおう（二股麻黄）　薬・食
  equisetina Bunge　きだちまおう（木立麻黄）　薬
  sinica Stapf　まおう（麻黄）Chinese ephedra, desert tea, mahuang　薬

Epigaea　イワナシ属　ツツジ科
  asiatica Maxim.　いわなし（岩梨）trailing arbutus　食

Epilobium　アカバナ属　アカバナ科
  angustifolium L.　やなぎらん（柳蘭）fireweed, rose bay willow herb　食・薬

Epimedium　イカリソウ属　メギ科
  grandiflorum C.Morren　いかりそう（錨草）(purple) barrenwort　薬
   ssp. *koreanum* (Nakai) Kitam.　さばないかりそう（黄花錨草）　薬

    var. *thunbergianum* → *grandiflorum*
    koreanum → *grandiflorum* ssp. *koreanum*
    macranthum → *grandiflorum*
    sagittatum Maxim. ほそざきいかりそう(細咲錨草) horny goat weed 薬
Equisetum トクサ属 トクサ科
    arvense L. すぎな(杉菜) (common / field) horsetail 食・薬
    hyemale L. とくさ(木賊, 砥草) common horsetail, Dutch / scoring rush 薬
        var. *japonicum* → *hyemale*
Eragrostis スズメガヤ属(カゼクサ属) イネ科
    abyssinica (Jacq.) Link テフ Abyssinian / Williams lovegrass, tef(f) 食
    chloromelas → *curvula*
    curvula (Schrad.) Nees ウィーピングラブグラス African / weeping lovegrass 被
    jeffreysii → *curvula*
    robusta → *curvula*
    tef → *abyssinica*
Erechtites タケダグサ属 キク科
    hieracifolius (L.) Raf. ex DC. だんどぼろぎく(段戸襤褸菊) American burnweed, fireweed 食
Erica エリカ属 ツツジ科
    arborea L. ブライア brier, tree heath 材
Erigeron ムカシヨモギ属(アズマギク属) キク科
    annuus (L.) Pers. ひめじょおん(姫女苑) (eastern) daisy fleabane 食
    canadensis L. ひめむかしよもぎ(姫昔蓬) butterweed, Canada fleabane, horseweed 薬
    philadelphicus L. はるじょおん(春女苑) (Philadelphia) fleabane 食
Eriobotrya ビワ属 バラ科
    bengalensis Hook.f. うんなんびわ(雲南枇杷) 食
    deflexa Nakai たいわんびわ(台湾枇杷) bronze loquat 食
    japonica (Thunb.) Lindl. びわ(枇杷) (Japanese) loquat, Japanese medlar 食・薬・材
Eriocaulon ホシクサ属 ホシクサ科
    cinereum R.Br. ほしくさ(星草) 薬
Eriodendron (パンヤ科)
    anfractuosum → *Ceiba pentandra* (パンヤのき)
Eruca キバナスズシロ属 アブラナ科
    sativa Mill. ロケットサラダ arugula, garden / Mediterranean rocket, rocket (salad), roquette 食・油・薬
    versicaria ssp. *sativa* → *sativa*
Ervum (マメ科)
    lens → *Lens culinaris* (ひらまめ)
    terronii → *Vicia hirsuta* (すずめのえんどう)
Erysimum エゾスズシロ属 アブラナ科
    cheiranthoides L. えぞすずしろ(蝦夷清白) wormseed wallflower 薬
    japonicum → *cheiranthoides*
Erythrina デイゴ属 マメ科
    indica → *variegata* var. *orientalis*
    variegata L. var. *orientalis* Merr. でいご(梯姑) coral tree, Indian coral bean / tree 材・薬・飼
Erythronium カタクリ属 ユリ科
    dens-anis var. *japonicum* → *japonicum*

  japonicum Decne. かたくり（片栗） adder's tongue, fawn lily, (Japanese) dog-tooth violet 食・薬
Erythroxylum コカノキ属（コカ属）コカノキ科
  bolivianum → *coca*
  cataractarum → *coca* var. *ipadu*
  coca Lam. コカのき(-木) Bolivian / Huanuco coca, cocaine plant 薬
   var. *ipadu* Plowman アマゾンコカ Amazonian coca 薬
   var. *novogranatense* → *novogranatense*
  novogranatense (Morris) Hieron. ジャワコカ Colombian / Java coca 薬
   var. *truxillense* (Rusby) Plowman ペルーコカ Peruvian / Trujillo coca 薬
  truxillense → *novogranatense* var. *truxillense*
Eubotryoides （ツツジ科）
  grayana → *Leucothoe grayana* (はなひりのき)
Eucalyptus ユーカリノキ属（ユーカリ属）フトモモ科
  camaldulensis Dehnh. ユーカリのき(-木) Australian kino, (river) red gum 材
  citriodora Hook. レモンユーカリ lemon-scented gum 香
  globulus Labill. ユーカリのき(-木) (Tasmanian) blue gum 材・薬・油
  leucoxylon F.Muell. やなぎユーカリ(柳-) white gum, white iron bark 材・油
  regnans F.Muell. せいたかユーカリ(背高-) Australian oak, mountain ash, swamp gum 材
  sideroxylon A.Cunn. ex Benth. あかゴムのき(赤-木) red iron bark 材・油
Euchlaena テオシント属 イネ科
  mexicana Schrad. テオシント teosinte (grass) 飼
Eucommia トチュウ属 トチュウ科
  ulmoides Oliv. とちゅう(杜仲) Chinese gutta percha, hardy rubber tree 薬・材・油
Eugenia フトモモ科
  alba → *Syzygium samarangense* (レンブ)
  aquea → *Syzygium aqueum* (みずレンブ)
  aromatica → *Syzygium aromaticum* (クローブ)
  caryophyllata → *Syzygium aromaticum* (クローブ)
  cumini → *Syzygium cumini* (むらさきふともも)
  jambos → *Syzygium jambos* (ふともも)
  jambolana → *Syzygium cumini* (むらさきふともも)
  javanica → *Syzygium samarangense* (レンブ)
  macrophylla → *Syzygium malaccensis* (マレーふともも)
  malaccensis → *Syzygium malaccensis* (マレーふともも)
  michelii → *uniflora*
  pimenta → *Pimenta dioica* (オールスパイス)
  uniflora L. スリナムチェリー Brazil / Surinam cherry, pitanga 食
Eulalia （イネ科）
  japonica → *Miscanthus sinensis* (すすき)
Euodia ゴシュユ属 ミカン科
  daniellii (Benn.) Hemsley ちょうせんごしゅゆ(朝鮮呉茱萸) Korean euodia 油
  officinalis → *ruticarpa* var. *officinalis*
  ruticarpa (Juss.) Benth. ごしゅゆ(呉茱萸) 薬
   var. *officinalis* (Dode) Huang ほんごしゅゆ(本呉茱萸) 薬
Euonymus ニシキギ属 ニシキギ科
  alatus (Thunb.) Sieb. にしきぎ(錦木) prickwood, winged spindle tree 材
  japonicus Thunb. まさき(柾) (evergreen / Japanese) spindle tree 薬

  oxyphyllus Miq. つりばな（吊花）　材
  planipes (Koehne) Koehne おおつりばな（大吊花）　食
  sieboldianus Blume まゆみ（真弓）　材
Eupatorium　ヒヨドリバナ属　キク科
  cannabinum L. あさばひよどり（麻葉鵯）　hemp agrimony　薬
  chinense → *makinoi*
   ssp. *sachalinense* → *glehnii*
   var. *oppositifolium* → *makinoi*
  fortunei → *japonicum*
  glehnii F.Schmidt ex Trautv. よつばひよどり（四葉鵯）　食・薬
  japonicum Thunb. ふじばかま（藤袴）　boneset, thoroughwort　薬・香
  lindleyanum DC. さわひよどり（沢鵯）　薬
  makinoi T.Kawahara et Yahara ひよどりばな（鵯花）　薬
Euphorbia　トウダイグサ属　トウダイグサ科
  helioscopia L. とうだいぐさ（燈台草）　sun spurge, wartweed　薬
  hirta L. しまにしきそう（島錦草）　asthma plant, garden / pill-bearing spurge　薬
  lathyris L. ホルトそう（-草）　caper / myrtle spurge, mole plant　薬
  pekinensis Rupr. たかとうだい（高燈台）　薬
  pilurifera → *hirta*
Euphoria　（ムクロジ科）
  longan → *Dimocarpus longan*（りゅうがん）
  longana → *Dimocarpus longan*（りゅうがん）
Euptelea　フサザクラ属　フサザクラ科
  polyandra Sieb. et Zucc. ふさざくら（房桜）　材
Eurya　ヒサカキ属　ツバキ科
  japonica Thunb. ひさかき（柃）　材・染
Euryale　オニバス属　スイレン科
  ferox Salisb. おにばす（鬼蓮）　chicken's head, fox nut, prickly water-lily　食・薬
Euscaphis　ゴンズイ属　ミツバウツギ科
  japonica (Thunb.) Kanitz ごんずい（権萃）　Japanese / Korean sweetheart tree　食・薬
  staphyleoides → *japonica*
Euterpe　キャベツヤシ属　ヤシ科
  edulis Mart. パルミットやし（-椰子）　assai / cabbage palm, edible euterpe palm　食
  oleracea Engel アサイやし（-椰子）　cabbage / euterpe palm, multistemed assai palm　食
Eutrema　ワサビ属　アブラナ科
  japonica (Miq.) Koidz. わさび（山葵）　Japanese horseradish, wasabi　食・香
  tenuis (Miq.) Makino ゆりわさび（百合山葵）　食
  wasabi → *japonica*
Evodiopanax　タカノツメ属　ウコギ科
  innovans (Sieb. et Zucc.) Nakai いものき（芋木）　食・材
Exogonium　（ヒルガオ科）
  purga → *Ipomoea purga*（ヤラッパ）

[F]

Faba (マメ科)
 vulgaris → *Vicia faba* (そらまめ)
Fagara (ミカン科)
 manchurica → *Zanthoxylum schinifolium* (いぬざんしょう)
 schinifolia → *Zanthoxylum schinifolium* (いぬざんしょう)
Fagopyrum ソバ属 タデ科
 cereale → *esculentum*
 cymosum Meisn.　しゅっこんそば(宿根蕎麦)　wild buckwheat　飼
 dibotrys → *cymosum*
 esculentum Moench　そば(蕎麦) (common / silverhull / sweet) buckwheat　食
 sagittatum → *esculentum*
 sarracenicum → *esculentum*
 tataricum (L.) Gaertn.　ダッタンそば(韃靼蕎麦)　bitter / Indian / Kangra / Tartarian buckwheat　食・薬
 vulgare → *esculentum*
Fagus ブナ属 ブナ科
 americana → *grandifolia*
 crenata Blume　ぶな(橅)　Japanese / Siebold's beech　食・油・材
 grandifolia Ehrh.　アメリカぶな(-橅)　American beech　材
 japonica Maxim.　いぬぶな(犬橅)　Japanese beech　材
 sagittatum → *grandifolia*
 sylvatica L.　ヨーロッパぶな(-橅) (common / European) beech　材
Fallopia (タデ科)
 japonica → *Reynoutria japonica* (いたどり)
 multiflora → *Pleuropterus multiflorus* (つるどくだみ)
 sachalinensis → *Reynoutria sachalinensis* (おおいたどり)
Farfugium ツワブキ属 キク科
 japonicum (L.f.) Kitam.　つわぶき(石蕗)　leopard plant　食・薬
  f. *giganteum* → var. *giganteum*
  var. *giganteum* (Sieb. et Zucc.) Kitam.　おおつわぶき(大石蕗)　食
  var. *luchuense* (Masam.) Kitam.　りゅうきゅうつわぶき(琉球石蕗)　食
Fatsia ヤツデ属 ウコギ科
 japonica (Thunb.) Decne. et Planch.　やつで(八手)　fatsia, yatsude plant　薬
Feijoa (フトモモ科)
 sellowiana → *Acca sellowiana* (フェイジョア)
Festuca ウシノケグサ属 イネ科
 arundinacea Schreb.　トールフェスク　alta / freed / tall fescue, tall meadow fescue　飼・被
 ovina L.　シープフェスク　sheep fescue　飼
 pratensis Huds.　メドーフェスク　meadow fescue　飼
 rubra L.　レッドフェスク　creeping / red fescue　飼
 viridis → *rubra*
×*Festulolium* イネ科
 braunii Camus　フェスツロリュウム　festulolium　飼
Ficus イチジク属 クワ科

  auriculata Lour.　おおばいちじく(大葉無花果)　Roxburgh fig　食
  awkeotsang Makino　かんてんいたび(寒天木蓮子)　食
  benghalensis L. ベンガルぼだいじゅ(‐菩提樹) banyan, East Indian fig tree, vada tree　材・薬・食
  carica L.　いちじく(無花果) (common) fig, fig tree　食・薬
  elastica Roxb.　インドゴムのき(印度‐木) Assam rubber, Indian rubber tree　ゴ
  erecta Thunb.　いぬびわ(犬枇杷)　食
   var. *sieboldii* → *erecta*
  macrophylla → *auriculata*
  microcarpa L.f.　ガジュマル　Chinese banyan, laurel / smallfruit fig　材
  pumila L.　おおいたび(大木蓮子) climbing / creeping fig　食・薬
  religiosa L.　インドぼだいじゅ(‐菩提樹) bodhi tree, bo-tree, peepal, pipal　薬
  retusa → *microcarpa*
  roxburghii → *auriculata*
  sieboldii → *erecta*
  superba Miq. var. *japonica* Miq.　あこう(赤榕)　材
  sycomorus L.　エジプトいちじく(‐無花果) sycamore fig　食
  wightiana → *superba*
Filipendura　シモツケソウ属　バラ科
  multijuga Maxim.　しもつけそう(下野草)　食
  ulmaria (L.) Maxim.　せいようなつゆきそう(西洋夏雪草)　meadowsweet, queen of the meadow　薬
Firmiana　アオギリ属　アオギリ科
  simplex (L.) W.Wight　あおぎり(青桐) Chinese bottle / parasol tree, phoenix tree　材・繊・食
  platanifolia → *simplex*
Flacourtia　ルカム属　イイギリ科
  rukam Zoll. et Mor.　ルカム　rukam　食
Foeniculum　ウイキョウ属　セリ科
  azonicum Thell.　イタリアういきょう(‐茴香) finocchio, Florence fennel　食・香
  dulce → *azonicum*
  officinale → *vulgare*
  vulgare Mill.　ういきょう(茴香)　(sweet) fennel　薬・香
   var. *azonicum* → *azonicum*
   var. *dulce* → *azonicum*
Forsythia　レンギョウ属　モクセイ科
  suspensa (Thunb.) Vahl　れんぎょう(連翹) golden bell tree, weeping forsythia　薬
  viridissima Lindl.　しなれんぎょう(支那連翹) greenstem forsythia　薬
Fortunella　キンカン属　ミカン科
  crassifolia Swingle　ねいはきんかん(寧波金柑) large round kumquat　食・薬
  japonica (Thunb.) Swingle　まるみきんかん(丸実金柑) marumi / round kumquat　食
   var. *margarita* → *margarita*
  margarita (Lour.) Swingle　ながみきんかん(長実金柑) nagami / oval kumquat　食
  obovata Tanaka　ちょうじゅきんかん(長寿金柑) Fukushu kumquat　食
Fragaria　オランダイチゴ属　バラ科
  ×*ananassa* → ×*magna*
  chiloensis var. *ananassa* → ×*magna*
  grandiflora → ×*magna*

  iinumae Makino　のうごういちご（能郷苺）　食
  ×*magna* Thuill.　いちご（苺）(cultivated / garden) strawberry　食
  nipponica Makino　もりいちご（森苺）　食
  vesca L.　えぞへびいちご（蝦夷蛇苺）Alpine / sow-teat / wild strawberry　食
Fraxinus　トネリコ属　モクセイ科
  americana L.　アメリカとねりこ（-梣）white ash　材・薬
  apertisquamifera H.Hara　みやまあおだも（深山青-）　材
  excelsior L.　せいようとねりこ（西洋梣）(common / European) ash　材・薬
  griffithii C.B.Clarke　しまとねりこ（島梣）evergreen / flowering ash　材
   var. *koshunensis* → *griffithii*
  japonica Blume ex K.Koch　とねりこ（梣）Japanese ash　材・薬
  lanuginosa Koidz.　あらげあおだも（荒毛青-）　材
   f. *serrata* (Nakai) Murata　あおだも（青-）　材
  longicuspis Sieb. et Zucc.　おおとねりこ（大梣）　材
  mandschurica Rupr. var. *japonica* Maxim.　やちだも（谷地-）　材
  platypoda → *spaethiana*
  sieboldiana Blume　まるばあおだも（丸葉青-）Chinese flowering ash　材
  spaethiana Lingelsh.　しおじ（塩地）　材
Fritillaria　バイモ属　ユリ科
  camtschatcensis (L.) Ker Gawl.　くろゆり（黒百合）black lily, Kamchatka fritillary / lily　食
  thunbergii → *verticillata* var. *thunbergii*
  verticillata Willd. var. *thunbergii* (Miq.) Baker　ばいも（貝母）fritillaria, fritillary　薬
Fumaria　カラクサケマン属　ケマンソウ科
  officinalis Schimp. ex Hammar　からくさけまん（唐草華鬘）fumitory　薬

[G]

Gagea　キバナノアマナ属　ユリ科
  lutea (L.) Ker Gawl.　きばなのあまな（黄花甘菜）yellow star-of-Betlehem　食
Galega　ガレガ属　マメ科
  officinalis L.　やくようガレガ（薬用-）French lilac, goat's rue　薬・飼
  orientalis Lam.　ガレガ　galega　飼
Galeola　ツチアケビ属　ラン科
  septentrionalis Rchb.f.　つちあけび（土通草）　食・薬
Galinsoga　コゴメギク属　キク科
  parviflora Cav.　こごめぎく（小米菊）gallant soldier, small-flower galinsoga　薬
Galium　ヤエムグラ属　アカネ科
  verum L.　せいようかわらまつば（西洋河原松葉）lady's bed straw　香・薬・染
Garcinia　フクギ属　オトギリソウ科
  dulcis (Roxb.) Kunz　おおばのマンゴスチン（大葉-）baniti　食
  mangostana L.　マンゴスチン　mangis, mangosteen　食・薬・染
  multiflora Champ.　たいわんふくぎ（台湾福木）食・薬
  ovalifolia → *subelliptica*
  spicata → *subelliptica*
  subelliptica Merr.　ふくぎ（福木）食・染

tinctoria → *xanthochymus*
　　xanthochymus Hook.f. ex Anderson　たまごのき(卵木)　egg tree, gamboge　食
Gardenia　クチナシ属　アカネ科
　　augusta → *jasminoides*
　　florida → *jasminoides*
　　jasminoides J.Ellis　くちなし(梔子)　Cape jasmine, (common) gardenia　薬・染・香・食
　　　f. *grandiflora* → *jasminoides*
　　grandiflora → *jasminoides*
Gastrodia　オニノヤガラ属　ラン科
　　elata Blume　おにのやがら(鬼矢幹)　薬
Gaultheria　シラタマノキ属　ツツジ科
　　adenothrix (Miq.) Maxim.　いわはぜ(岩櫨)　食
　　miqueliana → *pyroloides*
　　procumbens L.　ひめこうじ(姫柑子)　(aromatic / checkerberry / creeping / spicy) wintergreen, box / spice / tea berry, deerberry, hillberry　薬
　　pyroloides Hook.f. et Thompson ex Miq.　しらたまのき(白玉木)　deerberry, gaultheria　香・食
Gelsemium　マチン科
　　sempervirens (L.) Aiton　ゲルセミウム　Carolina / yellow jasmine, gelsemium　薬
Genipa　アカネ科
　　americana L.　ちぶさのき(乳房木)　genip(ap), marmalade box　食
Genista　ヒトツバエニシダ属　マメ科
　　depressa → *tinctoria*
　　hungarica → *tinctoria*
　　juncea → *Spartium junceum* (レダマ)
　　marginata → *tinctoria*
　　mayeri → *tinctoria*
　　ovata → *tinctoria*
　　patula → *tinctoria*
　　scoparia → *Cytisus scoparius* (エニシダ)
　　sibirica → *tinctoria*
　　tanaitica → *tinctoria*
　　tetragona → *tinctoria*
　　tinctoria L.　ひとつばエニシダ(一葉金雀兒)　dyer's greenweed / greenwood, woodwaxen　染
Gentiana　リンドウ属　リンドウ科
　　algida Pall　とうやくりんどう(当薬龍胆)　arctic gentian　薬
　　lutea L.　きばなりんどう(黄花龍胆)　(yellow) gentian　薬
　　macrophylla Pall　おおばりんどう(大葉龍胆)　薬
　　scabra Bunge　とうりんどう(唐龍胆)　Japanese gentian　薬
　　　var. *buergeri* (Miq.) Maxim. ex Franch. et Sav.　りんどう(龍胆)　autumn bellflower　薬
　　triflora Pall. var. *japonica* (Kusn.) H.Hara　えぞりんどう(蝦夷龍胆)　薬
Geranium　フウロソウ属　フウロソウ科
　　nepalense → *thunbergii*
　　　ssp. *thunbergii* → *thunbergii*
　　robertianum L.　ひめふうろ(姫風露)　fox geranium, herb Robert, red robin / shanks　薬
　　thunbergii Sieb. et Zucc.　げんのしょうこ(験証拠)　cranesbill　食・薬
Geum　ダイコンソウ属　バラ科
　　japonicum Thunb.　だいこんそう(大根草)　geum, large-leaf avens, prairie smoke　食・薬

urbanum L. せいようだいこんそう(西洋大根草) herb bennett, wood avens 薬
Gilbertia (ウコギ科)
　　trifida → *Dendropanax trifidus* (かくれみの)
Ginkgo イチョウ属 イチョウ科
　　biloba L. いちょう(銀杏) ginkgo, maidenhair tree 食・薬・材
Glechoma カキドオシ属 シソ科
　　hederacea L. かきどおし(垣通) cat's foot, ground ivy 薬
　　　ssp. *grandis* → *hederacea*
Gleditsia サイカチ属 ジャケツイバラ科
　　japonica Miq. さいかち(皂莢) Japanese honey locust 材・薬
Glehnia ハマボウフウ属 セリ科
　　littoralis F.Schmidt ex Miq. はまぼうふう(浜防風) hamabofu 食・薬
Glochidion カンコノキ属 トウダイグサ科
　　obovatum Sieb. et Zucc. かんこのき(-木) 材・薬
Glycine ダイズ属 マメ科
　　abrus → *Abrus precatorius* (とうあずき)
　　hispidata → *max*
　　max (L.) Merr. だいず(大豆) soja / soya bean, soybean 油・食
　　subterra → *Vigna subterranea* (バンバラまめ)
Glycyrrhiza カンゾウ属 マメ科
　　glabra L. つるかんぞう(蔓甘草) licorice, liquorice 薬・香・甘
　　　var. *glandulifera* (Waldst. et Kitam.) Regel et Herder なんきんかんぞう(南京甘草)
　　　　Russian licorice 薬
　　lepidota Pursh アメリカかんぞう(-甘草) American licorice 薬・香
　　uralensis Fisch. et DC. かんぞう(甘草) Chinese licorice 薬・香・甘
Glyptostrobus スイショウ属 スギ科
　　pensilis (D.Don) K.Koch すいしょう(水松) Chinese / deciduous / swamp cypress, Chinese
　　　water pine 材・薬
Gnaphalium ハハコグサ属 キク科
　　affine D.Don ははこぐさ(母子草) cotton weed, cudweed 食・薬
　　multiceps → *affine*
Gnetum グネツム属 グネツム科
　　gnemon L. グネモンのき(-木) gnetum 食・繊・材
Gonystylus ジンチョウゲ科
　　bancanus (Miq.) Kurz ラミン ramin 材
Gordonia タイワンツバキ属(ヒメツバキ属) ツバキ科
　　anomala → *axillaris*
　　axillaris (Roxb. ex Ker Gawl.) D.Dietr. たいわんつばき(台湾椿) 材
　　wallichii → *Schima wallichii* (ひめつばき)
Gossipium ワタ属 アオイ科
　　arboreum L. アジアわた(-棉) Asiatic / tree cotton 繊
　　barbadense L. かいとうめん(海島棉) Egyptian / sea island cotton 繊
　　herbaceum L. インドわた(印度棉) Levant / short-staple cotton 繊
　　hirsutum L. りくちめん(陸地棉) American / Burdon / upland cotton 繊
　　indicum → *arboreum*
　　peruvianum → *barbadense*
　　vitifolium → *barbadense*

Granatum　（ザクロ科）
　　punicum → *Punica granatum*（ざくろ）
Grevillea　ハゴロモノキ属　ヤマモガシ科
　　robusta A.Cunn.　はごろものき(羽衣木)　silk / silky oak　材
Grossularia　（スグリ科）
　　hirtella → *Ribes hirtellum*（アメリカすぐり）
　　uva-crispa → *Ribes uva-crispa* var. *sativum*（グーズベリー）
Guaiacum　ユソウボク属　ハマビシ科
　　officinale L.　ゆそうぼく(癒瘡木)　guaiacum wood, lignum vitae　材・薬
Guajava　（フトモモ科）
　　pyrifera → *Psidium guajava*（グアバ）
Guettarda　ハテルマギリ属　アカネ科
　　speciosa L.　はてるまぎり(波照間桐)　zebrawood　材
Guilandina　（ワサビノキ科）
　　moringa → *Moringa oleifera*（わさびのき）
Guilielma　モモミヤシ属　ヤシ科
　　gasipaes (Hume., Bonpl. et Kunth) L.H.Bailey　ももみやし(桃実椰子)　peach palm, pejibaye
　　　食・材
　　utilis → *gasipaes*
Guizotia　キク科
　　abyssinica (L.f.) Cass.　ニガーシード　Inga seed, Niger (seed)　油
　　oleifera → *abyssinica*
　　　var. *sativa* → *abyssinica*
Gunnera　グンネラ属　グンネラ科
　　chilensis Lam.　こうもりがさそう(蝙蝠傘草)　Chilean gunnera　食・染
　　scabra → *chilensis*
　　tinctoria → *chilensis*
Gymnema　ホウライアオカズラ属　ガガイモ科
　　sylvestre (Retz.) R.Br. ex Schult.　ギムネマ　gurmar, gymnema　薬
Gymnocladus　アメリカサイカチ属　マメ科
　　canadensis → *dioica*
　　dioica (L.) Koch　アメリカさいかち(-皂莢)　(Kentucky) coffee (bean) tree, (honey) locust, stump
　　　tree　材・食
Gynandropis　（フウチョウソウ科）
　　gynandra → *Cleome gynandra*（ふうちょうそう）
　　pentaphylla → *Cleome gynandra*（ふうちょうそう）
Gynostemma　アマチャヅル属　ウリ科
　　pentaphyllum (Thunb.) Makino　あまちゃづる(甘嗜蔓)　嗜・薬
Gynura　サンシチソウ属　キク科
　　bicolor DC.　すいぜんじな(水前寺菜)　two-colored gynura　食
　　japonica (Thunb.) Juel　さんしちそう(三七草)　薬・食
　　segetum → *japonica*

- 189 -

[H]

Haematoxylum　アカミノキ属　ジャケツイバラ科
　　campechianum L.　あかみのき(赤実木) campeachy wood, logwood　材・染
Halesia　(エゴノキ科)
　　corymbosa →　*Pterostyrax corymbosus*（あさがら）
Hamamelis　マンサク属　マンサク科
　　japonica Sieb. et Zucc.　まんさく(満作) Japanese witch hazel　薬・材
　　virginiana L.　アメリカまんさく(-満作) witch hazel　薬
Hedera　キヅタ属　ウコギ科
　　rhombea (Miq.) Bean　きづた(木蔦) Japanese ivy　薬
　　tobleri →　*rhombea*
Hedychium　シュクシャ属　ショウガ科
　　coronarium J.König　しゅくしゃ(縮砂・宿砂) ginger lily, wild Siamese cardamom　薬
Hedyotis　フタバムグラ属　アカネ科
　　diffusa Willd.　ふたばむぐら(双葉葎) 薬
Hedysarum　イワオウギ属　マメ科
　　coronarium L.　あかばなおうぎ(赤花黄耆) Spanish / Italian sainfoin, sulla (sweetvetch)　飼・肥
　　esculentum →　*vicioides*
　　iwawogi →　*vicioides* ssp. *japonicum*
　　japonicum →　*Astragalus sinicus*（れんげ）
　　onobrychis →　*Onobrychis sativa*（セインフォイン）
　　vaginale →　*Alysicarpus vaginale*（ささはぎ）
　　vicioides Turcz. ssp. *japonicum* (B.Fedtsch.) B.H.Choi et H.Ohashi　いわおうぎ(岩黄耆) 薬
Helianthus　ヒマワリ属　キク科
　　annuus L.　ひまわり(向日葵) mirasol, sunflower　油・食
　　strumosus L.　いぬきくいも(犬菊芋) pale-leaved / woodland sunflower　飼
　　　var. *willdenowianus* →　*strumosus*
　　tuberosus L.　きくいも(菊芋) Canada potato, girasol, Jerusalem artichoke, topinamber　食・飼
Helicteres　ヤンバルゴマ属　アオギリ科
　　angustifolia L.　やんばるごま(山原胡麻) 薬
Heliotropium　キダチルリソウ属　ムラサキ科
　　arborescens L.　ヘリオトロープ cherry pie, common heliotrope　香
　　corymbosum →　*arborescens*
　　peruvianum →　*arborescens*
Helleborus　クリスマスローズ属　キンポウゲ科
　　niger L.　クリスマスローズ Christmas rose　薬
Helonias　(ユリ科)
　　dioica →　*Chamaelirium luteum*（ヘロニアス）
Helwingia　ハナイカダ属　ミズキ科
　　japonica (Thunb.) F.Dietr.　はないかだ(花筏) 食
Hemerocallis　キスゲ属　ユリ科
　　cordata →　*Cardiocrinum cordatum*（うばゆり）
　　disticha (Donn) M.Hotta　のかんぞう(野萱草) day-lily　薬
　　　var. *kwanso* →*fulva* var. *kwanso*
　　dumortieri

- 190 -

  var. *esculenta* → *middendorffii* var. *esculenta*
  var. *exaltata* → *middendorffii* var. *exaltata*
 fulva L.　ほんかんぞう(本萱草) fulvous / orange / tawny day-lily　食・薬
  f. *kwanso* → var. *kwanso*
  var. *disticha* → *disticha*
  var. *kwanso* Regel　やぶかんぞう(藪萱草) double tawny day-lily　食・薬
  var. *longituba* → *disticha*
 longituba → *disticha*
 middendorffii Trautv. et C.A.Mey　えぞかんぞう(蝦夷萱草) 食
  var. *esculenta* (Koidz.) Ohwi　にっこうきすげ(日光黄菅) broad dwarf day-lily, Nikko day lily　食
  var. *exaltata* (Stout) M.Hotta　とびしまかんぞう(飛島萱草) 食
Hemistepta　キツネアザミ属 キク科
 lyrata (Bunge) Bunge　きつねあざみ(狐薊) 食
Heracleum　ハナウド属 セリ科
 dulce Fisch.　おおはなうど(大花独活) 食・薬
 nipponicum Kitag.　はなうど(花独活) 食・薬
Heritiera　サキシマスオウノキ属 アオギリ科
 littoralis Dryand.　さきしますおうのき(先島蘇芳木) looking glass tree　材
Hernandia　ハスノハギリ属 ハスノハギリ科
 nymphaeifolia (C.Presl) Kubitzki　はすのはぎり(蓮葉桐) 材
Hevea　パラゴムノキ属 トウダイグサ科
 brasiliensis Müll.-Arg.　パラゴムのき(-木) caoutchouc tree, Para rubber tree　ゴ・食
Heyderia　(ヒノキ科)
 decurrens → *Calocedrus decurrens* (おにひば)
Hibiscus　フヨウ属 アオイ科
 abelmoschus → *Abelmoshus moshatus* (とろろあおいもどき)
 acerifolius → *syriacus*
 cannabinus L.　ケナフ Ambari / Deccan / Guinea hemp, bastard jute, kenaf, mesta　繊
 digitatus → *sabdariffa*
 esculentus → *Abelmoschus esculentus* (オクラ)
 floridus → *syriacus*
 glabra Matsum.　てりははまぼう(照葉黄槿) 材
 gossypiifolius → *sabdariffa*
 hamabo Sieb. et Zucc.　はまぼう(黄槿) hamabo　繊・材
 manihot → *Abelmoschus manihot* (とろろあおい)
 mutabilis L.　ふよう(芙蓉) cotton rose, cottonrose hibiscus　繊
 rhombifolius → *syriacus*
 sabdariffa L.　ローゼル Indian / Jamaica / red sorrel, jelly okra, (royal) roselle　繊・香
 simplex → *Firmiana simplex* (あおぎり)
 sinensis → *mutabilis*
 syriacus L.　むくげ(木槿)　(shrub) althea, rose of Sharon, rose mallow, Syrian rose　薬・繊
  var. *chinensis* → *syriacus*
 tiliaceus L.　おおはまぼう(大黄槿) coast cotton tree, lagoon / linden / sea hibiscus　繊・材
  var. *tortuosus* → *tiliaceus*
 tortuosus → *tiliaceus*
 verrucosus → *cannabinus*

Hicoria （クルミ科）
    pekan → *Carya illinoinensis* （ペカン）
Hierochloe コウボウ属 イネ科
    odorata (L.) P.Beauv. var. *pubescens* Krylov　こうぼう（香茅）holy / sweet / vanilla grass　香
Hippophae グミ科
    rhamnoides L.　うみくろうめもどき（海黒梅擬）sea buckthorn　薬
Holcus シラゲカヤ属 イネ科
    lanatus L.　ベルベットグラス velvetgrass, woolly softgrass　飼
    sorghum → *Sorghum bicolor* （もろこし）
Hordeum オオムギ属 イネ科
    distichon L.　ビールむぎ（-麦）malting / two-rowed barley　食
    sativum → *vulgare*
    vulgare L.　おおむぎ（大麦）(common / six-rowed) barley　食
      var. *distichon* → *distichon*
      var. *hexastichon* → *vulgare*
Hosta ギボウシ属 ユリ科
    albomarginata → *sieboldii*
    lancifolia → *sieboldii*
    longissima Honda ex Maekawa　みずぎぼうし（水擬宝珠）食
    montana → *sieboldiana*
    sieboldiana (Lodd.) Engl.　おおばぎぼうし（大葉擬宝珠）plantain lily　食
    sieboldii (Paxton) J.W.Ingram　こばぎぼうし（小葉擬宝珠）Siebold's plantain lily　食
      f. *lancifolia* → *sieboldii*
Houttuynia ドクダミ属 ドクダミ科
    cordata Thunb.　どくだみ（蕺）chameleon / rainbow plant　薬
Hovenia ケンポナシ属 クロウメモドキ科
    acebra → *dulcis*
    dulcis Thunb.　けんぽなし（玄圃梨）Japanese raisin tree　材・食
Humulus カラハナソウ属 アサ科
    japonicus Sieb. et Zucc.　かなむぐら（金葎）Japanese hop　薬
    lupulus L.　ホップ (common / European) hops　薬・香
      var. *cordifolius* (Miq.) Maxim.　からはなそう（唐花草）繊・香
Hydnocarpus ダイフウシノキ属 イイギリ科
    anthelmintica Pierre　だいふうしのき（大風子木）chaulmoogra tree　薬
Hydrangea アジサイ属 アジサイ科
    macrophylla (Sieb. et Zucc.) Seringe　あじさい（紫陽花）bigleaf hydrangea　薬
      ssp. *angustata* → *serrata* var. *angustata*
      ssp. *serrata*
        var. *acuminata* → *serrata*
        var. *angustata* → *serrata* var. *angustata*
        var. *thunbergii* → *serrata* var. *thunbergii*
      ssp. *yezoensis* → *serrata*
    otakusa → *macrophylla*
    paniculata Sieb.　のりうつぎ（糊空木）paniculate hydrangea　糊・繊・材・薬
    petiolaris Sieb. et Zucc.　つるあじさい（蔓紫陽花）climbing hydrangea　食
    serrata (Thunb.) Ser.　やまあじさい（山紫陽花）tea-of-heaven　嗜
      var. *amagiana* → var. *angustata*

  var. *angustata* (Franch. et Sav.) H.Ohba　あまぎあまちゃ（天城甘茶）　嗜
  var. *thunbergii* (Sieb.) H.Ohba　あまちゃ（甘茶）　hydrangea tea　嗜・薬
Hydrastis　キンポウゲ科
 canadensis L.　カナダヒドラチス　goldenseal, orange-root　薬
Hydrocotyle　チドメグサ属　セリ科
 asiatica → *Centella asiatica*（つぼくさ）
 ramiflora Maxim.　おおちどめ（大血止）　薬
 sibthorpioides Lam.　ちどめぐさ（血止草）　lawn pennywort　薬
Hylocereus　モクサボテン属　サボテン科
 undatus (Haw.) Britton et Rose　ピタヤ　dragon fruit, Honolulu-queen, night-blooming cereus, pitaya　食
Hylomecon　ヤマブキソウ属　ケシ科
 japonicum (Thunb.) Plantl　やまぶきそう（山吹草）　Japanese poppy　薬
Hylotelephium　ムラサキベンケイソウ属　ベンケイソウ科
 erythrosticum (Miq.) H.Ohba　べんけいそう（弁慶草）　orpin(e)　薬
 spectabile (Boreau) H.Ohba　おおべんけいそう（大弁慶草）　薬
Hyoscyamus　ヒヨス属　ナス科
 agrestis Kit. et Schult.　まんしゅうヒヨス（満州菲沃斯）　薬
 bohemicus → *niger*
 niger L.　ヒヨス（菲沃斯）　(black) henbane　薬
  var. *chinensis* Makino　しなヒヨス（支那菲沃斯）　薬
 verviensis → *niger*
Hypericum　オトギリソウ属　オトギリソウ科
 erectum Thunb.　おとぎりそう（弟切草）　薬
 japonicum Thunb.　ひめおとぎり（姫弟切）　swamp hypericum　薬
 perforatum L.　せいようおとぎり（西洋弟切）　(common) St. John's wort　薬・染
Hyssopus　ヤナギハッカ属　シソ科
 officinalis L.　やなぎはっか（柳薄荷）　hyssop　香・薬・染

[I]

Idesia　イイギリ属　イイギリ科
 polycarpa Maxim.　いいぎり（飯桐）　材
Ilex　モチノキ属　モチノキ科
 aquifolium L.　せいようひいらぎ（西洋柊）　English holly, ilex　薬
 chinensis → *oldhamii*
 cornuta Lindl. et Paxton　ひいらぎもち（柊鶏）　Chinese / horned holly　薬
 crenata Thunb.　いぬつげ（犬柘植）　Japanese holly　材・糊
 heterophyllus → *Osmanthus heterophyllus*（ひいらぎ）
 integra Thunb.　もちのき（鶏木）　mochi tree　糊・染・材
 latifolia Thunb.　たらよう（多羅葉）　luster-leaf holly, tarajo　糊・材
 macropoda Miq.　あおはだ（青膚）　材
 oldhamii Miq.　ななみのき（滑木）　材・薬・染
 paraguayensis St.-Hil.　マテちゃ（-茶）　(Yerba) mate　嗜
 pedunculosa Miq.　そよご（冬青）　longstalk holly　材・染

  purpurea → *oldhamii*
  rotunda Thunb. くろがねもち(黒鉄黐) kurogane holly 材・糊・染
  serrata Thunb. うめもどき(梅擬) Japanese winterberry 材
Illicium シキミ属 シキミ科
  anisatum L. しきみ(樒) Japanese anise 材・香
  religiosum → *anisatum*
  verum Hook.f. スターアニス Chinese / star anise 香・薬
Impatiens ツリフネソウ属 ツリフネソウ科
  balsamina L. ほうせんか(鳳仙花) garden / rose balsam, impatiens, touch- me-not 薬
  japonica → *textori*
  textori Miq. つりふねそう(釣舟草) 薬
Imperata チガヤ属 イネ科
  cylindrica (L.) P.Beauv. ちがや(茅萱) cogon (grass) 薬・食
   var. *coenigii* → *cylindrica*
   var. *major* → *cylindrica*
Indigofera コマツナギ属 マメ科
  articulata Gouan ぎんあい(銀藍) 染
  hirsuta L. たぬきこまつなぎ(狸駒繋) hairy indigo 被・染
  pseudotinctoria Matsum. こまつなぎ(駒繋) 薬・飼
  smatorana → *tinctoria*
  suffruticosa Mill. きあい(木藍) anil, West Indian indigo 染
  tinctoria L. インドあい(印度藍) common / French / Indian / true indigo 染
Inocarpus タイヘイヨウグルミ属 マメ科
  edulis Horst. たいへいようぐるみ(太平洋胡桃) Polynesian / Tahiti chestnut 食
Intsia タシロマメ属 マメ科
  bijuga (Colebr.) Kuntze たしろまめ(田代豆) iron wood 材
Inula オグルマ属 キク科
  britannica L. ようしゅおぐるま(洋種小車) British yellowhead 薬
   ssp. *japonica* (Thunb.) Kitam. おぐるま(小車) 薬・香
   var. *chinensis* → ssp. *japonica*
  helenium L. おおぐるま(大車) elecampane, yellow starwort 薬
  japonica → *britannica* ssp. *japonica*
Ipomoea サツマイモ属 ヒルガオ科
  aquatica Forssk. ようさい(甕菜) (Chinese) water spinach, swamp cabbage, tropical spinach, water convolvulus 食
  batatas (L.) Lam. さつまいも(薩摩芋) batata, sweet potato 食
   var. *edulis* → *batatas*
  indica (Burm.) Merr. のあさがお(野朝顔) blue morning-glory 食・薬
  nil (L.) Roth あさがお(朝顔) Japanese morning-glory 薬
  purga Hayne ヤラッパ (true) jalap 薬
  purpurea (L.) Roth まるばあさがお(円葉朝顔) common / tall morning-glory 薬
  reptans → *aquatica*
Iris アヤメ属 アヤメ科
  florentina L. においアイリス(匂-) orris, Yemen iris 香
  pseudacorus L. きしょうぶ(黄菖蒲) yellow flag, yellow iris 染
  versicolor L. ブルーフラッグ blue flag, wild iris 薬
Irvingia アフリカマンゴノキ属 ニガキ科

gabonensis (Aubrey-Lecomte ex O.Rorke) Baill. アフリカマンゴのき(-木) African mango, Dika nut 食
Isatis タイセイ属 アブラナ科
   canescens → *tinctoria*
   indigotica Fortune ex. Lindl. たいせい(大青) Chinese indigo, woad 染
   japonica → *indigotica*
   littoralis → *tinctoria*
   tinctoria L. ほそばたいせい(細葉大青) dyer's woad, pastel 染
   yezoensis Ohwi えぞたいせい(蝦夷大青) 染
Isodon (シソ科)
   japonica → *Rabdosia japonica* (ひきおこし)
   kameba → *Rabdosia umbrosa* var. *leucantha* (かめばひきおこし)
Itea ズイナ属 スグリ科
   japonica Oliv. ずいな(髄菜) Japanese sweetspire 食
Ixeris ニガナ属 キク科
   chinensis (Thunb.) Nakai ssp. *strigosa* (H.Lév. et Vaniot) Kitam. たかさごそう(高砂草) 食
   dentata (Thunb.) Nakai にがな(苦菜) 薬
   strigosa → *chinensis* ssp. *strigosa*

[J]

Jambosa (フトモモ科)
   alba → *Syzygium samarangense* (レンブ)
   domestica → *Syzygium malaccensis* (マレーふともも)
   jambos → *Syzygium jambos* (ふともも)
   malaccensis → *Syzygium malaccensis* (マレーふともも)
   samarangense → *Syzygium samarangense* (レンブ)
Jasminum ソケイ属 モクセイ科
   grandiflorum L. ジャスミン Catalonian / royal / Spanish jasmine 香
   officinale L.f. そけい(素馨) poets / white jasmine 香
     f. *affine* → *grandiflorum*
     f. *grandiflorum* → *grandiflorum*
     var. *grandiflorum* → *grandiflorum*
   sambac Aiton まつりか(茉莉花) (Arabian) jasmine 香
Jatropha ナンヨウアブラギリ属 トウダイグサ科
   curcas L. なんようあぶらぎり(南洋油桐) Barbados / physic / purging nut 油
Jeffersonia タツタソウ属 メギ科
   dubia Benth. et Hook.f. たつたそう(龍田草) twinleaf 薬
Juglans クルミ属 クルミ科
   ailanthifolia Carr. おにぐるみ(鬼胡桃) Japanese / Siebold walnut 材・食
     var. *cordiformis* (Maxim.) Rehder ひめぐるみ(姫胡桃) heart nut 材・食
   cathayensis Dode ちゅうごくぐるみ(中国胡桃) Chinese butternut / walnut 食
   cineria L. しろぐるみ(白胡桃) butternut, white walnut 食
   cordiformis → *ailanthifolia* var. *cordiformis*
   illinoinensis → *Carya illinoinensis* (ペカン)

    mandschurica
      ssp. *sieboldiana* → *ailanthifolia*
      var. *cordiformis* → *ailanthifolia* var. *cordiformis*
      var. *sachalinensis* → *ailanthifolia*
      var. *sieboldiana* → *ailanthifolia*
    nigra L. くろぐるみ（黒胡桃） black walnut 材・食
    orientis → *regia* var. *orientis*
    regia L. せいようぐるみ（西洋胡桃） common / English / Persian walnut 材・食
      var. *orientis* (Dode) Kitam. てうちぐるみ（手打胡桃） oriental walnut 食
    sieboldiana → *ailantifolia*
      var. *cordiformis* → *ailanthifolia* var. *cordiformis*
    subcordiformis → *ailanthifolia* var. *cordiformis*
    tomentosa → *Carya tomentosa* (ヒコリー)
Juncus イグサ属 イグサ科
    decipiens → *effusus* var. *decipiens*
    effusus L. var. *decipiens* Buchenau いぐさ（藺草） (common / mat) rush 繊・薬
    tenuis Willd. くさい（草藺） slender rush 繊
Juniperus ネズミサシ属（ビャクシン属） ヒノキ科
    chinensis → *Sabina chinensis* (びゃくしん)
    communis L. せいようねず（西洋杜松） (common) juniper 香・薬
    rigida Sieb. et Zucc. ねず（杜松） needle juniper 薬・材
    sabina → *Sabina vulgaris* (サビナびゃくしん)
    virginiana → *Sabina virginiana* (えんぴつびゃくしん)
Justicia (キツネノマゴ科)
    procumbens → *Rostellularia procumbens* (きつねのまご)

[K]

Kadsura サネカズラ属 マツブサ科
    japonica (Thunb.) Dunal さねかずら（実葛） kadsura vine, scarlet kadsura 薬・繊
Kaempferia バンウコン属 ショウガ科
    galanga L. ばんうこん（蕃鬱金） (East Indian) galangal, galingale 香・薬
Kalimeris (キク科)
    pinnatifida → *Aster iinumae* (ゆうがぎく)
    yomena → *Aster yomena* (よめな)
Kalopanax ハリギリ属 ウコギ科
    pictus → *septemlobus*
    sciadophylloides → *Eleutherococcus sciadophylloides* (こしあぶら)
    septemlobus (Thunb.) Koidz. はりぎり（針桐） castor aralia 材・食・薬
Kandelia メヒルギ属 ヒルギ科
    candel (L.) Druce めひるぎ（雌蛭木） 染・材
Kerria ヤマブキ属 バラ科
    japonica (L.) DC. やまぶき（山吹） Japanese rose, kerria 薬
Kerstengiella (マメ科)
    geocarpa → *Macrotyloma geocarpum* (ゼオカルパまめ)

Keteleeria ユサン属（アブラスギ属）マツ科
 davidiana (Franch.) Beissn.　あぶらすぎ（油杉）　材
Ketmia （アオイ科）
 mutabilis → *Hibiscus mutabilis* （ふよう）
 syriaca → *Hibiscus syriacus* （むくげ）
Kigelia ソーセージノキ属　ノウゼンカズラ科
 pinnata (Jacq.) DC.　ソーセージのき（-木）sausage tree　材・薬
Kochia ホウキギ属　アカザ科
 scoparia (L.) Schrad.　ほうきぎ（箒木）belvedere, bloom-goosefoot, summer cypress　食・薬
Koelreuteria モクゲンジ属　ムクロジ科
 paniculata Laxm.　もくげんじ（木患子）golden rain tree　材・染・薬
Kummerowia ヤハズソウ属　マメ科
 stipulacea (Maxim.) Makino　まるばやはずそう（丸葉矢筈草）Korean lespedeza　飼・肥・薬
 striata (Thunb.) Schindl.　やはずそう（矢筈草）annual / common / Japanese lespedeza　飼・薬

[L]

Lablab フジマメ属　マメ科
 lablab → *purpureus*
 leucocarpus → *purpureus*
 nankinicus → *purpureus*
 niger → *purpureus*
 perennans → *purpureus*
 purpureus (L.) Sweet　ふじまめ（藤豆・鵲豆）bonavist, bonavista / Egyptian / hyacinth / lablab / papaya bean　食・飼
 vulgaris → *purpureus*
Lactuca アキノノゲシ属　キク科
 dentata → *Ixeris dentata* （にがな）
 indica L.　あきののげし（秋野芥子）Indian lettuce　食
  var. *dracoglossa* Kitam.　りゅうぜつさい（龍舌菜）食・飼
 sativa L.　レタス　(garden) lettuce　食
  var. *angustana* Irish ex Bailey　かきぢしゃ（掻萵苣）asparagus / cutting lettuce　食
  var. *capitata* L.　サラダな（-菜）head lettuce　食
  var. *crispa* L.　ちりめんぢしゃ（縮緬萵苣）curled lettuce　食
  var. *longifolia* Lam.　たちぢしゃ（立萵苣）Cos lettuce, romaine (lettuce)　食
 scariola var. *sativa* → *sativa*
 virosa L.　けぢしゃ（毛萵苣）wild lettuce　薬
Lagenaria ヒョウタン属（ユウガオ属）ウリ科
 leucantha
  var. *clavata* → *siceraria* var. *hispida*
  var. *depressa* → *siceraria* var. *depressa*
  var. *gourda* → *siceraria* var. *gourda*
  var. *hispida* → *siceraria* var. *hispida*
 siceraria (Molina) Standl.
  var. *clavata* → *siceraria* var. *hispida*

var. *depressa* (Ser.) H.Hara　ふくべ(瓢)　flat gourd　材
　　　var. *gourda* (Ser.) H.Hara　ひょうたん(瓢箪)　bottle / calabash gourd, cucurbit　材
　　　var. *hispida* (Thunb.) H.Hara　ゆうがお(夕顔)　dipper gourd, Italian edible gourd, long straight-necked gourd, moonflower, white-flower gourd　食・台
　　vulgaris → *siceraria* var. *gourda*
Lagerstroemia　サルスベリ属　ミソハギ科
　　chinensis → *indica*
　　indica L.　さるすべり(百日紅)　crape myrtle, Indian lilac　材
　　speciosa (L.) Pers.　おおばなさるすべり(大花百日紅)　jarul, queen crape myrtle　材・薬
　　subcostata Koehne　しまさるすべり(島百日紅)　white-barked crape myrtle　材・染
Lamium　オドリコソウ属　シソ科
　　album L.　せいようおどりこそう(西洋踊子草)　day nettle, white deadnettle　薬
　　　var. *barbatum* (Sieb. et Zucc.) Franch. et Sav.　おどりこそう(踊子草)　食・薬
　　amplexicaule L.　ほとけのざ(仏座)　henbit　薬
　　barbatum → *album*
Lansium　ランサ属　センダン科
　　domesticum Corrêa　ランサ　lansat　食
　　javanicum → *domesticum*
Lantana　ランタナ属　クマツヅラ科
　　camara L.　ランタナ　common lantana, red / yellow sage　薬
Laportea　ムカゴイラクサ属　イラクサ科
　　bulbifera (Sieb. et Zucc.) Wedd.　むかごいらくさ(零余子刺草)　食・薬
　　macrostachya (Maxim.) Ohwi　みやまいらくさ(深山刺草)　食
Lappa　(キク科)
　　edulis → *Arctium lappa*（ごぼう）
　　major → *Arctium lappa*（ごぼう）
Lapsana　ヤブタビラコ属　キク科
　　apogonoides Maxim.　たびらこ(田平子)　nipplewort　食
　　humilis (Thunb.) Makino　やぶたびらこ(藪田平子)　食
Larix　カラマツ属　マツ科
　　amabilis → *Pseudolarix amabilis*（いぬからまつ）
　　dahurica → *gmelinii*
　　　var. *japonica* → *gmelinii* var. *japonicum*
　　decidua Mill.　ヨーロッパからまつ　European larch　材・薬
　　europaea → *decidua*
　　gmelinii (Rupr.) Rupr. ex Kuzen.　ダフリアからまつ(-唐松)　Dahurian larch　材
　　　var. *japonica* (Maxim. ex Regel) Pilg.　グイまつ(-松)　材
　　kaempferi (Lamb.) Carr.　からまつ(唐松)　Japanese larch　材・繊・油
　　kurilensis → *gmelinii* var. *japonicum*
　　leptolepis → *kaempferi*
Lathyrus　レンリソウ属（ハマエンドウ属）　マメ科
　　davidii Hance　いたちささげ(鼬豇豆)　食
　　japonicus Willd.　はまえんどう(浜豌豆)　beach / sea / seaside pea　食
　　latifolius L.　ひろはのれんりそう(広葉連理草)　everlasting / perennial pea　食
　　lens → *Lens culinaris*（ひらまめ）
　　maritimus → *japonicus*
　　megalanthus → *latifolius*

- 198 -

  miyabei → *palustris* ssp. *pilosus*
  palustris L. ssp. *pilosus* (Cham.) Hultén　えぞれんりそう(蝦夷連理草)　食・薬
  pilosus → *palustris* ssp. *pilosus*
  quinquenervis (Miq.) Litv.　れんりそう(連理草)　vetchling　食
  sativus L.　ガラスまめ(-豆)　chickling vetch, giant / Spanish lentil, grass pea (vine), Khesari dahl　食・飼
  sylvestris var. *latifolius* → *latifolius*
  ugoensis → *palustris* var. *pilosus*
Laurocerasus　バクチノキ属　バラ科
  officinalis (L.) Roem.　せいようばくちのき(西洋博打木)　cherry / English laurel　薬
  spinulosa (Sieb. et Zucc.) C.K.Schneid.　りんぼく(橉木)　材・染・薬
  zippeliana (Miq.) Browicz　ばくちのき(博打木)　材・薬・染
Laurus　ゲッケイジュ属　クスノキ科
  benzoin → *Lindera benzoin* (アメリカくろもじ)
  camphora → *Cinnamomum camphora* (くすのき)
  cinnamomum → *Cinnamomum verum* (シナモン)
  cubeba → *Litsea cubeba* (あおもじ)
  nobilis L.　げっけいじゅ(月桂樹)　(royal / sweet) bay (tree), (victor's) laurel　香・薬
  pedunculata → *Cinnamomum japonicum* (やぶにっけい)
  persea → *Persea americana* (アボカド)
  sassafras → *Sassafras albidum* (サッサフラスのき)
  sericea → *Neolitsea sericea* (しろだも)
  tamala → *Cinnamomum tamala* (タマラにっけい)
  umbellata → *Rhaphiolepis indica* var. *umbellata* (しゃりんばい)
Lavandula　シソ科
  angustifolia Mill.　ラベンダー　common / English / true lavender　香・薬・染
  angustifolia × *latifolia*　ラバンジン　lavandin　香
  dentata L.　きればラベンダー(切葉-)　fringed lavender　香
  latifolia Medik.　スパイクラベンダー　broad-leaved / spike lavender　香
  officinalis → *angustifolia*
  spica → *latifolia*
   var. *angustifolia* → *angustifolia*
  stoechas L.　フランスラベンダー　French / Spanish lavender　香・薬
  vera → *angustifolia*
Lawsonia　シコウカ属　ミソハギ科
  alba → *inermis*
  inermis L.　ヘンナ　henna, mignonette tree　染・香
Lecythis　パラダイスナットノキ属(サプカイア属)　サガリバナ科
  paraensis Huber　パラダイスナットのき(-木)　paradise nut　食
  usitata var. *paraensis* → *paraensis*
  zabucajo (Aubl.) Hook.　サプカイアナットのき(-木)　sapucaia nut　食・油
Ledebouriella　ボウフウ属　セリ科
  seseloides (Hoffm.) H.Wolff　ぼうふう(防風)　薬
Ledum　イソツツジ属　ツツジ科
  hypoleucum → *palustre* var. *diversipilosum*
  nipponicum → *palustre* var. *diversipilosum*
  palustre L. var. *diversipilosum* Nakai　いそつつじ(磯躑躅)　wild rosemary　薬・食

Leleba （イネ科）
    dolichoclada → *Bambusa dolichoclada* （ちょうしちく）
    multiplex → *Bambusa multiplex* （ほうらいちく）
    oldhamii → *Bambusa oldhamii* （りょくちく）
    vulgaris → *Bambusa vulgaris* （だいさんちく）

Lens ヒラマメ属 マメ科
    culinaris Medik. ひらまめ（扁豆） lentil, masurdhal, till-seed 食
    esculenta → *culinaris*

Lentilla （マメ科）
    lens → *Lens culinaris* （ひらまめ）

Leonurus メハジキ属 シソ科
    artemisis → *japonicus*
    heterophyllus → *japonicus*
    japonicus Houtt. めはじき（目弾） Siberian motherwort 薬
    sibiricus → *japonicus*

Lepidium マメグンバイナズナ属（コショウソウ属） アブラナ科
    latifolium L. べんけいなずな（弁慶薺） perennial pepperweed 薬
    sativum L. ガーデンクレス common / garden cress 食・香
    virginicum L. まめぐんばいなずな（豆軍配薺） (Virginia) pepper-grass 食

Lepironia アンペラ属 カヤツリグサ科
    articulata (Retz.) Domin アンペラそう（‐草） Chinese mat rush 繊

Leptospermum ネズモドキ属 フトモモ科
    scoparium J.R.Forst. et G.Forst. ぎょりゅうばい（御柳梅） 薬・嗜

Lespedeza ハギ属 マメ科
    cuneata (Dum.Cours.) G.Don めどはぎ（目処萩） perennial lespedeza, sericea 飼・薬・食
    juncea var. *subsessilis* → *cuneata*
    stipulacea → *Kummerowia stipulacea* （まるばやはずそう）
    striata → *Kummerowia striata* （やはずそう）

Leucaena ギンゴウカン属 ネムノキ科
    glauca → *leucocephala*
    latisiliqua → *leucocephala*
    leucocephala (Lam.) de Wit ぎんねむ（銀合歓） ekoa, koa haole, leucaena, lead / Saturn's tree, white popinac, wild tamarind 材・繊・肥・飼

Leucanthemum フランスギク属 キク科
    paludosum (Poiret) Bonnet et Barratte フランスぎく（‐菊） mini margueritte, ox-eye / snow daisy 香・薬

Leucocasia （サトイモ科）
    esculenta → *Colocasia esculenta* （さといも）
    gigantea → *Colocasia gigantea* （はすいも）

Leucothoe イワナンテン属 ツツジ科
    grayana Maxim. はなひりのき（嚏木） 薬
        var. *oblongifolia* → *grayana*

Levisticum セリ科
    officinale Koch. ロベージ lovage, love parsley, mountain hemlock 薬
    vulgare → *officinale*

Libanotis （セリ科）
    ugoensis → *Seseli libanotis* ssp. *japonica* （いぶきぼうふう）

Libocedrus （ヒノキ科）
    decurrens → *Calocedrus decurrens*（おにひば）
Ligularia メタカラコウ属 キク科
    dentata (A. Gray) H.Hara　まるばだけぶき（丸葉岳蕗）　golden groundsel　食
    fischeri (Ledeb.) Turcz.　おたからこう（雄宝香）　食・薬
    japonica var. *clivorum* → *dentata*
    tussilaginea → *Farfugium japonicum*（つわぶき）
Ligusticum （セリ科）
    acutiloba → *Angelica acutiloba*（とうき）
    hultenii → *Angerica hultenii*（まるばとうき）
    levisticum → *Levisticum officinale*（ロベージ）
Ligustrum イボタノキ属 モクセイ科
    japonicum Thunb.　ねずみもち（鼠黐）Japanese / wax-leaf privet　材・薬
    lucidum Aiton　とうねずみもち（唐鼠黐）Chinese / glossy privet, (white) wax tree　薬
    obtusifolium Sieb. et Zucc.　いぼたのき（水蝋樹）ibota privet　材
    reticulatum → *Syringa reticulata*（はしどい ）
Lilium ユリ属 ユリ科
    auratum Lindl.　やまゆり（山百合）gold-banded / Japanese / mountain lily　食
    ×*batemannia* hort. ex Wallace　たつたゆり（龍田百合）食
    cordatum → *Cardiocrinum cordatum*（うばゆり）
      var. *glehnii* → *Cardiocrinum cordatum* var. *glehnii*（おおうばゆり）
    cordifolium → *Cardiocrinum cordatum*（うばゆり）
    glehnii → *Cardiocrinum cordatum* var. *glehnii*（おおうばゆり）
    lancifolium Thunb.　おにゆり（鬼百合）tiger lily　食・薬
    leichtlinii Hook.f. var. *maximowiczii* (Regel) Baker　こおにゆり（小鬼百合）Maximowicz's lily　食
    maximowiczii → *leichtlinii* var. *maximowiczii*
    speciosum Thunb. var. *tametomo* Sieb. et Zucc.　しらたまゆり（白玉百合）食
    tigrinum → *lancifolium*
Limonia （ミカン科）
    trifolia → *Triphasia trifolia*（ぐみみかん）
Limonium イソマツ属 イソマツ科
    tetragonum (Thunb.) Bullock　はまさじ（浜匙）autumn statice, square stem statice　食
Lindera クロモジ属 クスノキ科
    benzoin Meisn.　アメリカくろもじ（-黒文字）spice bush / wood, wild allspice　香
    citriodora → *Litsea cubeba*（あおもじ）
    erythrocarpa Makino　かなくぎのき（金釘木）材
    glauca (Sieb. et Zuc.) Blume　やまこうばし（山香）食・材
    hypoglauca → *umbellata*
    obtusa → *umbellata*
    obtusiloba Blume　だんこうばい（檀香梅）Japanese spice wood, wild camphor　薬・油
    praecox (Sieb. et Zucc.) Blume　あぶらちゃん（油瀝青）材・油
    strychnifolia (Sieb. et Zucc.) Fern.-Vill.　うやく（烏薬）薬
    thunbergii → *erythrocarpa*
    triloba (Sieb. et Zucc.) Blume　しろもじ（白文字）材・油
    umbellata Thunb.　くろもじ（黒文字）材・油・薬
      var. *membranacea* (Maxim.) Momiyama　おおばくろもじ（大葉黒文字）香

Linum アマ属 アマ科
 crepitans → *usitatissimum*
 humile → *usitatissimum*
 usitatissimum L. あま(亜麻) (common) flax, linseed 繊・油・薬
  var. *humile* → *usitatissimum*
Lippia イワダレソウ属 クマツヅラ科
 citriodora (Ortega) Humb. レモンバーベナ lemon verbena 香
Liquidambar フウ属 マンサク科
 formosana Hance ふう(楓) Chinese / Formosan sweet gum 材・薬
 orientalis Miller とうようふう(東洋楓) Levant storax 薬
 styraciflua L. もみじばふう(紅葉葉楓) bilsted, (American) sweet gum, red gum 材・薬
 taiwaniana → *formosana*
Liriodendron ユリノキ属 モクレン科
 tulipifera L. ゆりのき(百合木) tulip poplar / tree 材・繊
Liriope ヤブラン属 ユリ科
 graminifolia → *platyphylla*
 muscari → *platyphylla*
 platyphylla F.T.Wang et Ts.Tang やぶらん(藪蘭) big blue lily-turf 薬
Litchi レイシ属 ムクロジ科
 chinensis Sonn. れいし(茘枝) leechee, litchi, lychee 食・材・薬
Lithocarpus マテバシイ属 ブナ科
 edulis (Makino) Nakai まてばしい(-葉椎) 材・食
 glabra (Thunb.) Nakai しりぶかがし(尻深樫) 材・食
Lithospermum ムラサキ属 ムラサキ科
 erythrorhizon Sieb. et Zucc. むらさき(紫) gromwell 染・薬
 officinale ssp. *erythrorhizon* → *erythrorhizon*
Litsea ハマビワ属(アオモジ属) クスノキ科
 acuminata → *Actinodaphne acuminata* (ばりばりのき)
 citriodora → *cubeba*
 cubeba Pers. あおもじ(青文字) mountain spice tree 材・香
 glauca → *Neolitsea sericea* (しろだも)
 japonica (Thunb.) Juss. はまびわ(浜枇杷) 材
 lancifolia → *Actinodaphne lancifolia* (かごのき)
Livistona ビロウ属 ヤシ科
 chinensis (Jacq.) R.Br. ex Mart. var. *subglobosa* (Hassk.) Becc. びろう(檳榔) Chinese fan, fountain palm 食・材
 subglobosa → *chinensis* var. *subglobosa*
Lobelia サワギキョウ属(ミゾカクシ属) キキョウ科
 chinensis Lour. あぜむしろ(畔筵) Chinese lobelia 薬
 inflata L. ロベリア lobelia, Indian tobacco 薬
 radicans → *chinensis*
 sessilifolia Lamb. さわぎきょう(沢桔梗) 食・薬
Lochnera (キョウチクトウ科)
 rosea → *Catharanthus roseus* (にちにちそう)
Lodoicea オオミヤシ属 ヤシ科
 callipyge → *maldivica*
 maldivica (J.F.Gmel.) Pers. ex H.Wendl. おおみやし(大実椰子) coco-de-mer, double / sea

  coconut, Seychelles nut 材・食
 sechellarum → *maldivica*
 sonneratii → *maldivica*
Lolium ドクムギ属 イネ科
 × *boucheanum* Kunth　ハイブリッドライグラス　hybrid rygrass　飼
 italicum → *multiflorum*
 multiflorum Lam.　イタリアンライグラス　Italian ryegrass　飼
 perenne L.　ペレニアルライグラス　perennial ryegrass　飼
 rigidum Gaud.　ウィメラライグラス　annual / wimmera ryegrass　飼
 stritcum → *rigidium*
Lonicera スイカズラ属 スイカズラ科
 caerulea L.
  ssp. *edulis* (Turcz.) Hultén　けよのみ(-実)　sweetberry honeysuckle　食
  var. *emphyllocalyx* (Maxim.) Nakai　くろみのうぐいすかぐら(黒実鶯神楽)　食
  var. *venulosa* (Maxim.) Rehder　まるばよのみ(丸葉-実)　食
 gracilipes Miq.　うぐいすかぐら(鶯神楽)　slenderstalk honeysuckle　食
 japonica Thunb.　すいかずら(吸葛)　Japanese honeysuckle　食・薬・染
 periclymenum L.　においにんどう(匂忍冬)　honeysuckle, woodbine　薬
Lophophora ウバタマサボテン属 サボテン科
 williamsii (Lem.) J.M.Coult.　うばたま(烏羽玉)　dumpling cactus, mescal, peyote　薬
Lotus ミヤコグサ属 マメ科
 ambiguus → *corniculatus*
 australis → *corniculatus* var. *japonicus*
 caucasicua → *corniculatus*
 corniculatus L.　バーズフットトレフォイル　bird's-foot trefoil　飼
  var. *japonicus* Regel　みやこぐさ(都草)　食
 major Scop.　ビッグトレフォイル　big trefoil　飼
 pedunculatus → *major*
 uliginosus → *major*
Lucuma (アカテツ科)
 mammosa → *Manilkara zapota* (サポジラ)
Luffa ヘチマ属 ウリ科
 acutangula (L.) Roxb.　とかどへちま(十角糸瓜)　angled / ribbed loofah, Chinese okra, ribbed / silky / ridged gourd　食
 aegyptiaca → *cylindrica*
 cylindrica M.Roem.　へちま(糸瓜)　dish-cloth / rag / sponge gourd, (smooth) loofa(h)　食・繊
 pentandra → *cylindrica*
 subangulata → *cylindrica*
Lumnitzera ヒルギモドキ属 シクンシ科
 racemosa Willd.　ひるぎもどき(蛭木擬)　black mangrove　材
Lunaria (アブラナ科)
 japonica → *Eutrema japonica* (わさび)
Lupinaster (マメ科)
 purpurascens → *Trifolium lupinaster* (しゃじくそう)
Lupinus ハウチワマメ属 マメ科
 albus L.　しろばなルーピン(白花-)　white lupine　食・飼・肥
 angustifolius L.　あおばなルーピン(青花-)　blue lupin(e), narrow leaf lupin(e)　飼

  graecus → *albus*
  jugoslavicus → *albus*
  leucospermus → *angustifolius*
  linifolius → *angustifolius*
  luteus L.　きばなルーピン（黄花-）　(European) yellow lupin(e)　飼・肥
  polyphyllus Lindl.　しゅっこんルーピン（宿根-）　large-leaved / perennial lupin(e)　飼・肥
  reticulatus → *angustifolius*
  termis Forskal　エジプトルーピン　Egyptian lupin(e), termis　食
  varius → *angustifolius*
Lycium　クコ属　ナス科
  chinense Mill.　くこ（枸杞）　boxthorn, Chinese matrimony vine / wolf-berry, lycium　薬・食
Lycopersicon　トマト属　ナス科
  esculentum Mill.　トマト　golden / love apple, tomato　食
   var. *cerasiforme* (Dunal) Alef.　チェリートマト　cherry tomato　食
  lycopersicum → *esculentum*
Lycopodium　ヒカゲノカズラ属　ヒカゲノカズラ科
  clavatum L. var. *nipponicum* Nakai　ひかげのかずら（日蔭葛）　ground / running pine, clubmoss　薬
Lycopus　シロネ属　シソ科
  europaeus L.　ジプシーウィード　gipsy weed　薬・染
  lucidus Turcz.　しろね（白根）　water horehound　薬・食
  uniflorus Michx.　えぞしろね（蝦夷白根）　bugleweed　食
Lycoris　ヒガンバナ属　ユリ科
  radiata (L'Hér.) Herb.　ひがんばな（彼岸花）　(red) spider lily　薬
Lygodium　カニクサ属　フサシダ科
  japonicum (Thunb.) Sw.　かにくさ（蟹草）　(Japanese) climbing fern　薬
Lyonia　ネジキ属　ツツジ科
  elliptica → *ovalifolia* var. *elliptica*
  neziki → *ovalifolia* var. *elliptica*
  ovalifolia (Wall.) Drude
   var. *elliptica* (Sieb. et Zucc.) Hand.-Mazz.　ねじき（捩木）　材
   var. *neziki* → var. *elliptica*
Lysimachia　オカトラノオ属　サクラソウ科
  clethroides Duby　おかとらのお（丘虎尾）　loosestrife　食・薬・飼
  vulgaris L.　せいようくさレダマ（西洋草連玉）　yellow loosestrife　薬
Lythrum　ミソハギ属　ミソハギ科
  anceps (Koehne) Makino　みそはぎ（禊萩）　食・薬
  salicaria L.　えぞみそはぎ（蝦夷禊萩）　purple / spiked loosestrife　食・薬

[M]

Maackia　イヌエンジュ属　マメ科
  amurensis Rupr. et Maxim.
   ssp. *buergeri* (Maxim.) Kitam.　いぬえんじゅ（犬槐）　材
   var. *buergeri* → ssp. *buergeri*

Macadamia マカダミア属 ヤマモガシ科
 integrifolia Maiden et Betche　マカダミアナッツ　macadamia / Queensland nut　食・油
 tetraphylla L.A.S.Johnson　マカダミアナッツ　macadamia / Queensland nut　食・油
Machilus タブノキ属 クスノキ科
 japonica Sieb. ex Sieb. et Zucc.　ほそばたぶ(細葉椨)　材
 thunbergii Sieb. et Zucc.　たぶのき(椨)　材・染
Macleaya タケニグサ属 ケシ科
 cordata (Willd.) R.Br.　たけにぐさ(竹似草)　plume poppy　薬
Maclura アメリカハリグワ属 クワ科
 aurantiana → *pomifera*
 cochinchinensis var. *gerontogea* → *Cudrania cochinchinensis* var. *gerontogea* (かかつがゆ)
 pomifera (Raf.) Schneid.　アメリカはりぐわ(-針桑)　Osage orange　材・飼
 tricuspida → *Cudrania tricuspida* (はりぐわ)
Macrocarpium (ミズキ科)
 mas → *Cornus mas* (せいようさんしゅゆ)
 officinalis → *Cornus officinalis* (さんしゅゆ)
Macroptilium ナンバンアカバナズキ属 マメ科
 lathyroides (L.) Urb.　なんばんあかばなあずき(南蛮赤花小豆)　phasey bean　飼
Macrotyloma マメ科
 geocarpum (Harms) Maréchal et Baudet　ゼオカルパまめ(-豆)　geocarpa / potato bean, ground bean, Kersting's bean / groundnut　食
 uniflorum (Lam.) Verdc.　ホースグラム　horse / Madras gram, wulawula　食・飼・肥
Maesa イズセンリョウ属 ヤブコウジ科
 japonica (Thunb.) Moritzi　いずせんりょう(伊豆千両)　染・薬
Magnolia モクレン属 モクレン科
 compressa → *Michelia compressa* (おがたまのき)
 conspicua → *heptapeta*
 denudata → *heptapeta*
 dicolor → *quinquepeta*
 grandiflora L.　たいさんぼく(泰山木)　bull bay, evergreen / southern magnolia　材
 heptapeta (Buc'hoz) Dandy　はくもくれん(白木蓮)　white magnolia, yulan　薬
 hypoleuca Sieb. et Zucc.　ほおのき(朴)　Japanese white bark magnolia, Japanese umbrella tree　材・薬
 kobus DC. var. *borealis* Sarg.　きたこぶし(北辛夷)　材
 kobushi → *praecocissima*
 liliflora → *quinquepeta*
 obovata → *hypoleuca*
 officinalis Rehder et E.H.Wilson　からほお(唐朴)　Chinese magnolia　薬
 praecocissima Koidz.　こぶし(辛夷)　kobus magnolia　材・台・薬
 purpurea → *quinquepeta*
 quinquepeta (Buc'hoz) Dandy　もくれん(木蓮)　cucumber tree, (lily) magnolia　薬
 salicifolia (Sieb. et Zucc.) Maxim.　たむしば　材・薬
 thunbergii → *praecocissima*
 yulan → *heptapeta*
Mahonia ヒイラギナンテン属 メギ科
 japonica (Thunb.) DC.　ひいらぎなんてん(柊南天)　Japanese mahonia　材・薬

Majorana （シソ科）
    hortensis → *Origanum majorana* （マージョラム）
Malachium （ナデシコ科）
    aquaticum → *Stellaria aquatica* （うしはこべ）
Mallotus アカメガシワ属 トウダイグサ科
    japonicus (L.f.) Müll.-Arg. あかめがしわ（赤芽柏） 材・食・薬・染
    philippensis (Lam.) Müll.-Arg. くすのはがしわ（楠葉柏） kamala tree 薬・鞣
Malpighia ヒイラギトラノオ属 キントラノオ科
    glabra L. アセロラ acerola, Barbados / Puerto Rican / West Indian cherry 食
Malus リンゴ属 バラ科
    asiatica Nakai わりんご（和林檎） 食
    communis → ×*domestica*
    ×*domestica* Borkh. りんご（林檎） (common) apple 食
    japonica → *Chaenomeles speciosa* （ぼけ）
    prunifolia (Willd.) Borkh. まるばかいどう（円葉海棠） Chinese crab apple 台
    pumila var. *domestica* → ×*domestica*
    sieboldii → *toringo*
    toringo (Sieb.) Sieb. ex de Vriese ずみ（染） toringo crab apple 材・台・染
Malva ゼニアオイ属 アオイ科
    crispa → *verticillata* var. *crispa*
    mauritiana → *sylvestris* var. *mauritiana*
    moschata → *Olbia moschata* （じゃこうあおい）
    sylvestris L. うすべにあおい（薄紅葵） common mallow 薬
      var. *mauritiana* (L.) Boiss. ぜにあおい（銭葵） tree mallow 薬
    verticillata L. ふゆあおい（冬葵） (curled / curly) mallow 薬
      var. *crispa* L. おかのり（陸海苔） 食
Malvastrum エノキアオイ属 アオイ科
    coromandelianum (L.) Garcke えのきあおい（榎葵） broomweed, false mallow 薬
Mammea マンメア属 オトギリソウ科
    americana L. マメーりんご（-林檎） mammey (apple), South American apricot 食・嗜
Mandragora マンドレイク属 ナス科
    officinarum L. マンドレイク devil's apple, mandrake 薬
Mangifera マンゴー属 ウルシ科
    caesia Jack ビンゼイ binjai, Malaysian mango 食
    indica L. マンゴー (Indian) mango (tree) 食
    odorata Griff においマンゴー（匂-） (Kuweni / Saipan) mango 食
    pinnata → *Spondias pinnata* （アムラのき）
    verticillata → *caesia*
Manihot キャッサバ属（イモノキ属） トウダイグサ科
    dulcis Pax キャッサバ［甘味種］ (sweet) cassava, manioc, tapioca (plant), yuca 食
    esculenta Crantz キャッサバ［苦味種］ (bitter) cassava, manioc, tapioca (plant), yuca 食
    glaziovii Müll.-Arg. マニホットゴムのき（-木） Ceara rubber (plant), manihot rubber ゴ・食
    palmata → *dulcis*
    utilissima → *esculenta*
Manilkara サポジラ属 アカテツ科
    bidentata (A.DC.) A.Chev. バラタのき（-木） (Mimusops) balata (tree) ゴ
    zapota (L.) P.Royen サポジラ chewing-gum tree, chicle tree, sapodilla, sapota 食・ゴ

Maranta クズウコン属 クズウコン科
    arundinacea L. くずうこん(葛鬱金) (West Indian) arrowroot, obedience plant 食・薬・飼
Marrubium ニガハッカ属 シソ科
    vulgare L. にがはっか(苦薄荷) (common / white) horehound 香・薬
Marsilea デンジソウ属 デンジソウ科
    quadrifolia L. でんじそう(田字草) European water clover, pepper-wort 食・薬
Matricaria シカギク属(カミツレ属) キク科
    chamomilla L. カモミール (German / false / sweet) c(h)amomile 薬・香
    matricarioides (Less.) Ced.-Porter こしかぎく(小鹿菊) pineapple weed 薬
    parthenium → *Pyrethrum parthenium* (なつしろぎく)
    recutita → *chamomilla*
Matteuccia クサソテツ属 イワデンダ科
    struthiopteris (L.) Tod. くさそてつ(草蘇鉄) ostrich fern 食
Mauritia オオミテングヤシ属 ヤシ科
    flexuosa L.f. ミリチーやし(-椰子) Militi / Moriche palm 食・材・繊
      var. *venezuela* → *flexuosa*
    minor → *flexuosa*
    setigera → *flexuosa*
    vinifera Mart. ブリチーやし(-椰子) Buriti palm 食
Maximowiczia (マツブサ科)
    chinensis → *Schisandra chinensis* (ちょうせんごみし)
Medicago ウマゴヤシ属 マメ科
    arabica (L.) Huds. もんつきうまごやし(紋付馬肥) Southern / spotted burclover 飼
    borealis → *falcata*
    denticulata → *polymorpha*
    falcata L. こがねうまごやし(黄金馬肥) sickle medic, yellow alfalfa 飼
    hispida → *polymorpha*
    lappacea → *polymorpha*
    lupulina L. ブラックメデック black medic, hop clover, yellow trefoil 飼
    maculata → *arabica*
    ×*media* Pers. ざっしゅアルファルファ(雑種-) (hybrid) alfalfa 飼
    nigra → *polymorpha*
    orbicularis (L.) Bartal. うずまきうまごやし(渦巻馬肥) Button clover, large disk medic 被
    polycarpa → *polymorpha*
    polymorpha L. バークローバ California / toothed burclover 飼・肥
    sativa L. むらさきうまごやし(紫馬肥) (blue) alfalfa, lucerne, Spanish trefoil 飼・食
      var. *falcata* → *falcata*
Melaleuca コバノブラシノキ属(カユプテ属) フトモモ科
    alternifolia Cheel ごせいカユプテ(互生-) tea tree 薬
    azadirachta → *Azadirachta indica* (ニームのき)
    indica → *Azadirachta indica* (ニームのき)
    leucadendra (L.) L. カユプテ cajeput / punk tree, liver tea tree, paperbark 油・材・薬
Melandryum (ナデシコ科)
    firmum → *Silene firma* (ふしぐろ)
Melastoma ノボタン属 ノボタン科
    candidum D.Don のぼたん(野牡丹) melastome 食・薬
      var. *nobotan* → *candidum*

  malabathricum → *candidum*
Melia センダン属 センダン科
  australis → *azedarach* var. *subtripinnata*
  azedarach L. → *azedarach* var. *subtripinnata*
   var. *japonica* → *azedarach* var. *subtripinnata*
   var. *subtripinnata* Miq. せんだん(楝) China berry, Japanese / Syrian bead tree, paradise tree, pride-of-India / -China 材・薬
   var. *toosendan* (Sieb. et Zucc.) Makino とうせんだん(唐楝) 材・薬
  dubia → *azedarach* var. *subtripinnata*
  japonica → *azedarach* var. *subtripinnata*
  sempervirens → *azedarach* var. *subtripinnata*
  toosendan → *azedarach* var. *toosendan*
Melilotus シナガワハギ属 マメ科
  alba → *albus*
  albus Medik. スィートクローバ [白花] hubam, white melilot, white sweet clover 飼
  arvensis → *officinalis*
  bungeana → *officinalis*
  diffusa → *officinalis*
  expansa → *officinalis*
  graveolens → *suaveolens*
  indica (L.) All. こしながわはぎ(小品川萩) Indian sweetclover, senji, sour-clover 飼
  officinalis (L.) Lam. スィートクローバ [黄花] (yellow) melilot, yellow sweet clover 飼・薬
   ssp. *alba* f. *suaveolens* → *suaveolens*
  parviflora → *indica*
  rugosa → *officinalis*
  suaveolens Ledeb. スィートクローバ sweetclover 飼
Meliosma アワブキ属 アワブキ科
  myriantha Sieb. et Zucc. あわぶき(泡吹) 材
  rigida Sieb. et Zucc. やまびわ(山枇杷) 材
Melissa セイヨウヤマハッカ属 シソ科
  officinalis L. レモンバーム bee / lemon / sweet balm 香・薬・染
Melloca (ツルムラサキ科)
  tuberosa → *Ullucus tuberosus* (ウルコ)
Melochia ノジアオイ属 アオイ科
  corchorifolia L. のじあおい(野路葵) chocolate weed 食・繊
Melothria スズメウリ属 ウリ科
  heterophylla (Lour.) Cogn. てんぐすずめうり(天狗雀瓜) 薬
  japonica (Thunb.) Maxim. すずめうり(雀瓜) 薬
Mentha ハッカ属 シソ科
  aquatica L. ウォーターミント water mint 香・薬
  arvensis L. var. *piperascens* Malinv. ex Holmes はっか(薄荷) Japanese mint 香・薬
  ×*piperita* L. ペパーミント pepper mint 香・薬
   var. *citrata* (Ehrh.) Briq. ベルガモットミント bergamot mint 香
  pulegium L. ペニロイヤルミント pennyroyal mint, pudding grass 香・薬
  rotundifolia (L.) Huds. アップルミント apple mint 香
  spicata L. スペアミント green / spear mint 香・薬・染
  viridis → *spicata*

Menyanthes ミツガシワ属 ミツガシワ科
 nymphoides → *Nymphoides peltata* (あさざ)
 trifoliata L. みつがしわ(三柏) bogbean, buck bean, marsh trefoil　薬
Mercurialis ヤマアイ属 トウダイグサ科
 leiocarpa Sieb. et Zucc. やまあい(山藍)　染
Mertensia ハマベンケイソウ属 ムラサキ科
 maritima (L.) S.F.Gray ssp. *asiatica* Takeda　はまべんけいそう(浜弁慶草) oyster plant, sea lungwort　食
Mesona センソウ属 シソ科
 chinensis Benth. せんそう(仙草) grass jelly, jellywort　薬
Mespilus セイヨウカリン属 バラ科
 germanica L. せいようかりん(西洋花梨) medlar　食
Mesua テツザイノキ属 オトギリソウ科
 ferrea L. てつざいのき(鉄材木) Ceylon iron-wood, Indian rose chestnut　材
Metanarthecium ノギラン属 ユリ科
 leteo-viride Maxim. のぎらん(芒蘭)　薬
Metaplexis ガガイモ属 ガガイモ科
 japonica (Thunb.) Makino　ががいも(蘿藦)　薬・食
Metasequoia メタセコイア属(アケボノスギ属) スギ科
 disticha → *glyptostroboides*
 glyptostroboides Hu et W.C.Cheng メタセコイア dawn redwood, metasequoia (tree), water fir　材
Metroxylon サゴヤシ属 ヤシ科
 inermis → *sagu*
 laevis → *sagu*
 sagu Rottb. サゴやし(-椰子) (smooth / true) sago palm　食・繊
Michelia オガタマノキ属 モクレン科
 champaca L. きんこうぼく(金厚木) (fragrant) champac　香・材
 compressa (Maxim.) Sarg. おがたまのき(招霊木) 香・材
 figo (Lour.) K.Spreng. とうおがたま(唐招霊) banana shrub / tree　香
Microlespedeza (マメ科)
 stipulacea → *Kummerowia stipulacea* (まるばやはずそう)
 striata → *Kummerowia striata* (やはずそう)
Micromeles (バラ科)
 alnifolia → *Aria alnifolia* (あずきなし)
 japonica → *Sorbus japonica* (うらじろのき)
Mimosa オジギソウ属 ネムノキ科
 arabica → *Acacia nilotica* (アラビアゴムもどき)
 catechu → *Acacia catechu* (あせんやくのき)
 farnesiana → *Acacia farnesiana* (きんごうかん)
 glauca → *Leucaena leucocephala* (ぎんねむ)
 leucocephala → *Leucaena leucocephala* (ぎんねむ)
 nemu → *Albizia julibrissin* (ねむのき)
 nilotica → *Acacia nilotica* (アラビアゴムもどき)
 pudica L. おじぎそう(御辞儀草) action / humble / sensitive / shame plant, mimosa, touch-me-not　薬
Mirabilis オシロイバナ属 オシロイバナ科

    jalapa L.　おしろいばな（白粉花）　beauty-of-the-night, four-o'clock, marvel-of-Peru　薬
Miscanthus　ススキ属　イネ科
    sinensis Anders.　すすき（薄）　Chinese silver grass, eulalia / zebra grass, Japanese plume grass, 繊・薬
      f. *glaber* → *sinensis*
      var. *gracillimus* → *sinensis*
      var. *variegatus* → *sinensis*
      var. *zebrinus* → *sinensis*
    tinctorius (Steud.) Hack.　かりやす（刈安）　dyeing silver grass　染
Mollugo　ザクロソウ属　ザクロソウ科
    pentaphylla L.　ざくろそう（石榴草）　薬
    stricta → *pentaphylla*
Momordica　ツルレイシ属（ニガウリ属）　ウリ科
    charantia L.　つるれいし（蔓茘枝）　balsam / leprosy pear, bitter gourd / cucumber　食
    cylindrica → *Luffa cylindrica*（へちま）
    lanata → *Citrullus lanatus*（すいか）
    luffa → *Luffa cylindrica*（へちま）
    muricata → *charantia*
Monarda　ヤグルマハッカ属（モナルダ属）　シソ科
    coccinea → *didyma*
    didyma L.　モナルダ　bee balm, Oswego tea　香・薬・染
    fistulosa L.　やぐるまはっか（矢車薄荷）　(wild) bergamot, wild bee balm　香・薬
    karmicana → *didyma*
Monochoria　ミズアオイ属　ミズアオイ科
    korsakowii Regel et Maack　みずあおい（水葵）　nagi　食
Monstera　モンステラ属　サトイモ科
    deliciosa Liebm.　モンステラ　cut-leaf philodendron, fruit-salad plant, Mexican breadfruit, monstera　食
Montia　ヌマハコベ属　スベリヒユ科
    perfoliata (Donn) J.T.Howell　つきぬきぬまはこべ（突抜沼繁縷）　miner's lettuce, winter purslane　食
Morinda　ヤエヤマアオキ属　アカネ科
    citrifolia L.　やえやまあおき（八重山青木）　awl tree, Indian mulberry, noni fruit　食・染
Moringa　ワサビノキ属　ワサビノキ科
    moringa → *oleifera*
    oleifera Lam.　わさびのき（山葵木）　Be(h)n tree, drumstick (tree), horse radish tree　香・油・食
    polygona → *oleifera*
    pterygosperma → *oleifera*
    zeylanica → *oleifera*
Morus　クワ属　クワ科
    alba L.　からぐわ（唐桑）　(white) mulberry　薬・飼
      var. *multicaulis* → *latifolia*
      var. *stylosa* → *bombycis*
    australis → *bombycis*
    bombycis Koidz.　やまぐわ（山桑）　Japanese mulberry　材・食・薬・飼
    japonica → *bombycis*
    latifolia Poiret　ろぐわ（魯桑）　silkworm mulberry　薬・飼

    mongolica C.K.Schneid.　もうこぐわ（蒙古桑）　Mongolian mulberry　飼
    nigra L.　くろみぐわ（黒実桑）　black / common mulberry　食
    rubra Lour.　あかみぐわ（赤実桑）　American / red mulberry　食
Mosla　イヌコウジュ属　シソ科
    chinensis Maxim.　ほそばやまじそ（細葉山紫蘇）　薬
    japonica (Benth. ex Oliv.) Maxim.　やまじそ（山紫蘇）　薬
Mucuna　トビカズラ属（ハッショウマメ属）　マメ科
    aterrima → *pruriens* var. *utilis*
    deeringiana → *pruriens* var. *utilis*
    hassjoo → *pruriens* var. *utilis*
    pruriens (L.) DC. var. *utilis* (Wight) Baker ex Burck　はっしょうまめ（八升豆）　Bengal / buffalo / velvet / Yokohama bean　食・肥・飼
    utilis → *pruriens* var. *utilis*
Muntingia　ナンヨウザクラ属　イイギリ科
    calabura L.　なんようざくら（南洋桜）　Jamaica cherry, Panama berry　食・繊
Murdannia　イボクサ属　ツユクサ科
    malabaricum (L.) Bruckn.　たいわんいぼくさ（台湾疣草）　bird's foot grass　薬
Murraya　ゲッキツ属　ミカン科
    exotica → *paniculata*
    foetidissima → *koenigii*
    koenigii (L.) Spreng.　おおばげっきつ（大葉月橘）　curry leaf (tree)　香
    paniculata (L.) Jack　げっきつ（月橘）　Chinese box, cosmetic barktree, jasmine orange, orange jasmine　材
        var. *exotica* → *paniculata*
Musa　バショウ属　バショウ科
    acuminata Colla　バナナ　Chinese / dwarf / sweet's / wild banana　食
    acuminata × *balbisiana* → × *paradisiaca*
    balbisiana Colla　りゅうきゅういとばしょう（琉球糸芭蕉）　starchy / mealy / seedy banana　繊
    basjoo Sieb.　ばしょう（芭蕉）　Japanese banana　繊・薬
    brachycarpa → *balbisiana*
    cavendishii → *acuminata*
    chinensis → *acuminata*
    corniculata → *acuminata*
    fehi Bertero ex Vieill.　フェイバナナ　fe'i / fehi banana　食
    nana → *acuminata*
        var. *sapientum* → *acuminata*
    × *paradisiaca* L.　バナナ　(edible) banana, plantain　食
        ssp. *seminifera* → *balbisiana*
    sapientum → × *paradisiaca*
    seminifera → *balbisiana*
    textilis Née　マニラあさ(-麻)　abaca, Manila hemp　繊
    troglodytarum → *fehi*
Myrciaria　フトモモ科
    cauliflora O.Berg.　ジャボチカバ　jaboticaba　食
    dubia (Humb., Bonpl. et Kunth) Burret　カムカム　camu-camu　食
Myrica　ヤマモモ属　ヤマモモ科
    aromatica → *rubra*

    carolinensis → *cerifera*
    cerifera L. しろこやまもも（白粉山桃）bay / candle berry, wax myrtle　油・薬
    moschata → *rubra*
    officinalis → *rubra*
    rubra Sieb. et Zucc.　やまもも（山桃）Chinese strawberry tree　食・染・薬
Myristica ニクズク属　ニクズク科
    aromatica → *fragrans*
    fragrans Houtt.　ナツメッグ　mace, (common) nutmeg (tree)　香・薬
    moschata → *fragrans*
    officinalis → *fragrans*
Myrobalanus　（シクンシ科）
    chebula → *Terminalia chebula*（ミロバラン）
Myrobroma　（ラン科）
    fragrans → *Vanilla planifolia*（バニラ）
Myrospermum　（マメ科）
    pereirae → *Myroxylon balsamum* var. *pereirae*（ペルーバルサム）
Myroxylon　バルサム属　マメ科
    balsamum (L.) Harms　トールバルサム　tolu balsam / resin (tree)　香
      var. *pereirae* (Royle) Harms　ペルーバルサム　balsam of Peru, black / Peru / Peruvian balsam (tree)　香
    pereirae → *balsamum* var. *pereirae*
    toluiferum → *balsamum*
Myrrhis　セリ科
    odorata (L.) Scop.　スィートシスリー　great chervil, sweet cicely　甘・香
Myrsine　ツルマンリョウ属（タイミンタチバナ属）ヤブコウジ科
    seguinii H.Lév.　たいみんたちばな（大明橘）材・染・食・薬
Myrtillocactus　リュウジンボク属　ヤシ科
    geometrizans (Mart. ex Pfeiff.) Console　りゅうじんぼく（龍神木）garambulla　食
Myrtus　ギンバイカ属　フトモモ科
    communis L.　ぎんばいか（銀梅花）(common) myrtle　香
    cumini → *Syzygium cumini*（むらさきふともも）
    dioica → *Pimenta dioica*（オールスパイス）
    pimenta → *Pimenta dioica*（オールスパイス）
    tomentosa → *Rhodomyrtus tomentosa*（てんにんか）

[N]

Nageia　（マキ科）
    nagi → *Podocarpus nagi*（なぎ）
Nandina　ナンテン属　メギ科
    domestica Thunb.　なんてん（南天）heavenly / sacred bamboo, nandin(a)　材・薬
Narcissus　スイセン属　ユリ科
    poeticus L.　くちべにずいせん（口紅水仙）poet's narcissus　香
    tazetta L. var. *chinensis* Roem.　にほんずいせん（日本水仙）grand emperor, new year lily, sacred Chinese lily　薬

Nasturtium オランダガラシ属 アブラナ科
    armoracia → *Armoracia rusticana*（せいようわさび）
    officinale R.Br. クレソン cresson, water-cress 食
Nauclea （キク科）
    nipponica → *Adina pilulifera*（たにわたりのき）
    orientalis → *Adina pilulifera*（たにわたりのき）
Nelumbium （ハス科）
    nelumbo → *Nelumbo nucifera*（はす）
    speciosum → *Nelumbo nucifera*（はす）
Nelumbo ハス属 ハス科
    nucifera Gaertn. はす（蓮） Chinese water lily, East Indian lotus, (Egyptian / sacred) lotus 食
    speciosum → *nucifera*
Neolitsea シロダモ属 クスノキ科
    sericea (Blume) Koidz. しろだも（白-） 材・油
Neottopteris （チャセンシダ科）
    antiqua → *Asplenium antiquum*（おおたにわたり）
Nepeta ミソガワソウ属（イヌハッカ属） シソ科
    cataria L. キャットミント cat mint, catnip 香・薬
    glechoma → *Glechoma hederacea*（かきどおし）
    japonica → *Schizonepeta tenuifolia*（けいがい）
Nephelium ランブータン属 ムクロジ科
    lappaceum L. ランブータン rambutan 食
    litchi → *Litchi chinensis*（れいし）
    longana → *Dimocarpus longan*（りゅうがん）
    mutabile → *ramboutan-ake*
    ramboutan-ake (Labill.) Leenh. プラサン pulasan 食
Neptunia ミズオジギソウ属 ネムノキ科
    oleracea Lour. みずおじぎそう（水御辞儀草） 食
    prostrata → *oleracea*
Nerium キョウチクトウ属 キョウチクトウ科
    flavescens → *indicum*
    indicum Mill. きょうちくとう（夾竹桃） Indian / sweet-scented oleander 薬
    odorum → *indicum*
    oleander L. せいようきょうちくとう（西洋夾竹桃） oleander, rosebay 薬
       var. *indicum* → *indicum*
Nicotiana タバコ属 ナス科
    rustica L. ルスチカタバコ Astec / rustica / wild tobacco 嗜
    tabacum L. タバコ（煙草） tobacco (plant) 嗜
Nigella クロタネソウ属 キンポウゲ科
    sativa L. せいようくろたねそう（西洋黒種草） black caraway / cumin / seed 薬
Nipa ニッパヤシ属 ヤシ科
    fruticans Wurmb ニッパやし（-椰子） atap, mangrove / Nipa palm 甘・繊・材
Nothosmyrnium カサモチ属 セリ科
    japonicum Miq. かさもち（藁本） 薬
Nuphar コウホネ属 スイレン科
    japonicum DC. こうほね（河骨） spatterdock 食・薬
    pumilum (Timm) DC. ねむろこうほね（根室河骨） 食・薬

Nymphaea スイレン属 スイレン科
    alba L. しろばなひつじぐさ（白花羊草）white water lily 薬
Nymphoides アサザ属 ミツガシワ科
    peltata (S.G.Gmel.) Kuntze あさざ（莕菜）water-fringe, yellow floating-heart 食・薬
Nyssa ヌマミズキ属 ミズキ科
    multiflora → *sylvatica*
    sylvatica Marshall ぬまみずき（沼水木）black / sour gum, pepperidge, tupelo 材
    villosa → *sylvatica*

[O]

Ochroma バルサ属 パンヤ科
    lagopus Sw. バルサ balsa 材
    pyramidale → *lagopus*
Ocimum メボウキ属 シソ科
    aristatum → *Orthosiphon aristatum* (ねこのひげ)
    basilicum L. バジル basilico, common / garden / sweet basil 香・薬・染
    frutescens → *Perilla frutescens* var. *japonica* (えごま)
    sanctum → *tenuiflorum*
    spiralis → *Orthosiphon aristatum* (ねこのひげ)
    stamineus → *Orthosiphon aristatum* (ねこのひげ)
    tenuiflorum Heyne ex Hook.f. ホーリーバジル holy / sacred basil 香・薬
Oenanthe セリ属 セリ科
    javanica (Blume) DC. せり（芹）Japanese parsley, Oriental celery, water drop-wort 食・薬
    stolonifera → *javanica*
Oenothera マツヨイグサ属 アカバナ科
    biennis L. めまつよいぐさ（雌待宵草）evening primrose 油・香
    erythrosepala → *glaziociana*
    glaziociana Micheli おおまつよいぐさ（大待宵草）large-flowered evening primrose 食
Olbia ジャコウアオイ属 アオイ科
    moschata (L.) じゃこうあおい（麝香葵）musk mallow 香
Oldenlandia （アカネ科）
    corymbosa → *Hedyotis diffusa* (ふたばむぐら)
    diffusa → *Hedyotis diffusa* (ふたばむぐら)
Olea オリーブ属 モクセイ科
    europaea L. オリーブ (common) olive 油・食・薬・材
    fragrans → *Osmanthus fragrans* (ぎんもくせい)
    ilicifolia → *Osmanthus heterophyllus* (ひいらぎ)
    sativa → *europaea*
Onobrychis イガマメ属 マメ科
    sativa Lam. セインフォイン (common) sainfoin, esparcette, holy clover 飼
    viciifolia → *sativa*
Ophelia （リンドウ科）
    japonica → *Swertia japonica* (せんぶり)
    pseudochinensis → *Swertia pseudochinensis* (むらさきせんぶり)

Ophiopogon ジャノヒゲ属 ユリ科
    japonicus (L.f.) Ker Gawl. じゃのひげ(蛇鬚) (dwarf) lily-turf, snake's beard 薬
Oplopanax ハリブキ属 ウコギ科
    japonicus (Nakai) Nakai はりぶき(針蕗) 薬
Origanum ハナハッカ属 シソ科
    majorana L. マージョラム annual / garden / sweet marjoram 香・薬
    vulgare L. オレガノ (common / pot / wild) marjoram, oregano, organy, origano 香・染
Orixa コクサギ属 ミカン科
    japonica Thunb. こくさぎ(小臭木) 食・薬・材
Ormosia ベニマメノキ属 マメ科
    dasycarpa → *monosperma*
    monosperma Urb. あかまめのき(赤豆木) necklace tree 材
Ornithopus ツノウマゴヤシ属 マメ科
    roseus → *sativus*
    sativus Brot. セラデラ serradella 飼・肥
Orobanche ハマウツボ属 ハマウツボ科
    coerulescens Steph. はまうつぼ(浜靱) 薬
Orontium (ユリ科)
    japonicum → *Rohdea japonica* (おもと)
Orthosiphon シソ科
    aristatus Miq. ねこのひげ(猫髭) cat's whiskers 薬
    spiralis → *aristatus*
Orthostemon (フトモモ科)
    sellowiana → *Acca sellowiana* (フェイジョア)
Orychophragmus ムラサキハナナ属(オオアラセイトウ属) アブラナ科
    violaceus (L.) O.E.Schulz おおあらせいとう(大紫羅欄花) 食
Oryza イネ属 イネ科
    glaberrima Steud. アフリカいね(-稲) African rice 食
    sativa L. いね(稲) paddy, rice 食
      ssp. *indica* Kato いね(稲)[インド型]
      ssp. *japonica* Kato いね(稲)[日本型]
Osmanthus モクセイ属 モクセイ科
    fragrans Lour. ぎんもくせい(銀木犀) fragrant / sweet / tea olive 材・香
    heterophyllus (G.Don) P.S.Green ひいらぎ(柊) Chinese / false holly, holly olive 材
    ilicifolius → *heterophyllus*
Osmorhiza ヤブニンジン属 セリ科
    aristata (Thunb.) Makino et Yabe やぶにんじん(藪人参) 薬
Osmunda ゼンマイ属 ゼンマイ科
    asiatica → *cinnamomea*
    cinnamomea L. やまどりぜんまい(山鳥薇) cinnamon fern 食
      var. *fokiensis* → *cinnamomea*
    claytoniana L. おにぜんまい(鬼薇) interrupted fern 食
    japonica Thunb. ぜんまい(薇) flowering / osumund / royal fern 食・薬
    regalis var. *japonica* → *japonica*
Osmundastrum (ゼンマイ科)
    cinnamomea var. *fokiense* → *Osmunda cinnamomea* var. *fokiensis* (やまどりぜんまい)
    claytonianum → *Osmunda claytoniana* (おにぜんまい)

Ostericum ヤマゼリ属（ミヤマニンジン属）セリ科
    sieboldii (Miq.) Nakai　やまぜり(山芹)　薬・食
Ostrya アサダ属 カバノキ科
    japonica Sarg.　あさだ　hop-hornbeam　材
Oxalis カタバミ属 カタバミ科
    corniculata L.　かたばみ(酢漿草)　creeping oxalis, creeping / yellow wood-sorrel　薬・食
    corymbosa DC.　むらさきかたばみ(紫酢漿草)　violet wood-sorrel　食
    sensitivum → *Biophytum sensitivum* (おさばふうろ)
    tuberosa Molina　オカ　edible tuberous oxalis, oca of Peru, oka　食
Oxycoccus (ツツジ科)
    macrocarpus → *Vaccinium macrocarpon* (クランベリー)
    palustris → *Vaccinium oxycoccus* (つるこけもも)
    quadripetalus → *Vaccinium oxycoccus* (つるこけもも)

[P]

Pachyrhizus クズイモ属 マメ科
    bulbosus → *erosus*
    erosus (L.) Urb.　くずいも(葛薯)　manioc bean, (Mexican) yam bean　食・肥
    thunbergianus → *Pueraria lobata* (くず)
    tuberosus (Lam.) A.Spreng.　ポテトビーン　manioc / potato / yam bean, tuberous gram　食
Pachyrrhizus → *Pachyrhizus*
Pachysandra フッキソウ属 ツゲ科
    terminalis Sieb. et Zucc.　ふっきそう(富貴草)　Japanese spurge　食
Padus ウワミズザクラ属 バラ科
    grayana (Maxim.) C.K.Schneid.　うわみずざくら(上溝桜)　Gray's bird cherry　材・染・食
    laurocerasus → *Laurocerasus officinalis* (せいようばくちのき)
    racemosa (Lam.) C.K.Schneid.　えぞのうわみずざくら(蝦夷上溝桜)　(European) bird cherry　材・染・薬
    serotina → *Cerasus serotina* (アメリカチェリー)
    ssiori (F.Schmidt) C.K.Schneid.　シウリざくら(-桜)　材
Paederia ヘクソカズラ属 アカネ科
    scandens (Lour.) Merr.　へくそかずら(屁糞葛)　Chinese fever vine, skunk vine　薬
Paeonia ボタン属 ボタン科
    arbiflora → *lactiflora*
    arborea → *suffruticosa*
    japonica (Makino) Miyabe et Takeda　やましゃくやく(山芍薬)　薬
    lactiflora Pall.　しゃくやく(芍薬)　Chinese / garden / white peony　薬
    moutan → *suffruticosa*
    officinalis L.　オランダしゃくやく(-芍薬)　common peony　薬
    palbiflora → *lactiflora*
    sinensis hort. → *lactiflora*
    suffruticosa Andrews　ぼたん(牡丹)　(Japanese) tree / moutan peony　薬
Palaquium オオバアカテツ属 アカテツ科
    gutta (Hook f.) Baill.　グッタペルカのき(-木)　gutta-percha　ゴ

Palma (ヤシ科)
　cocos → *Cocos nucifera*（ココやし）
　major → *Phoenix dactylifera*（なつめやし）
Palura (ハイノキ科)
　chinensis var. *pilosa* → *Symplocos sawafutagi*（さわふたぎ）
Panax トチバニンジン属 ウコギ科
　ginseng C.A.Mey. ちょうせんにんじん(朝鮮人参) (Asiatic) ginseng 薬
　japonicus → *pseudoginseng* ssp. *japonicus*
　notoginseng F.H.Chen さんしちにんじん(三七人参) 薬
　pseudoginseng Wall.
　　ssp. *japonicus* H.Hara とちばにんじん(栃場人参) 薬
　　var. *notoginseng* → *notoginseng*
　quinquefolius L. アメリカにんじん(-人参) American ginseng 薬
　schinseng → *ginseng*
Pandanus タコノキ属 タコノキ科
　boninensis Warb. たこのき(蛸木) pandanus, screw pine 食・材
　odorus Ridl. においあだん(匂阿檀) 香
　tectorius Soland. ex Parkins. あだん(阿檀) Tahitian / Thatch / Veitch screwpine 材
　　var. *liukiuensis* → *tectorius*
　veitchii → *tectorius*
Pangium パンギノキ属 イイギリ科
　edule Reinw. ex Blume パンギのき(-木) pangi 油
Panicum キビ属 イネ科
　americanum → *Pennisetum americanum*（パールミレット）
　antidotale Rets. ブルーパニックグラス blue / giant panic grass 飼
　ciliare → *Digitaria adscendens*（めひしば）
　coloratum L. カラードギニアグラス colored Guinea grass, white buffalo grass 飼
　dactylon → *Cynodon dactylon*（バーミューダグラス）
　frumentaceum → *Echinochloa frumentacea*（インドひえ）
　germanicum → *Setaria italica*（あわ）
　italicum → *Setaria italica*（あわ）
　maximum Jacq. ギニアグラス Guinea grass, Hamilgrass 飼
　　var. *trichoglume* Eyles グリーンパニック green panicgrass 飼
　miliare → *antidotale*
　miliaceum L. きび(黍) (broom / common / hog / Indian / proso / true) millet 食・飼
　proliferum → *antidotale*
　spicatum → *Pennisetum americanum*（パールミレット）
Papaver ケシ属 ケシ科
　atropurpureum → *rhoeas*
　bracteatum → *orientale*
　intermedium → *rhoeas*
　orientale L. おにげし(鬼罌粟) oriental poppy 薬
　　var. *paucifoliatum* → *orientale*
　paucifoliatum → *orientale*
　rhoeas L. ひなげし(雛罌粟) (common / corn / field / Flanders / red) poppy, cuprose 薬
　somniferum L. けし(罌粟) breadseed / garden / medicinal / opium poppy 薬・油
Papyrus (イネ科)

antiquorum → *Cyperus papyrus*（パピルス）
Parabenzoin （クスノキ科）
 praecox → *Lindera praecox*（あぶらちゃん）
 trilobum → *Lindera triloba*（しろもじ）
Parapyrola （ツツジ科）
 asiatica → *Epigaea asiatica*（いわなし）
Parasenesio （キク科）
 delphiniifolia → *Cacalia delphiniifolia*（もみじがさ）
 hastata ssp. *orientalis* → *Cacalia hastata* ssp. *orientalis*（よぶすまそう）
Parkia ネムノキ科
 africana R.Br.　ひろはふさまめ（広葉房豆）　African locust (bean), Natta / Nitta nut　食
 biglobosa → *africana*
 javanica (Lam.) Merr.　ふさまめ（房豆）　食・薬
 speciosa Hassk.　ねじれふさまめ（捻房豆）　食
Parthenium キク科
 argentatum A.Gray　グアユール　guayule, Mexican rubber　ゴ
Pasania （ブナ科）
 cuspidata → *Castanopsis cuspidata*（こじい）
 edulis → *Lithocarpus edulis*（まてばしい）
 glabra → *Lithocarpus glabra*（しりぶかがし）
Paspalum スズメノヒエ属 イネ科
 dilatatum Poiret　ダリスグラス　Dallis / paspalum / water grass　飼
 distachyon → *notatum*
 notatum Flügge　バヒアグラス　Bahia grass　飼・被
 scrobiculatum L.　コドラ　creeping / Indian paspalum, ditch / kodo millet　飼
 thunbergii Kunth et Steud.　すずめのひえ（雀稗）　Japanese paspalum　飼
Passiflora トケイソウ属 トケイソウ科
 antioquiensis H.Karst.　クルーバ　banana passion fruit, curuba　食
 edulis Sims　パッションフルーツ　passion fruit, (purple) granadilla　食
 incarnata L.　チャボとけいそう（矮鶏時計草）　apricot vine, maypop, wild passion flower　食・薬
 laurifolia L.　みずレモン（水-）　belle apple, Jamaica honeysuckle, water-lemon, yellow grandilla　食
 macrocarpa → *quadrangularis*
 mollissima L.H.Bailey　バナナくだものとけいそう（-果物時計草）　banana passion fruit　食
 quadrangularis L.　おおみのとけいそう（大実時計草）　(giant) granadilla　食
Pastinaca アメリカボウフウ属 セリ科
 sativa L.　パースニップ　parsnip, white carrot　食・薬
Patrinia オミナエシ属 オミナエシ科
 scabiosifolia Fisch. ex Trevir.　おみなえし（女郎花）　薬・食
 villosa (Thunb.) Juss.　おとこえし（男郎花）　食
Paullinia ガラナ属 ムクロジ科
 cupana Humb., Bonpl. et Kunth　ガラナ　Brazilian cocoa, guarana (bread), paullinia　嗜・薬
 sorbilis → *cupana*
Paulownia キリ属 ゴマノハグサ科
 fargesii Franch.　しなぎり（支那桐）　材
 fortunei (Seem.) Hemsl.　ここのえぎり（九重桐）　材・薬
 imperialis → *tomentosa*

    recurva → *tomentosa*
    × *taiwaniana* Hu et Chang　たいわんうすばぎり(台湾薄葉桐)　材
    tomentosa (Thunb.) Steud.　きり(桐)　karri / princess tree, paulownia　材
Pedicellaria　(フウチョウソウ科)
    pentaphylla → *Cleome gynandra* (ふうちょうそう)
Pelargonium　テンジクアオイ属　フウロソウ科
    graveolens L'Herit　においてんじくあおい(匂天竺葵)　rose(-scented) geranium　香・薬
Pemphis　ミズガンピ属　ミソハギ科
    acidula J.R.Forst. et G.Forst.　みずがんぴ(水雁皮)　食・材
Pennisetum　チカラシバ属　イネ科
    americanum (L.) K.Schum.　パールミレット　African / bulrush / cattail / pearl millet　飼
    clandestinum Hochst et Chiov.　キクユグラス　kikuyu grass　飼
    glaucum → *americanum*
    purpureum Schumach.　ネピアグラス　elephant / Napier grass　飼
    spicatum → *americanum*
    typhoideum → *americanum*
Pepo　(ウリ科)
    ficifolia → *Cucurbita ficifolia* (くろだねカボチャ)
Pergularia　(ガガイモ科)
    odoratissima → *Telosma cordata* (イエライシャン)
Perilla　シソ属　シソ科
    frutescens (L.) Britton
      var. *acta* → var. *crispa*
      var. *crispa* (Thunb.) W.Deane　しそ(紫蘇)　perilla, shiso　薬・香
      var. *frutescens* → var. *japonica*
      var. *japonica* (Hassk.) H.Hara　えごま(荏胡麻)　perilla　油・食
    ocimoides → *frutescens* var. *japonica*
Persea　ワニナシ属(アボカド属)　クスノキ科
    americana Mill.　アボカド　agucate, alligator pear, avocado, butter fruit　食・薬
    gratissima → *americana*
    japonica → *Machilus japonica* (ほそばたぶ)
    leiogyna → *americana*
    nucipersica → *Amygdalus persica* var. *nucipersica* (ネクタリン)
    schiedeana Nees　カヨアボカド　Cayo avocado, chinini, chucte　食
    thunbergii → *Machilus thunbergii* (たぶのき)
Persica　(バラ科)
    vulgaris → *Amygdalus persica* (もも)
Persicaria　イヌタデ属　タデ科
    chinensis (L.) Nakai　つるそば(蔓蕎麦)　Chinese buckwheat　飼
    hydropiper (L.) Spach　たで(蓼)　lake weed, marsh / water pepper, smartweed　食
      var. *fastigiata* (Makino) Araki　あざぶたで(麻布蓼)　香
    japonica → *Reynoutria japonica* (いたどり)
    longiseta (Bruyn) Kitag.　いぬたで(犬蓼)　tufted knotweed　食
    perfoliata (L.) H.Gross　いしみかわ(石実皮)　薬
    thunbergii (Sieb. et Zucc.) H.Gross　みぞそば(溝蕎麦)　薬・食
    tinctoria (Aiton) H.Gross　あい(藍)　Chinese / polygonum indigo　染・薬・食
    umbellata → *chinensis*

Petasites フキ属 キク科
    japonicus (Sieb. et Zucc.) Maxim. ふき(蕗) fuki, (Japanese) butterbur 食・薬
      ssp. *giganteus* (F.Schmidt ex Trautv.) Kitam. あきたぶき(秋田蕗) giant Japanese butterbur 食・薬
    palmata A.Gray ほろないぶき(幌内蕗) palmata butterbur, sweet coltsfoot 食
Petroselinum オランダゼリ属(パセリ属) セリ科
    crispum (Mill.) Nyman ex A.W.Hill パセリ parsley 食
      var. *angustifolium* → *crispum*
    hortense → *crispum*
    sativum → *crispum*
Peucedanum カワラボウフウ属 セリ科
    japonicum Thunb. ぼたんぼうふう(牡丹防風) 食・薬
    terebinthaceum (Fisch.) Fisch. ex Turcz. かわらぼうふう(河原防風) 薬・食
Phacelia ハゼリソウ属 ハゼリソウ科
    tanacetifolia Benth. はぜりそう(葉芹草) fiddleneck 肥
Phalaris クサヨシ属 イネ科
    aquatica → *tuberosa*
    arundinacea L. リードカナリーグラス reed canary grass, ribbon grass 飼
    canariensis L. カナリーグラス canary grass / seed 飼
    stenoptera → *tuberosa*
    tuberosa L. ハーディンググラス bulbous canary grass, harding grass 飼
Pharbitis (ヒルガオ科)
    congesta → *Ipomoea indica* (のあさがお)
    insularis → *Ipomoea indica* (のあさがお)
    nil → *Ipomoea nil* (あさがお)
    purpurea → *Ipomoea purpurea* (まるばあさがお)
Phaseolus インゲンマメ属 マメ科
    aconitifolius → *Vigna aconitifolia* (モスビーン)
    acutifolius A.Gray var. *latifolius* G.Freem. テパリビーン (large-reaved) tepary bean 食
    angularis → *Vigna angularis* (あずき)
    aureus → *Vigna radiata* (りょくとう)
    calcaratus → *Vigna umbellata* (つるあずき)
    chrysanthus → *Vigna umbellata* (つるあずき)
    coccineus L. べにばないんげん(紅花隠元) Dutch case-knife bean, red flowered runner bean, scarlet runner (bean), seven year bean 食
      var. *albus* Bailey しろばなはなささげ(白花花豇豆) 食
    cylindricus → *Vigna unguiculata* ssp. *catjang* (はたささげ)
    hirtus → *Vigna radiata* (りょくとう)
    inamoenus → *lunatus*
    limensis → *lunatus*
    lunatus L. ライまめ(-豆) Burma / butter / Lima / sugar / civet bean 食
      var. *macrocarpus* → *lunatus*
    max → *Glycine max* (だいず)
    multiflorus → *coccineus*
    mungo → *Vigna mungo* (けつるあずき)
    pendulus → *Vigna umbellata* (つるあずき)
    pubescens → *Vigna umbellata* (つるあずき)

  pulniensis → *Vigna vexillata*（あかささげ）
  quadriflorus → *Vigna vexillata*（あかささげ）
  radiatus → *Vigna radiata*（りょくとう）
   var. *aurea* → *Vigna angularis*（あずき）
   var. *flexuosus* → *Vigna umbellata*（つるあずき）
   var. *typica* → *Vigna radiata*（りょくとう）
  sepiarius → *Vigna vexillata*（あかささげ）
  trilobus → *Vigna aconitifolia*（モスビーン）
  unguiculatus → *Vigna unguiculata*（ささげ）
  vexillatus → *Vigna vexillata*（あかささげ）
  vulgaris L. いんげんまめ（隠元豆） common / French / green / haricot / kidney / salad / snap / string / wax bean 食
Phellodendron キハダ属 ミカン科
  amurense Rupr. きはだ（黄膚） Amur corktree 材・染・薬
  chinensis Schneid. しなきはだ（支那黄膚） Chinese corktree 薬
  wilsonii Hayata et Keneh. たいわんきはだ（台湾黄膚） 薬
Phellopterus （セリ科）
  littoralis → *Glehnia littoralis*（はまぼうふう）
Philodendron （サトイモ科）
  pertusum → *Monstera deliciosa*（モンステラ）
Phleum アワガエリ属 イネ科
  pratense L. チモシー cat's tail, timothy 飼
Phoenix ナツメヤシ属 ヤシ科
  dactylifera L. なつめやし（棗椰子） date (palm) 食・材
  sylvestris Roxb. さとうなつめやし（砂糖棗椰子） date sugar palm, Indian / sugar / wild date 甘・材・繊
Phormium マオラン属（ニューサイラン属） リュウゼツラン科
  tenax J.R.Forst. et G.Forst. ニューさいらん（新西蘭） New Zealand flax / hemp 繊
Photinia カナメモチ属 バラ科
  glabra (Thunb.) Maxim. かなめもち（要黐） 材
  villosa → *Pourthiaea villosa*（わたげかまつか）
   var. *laevis* → *Pourthiaea villosa* var. *laevis*（かまつか）
Phragmites ヨシ属 イネ科
  australis → *communis*
  communis Trin. あし（葦） carrizo, common reed, reed (grass) 繊・薬
Phryma ハエドクソウ属 クマツヅラ科
  leptostachya L. ssp. *asiatica* (H.Hara) Kitam. はえどくそう（蠅毒草） lopseed 薬
Phyllanthus コミカンソウ属 トウダイグサ科
  acidus (L.) Skeels あめだまのき（飴玉木） country / Otaheit / star gooseberry 食
  distichus → *acidus*
  emblica → *Emblica officinalis*（あんまろく）
  urinaria L. こみかんそう（小蜜柑草） chamber bitter 薬
Phyllostachys マダケ属（モウソウチク属） イネ科
  aurea (Sieb. ex Miq.) Carr. ex A.Rivière et C.Rivière ほていちく（布袋竹） fishpole / golden bamboo 材・食
  bambusoides Sieb. et Zucc. まだけ（真竹） Japanese timber / giant bamboo, madake 食・材
  heterocycla (Carr.) Matsum. もうそうちく（孟宗竹） moso bamboo 食・材

  kumasaca → *Shibataea kumasaca*（おかめざさ）
  nigra (Lodd. ex Loudon) Munro　くろちく（黒竹）　black bamboo　材
   f. *henonis* (Mitord) Stapf ex Rendle　はちく（淡竹）　hachiku, Henon bamboo　食
  pubescens → *heterocycla*
  ruscifolia → *Shibataea kumasaca*（おかめざさ）
Physalis　ホオズキ属　ナス科
  aequata → *ixocarpa*
  alkekengi L.　ようしゅほおずき（洋種酸漿）　alkekengi, bladder / ground / winter cherry, strawberry tomato　薬
   var. *franchetii* (Mast.) Makino　ほおずき（酸漿）　Chinese / Japanese lantern plant　薬
  angulata L.　せんなりほおずき（千成酸漿）　cut-leaved ground cherry　薬
  edulis → *peruviana*
  esculenta → *peruviana*
  esquirolii → *angulata*
  franchetii var. *bunyardii* → *alkekengi* var. *franchetii*
  ixocarpa Brot.　ほおずきトマト（酸漿‐）　husked tomato, Mexican ground cherry, tomate　食
  minima → *angulata*
  peruviana L.　ケープグーズベリー　Cape gooseberry, goldenberry, Peruvian cherry　食
  pruinosa Bailey　しょくようほおずき（食用酸漿）　husk / strawberry tomato　食
  pubescens → *pruinosa*
Phytolacca　ヤマゴボウ属　ヤマゴボウ科
  acinosa Roxb.　やまごぼう（山牛蒡）　Indian pokeweed　薬・食
  americana L.　アメリカやまごぼう（‐山牛蒡）　garget, inkberry, pokeroot, pokeweed, scoke　食
  decandra → *americana*
  esculenta → *acinosa*
Picea　トウヒ属　マツ科
  abies (L.) H.Karst.　ヨーロッパとうひ（‐唐檜）　(common / Norway) spruce　材・繊
  alcockiana → *bicolor*
  bicolor Mayr　いらもみ（刺樅）　Alcock spruce　材・繊
  excelsa → *abies*
  glauca (Moench) Voss　カナダとうひ（‐唐檜）　Canadian / white spruce　材
  glehnii (F.Schmidt) Mast.　あかえぞまつ（赤蝦夷松）　Sakhalin spruce　材・繊
  hondoensis → *jezoensis* var. *hondoensis*
  jezoensis (Sieb. et Zucc.) Carr.　えぞまつ（蝦夷松）　Japanese / Yeddo / Yezo spruce　材・繊
   var. *hondoensis* (Mayr) Rehder　とうひ（唐檜）　Hondo spruce　材
  koyamae Shiras.　やつがたけとうひ（八ヶ岳唐檜）　材
  mariana (Mill.) Britton, Sterns et Poggenb.　アメリカくろとうひ（‐黒唐檜）　black / bog spruce　材
  maximowiczii Regel　ひめばらもみ（姫薔薇樅）　材・繊
  nigra → *mariana*
  orientalis (L.) Link　コーカサスとうひ（‐唐檜）　Oriental spruce　材
  polita Carr.　はりもみ（針樅）　tiger-tail spruce　材・繊
  sitchensis (Bong.) Carr.　シトカとうひ（‐唐檜）　Sitka spruce　材
Picrasma　ニガキ属　ニガキ科
  ailanthoides → *quassioides*
  quassioides (D.Don) Benn.　にがき（苦木）　bitter wood, nigaki　材・薬
Picris　コウゾリナ属　キク科
  hieracioides L.

  ssp. *japonica* (Thunb.) Krylov　こうぞりな（剃刀菜）　食
   var. *glabrescens* → ssp. *japonica*
  japonica → *hieracioides* ssp. *japonica*
Picrorhiza　ゴマノハグサ科
  kurrooa Loyle ex Benth.　こおうれん（胡黄連）picrorhiza　薬
Pieris　アセビ属　ツツジ科
  elliptica → *Lyonia ovalifolia* var. *elliptica*（ねじき）
  japonica (Thunb.) D.Don ex G.Don　あせび（馬酔木）Japanese andromeda, lily-of-the-valley bush　材
Pilea　ミズ属　イラクサ科
  japonica (Maxim.) Hand.-Mzt.　やまみず（山-）　食
  mongolica Wedd.　あおみず（青-）　食
  viridissima → *mongolica*
Pimenta　ピメンタ属　フトモモ科
  acris → *racemosa*
  dioica (L.) Merr.　オールスパイス　allspice, Jamaica pepper, pimento　香
  officinalis → *dioica*
  racemosa (Mill.) J.M.Moore　ベイラムのき（-木）bay (rum) tree, bayberry　香
Pimpinella　ミツバグサ属（アニス属）セリ科
  anisum L.　アニス　(common) anise　香・薬
  diversifolia DC.　みつばぐさ（三葉草）　薬
Pinellia　ハンゲ属（カラスビシャク属）サトイモ科
  ternata (Thunb.) Breitenb.　からすびしゃく（烏柄杓）crowdipper　薬
  tripartita (Blume) Schott　おおはんげ（大半夏）　薬
Pinus　マツ属　マツ科
  abies → *Picea abies*（ドイツとうひ）
  araucana → *Araucaria araucana*（チリまつ）
  balsamea → *Abies balsamea*（バルサムもみ）
  banksiana Lamb.　バンクスまつ（-松）jack pine　材
  cembra L.　しもふりまつ（霜降松）arolla pine, cembra, Russian cedar, Swiss stone pine　材・食
  densiflora Sieb. et Zucc.　あかまつ（赤松）Japanese red pine　材・薬
  ×*densi-thunbergii* Uyeki　あいぐろまつ（合黒松）材
  koraiensis Sieb. et Zucc.　ちょうせんごよう（朝鮮五葉）Korean nut / white pine　材・食
  lambertiana Douglas　さとうまつ（砂糖松）sugar pine　材
  luchuensis Mayr　りゅうきゅうあかまつ（琉球赤松）材
  montana Mill.　モンタナまつ（-松）(Swiss) mountain pine　材
  palustris Mill.　だいおうまつ（大王松）Georgia / longleaf pine　材
  parviflora Sieb. et Zucc.　ごようまつ（五葉松）Japanese white pine　材
  pentaphylla var. *himekomatsu* → *parviflora*
  pinea L.　イタリアかさまつ（-傘松）(Italian) stone pine, parasol / umbrella pine　材・食
  pumila (Pall.) Regel　はいまつ（這松）creeping pine, dwarf Japanese / Siberian stone pine　食・材
  radiata D.Don　ラジアータまつ（-松）Monterey pine　材
  rigida Mill.　リジダまつ（-松）pitch pine　材
  sativa → *pinea*
  sibirica Turcz.　シベリアまつ（-松）Siberian cedar　材
  strobus L.　ストローブまつ（-松）eastern white pine, Weymouth pine　材

  sylvestris L. ヨーロッパあかまつ(-赤松) Scotch / Scots pine, Scotch fir　材
  taeda L. テーダまつ(-松)　loblolly pine　材
  thunbergiana → *thunbergii*
  thunbergii Parl. くろまつ(黒松) Japanese black pine　材
  verticillata → *Sciadopitys verticillata* (こうやまき)
Piper　コショウ属　コショウ科
  aromaticum → *nigrum*
  betle L. キンマ(蒟醤) betel (pepper), pawn　薬・嗜
  cubeba → *retrofractum*
  futokadzura → *kadzura*
  jaborandii → *longum*
  kadzura (Choisy) Ohwi　ふうとうかずら(風藤葛)　Japanese / kadzura pepper　薬
  longum Blume　インドながこしょう(印度長胡椒) (Indian) long pepper　香・薬
  methysticum G.Forst.　カヴァ　kava(-kava), kava / kawa pepper　薬・嗜
  nigrum L. こしょう(胡椒) (black / common / white) pepper　香・薬
  officinalum → *retrofractum*
  retrofractum Vahl　ジャワながこしょう(-長胡椒) Balinese / Javanese long pepper　香・薬
Pistacia　トネリバハゼノキ属(ピスタキア属, カイノキ属)　ウルシ科
  terebinthus L. テレピンのき(-木) China turpentine tree, terebinth　油・薬
  vera L. ピスタチオのき(-木) green almond, pistachio, pistacia nut　食
Pisum　エンドウ属　マメ科
  arvense → *sativum* ssp. *arvense*
  sativum L. えんどう(豌豆) (common / garden / green) pea　食
Pithecellobium　キンキジュ属　ネムノキ科
  dulce (Roxb.) Benth. きんきじゅ(金亀樹) Manila tamarind, monkey's ear-ring　食・材
  jiringa (Jack) Prain　ジリンまめ(-豆) jiringa　食
  lobatum → *jiringa*
Plagiogyria　キジノオシダ属　キジノオシダ科
  matsumureana (Makino) Makino　やまそてつ(山蘇鉄)　食
Planchonella　(アカテツ科)
  obovata → *Pouteria obovata* (あかてつ)
Plantago　オオバコ属　オオバコ科
  asiatica L. おおばこ(大葉子) Asiatic plantain, ribwort　食・薬
  camtschatica Cham. ex Link.　えぞおおばこ(蝦夷大葉子)　食
  hakusanensis → *lanceolata*
  lanceolata L. へらおおばこ(箆大葉子) buckhorn, English / ribwort plantain, ribgrass　食・薬
  major L. おにおおばこ(鬼大葉子) common / great plantain　薬
    var. *asiatica* → *asiatica*
Platanus　スズカケノキ属　スズカケノキ科
  ×*acerifolia* (Aiton.) Willd. もみじばすずかけのき(紅葉葉鈴懸木) London plane (tree)　材
  ×*hispanica* → ×*acerifolia*
  occidentalis L. アメリカすずかけのき(-鈴懸木) American / Western plane, button wood　材
  orientalis L. プラタナス　Oriental plane, sycamore　材
Platycarya　ノグルミ属　クルミ科
  strobilacea Sieb. et Zucc. のぐるみ(野胡桃)　材・染・鞣
Platycladus　(ヒノキ科)
  orientalis → *Biota orientalis* (このてがしわ)

Platycodon キキョウ属 キキョウ科
    glaucum → *grandiflorum*
    grandiflorum (Jacq.) A.DC. ききょう(桔梗) balloon flower, Chinese / Japanese bellflower　薬・食
Plectranthus (シソ科)
    kameba → *Rabdosia umbrosa* var. *leucantha* (かめばひきおこし)
Pleioblastus メダケ属 イネ科
    chino (Franch. et Sav.) Makino　あずまねざさ(東根笹)　材
    hindsii (Munro) Nakai　かんざんちく(寒山竹)　食
    simonii (Carr.) Nakai　めだけ(女竹)　Simon bamboo　材
Pleuropterus ツルドクダミ属 タデ科
    cordatus → *multiflorus*
    cuspidatus → *Reynoutria japonica* (いたどり)
    multiflorus (Thunb.) Turcz.　つるどくだみ(蔓蕺)　flowery knodweed　薬
Plumbago ルリマツリ属 イソマツ科
    zeylanica L.　インドまつり(印度茉莉)　Ceylon leadwort　薬
Plumeria インドソケイ属 キョウチクトウ科
    acutifolia Poiret　インドそけい(印度素馨)　red jusmine, temple flower / tree　薬
Poa イチゴツナギ属 イネ科
    abyssinica → *Eragrostis abyssinica* (テフ)
    compressa L.　カナダブルーグラス　Canada bluegrass, flat meadowgrass　飼
    curvula → *Eragrostis curvula* (ウィーピングラブグラス)
    pratensis L.　ケンタッキーブルーグラス　Kentucky bluegrass, smooth meadow grass　飼・被
    subcaerulea → *pratensis*
    trivialis L.　ラフストークメドーグラス　rough(-stalk) bluegrass, rough(-stalk) meadow grass　飼
    tef → *Eragrostis abyssinica* (テフ)
Podalyria (マメ科)
    haematoxylon → *Baphia nitida* (カムウッド)
Podocarpus イヌマキ属(マキ属) マキ科
    macrophyllus (Thunb.) Sweet　まき(槙)　Buddhist pine, Japanese yew, podocarp　材
    nagi (Thunb.) Zoll. et Moritzi ex Makino　なぎ(梛)　broadleaf pine, Japanese laurel, nagi　材・塗・染・鞣
Podophyllum ミヤオソウ属(ハッカクレン属) メギ科
    pleianthum Hance　はっかくれん(八角蓮)　Chinese mayapple　薬
    versipella Hance　ききゅう(鬼臼)　薬
Pogostemon ヒゲオシベ属 シソ科
    cablin → *patchouli*
    patchouli Pell.　パチョリ　pa(t)chouli　香・薬
        var. *suavis* → *patchouli*
Polakowskia ウリ科
    tacaco Pittier　タカコ　tacaco　食
Polemonium ハナシノブ属 ハナシノブ科
    kiusianum Kitam.　はなしのぶ(花荵)　Jacob's ladder　薬
Polianthes ゲッカコウ属 リュウゼツラン科
    tuberosa L.　チュベローズ　(common) tuberose　香
Pollia ヤブミョウガ属 ツユクサ科
    japonica Thunb.　やぶみょうが(藪茗荷)　薬

Polygala ヒメハギ属 ヒメハギ科
 japonica Houtt. ひめはぎ（姫萩） Japanese senega 薬
 senega L. セネガ seneca, senega, snake root 薬
  var. *latifolia* Torr. et A.Gray ひろはセネガ（広葉-） broad-leaved senega 薬
 tenuifolia Willd. ひめいとはぎ（姫糸萩） Chinese senega 薬
Polygonatum アマドコロ属 ユリ科
 falcatum A.Gray なるこゆり（鳴子百合） naruko lily, Solomon's seal 食・薬
 macranthum (Maxim.) Koidz. おおなるこゆり（大鳴子百合） 食
 odoratum (Mill.) Druce
  var. *maximowiczii* (F.Schmidt) Koidz. おおあまどころ（大甘野老） 食・薬
  var. *pluriflorum* (Miq.) Ohwi あまどころ（甘野老） polygonatum 食・薬
Polygonum ミチヤナギ属（タデ属） タデ科
 aviculare L. にわやなぎ（庭柳） knotgrass, (prostrate) knotweed, wire weed 薬
 bistorta → *Bistorta major* （いぶきとらのお）
 cereale → *Fagopyrum esculentum* （そば）
 chinensis → *Persicaria chinensis* （つるそば）
 cuspidatum → *Reynoutria japonica* （いたどり）
 cymosum → *Fagopyrum cymosum* （しゅっこんそば）
 fagopyrum → *Fagopyrum esculentum* （そば）
 filiforme → *Antenoron filiforme* （みずひき）
 hydropiper → *Persicaria hydropiper* （たで）
  var. *fastigiatum* → *Persicaria hydropiper* var. *fastigiata* （あざぶたで）
 longisetum → *Persicaria longiseta* （いぬたで）
 multiflorum → *Pleuropterus multiflorus* （つるどくだみ）
 perfoliatum → *Persicaria perfoliatum* （いしみかわ）
 sachalinense → *Reynoutria sachalinensis* （おおいたどり）
 tataricum → *Fagopyrum tataricum* （ダッタンそば）
 thunbergii → *Persicaria thunbergii* （みぞそば）
 tinctorium → *Persicaria tinctoria* （あい）
Polymnia キク科
 edulis → *sonchifolia*
 sonchifolia Poepp. et Endl. ヤーコン yacon (strawberry) 食
Polyspora （ツバキ科）
 axillaris → *Gordonia axillaris* （たいわんつばき）
Pometia シマリュウガン属 ムクロジ科
 pinnata J.R.Forst. et G.Forst. しまりゅうがん（島龍眼） Fijian longan 食・薬・材
Poncirus カラタチ属 ミカン科
 trifoliata (L.) Raf. からたち（唐橘） golden apple, hardy / trifoliate orange 台・薬
Pongamia クロヨナ属 マメ科
 pinnata (L.) Pierre くろよな（黒与那） Indian beech, pongam oil tree 油・薬
Populus ハコヤナギ属（ヤマナラシ属、ポプラ属） ヤナギ科
 alba L. うらじろはこやなぎ（裏白箱柳） abele, silver-leaved / white poplar 材・繊
 ×*canadensis* Moench ポプラ (Lombardy) poplar 材
 deltoides Bartram et Marshall アメリカくろやまならし(-黒山鳴） black aspen, (eastern) cottonwood 繊
 euroamericana → ×*canadensis*
 maximowiczii A.Henry どろのき（泥木） Japanese poplar 材・繊

  nigra L.　ヨーロッパくろやまならし(-黒山鳴) aspen, (black / trembling) poplar　材・薬
   var. *italica* → ×*canadensis*
  sieboldii Miq.　やまならし(山鳴) Japanese aspen　材・繊
  tremula → *nigra*
  tremuloides Michx.　アメリカやまならし(-山鳴) quaking ash / aspen　繊
Portulaca　スベリヒユ属　スベリヒユ科
  oleracea L.　すべりひゆ(滑莧) (common /garden / green) purslane, little hogweed, pigweed　薬・飼・食
   var. *sativa* (Haw.) DC.　たちすべりひゆ(立滑莧) kitchen-garden purslane　食
  retusa Engelm.　アメリカすべりひゆ(-滑莧) roughseed purslane　食
Potentilla　キジムシロ属　バラ科
  anserina L.　ようしゅつるきんばい(洋種蔓金梅) goose tansy, silver weed　薬
   ssp. *egedei* (Wormsk.) Hittonen　えぞつるきんばい(蝦夷蔓金梅)　食
  chinensis Ser.　かわらさいこ(河原柴胡)　薬
  daisenensis → *Fragaria iinumae* (のうごういちご)
  discolor Bunge　つちぐり(土栗)　食・薬
  egedei var. *grandis* → *anserina* ssp. *egedei*
  sundaica (Blume) Kuntze var. *robusta* (Franch. et Sav.) Kitag.　おへびいちご(雄蛇苺)　薬
Poterium　(バラ科)
  sanguisorba → *Sanguisorba minor* (オランダわれもこう)
Pourthiaea　カマツカ属(ウシコロシ属)　バラ科
  villosa (Thunb.) Decne.　わたげかまつか(綿毛鎌柄)　材
   var. *laevis* (Thunb.) Stapf　かまつか(鎌柄)　材
Pouteria　アカテツ属　アカテツ科
  caimito (Ruiz et Pavon) Radlk.　アビウ　abiu　食
  campechiana (Humb., Bonp. et Kunth) Baehni　カニステル　canistel, egg fruit　食
  obovata (R.Br.) Baehni　あかてつ(赤鉄) lucuma, lucmo　材
Pouzolzia　オオバヒメマオ属　イラクサ科
  zeylanica Benn.　おおばひめまお(大葉姫真麻)　薬・食
Primula　サクラソウ属　サクラソウ科
  japonica A.Gray　くりんそう(九輪草) Japanese primrose　薬
  veris L.　きばなのくりんざくら(黄花九輪桜) cowslip, herb-Peter　薬
Prinsepia　グミモドキ属　バラ科
  sinensis (Oliv.) Oliv. ex Bean　ぐみもどき(茱萸擬) cherry prinsepia　食
Proboscidea　ツノゴマ属　ゴマ科
  louisianica (Mill.) Thell.　つのごま(角胡麻) unicorn flower / plant　食
Prosopis　マメ科
  juliflora DC.　メスキート　mesquite　食
Prunella　ウツボグサ属　シソ科
  asiatica → *vulgaris* ssp. *asiatica*
  vulgaris L.　セルフヒール　heal-all, self-heal　薬
   ssp. *asiatica* (Nakai) H.Hara　うつぼぐさ(靫草)　食・薬
    var. *lilacina* → ssp. *asiatica*
Prunus　スモモ属　バラ科
  americana Marsh.　アメリカすもも(-酸桃) American / August / goose / hog / red / wild plum, sloe　食
  amygdalus → *Amygdalus communis* (アーモンド)

var. *amara* → *Amygdalus communis* var. *amara* (ビターアーモンド)
　var. *dulcis* → *Amygdalus communis* var. *dulcis* (スィートアーモンド)
ansu → *Armeniaca vulgaris* (あんず)
armeniaca → *Armeniaca vulgaris* (あんず)
　var. *ansu* → *Armeniaca vulgaris* (あんず)
　var. *mandschurica* → *Armeniaca mandschurica* (まんしゅうあんず)
　var. *sibirica* → *Armeniaca sibirica* (もうこあんず)
　var. *vulgaris* → *Armeniaca vulgaris* (あんず)
avium → *Cerasus avium* (せいようみざくら)
capuli Cav. ex Spreng. カプリンチェリー capelin cherry 食
cerasifera Ehrh. ssp. *myrobalana* (L.) C.K. Schneid. ミロバランすもも (-酸桃) cherry / myrobalan plum 食
cerasus → *Cerasus vulgaris* (すみのみざくら)
　var. *typica* → *Cerasus vulgaris* (すみのみざくら)
　var. *avium* → *Cerasus avium* (せいようみざくら)
communis → *Amygdalus communis* (アーモンド)
　var. *sativa* → *Amygdalus communis* var. *dulcis* (スィートアーモンド)
domestica L. プラム (common / European / garden) plum, damson 食
donarium var. *sachalinensis* → *Cerasus sargentii* (おおやまざくら)
dulcis → *Amygdalus communis* var. *dulcis* (スィートアーモンド)
　var. *amara* → *Amygdalus communis* var. *amara* (ビターアーモンド)
grayana → *Padus grayana* (うわみずざくら)
jamasakura → *Cerasus jamasakura* (やまざくら)
japonica → *Cerasus japonica* (にわうめ)
lannesiana var. *speciosa* → *Cerasus lannesiana* var. *speciosa* (おおしまざくら)
laurocerasus → *Laurocerasus officinalis* (せいようばくちのき)
mandschurica → *Armeniaca mandschurica* (まんしゅうあんず)
maximowiczii → *Cerasus maximowiczii* (みやまざくら)
myrobalana → *cerasifera* ssp. *myrobalana*
mume → *Armeniaca mume* (うめ)
nigra → *Cerasus avium* (せいようみざくら)
padus → *Padus racemosa* (えぞのうわみずざくら)
　var. *japonica* → *Padus grayana* (うわみずざくら)
pauciflora → *Cerasus pseudocerasus* (からみざくら)
persica → *Amygdalus persica* (もも)
　var. *compressa* → *Amygdalus persica* var. *compressa* (はんとう)
　var. *nectarina* → *Amygdalus persica* var. *nucipersica* (ネクタリン)
　var. *nucipersica* → *Amygdalus persica* var. *nucipersica* (ネクタリン)
　var. *platycarpa* → *Amygdalus persica* var. *compressa* (はんとう)
　var. *vulgaris* → *Amygdalus persica* (もも)
platycarpa → *Amygdalus persica* var. *compressa* (はんとう)
pseudo-cerasus var. *spontanea* → *Cerasus jamasakura* (やまざくら)
sachalinensis → *Cerasus sargentii* (おおやまざくら)
salicina Lindl. にほんすもも (日本酸桃) Chinese / Japanese plum 食・薬
sargentii → *Cerasus sargentii* (おおやまざくら)
sativa ssp. *domestica* → *domestica*
serotina → *Cerasus serotina* (アメリカチェリー)

   serrulata
     var. *sachalinensis* → *Cerasus sargentii*（おおやまざくら）
     var. *spontanea* → *Cerasus jamasakura*（やまざくら）
   sibirica → *Armeniaca sibirica*（もうこあんず）
   spinulosa → *Laurocerasus spinulosa*（りんぼく）
   ssiori → *Padus ssiori*（シウリざくら）
   sylvestris → *Cerasus avium*（せいようみざくら）
   tomentosa → *Cerasus tomentosa*（ゆすらうめ）
   trichocarpa → *Cerasus tomentosa*（ゆすらうめ）
   triflora → *salicina*
   trifolia → *Cerasus tomentosa*（ゆすらうめ）
   zippeliana → *Laurocerasus zippeliana*（ばくちのき）
Pseudocydonia（バラ科）
   sinensis → *Chaenomeles sinensis*（かりん）
Pseudolarix イヌカラマツ属 マツ科
   amabilis (J.Nelson) Rehder　いぬからまつ（犬唐松）golden larch　薬
   kaempferi → *amabilis*
Pseudostellaria ワチガイソウ属 ナデシコ科
   heterophylla (Miq.) Pax ex Pax et Hoffm.　わだそう（和田草）lesser giseng　薬
Pseudotsuga トガサワラ属 マツ科
   douglasii → *menziesii*
   japonica (Shiras.) Beissn.　とがさわら（栂椹）Japanese Douglas fir　材
   menziesii (Mirb.) Franco　べいまつ（米松）Douglas / red fir, Oregon pine　材・繊
   sinensis Dode　しなとがさわら（支那栂椹）Chinese Douglas fir　材
   taxifolia → *menziesii*
Psidium バンジロウ属 フトモモ科
   aromaticum → *guajava*
   cattleianum → *littorale* var. *longipes*
     var. *lucidum* → *littorale*
   coriaceum → *littorale*
     var. *longipes* → *littorale* var. *longipes*
   fragrans → *guajava*
   guajava L.　グアバ　(apple / common / round / tropical / yellow) guava　食
   littorale Raddi.　きのみばんじろう（黄実蕃石榴）yellow Cattley / strawberry guava, waiawi　食
     var. *longipes* (O.Berg.) McVaugh　てりはばんじろう（照葉蕃石榴）Cattley / purple / strawberry guava　食
   pyriferum → *guajava*
   sapidissimum → *guajava*
   variabile → *littorale*
Psophocarpus シカクマメ属（ハネミササゲ属, トウサイ属）マメ科
   tetragonolobus (L.) DC.　しかくまめ（四角豆）asparagus / princess pea, four-angled / Goa / Manila / winged bean　食・飼・肥
Pteridium ワラビ属 コバノイシカグマ科
   aquilinum (L.) Kuhn var. *latiusculum* (Dresv.) Underw. ex A.Heller　わらび（蕨）brake, eastern bracken (fern)　食・薬
Pterocarpus シタン属 マメ科
   erinaceus Poiret　アフリカキノかりん（-花欄）African / Senegal rosewood　材・薬

  indicus Willd.　インドしたん(印度紫檀)　Malay padauk, narra　材
  marsupium Roxb.　キノのき(-木)　kino (tree)　薬・鞣
  santalinus L.f.　したん(紫檀)　red sandalwood / sanders　材・薬
Pterocarya　サワグルミ属　クルミ科
  fraxinifolia (Lam.) Spach　コーカサスさわぐるみ(-沢胡桃)　Caucasian walnut / wingnut　材
  japonica → *stenoptera*
  rhoifolia Sieb. et Zucc.　さわぐるみ(沢胡桃)　Japanese wingnut　材・繊・薬
  sorbifolia → *rhoifolia*
  stenoptera C.DC.　しなさわぐるみ(支那沢胡桃)　Chinese wingnut　材
Pterospermum　シマウロジロノキ属　アオギリ科
  acerifolium (L.) Willd.　もみじばうらじろのき(紅葉葉裏白木)　dinnerplate tree　材
  formosanum Matsum.　しまうらじろのき(島裏白木)　材
Pterostyrax　アサガラ属　エゴノキ科
  corymbosus Sieb. et Zucc.　ふかのき(鱶木)　材
  hispida Sieb. et Zucc.　おおばあさがら(大葉麻殼)　epaulette tree　材
Pueraria　クズ属　マメ科
  hirsuta → *lobata*
  javanica → *phaseoloides*
  lobata (Willd.) Ohwi　くず(葛)　Japanese arrow root, ko-hemp, kudzu (vine)　食・薬・繊・飼・被
  montana var. *lobata* → *lobata*
  phaseoloides (Roxb.) Benth.　ねったいくず(熱帯葛)　puero, tropical kudsu　食・薬・飼・被
  thunbergiana → *lobata*
  triloba → *lobata*
Pulmonaria　ヒメムラサキ属　ムラサキ科
  officinalis L.　やくようひめむらさき(薬用姫紫)　lungwort　薬
Pulsatilla　オキナグサ属　キンポウゲ科
  cernua (Thunb.) Bercht. et Opiz　おきなぐさ(翁草)　薬
  chinensis Regel　ひろはおきなぐさ(広葉翁草)　Chinese anemone　薬
  vulgaris Mill.　せいようおきなぐさ(西洋翁草)　(European) pasqueflower, pulsatilla　薬
Punica　ザクロ属　ザクロ科
  florida → *granatum*
  granatum L.　ざくろ(石榴)　pomegranate　食・薬
  spinosa → *granatum*
Pyrethrum　ジョチュウギク属　キク科
  cinerariifolium Trevir.　じょちゅうぎく(除虫菊)　Dalmatian chrysanthemum, insect flower / powder plant, pyrethrum　薬
  parthenium (L.) Sm.　なつしろぎく(夏白菊)　feverfew, motherwort　薬
Pyrola　イチヤクソウ属　イチヤクソウ科
  asarifolia Michx.
   ssp. *incarnata* (DC.) Haber et H.Takahashi　べにばないちやくそう(紅花一薬草)　薬・食
   var. *incarnata* → ssp. *incarnata*
   var. *japonica* → *japonica*
  incarnata → *asarifolia* ssp. *incarnata*
   var. *japonica* → *japonica*
  japonica Klenze ex Alef.　いちやくそう(一薬草)　薬・食
  secunda L.　こいちやくそう(小一薬草)　one-sided wintergreen　薬
Pyrus　ナシ属　バラ科

bretschneideri Rehder　ちゅうごくなし(中国梨)　Chinese pear　食
communis L.　せいようなし(西洋梨)　(common / European) pear　食
cydonia → *Cydonia oblonga* (マルメロ)
domestica → *communis*
germanica → *Mespilus germanica* (メドラ)
japonica → *Chaenomeles japonica* (くさぼけ)
malus → *Malus × domestica* (りんご)
maulei → *Chaenomeles japonica* (くさぼけ)
montana → *pyrifolia*
prunifolia → *Malus prunifolia* (まるばかいどう)
pyrifolia (Burm.f.) Nakai　にほんなし(日本梨)　Asian / Japanese / Oriental / sand pear, nashi　材・食
serotina → *pyrifolia*
toringo → *Malus toringo* (ズミ)
ussuriensis Maxim.　ほくしやまなし(北支山梨)　Chinese / Ussuri pear　食

[Q]

Quercus コナラ属 ブナ科
　acuta Buch.-Ham. ex Wall.　あかがし(赤樫)　evergreen / Japanese red oak　材
　acutissima Carruth.　くぬぎ(櫟)　Japanese chestnut oak　食・材
　alba L.　ホワイトオーク　white oak　材
　aliena Blume　ならがしわ(楢柏)　Oriental white oak　材
　bungeana → *variabilis*
　crispula → *mongolica* var. *grosseserrata*
　cuspidata → *Castanopsis cuspidata* (こじい)
　dentata Thunb.　かしわ(柏)　daimyo oak　食・材・染
　edulis → *Lithocarpus edulis* (まてばしい)
　gilva Blume　いちいがし(一位樫)　食・材
　glabra → *Lithocarpus glabra* (しりぶかがし)
　glandulifera → *serrata*
　glauca Thunb.　あらがし(粗樫)　blue Japanese oak, ring cupped oak　材
　grosseserrata → *mongolica* var. *grosseserrata*
　hondae Makino　はながし(葉長樫)　材
　mongolica Fisch. ex Ledeb.　モンゴリなら(-楢)　Mongolian oak　材・薬・食
　　var. *grosseserrata* (Blume) Rehder et E.H.Wils.　みずなら(水楢)　食・材
　myrsinaefolia Blume　しらかし(白樫)　Japanese white oak　材
　obovata → *dentata*
　paucidentata → *sessilifolia*
　pedunculata → *robur*
　phillyraeoides A.Gray　うばめがし(姥目樫)　食・材
　robur Pall.　ヨーロッパなら(-楢)　common / English / pedunculate / truffle oak　材・薬
　rubra L.　あかがしわ(赤柏)　northern red oak　材
　salicina Blume　うらじろがし(裏白樫)　材・薬・食
　serrata Thunb.　こなら(小楢)　Japanese / konara oak　材・染・食

sessilifolia Blume　つくばねがし(衝羽根樫)　材・食
　　sieboldiana →　*Lithocarpus glabra* (しりぶかがし)
　　stenophylla →　*salicina*
　　suber L.　コルクがし(-樫)　cork oak　材・食
　　variabilis Blume　あべまき　Chinese / Japanese cork oak　食・薬・材
Quillaja　シャボンノキ属　バラ科
　　saponaria Molina　シャボンのき(石鹸木)　soap-bark tree　薬
Quisqualis　シクンシ属　シクンシ科
　　indica L.　しくんし(使君子)　Rangoon-creeper　薬
　　　var. *villosa* →　*indica*

[R]

Rabdosia　ヤマハッカ属　シソ科
　　japonica (Burm.f.) H.Hara　ひきおこし(引起)　薬
　　trichocarpa (Maxim.) H.Hara　くろばなひきおこし(黒花引起)　薬
　　umbrosa (Maxim.) H.Hara var. *leucantha* (Murai) H.Hara　かめばひきおこし(亀葉引起)　食
Radermachia　(クワ科)
　　integra →　*Artocarpus integer* (こばらみつ)
Radicula　(アブラナ科)
　　armoracia →　*Armoracia rusticana* (せいようわさび)
Rajania　(アケビ科)
　　hexaphylla →　*Stauntonia hexaphylla* (むべ)
　　quinata →　*Akebia quinata* (あけび)
Rangium　(モクセイ科)
　　suspensus →　*Forsythia suspensa* (れんぎょう)
Ranunculus　キンポウゲ属(ウマノアシガタ属)　キンポウゲ科
　　acris var. *japonicus* →　*japonicus*
　　japonicus Thunb.　きんぽうげ(金鳳花)　buttercup　薬
　　major →　*nipponicus* var. *submersus*
　　nipponicus (Makino) Nakai var. *submersus* H.Hara　ばいかも(梅花藻)　食
Rapanea　(ヤブコウジ科)
　　neriifolia →　*Myrsine seguinii* (たいみんたちばな)
Raphanus　ダイコン属　アブラナ科
　　sativus L.　だいこん(大根)　Chinese / Japanese / Oriental / winter radish, daikon　食
　　　var. *acanthiformis* →　*sativus*
　　　var. *hortensis* →　*sativus*
　　　var. *longipinnatus* →　*sativus*
　　　var. *radicula* Pers.　はつかだいこん(二十日大根)　radish　食
　　　var. *raphanistroides* (Makino) Makino　はまだいこん(浜大根)　食
Rauvolfia　インドジャボク属　キョウチクトウ科
　　serpentina (L.) Benth. et Kurtz　インドじゃぼく(印度蛇木)　Indian snakeroot, Java devil pepper, serpentine tree　薬
　　verticillata (Lour.) Baill.　ほうらいあおき(蓬莱青木)　薬
Ravenala　タビビトノキ属(オウギバショウ属)　ゴクラクチョウカ科

madagascariensis J.F.Gmel.　おうぎばしょう(扇芭蕉)　traveler's palm / tree　材・食
Rehmannia　ジオウ属　ゴマノハグサ科
　　chinensis → *glutinosa* var. *purpurea*
　　glutinosa (Gaertn.) Libosch. ex Fisch. et C.A.Mey.
　　　　f. *hueichingensis* (Cao et Schih) Hsiao　かいけいじおう(塊茎地黄)　薬
　　　　var. *purpurea* Makino　じおう(地黄)　Chinese foxglove, rehmania　薬
Reichardia　(キク科)
　　picroides → *Scorzonera picrioides* (フランスきくごぼう)
Reseda　モクセイソウ属　モクセイソウ科
　　odorata L.　もくせいそう(木犀草)　mignonette　香
Reynoutria　イタドリ属　タデ科
　　japonica Houtt.　いたどり(虎杖)　Japanese knotweed　食・薬
　　sachalinensis (F.Schmidt) Nakai　おおいたどり(大虎杖)　giant / Sakhalin knotweed　食・薬
Rhamnus　クロウメモドキ属　クロウメモドキ科
　　crenata Sieb. et Zucc.　いそのき(磯木)　薬
　　frangula L.　フラングラのき(-木)　alder buckthorn, Frangula alnus　薬
　　japonica Maxim. var. *decipiens* Maxim.　くろうめもどき(黒梅擬)　Japanese buckthorn　薬・材
　　utilis Decne.　シーボルトのき(-木)　Chinese buckthorn　染
Rhaphiolepis　シャリンバイ属　バラ科
　　indica (L.) Lindl. ex Ker
　　　　var. *integerrima* → var. *umbellata*
　　　　var. *umbellata* (Thunb.) H.Ohashi　しゃりんばい(車輪梅)　Japanese / Yeddo hawthorn　染
　　umbellata → *indica* var. *umbellata*
Rheum　ダイオウ属(カラダイオウ属)　タデ科
　　coreanum Nakai　ちょうせんだいおう(朝鮮大黄)　Korean rhubarb　薬
　　officinale Baill.　だいおう(大黄)　medical rhubarb　薬
　　rhaponticum L.　ルバーブ　(garden) rhubarb, pie / wine plant　食
　　undulatum L.　からだいおう(唐大黄)　curved rhubarb　食・薬・染
Rhizophora　ヤエヤマヒルギ属　ヒルギ科
　　mangle L.　アメリカひるぎ(-蛭木)　red mangrove　材・食
　　stylosa Griff.　やえやまひるぎ(八重山蛭木)　(true) mangrove　材・染
Rhododendron　ツツジ属　ツツジ科
　　japonicum (Blume) C.K.Schneid.　つくししゃくなげ(筑紫石楠花)　材・薬
　　kaempferi → *obtusum* var. *kaempferi*
　　metternichii → *japonicum*
　　obtusum (Lindl.) Planch. var. *kaempferi* (Planch.) Wilson　やまつつじ(山躑躅)　食
Rhodomyrtus　テンニンカ属　フトモモ科
　　tomentosa (Aiton) Hassk.　てんにんか(天人花)　downy / rose myrtle, hill gooseberry　食・薬
Rhus　ウルシ属　ウルシ科
　　chinensis → *javanica* var. *chinensis*
　　cotinus → *Cotinus coggygria* (スモークツリー)
　　javanica L.
　　　　var. *chinensis* (Mill) Yamaz.　ぬるで(白膠木)　(Japanese) sumac　油・染・薬
　　　　var. *roxburghii* → var. *chinensis*
　　kaempferi → *verniciflua*
　　semialata → *javanica* var. *chinensis*
　　succedanea L.　はぜのき(櫨木)　(Japanese) wax tree　材・油・薬

  var. *japonica* → *succedanea*
 sylvestris Sieb. et Zucc.　やまはぜ(山櫨)　材・染
 trichocarpa Miq.　やまうるし(山漆)　薬・染
 vernicifera → *verniciflua*
 verniciflua Stokes　うるし(漆)　Japanese lacquer tree, varnish tree　塗・油・薬・材
Rhynchosia　タンキリマメ属　マメ科
 volubilis Lour.　たんきりまめ(痰切豆)　rosary bean　薬
Ribes　スグリ属　スグリ科
 formosana var. *sinanense* → *sinanense*
 grossularia → *uva-crispa* var. *sativum*
 hirtellum Michx.　アメリカすぐり(-酸塊)　American gooseberry　食
 latifolium Jancz.　えぞすぐり(蝦夷酸塊)　broadleaf currant　食
 nigrum L.　くろふさすぐり(黒房酸塊)　common / European black currant　食
 rubrum L.　カーランツ　(common / garden / red) currant　食
 sativum → *nigrum*
 sinanense F.Maek.　すぐり(酸塊)　食
 sylvestre → *rubrum*
 uva-crispa L. var. *sativum* DC.　グーズベリー　catberry, (English / European) gooseberry　食
 vulgare → *rubrum*
Ricinus　トウゴマ属　トウダイグサ科
 communis L.　ひま(蓖麻)　castor (bean), palma Christi　油・薬
Rivina　ジュズサンゴ属　ヤマゴボウ科
 humilis L.　じゅずさんご(数珠珊瑚)　bloodberry, rouge plant　染
Robinia　ハリエンジュ属　マメ科
 pseudoacacia L.　にせアカシア(偽-)　(black / yellow) locust (tree), false acacia　材・飼・嗜
Robynsia　(マメ科)
 macrophylla → *Pachyrhizus erosus* (くずいも)
Rohdea　オモト属　ユリ科
 japonica (Thunb.) Roth　おもと(万年青)　Japanese rohdea, lily-of-China　薬
Rorippa　イヌガラシ属　アブラナ科
 armoracia → *Armoracia rusticana* (せいようわさび)
 atrovirens → *indica*
 cantoniensis (Lour.) Ohwi.　こいぬがらし(小犬芥子)　薬
 indica (L.) Hiern　いぬがらし(犬芥子)　食・薬
 islandica (Oeder) Brobás　すかしたごぼう(透田牛蒡)　marsh yellow cress　食
 nasturtium-aquaticum → *Nasturtium officinale* (クレソン)
 palustris → *islandica*
Rosa　バラ属　バラ科
 canina L.　いぬのいばら(犬野薔薇)　dog rose　食
 ferox → *rugosa*
 gallica L.　フランスのいばら(-野薔薇)　French / Province rose　香
 kamtchatica var. *ferox* → *rugosa*
 multiflora Thunb.　のいばら(野薔薇)　baby / polyantha / wild rose　台・薬
 polyantha → *multiflora*
 rugosa Thunb.　はまなす(浜梨)　hamanas / rugosa rose, sweet-brier　香・染・食・薬
  var. *ferox* → *rugosa*
  var. *thunbergiana* → *rugosa*

Rosmarinus ローズマリー属 シソ科
    officinalis L. ローズマリー rosemary 香・薬・染
Rostellularia キツネノマゴ属 キツネノマゴ科
    procumbens (L.) Nees きつねのまご(狐孫) water willow 薬・食
Rubia アカネ属 アカネ科
    akane → *cordifolia*
    argyi → *cordifolia*
    cordifolia L. あかね(茜) (Indian) madder 染・薬
    pratensis (Maxim.) Nakai くるまばあかね(車葉茜) 薬
    tinctorium L. せいようあかね(西洋茜) (common / European) madder 染・薬
Rubus キイチゴ属 バラ科
    buergeri Miq. ふゆいちご(冬苺) 食
    chamaemorus L. やちいちご(谷地苺) cloud- / yellow- berry 食
    chingii Hu ごしょいちご(御所苺) 食
    commersoni var. *illecebrosus* → *illecebrosus*
    coptophyllus → *palmatus*
    corchorifolius → *villosus*
    crataegifolius Bunge くまいちご(熊苺) 食
    croceacanthus → *rosifolius* var. *tropicus* f. *genuinus*
    ellipticus Sm. おにいちご(鬼苺) golden evergreen raspberry, Himalayan raspberry 食
    grayanus Maxim. しまあわいちご(島粟苺) 食
    flavus → *ellipticus*
    fruticosus Pollich ブラックベリー European blackberry 食
    hakonensis Franch. et Sav. みやまふゆいちご(深山冬苺) 食
    hirsutus Thunb. くさいちご(草苺) bramble 食
    idaeus L. ラズベリー American / European red raspberry 食
      ssp. *nipponicus* → var. *yabei*
      var. *aculeatissimus* → *idaeus*
      var. *yabei* Koidz. みやまうらじろいちご(深山裏白苺) 食
    ikenoensis ごよういちご(五葉苺) 食
    illecebrosus Focke ばらいちご(薔薇苺) strawberry-raspberry 食
    incisus → *microphyllus*
    kinashii → *mesogaeus*
    kisoensis Nakai きそいちご(木曽苺) 食
    lambertianus Ser. しまばらいちご(島原苺) 食
    matsumuranus → *idaeus*
    mesogaeus Focke くろいちご(黒苺) blackberry 食
    microphyllus L.f. にがいちご(苦苺) 食
    minusculus H.Lév. et Vaniot ひめばらいちご(姫薔薇苺) 食
    nesiotes Focke くわのはいちご(桑葉苺) 食
    occidentalis L. くろみきいちご(黒実木苺) black raspberry / cap 食
    officinalis → *chingii*
    palmatus Thunb. もみじいちご(紅葉苺) mayberry 食
      f. *coptophyllus* → *palmatus*
      var. *kisoensis* → *kisoensis*
    parvifolius L. なわしろいちご(苗代苺) Japanese raspberry, sand blackberry 食
    pedatus Sm. こがねいちご(黄金苺) five-leaf bramble, trailing raspberry 食

    peltatus Maxim. はすのはいちご（蓮葉苺）食
    phoenicolasius Maxim. えびがらいちご（海老殻苺）wine raspberry 食
    pseudoacer Makino みやまもみじいちご（深山紅葉苺）食
    pseudojaponicus Koidz. ひめごよういちご（姫五葉苺）食
    ribisoideus Matsum. はちじょういちご（八丈苺）食
    rosifolius Sm. ばらばきいちご（薔薇葉木苺）Mauritius raspberry 食
        var. *tropicus* f. *genuinus* Makino おおばらいちご（大薔薇苺）食
    sorbifolius → *sumatranus*
    sumatranus Miq. こじきいちご（乞食苺）食
    thunbergii → *hirsutus*
    trifidus Thunb. かじいちご（構苺）fire raspberry 食
        var. *tomentosa* → *ribisoideus*
    vernus Focke べにばないちご（紅花苺）食
    villosus Thunb. ビロードいちご（-苺）American blackberry 食
    wrightii → *crataegifolius*
    yabei → *idaeus* var. *yabei*
Rudea （マメ科）
    aurea → *Vigna radiata* （りょくとう）
    mungo → *Vigna mungo* （けつるあずき）
Rumex スイバ属（ギシギシ属）タデ科
    acetosa L. すいば（酸葉）(common / garden / green) sorrel, sour dock 食・薬
    acetosella L. ひめすいば（姫酸葉）red / sheep's sorrel 薬
    crispus L. ながばぎしぎし（長葉羊蹄）yellow / curled dock 薬
        var. *japonicus* → *japonicus*
    domesticus → *longifolius*
    japonicus Houtt. ぎしぎし（羊蹄）(bitter) dock 食・薬・染
    longifolius DC. のだいおう（野大黄）longleaf dock 食
    obtusifolius L. えぞのぎしぎし（蝦夷羊蹄）broadleaf dock 食
    patientia L. わせすいば（早生酸葉）(garden) patience, patience / Spanish dock 食
Ruta ヘンルーダ属 ミカン科
    chalepensis L. うんこう（芸香）fringed rue 薬
    graveolens L. ヘンルーダ (common) rue, herb-of-grace 香・薬

[S]

Sabia アオカズラ属 アワブキ科
    japonica Maxim. あおかずら（青葛）薬
Sabina ビャクシン属 ヒノキ科
    chinensis (L.) Antoine びゃくしん（柏槙）Chinese (pyramid) juniper 材
    virginiana (L.) Antoine えんぴつびゃくしん（鉛筆柏槙）Eastern red cedar, pencil cedar 材
    vulgaris Antoine サビナびゃくしん（-柏槙）savin(e) 薬
Saccharum サトウキビ属 イネ科
    chinense → *officinarum*
    japonicum → *Miscanthus sinensis* （すすき）
    officinarum L. さとうきび（砂糖黍）noble / sugar cane 甘

  sinense Roxb.　ちくしゃ（竹蔗）Chinese / Indian sugar cane　甘
  tinctorium → *Miscanthus tinctorius*（かりやす）
  violaceum → *officinarum*
Sagittaria　オモダカ属　オモダカ科
  aginashi(Makino) Makino　あぎなし（顎無）Japanese pearlwort　食
  macrophylla → *trifolia* var. *edulis*
  pygmaea Miq.　うりかわ（瓜皮）食
  sagittifolia
   f. *sinensis* → *trifolia* var. *edulis*
   var. *edulis* → *trifolia* var. *edulis*
  sinensis → *trifolia* var. *edulis*
  trifolia L.　おもだか（面高）arrowhead　食・薬
   var. *edulis*(Sieb.) Ohwi　くわい（慈姑）Japanese arrowhead　食
   var. *sinensis* → var. *edulis*
Saguerus　（ヤシ科）
  gamuto → *Arenga pinnata*（さとうやし）
  pinnatus → *Arenga pinnata*（さとうやし）
Sakakia　（ツバキ科）
  ochnacea → *Cleyera japonica*（さかき）
Salacca　ヤシ科
  edulis Reinw.　サラカやし（-椰子）edible salacca, salak / snake palm　食
  zalacca → *edulis*
Salicornia　アッケシソウ属　アカザ科
  europaea L.　あっけしそう（厚岸草）crab grass, glasswort, pickle plant, saltwort　食
  herbacea → *europaea*
Salisburia　（イチョウ科）
  adiantifolia → *Ginkgo biloba*（いちょう）
Salix　ヤナギ属　ヤナギ科
  alba L.　せいようしろやなぎ（西洋白柳）white willow　薬
  arbutifolia Pall.　けしょうやなぎ（化粧柳）材
  babylonica L.　しだれやなぎ（枝垂柳）low-hanging / weeping willow　材
  bakko → *caprea*
  caprea L.　ばっこやなぎ（-柳）goat willow, great sallow　材
  cardiophylla Trautv. et Mey. var. *urbaniana*(Seemen) Kudo　おおばやなぎ（大葉柳）材
  chaenomeloides Kimura　あかめやなぎ（赤芽柳）Japanese pussy willow　材
  gracilistyla Miq.　ねこやなぎ（猫柳）pussy willow, sallow　薬
  jessoensis Seemen ssp. *serissifolia*(Kimura) H.Ohashi　こごめやなぎ（小米柳）材・繊
  koriyanagi Kimura ex Goerz　こりやなぎ（行李柳）材
  pet-susu → *schwerinii*
  purpurea var. *japonica* → *koriyanagi*
  sachalinensis → *udensis*
  schwerinii E.Wolf　きぬやなぎ（絹柳）材
  serissifolia → *jessoensis* ssp. *serissifolia*
  subfragilis → *triandra*
  triandra L.　たちやなぎ（立柳）almond willow　材
   var. *nipponica* → *triandra*
  udensis Trautv. et Mey.　おのえやなぎ（尾上柳）Japanese fantail willow　材・繊

    viminalis L.　たいりくきぬやなぎ（大陸絹柳）　basket / twiggy willow, (common) osier　材
Salsola　オカヒジキ属　アカザ科
    komarovii Iljin　おかひじき（陸鹿尾菜）　barilla, saltwort　食
Salvia　アキギリ属　シソ科
    elegans Vahl.　パイナップルセージ　pineapple-scented sage　香
    glabrescens Makino　あきぎり（秋桐）　食
    miltiorrhiza Bunge　たんじん（丹参）　red sage　薬
    nipponica Miq.　きばなあきぎり（黄花秋桐）　食
    officinalis L.　セージ　common salvia, sage　香・薬・染
    plebeia R.Br.　みぞこうじゅ（溝香薷）　薬
    sclarea L.　クラリーセージ　clary sage, clear-eye　香・薬
Samanea　（ネムノキ科）
    saman →　*Albizia saman*（アメリカねむのき）
Sambucus　ニワトコ属　スイカズラ科
    canadensis L.　アメリカにわとこ（-接骨木）　American / Canadian / sweet elder　食・薬
    chinensis Lindl.　そくず（蒴藋）　Chinese elder　食・薬
      var. *formosana* Nakai　たいわんそくず（台湾蒴藋）　食
    formosana →　*chinensis* var. *formosana*
    japonicus →　*Euscaphis japonica*（ごんずい）
    nigra L.　せいようにわとこ（西洋接骨木）　black / European elder, bourtree　材・薬・嗜
    racemosa L.
      ssp. *kamtschatica* (E.L.Wolf) Hultén　えぞにわとこ（蝦夷接骨木）　薬
      ssp. *sieboldiana* (Miq.) H.Hara　にわとこ（接骨木）　red-berried elder　材・食・薬
      var. *miquellii* →　ssp. *kamtschatica*
    sieboldiana →　*racemosa* ssp. *sieboldiana*
      ssp. *kamtschatica* →　*racemosa* ssp. *kamtschatica*
Sanguisorba　ワレモコウ属　バラ科
    minor Scop.　オランダわれもこう（-吾木香）　garden / salad burnet　食・薬
    officinalis L.　われもこう（吾木香・吾亦紅）　burnet bloodwort, great burnet　食・薬
Sanicula　ウマノミツバ属　セリ科
    chinensis Bunge　うまのみつば（馬三葉）　薬
    elata var. *chinensis* →　*chinensis*
    europaea var. *elata* →　*chinensis*
Santalum　ビャクダン属　ビャクダン科
    album L.　びゃくだん（白檀）　(white) sandalwood　材・薬・香
Sapindus　ムクロジ属　ムクロジ科
    mukorossi Gaertn.　むくろじ（無患子）　Chinese soapberry, soap (nut) tree　材・薬
Sapium　シラキ属（ナンキンハゼ属）　トウダイグサ科
    japonicum (Sieb. et Zucc.) Pax et K.Hoffm.　しらき（白木）　Japanese tallow tree　材・油
    sebiferum (L.) Roxb.　なんきんはぜ（南京櫨）　Chinese / vegetable tallow　油・薬・材
Saponaria　サボンソウ属　ナデシコ科
    officinalis L.　サボンそう（石鹸草）　bouncing bet, saponaria, soapwort　薬
Sapota　（アカテツ科）
    zapodilla →　*Manilkara zapota*（サポジラ）
Saraca　ムユウジュ属　ジャケツイバラ科
    asoca (Roxb.) de Wilde　むゆうじゅ（無憂樹）　asoka (tree), sorrowless tree　材
    indica →　*asoca*

Sarcandra センリョウ属 センリョウ科
    glabra (Thunb.) Nakai　せんりょう(千両)　食
Saribus (ヤシ科))
    subglobosus → *Livistona chinensis* var. *subglobosa* (びろう)
Sarothamus (マメ科)
    scoparius → *Cytisus scoparius* (エニシダ)
Sasa ササ属 イネ科
    borealis → *Sasamorpha borealis* (すずたけ)
    kurilensis (Rupr.) Makino et Shibata　ちしまざさ(千島笹)　食・薬
    senanensis (Franch. et Sav.) Rehder　くまいざさ(九枚笹)　食
    veitchii (Carr.) Rehder　くまざさ(隈笹)　kuma bamboo grass, low striped bamboo　薬
Sasamorpha スズタケ属 イネ科
    borealis (Hack.) Nakai　すずたけ(篠竹)　食・材
Sassafras ランダイコウバシ属(サッサフラスノキ属) クスノキ科
    albidum Nees　サッサフラスのき(-木) (common) sassafras　香・薬・材
    officinale → *albidum*
    variifolium → *albidum*
Satureja トウバナ属 シソ科
    hortensis L.　セイボリー　(summer) savory　香・薬
    illyrica → *montana*
    laxiflora → *hortensis*
    montana L.　ウィンターセイボリー　winter savory　香・薬
    officinalis → *montana*
    pachyphylla → *hortensis*
Saurauia タカサゴシラタマ属 マタタビ科
    oldhamii → *tristyla*
    tristyla A.DC.　たかさごしらたま(高砂白玉)　食
Saururus ハンゲショウ属 ドクダミ科
    chinensis (Lour.) Baill.　はんげしょう(半夏生)　薬
Saussurea トウヒレン属 キク科
    costus → *lappa*
    gossypiphora D.Don　わたとうひれん(綿唐飛廉)　薬
    lappa Clarke　もっこう(木香)　costus (root), kuth　薬
Saxifraga ユキノシタ属 ユキノシタ科
    sarmentosa → *stolonifera*
    stolonifera Meerb.　ゆきのした(雪下)　creeping-sailor, mother of thousands, strawberry stonebreak　薬・食
Scabiosa マツムシソウ属 マツムシソウ科
    japonica Miq.　まつむしそう(松虫草)　pincushon flower, scabious　食
Scaevola クサトベラ属 クサトベラ科
    taccada (Gaertn.) Roxb.　くさとべら(草海桐花)　fan flower, Malaya rice paper plant　薬・材
Sceptridium ハナワラビ属 ハナヤスリ科
    ternatum (Thunb.) Lyon　ふゆのはなわらび(冬花蕨)　食
Schefflera フカノキ属 ウコギ科
    octophylla (Lour.) Harms　ふかのき(鱶木)　材・飼
Schima ヒメツバキ属 ツバキ科
    mertensiana → *wallichii*

wallichii (DC.) Korth. ひめつばき(姫椿) 材・薬
   ssp. *liukiuensis* (Nakai) Bloemb. いじゅ 材・薬
   ssp. *mertensiana* → *wallichii*
   ssp. *noronhae* → *wallichii*
Schinus コショウボク属 ウルシ科
   huygan → *molle*
   molle L. こしょうぼく(胡椒木) Brazil / California pepper-tree, Peruvian mastic tree 食・香・材
Schisandra マツブサ属 マツブサ科
   chinensis (Turcz.) Baill. ちょうせんごみし(朝鮮五味子) magnolia vine, schisandra 薬・食
   repanda (Sieb. et Zucc.) Radlk. まつぶさ(松房) 薬・食
Schizonepeta シソ科
   tenuifolia Briquet けいがい(荊芥) Japanese catnip 薬
      var. *japonica* → *tenuifolia*
Schleichera ムクロジ科
   oleosa (Lour.) Merr. セイロンオーク Ceylon oak, Malaya lac tree 食・油
Schoenoplectus ホタルイ属(フトイ属) カヤツリグサ科
   californicus (C.A.Mey) Soják ssp. *totora* (Kunth) T.Koyama トトラ totora 材・食
   juncoides (Roxb.) Palla ssp. *hotarui* Soják ほたるい(蛍藺) Japanese bulrush 薬
   lacustris (L.) Palla ssp. *validus* (Vahl) T.Koyama ふとい(太藺) black rush, giant / soft-stem bulrush 薬
   mucronatus (L.) Palla ssp. *robustus* T.Koyama かんがれい(寒枯藺) hard-stem bulrush 薬
   triqueter (L.) Palla さんかくい(三角藺) chair-maker's rush 材
Sciadopitys コウヤマキ属 コウヤマキ科
   verticillata (Thunb.) Sieb. et Zucc. こうやまき(高野槙) Japanese umbrella pine, parasol pine 材
Scilla ツルボ属 ユリ科
   maritima → *Urginea maritima* (かいそう)
   scilloides (Lindl.) Druce つるぼ(蔓穂) 食
Scirpus (イネ科)
   juncoides ssp. *hotarui* → *Schoenoplectus juncoides* ssp. *hotarui* (ほたるい)
   lacustris → *Schoenoplectus lacustris* ssp. *validus* (ふとい)
   maritimus → *Bolboschoenus fluriatulis* ssp. *yagara* (うきやがら)
   mucronatus ssp. *robustus* → *Schoenoplectus mucronatus* ssp. *robustus* (かんがれい)
   totora → *Schoenoplectus californicus* ssp. *totora* (トトラ)
   triqueter → *Schoenoplectus triqueter* (さんかくい)
   validus → *Schoenoplectus lacustris* ssp. *validus* (ふとい)
   yagara → *Bolboschoenus fluriatulis* ssp. *yagara* (うきやがら)
Scolopia トゲイヌツゲ属 イイギリ科
   oldhamii Hance とげいぬつげ(刺犬柘植) 材
Scolymus キバナアザミ属 キク科
   hispanicus L. きばなあざみ(黄花薊) golden thistle 食
Scopolia ハシリドコロ属 ナス科
   japonica Maxim. はしりどころ(走野老) 薬
Scorzonera フタナミソウ属 キク科
   hispanica L. きばなばらもんじん(黄花波羅門参) black oyster plant, black salsify, common viper's grass 食
   picroides (L.) Roth フランスきくごぼう(-菊牛蒡) French scorzonera 食

Scrophularia ゴマノハグサ属 ゴマノハグサ科
   buergeriana Miq. ごまのはぐさ(胡麻葉草) 薬
   nodosa L. せいようごまのはぐさ(西洋胡麻葉草) figwort 薬
   oldhamii → *buergeriana*
Scutellaria タツナミソウ属 シソ科
   baicalensis Georgi こがねばな(黄金花) Baikal skullcap 薬
   indica L. たつなみそう(立浪草) skullcap 薬
Seborium (トウダイグサ科)
   sebiferum → *Sapium sebiferum* (なんきんはぜ)
Secale ライムギ属 イネ科
   cereale L. ライむぎ(-麦) (common) rye 食・肥
Sechium ハヤトウリ属 ウリ科
   edule (Jacq.) Swartz はやとうり(隼人瓜) chayota, chayote, Christ-phone, vegetable pear 食・飼
Securinega ヒトツバハギ属 トウダイグサ科
   suffruticosa (Pall.) Rehder var. *japonica* (Miq.) Hurus. ひとつばはぎ(一葉萩) 薬
Sedum マンネングサ属(キリンソウ属) ベンケイソウ科
   aizoon L. var. *floribundum* Nakai きりんそう(麒麟草) 薬・食
   alboroseum → *Hylotelephium erythrosticum* (べんけいそう)
   erythrosticum → *Hylotelephium erythrosticum* (べんけいそう)
   kamtschaticum Fisch えぞのきりんそう(蝦夷麒麟草) 薬
   spectabile → *Hylotelephium spectabile* (おおべんけいそう)
Semiaquilegia ヒメウズ属 キンポウゲ科
   adoxoides (DC.) Makino ひめうず(姫烏頭) 薬
Senecio キオン属 (サワギク属) キク科
   cannabifolius Less. はんごんそう(反魂草) coneflower 食
   clivorum → *Ligularia dentata* (まるばだけぶき)
   japonicus → *Gynura japonica* (さんしちそう)
   nemorensis L. きおん(黄苑) 薬・食
   pierotii Miq. さわおぐるま(沢小車) 食
   vulgaris L. のぼろぎく(野襤褸菊) (common) groundsel 薬・食
Senna センナ属 ジャケツイバラ科
   acutifolia Delile こばのセンナ(小葉-) 薬
   alata L. はねみセンナ(羽根実-) candlestick senna, ringworm cassia 薬
   alexandrina Mill. アレキサンドリアセンナ Alexandrian senna 薬
   angustifolia Betka ほそばセンナ(細葉-) Arabian / Tinnevelly senna 薬
   auriculata L. マタラちゃ(-茶) avaram, matara tea, Tanner's cassia 嗜・鞣
   fistula L. なんばんさいかち(南蛮皂莢) drumstick tree, golden-rain, golden shower, Indian laburnum, purging distula 薬
   obtusifolia (L.) H.S.Irwin et Barneby えびすぐさ(夷草) oriental / sickle senna, sickle pod 薬・肥・嗜
   occidentalis Link はぶそう(波布草) coffee senna, negro coffee, stinking weed 薬・嗜
   siamea (Lam.) H.S.Irwin et Barneby たがやさんのき(鉄刀木) Indian ironwood, kassod tree 材
   sophera L. おおばのセンナ(大葉-) 薬
   tola → *obtusifolia*
Sequoia セコイア属(セコイアメスギ属) スギ科
   sempervirens (D.Don) Endl. セコイア big-tree, (coast) red-wood, giant sequoia, mammoth tree

材

Serissa ハクチョウゲ属 アカネ科
 japonica (Thunb.) Thunb.　はくちょうげ（白丁花）Chinese flowering white serissa　薬

Sesamum ゴマ属 ゴマ科
 indicum L.　ごま（胡麻）gingery / teel oil-plant, sesame　油・薬
 orientale → *indicum*

Sesban (マメ科)
 exaltata → *Sesbania exaltata* (アメリカつのくさねむ)
 sonorae → *Sesbania exaltata* (アメリカつのくさねむ)

Sesbania ツノクサネム属 マメ科
 bispinosa (Jacq.) W.F.Wight　きばなつのくさねむ（黄花角草合歓）canicha, danchi, prickly sesban　繊・肥・薬
 exaltata (Raf.) Rydb.　アメリカつのくさねむ（-角草合歓）Colorado River hemp　繊・被
 grandiflora (L.) Poiret　しろごちょう（白胡蝶）scarlet wistaria tree, sesban, swamp bean　食
 macrocarpa → *exaltata*

Seseli イブキボウフウ属 セリ科
 coreanum → *libanotis* ssp. *japonica*
 libanotis (L.) W.D.J.Koch ssp. *japonica* (H.Boissieu) H.Hara　いぶきぼうふう（伊吹防風）食
 ugoensis → *libanotis* ssp. *japonica*

Setaria エノコログサ属 イネ科
 germanica → *italica* var. *germanica*
 italica (L.) P.Beauv.　あわ（粟）Bengal / Japanese grass, (foxtail / German / Italian) millet　食
  var. *germanica* (Mill.) Schrad.　こあわ（小粟）Golden wonder millet　食
  var. *maxima* Al.　おおあわ（大粟）Italian millet　食

Shibataea オカメザサ属 イネ科
 kumasaca (Zoll. ex Steud.) Nakai　おかめざさ（阿亀笹）材
 ruscifolia → *kumasaca*

Shiia (ブナ科)
 cuspidata → *Castanopsis cuspidata* (こじい)
 sieboldii → *Castanopsis cuspidata* var. *sieboldii* (すだじい)

Shorea サラノキ属 フタバガキ科
 negrosensis Foxw.　あかラワン（赤-）red lauan　材
 robusta C.F.Gaertn.　さらそうじゅ（沙羅双樹）sal (tree)　材・薬・塗

Sida キンゴジカ属 アオイ科
 rhombifolia L.　きんごじか（金午時花）Cuba jute, Queensland / sida hemp, tea plant　繊・薬

Siegesbeckia メナモミ属 キク科
 pubescens Makino　めなもみ（豨薟）薬

Silene マンテマ属 ナデシコ科
 firma Sieb. et Zucc.　ふしぐろ（節黒）薬

Silybum オオアザミ属 キク科
 marianum (L.) Gaertn.　おおあざみ（大薊）blessed / holy / milk thistle　薬

Simaba (ニガキ科)
 quassioides → *Picrasma quassioides* (にがき)

Simmondsia シムモンドシア属 シムモンドシア科
 chinensis (Link) C.K.Schneid.　ホホバ　goat nut, jojoba　油・飼

Sinapis シロガラシ属 アブラナ科
 alba L.　しろがらし（白芥子）white mustard　香

- 242 -

  cernua → *Brassica juncea*（せいようからしな）
  cuneifolia → *Brassica juncea* var. *integrifolia*（たかな）
  erisimoides → *Brassica nigra*（くろがらし）
  integrifolia → *Brassica juncea* var. *integrifolia*（たかな）
  japonica → *Brassica juncea* var. *japonica*（いらな）
  nigra → *Brassica nigra*（くろがらし）
  pekinensis → *Brassica rapa* var. *amplexicaulis* sv. *pe-tsai*（はくさい）
  rugosa → *Brassica juncea* var. *tumida*（ザーサイ）
Sinocitrus （ミカン科）
  reticulata → *Citrus reticulata*（マンダリン）
Sinomenium オオツヅラフジ属（ツヅラフジ属） ツヅラフジ科
  acutum (Thunb.) Rehder et E.H.Wilson つづらふじ（葛藤） Chinese moonseed 薬
Siphonia （トウダイグサ科）
  brasiliensis → *Hevea brasiliensis*（パラゴムのき）
Siphonostegia ヒキヨモギ属 ゴマノハグサ科
  chinensis Benth. ex Hook. et Arn. ひきよもぎ（引蓬） 薬
Smilacina ユキザサ属 ユリ科
  hondoensis Ohwi やまとゆきざさ（大和雪笹） 食
  japonica A.Gray ゆきざさ（雪笹） 食・薬
  viriflora → *hondoensis*
Smilax シオデ属 サルトリイバラ科
  china L. さるとりいばら（猿捕茨） China smilax 薬・食
  higoensis var. *maximowiczii* → *riparia* var. *ussuriensis*
  japonica → *china*
  oldhamii → *riparia* var. *ussuriensis*
  riparia A.DC. var. *ussuriensis* (Regel) H.Hara et T.Koyama しおで（牛尾菜） 食・薬
Solanum ナス属 ナス科
  aethiopicum → *integrifolium*
  betaceum → *Cyphomandra betacea*（トマトのき）
  dulcamara L. あまにがなすび（甘苦茄子） bittersweet, felonwood, woody nightshade 薬
   var. *lyratum* → *lyratum*
  edule → *melongena* var. *esculentum*
  esculentum → *melongena* var. *esculentum*
  integrifolium Poiret ひらなす（扁茄子） Ethiopian / scarlet eggplant, wild African aubergine,
   mock tomato 台
  licopersicum → *Lycopersicon esculentum*（トマト）
  lyratum Thunb. ひよどりじょうご（鴨上戸） woody nightshade 薬
  melongena L. なす（茄子） aubergine, egg plant, Jew's apple 食
   var. *depressum* Bailey せんなりなす（千成茄子） 食
   var. *esculentum* (Dunal) Nees アメリカおおなす（-大茄子） eggplant 食
   var. *marunus* H.Hara まるなす（丸茄子） 食
   var. *oblongcylindricum* H.Hara ながなす（長茄子） 食
  muricatum Aiton ペピーノ melon pear / shrub, pepino 食
  naumannii → *integrifolium*
  nigrum L. いぬほうずき（犬酸漿） black / garden nightshade, hound's berry 薬
  quitoense Lam. ナランジロ lulo, naranjillo 食
  tuberosum L. ばれいしょ（馬鈴薯） (Irish / white) potato 食

Solena（ウリ科）
 amplexicaulis → *Melothria heterophylla*（てんぐすずめうり）
Solenostemon シソ科
 parviflorus Benth.　ハウザポテト　Hausa potato　食
Solidago アキノキリンソウ属　キク科
 virga-aurea L.　アメリカあきのきりんそう(-秋麒麟草)　goldenrod　薬
  ssp. *asiatica* Kitam. ex H.Hara　あきのきりんそう(秋麒麟草)　薬
  var. *asiatica* → ssp. *asiatica*
Sonchus ノゲシ属　キク科
 arvensis L.　たいわんはちじょうな(台湾八丈菜)　corn sow thistle, perennial sowthistle　薬
 asper (L.) Hill.　おにのげし(鬼野芥子)　spiny-leaved sow thistle　食
 brachyotus DC.　はちじょうな(八丈菜)　薬
 oleraceus L.　のげし(野芥子)　annual / milk sow thistle　飼・薬・食
Sonneratia ハマザクロ属　ハマザクロ科
 alba Sm.　はまざくろ(浜石榴)　mangrove apple　食・染
Sophora クララ属　マメ科
 flavescens Aiton　くらら(眩草)　薬
 japonica L.　えんじゅ(槐)　Chinese scholar tree, Japanese pagoda tree　材・薬・染
Sorbus ナナカマド属　バラ科
 alnifolia → *Aria alnifolia*（あずきなし）
 aucuparia L.　ヨーロッパななかまど(-七竈)　(European) mountain-ash, quickbeam, rowan　材
  var. *japonica* → *commixta*
 commixta Hedl.　ななかまど(七竈)　Japanese mountain-ash / rowan　材・薬・染
 japonica Hedl.　うらじろのき(裏白木)　Japanese whitebeam　材
Sorghum モロコシ属　イネ科
 almum Parodi　コロンブスグラス　Columbus grass　飼
 bicolor (L.) Moench　もろこし(蜀黍)　(grain) sorghum, great millet　食・肥
  var. *dulciusculum* → var. *saccharatum*
  var. *hoki* Ohwi　ほうきもろこし(箒蜀黍)　broom corn　材
  var. *saccharatum* (L.) Mohlenbr.　スィートソルガム　sorgo, sugar / sweet sorghum　飼
 halepense (L.) Pers.　ジョンソングラス　Aleppo / Johnson grass　飼
 saccharatum → *bicolor* var. *saccharatum*
 sudanense (Piper) Stapf　スーダングラス　grass sorghum, Sudan grass　飼
 vulgare → *bicolor*
Soya（マメ科）
 hispida → *Glycine max*（だいず）
Sparganium ミクリ属　ミクリ科
 erectum L.　みくり(実栗)　bur reed　薬
 stoloniferum → *erectum*
Spartium レダマ属　マメ科
 junceum L.　レダマ(連玉)　Spanish / Weaver's broom　繊・香
Spilanthes オランダセンニチ属　キク科
 acumella var. *oleracea* → *oleracea*
 oleracea L.　きばなオランダせんにち(黄花-千日)　Brazil / Para cress　食
Spinacia ホウレンソウ属　アカザ科
 domestica → *oleracea*
 oleracea L.　ほうれんそう(菠薐草)　(garden) spinach　食

Spirodela ウキクサ属 ウキクサ科
   polyrhiza (L.) Schleid. うきくさ(浮草) (giant) duckweed 薬
Spondias タマゴノキ属(アムラノキ属) ウルシ科
   aurantiaca → *mombin*
   brasiliensis → *mombin*
   cytherea → *dulcis*
   dulcis Sol. ex G.Forst. たまごのき(卵木) ambarella, golden / Otaheite apple, hog / Jew / Polynesian plum 食
   lutea → *mombin*
   mangifera → *pinnata*
   mombin Jacq. モンビン golden apple, hog / Jamaica / Spanish plum, red / yellow mombin 食
   pinnata (L.f.) Kurz アムラのき(-木) amra, Andaman / Indian mombin, common hog plum 食
Stachys イヌゴマ属 シソ科
   affinis → *sieboldii*
   betonica → *officinalis*
   officinalis (L.) Trevis. ベトニー (purple / wood) betony, bishop's wort 薬
   sieboldii Miq. ちょろぎ(草石蚕) Chinese / Japanese artichoke, chorogi, knot root 食・薬
   tuberifera → *sieboldii*
Stachyurus キブシ属 キブシ科
   praecox Sieb. et Zucc. きぶし(木付子) 材・染
Staphylea ミツバウツギ属 ミツバウツギ科
   bumalda (Thunb.) DC. みつばうつぎ(三葉空木) (Bumalda) bladder nut 食・材
Stauntonia ムベ属 アケビ科
   hexaphylla (Thunb.) Decne. むべ(郁子) stauntonia vine 食・薬
Stellaria ハコベ属 ナデシコ科
   aquatica (L.) Scop. うしはこべ(牛繁縷) water starwort 薬・食
   media (L.) Vill. はこべ(繁縷) chick-weed, star / stitch wort 薬・食
Stemona ビャクブ属 ビャクブ科
   japonica Miq. びゃくぶ(百部) 薬
   sessifolia Franch. et Sav. たちびゃくぶ(立百部) 薬
Stenactis (キク科)
   annua → *Erigeron annuus* (ひめじょおん)
Stephania ハスノハカズラ属 ツヅラフジ科
   japonica (Thunb.) Miers はすのはかずら(蓮葉葛) tape vine 薬
Sterculia ピンポンノキ属 アオギリ科
   monosperma → *nobilis*
   nobilis Sm. ピンポンのき(-木) China chestnut, noble bottle tree, pimpon 食・薬
   simplex → *Firmiana simplex* (あおぎり)
Stevia ステビア属 キク科
   rebaudiana (Bertoni) Hemsl. あまはステビア(甘葉-) stevia 甘・薬
Stewartia ナツツバキ属 ツバキ科
   monadelpha Sieb. et Zucc. ひめしゃら(姫沙羅) 材
   pseudocamellia Maxim. なつつばき(夏椿) Japanese stewartia 材
Stipa ハネガヤ属 イネ科
   pekinensis → *Achnatherum pekinensis* (はねがや)
   tenacissima L. エスパルト esparto / Spanish grass 繊
Stizolobium (マメ科)

bulbosum → *Pachyrhizus erosus* (くずいも)
deeringianum → *Mucuna pruriens* var. *utilis* (はっしょうまめ)
domingense → *Pachyrhizus erosus* (くずいも)
hassjoo → *Mucuna pruriens* var. *utilis* (はっしょうまめ)
pruriens → *Mucuna pruriens* var. *utilis* (はっしょうまめ)
tuberosum → *Pachyrhizus tuberosus* (ポテトビーン)

Strobilanthes イセハナビ属 キツネノマゴ科
　　cusia (Nees) O.Kuntze　りゅうきゅうあい(琉球藍)　Assam indigo, rum　染・薬
Strychnos マチン属 マチン科
　　nux-vomica L.　マチン(馬銭)　poison nut tree, strichnine tree　薬
Stypholobium (マメ科)
　　japonicum → *Sophora japonica* (えんじゅ)
Styrax エゴノキ属 エゴノキ科
　　benzoin Dryand.　あんそっこうのき(安息香木)　benzoin tree, gum benzoin　薬・香
　　japonica Sieb. et Zucc.　えごのき(-木)　Japanese snowbell　材・塗
　　obassia Sieb. et Zucc.　はくうんぼく(白雲木)　fragrant snowbell　材・油
　　officinalis L.　せいようえごのき(西洋-木)　snowdrop bush, storax　香
Suaeda マツナ属 アカザ科
　　asparagoides (Miq.) Makino　まつな(松菜)　食
　　glauca → *asparagoides*
　　malacosperma → *maritima* var. *malcosperma*
　　maritima (L.) Dumort.　はままつな(浜松菜)　sea-blite　食・薬
　　　　var. *malcosperma* (H.Hara) Kitam.　ひろははままつな(広葉浜松菜)　食
Swertia センブリ属 リンドウ科
　　chinensis → *pseudochinensis*
　　chirayita (Roxb.) H.Karst.　チレッタそう(-草)　chiretta　薬
　　japonica (Schult.) Makino　せんぶり(千振)　薬
　　pseudochinensis H.Hara　むらさきせんぶり(紫千振)　薬
Swida (ミズキ科)
　　controversa → *Cornus controversa* (みずき)
　　macrophylla → *Cornus brachypoda* (くまのみずき)
Swietenia マホガニー属 センダン科
　　macrophylla King　おおばマホガニー(大葉-)　baywood, big-leaved / Honduras / Mexican mahogany　材
　　mahagoni (L.) Jacq.　マホガニー　true Spanish mahogany, (West Indian) mahogany　材
Symphytum ヒレハリソウ属 ムラサキ科
　　officinale L.　コンフリー　comfrey, healing herb　食・飼・薬
Symplocos ハイノキ属 ハイノキ科
　　chinensis var. *leucocarpa* f. *pilosa* → *sawafutagi*
　　glauca (Thunb.) Koidz.　みみずばい(蚯蚓灰)　材・染
　　japonica → *lucida*
　　lancifolia Sieb. et Zucc.　しろばい(白灰)　染
　　lucida Sieb. et Zucc.　くろき(黒木)　材・染
　　myrtacea Sieb. et Zucc.　はいのき(灰木)　sweetleaf　材・染
　　prunifolia Sieb. et Zucc.　くろばい(黒灰)　染
　　sawafutagi Nagam.　さわふたぎ(沢蓋木)　材・染
Syneilesis ヤブレガサ属 キク科

palmata (Thunb.) Maxim. やぶれがさ(破笠) 食
Synsepalum アカテツ科
    dulcificum (Schum. et Thonn.) Daniell ミラクルフルーツ miracle / miraculous berry, miraculous nut 食
Synurus ヤマボクチ属 キク科
    pungens (Franch. et Sav.) Kitam. おやまぼくち(雄山火口) 食
Syringa ハシドイ属 モクセイ科
    japonica → *reticulata*
    reticulata (Blume) H.Hara はしどい Japanese tree lilac 材
    suspensa → *Forsythia suspensa* (れんぎょう)
    vulgaris L. ライラック common lilac, pipe tree 香・材
Syzygium フトモモ属 フトモモ科
    aqueum (Burm.f.) Alston みずレンブ(水蓮霧) bell fruit, (rose) water apple 食
    aromaticum (L.) Merr. et L.M.Perry クローブ clove (tree) 香・薬
    buxifolium Hook. et Alston あでく 食・材
    cleyerifolium (Yatabe) Makino ひめふともも(姫蒲桃) 食
    cumini (L.) Skeel むらさきふともも(紫蒲桃) black / jambolan / Java / Malabar plum 食
    jambos (L.) Alston ふともも(蒲桃) Malabar plum, plum rose, rose apple 食
    malaccensis (L.) Merr. et Perry マレーふともも(-蒲桃) Malacca / Malay / mountain apple, Otaheite apple / cashew 食
    samarangense (Bl.) Merr. et L.M.Perry レンブ(蓮霧) Java / water / wax apple, Java / Samarang rose apple 食

[T]

Tacca タシロイモ属 タシロイモ科
    leontopetaloides (L.) Kuntze タカ Fiji / Indian / Polynesian arrowroot, pia, tacca 食
    pinnatifida → *leontopetaloides*
Tacsonia (トケイソウ科)
    mollissima → *Passiflora mollissima* (バナナくだものとけいそう)
Taeniocarpum (マメ科)
    articulatum → *Pachyrhizus erosus* (くずいも)
Tagetes コウオウソウ属(マリーゴールド属) キク科
    erecta L. アフリカンマリーゴールド African / Aztec / big marigold 香・薬
    lucida Cav. ミントマリーゴールド Mexican / winter tarragon, mint marigold, pericon 香・薬
    patula L. フレンチマリーゴールド French marigold 香
Talinum ハゼラン属 スベリヒユ科
    crassifolium → *triangulare*
    paniculatum → *triangulare*
    triangulare (Jacq.) Willd. はぜらん(粺蘭) Ceylon spinach, coral flower 食・薬
Tamarindus チョウセンモダマ属 ジャケツイバラ科
    indica L. タマリンドのき(-木) Indian date, (sweet) tamarind 食・材・嗜・薬
    occidentalis → *indica*
    officinalis → *indica*
    umbrosa → *indica*

Tamarix ギョリュウ属 ギョリュウ科
 chinensis Lour. ぎょりゅう(御柳) Chinese tamarisk 薬・材
 juniperina → *chinensis*
 tenuissima → *chinensis*
Tanacetum ヨモギギク属(タンジー属) キク科
 parthenium → *Pyrethrum parthenium* (なつしろぎく)
 vulgare L. タンジー (golden) buttons, tansy 薬
Taraxacum タンポポ属 キク科
 albidum Dahlst. しろばなたんぽぽ(白花蒲公英) white dandelion 食
 bicorne → *kok-saghyz*
 dens-leonis → *officinale*
 hondoense → *venustum*
 kok-saghyz L.E.Rodin ゴムたんぽぽ(-蒲公英) Russian dandelion ゴ
 mongolicum Hand.-Mazz. もうこたんぽぽ(蒙古蒲公英) Chinese dandelion 薬
 officinale L. せいようたんぽぽ(西洋蒲公英) (common) dandelion 食・薬
 platycarpum Dahlst. たんぽぽ(蒲公英) Japanese dandelion 食・薬
 venustum Koidz. えぞたんぽぽ(蝦夷蒲公英) 食
 vulgare → *officinale*
Taxodium ヌマスギ属 スギ科
 distichum (L.) Rich. ぬますぎ(沼杉) bald / deciduous / swamp cypress 材
Taxus イチイ属 イチイ科
 baccata L. ヨーロッパいちい(--位) (common / English) yew 材・薬
  ssp. *cupidata* → *cuspidata*
  var. *microcarpa* → *cuspidata*
 cuspidata Sieb. et Zucc. いちい(一位) Japanese yew 材・薬
  var. *nana* hort. ex Rehder きゃらぼく(伽羅木) 材
 nucifera → *Torreya nucifera* (かや)
 sieboldii → *cuspidata*
 verticillata → *Sciadopitys verticillata* (こうやまき)
Tectona チークノキ属(チーク属) クマツヅラ科
 grandis L.f. チークのき(-木) Indian oak, teak 材
Telosma ガガイモ科
 cordata (Burm.f.) Merr. イエライシャン(夜来香) west coast creeper 薬・香・食
Tephrosia ナンバンクサフジ属 マメ科
 candida (Roxb.) DC. しろばなくさふじ(白花草藤) white tephrosia 肥・被
 purpurea (L.) Pers. なんばんくさふじ(南蛮草藤) goat's-rue, wild indigo 薬
Terminalia モモタマナ属 シクンシ科
 arjuna Bedd. アルジュナミロバラン Arjuna (myrobalan) 薬
 catappa L. ももタマナ(桃-) Indian / tropical almond, myrobalan 食・染・材
 chebula Retz. ミロバラン cheblic myrobalan 染・薬
Ternatea (マメ科)
 vulgaris → *Clitoria ternatea* (ちょうまめ)
Ternstroemia モッコク属 ツバキ科
 gymnanthera (Wight et Arn.) Bedd. もっこく(木斛) 材・染
 japonica → *gymnanthera*
 mokof → *gymnanthera*
Tetraclinis カクミヒバ属 ヒノキ科

articulata (Vahl) Mast.　かくみひば(角実檜葉)　arar tree　塗
Tetradium　(ミカン科)
　　　daniellii → *Euodia daniellii*(ちょうせんごしゅゆ)
　　　ruticarpa → *Euodia ruticarpa*(ごしゅゆ)
Tetragonia　ツルナ属　ハマミズナ科
　　　expansa → *tetragonoides*
　　　tetragonoides (Pall.) O.Kuntze　つるな(蔓菜)　New Zealand spinach, Warringal cabbage　食
Tetrapanax　カミヤツデ属　ウコギ科
　　　papyriferus (Hook.) K.Koch　かみやつで(紙八手)　rice paper plant　繊
Teucrium　ニガクサ属　シソ科
　　　chamaedrys L.　ジャーマンダー　common / wall germander　香・薬
　　　officinale → *chamaedrys*
　　　scorodonia L.　ウッドセージ　sage-leaved salvia, wood sage　薬
Thalictrum　カラマツソウ属　キンポウゲ科
　　　aquilegifolium L. → *aquilegifolium* var. *intermedium*
　　　　var. *intermedium* Nakai　からまつそう(唐松草)　columbine-leaved meadow rue　食
　　　minus L. var. *hypoleucum* (Sieb. et Zucc.) Miq.　あきからまつ(秋唐松)　薬
　　　thunbergii → *minus* var. *hypoleucum*
Thea　(ツバキ科)
　　　assamica → *Camellia sinensis* var. *assamica*(アッサムちゃ)
　　　sinensis → *Camellia sinensis*(ちゃ)
　　　　var. *assamica* → *Camellia sinensis* var. *assamica*(アッサムちゃ)
Theobroma　カカオノキ属(カカオ属)　アオギリ科
　　　cacao L.　カカオのき(-木)　cacao, chocolate nut tree　油・嗜
　　　grandiflora (G.Don) K.Schum.　おおばなカカオのき(大花-木)　食
Thesium　カナビキソウ属　ビャクダン科
　　　chinense Turcz.　かなびきそう(鉄引草)　薬
Thespesia　サキシマハマボウ属(トウユウナ属)　アオイ科
　　　populnea (L.) Sol. ex Corrêa　さきしまはまぼう(先島黄槿)　false rose wood, Indian tulip,
　　　　umbrella tree　材・食
Thuja　クロベ属　ヒノキ科
　　　dolabrata → *Thujopsis dolabrata*(あすなろ)
　　　gigantea → *plicata*
　　　　var. *japonica* → *standishii*
　　　japonica → *standishii*
　　　occidentalis L.　においひば(匂檜葉)　American arborvitae, northern white cedar　材・薬
　　　orientalis → *Biota orientalis*(このてがしわ)
　　　plicata Lamb.　べいすぎ(米杉)　coast redwood, giant arborvitae / thuya, western red cedar　材
　　　standishii (Gordon) Carr.　くろべ(黒檜)　Japanese arborvitae　材
Thujopsis　アスナロ属　ヒノキ科
　　　dolabrata (L.f.) Sieb. et Zucc.　あすなろ(翌檜)　hiba / false arborvitae　材
　　　　var. *hondae* Makino　ひのきあすなろ(檜翌檜)　材
　　　standishii → *Thuja standishii*(くろべ)
Thunbergia　ヤハズカズラ属　キツネノマゴ科
　　　grandiflora (Roxb. ex Rottl.) Roxb.　ベンガルやはずかずら(-矢筈葛)　Bengal clock-vine,
　　　　blue trumpet creeper　薬
Thymus　イブキジャコウソウ属　シソ科

  serpyllum L. ワイルドタイム　creeping / lemon / wild thyme, mother-of-thyme　香・薬
   ssp. *quinquecostatus* (Celak.) Kitam. いぶきじゃこうそう(伊吹麝香草) 香・薬
  quinquecostatus → *serphyllum* ssp. *quinquecostatus*
  vulgaris L. タイム　(common / garden) thyme　香・薬・染
Tilia シナノキ属 シナノキ科
  × *europaea* L. せいようしなのき(西洋科木) lime, linden　薬・香
  japonica (Miq.) Simonk. しなのき(科木) Japanese lime / linden　材・繊
  kiusiana Makino et Shiras. へらのき(箆木) 材・繊
  maximowicziana Shiras. おおばぼだいじゅ(大葉菩提樹) 材
Toddalia サルカケミカン属 ミカン科
  asiatica (L.) Lam. さるかけみかん(猿掛蜜柑) forest paper, wild orange tree　染・薬
Toisusu (ヤナギ科)
  urbaniana → *Salix cardiophylla* var. *urbaniana* (おおばやなぎ)
Toluifera (マメ科)
  balsamum → *Myroxylon balsamum* (トールバルサム)
  pereirae → *Myroxylon balsamum* var. *pereirae* (ペルーバルサム)
Toona (センダン科)
  sinensis → *Cedrela sinensis* (チャンチン)
Torilis ヤブジラミ属 セリ科
  anthriscus → *japonica*
  japonica (Houtt.) DC. やぶじらみ(藪虱) Japanese hedge parsley　薬
Torreya カヤ属 イチイ科
  grandis Forst. しながや(支那榧) Chinese torreya　食
  nucifera (L.) Sieb. et Zucc. かや(榧) Japanese plum yew, Japanese torreya, kaya　材・食・油
Toxicodendron (ウルシ科)
  altissimum → *Ailanthus alitissima* (にわうるし)
  succedaneum → *Rhus succedanea* (はぜのき)
  sylvestre → *Rhus sylvestris* (やまはぜ)
  verniciflua → *Rhus verniciflua* (うるし)
Trachelospermum テイカカズラ属 キョウチクトウ科
  asiaticum (Sieb. et Zucc.) Nakai ていかかずら(定家葛) climbing bagbane　薬
  jasminoides (Lindl.) Lem. とうきょうちくとう(唐夾竹桃) Malaya / star jasmine　薬・繊
Trachycarpus シュロ属 ヤシ科
  excelsa var. *typicus* → *fortunei*
  fortunei (Hook.) H.Wendl. しゅろ(棕櫚) (Chinese) windmill / hemp palm　繊・薬
Tragopogon バラモンジン属 キク科
  porrifolius L. サルシフィー　oyster plant, salsify, vegetable oyster　食
  pratensis → *Scorzonera hispanica* (きばなばらもんじん)
Trapa ヒシ属 ヒシ科
  bicornis → *bispinosa*
  bispinosa Roxb. とうびし(唐菱) Indian water chestnut　食
   var. *iinumae* → *japonica*
   var. *incisa* → *incisa*
  incisa Sieb. et Zucc. ひめびし(姫菱) 食
  japonica Flerow ひし(菱) saligot, water chestnut　食・薬
  natans L.
   var. *bispinosa* → *bispinosa*

  var. *incisa* → *incisa*
  var. *japonica* Nakai　おにびし(鬼菱)　(European) water chestnut, horn chestnut, water caltrops　食
  var. *quadrispinosa* → var. *japonica*
  quadrispinosa → *natans* var. *japonica*
  rubeola f. *viridis* → *natans* var. *japonica*
Trema　ウラジロエノキ属　ニレ科
  orientalis (L.) Blume　うらじろえのき(裏白榎)　charcoal tree, Indian nettle tree　材・繊・染
Triadica　(トウダイグサ科)
  sebifera → *Sapium sebiferum* (なんきんはぜ)
Tribulus　ハマビシ属　ハマビシ科
  terrestris L.　はまびし(浜菱)　caltrop puncture vine, devil's thorn　薬
Trichosanthes　カラスウリ属　ウリ科
  anguina → *cucumerina*
  cucumerina Buch.-Ham. ex Wall.　へびうり(蛇瓜)　club / serpent / snake gourd　食
  cucumeroides (Ser.) Maxim.　からすうり(烏瓜)　Japanese snake gourd　薬・食
   var. *formosana* → *cucumeroides*
  japonica → *kirilowii* var. *japonica*
  kirilowii Maxim.　ちょうせんからすうり(朝鮮烏瓜)　Chinese / Mongolian snakegourd　薬
   var. *japonica* (Miq.) Kitam.　きからすうり(黄烏瓜)　薬・食
  obtusiloba → *kirilowii*
  ovigera → *cucumeroides*
Tricyrtis　ホトトギス属　ユリ科
  latifolia Maxim.　たまがわほととぎす(玉川不如帰)　食
  macrantha Maxim.　じょろうほととぎす(上臈不如帰)　食
Trifolium　シャジクソウ属(クローバ属, シロツメクサ属)　マメ科
  alexandrinum L.　エジプトクローバ　berseem / Egyptian clover　飼
  alpestre → *medium*
  alpicola → *pratense*
  ampullescens → *fragiferum*
  bicorne → *resupinatum*
  bonanni → *fragiferum*
  brachystylus → *pratense*
  carpaticum → *pratense*
  clusii → *resupinatum*
  congestum → *fragiferum*
  expansum → *pratense*
  fistulosum → *hybridum*
  flexuosum → *medium*
  formosum → *resupinatum*
  fragiferum L.　ストロベリクローバ　strawberry(-headed) clover, large trfoil　飼
  hirtum All.　ローズクローバ　rose clover　飼
  hispidum → *hirtum*
  hybridum L.　アルサイククローバ　alsike / hybrid / Swedish clover　飼
  incarnatum L.　クリムソンクローバ　crimson / Italian / scarlet clover　飼
   var. *elatius* → *incarnatum*
  lupinaster L.　しゃじくそう(車軸草)　bastard lupin, trefoil　飼

  medium L.　ジグザグクローバ　　mammoth / zigzag clover　飼
  melananthum → *variegatum*
  melilotus-officinalis → *Melilotus officinalis*（スィートクローバ）
  michelianum → *hybridum*
  molineri → *incarnatum*
  neglectum → *fragiferum*
  nigrescens Viv.　ボールクローバ　　ball clover　飼・被
  nivale → *pratense*
  noeanum → *incarnatum*
  oxaloides → *subterraneum*
  oxypetalum → *hirtum*
  pauciflorum → *variegatum*
  petitpierreanum → *Melilotus officinalis*（スィートクローバ）
  pictum → *hirtum*
  pratense L.　あかクローバ(赤-)　broad-leaved / peavine / purple / red clover, cowgrass　飼・薬
  repens L.　しろクローバ(白-)　honeysuckle clover, white (Dutch) clover　飼・被・薬
   var. *giganteum*　ラジノクローバ　ladino / lodi clover　飼
  resupinatum L.　ペルシャクローバ　birds-eye / Persian / reversed clover　飼
  romanicum → *lupinaster*
  rostratum → *variegatum*
  silvestre → *pratense*
  spicatum → *incarnatum*
  stramineum → *incarnatum*
  suaveolens → *resupinatum*
  subterraneum L.　サブタレニアンクローバ　sub- / subterranean clover　飼
   var. *oxaloides* → *subterraneum*
  trilobatum → *variegatum*
  turgidum → *vesiculosum*
  variegatum Nutt.　ホワイトチップクローバ　whitetip clover　飼
  vesiculosum Savi　アローリーフクローバ　arrowleaf clover　飼
Triglochin シバナ属　シバナ科
  maritimum L.　しばな(塩場菜)　(seaside) arrow-grass　食
Trigonella レイリョウコウ属(コロハ属)　マメ科
  foenum-graecum L.　ころは(胡蘆巴)　fenugrec, fenugreek　食・飼・香・薬
Trigonotis キュウリグサ属　ムラサキ科
  peduncularis (Trevis.) Benth. ex Hemsl.　きゅうりぐさ(胡瓜草)　食
Trillium エンレイソウ属　ユリ科
  apetalon Makino　えんれいそう(延齢草)　trillium　薬・食
  camschatcense Ker Gawl.　おおばなのえんれいそう(大花延齢草)　薬・食
  erectum L.　たちえんれいそう(立延齢草)　Beth root　薬
  kamutschaticum → *camschatcense*
  pallasii → *camschatcense*
  smallii → *apetalon*
Triphasia ミカン科
  aurantifolia → *trifolia*
  trifolia (Burm.f.) P.Wils.　ぐみみかん(茱萸蜜柑))　Chinese / myrtle lime, lime berry　食
Triplochiton アオギリ科

  scleroxylon K.Schum.　オベチェ　African maple, obeche　材
Tripterospermum　ツルリンドウ属　リンドウ科
  japonicum (Sieb. et Zucc.) Maxim.　つるりんどう(蔓龍胆)　薬
× *Triticosecale* Wittm.　イネ科　ライこむぎ(-小麦)　triticale　飼
Triticum　コムギ属　イネ科
  abyssinicum Vavilov　アビシニアこむぎ(-小麦)　Abyssinian wheat　食
  aestivum L.
   ssp. *compactum* → *compactum*
   ssp. *spelta* (L.) Thell.　スペルトこむぎ(-小麦)　spelt (wheat)　飼
   ssp. *sphaerococcum* → *sphaerococcum*
   ssp. *vulgare* (Vill.) Thell.　こむぎ(小麦)　(bread) wheat　食
  carthlicum Nevski　ペルシャこむぎ(-小麦)　Persian wheat　食
  compactum Host　クラブこむぎ(-小麦)　club / dwarf wheat　食
  dicoccum Schubl.　エンマーこむぎ(-小麦)　emmer / two-grained wheat　食
  durum Desf.　マカロニこむぎ(-小麦)　durum / macaroni wheat　食
  macha Decap.　マカこむぎ(-小麦)　macha wheat　食
  percicum → *carthlicum*
  polonicum L.　ポーランドこむぎ(-小麦)　Astrakhan / Polish wheat, giant / Jerusalem rye　食
  pyramidale Schult.　エジプトこむぎ(-小麦)　Egyptian wheat　食
  spelta → *aestivum* ssp. *spelta*
  sphaerococcum Perciv.　インドこむぎ(印度小麦)　Indian dwarf wheat　食
  turgidum L.　リベットこむぎ(-小麦)　corn / English / Pourard / rivet wheat　食
   ssp. *carthlicum* → *carthlicum*
   ssp. *dicoccum* → *dicoccum*
   ssp. *turgidum*
    convar. *durum* → *durum*
    convar. *polonicum* → *polonicum*
Trochodendron　ヤマグルマ属　ヤマグルマ科
  aralioides Sieb. et Zucc.　やまぐるま(山車)　wheel tree　材・糊
Tropaeolum　ノウゼンハレン属(キンレンカ属)　ノウゼンハレン科
  majus L.　のうぜんはれん(凌霄葉蓮)　climbing / garden nasturtium, Indian cress　食・香
  tuberosum Ruiz. et Pav.　アヌウ　anyu, edible / Peruvian / tuber nasturtium, Peruvian capucine　食
Tsuga　ツガ属　マツ科
  canadensis Carr.　カナダつが(-栂)　Canada / eastern hemlock　材・繊・薬
  diversifolia (Maxim.) Mast.　こめつが(米栂)　Northern Japanese hemlock　材・繊・染
  heterophylla (Raf.) Sarg.　アメリカつが(-栂)　Alaskan / Colombia / western hemlock　材・繊
  japonica → *Pseudotsuga japonica*
  sieboldii Carr.　つが(栂)　Japanese / Siebold hemlock　材・繊
Tulipa　(ユリ科)
  edulis → *Amana edulis* (あまな)
Turnera　トゥルネラ属　トゥルネラ科
  diffusa Willd. ex Schult. var. *aphrodisiaca* (Wald) Urb.　トゥルネラ　damiana, turnera　薬
Turpinia　ショウベンノキ属　ミツバウツギ科
  ternata Nakai　しょうべんのき(小便木)　材・飼
Tussilago　フキタンポポ属(カントウ属)　キク科
  farfara L.　ふきたんぽぽ(蕗蒲公英)　coltsfoot　薬

- 253 -

japonica → *Farfugium japonica*（つわぶき）
Tylophora オオカモメヅル属　ガガイモ科
　　　floribunda Miq.　こかもめづる（小鴎蔓）　薬
Typha ガマ属　ガマ科
　　　angustata Bory et Chaub.　ひめがま（姫蒲）　lesser / small bulrush, narrow-leaf cattail, reed mace　薬
　　　angustifolia → *angustata*
　　　javanica → *angustata*
　　　latifolia L.　がま（蒲）　bulrush, (common) cat-tail, cat's tail, great reed-mace, nail-rod　食・薬
　　　　var. *orientalis* → *orientalis*
　　　major → *latifolia*
　　　orientalis Presl　こがま（小蒲）　broad-leaved cumbungi　薬
　　　shuttleworthii ssp. *orientalis* → *orientalis*
Typhoides （イネ科）
　　　arundinacea → *Phalaris arundinacea*（リードカナリーグラス）
Typhonium リュウキュウハンゲ属　サトイモ科
　　　blumei Nicolson et Sivad.　りゅうきゅうはんげ（琉球半夏）　薬

[U]

Ullucus ツルムラサキ科
　　　tuberosus Caldas　ウルコ　papa lisa, tuberous basella, ulluco　食
Ulmus ニレ属　ニレ科
　　　americana L.　アメリカにれ(-楡)　American / white elm　材・繊
　　　davidiana Planch. var. *japonica* (Rehder) Nakai　はるにれ（春楡）　Japanese elm　材・薬
　　　glabra Huds.　せいようはるにれ（西洋春楡）　common / Scotch / wych elm　材・繊
　　　japonica → *davidiana* var. *japonica*
　　　laciniata (Trautv.) Mayr　オヒョウ　繊・材
　　　macrocarpa Hance　ちょうせんにれ（朝鮮楡）　薬
　　　manchurica → *pumila*
　　　montana → *glabra*
　　　parvifolia Jacq.　あきにれ（秋楡）　Chinese elm　材・薬
　　　procera Salisb.　ヨーロッパにれ(-楡)　English elm　材
　　　pumila L.　のにれ（野楡）　dwarf / Siberian elm　材
　　　scabra → *glabra*
Uncaria カギカズラ属　アカネ科
　　　gambir Roxb.　ガンビールのき(-木)　gambi(e)r (catechu)　薬・鞣・嗜
　　　rhynchophylla (Miq.) Miq.　かぎかずら（鉤蔓）　薬
Uragoga （アカネ科）
　　　ipecacuanha → *Cephaelis ipecacuanha*（とこん）
Urena ボンテンカ属　アオイ科
　　　lobata L.　おおばぼんてんか（大葉梵天花）　繊
　　　　var. *sinuata* (L.) Gagnep.　ぼんてんか（梵天花）　繊
Urginea カイソウ属　ユリ科
　　　maritima (L.) Baker　かいそう（海葱）　(red) squill, sea onion　薬

Urtica イラクサ属 イラクサ科
    cannabina L. あさのはいらくさ(麻葉刺草) Kentucky hemp　繊・薬
    dioica L. ネットル (common) nettle　薬・食
    macrostachya → *Laportea macrostachya* (みやまいらくさ)
    platyphylla Wedd. えぞいらくさ(蝦夷刺草) 食
    takedae → *platyphylla*
    thunbergiana Sieb. et Zucc. いらくさ(刺草) 食・薬

[V]

Vaccaria ドウカンソウ属 ナデシコ科
    pyramidata Medik. どうかんそう(道灌草) cow-herb　薬
Vaccinium スノキ属(コケモモ属) ツツジ科
    angustifolium Aiton ブルーベリー[ローブッシュ] late sweet blueberry, lowbush blueberry 食
    ashei Reade. ラビットアイブルーベリー rabbit-eye blueberry　食
    australe → *corymbosum*
    axillare → *ovalifolium*
    bracteatum Thunb. しゃしゃんぼ(小小坊) 食・材
    corymbosum L. ブルーベリー[ハイブッシュ] highbush / swamp blueberry　食
    hirtum Thunb. うすのき(臼木) 食
    japonicum Miq. あくしば(灰汁柴) 食
    jezoense → *vitis-idaea*
    macrocarpon Aiton クランベリー (American / large) cranberry 食
    myrtilloides Michx. カナダブルーベリー Canadian blueberry 食
    myrtillus L. ビルベリー bilberry, whortle berry 食・薬
    oldhamii Miq. なつはぜ(夏黄櫨) 食
    ovalifolium Sm. くろうすご(黒臼子) oval-leaved blueberry 食
    oxycoccus L. つるこけもも(蔓苔桃) European / small cranberry 食
    pallidum Aiton ローブルーベリー blue ridge blueberry, hillside / lowbush blueberry, lowbush huckleberry 食
    praestans Lamb. いわつつじ(岩躑躅) Kamchatka bilberry 食
    smallii A.Gray おおばすのき(大葉酢木) 食
      var. *glabrum* Koidz. すのき(酢木) 食
    uliginosum L. くろまめのき(黒豆木) bog bilberry, moorberry 食
    vitis-idaea L. こけもも(苔桃) cowberry, foxberry, mountain cranberry 食・薬
      var. *minus* → *vitis-idaea*
    wrightii A.Gray ギーマ 食
Valeriana カノコソウ属 オミナエシ科
    fauriei Briq. かのこそう(鹿子草) 薬・香
    flaccidissima Maxim. つるかのこそう(蔓鹿子草) 食
    officinalis L. せいようかのこそう(西洋鹿子草) all-heal, (common) valerian, garden heliotrope 薬・食
      var. *latifolia* → *fauriei*
    sambucifolia var. *fauriei* → *fauriei*

Valerianella ノヂシャ属 オミナエシ科
    locustus (L.) Betcke　コーンサラダ　corn-salad, lamb's lettuce　食
      var. *olitoria* → *locustus*
    olitoria → *locustus*
Vanilla バニラ属 ラン科
    aromatica → *planifolia*
    fragrans → *planifolia*
    mexicana → *planifolia*
    planifolia Andrews　バニラ　(common) vanilla　香
Veratrum シュロソウ属（バイケイソウ属）ユリ科
    album L. ssp. *oxysepalum* (Trucz.) Hultén　ばいけいそう（梅蕙草）hellebore　薬
    grandiflorum → *album* ssp. *oxysepalum*
    japonicum → *maackii*
    maackii (Regel) Kitam.　しゅろそう（棕櫚草）薬
Verbascum モウズイカ属 ゴマノハグサ科
    thapsus L.　バーバスカム　candlewick, common mullein, flannel / velvet plant　薬
Verbena クマツヅラ属 クマツヅラ科
    officinalis L.　くまつづら（熊葛）common verbena, holy herb, vervain　薬
Vernonia ショウジョウバカマ属 キク科
    cinerea (L.) Less.　むらさきむかしよもぎ（紫昔蓬）ash-colored / purple fleabane　薬
Veronica クワガタソウ属 ゴマノハグサ科
    anagallis-aquatica → *undulata*
    persica Poiret　おおいぬのふぐり（大犬陰嚢）Persian speedwell　薬
    undulata Wall.　かわぢしゃ（川萵苣）食
Veronicastrum クガイソウ属 ゴマノハグサ科
    sachalinense (Boriss.) T.Yamaz.　えぞうがいそう（蝦夷九蓋草）薬
    sibilica → *sibiricum* ssp. *japonicum*
    sibiricum (L.) Pennell ssp. *japonicum* (Nakai) T.Yamaz.　くがいそう（九蓋草）Culver's root　薬
Vetiveria イネ科
    odorata → *zizanioides*
    zizanioides (L.) Nash ex Small　ベチベルそう（-草）khus-khus, vetiver　香
Viburnum ガマズミ属 スイカズラ科
    awabuki → *odoratissimum*
    dilatatum Thunb.　がまずみ（莢蒾）Japanese bush cranberry, viburnum　材・食・薬
    erosum Thunb. var. *punctatum* Franch et Sav.　こばのがまずみ（小葉莢蒾）食
    furcatum Blume ex Maxim.　おおかめのき（大亀木）材
    japonicum (Thunb.) Spreng.　はくさんぼく（白山木）Japanese viburnum　材・食
    odoratissimum Ker Gawl.　さんごじゅ（珊瑚樹）China laurustine, sweet viburnum　材
      var. *awabuki* → *odoratissimum*
    opulus L.　ようしゅかんぼく（洋種肝木）cramp bark, European cranberry bush / tree　薬
      var. *calvescens* H.Hara　かんぼく（肝木）guelder rose　材・食・薬
        f. *strile* H.Hara　てまりかんぼく（手鞠肝木）薬
      var. *sargentii* → var. *calvescens*
    sargentii → *opulus* var. *calvescens*
    suspensum Lindl.　ごもじゅ（聖瑞花）sandanqua / sandankwa viburnum　食
    wrightii Miq.　みやまがまずみ（深山莢蒾）Wright viburnum　食
Vicia ソラマメ属 マメ科

abyssinica → *angustifolia*
angustifolia L. ナローリーブドベッチ blackpod / narrow-leaved vetch 食・飼
atropurpurea → *benghalensis*
benghalensis L. パープルベッチ hairy / purple / winter vetch 飼・肥
cracca L. くさふじ(草藤) bird / blue / cow / Gerard / tufted vetch 飼・薬
   var. *japonica* → *cracca*
dasycarpa → *villosa* ssp. *varia*
faba L. そらまめ(空豆) broad / European / faba / field / horse / Windsor bean 食・飼
   f. *anacarpa* → *faba*
   var. *faba* そらまめ(空豆)[大粒種] broad bean
   var. *equina* Pers. そらまめ(空豆)[中粒種] horse bean
   var. *major* → var. *faba*
   var. *minor* → var. *minuta*
   var. *minuta* (Alef.) Mansf. そらまめ(空豆)[小粒種] pigeon bean
hirsuta S.F.Gray すずめのえんどう(雀野豌豆) hairy tare, tare / tiny vetch 飼・肥
japonica A.Gray ひろはくさふじ(広葉草藤) Japanese / pale vetch 食
lens → *Lens culinaris* (ひらまめ)
loweana → *benghalensis*
pannonica Crantz ハンガリアンベッチ Hungarian vetch 飼・肥
pseudo-orobus Fisch. et Mey. おおばくさふじ(大葉草藤) 食
quinquenervia → *Lathyrus quinquenervius* (れんりそう)
sativa L. コモンベッチ common / Eurasian / spring / summer vetch 飼・肥
  ssp. *nigra* → *angustifolia*
  var. *abyssinica* → *angustifolia*
  var. *angustifolia* → *angustifolia*
  var. *segetalis* → *angustifolia*
unijuga A.Br. なんてんはぎ(南天萩) two-leaved vetch 食・薬
varia → *villosa* ssp. *varia*
venosa (Willd. ex Link) Maxim. var. *cuspidata* Maxim. えびらふじ(箙藤) 食
villosa Roth
  ssp. *dasycarpa* → ssp. *varia*
  ssp. *varia* (Host) Corb. ヘアリベッチ hairy / smooth / winter / woollypod vetch 飼・肥・薬

Vigna ササゲ属 マメ科
aconitifolia (Jacq.) Maréchal モスビーン aconite / mat / moth bean, Turkish gram 食・飼
angularis (Willd.) Ohwi et H.Ohashi あずき(小豆) a(d)zuki bean, small red bean 食・薬
aristata → *Lablab purpureus* (ふじまめ)
aureus → *radiata*
carinalis → *vexillata*
catjang → *unguiculata* var. *catjang*
   var. *sinensis* → *unguiculata*
crinita → *vexillata*
cylindrica → *unguiculata* var. *catjang*
golungensis → *vexillata*
hirta → *vexillata*
marina (Burm.) Merr. はまあずき(浜小豆) beach pea 食
mungo (L.) Hepper けつるあずき(毛蔓小豆) black mappe / gram, mung bean, urd 食・飼
radiata (L.) R.Wilcz. りょくとう(緑豆) (Chinese / Burmese / Indian) mung bean, golden / green

gram, mung dahl 食・薬
 scabra → *vexillata*
 senegalensis → *vexillata*
 sesquipedalis → *unguiculata* var. *sesquipedalis*
 sinensis → *unguiculata*
  var. *catjang* → *unguiculata* var. *catjang*
  var. *sesquipedalis* → *unguiculata* var. *sesquipedalis*
  var. *sinensis* → *unguiculata*
  var. *cylindricus* → *unguiculata* var. *catjang*
 subterranea (L.) Verdc.　バンバラまめ(-豆) banbara groundnut, Congo goober, earth pea, hog / Madagascar peanut　食
 thonningii → *vexillata*
 tuberosa → *vexillata*
 umbellata (Thunb.) Ohwi et H.Ohashi　つるあずき(蔓小豆) bamboo / oriental / rice bean, climbing mountain bean　食・飼
 unguiculata (L.) Walp.　ささげ(豇豆) black-eyed bean / pea, (common) cowpea, crowder bean / pea　食
  ssp. *cylindrica* → *unguiculata* var. *catjang*
  ssp. *sesquipedalis* → *unguiculata* var. *sesquipedalis*
  var. *catjang* (Burm.f.) H.Ohashi　はたささげ(畑豇豆) Bombay / Indian / catjang cowpea, catjang bean / pea, Jerusalem / marble pea　食・飼
  var. *sesquipedalis* (L.) H.Ohashi　じゅうろくささげ(十六豇豆) asparagus / yard-long bean, yard-long cowpea, long podded cowpea　食・飼
 vexillata (L.) A.Rich.　あかささげ(赤豇豆) pois zombi, wild cowpea, zombi pea　食・飼・肥

Vinca　(キョウチクトウ科)
 rosea → *Catharanthus roseus* (にちにちそう)

Viola　スミレ属 スミレ科
 grypoceras A.Gray　たちつぼすみれ(立壺菫)　食
 mandshurica W.Becker　すみれ(菫) violet　食
 odorata L.　においすみれ(匂菫) Neapolitan / Parma / sweet violet　薬・香
 vaginata Maxim.　すみれさいしん(菫細辛)　食

Viscum　ヤドリギ属 ヤドリギ科
 album L.　せいようやどりぎ(西洋宿木) mistletoe　薬
  var. *coloratum* Kom.　やどりぎ(宿木) Korean mistletoe　薬
  var. *lutescens* → var. *coloratum*

Vitellaria　アカテツ科
 mammosa → *Manilkara zapota* (サポジラ)
 paradoxa (A.DC.) C.F.Gaertn.　シアーバターのき(-木) Shea butter tree　食・油

Vitex　ハマゴウ属 クマツヅラ科
 agnus-castus L.　せいようにんじんぼく(西洋人参木) chaste / hemp / sage tree, Indian spice, monk's pepper tree, wild pepper　香・薬
 cannabifolia Sieb. et Zucc.　にんじんぼく(人参木)　薬
 negundo L.　たいわんにんじんぼく(台湾人参木) cut-leaf chaste tree　薬
  var. *cannabifolia* → *cannabifolia*
 rotundifolia L.f.　はまごう(蔓荊) beach / round-leaf vitex　香・染・食・薬
 trifolia var. *obata* → *rotundifolia*

Vitis　ブドウ属 ブドウ科

  amurensis Rupr.　まんしゅうやまぶどう(満州山葡萄)　Amur grape　食・嗜
   var. *siragai* (Makino) Ohwi　しらがぶどう(白神葡萄)　食
  coignetiae Pulliat ex Planch.　やまぶどう(山葡萄)　crimson glory vine　食
  ficifolia var. *lobata* → *thunbergii*
  flexuosa Thunb.　さんかくづる(三角蔓)　食
  labrusca L.　アメリカやまぶどう(-山葡萄)　fox / skunk grape, wild vine　食・嗜
  labruscana → *labrusca*
  saccharifera Makino　あまづる(甘蔓)　食
  thunbergii Sieb. et Zucc.　えびづる(海老蔓)　食・薬
  vinifera L.　ヨーロッパぶどう(-葡萄)　common / European / wine grape　食・嗜
Vittaria　シシラン属　シシラン科
  flexuosa Fée　ししらん(獅子蘭)　薬
Voandzeia　(マメ科)
  subterranea → *Vigna subterranea* (バンバラまめ)

[W]

Wahlenbergia　ヒナギキョウ属　キキョウ科
  marginata (Thunb.) A.DC.　ひなぎきょう(雛桔梗)　southern rockbell　薬
Wasavia　(アブラナ科)
  japonica → *Eutrema japonica* (わさび)
  pungens → *Eutrema japonica* (わさび)
  tenuis → *Eutrema tenuis* (ゆりわさび)
Weigela　タニウツギ属　スイカズラ科
  coraeensis Thunb.　はこねうつぎ(箱根空木)　材
  hortensis (Sieb. et Zucc.) K.Koch　たにうつぎ(谷空木)　材・食
Wikstroemia　(ジンチョウゲ科)
  pauciflora → *Diplomorpha pauciflora* (さくらがんぴ)
  sikokiana → *Diplomorpha sikokiana* (がんぴ)
  trichotoma → *Diplomorpha trichotoma* (きがんぴ)
Wisteria　フジ属　マメ科
  floribunda (Willd.) DC.　ふじ(藤)　(Japanese) wisteria　材
Withania　ナス科
  sommifera Dunal　ウィタニア　withania　薬

[X]

Xanthium　オナモミ属　キク科
  strumarium L.　おなもみ(巻耳)　burweed, (common) cocklebur　薬
Xanthoceras　ブンカンカ属　ムクロジ科
  sorbifolia Bunge　ぶんかんか(文冠花)　yellowhorn　食・材
Xanthorrhoea　ススキノキ属　ススキノキ科
  preissii Endl.　すすきのき(薄木)　black boy grass tree　塗

Xanthosoma アメリカサトイモ属 サトイモ科
 sagittifolium Liebm. アメリカさといも(-里芋) taniar, tannia, yautia 食
Xanthoxalis (カタバミ科)
 corniculata → *Oxalis corniculata* (かたばみ)
Xylosma クスドイゲ属 イイギリ科
 congestum (Lour.) Merr. くすどいげ 材・薬
 japonica → *congestum*
 racemosa → *congestum*

[Y]

Youngia オニタビラコ属 キク科
 denticulata (Houtt.) Kitam. やくしそう(薬師草) 食
 japonica (L.) DC. おにたびらこ(鬼田平子) Asiatic hawksbeard 薬・食
Yucca ユッカ属 リュウゼツラン科
 filamentosa L. いとらん(糸欄) Adam's needle, beargrass, silk grass 繊

[Z]

Zanthoxylum サンショウ属 ミカン科
 ailanthoides Sieb. et Zucc. からすざんしょう(烏山椒) 材・薬
 americanum Mill. アメリカさんしょう(-山椒) prickly ash, toothache tree 薬
 armatum DC. var. *subtrifoliatum* Kitam. ふゆざんしょう(冬山椒) 薬
 beecheyanum K.Koch ひれざんしょう(鰭山椒) 香・薬
 piperitum (L.) DC. さんしょう(山椒) Japanese pepper, Japanese prickly ash 薬・香・材
 planispinum → *armatum*
 schinifolium Sieb. et Zucc. いぬざんしょう(犬山椒) 薬
 simulans Hance とうざんしょう(唐山椒) flatspine prickly ash, Szechuan pepper 香・薬
Zea トウモロコシ属 イネ科
 amylacea → *mays* var. *amylacea*
 everta → *mays* var. *everta*
 indentata → *mays* var. *indentata*
 indurata → *mays* var. *indurata*
 mays L. とうもろこし(玉蜀黍) (field / Indian) corn, (grain) maize 食・飼
  ssp. *amylacea* → var. *amylacea*
  ssp. *ceratina* → var. *ceratina*
  ssp. *everta* → var. *everta*
  ssp. *indentata* → var. *indentata*
  ssp. *indurata* → var. *indurata*
  ssp. *maxicana* → *Euchlaena mexicana* (テオシント)
  ssp. *saccharata* → var. *saccharata*
  ssp. *tunicata* → var. *tunicata*
  var. *amylacea* (Sturt.) Bailey ソフトコーン[軟粒種] flour / soft corn / maize 食

  var. *amyla-saccharata* Sturt. ［軟甘種］ starchy-sweet corn / maize 食
  var. *ceratina* (Sturt.) Bailey ワキシーコーン［糯種］ waxy corn / maize 食
  var. *dentata* → var. *indentata*
  var. *everta* (Sturt.) Bailey ポップコーン［爆裂種］ popcorn, popping corn / maize 食
  var. *indentata* (Sturt.) Bailey デントコーン［馬歯種］ dent corn / maize 飼
  var. *indurata* (Sturt.) Bailey フリントコーン［硬粒種］ flint corn / maize 食
  var. *praecox* → var. *everta*
  var. *rugosa* → var. *saccharata*
  var. *saccharata* (Sturt.) Bailey スィートコーン［甘味種］ sugar / sweet corn / maize 食
  var. *tunicata* Sturt. ポッドコーン［有桴種］ pod corn / maize 飼
 mexicana → *Euchlaena mexicana* (テオシント)
 saccharata → *mays* var. *saccharata*
 tunicata → *mays* var. *tunicata*

Zehneria (ウリ科)
 indica → *Melothria japonica* (すずめうり)
 japonica → *Melothria japonica* (すずめうり)

Zelkova ケヤキ属 ニレ科
 serrata (Thunb.) Makino けやき(欅) Japanese / saw-leaf zelkova, keyaki 材

Zingiber ショウガ属 ショウガ科
 mioga (Thunb.) Roscoe みょうが(茗荷) Japanese / mioga ginger 食
 officinale (Willd.) Roscoe しょうが(生姜) (Canton / common / culinary) ginger 薬・香
 zerumbet (L.) Roscoe ex Sm. はなしょうが(花生姜) broad-leaved / pine-cone / wild ginger 香・薬

Zizania マコモ属 イネ科
 aquatica L. アメリカまこも(-真菰) (annual) wild rice, Indian rice 食
 caduciflora → *latifolia*
 latifolia (Griseb.) Turcz. ex Stapf まこも(真菰) Manchurian / vegetable wild rice, water oat 食・飼

Ziziphus ナツメ属 クロウメモドキ科
 jujuba Mill. なつめ(棗) Chinese date, (common) jujube 食・薬・材
  var. *inermis* → *jujuba*
  var. *spinosa* (Bunge) Hu ex H.F.Chow さねぶとなつめ(実太棗) sour-fruited / spiny jujube 食・薬
 mauritiana → *vulgaris* var. *mauritiana*
 sativa → *jujuba*
 vulgaris Lam.
  var. *inermis* → *jujuba*
  var. *mauritiana* Lam. いぬなつめ(犬棗) cottony / Indian / sour / Yunnan jujube 食
  var. *spinosa* → *jujuba* var. *spinosa*

Zoysia シバ属 イネ科
 japonica Steud. しば(芝) Japanese / Korean lawn grass 被
 matrella (L.) Merr. こうしゅんしば(恒春芝) Manila grass 被
  var. *tenuifolia* → *pacifica*
 pacifica Goudswaad こうらいしば(高麗芝) Korean lawn / velvet grass, mascarene grass 被
 tenuifolia → *pacifica*

第Ⅲ部

英名の部
── 英名から和名・学名を調べる ──

(1) 記載の順序は次の通り。
　　　英名(太字),和名,学名,科の和名。
(2) 英名(common name,現地語をアルファベット表記したものを含む)は同じ属内の種の総称として使われる場合があるため,ここに記載する種のみを指すとは限らない。
(3) "/"は,又はの意味であり,(　)の字・語は省略できることを示す。
(4) 和名は標準的な名称のみとし,その別名,学名の異名および用途は略した。これらについては「和名の部」あるいは「学名の部」を参照されたい。
(5) 学名に×印のあるものは種間あるいは属間雑種である。

[A]

abaca　マニラあさ(-麻)　*Musa textilis* Née　バショウ科
Abata cola　コラのき(-木)　*Cola nitida* (Vent.) Schott et Endl.　アオギリ科
abele　うらじろはこやなぎ(裏白箱柳)　*Populus alba* L.　ヤナギ科
abiu　アビウ　*Pouteria caimito* (Ruiz et Pavon) Radlk.　アカテツ科
absinth(e)　にがよもぎ(苦蓬)　*Artemisia absinthium* L.　キク科
Abyssinian banana　エンセーテ　*Ensete ventricosum* (Welw.) Cheesman　バショウ科
Abyssinian lovegrass　テフ　*Eragrostis abyssinica* (Jacq.) Link　イネ科
Abyssinian mustard　アビシニアからし(-辛子)　*Brassica carinata* A.Braun　アブラナ科
Abyssinian myrrh　アラビアもつやく(-没薬)　*Commiphora abyssinica* Engl.　カンラン科
Abyssinian tea　アラビアちゃのき(-茶木)　*Catha edulis* (Vahl) Forssk. ex Endl.　ニシキギ科
Abyssinian wheat　アビシニアこむぎ(-小麦)　*Triticum abyssinicum* Vavilov　イネ科
acacia　アカシア　*Acacia dealbata* Link　ネムノキ科
acacia gum　アラビアゴムのき(-木)　*Acacia senegal* (L.) Willd.　ネムノキ科
acacia negra　モリシマアカシア　*Acacia mearnsii* de Wild.　ネムノキ科
acerola　アセロラ　*Malpighia glabra* L.　キントラノオ科
achiote　べにのき(紅木)　*Bixa orellana* L.　ベニノキ科
acid lime　ライム　*Citrus aurantiifolia* (Christm.) Swingle　ミカン科
ackee　アキー　*Blighia sapida* K.D.Koenig　ムクロジ科
aconite　アコニット　*Aconitum napellus* Thunb.　キンポウゲ科
aconite bean　モスビーン　*Vigna aconitifolia* (Jacq.) Maréchal　マメ科
action plant　おじぎそう(御辞儀草)　*Mimosa pudica* L.　ネムノキ科
Adam's needle　いとらん(糸欄)　*Yucca filamentosa* L.　リュウゼツラン科
adder's tongue　かたくり(片栗)　*Erythronium japonicum* Decne.　ユリ科
adonis　ふくじゅそう(福寿草)　*Adonis ramosa* Franch.　キンポウゲ科
adonis　ようしゅふくじゅそう(洋種福寿草)　*Adonis vernalis* L.　キンポウゲ科
adzuki bean　あずき(小豆)　*Vigna angularis* (Willd.) Ohwi et H.Ohashi　マメ科
aerial yam　かしゅういも(何首烏芋)　*Dioscorea bulbifera* L.　ヤマノイモ科
African finger millet　しこくびえ(四国稗)　*Eleusine coracana* (L.) Gaertn.　イネ科
African horned cucumber / melon　キワノ　*Cucumis metuliferus* Naudin　ウリ科
African locust (bean)　ひろはふさまめ(広葉房豆)　*Parkia africana* R.Br.　ネムノキ科
African lovegrass　ウィーピングラブグラス　*Eragrostis curvula* (Schrad.) Nees　イネ科
African mango　アフリカマンゴのき(-木)　*Irvingia gabonensis* (Aubrey-Lecomte ex O.Rorke) Baill.　ニガキ科
African maple　オベチェ　*Triplochiton scleroxylon* K.Schum.　アオギリ科
African marigold　アフリカンマリゴールド　*Tagetes erecta* L.　キク科
African millet　パールミレット　*Pennisetum americanum* (L.) K.Schum.　イネ科
African oil palm　あぶらやし(油椰子)　*Elaeis guineensis* Jacq.　ヤシ科
African rice　アフリカいね(-稲)　*Oryza glaberrima* Steud.　イネ科
African rosewood　アフリカキノかりん(-花欄)　*Pterocarpus erinaceus* Poiret　マメ科
African spinach　すぎもりけいとう(杉森鶏頭)　*Amaranthus cruentus* L.　ヒユ科
African tea　アラビアちゃのき(-茶木)　*Catha edulis* (Vahl) Forssk. ex Endl.　ニシキギ科
agar wood　じんこう(沈香)　*Aquilaria agallocha* Roxb.　ジンチョウゲ科
agave　あおのりゅうぜつらん(青竜舌蘭)　*Agave americana* L.　リュウゼツラン科
agrimony　せいようきんみずひき(西洋金水引)　*Agrimonia eupatria* L.　バラ科
agucate　アボカド　*Persea americana* Mill.　クスノキ科

ajuga　せいようじゅうにひとえ(西洋十二単) *Ajuga reptans* L.　シソ科
akee　アキー　*Blighia sapida* K.D.Koenig　ムクロジ科
Alaska cypress　アラスカひのき(-檜) *Chamaecyparis nootkatensis* Sudw.　ヒノキ科
Alaskan hemlock　アメリカつが(-栂) *Tsuga heterophylla* (Raf.) Sarg.　マツ科
Alcock spruce　いらもみ(刺樅) *Picea bicolor* Mayr　マツ科
alder buckthorn　フラングラのき(-木) *Rhamnus frangula* L.　クロウメモドキ科
Aleppo grass　ジョンソングラス　*Sorghum halepense* (L.) Pers.　イネ科
Alexandrian laurel　てりはぼく(照葉木) *Calophyllum inophyllum* L.　オトギリソウ科
Alexandrian senna　アレキサンドリアセンナ　*Senna alexandrina* Mill.　ジャケツイバラ科
alfalfa　アルファルファ　*Medicago sativa* L. / *M. falcata* L. / *M.* × *media* Pers.　マメ科
algar(r)oba bean　いなごまめ(稲子豆) *Ceratonia siliqua* L.　マメ科
alkanet　アルカネット　*Anchusa officinalis* L.　ムラサキ科
alkekengi　ようしゅほおずき(洋種酸漿) *Physalis alkekengi* L.　ナス科
all-heal　せいようかのこそう(西洋鹿子草) *Valeriana officinalis* L.　オミナエシ科
alligator pear　アボカド　*Persea americana* Mill.　クスノキ科
allspice　オールスパイス　*Pimenta dioica* (L.) Merr.　フトモモ科
almond (tree)　アーモンド　*Amygdalus communis* L.　バラ科
almond willow　たちやなぎ(立柳) *Salix triandra* L.　ヤナギ科
aloes wood　じんこう(沈香) *Aquilaria agallocha* Roxb.　ジンチョウゲ科
aloe vera　アロエ　*Aloe barbadensis* Mill.　アロエ科
Alpine strawberry　えぞへびいちご(蝦夷蛇苺) *Fragaria vesca* L.　バラ科
Alpine strawberry　もりいちご(森苺) *Fragaria nipponica* Makino　バラ科
alsike clover　アルサイククローバ　*Trifolium hybridum* L.　マメ科
alta fescue　トールフェスク　*Festuca arundinacea* Schreb.　イネ科
althea　むくげ(木槿) *Hibiscus syriacus* L.　アオイ科
althea　たちあおい(立葵) *Alcea rosea* L.　アオイ科
Alyce clover　ささはぎ(笹萩) *Alysicarpus vaginalis* (L.) DC.　マメ科
amaranth　アマランサス　*Amaranthus caudatus* L. / *A. cruentus* L. / *A. hypocondoriacus* L.　ヒユ科
amatungulu　おおばなカリッサ(大花-) *Carissa macrocarpa* (Ecklon) A.DC.　キョウチクトウ科
Amazonian coca　アマゾンコカ　*Erythroxylum coca* Lam. var. *ipadu* Plowman　コカノキ科
Amazon nut　ブラジルナットのき(-木) *Bertholettia excelsa* Humb. et Bonpl.　サガリバナ科
ambarella　たまごのき(卵木) *Spondias dulcis* G.Forst.　ウルシ科
Ambari hemp　ケナフ　*Hibiscus cannabinus* L.　アオイ科
Amboina pine　マニコーパルのき(-木) *Agathis dammara* (Lamb.) Rich.　ナンヨウスギ科
ambrette　とろろあおいもどき(黄蜀葵擬) *Abelmoschus moschatus* (L.) Medik.　アオイ科
American arborvitae　においひば(匂檜葉) *Thuja occidentalis* L.　ヒノキ科
American beech　アメリカぶな(-橅) *Fagus grandifolia* Ehrh.　ブナ科
American blackberry　ビロードいちご(-苺) *Rubus villosus* Thunb.　バラ科
American burnweed　だんどぼろぎく(段戸襤褸菊) *Erechtites hieracifolius* (L.) Raf. ex DC.　キク科
American cherry　アメリカチェリー　*Cerasus serotina* (Ehrh.) Loisel.　バラ科
American chestnut　アメリカぐり(-栗) *Castanea dentata* Borkh.　ブナ科
American cotton　りくちめん(陸地棉) *Gossipium hirsutum* L.　アオイ科
American cranberry　クランベリー　*Vaccinium macrocarpon* Aiton　ツツジ科
American cress　きばなクレス(黄花-) *Barbarea verna* (Mill.) Asch.　アブラナ科
American elder　アメリカにわとこ(-接骨木) *Sambucus canadensis* L.　スイカズラ科

American elm　アメリカにれ(-楡)　*Ulmus americana* L.　ニレ科
American ginseng　アメリカにんじん(-人参)　*Panax quinquefolius* L.　ウコギ科
American gooseberry　アメリカすぐり(-酸塊)　*Ribes hirtellum* Michx.　スグリ科
American goosefoot　ありたそう(-有田草)　*Chenopodium ambrosioides* L.　アカザ科
American licorice　アメリカかんぞう(-甘草)　*Glycyrrhiza lepidota* Pursh　マメ科
American melon　ふゆメロン(冬-)　*Cucumis melo* L. var. *inodorus* Naudin　ウリ科
American mulberry　あかみぐわ(赤実桑)　*Morus rubra* Lour.　クワ科
American papaw　ポーポー　*Asimina triloba* (L.) Dunal　バンレイシ科
American plane　アメリカすずかけのき(-鈴懸木)　*Platanus occidentalis* L.　スズカケノキ科
American plum　アメリカすもも(-酸桃)　*Prunus americana* Marsh.　バラ科
American red raspberry　えぞきいちご(蝦夷木苺)　*Rubus idaeus* L.　バラ科
American sumach　コリアリアじゃけついばら(蛇結薔)　*Caesalpinia coriaria* (Jacq.) Willd.　ジャケツイバラ科
American sweet gum　もみじばふう(紅葉葉楓)　*Liquidambar styraciflua* L.　マンサク科
American wormseed　ありたそう(-有田草)　*Chenopodium ambrosioides* L.　アカザ科
amra　アムラのき(-木)　*Spondias pinnata* (L.f.) Kurz　ウルシ科
Amur adonis　ふくじゅそう(福寿草)　*Adonis ramosa* Franch.　キンポウゲ科
Amur barberry　ひろはへびのぼらず(広葉蛇不登)　*Berberis amurensis* Rupr.　メギ科
Amur cork-tree　きはだ(黄膚)　*Phellodendron amurense* Rupr.　ミカン科
Amur grape　まんしゅうやまぶどう(満州山葡萄)　*Vitis amurensis* Rupr.　ブドウ科
anchusa　アルカネット　*Anchusa officinalis* L.　ムラサキ科
Andaman mombin　アムラのき(-木)　*Spondias pinnata* (L.f.) Kurz　ウルシ科
angelica　アンゼリカ　*Angelica officinalis* Hoffm.　セリ科
angel's trumpet　けちょうせんあさがお(毛朝鮮朝顔)　*Datura innoxia* Mill.　ナス科
angled loofah　とかどへちま(十角糸瓜)　*Luffa acutangula* (L.) Roxb.　ウリ科
Angola pea　きまめ(木豆)　*Cajanus cajan* (L.) Millsp.　マメ科
anil　きあい(木藍)　*Indigofera suffruticosa* Mill.　マメ科
animal fonio　アニマルフォニオ　*Brachiaria deflexa* (Schmach.) C.E.Hubb ex Robyns.　イネ科
anise　アニス　*Pimpinella anisum* L.　セリ科
anise hyssop　アニスヒソップ　*Agastache foeniculum* (Pursh) Kuntze　シソ科
annatto　べにのき(紅木)　*Bixa orellana* L.　ベニノキ科
annual lespedeza　やはずそう(矢筈草)　*Kummerowia striata* (Thunb.) Schindl.　マメ科
annual marjoram　マージョラム　*Origanum majorana* L.　シソ科
annual ryegrass　ウィメラライグラス　*Lolium rigidum* Gaud.　イネ科
annual sow thistle　のげし(野芥子)　*Sonchus oleraceus* L.　キク科
annual wild rice　アメリカまこも(-真菰)　*Zizania aquatica* L.　イネ科
annual wormwood　ほそばにんじん(細葉人参)　*Artemisia annua* L.　キク科
antiar　ウパス　*Antiaris toxicaria* (Pers.) Lesch.　クワ科
anyu　アヌウ　*Tropaeolum tuberosum* Ruiz. et Pav.　ノウゼンハレン科
apple　りんご(林檎)　*Malus × domestica* Borkh.　バラ科
apple guava　グアバ　*Psidium guajava* L.　フトモモ科
apple mint　アップルミント　*Mentha rotundifolia* (L.) Huds.　シソ科
apricot (tree)　あんず(杏)　*Armeniaca vulgaris* Lam.　バラ科
apricot vine　チャボとけいそう(矮鶏時計草)　*Passiflora incarnata* L.　トケイソウ科
Arabian coffee　アラビアコーヒーのき(-木)　*Coffea arabica* L.　アカネ科
Arabian jasmine　まつりか(茉莉花)　*Jasminum sambac* Aiton　モクセイ科
Arabian senna　ほそばセンナ(細葉-)　*Senna angustifolia* Betka　ジャケツイバラ科

Arabian tea　アラビアちゃのき(-茶木)　*Catha edulis* (Vahl) Forssk. ex Endl.　ニシキギ科
Arabica coffee　アラビアコーヒーのき(-木)　*Coffea arabica* L.　アカネ科
arabis　はたざお(旗竿)　*Arabis glabra* (L.) Bernh.　アブラナ科
arar tree　かくみひば(角実檜葉)　*Tetraclinis articulata* (Vahl) Mast.　ヒノキ科
arctic gentian　とうやくりんどう(当薬龍胆)　*Gentiana algida* Pall.　リンドウ科
areca-nut　びんろうじゅ(檳榔樹)　*Areca catechu* L.　ヤシ科
arenga palm　さとうやし(砂糖椰子)　*Arenga pinnata* (Wurmb) Merr.　ヤシ科
arguta　さるなし(猿梨)　*Actinidia arguta* (Sieb. et Zucc.) Planch. ex Miq.　マタタビ科
Arjuna (myrobalan)　アルジュナミロバラン　*Terminalia arjuna* Bedd.　シクンシ科
arolla pine　しもふりまつ(霜降松)　*Pinus cembra* L.　マツ科
aromatic turmeric　きょうおう(姜黄)　*Curcuma aromatica* Salisb.　ショウガ科
aromatic wintergreen　ひめこうじ(姫柑子)　*Gaultheria procumbens* L.　ツツジ科
arracacha　いもぜり(芋芹)　*Arracacia xanthorrhiza* Bancr.　セリ科
arrow-grass　しばな(塩場菜)　*Triglochin maritimum* L.　シバナ科
arrowhead　おもだか(面高)　*Sagittaria trifolia* L.　オモダカ科
arrowleaf clover　アローリーフクローバ　*Trifolium vesiculosum* Savi　マメ科
arrowroot　くずうこん(葛鬱金)　*Maranta arundinacea* L.　クズウコン科
artichoke　アーティチョーク　*Cynara scolymus* L.　キク科
artichoke thistle　カルドン　*Cynara cardunculus* L.　キク科
artist's acanthus　はあざみ(葉薊)　*Acanthus mollis* L.　キツネノマゴ科
arugula　ロケットサラダ　*Eruca sativa* Mill.　アブラナ科
asatsuki　あさつき(浅葱)　*Allium schoenoprasum* L. var. *foliosum* Regel　ユリ科
ash　せいようとねりこ(西洋梣)　*Fraxinus excelsior* L.　モクセイ科
ash-colored fleabane　むらさきむかしよもぎ(紫昔蓬)　*Vernonia cinerea* (L.) Less.　キク科
ash gourd　とうがん(冬瓜)　*Benincasa hispida* (Thunb.) Cogn.　ウリ科
Asian pear　にほんなし(日本梨)　*Pyrus pyrifolia* (Burm.f.) Nakai　バラ科
Asiatic cotton　アジアわた(-棉)　*Gossipium arboreum* L.　アオイ科
Asiatic dayflower　つゆくさ(露草)　*Commelina communis* L.　ツユクサ科
Asiatic ginseng　ちょうせんにんじん(朝鮮人参)　*Panax ginseng* C.A.Mey.　ウコギ科
Asiatic hawksbeard　おにたびらこ(鬼田平子)　*Youngia japonica* (L.) DC.　キク科
Asiatic plantain　おおばこ(大葉子)　*Plantago asiatica* L.　オオバコ科
asoka (tree)　むゆうじゅ(無憂樹)　*Saraca asoca* (Roxb.) de Wilde　ジャケツイバラ科
asparagus　アスパラガス　*Asparagus officinalis* L. var. *altilis* L.　ユリ科
asparagus bean　じゅうろくささげ(十六豇豆)　*Vigna unguiculata* (L.) Walp. var. *sesquipedalis* (L.) H.Ohashi　マメ科
asparagus broccoli　ブロッコリ　*Brassica oleracea* L. var. *italica* Plencke　アブラナ科
asparagus lettuce　かきぢしゃ(掻萵苣)　*Lactuca sativa* L. var. *angustana* Irish ex Bailey　キク科
asparagus pea　しかくまめ(四角豆)　*Psophocarpus tetragonolobus* (L.) DC.　マメ科
aspen　ヨーロッパやまならし(-山鳴)　*Populus nigra* L.　ヤナギ科
aspidistra　はらん(葉蘭)　*Aspidistra elatior* Blume　ユリ科
assai　アサイやし(-椰子)　*Euterpe oleracea* Engel　ヤシ科
assai palm　パルミットやし(-椰子)　*Euterpe edulis* Mart.　ヤシ科
Assam indigo　りゅうきゅうあい(琉球藍)　*Strobilanthes cusia* (Nees) O.Kuntze　キツネノマゴ科
Assam rubber　インドゴムのき(印度-木)　*Ficus elastica* Roxb.　クワ科
Assam tea　アッサムちゃ(-茶)　*Camellia sinensis* (L.) Kuntze var. *assamica* (Mast.) Kitam.　ツバキ科

Astec tobacco　ルスチカタバコ　*Nicotiana rustica* L.　ナス科
asthma plant　しまにしきそう(島錦草)　*Euphorbia hirta* L.　トウダイグサ科
astragalus　たいつりおうぎ(鯛釣黄蓍)　*Astragalus membranaceus* (Fisch.) Bunge　マメ科
Astrakhan wheat　ポーランドこむぎ(-小麦)　*Triticum polonicum* L.　イネ科
atap　ニッパやし(-椰子)　*Nipa fruticans* Wurmb　ヤシ科
aubergine　なす(茄子)　*Solanum melongena* L.　ナス科
aucuba　あおき(青木)　*Aucuba japonica* Thunb.　ミズキ科
August plum　アメリカすもも(-酸桃)　*Prunus americana* Marsh.　バラ科
Australian kino　ユーカリのき(-木)　*Eucalyptus camaldulensis* Dehnh.　フトモモ科
Australian oak　せいたかユーカリ(背高-)　*Eucalyptus regnans* F.Muell.　フトモモ科
Australian pine　しまなんようすぎ(島南洋杉)　*Araucaria heterophylla* (Salisb.) Franco　ナンヨウスギ科
autumn bellflower　りんどう(龍胆)　*Gentiana scabra* Bunge var. *buergeri* (Miq.) Maxim. ex Franch. et Sav.　リンドウ科
autumn crocus　いぬサフラン(犬-)　*Colchicum autumnale* L.　ユリ科
autumn ealaeagnus　あきぐみ(秋茱萸)　*Elaeagnus umbellata* Thunb.　グミ科
autumn pumpkin　ペポカボチャ(-南瓜)　*Cucurbita pepo* L.　ウリ科
autumn statice　はまさじ(浜匙)　*Limonium tetragonum* (Thunb.) Bullock　イソマツ科
avaram　マタラちゃ(-茶)　*Senna auriculata* L.　ジャケツイバラ科
avocado　アボカド　*Persea americana* Mill.　クスノキ科
awl tree　やえやまあおき(八重山青木)　*Morinda citrifolia* L.　アカネ科
axseed　クラウンベッチ　*Coronilla varia* L.　マメ科
Aztec marigold　アフリカンマリゴールド　*Tagetes erecta* L.　キク科
azuki bean　あずき(小豆)　*Vigna angularis* (Willd.) Ohwi et H.Ohashi　マメ科

[B]

babaco　ごかくもくか(五角木瓜)　*Carica pentagona* Heilb.　パパイア科
babul acacia　アラビアゴムもどき(-擬)　*Acacia nilotica* (L.) Willd. ex Delile　ネムノキ科
baby cabbage　めキャベツ(芽-)　*Brassica oleracea* L. var. *gemmifera* Zenker　アブラナ科
baby rose　のいばら(野薔薇)　*Rosa multiflora* Thunb.　バラ科
bael　ベルのき(-木)　*Aegle marmelos* (L.) Corrêa　ミカン科
baelfruit tree　ベルのき(-木)　*Aegle marmelos* (L.) Corrêa　ミカン科
Bahama grass　バーミューダグラス　*Cynodon dactylon* (L.) Pers.　イネ科
Bahia grass　バヒアグラス　*Paspalum notatum* Flügge　イネ科
Bahia orange　ネーブルオレンジ　*Citrus sinensis* Osbeck var. *brasiliensis* hort. ex Tanaka　ミカン科
Baikal skullcap　こがねばな(黄金花)　*Scutellaria baicalensis* Georgi　シソ科
baker's garlic　らっきょう(辣韮)　*Allium chinense* G.Don　ユリ科
balata (tree)　バラタのき(-木)　*Manilkara bidentata* (A.DC.) A.Chev.　アカテツ科
bald cypress　ぬますぎ(沼杉)　*Taxodium distichum* (L.) Rich.　スギ科
Balinese long pepper　ジャワながこしょう(-長胡椒)　*Piper retrofractum* Vahl　コショウ科
ball clover　ボールクローバ　*Trifolium nigrescens* Viv.　マメ科
balloon flower　ききょう(桔梗)　*Platycodon grandiflorum* (Jacq.) A.DC.　キキョウ科
balloon vine　ふうせんかずら(風船葛)　*Cardiospermum halicacabum* L.　ムクロジ科
balm of Gilead fir　バルサムもみ(-樅)　*Abies balsamea* (L.) Mill.　マツ科

balsa　バルサ　*Ochroma lagopus* Sw.　パンヤ科
balsam fir　バルサムもみ(-樅)　*Abies balsamea* (L.) Mill.　マツ科
balsam of Peru　ペルーバルサム　*Myroxylon balsamum* (L.) Harms var. *pereirae* (Royle) Harms　マメ科
balsam pear　つるれいし(蔓茘枝)　*Momordica charantia* L.　ウリ科
bamboo　だいさんちく(泰山竹)　*Bambusa vulgaris* Schrad. ex Wendl.　イネ科
bamboo bean　つるあずき(蔓小豆)　*Vigna umbellata* (Thunb.) Ohwi et H.Ohashi　マメ科
banana　バナナ　*Musa acuminata* Coll / *M.* ×*paradisiaca* L.　バショウ科
banana passion fruit　バナナくだものとけいそう(-果物時計草)　*Passiflora mollissima* L.H. Bailey　トケイソウ科
banana passion fruit　クルーバ　*Passiflora antioquiensis* H.Karst.　トケイソウ科
banana shrub / tree　とうおがたま(唐招霊)　*Micheria figo* (Lour.) K.Spreng.　モクレン科
banbara groundnut　バンバラまめ(-豆)　*Vigna subterranea* (L.) Verdc.　マメ科
baniti　おおばのマンゴスチン(大葉-)　*Garcinia dulcis* (Roxb.) Kunz　オトギリソウ科食
banyan　ベンガルぼだいじゅ(-菩提樹)　*Ficus benghalensis* L.　クワ科
baobab　バオバブ　*Adansonia digitata* L.　パンヤ科
Barbados aloe　アロエ　*Aloe barbadensis* Mill.　アロエ科
Barbados cherry　アセロラ　*Malpighia glabra* L.　キントラノオ科
Barbados nut　なんようあぶらぎり(南洋油桐)　*Jatropha curcas* L.　トウダイグサ科
Barbados pride　なんばんあかあずき(南蛮赤小豆)　*Adenanthera pavonina* L.　マメ科
barberry　せいようめぎ(西洋目木)　*Berberis vulgaris* L.　メギ科
barilla　おかひじき(陸鹿尾菜)　*Salsola komarovii* Iljin　アカザ科
barley　おおむぎ(大麦)　*Hordeum vulgare* L.　イネ科
barrenwort　いかりそう(錨草)　*Epimedium grandiflorum* C.Morren　メギ科
basilico　バジル　*Ocimum basilicum* L.　シソ科
basket willow　たいりくきぬやなぎ(大陸絹柳)　*Salix viminalis* L.　ヤナギ科
bastard cardamom　カルダモン　*Elettaria cardamomum* (L.) Maton　ショウガ科
bastard indigo　くろばなえんじゅ(黒花槐)　*Amorpha fruticosa* L.　マメ科
bastard jute　ケナフ　*Hibiscus cannabinus* L.　アオイ科
bastard lupin　しゃじくそう(車軸草)　*Trifolium lupinaster* L.　マメ科
bastard saffron　べにばな(紅花)　*Carthamus tinctorius* L.　キク科
batata　さつまいも(薩摩芋)　*Ipomoea batatas* (L.) Lam.　ヒルガオ科
bay　げっけいじゅ(月桂樹)　*Laurus nobilis* L.　クスノキ科
bayberry　しろこやまもも(白粉山桃)　*Myrica cerifera* L.　ヤマモモ科
bayberry　ベイラムのき(-木)　*Pimenta racemosa* (Mill.) J.M.Moore　フトモモ科
bay (rum) tree　ベイラムのき(-木)　*Pimenta racemosa* (Mill.) J.M.Moore　フトモモ科
bay tree　げっけいじゅ(月桂樹)　*Laurus nobilis* L.　クスノキ科
baywood　おおばマホガニー(大葉-)　*Swietenia macrophylla* King　センダン科
beach palm　はなぶさやし(花房椰子)　*Bactris major* Jacq.　ヤシ科
beach pea　はまえんどう(浜豌豆)　*Lathyrus japonicus* Willd.　マメ科
beach pea　はまあずき(浜小豆)　*Vigna marina* (Burm.) Merr.　マメ科
beach vitex　はまごう(蔓荊)　*Vitex rotundifolia* L.f.　クマツヅラ科
bead tree　なんばんあかあずき(南蛮赤小豆)　*Adenanthera pavonina* L.　マメ科
bead tree of India　インドじゅずのき(印度数珠木)　*Elaeocarpus sphaericus* (Gaertn.) K.Schum.　ホルトノキ科
bearberry　くまこけもも(熊苔桃)　*Arctostaphylos uva-ursi* (L.) Spreng.　ツツジ科
bear grass　いとらん(糸欄)　*Yucca filamentosa* L.　リュウゼツラン科

bear's angelica　えぞにゅう(蝦夷-)　*Angelica ursina* (Rupr.) Maxim.　セリ科
bear's ear root　みしまさいこ(三島柴胡)　*Bupleurum scorzonerifolium* Willd. var. *stenophyllum* Nakai　セリ科
beauty-of-the-night　おしろいばな(白粉花)　*Mirabilis jalapa* L.　オシロイバナ科
bee balm　レモンバーム　*Melissa officinalis* L.　シソ科
bee balm　モナルダ　*Monarda didyma* L.　シソ科
beech　ヨーロッパぶな(-橅)　*Fagus sylvatica* L.　ブナ科
beet　てんさい(甜菜)　*Beta vulgaris* L. var. *altissima* Döll　アカザ科
Behn tree　わさびのき(山葵木)　*Moringa oleifera* Lam.　ワサビノキ科
belladonna　ベラドンナ　*Atropa belladonna* L.　ナス科
bellbind　ひるがお(昼顔)　*Calystegia japonica* Choisy　ヒルガオ科
belle apple　みずレモン(水-)　*Passiflora laurifolia* L.　トケイソウ科
Belle Isle cress　きばなクレス(黄花-)　*Barbarea verna* (Mill.) Asch.　アブラナ科
bellflower　ほたるぶくろ(蛍袋)　*Campanula punctata* Lam.　キキョウ科
bell fruit　みずレンブ(水蓮霧)　*Syzygium aqueum* (Burm.f.) Alston　フトモモ科
bell pepper　ピーマン　*Capsicum annuum* L. var. *grossum* Sendtn.　ナス科
belvedere　ほうきぎ(箒木)　*Kochia scoparia* (L.) Schrad.　アカザ科
Bengal bean　はっしょうまめ(八升豆)　*Mucuna pruriens* (L.) DC. var. *utilis* (Wight) Burck　マメ科
Bengal clock-vine　ベンガルやはずかずら(-矢筈葛)　*Thunbergia grandiflora* (Roxb. ex Rottl.) Roxb.　キツネノマゴ科
Bengal coffee　ベンガルコーヒーのき(-木)　*Coffea bengalensis* Heyne ex Willd.　アカネ科
Bengal gram　ひよこまめ(雛豆)　*Cicer arietinum* L.　マメ科
Bengal grass　あわ(粟)　*Setaria italica* (L.) P.Beauv.　イネ科
Bengal quince　ベルのき(-木)　*Aegle marmelos* (L.) Corrêa　ミカン科
Ben tree　わさびのき(山葵木)　*Moringa oleifera* Lam.　ワサビノキ科
benzoin tree　あんそっこうのき(安息香木)　*Styrax benzoin* Dryand.　エゴノキ科
bergamot　やぐるまはっか(矢車薄荷)　*Monarda fistulosa* L.　シソ科
bergamot (orange)　ベルガモット　*Citrus bergamia* Risso et Poit.　ミカン科
bergamot mint　ベルガモットミント　*Mentha* × *piperita* L. var. *citrata* (Ehrh.) Briq.　シソ科
Bermuda grass　バーミューダグラス　*Cynodon dactylon* (L.) Pers.　イネ科
berseem clover　エジプトクローバ　*Trifolium alexandrinum* L.　マメ科
betel (pepper)　きんま(蒟醬)　*Piper betle* L.　コショウ科
betel nut / palm　びんろうじゅ(檳榔樹)　*Areca catechu* L.　ヤシ科
Beth root　たちえんれいそう(立延齢草)　*Trillium erectum* L.　ユリ科
betony　かっこうちょろぎ(藿香草石蚕)　*Stachys officinalis* (L.) Trevis.　シソ科
Bible frankincense　にゅうこうじゅ(乳香樹)　*Boswellia carteri* Birdw.　カンラン科
bigarade　だいだい(橙)　*Citrus aurantium* L.　ミカン科
big blue lily-turf　やぶらん(藪蘭)　*Liriope platyphylla* F.T.Wang et Ts.Tang　ユリ科
big bluestem　ビッグブルーステム　*Andropogon gerardii* Vitman　イネ科
bigleaf hydrangea　あじさい(紫陽花)　*Hydrangea macrophylla* (Sieb. et Zucc.) Seringe　アジサイ科
big-leaved mahogany　おおばマホガニー(大葉-)　*Swietenia macrophylla* King　センダン科
big marigold　アフリカンマリーゴールド　*Tagetes erecta* L.　キク科
big stem mustard　ザーサイ(搾菜)　*Brassica juncea* (L.) Czerniak. et Coss. var. *tumida* Tsen et Lee　アブラナ科
big tree　セコイア　*Sequoia sempervirens* (D.Don) Endl.　スギ科

big trefoil　ビッグトレフォイル　*Lotus major* Scop.　マメ科
bilberry　ビルベリー　*Vaccinium myrtillus* L.　ツツジ科
bilimbi(ng)　ビリンビ　*Averrhoa bilimbi* L.　カタバミ科
billion dollar grass　インドひえ(印度稗)　*Echinochloa frumentacea* (Roxb.) Link　イネ科
bilsted　もみじばふう(紅葉葉楓)　*Liquidambar styraciflua* L.　マンサク科
bindi　オクラ　*Abelmoschus esculentus* (L.) Moench　アオイ科
bindweed　ひるがお(昼顔)　*Calystegia japonica* Choisy　ヒルガオ科
binjai　ビンゼイ　*Mangifera caesia* Jack　ウルシ科
bird cherry　えぞのうわみずざくら(蝦夷上溝桜)　*Padus racemosa* (Lam.) C.K.Schneid.　バラ科
bird cherry　アメリカチェリー　*Cerasus serotina* (Ehrh.) Loisel　バラ科
bird cherry　せいようみざくら(西洋実桜)　*Cerasus avium* (L.) Moench　バラ科
bird pepper　タバスコ　*Capsicum frutescens* L.　ナス科
birds-eye clover　ペルシャクローバ　*Trifolium resupinatum* L.　マメ科
bird's-foot grass　たいわんいぼくさ(台湾疣草)　*Murdannia malabaricum* (L.) Bruckn.　ツユクサ科
bird's-foot trefoil　バーズフットトレフォイル　*Lotus corniculatus* L.　マメ科
bird's nest fern　おおたにわたり(大谷渡)　*Asplenium antiquum* Makino　チャセンシダ科
bird vetch　くさふじ(草藤)　*Vicia cracca* L.　マメ科
birthwort　うまのすずくさ(馬鈴草)　*Aristolochia debilis* Sieb. et Zucc.　ウマノスズクサ科
bishop's weed　どくぜりもどき(毒芹擬)　*Ammi majus* L.　セリ科
bishop's wort　かっこうちょろぎ(藿香草石蚕)　*Stachys officinalis* (L.) Trevis.　シソ科
bistort　いぶきとらのお(伊吹虎尾)　*Bistorta major* S.F.Gray　タデ科
bitter almond (tree)　ビターアーモンド　*Amygdalus communis* L. var. *amara* Ludw. ex DC.　バラ科
bitter buckwheat　ダッタンそば(韃靼蕎麦)　*Fagopyrum tataricum* (L.) Gaertn.　タデ科
bitter cassava　キャッサバ[苦味種]　*Manihot esculenta* Crantz　トウダイグサ科
bitter cola　コラのき(-木)　*Cola nitida* (Vent.) Schott et Endl.　アオギリ科
bitter cress　たねつけばな(種付花)　*Cardamine flexuosa* With.　アブラナ科
bitter cucumber　コロシントうり(-瓜)　*Citrullus colocynthis* (L.) Schrad.　ウリ科
bitter cucumber　つるれいし(蔓茘枝)　*Momordica charantia* L.　ウリ科
bitter dock　ぎしぎし(羊蹄)　*Rumex japonicus* Houtt.　タデ科
bitter gourd　つるれいし(蔓茘枝)　*Momordica charantia* L.　ウリ科
bitter orange　だいだい(橙)　*Citrus aurantium* L.　ミカン科
bittersweet　あまにがなすび(甘苦茄子)　*Solanum dulcamara* L.　ナス科
bitterweed　ぶたくさ(豚草)　*Ambrosia artemisiifolia* L.　キク科
bitterwood　にがき(苦木)　*Picrasma quassioides* (D.Don) Benn.　ニガキ科
black aspen　アメリカくろやまならし(-黒山鳴)　*Populus deltoides* Bartram et Marshall　ヤナギ科
black balsam (tree)　ペルーバルサム　*Myroxylon balsamum* (L.) Harms var. *pereirae* (Royle) Harms　マメ科
black bamboo　くろちく(黒竹)　*Phyllostachys nigra* (Lodd. ex Loudon) Munro　イネ科
black bent　レッドトップ　*Agrostis gigantea* Roth　イネ科
blackberry　くろいちご(黒苺)　*Rubus mesogaeus* Focke　バラ科
black boy grass tree　すすきのき(薄木)　*Xanthorrhoea preissii* Endl.　ススキノキ科
black bugbane　アメリカしょうま(-升麻)　*Cimicifuga racemosa* (L.) Nutt.　キンポウゲ科
black cap　くろみきいちご(黒実木苺)　*Rubus occidentalis* L.　バラ科
black caraway　せいようくろたねそう(西洋黒種草)　*Nigella sativa* L.　キンポウゲ科
black catechu　あせんやくのき(阿仙薬木)　*Acacia catechu* (L.f.) Willd.　ネムノキ科

black cherry　アメリカチェリー　*Cerasus serotina* (Ehrh.) Loisel.　バラ科
black crowberry　がんこうらん(岩高蘭)　*Empetrum asiaticum* Nakai　ガンコウラン科
black cumin　せいようくろたねそう(西洋黒種草)　*Nigella sativa* L.　キンポウゲ科
black cutch　あせんやくのき(阿仙薬木)　*Acacia catechu* (L.f.) Willd.　ネムノキ科
black elder　せいようにわとこ(西洋接骨木)　*Sambucus nigra* L.　スイカズラ科
black-eyed bean / pea　ささげ(豇豆)　*Vigna unguiculata* (L.) Walp.　マメ科
black-fiber palm　さとうやし(砂糖椰子)　*Arenga pinnata* (Wurmb) Merr.　ヤシ科
black fonio　ブラックフォニオ　*Brachiaria ibura* Stapf　イネ科
black gram　けつるあずき(毛蔓小豆)　*Vigna mungo* (L.) Hepper　マメ科
black gum　ぬまみずき(沼水木)　*Nyssa sylvatica* Marshall　ミズキ科
black henbane　ヒヨス(菲沃斯)　*Hyoscyamus niger* L.　ナス科
black kohosh　アメリカしょうま(-升麻)　*Cimicifuga racemosa* (L.) Nutt.　キンポウゲ科
black lily　くろゆり(黒百合)　*Fritillaria camtschatcensis* (L.) Ker Gawl.　ユリ科
black locust　にせアカシア(偽-)　*Robinia pseudoacacia* L.　マメ科
black mangrove　ひるもどき(蛭木擬)　*Lumnitzera racemosa* Willd.　シクンシ科
black mappe　けつるあずき(毛蔓小豆)　*Vigna mungo* (L.) Hepper　マメ科
black medic　ブラックメデック　*Medicago lupulina* L.　マメ科
black mulberry　くろみぐわ(黒実桑)　*Morus nigra* L.　クワ科
black nightshade　いぬほうずき(犬酸漿)　*Solanum nigrum* L.　ナス科
black oyster plant　きばなばらもんじん(黄花波羅門参)　*Scorzonera hispanica* L.　キク科
black pepper　こしょう(胡椒)　*Piper nigrum* L.　コショウ科
black plum　むらさきふともも(紫蒲桃)　*Syzygium cumini* (L.) Skeel　フトモモ科
black pod vetch　ナローリーブドベッチ　*Vicia angustifolia* L.　マメ科
black poplar　ヨーロッパやまならし(-山鳴)　*Populus nigra* L.　ヤナギ科
black raspberry　くろみきいちご(黒実木苺)　*Rubus occidentalis* L.　バラ科
black rush　ふとい(太藺)　*Schoenoplectus lacustris* (L.) Palla ssp. *validus* (Vahl) T.Koyama　カヤツリグサ科
black salsify　きばなばらもんじん(黄花波羅門参)　*Scorzonera hispanica* L.　キク科
black seed　せいようくろたねそう(西洋黒種草)　*Nigella sativa* L.　キンポウゲ科
black-seeded squash　くろだねカボチャ(黒種南瓜)　*Cucurbita ficifolia* Bouché　ウリ科
black snakeroot　アメリカしょうま(-升麻)　*Cimicifuga racemosa* (L.) Nutt.　キンポウゲ科
black spruce　アメリカくろとうひ(-黒唐檜)　*Picea mariana* (Mill.) Britton, Sterns et Poggenb.　マツ科
black walnut　くろぐるみ(黒胡桃)　*Juglans nigra* L.　クルミ科
black wattle　モリシマアカシア　*Acacia mearnsii* de Wild.　ネムノキ科
bladder cherry　ようしゅほおずき(洋種酸漿)　*Physalis alkekengi* L.　ナス科
bladder nut　みつばうつぎ(三葉空木)　*Staphylea bumalda* (Thunb.) DC.　ミツバウツギ科
blazing star　ヘロニアス　*Chamaelirium luteum* (L.) A.Gray　ユリ科
blessed thistle　おおあざみ(大薊)　*Silybum marianum* (L.) Gaertn.　キク科
blessed thistle　さんとりそう(-草)　*Cnicus benedictus* L.　キク科
blister of Gilead fir　バルサムもみ(-樅)　*Abies balsamea* (L.) Mill.　マツ科
bloodberry　じゅずさんご(数珠珊瑚)　*Rivina humilis* L.　ヤマゴボウ科
blood-flower　とうわた(唐棉)　*Asclepias curassavica* L.　ガガイモ科
bloom-goosefoot　ほうきぎ(箒木)　*Kochia scoparia* (L.) Schrad.　アカザ科
blue alfalfa　アルファルファ　*Medicago sativa* L.　マメ科
blue cohosh　アメリカるいようぼたん(-類葉牡丹)　*Caulophyllum thalictroides* (L.) Michx.　メギ科

| blue evergreen hydrangea | じょうざん（常山） | *Dichroa febrifuga* Lour. | アジサイ科 |

blue evergreen hydrangea　じょうざん（常山）　*Dichroa febrifuga* Lour.　アジサイ科
blue flag　ブルーフラッグ　*Iris versicolor* L.　アヤメ科
blue gram(m)a　ブルーグラマ　*Bouteloua gracilis* (Humb., Bonpl. et Kunth) Griff.　イネ科
blue gum　ユーカリのき(-木)　*Eucalyptus globulus* Labill.　フトモモ科
blue Japanese oak　あらがし（粗樫）　*Quercus glauca* Thunb.　ブナ科
blue lupin(e)　あおばなルーピン（青花-）　*Lupinus angustifolius* L.　マメ科
blue morning-glory　のあさがお（野朝顔）　*Ipomoea indica* (Burm.) Merr.　ヒルガオ科
blue panic grass　ブルーパニックグラス　*Panicum antidotale* Rets.　イネ科
blue pea　ちょうまめ（蝶豆）　*Clitoria ternatea* L.　マメ科
blue ridge blueberry　ローブルーベリー　*Vaccinium pallidum* Aiton　ツツジ科
blue-sailors　チコリー　*Cichorium intybus* L.　キク科
blue trumpet creeper　ベンガルやはずかずら(-矢筈葛)　*Thunbergia grandiflora* (Roxb. ex Rottl.) Roxb.　キツネノマゴ科
blue vetch　くさふじ（草藤）　*Vicia cracca* L.　マメ科
blueweed　しべながむらさき（蕊長紫）　*Echium vulgare* L.　ムラサキ科
bodhi tree　インドぼだいじゅ(- 菩提樹)　*Ficus religiosa* L.　クワ科
bogbean　みつがしわ（三柏）　*Menyanthes trifoliata* L.　ミツガシワ科
bog bilberry　くろまめのき（黒豆木）　*Vaccinium uliginosum* L.　ツツジ科
bog spruce　アメリカくろとうひ(-黒唐檜)　*Picea mariana* (Mill.) Britton, Sterns et Poggenb.　マツ科
Bolivian coca　コカのき(-木)　*Erythroxylum coca* Lam.　コカノキ科
Bombay cowpea　はたささげ（畑豇豆）　*Vigna unguiculata* (L.) Walp. var. *catjang* (Burm.f.) H.Ohashi　マメ科
bonavist　ふじまめ（藤豆）　*Lablab purpureus* (L.) Sweet　マメ科
bonavista bean　ふじまめ（藤豆）　*Lablab purpureus* (L.) Sweet　マメ科
boneset　ふじばかま（藤袴）　*Eupatorium japonicum* Thunb.　キク科
bonnet bellflower　つるにんじん（蔓人参）　*Codonopsis lanceolata* (Sieb. et Zucc.) Trautv.　キキョウ科
borecole　ケール　*Brassica oleracea* L. var. *acephala* DC.　アブラナ科
Borneo camphor tree　りゅうのうじゅ（龍脳樹）　*Dryobalanops aromatica* C.F.Gaertn.　フタバガキ科
bo tree　インドぼだいじゅ(- 菩提樹)　*Ficus religiosa* L.　クワ科
bottle gourd　ひょうたん（瓢箪）　*Lagenaria siceraria* (Molina) Standl. var. *gourda* Makino　ウリ科
bouncing bet　サボンそう（石鹸草）　*Saponaria officinalis* L.　ナデシコ科
bourtree　せいようにわとこ（西洋接骨木）　*Sambucus nigra* L.　スイカズラ科
bower actinidia　さるなし（猿梨）　*Actinidia arguta* (Sieb. et Zucc.) Planch. ex Miq.　マタタビ科
bowstring hemp　アコン　*Calotropis gigantea* (L.) Dryand. ex Aiton　ガガイモ科
box (tree)　せいようつげ（西洋柘植）　*Buxus sempervirens* L.　ツゲ科
box berry　ひめこうじ（姫柑子）　*Gaultheria procumbens* L.　ツツジ科
box elder　ネグンドかえで(-楓)　*Acer negundo* L.　カエデ科
boxthorn　くこ（枸杞）　*Lycium chinense* Mill.　ナス科
bracken　わらび（蕨）　*Pteridium aquilinum* (L.) Kuhn var. *latiusculum* (Dresv.) Underw. ex A.Heller　コバノイシカグマ科
brad tree　おうぎやし（扇椰子）　*Borassus flabellifer* L.　ヤシ科
brake　わらび（蕨）　*Pteridium aquilinum* (L.) Kuhn var. *latiusculum* (Dresv.) Underw. ex A.Heller　コバノイシカグマ科
bramble　くさいちご（草苺）　*Rubus hirsutus* Thunb.　バラ科

Brazil cherry スリナムチェリー *Eugenia uniflora* L. フトモモ科
Brazil cress きばなオランダせんにち(黄花-千日) *Spilanthes oleracea* L. キク科
Brazilian cocoa ガラナ *Paullinia cupana* Humb., Bonpl. et Kunth ムクロジ科
Brazilian orange ネーブルオレンジ *Citrus sinensis* Osbeck var. *brasiliensis* hort. ex Tanaka ミカン科
Brazilian tree パラナまつ(-松) *Araucaria angustifolia* (Bertol.) Kuntze ナンヨウスギ科
Brazilian wax palm ろうやし(蝋椰子) *Copernicia prunifera* H.E.Moore ヤシ科
Brazil nut ブラジルナットのき(-木) *Bertholettia excelsa* Humb. et Bonpl. サガリバナ科
Brazil pepper-tree こしょうぼく(胡椒木) *Schinus molle* L. ウルシ科
Brasil wood ブラジルぼく(-木) *Caesalpinia echinata* Lam. ジャケツイバラ科
breadfruit パンのき(-木) *Artocarpus altilis* (Parkinson) Fosberg クワ科
breadnut たねパンのみ(種-実) *Artocarpus camansi* Blanco クワ科
breadnut パンのき(-木) *Artocarpus altilis* (Parkinson) Fosberg クワ科
breadseed poppy けし(罌粟) *Papaver somniferum* L. ケシ科
bread wheat こむぎ(小麦) *Triticum abyssinicum* Vavilov ssp. *vulgare* (Vill.) Thell. イネ科
brier ブライア *Erica arborea* L. ツツジ科
British yellowhead ようしゅおぐるま(洋種小車) *Inula britannica* L. キク科
broad bean そらまめ(空豆) *Vicia faba* L. マメ科
broad dwarf day-lily にっこうきすげ(日光黄菅) *Hemerocallis middendorffii* Trautv. et C.A. Mey var. *esculenta* (Koidz.) Ohwi ユリ科
broadleaf carpetgrass つるめひしば(蔓雌日芝) *Axonopus compressus* (Sw.) P.Beauv. イネ科
broadleaf currant えぞすぐり(蝦夷酸塊) *Ribes latifolium* Jancz. スグリ科
broadleaf dock えぞのぎしぎし(蝦夷羊蹄) *Rumex obtusifolius* L. タデ科
broadleaf pine なぎ(梛) *Podocarpus nagi* (Thunb.) Zoll. et Moritzi ex Makino マキ科
broad-leaved clover あかクローバ(赤-) *Trifolium pratense* L. マメ科
broad-leaved cumbungi こがま(小蒲) *Typha orientalis* Presl ガマ科
broad-leaved ginger はなしょうが(花生姜) *Zingiber zerumbet* (L.) Roscoe ex Sm. ショウガ科
broad-leaved lavender スパイクラベンダー *Lavandula latifolia* Medik. シソ科
broad-leaved senega ひろはセネガ(広葉-) *Polygala senega* L. var. *latifolia* Torr. et A.Gray ヒメハギ科
broccoli ブロッコリ *Brassica oleracea* L. var. *italica* Plencke アブラナ科
bronze loquat たいわんびわ(台湾枇杷) *Eriobotrya deflexa* Nakai バラ科
broom corn ほうきもろこし(箒蜀黍) *Sorghum bicolor* (L.) Moench var. *hoki* Ohwi イネ科
broom millet きび(黍) *Panicum miliaceum* L. イネ科
broomweed えのきあおい(榎葵) *Malvastrum coromandelianum* (L.) Garcke アオイ科
brown hemp サンヘンプ *Crotalaria juncea* L. マメ科
brown mustard くろがらし(黒芥子) *Brassica nigra* (L.) W.D.J.Koch アブラナ科
brown mustard せいようからしな(西洋芥子菜) *Brassica juncea* (L.) Czerniak. et Coss. アブラナ科
Brussels sprout めキャベツ(芽-) *Brassica oleracea* L. var. *gemmifera* Zenker アブラナ科
buck bean みつがしわ(三柏) *Menyanthes trifoliata* L. ミツガシワ科
buckeye せいようとちのき(西洋栃) *Aesculus hippocastatum* L. トチノキ科
buckhorn へらおおばこ(箆大葉子) *Plantago lanceolata* L. オオバコ科
buckwheat そば(蕎麦) *Fagopyrum esculentum* Moench タデ科
Buddha's hand citron ぶっしゅかん(仏手柑) *Citrus medica* L. var. *sarcodactylis* (Nooten) Swingle ミカン科

Buddhist pine まき(槙) *Podocarpus macrophyllus* (Thunb.) Sweet マキ科
buddleia ふじうつぎ(藤空木) *Buddleja japonica* Hemsl. フジウツギ科
buffalo bean はっしょうまめ(八升豆) *Mucuna pruriens* (L.) DC. var. *utilis* (Wight) Burck マメ科
buffalo clover ささはぎ(笹萩) *Alysicarpus vaginalis* (L.) DC. マメ科
buffalo grass バッファローグラス *Buchloe dactyloides* Engelm. イネ科
bugbane さらしなしょうま(晒菜升麻) *Cimicifuga simplex* (Wormsk. ex DC.) Turcz. キンポウゲ科
bugbean みつがしわ(三柏) *Menyanthes trifoliata* L. ミツガシワ科
bugle きらんそう(金瘡小草) *Ajuga decumbens* Thunb. シソ科
bugle herb せいようじゅうにひとえ(西洋十二単) *Ajuga reptans* L. シソ科
bugleweed えぞしろね(蝦夷白根) *Lycopus uniflorus* Michx. シソ科
bugleweed きらんそう(金瘡小草) *Ajuga decumbens* Thunb. シソ科
bugloss アルカネット *Anchusa officinalis* L. ムラサキ科
bulbous canary grass ハーディンググラス *Phalaris tuberosa* L. イネ科
bull bay たいさんぼく(泰山木) *Magnolia grandiflora* L. モクレン科
bull oak とくさばもくまおう(木賊葉木麻黄) *Allocasuarina equisetifolia* L. モクマオウ科
bullock's heart ぎゅうしんり(牛心梨) *Annona reticulata* L. バンレイシ科
bulrush がま(蒲) *Typha latifolia* L. ガマ科
bulrush millet パールミレット *Pennisetum americanum* (L.) K.Schum. イネ科
Bumalda bladder nut みつばうつぎ(三葉空木) *Staphylea bumalda* (Thunb.) DC. ミツバウツギ科
bunya (pine) ひろはのなんようすぎ(広葉南洋杉) *Araucaria bidwillii* Hook. ナンヨウスギ科
bupleurum みしまさいこ(三島柴胡) *Bupleurum scorzonerifolium* Willd. var. *stenophyllum* Nakai セリ科
bur beggarticks たうこぎ(田五加木) *Bidens tripartita* L. キク科
Burdon cotton りくちめん(陸地棉) *Gossipium hirsutum* L. アオイ科
Buriti palm ブリチーやし(-椰子) *Mauritia vinifera* Mart. ヤシ科
Burma bean ライまめ(-豆) *Phaseolus lunatus* L. マメ科
bur marigold たうこぎ(田五加木) *Bidens tripartita* L. キク科
Burmese mung bean りょくとう(緑豆) *Vigna radiata* (L.) R.Wilcz. マメ科
burnet bloodwort われもこう(吾木香) *Sanguisorba officinalis* L. バラ科
bur reed みくり(実栗) *Sparganium erectum* L. ミクリ科
burweed おなもみ(巻耳) *Xanthium strumarium* L. キク科
bush marrow ズッキーニ *Cucurbita pepo* L. var. *cylindrica* Paris ウリ科
butter bean ライまめ(-豆) *Phaseolus lunatus* L. マメ科
butterbur ふき(蕗) *Petasites japonicus* (Sieb. et Zucc.) Maxim. キク科
buttercup きんぽうげ(金鳳花) *Ranunculus japonicus* Thunb. キンポウゲ科
buttercup winter hazel ひゅうがみずき(日向水木) *Corylopsis pauciflora* Sieb. et Zucc. マンサク科
butterfly apple くろがき(黒柿) *Diospyros discolor* Willd. カキノキ科
butterfly bush ふじうつぎ(藤空木) *Buddleja japonica* Hemsl. フジウツギ科
butterfly pea ちょうまめ(蝶豆) *Clitoria ternatea* L. マメ科
butterfly pea ねばりまめ(粘豆) *Clitoria laurifolia* Poiret マメ科
butterfly weed やなぎとうわた(柳唐棉) *Asclepias tuberosa* L. ガガイモ科
butter fruit アボカド *Persea americana* Mill. クスノキ科
butternut しろぐるみ(白胡桃) *Juglans cineria* L. クルミ科

butter nut tree　バターナットのき(-木)　*Caryocar nuciferum* L.　バターナット科
butter-print　いちび(莔麻)　*Abutilon theophrasti* Medik.　アオイ科
butterweed　ひめむかしよもぎ(姫昔蓬)　*Erigeron canadensis* L.　キク科
button clover　うずまきうまごやし(渦巻馬肥)　*Medicago orbicularis* (L.) Bartal.　マメ科
buttons　タンジー　*Tanacetum vulgare* L.　キク科
button weed　いちび(莔麻)　*Abutilon theophrasti* Medik.　アオイ科
button wood　アメリカすずかけのき(-鈴懸木)　*Platanus occidentalis* L.　スズカケノキ科

[C]

cabbage　キャベツ　*Brassica oleracea* L. var. *capitata* L.　アブラナ科
cabbage palm　アサイやし(-椰子)　*Euterpe oleracea* Engel　ヤシ科
cabbage palm　パルミットやし(-椰子)　*Euterpe edulis* Mart.　ヤシ科
cacao　カカオのき(-木)　*Theobroma cacao* L.　アオギリ科
cainito　スターアップル　*Chrysophyllum cainito* L.　アカテツ科
cajang　きまめ(木豆)　*Cajanus cajan* (L.) Millsp.　マメ科
cajeput tree　カユプテ　*Melaleuca leucadendra* (L.) L.　フトモモ科
calabash gourd　ひょうたん(瓢箪)　*Lagenaria siceraria* (Molina) Standl. var. *gourda* Makino　ウリ科
calabash tree　ふくべのき(瓢木)　*Crescentia cujete* L.　ノウゼンカズラ科
calamint (balm)　カラミント　*Calamintha officinalis* Moench　シソ科
calamondin　カラマンシー　*Citrus madurensis* Lour.　ミカン科
calamus　しょうぶ(菖蒲)　*Acorus calamus* L.　ショウブ科
calamus　とう(籘)　*Calamus rotang* L.　ヤシ科
Calcutta lucerne　クラスタまめ(-豆)　*Cyamopsis tetragonoloba* (L.) Taub.　マメ科
California burclover　バークローバ　*Medicago polymorpha* L.　マメ科
California incense cedar　おにひば(鬼檜葉)　*Calocedrus decurrens* (Torr.) Florin　ヒノキ科
California pepper-tree　こしょうぼく(胡椒木)　*Schinus molle* L.　ウルシ科
California red fir　かくばもみ(角葉樅)　*Abies magnifica* Murray　マツ科
California rose　ひるがお(昼顔)　*Calystegia japonica* Choisy　ヒルガオ科
California white fir　べいもみ(米樅)　*Abies concolor* (Gord. et Glend.) Lindl.　マツ科
calopo　くずもどき(葛擬)　*Calopogonium mucunoides* Desv.　マメ科
caltrop puncture vine　はまびし(浜菱)　*Tribulus terrestris* L.　ハマビシ科
camellia　つばき(椿)　*Camellia japonica* L.　ツバキ科
camomile　カモミール　*Matricaria chamomilla* L.　キク科
campeachy wood　あかみのき(赤実木)　*Haematoxylum campechianum* L.　ジャケツイバラ科
camphor (tree)　くすのき(楠)　*Cinnamomum camphora* (L.) J.Presl　クスノキ科
camu-camu　カムカム　*Myrciaria dubia* (Humb., Bonpl. et Kunth) Burret　フトモモ科
camwood　カムウッド　*Baphia nitida* Lodd.　マメ科
Canada balsam　バルサムもみ(-樅)　*Abies balsamea* (L.) Mill.　マツ科
Canada bluegrass　カナダブルーグラス　*Poa compressa* L.　イネ科
Canada fleabane　ひめむかしよもぎ(姫昔蓬)　*Erigeron canadensis* L.　キク科
Canada hemlock　カナダつが(-栂)　*Tsuga canadensis* Carr.　マツ科
Canada potato　きくいも(菊芋)　*Helianthus tuberosus* L.　キク科
Canadian blueberry　カナダブルーベリー　*Vaccinium myrtilloides* Michx.　ツツジ科
Canadian elder　アメリカにわとこ(-接骨木)　*Sambucus canadensis* L.　スイカズラ科

Canadian spruce　カナダとうひ(-唐檜)　*Picea glauca* (Moench) Voss　マツ科
canary grass / seed　カナリーグラス　*Phalaris canariensis* L.　イネ科
candelabra aloe　きだちアロエ(木立-)　*Aloe arborescens* Mill.　アロエ科
candelabra tree　パラナまつ(-松)　*Araucaria angustifolia* (Bertol.) Kuntze　ナンヨウスギ科
candle berry　しろこやまもも(白粉山桃)　*Myrica cerifera* L.　ヤマモモ科
candlenut　ククイのき(-木)　*Aleurites moluccana* (L.) Willd.　トウダイグサ科
candlestick senna　はねみセンナ(羽根実-)　*Senna alata* L.　ジャケツイバラ科
candlewick　バーバスカム　*Verbascum thapsus* L.　ゴマノハグサ科
cane apple　いちごのき(苺木)　*Arbutus unedo* L.　ツツジ科
canicha　きばなつのくされむ(黄花角草合歓)　*Sesbania bispinosa* (Jacq.) W.F.Wight　マメ科
canistel　カニステル　*Pouteria campechiana* (Humb., Bonp. et Kunth)　Baehni　アカテツ科
canola　あぶらな(油菜)　*Brassica rapa* L. ssp. *oleifera* (DC.) Metzg.　アブラナ科
canola　せいようあぶらな(西洋油菜)　*Brassica napus* L.　アブラナ科
cantala　カンタラあさ(-麻)　*Agave cantala* Roxb.　リュウゼツラン科
cantaloup　いぼメロン(疣-)　*Cucumis melo* L. var. *cantalupensis* Naudin　ウリ科
cantaloup　あみメロン(網-)　*Cucumis melo* L. var. *reticulatus* Ser.　ウリ科
Canton ginger　しょうが(生姜)　*Zingiber officinale* (Willd.) Roscoe　ショウガ科
caoutchouc tree　パラゴムのき(-木)　*Hevea brasiliensis* Müll.-Arg.　トウダイグサ科
Cape aloe　もうしろかい(猛刺蘆薈)　*Aloe ferox* Mill.　アロエ科
Cape gooseberry　ケープグーズベリー　*Physalis peruviana* L.　ナス科
Cape jasmine　くちなし(梔子)　*Gardenia jasminoides* J.Ellis　アカネ科
capelin cherry　カプリンチェリー　*Prunus capuli* Cav. ex Spreng.　バラ科
caper (bush)　ケーパー　*Capparis spinosa* L.　フウチョウソウ科
caper spurge　ホルトそう(-草)　*Euphorbia lathyris* L.　トウダイグサ科
capsicum pepper　とうがらし(唐辛子)　*Capsicum annuum* L.　ナス科
capsule purse　なずな(薺)　*Capsella bursa-pastoris* (L.) Medik.　アブラナ科
caramba / carambola　スターフルーツ　*Averrhoa carambola* L.　カタバミ科
caranda　カリッサ　*Carissa carandas* L.　キョウチクトウ科
Caranda palm　ろうやし(蝋椰子)　*Copernicia prunifera* H.E.Moore　ヤシ科
caraway　キャラウェー　*Carum carvi* L.　セリ科
cardamom　カルダモン　*Elettaria cardamomum* (L.) Maton　ショウガ科
cardoon　カルドン　*Cynara cardunculus* L.　キク科
carissa　カリッサ　*Carissa carandas* L.　キョウチクトウ科
Carnauba palm　ろうやし(蝋椰子)　*Copernicia prunifera* H.E.Moore　ヤシ科
carob　いなごまめ(稲子豆)　*Ceratonia siliqua* L.　マメ科
Carolina jasmine　ゲルセミウム　*Gelsemium sempervirens* (L.) Aiton　マチン科
carpet bugleweed　せいようじゅうにひとえ(西洋十二単)　*Ajuga reptans* L.　シソ科
carrizo　あし(葦)　*Phragmites communis* Trin.　イネ科
carrot　にんじん(人参)　*Daucus carota* L. var. *sativus* Hoffm.　セリ科
cashew (nut)　カシューナットのき(-木)　*Anacardium occidentale* L.　ウルシ科
cassava　キャッサバ　*Manihot dulcis* Pax / *M. esculenta* Crantz　トウダイグサ科
cassia(-bark tree)　カシア　*Cinnamomum cassia* J.Presl　クスノキ科
cassia cinnamon　タマラにっけい(-肉桂)　*Cinnamomum tamala* Nees et Eberm.　クスノキ科
cassia-flower tree　にっけい(肉桂)　*Cinnamomum sieboldii* Meissn.　クスノキ科
cassie　きんごうかん(金合歓)　*Acacia farnesiana* (L.) Willd.　ネムノキ科
cast-iron plant　はらん(葉蘭)　*Aspidistra elatior* Blume　ユリ科
castor aralia　はりぎり(針桐)　*Kalopanax septemlobus* (Thunb.) Koidz.　ウコギ科

castor bean　ひま(蓖麻)　*Ricinus communis* L.　トウダイグサ科
Catalonian jasmine　ジャスミン　*Jasminum grandiflorum* L.　モクセイ科
catawba　はなきささげ(花木豇豆)　*Catalpa speciosa* Warder ex Engelm.　ノウゼンカズラ科
catberry　グーズベリー　*Ribes uva-crispa* L. var. *sativum* DC.　スグリ科
catechu　あせんやくのき(阿仙薬木)　*Acacia catechu* (L.f.) Willd.　ネムノキ科
catha　アラビアちゃのき(-茶木)　*Catha edulis* (Vahl) Forssk. ex Endl.　ニシキギ科
catjang (bean / cowpea / pea)　はたささげ(畑豇豆)　*Vigna unguiculata* (L.) Walp. var. *catjang* (Burm.f.) H.Ohashi　マメ科
catmint / catnip　キャットミント　*Nepeta cataria* L.　シソ科
cat's foot　かきどおし(垣通)　*Glechoma hederacea* L.　シソ科
cat's tail　チモシー　*Phleum pratense* L.　イネ科
cat's tail / cat-tail　がま(蒲)　*Typha latifolia* L.　ガマ科
cat's whiskers　ねこのひげ(猫髭)　*Orthosiphon aristatus* Miq.　シソ科
cat's whiskers　ふうちょうそう(風蝶草)　*Cleome gynandra* L.　フウチョウソウ科
cattail millet　パールミレット　*Pennisetum americanum* (L.) K.Schum.　イネ科
Cattley guava　てりはばんじろう(照葉蕃石榴)　*Psidium littorale* Raddi. var. *longipes* (O.Berg.) McVaugh　フトモモ科
Caucasian fir　コーカサスもみ(-樅)　*Abies nordmanniana* (Steven) Spach　マツ科
Caucasian walnut / wingnut　コーカサスさわぐるみ(-沢胡桃)　*Pterocarya fraxinifolia* (Lam.) Spach　クルミ科
cauliflower　カリフラワー　*Brassica oleracea* L. var. *botrytis* L.　アブラナ科
Cayo avocado　カヨアボカド　*Persea schiedeana* Nees　クスノキ科
Ceara rubber (plant)　マニホットゴムのき(-木)　*Manihot glaziovii* Müll.-Arg.　トウダイグサ科
ceiba　パンヤのき(-木)　*Ceiba pentandra* (L.) Gaertn.　パンヤ科
celeriac　セルリアク　*Apium graveolens* L. var. *rapaceum* (Mill.) Gaudich.　セリ科
celery　セルリー　*Apium graveolens* L. var. *dulce* (Mill.) Pers.　セリ科
celery cabbage　はくさい(白菜)　*Brassica rapa* L. var. *amplexicaulis* Tanaka et Ono sv. *pe-tsai* (Bailey) Kitam.　アブラナ科
celosia　のげいとう(野鶏頭)　*Celosia argentea* L.　ヒユ科
cembra　しもふりまつ(霜降松)　*Pinus cembra* L.　マツ科
Central American rubber tree　アメリカゴムのき(-木)　*Castilla elastica* Cerv.　クワ科
century plant　あおのりゅうぜつらん(青竜舌蘭)　*Agave americana* L.　リュウゼツラン科
Ceylon cardamom　カルダモン　*Elettaria cardamomum* (L.) Maton　ショウガ科
Ceylon cinnamon　シナモン　*Cinnamomum verum* J.Presl　クスノキ科
Ceylon citronella　セイロンシトロネラ　*Cymbopogon nardus* (L.) Rendle　イネ科
Ceylon gooseberry　セイロンすぐり(-酸塊)　*Dovyalis hebecarpa* (Gaertn.) Warb.　イイギリ科
Ceylon iron-wood　てつざいのき(鉄材木)　*Mesua ferrea* L.　オトギリソウ科
Ceylon leadwort　インドまつり(印度茉莉)　*Plumbago zeylanica* L.　イソマツ科
Ceylon oak　セイロンオーク　*Schleichera oleosa* (Lour.) Merr.　ムクロジ科
Ceylon olive　セイロンオリーブ　*Elaeocarpus serratus* Benth　ホルトノキ科
Ceylon spinach　はぜらん(糠蘭)　*Talinum triangulare* (Jacq.) Willd.　スベリヒユ科
chair-maker's rush　さんかくい(三角藺)　*Schoenoplectus triqueter* (L.) Palla　カヤツリグサ科
chamber bitter　こみかんそう(小蜜柑草)　*Phyllanthus urinaria* L.　トウダイグサ科
chameleon plant　どくだみ(蕺)　*Houttuynia cordata* Thunb.　ドクダミ科
chamomile　ローマカミツレ　*Anthemis nobilis* L.　キク科
chamomile　カモミール　*Matricaria chamomilla* L.　キク科
champac　きんこうぼく(金厚木)　*Michelia champaca* L.　モクレン科

champada　ひめぱらみつ(姫波羅蜜)　*Artocarpus integer* (Thunb.) Merr.　クワ科
charcoal tree　うらじろえのき(裏白榎)　*Trema orientalis* (L.) Blume　ニレ科
chard　ふだんそう(不断草)　*Beta vulgaris* L.　アカザ科
chaulmoogra tree　だいふうしのき(大風子木)　*Hydnocarpus anthelmintica* Pierre　イイギリ科
chayota / chayote　はやとうり(隼人瓜)　*Sechium edule* (Jacq.) Swartz　ウリ科
cheblic myrobalan　ミロバラン　*Terminalia chebula* Retz.　シクンシ科
checkerberry wintergreen　ひめこうじ(姫柑子)　*Gaultheria procumbens* L.　ツツジ科
chempedak　ひめぱらみつ(姫波羅蜜)　*Artocarpus integer* (Thunb.) Merr.　クワ科
cherimoya / cherimoyer　チェリモヤ　*Annona cherimola* Mill.　バンレイシ科
cherry elaeagnus　なつぐみ(夏茱萸)　*Elaeagnus multiflora* Thunb.　グミ科
cherry laurel　せいようばくちのき(西洋博打木)　*Laurocerasus officinalis* (L.) Roem.　バラ科
cherry pie　ヘリオトロープ　*Heliotropium arborescens* L.　ムラサキ科
cherry plum　ミロバランすもも(-酸桃)　*Prunus cerasifera* Ehrh. ssp. *myrobalana* (L.) C.K. Schneid.　バラ科
cherry prinsepia　ぐみもどき(茱萸擬)　*Prinsepia sinensis* (Oliv.) Oliv. ex Bean　バラ科
cherry silverberry　なつぐみ(夏茱萸)　*Elaeagnus multiflora* Thunb.　グミ科
cherry tomato　チェリートマト　*Lycopersicon esculentum* Mill. var. *cerasiforme* (Dunal) Alef.　ナス科
cheste tree　せいようにんじんぼく(西洋人参木)　*Vitex agnuscastus* L.　クマツヅラ科
chewing-gum tree　サポジラ　*Manilkara zapota* (L.) P.Royen　アカテツ科
chicken's head　おにばす(鬼蓮)　*Euryale ferox* Salisb.　スイレン科
chickling vetch　ガラスまめ(-豆)　*Lathyrus sativus* L.　マメ科
chickpea　ひよこまめ(雛豆)　*Cicer arietinum* L.　マメ科
chick-weed　はこべ(繁縷)　*Stellaria media* (L.) Vill.　ナデシコ科
chicle tree　サポジラ　*Manilkara zapota* (L.) P.Royen　アカテツ科
chicory　チコリー　*Cichorium intybus* L.　キク科
Chilean gunnera　こうもりがさそう(蝙蝠傘草)　*Gunnera chilensis* Lam.　グンネラ科
Chile pine　チリまつ(-松)　*Araucaria araucana* (Molina) K.Koch　ナンヨウスギ科
chili pepper　タバスコ　*Capsicum frutescens* L.　ナス科
chili pepper　とうがらし(唐辛子)　*Capsicum annuum* L.　ナス科
China angelica　からとうき(唐当帰)　*Angelica sinensis* (Oliver) Diels　セリ科
China berry　せんだん(楝)　*Melia azedarach* L. var. *subtripinnata* Miq.　センダン科
China chestnut　ピンポンのき(-木)　*Sterculia nobilis* Sm.　アオギリ科
China fir　こうようざん(広葉杉)　*Cunninghamia lanceolata* (Lamb.) Hook.　スギ科
China jute　いちび(苘麻)　*Abutilon theophrasti* Medik.　アオイ科
China laurustine　さんごじゅ(珊瑚樹)　*Viburnum odoratissimum* Ker Gawl.　スイカズラ科
China orange　カラマンシー　*Citrus madurensis* Lour.　ミカン科
China ramie　からむし(苧)　*Boehmeria nivea* (L.) Gaudich. ssp. *nipononivea* Kitam.　イラクサ科
China smilax　さるとりいばら(猿捕茨)　*Smilax china* L.　サルトリイバラ科
China tung-oil tree　しなあぶらぎり(支那油桐)　*Aleurites fordii* Hemsl.　トウダイグサ科
China turpentine tree　テレビンのき(-木)　*Pistacia terebinthus* L.　ウルシ科
China wood-oil tree　しなあぶらぎり(支那油桐)　*Aleurites fordii* Hemsl.　トウダイグサ科
Chinese aconite　とりかぶと(鳥兜)　*Aconitum chinense* Sieb. ex Paxton　キンポウゲ科
Chinese anemone　ひろはおきなぐさ(広葉翁草)　*Pulsatilla chinensis* Regel　キンポウゲ科
Chinese anise　とうしきみ(唐樒)　*Illicium verum* Hook.f.　シキミ科
Chinese arborvitae　このてがしわ(児手柏)　*Biota orientalis* (L.) Endl.　ヒノキ科
Chinese artichoke　ちょろぎ(草石蚕)　*Stachys sieboldii* Miq.　シソ科

Chinese asparagus　くさすぎかずら(草杉葛)　*Asparagus cochinchinensis* (Lour.) Merr.　ユリ科
Chinese banana　バナナ　*Musa acuminata* Colla　バショウ科
Chinese banyan　ガジュマル　*Ficus microcarpa* L.f.　クワ科
Chinese bellflower　ききょう(桔梗)　*Platycodon grandiflorum* (Jacq.) A.DC.　キキョウ科
Chinese bottle tree　あおぎり(青桐)　*Firmiana simplex* (L.) W.Wight　アオギリ科
Chinese box　げっきつ(月橘)　*Murraya paniculata* (L.) Jack　ミカン科
Chinese broccoli　かいらん(芥藍)　*Brassica oleracea* L. var. *alboglabra* (Bailey) Musil　アブラナ科
Chinese buckthorn　シーボルトのき(-木)　*Rhamnus utilis* Decne.　クロウメモドキ科
Chinese buckwheat　つるそば(蔓蕎麦)　*Persicaria chinensis* (L.) Nakai　タデ科
Chinese bush cherry　ゆすらうめ(梅桃)　*Cerasus tomentosa* (Thunb.) Wall.　バラ科
Chinese butternut　ちゅうごくぐるみ(中国胡桃)　*Juglans cathayensis* Dode　クルミ科
Chinese cabbage　はくさい(白菜)　*Brassica rapa* L. var. *amplexicaulis* Tanaka et Ono sv. *pe-tsai* (Bailey) Kitam.　アブラナ科
Chinese catalpa　きささげ(木豇豆)　*Catalpa ovata* G.Don　ノウゼンカズラ科
Chinese cedar　チャンチン(香椿)　*Cedrela sinensis* Juss.　センダン科
Chinese cherry　からみざくら(唐実桜)　*Cerasus pseudo-cerasus* (Lindl.) G.Don　バラ科
Chinese chestnut　あまぐり(甘栗)　*Castanea mollissima* Blume　ブナ科
Chinese chinquapin　こじい(小椎)　*Castanopsis cuspidata* (Thunb.) Schottky　ブナ科
Chinese chive　にら(韮)　*Allium tuberosum* Rottler ex Spreng.　ユリ科
Chinese cinnamon　カシア　*Cinnamomum cassia* J.Presl　クスノキ科
Chinese cork oak　あべまき　*Quercus variabilis* Blume　ブナ科
Chinese corktree　しなきはだ(支那黄膚)　*Phellodendron chinensis* Schneid.　ミカン科
Chinese crab apple　まるばかいどう(円葉海棠)　*Malus prunifolia* (Willd.) Borkh.　バラ科
Chinese cypress　すいしょう(水松)　*Glyptostrobus pensilis* (D.Don) K.Koch　スギ科
Chinese dandelion　もうこたんぽぽ(蒙古蒲公英)　*Taraxacum mongolicum* Hand.-Mazz.　キク科
Chinese date　なつめ(棗)　*Ziziphus jujuba* Mill.　クロウメモドキ科
Chinese Douglas fir　しなとがさわら(支那栂椹)　*Pseudotsuga sinensis* Dode　マツ科
Chinese elder　そくず(蒴藋)　*Sambucus chinensis* Lindl.　スイカズラ科
Chinese elm　あきにれ(秋楡)　*Ulmus parvifolia* Jacq.　ニレ科
Chinese ephedra　まおう(麻黄)　*Ephedra sinica* Stapf　マオウ科
Chinese evergreen　りょくちく(緑竹)　*Bambusa oldhamii* Munro　イネ科
Chinese fan　びろう(檳榔)　*Livistona chinensis* (Jacq.) R.Br. ex Mart. var. *subglobosa* (Hassk.) Becc.　ヤシ科
Chinese fever vine　へくそかずら(屁糞葛)　*Paederia scandens* (Lour.) Merr.　アカネ科
Chinese flat cabbage　ターツァイ(大菜)　*Brassica rapa* L. var. *narinosa* (Bailey) Kitam.　アブラナ科
Chinese flowering ash　まるばあおだも(丸葉青-)　*Fraxinus sieboldiana* Blume　モクセイ科
Chinese flowering white serissa　はくちょうげ(白丁花)　*Serissa japonica* (Thunb.) Thunb.　アカネ科
Chinese foxglove　じおう(地黄)　*Rehmannia glutinosa* (Gaertn.) Libosch. ex Fisch. et C.A.Mey. var. *purpurea* Makino　ゴマノハグサ科
Chinese garlic　のびる(野蒜)　*Allium grayi* Regel　ユリ科
Chinese-ginger　こうりょうきょう(高良姜)　*Alpinia officinarum* Hance　ショウガ科
Chinese goldthread　しなおうれん(支那黄連)　*Coptis chinensis* Franch.　キンポウゲ科
Chinese gooseberry　キーウィフルーツ　*Actinidia chinensis* Planch.　マタタビ科

Chinese gutta percha とちゅう(杜仲) *Eucommia ulmoides* Oliv. トチュウ科
Chinese hackberry えのき(榎) *Celtis sinensis* Pers. ニレ科
Chinese hemp いちび(茼麻) *Abutilon theophrasti* Medik. アオイ科
Chinese hemp palm しゅろ(棕櫚) *Trachycarpus fortunei* (Hook.) H.Wendl. ヤシ科
Chinese holly ひいらぎ(柊) *Osmanthus heterophyllus* (G.Don) P.S.Green モクセイ科
Chinese holly ひいらぎもち(柊黐) *Ilex cornuta* Lindl. et Paxton モチノキ科
Chinese honey orange ポンかん(椪柑) *Citrus reticulata* Blanco var. *poonensis* (Hayata) H.H.Hu ミカン科
Chinese indigo あい(藍) *Persicaria tinctoria* (Aiton) H.Gross タデ科
Chinese indigo たいせい(大青) *Isatis indigotica* Fortune ex. Lindl. アブラナ科
Chinese juniper びゃくしん(柏槇) *Sabina chinensis* (L.) Antoine ヒノキ科
Chinese kale かいらん(芥藍) *Brassica oleracea* L. var. *alboglabra* (Bailey) Musil アブラナ科
Chinese lantern plant ほおずき(酸漿) *Physalis alkekengi* L. var. *franchetii* (Mast.) Makino ナス科
Chinese laurel なんようごみし(南洋五味子) *Antidesma bunius* (L.) Spreng. トウダイグサ科
Chinese licorice かんぞう(甘草) *Glycyrrhiza uralensis* Fisch. et DC. マメ科
Chinese lime ぐみみかん(茱萸蜜柑) *Triphasia trifolia* (Burm.f.) P.Wils. ミカン科
Chinese lobelia あぜむしろ(畔筵) *Lobelia chinensis* Lour. キキョウ科
Chinese magnolia からほお(唐朴) *Magnolia officinalis* Rehder et E.H.Wilson モクレン科
Chinese matgrass しちとうい(七島藺) *Cyperus malaccensis* Lam. ssp. *brevifolius* (Boeck.) T.Koyama カヤツリグサ科
Chinese matrimony-vine くこ(枸杞) *Lycium chinense* Mill. ナス科
Chinese mat rush アンペラそう(-草) *Lepironia articulata* (Retz.) Domin カヤツリグサ科
Chinese mayapple はっかくれん(八角蓮) *Podophyllum pleianthum* Hance メギ科
Chinese milk-vetch れんげ(蓮華) *Astragalus sinicus* L. マメ科
Chinese moonseed つづらふじ(葛藤) *Sinomenium acutum* (Thunb.) Rehder et E.H. Wilson ツヅラフジ科
Chinese mung bean りょくとう(緑豆) *Vigna radiata* (L.) R.Wilcz. マメ科
Chinese mustard (cabbage) チンゲンサイ(青梗菜) *Brassica rapa* L. var. *chinensis* (L.) Kitam. アブラナ科
Chinese okra とかどへちま(十角糸瓜) *Luffa acutangula* (L.) Roxb. ウリ科
Chinese olive かんらん(橄欖) *Canarium album* (Lour.) Räusch. カンラン科
Chinese parasol tree あおぎり(青桐) *Firmiana simplex* (L.) W.Wight アオギリ科
Chinese parsley コリアンダー *Coriandrum sativum* L. セリ科
Chinese pear ちゅうごくなし(中国梨) *Pyrus bretschneideri* Rehder バラ科
Chinese pear ほくしやまなし(北支山梨) *Pyrus ussuriensis* Maxim. バラ科
Chinese peony しゃくやく(芍薬) *Paeonia lactiflora* Pall. ボタン科
Chinese perfume flower じゅらん(樹蘭) *Aglaia odorata* Lour. センダン科
Chinese persimmon tree かき(柿) *Diospyros kaki* Thunb. カキノキ科
Chinese plum にほんすもも(日本酸桃) *Prunus salicina* Lindl. バラ科
Chinese potato ながいも(長芋) *Dioscorea opposita* Thunb. ヤマノイモ科
Chinese privet とうねずみもち(唐鼠黐) *Ligustrum lucidum* Aiton モクセイ科
Chinese pyramid juniper びゃくしん(柏槇) *Sabina chinensis* (L.) Antoine ヒノキ科
Chinese quince かりん(榠樝) *Chaenomeles sinensis* (Thouin) Koehne バラ科
Chinese radish だいこん(大根) *Raphanus sativus* L. アブラナ科
Chinese rape チンゲンサイ(青梗菜) *Brassica rapa* L. var. *chinensis* (L.) Kitam. アブラナ科

Chinese redbud	はなずおう(花蘇芳)	*Cercis chinensis* Bunge	ジャケツイバラ科
Chinese rice flower	じゅらん(樹蘭)	*Aglaia odorata* Lour.	センダン科
Chinese scholar tree	えんじゅ(槐)	*Sophora japonica* L.	マメ科
Chinese senega	ひめいとはぎ(姫糸萩)	*Polygala tenuifolia* Willd.	ヒメハギ科
Chinese silver grass	すすき(薄)	*Miscanthus sinensis* Anders.	イネ科
Chinese snakegourd	ちょうせんからすうり(朝鮮烏瓜)	*Trichosanthes kirilowii* Maxim.	ウリ科
Chinese soapberry	むくろじ(無患子)	*Sapindus mukorossi* Gaertn.	ムクロジ科
Chinese strawberry tree	やまもも(山桃)	*Myrica rubra* Sieb. et Zucc.	ヤマモモ科
Chinese sugar cane	ちくしゃ(竹蔗)	*Saccharum sinense* Roxb.	イネ科
Chinese sumac	にわうるし(庭漆)	*Ailanthus altissima* (Mill.) Swingle	ニガキ科
Chinese sweet gum	ふう(楓)	*Liquidambar formosana* Hance	マンサク科
Chinese tallow	なんきんはぜ(南京櫨)	*Sapium sebiferum* (L.) Roxb.	トウダイグサ科
Chinese tamarisk	ぎょりゅう(御柳)	*Tamarix chinensis* Lour.	ギョリュウ科
Chinese torreya	しながや(支那榧)	*Torreya grandis* Forst.	イチイ科
Chinese trumpet -creeper / flower	のうぜんかずら(凌霄花)	*Campsis grandiflora* (Thunb.) K.Schum.	ノウゼンカズラ科
Chinese walnut	ちゅうごくぐるみ(中国胡桃)	*Juglans cathayensis* Dode	クルミ科
Chinese water chestnut	おおくろぐわい(大黒慈姑)	*Eleocharis dulcis* (Burm.f.) Trin ex Hensch. var. *tuberosa* (Roxb.) T.Koyama	カヤツリグサ科
Chinese water lily	はす(蓮)	*Nelumbo nucifera* Gaertn.	ハス科
Chinese water pine	すいしょう(水松)	*Glyptostrobus pensilis* (D.Don) K.Koch	スギ科
Chinese water spinach	ようさい(甕菜)	*Ipomoea aquatica* Forssk.	ヒルガオ科
Chinese windmill palm	しゅろ(棕櫚)	*Trachycarpus fortunei* (Hook.) H.Wendl.	ヤシ科
Chinese wingnut	しなさわぐるみ(支那沢胡桃)	*Pterocarya stenoptera* C.DC.	クルミ科
Chinese winter melon	とうがん(冬瓜)	*Benincasa hispida* (Thunb.) Cogn.	ウリ科
Chinese wolfberry	くこ(枸杞)	*Lycium chinense* Mill.	ナス科
Chinese wormwood	ほそばにんじん(細葉人参)	*Artemisia annua* L.	キク科
Chinese yam	ながいも(長芋)	*Dioscorea opposita* Thunb.	ヤマノイモ科
chinini	カヨアボカド	*Persea schiedeana* Nees	クスノキ科
chinotto	チノット	*Citrus myrtifolia* Raf.	ミカン科
chipilín	チピリン	*Crotalaria longirostrata* Hook. et Arn.	マメ科
chiretta	チレッタそう(-草)	*Swertia chirayita* (Roxb.) H.Karst.	リンドウ科
chive	えぞねぎ(蝦夷葱)	*Allium schoenoprasum* L.	ユリ科
chive	あさつき(浅葱)	*Allium schoenoprasum* L. var. *foliosum* Regel	ユリ科
chocolate nut tree	カカオのき(-木)	*Theobroma cacao* L.	アオギリ科
chocolate vine	あけび(通草)	*Akebia quinata* (Houtt.) Decne.	アケビ科
chocolate weed	のじあおい(野路葵)	*Melochia corchorifolia* L.	アオイ科
chorogi	ちょろぎ(草石蚕)	*Stachys sieboldii* Miq.	シソ科
Christmas rose	クリスマスローズ	*Helleborus niger* L.	キンポウゲ科
Christ-phone	はやとうり(隼人瓜)	*Sechium edule* (Jacq.) Swartz	ウリ科
Christ's thorn	カリッサ	*Carissa carandas* L.	キョウチクトウ科
chucte	カヨアボカド	*Persea schiedeana* Nees	クスノキ科
chufa	しょくようかやつり(食用蚊屋吊)	*Cyperus esculentus* L.	カヤツリグサ科
cibol / ciboule	ねぎ(葱)	*Allium fistulosum* L.	ユリ科
cicer milkvetch	しろばなもめんづる(白花木綿蔓)	*Astragalus cicer* L.	マメ科
cigar tree	はなきささげ(花木豇豆)	*Catalpa speciosa* Warder ex Engelm.	ノウゼンカズラ科
cinnamon	シナモン	*Cinnamomum verum* J.Presl	クスノキ科

cinnamon fern　やまどりぜんまい（山鳥薇）*Osmunda cinnamomea* L.　ゼンマイ科
cinnamon vine / yam　ながいも（長芋）*Dioscorea opposita* Thunb.　ヤマノイモ科
citron　シトロン　*Citrus medica* L.　ミカン科
citronella (grass)　セイロンシトロネラ　*Cymbopogon nardus* (L.) Rendle　イネ科
civet bean　ライまめ(-豆)　*Phaseolus lunatus* L.　マメ科
clary sage　クラリーセージ　*Salvia sclarea* L.　シソ科
clear-eye　クラリーセージ　*Salvia sclarea* L.　シソ科
clematis　てっせん（鉄線）*Clematis florida* Thunb.　キンポウゲ科
climbing bagbane　ていかかずら(定家葛)　*Trachelospermum asiaticum* (Sieb. et Zucc.) Nakai　キョウチクトウ科
climbing fern　かにくさ（蟹草）*Lygodium japonicum* (Thunb.) Sw.　フサシダ科
climbing fig　おおいたび(大木蓮子)　*Ficus pumila* L.　クワ科
climbing hydrangea　つるあじさい（蔓紫陽花）*Hydrangea petiolaris* Sieb. et Zucc.　アジサイ科
climbing mountain bean　つるあずき（蔓小豆）*Vigna umbellata* (Thunb.) Ohwi et H.Ohashi　マメ科
climbing nasturtium　のうぜんはれん（凌霄葉蓮）*Tropaeolum majus* L.　ノウゼンハレン科
climbing palm　とう（籐）*Calamus rotang* L.　ヤシ科
cloth of gold　きばなのこぎりそう（黄花鋸草）*Achillea filipendulina* Lam.　キク科
cloudberry　ほろむいいちご（幌向苺）*Rubus chamaemorus* L.　バラ科
clove (tree)　クローブ　*Syzygium aromaticum* (L.) Merr. et L.M. Perry　フトモモ科
clove pink　じゃこうなでしこ（麝香撫子）*Dianthus caryophyllus* L.　ナデシコ科
club gourd　へびうり（蛇瓜）*Trichosanthes cucumerina* Buch.-Ham. ex Wall.　ウリ科
club moss　ひかげのかずら（日蔭葛）*Lycopodium clavatum* L. var. *nipponicum* Nakai　ヒカゲノカズラ科
club wheat　クラブこむぎ(-小麦)　*Triticum compactum* Host　イネ科
cluster bean　クラスタまめ(-豆)　*Cyamopsis tetragonoloba* (L.) Taub.　マメ科
cluster cardamom　カルダモン　*Elettaria cardamomum* (L.) Maton　ショウガ科
cluster pepper　やつぶさ（八房）*Capsicum annuum* L. var. *fasciculatum* Irish　ナス科
coast cotton tree　おおはまぼう（大黄槿）*Hibiscus tiliaceus* L.　アオイ科
coast redwood　セコイア　*Sequoia sempervirens* (D.Don) Endl.　スギ科
coast redwood　べいすぎ（米杉）*Thuja plicata* Lamb.　ヒノキ科
coast she oak　もくまおう（木麻黄）*Allocasuarina verticillata* (Lam.) L.A.S.Jhonson　モクマオウ科
coast wallflower　においあらせいとう（匂紫羅欄花）*Cheiranthus cheiri* L.　アブラナ科
cobnut　ヘイゼルナッツ　*Corylus avellana* L.　カバノキ科
cocaine plant　コカのき(-木)　*Erythroxylum coca* Lam.　コカノキ科
Cochil sapote　ホワイトサポテ　*Casimiroa edulis* La Llave　ミカン科
cocklebur　おなもみ（巻耳）*Xanthium strumarium* L.　キク科
cock's-foot　オーチャードグラス　*Dactylis glomerata* L.　イネ科
coco-de-mer　おおみやし（大実椰子）*Lodoicea maldivica* (J.F.Gmel.) Pers. ex H.Wendl.　ヤシ科
coconut (palm)　ココやし(-椰子)　*Cocos nucifera* L.　ヤシ科
cocoyam　さといも（里芋）*Colocasia esculenta* (L.) Schott　サトイモ科
codonopsis　ひかげつるにんじん（日陰蔓人参）*Codonopsis pilosula* Nannf.　キキョウ科
coffee (bean) tree　アメリカさいかち(-皂莢)　*Gymnocladus dioica* (L.) Koch　マメ科
coffee senna　はぶそう（波布草）*Senna occidentalis* Link　ジャケツイバラ科
cogon (grass)　ちがや（茅）*Imperata cylindrica* (L.) P.Beauv.　イネ科
cola (tree)　コラのき(-木)　*Cola nitida* (Vent.) Schott et Endl.　アオギリ科

cola nut　ひめコラのき(姫-木)　*Cola acuminata* (P.Beauv.) Schott et Endl.　アオギリ科
colchicum　いぬサフラン(犬-)　*Colchicum autumnale* L.　ユリ科
collard　ケール　*Brassica oleracea* L. var. *acephala* DC.　アブラナ科
colocynth　コロシントうり(-瓜)　*Citrullus colocynthis* (L.) Schrad.　ウリ科
Colombia hemlock　アメリカつが(-栂)　*Tsuga heterophylla* (Raf.) Sarg.　マツ科
Colombian coca　ジャワコカ　*Erythroxylum novogranatense* (Morris) Hieron.　コカノキ科
colonial bent grass　コロニアルベント　*Agrostis tenuis* Sibth.　イネ科
Colorado white fir　べいもみ(米樅)　*Abies concolor* (Gord. et Glend.) Lindl.　マツ科
Colorado River hemp　アメリカつのくさねむ(-角草合歓)　*Sesbania exaltata* (Raf.) Rydb.　マメ科
colored Guinea grass　カラードギニアグラス　*Panicum coloratum* L.　イネ科
coltsfoot　ふきたんぽぽ(蕗蒲公英)　*Tussilago farfara* L.　キク科
columbine-leaved meadow rue　からまつそう(唐松草)　*Thalictrum aquilegifolium* L. var. *intermedium* Nakai　キンポウゲ科
Columbus grass　コロンブスグラス　*Sorghum almum* Parodi　イネ科飼
colza　せいようあぶらな(西洋油菜)　*Brassica napus* L.　アブラナ科
comfrey　コンフリー　*Symphytum officinale* L.　ムラサキ科
common anise　アニス　*Pimpinella anisum* L.　セリ科
common apple　りんご(林檎)　*Malus × domestica* Borkh.　バラ科
common ash　せいようとねりこ(西洋梣)　*Fraxinus excelsior* L.　モクセイ科
common asparagus　アスパラガス　*Asparagus officinalis* L. var. *altilis* L.　ユリ科
common bamboo　だいさんちく(泰山竹)　*Bambusa vulgaris* Schrad. ex Wendl.　イネ科
common barberry　せいようめぎ(西洋目木)　*Berberis vulgaris* L.　メギ科
common barley　おおむぎ(大麦)　*Hordeum vulgare* L.　イネ科
common basil　バジル　*Ocimum basilicum* L.　シソ科
common bean　いんげんまめ(隠元豆)　*Phaseolus vulgaris* L.　マメ科
common beech　ヨーロッパぶな(-橅)　*Fagus sylvatica* L.　ブナ科
common black currant　くろすぐり(黒酸塊)　*Ribes nigrum* L.　スグリ科
common borage　るりじさ(瑠璃萵苣)　*Borago officinalis* L.　ムラサキ科
common broom　エニシダ(金雀枝)　*Cytisus scoparius* (L.) Link　マメ科
common buckwheat　そば(蕎麦)　*Fagopyrum esculentum* Moench　タデ科
common camellia　つばき(椿)　*Camellia japonica* L.　ツバキ科
common cat-tail　がま(蒲)　*Typha latifolia* L.　ガマ科
common cauliflower　カリフラワー　*Brassica oleracea* L. var. *botrytis* L.　アブラナ科
common cherry　すみのみざくら(酸味実桜)　*Cerasus vulgaris* Mill.　バラ科
common cinnamon　シナモン　*Cinnamomum verum* J.Presl　クスノキ科
common cocklebur　おなもみ(巻耳)　*Xanthium strumarium* L.　キク科
common coffee　アラビアコーヒーのき(-木)　*Coffea arabica* L.　アカネ科
common cowpea　ささげ(豇豆)　*Vigna unguiculata* (L.) Walp.　マメ科
common cress　ガーデンクレス　*Lepidium sativum* L.　アブラナ科
common cucumber　きゅうり(胡瓜)　*Cucumis sativus* L.　ウリ科
common currant　カーランツ　*Ribes rubrum* L.　スグリ科
common custard apple　ぎゅうしんり(牛心梨)　*Annona reticulata* L.　バンレイシ科
common daisy　ひなぎく(雛菊)　*Bellis perennis* L.　キク科
common dandelion　せいようたんぽぽ(西洋蒲公英)　*Taraxacum officinale* L.　キク科
common elm　せいようはるにれ(西洋春楡)　*Ulmus glabra* Huds.　ニレ科
common field horsetail　すぎな(杉菜)　*Equisetum arvense* L.　トクサ科
common fig　いちじく(無花果)　*Ficus carica* L.　クワ科

common fir　ヨーロッパもみ(-樅)　*Abies alba* Mill.　マツ科
common flax　あま(亜麻)　*Linum usitatissimum* L.　アマ科
common foxglove　ジギタリス　*Digitalis purpurea* L.　ゴマノハグサ科
common gardenia　くちなし(梔子)　*Gardenia jasminoides* J.Ellis　アカネ科
common germander　ジャーマンダー　*Teucrium chamaedrys* L.　シソ科
common ginger　しょうが(生姜)　*Zingiber officinale* (Willd.) Roscoe　ショウガ科
common gram　ひよこまめ(雛豆)　*Cicer arietinum* L.　マメ科
common grape　ヨーロッパぶどう(-葡萄)　*Vitis vinifera* L.　ブドウ科
common groundsel　のぼろぎく(野襤褸菊)　*Senecio vulgaris* L.　キク科
common guava　グアバ　*Psidium guajava* L.　フトモモ科
common hackberry　アメリカえのき(-榎)　*Celtis occidentalis* L.　ニレ科
common heliotrope　ヘリオトロープ　*Heliotropium arborescens* L.　ムラサキ科
common hog plum　アムラのき(-木)　*Spondias pinnata* (L.f.) Kurz　ウルシ科
common hops　ホップ　*Humulus lupulus* L.　アサ科
common horehound　にがはっか(苦薄荷)　*Marrubium vulgare* L.　シソ科
common hornbeam　せいようしで(西洋四手)　*Carpinus betulus* L.　カバノキ科
common horsetail　すぎな(杉菜)　*Equisetum arvense* L.　トクサ科
common horsetail　とくさ(木賊)　*Equisetum hyemale* L.　トクサ科
common indigo　インドあい(印度藍)　*Indigofera tinctoria* L.　マメ科
common Japanese thistle　のあざみ(野薊)　*Cirsium japonicum* Fisch. ex DC.　キク科
common juniper　せいようねず(西洋杜松)　*Juniperus communis* L.　ヒノキ科
common lam's quaters　しろざ(白藜)　*Chenopodium album* L.　アカザ科
common lantana　ランタナ　*Lantana camara* L.　クマツヅラ科
common lavender　ラベンダー　*Lavandula angustifolia* Mill.　シソ科
common lespedeza　やはずそう(矢筈草)　*Kummerowia striata* (Thunb.) Schindl.　マメ科
common lilac　ライラック　*Syringa vulgaris* L.　モクセイ科
common madder　せいようあかね(西洋茜)　*Rubia tinctorium* L.　アカネ科
common mallow　うすべにあおい(薄紅葵)　*Malva sylvestris* L.　アオイ科
common mandarin　マンダリン　*Citrus reticulata* Blanco　ミカン科
common marjoram　オレガノ　*Origanum vulgare* L.　シソ科
common marigold　マリゴールド　*Calendura officinalis* L.　キク科
common millet　きび(黍)　*Panicum miliaceum* L.　イネ科
common morning-glory　まるばあさがお(円葉朝顔)　*Ipomoea purpurea* (L.) Roth　ヒルガオ科
common mulberry　くろみぐわ(黒実桑)　*Morus nigra* L.　クワ科
common mullein　バーバスカム　*Verbascum thapsus* L.　ゴマノハグサ科
common myrrh　もつやくじゅ(没薬樹)　*Commiphora myrrha* Engl.　カンラン科
common myrtle　ぎんばいか(銀梅花)　*Myrtus communis* L.　フトモモ科
common nettle　ネットル　*Urtica dioica* L.　イラクサ科
common nutmeg　ナツメッグ　*Myristica fragrans* Houtt.　ニクズク科
common oak　ヨーロッパなら(-楢)　*Quercus robur* Pall.　ブナ科
common olive　オリーブ　*Olea europaea* L.　モクセイ科
common osier　たいりくきぬやなぎ(大陸絹柳)　*Salix viminalis* L.　ヤナギ科
common papaw　パパイア　*Carica papaya* L.　パパイア科
common pea　えんどう(豌豆)　*Pisum sativum* L.　マメ科
common pear　せいようなし(西洋梨)　*Pyrus communis* L.　バラ科
common peony　オランダしゃくやく(-芍薬)　*Paeonia officinalis* L.　ボタン科
common pepper　こしょう(胡椒)　*Piper nigrum* L.　コショウ科

common persimmon	アメリカがき(-柿)	*Diospyros virginiana* L.		カキノキ科
common plantain	おにおおばこ(鬼大葉子)	*Plantago major* L.		オオバコ科
common plum	プラム	*Prunus domestica* L.		バラ科
common poppy	ひなげし(雛芥子)	*Papaver rhoeas* L.		ケシ科
common purslane	すべりひゆ(滑莧)	*Portulaca oleracea* L.		スベリヒユ科
common quince	マルメロ(榲桲)	*Cydonia oblonga* Mill.		バラ科
common ragweed	ぶたくさ(豚草)	*Ambrosia artemisiifolia* L.		キク科
common reed	あし(葦)	*Phragmites communis* Trin.		イネ科
common rue	ヘンルーダ	*Ruta graveolens* L.		ミカン科
common rush	いぐさ(藺草)	*Juncus effusus* L. var. *decipiens* Buchenau		イグサ科
common rye	ライむぎ(-麦)	*Secale cereale* L.		イネ科
common sainfoin	セインフォイン	*Onobrychis sativa* Lam.		マメ科
common salvia	セージ	*Salvia officinalis* L.		シソ科
common sassafras	サッサフラスのき(-木)	*Sassafras albidum* Nees		クスノキ科
common sorrel	すいば(酸葉)	*Rumex acetosa* L.		タデ科
common spruce	ドイツとうひ(-唐檜)	*Picea abies* (L.) H.Karst.		マツ科
common St. John's wort	せいようおとぎり(西洋弟切)	*Hypericum perforatum* L.		オトギリソウ科
common strawberry tree	いちごのき(苺木)	*Arbutus unedo* L.		ツツジ科
common tea	ちゃ(茶)	*Camellia sinensis* (L.) Kuntze		ツバキ科
common thorn apple	ようしゅちょうせんあさがお(洋種朝鮮朝顔)	*Datura metel* L. var. *chalybea* Koch		ナス科
common thyme	タイム	*Thymus vulgaris* L.		シソ科
common tuberose	チュベローズ	*Polianthes tuberosa* L.		リュウゼツラン科
common valerian	せいようかのこそう(西洋鹿子草)	*Valeriana officinalis* L.		オミナエシ科
common vanilla	バニラ	*Vanilla planifolia* Andrews		ラン科
common verbena	くまつづら(熊葛)	*Verbena officinalis* L.		クマツヅラ科
common vetch	コモンベッチ	*Vicia sativa* L.		マメ科
common viper's grass	きばなばらもんじん(黄花波羅門参)	*Scorzonera hispanica* L.		キク科
common walnut	せいようぐるみ(西洋胡桃)	*Juglans regia* L.		クルミ科
common wormwood	にがよもぎ(苦蓬)	*Artemisia absinthium* L.		キク科
common yarrow	せいようのこぎりそう(西洋鋸草)	*Achillea millefolium* L.		キク科
common yew	ヨーロッパいちい(--位)	*Taxus baccata* L.		イチイ科
coneflower	はんごんそう(反魂草)	*Senesio cannabifolius* Less.		キク科
cone pepper	たかのつめ(鷹爪)	*Capsicum annuum* L. var. *acuminatum* Fingerh.		ナス科
Congo coffee	ロブスタコーヒーのき(-木)	*Coffea robusta* L.Linden		アカネ科
Congo goober	バンバラまめ(-豆)	*Vigna subterranea* (L.) Verdc.		マメ科
Congo pea	きまめ(木豆)	*Cajanus cajan* (L.) Millsp.		マメ科
conium	どくにんじん(毒人参)	*Conium maculatum* L.		セリ科
cool-tankard	るりじさ(瑠璃萵苣)	*Borago officinalis* L.		ムラサキ科
copperleaf	えのきぐさ(榎草)	*Acalypha australis* L.		トウダイグサ科
coral ardisia	からたちばな(唐橘)	*Ardisia crispa* (Thunb.) A.DC.		ヤブコウジ科
coralberry	まんりょう(万両)	*Ardisia crenata* Sims		ヤブコウジ科
coral flower	はぜらん(爆蘭)	*Talinum triangulare* (Jacq.) Willd.		スベリヒユ科
coral pea	なんばんあかあずき(南蛮赤小豆)	*Adenanthera pavonina* L.		マメ科
coral tree	でいご(梯姑)	*Erythrina variegata* L. var. *orientalis* Merr.		マメ科
coriander	コリアンダー	*Coriandrum sativum* L.		セリ科

cork oak　コルクがし(-樫)　*Quercus suber* L.　ブナ科
corn　とうもろこし(玉蜀黍)　*Zea mays* L.　イネ科
cornel　みずき(水木)　*Cornus controversa* Hemsl.　ミズキ科
cornelian cherry　せいようさんしゅゆ(西洋山茱萸)　*Cornus mas* L.　ミズキ科
corn poppy　ひなげし(雛芥子)　*Papaver rhoeas* L.　ケシ科
corn-salad　コーンサラダ　*Valerianella locustus* (L.) Betcke　オミナエシ科
corn sow thistle　たいわんはちじょうな(台湾八丈菜)　*Sonchus arvensis* L.　キク科
corn wheat　リベットこむぎ(-小麦)　*Triticum turgidum* L.　イネ科
corydalis　えんごさく(延胡索)　*Corydalis yanhusuo* W.T.Wang　ケマンソウ科
Cos lettuce　たちぢしゃ(立萵苣)　*Lactuca sativa* L. var. *longifolia* Lam.　キク科
cosmetic barktree　げっきつ(月橘)　*Murraya paniculata* (L.) Jack　ミカン科
cosmos　コスモス　*Cosmos bipinnatus* Cav.　キク科
costus (root)　もっこう(木香)　*Saussurea lappa* Clarke　キク科
cotton rose (hibiscus)　ふよう(芙蓉)　*Hibiscus mutabilis* L.　アオイ科
cotton weed　ははこぐさ(母子草)　*Gnaphalium affine* D.Don　キク科
cottonwood　アメリカくろやまならし(-黒山鳴)　*Populus deltoides* Bartram et Marshall　ヤナギ科
cottony jujube　いぬなつめ(犬棗)　*Ziziphus vulgaris* Lam. var. *mauritiana* Lam.　クロウメモドキ科
country gooseberry　あめだまのき(飴玉木)　*Phyllanthus acidus* (L.) Skeels　トウダイグサ科
country mallow　たかさごいちび(高砂莔麻)　*Abutilon indicum* (L.) Sweet　アオイ科
country walnut　ククイのき(-木)　*Aleurites moluccana* (L.) Willd.　トウダイグサ科
courgette　ズッキーニ　*Cucurbita pepo* L. var. *cylindrica* Paris　ウリ科
cowbane　どくぜり(毒芹)　*Cicuta vilosa* L.　セリ科
cowberry　こけもも(苔桃)　*Vaccinium vitis-idaea* L.　ツツジ科
cowgrass　あかクローバ(赤-)　*Trifolium pratense* L.　マメ科
cow-herb　どうかんそう(道灌草)　*Vaccaria pyramidata* Medik.　ナデシコ科
cowpea　ささげ(豇豆)　*Vigna unguiculata* (L.) Walp.　マメ科
cowslip　きばなのくりんざくら(黄花九輪桜)　*Primula veris* L.　サクラソウ科
cow's tail pine　いぬがや(犬榧)　*Cephalotaxus harringtonia* (Knight ex F.B.Forbes) K.Koch f. *drupacea* (Sieb. et Zucc.) Kitam.　イヌガヤ科
cow vetch　くさふじ(草藤)　*Vicia cracca* L.　マメ科
crab grass　あっけしそう(厚岸草)　*Salicornia europaea* L.　アカザ科
crab grass　めひしば(雌日芝)　*Digitaria adscendens* (Humb., Bonpl. et Kunth) Henrard　イネ科
crake berry　がんこうらん(岩高蘭)　*Empetrum asiaticum* Nakai　ガンコウラン科
cramp bark　ようしゅかんぼく(洋種肝木)　*Viburnum opulus* L.　スイカズラ科
cranberry　クランベリー　*Vaccinium macrocarpon* Aiton　ツツジ科
cranberry tree　ようしゅかんぼく(洋種肝木)　*Viburnum opulus* L.　スイカヅラ科
cranesbill　げんのしょうこ(験証拠)　*Geranium thunbergii* Sieb. et Zucc.　フウロソウ科
crape myrtle　さるすべり(百日紅)　*Lagerstroemia indica* L.　ミソハギ科
cream nut　ブラジルナットのき(-木)　*Bertholettia excelsa* Humb. et Bonpl.　サガリバナ科
creeping bent grass　クリーピングベント　*Agrostis stolonifera* L.　イネ科
creeping fescue　レッドフェスク　*Festuca rubra* L.　イネ科
creeping fig　おおいたび(大木蓮子)　*Ficus pumila* L.　クワ科
creeping oxalis　かたばみ(酢漿草)　*Oxalis corniculata* L.　カタバミ科
creeping paspalum　コドラ　*Paspalum scrobiculatum* L.　イネ科
creeping pine　はいまつ(這松)　*Pinus pumila* (Pall.) Regel　マツ科
creeping-sailor　ゆきのした(雪下)　*Saxifraga stolonifera* Meerb.　ユキノシタ科

creeping thistle　えぞのきつねあざみ(蝦夷狐薊)　*Breea setosa* (M.Bieb.) Kitam.　キク科
creeping thyme　ワイルドタイム　*Thymus serpyllum* L.　シソ科
creeping wintergreen　ひめこうじ(姫柑子)　*Gaultheria procumbens* L.　ツツジ科
creeping wood-sorrel　かたばみ(酢奬草)　*Oxalis corniculata* L.　カタバミ科
cresson　クレソン　*Nasturtium officinale* R.Br.　アブラナ科
crested late-summer mint　なぎなたこうじゅ(薙刀香薷)　*Elsholtzia ciliata* (Thunb.) Hyl.　シソ科
crested wheatgrass　クレステッドホィートグラス　*Agropyron cristatum* Gaertn.　イネ科
crimson clover　クリムソンクローバ　*Trifolium incarnatum* L.　マメ科
crimson glory vine　やまぶどう(山葡萄)　*Vitis coignetiae* Pulliat ex Planch.　ブドウ科
cropweed　やぐるまぎく(矢車菊)　*Centaurea cyanus* L.　キク科
croton oil plant　はず(巴豆)　*Croton tiglium* L.　トウダイグサ科
crowder bean / pea　ささげ(豇豆)　*Vigna unguiculata* (L.) Walp.　マメ科
crowdipper　はんげ(半夏)　*Pinellia ternata* (Thunb.) Breitenb.　サトイモ科
crowfoot grass　おひしば(雄日芝)　*Eleusine indica* (L.) Gaertn.　イネ科
crown daisy　しゅんぎく(春菊)　*Chrysanthemum coronarium* L.　キク科
crown flower　アコン　*Calotropis gigantea* (L.) Dryand. ex Aiton　ガガイモ科
crown vetch　クラウンベッチ　*Coronilla varia* L.　マメ科
cryptomeria　すぎ(杉)　*Cryptomeria japonica* (L.f.) D.Don　スギ科
Cuba jute　きんごじか(金午時花)　*Sida rhombifolia* L.　アオイ科
cucumber　きゅうり(胡瓜)　*Cucumis sativus* L.　ウリ科
cucumber tree　ビリンビ　*Averrhoa bilimbi* L.　カタバミ科
cucumber tree　もくれん(木蓮)　*Magnolia quinquepeta* (Buc'hoz) Dandy　モクレン科
cucurbit　ひょうたん(瓢箪)　*Lagenaria siceraria* (Molina) Standl. var. *gourda* Makino　ウリ科
cudweed　ははこぐさ(母子草)　*Gnaphalium affine* D.Don　キク科
culinary zinger　しょうが(生姜)　*Zingiber officinale* (Willd.) Roscoe　ショウガ科
cultivated strawberry　いちご(苺)　*Fragaria* × *magna* Thuill.　バラ科
Culver's root　くがいそう(九蓋草)　*Veronicastrum sibiricum* (L.) Pennell ssp. *japonicum* (Nakai) T.Yamaz.　ゴマノハグサ科
cum(m)in　クミン(馬芹)　*Cuminum cyminum* L.　セリ科
cup-rose　ひなげし(雛芥子)　*Papaver rhoeas* L.　ケシ科
curcuma　うこん(鬱金)　*Curcuma longa* L.　ショウガ科
cure-all　るりはこべ(瑠璃繁縷)　*Anagallis arvensis* L. f. *coerulea* (Schreb.) Baumg.　サクラソウ科
curled dock　ながばぎしぎし(長葉羊蹄)　*Rumex crispus* L.　タデ科
curled lettuce　ちりめんぢしゃ(縮緬萵苣)　*Lactuca sativa* L. var. *crispa* L.　キク科
curled / curly mallow　ふゆあおい(冬葵)　*Malva verticillata* L.　アオイ科
currant　カーランツ　*Ribes rubrum* L.　スグリ科
curry leaf (tree)　おおばげっきつ(大葉月橘)　*Murraya koenigii* (L.) Spreng.　ミカン科
curuba　クルーバ　*Passiflora antioquiensis* H.Karst.　トケイソウ科
curved rhubarb　からだいおう(唐大黄)　*Rheum undulatum* L.　タデ科
cush-cush yam　クスクスヤム　*Dioscorea trifida* L.f.　ヤマノイモ科
custard apple　ばんれいし(蕃茘枝)　*Annona squamosa* L.　バンレイシ科
custard apple　チェリモヤ　*Annona cherimola* Mill.　バンレイシ科
cutch　あせんやくのき(阿仙薬木)　*Acacia catechu* (L.f.) Willd.　ネムノキ科
cut-leaf chaste tree　たいわんにんじんぼく(台湾人参木)　*Vitex negundo* L.　クマツヅラ科
cut-leaf philodendron　モンステラ　*Monstera deliciosa* Liebm.　サトイモ科
cut-leaved ground cherry　せんなりほおずき(千成酸漿)　*Physalis angulata* L.　ナス科

cutting lettuce　かきぢしゃ（掻萵苣）　*Lactuca sativa* L. var. *angustana*　Irish ex Bailey　キク科
cycad　そてつ（蘇鉄）　*Cycas revoluta* Bedd.　ソテツ科
cypress　いとすぎ（糸杉）　*Cupressus sempervirens* L.　ヒノキ科
cypress asparagus　くさすぎかずら（草杉葛）　*Asparagus cochinchinensis* (Lour.) Merr.　ユリ科

[D]

da(h)l　きまめ（木豆）　*Cajanus cajan* (L.) Millsp.　マメ科
Dahurian birch　やえがわかんば（八重皮樺）　*Betula davurica* Pall.　カバノキ科
Dahurian larch　ダフリアからまつ（-唐松）　*Larix gmelinii* (Rupr.) Rupr. ex Kuzen.　マツ科
daikon　だいこん（大根）　*Raphanus sativus* L.　アブラナ科
daimyo oak　かしわ（柏）　*Quercus dentata* Thunb.　ブナ科
daisy　ひなぎく（雛菊）　*Bellis perennis* L.　キク科
daisy fleabane　ひめじょおん（姫女菀）　*Erigeron annuus* (L.) Pers.　キク科
Dallis grass　ダリスグラス　*Paspalum dilatatum* Poiret　イネ科
Dalmatian chrysanthemum　じょちゅうぎく（除虫菊）　*Pyrethrum cinerariifolium* Trevir.　キク科
damiana　トゥルネラ　*Turnera diffusa* Willd. ex Schult. var. *aphrodisiaca* (Wald) Urb.　トゥルネラ科
damson　プラム　*Prunus domestica* L.　バラ科
danchi　きばなつのくさねむ（黄花角草合歓）　*Sesbania bispinosa* (Jacq.) W.F.Wight　マメ科
dandelion　せいようたんぽぽ（西洋蒲公英）　*Taraxacum officinale* L.　キク科
dasheen　さといも（里芋）　*Colocasia esculenta* (L.) Schott　サトイモ科
date (palm)　なつめやし（棗椰子）　*Phoenix dactylifera* L.　ヤシ科
date plum　アメリカがき（-柿）　*Diospyros virginiana* L.　カキノキ科
date plum　かき（柿）　*Diospyros kaki* Thunb.　カキノキ科
date plum　まめがき（豆柿）　*Diospyros lotus* L.　カキノキ科
date sugar palm　さとうなつめやし（砂糖棗椰子）　*Phoenix sylvestris* Roxb.　ヤシ科
dawn redwood　メタセコイア　*Metasequoia glyptostroboides* Hu et W.C.Cheng　スギ科
dayflower　つゆくさ（露草）　*Commelina communis* L.　ツユクサ科
day-lily　のかんぞう（野萱草）　*Hemerocallis disticha* (Donn) M.Hotta　ユリ科
day nettle　せいようおどりこそう（西洋踊子草）　*Lamium album* L.　シソ科
deadly nightshade　ベラドンナ　*Atropa belladonna* L.　ナス科
dead-rat tree　バオバブ　*Adansonia digitata* L.　パンヤ科
Deccan hemp　ケナフ　*Hibiscus cannabinus* L.　アオイ科
deciduous cypress　すいしょう（水松）　*Glyptostrobus pensilis* (D.Don) K.Koch　スギ科
deciduous cypress　ぬますぎ（沼杉）　*Taxodium distichum* (L.) Rich.　スギ科
deerberry　しらたまのき（白玉木）　*Gaultheria pyroloides* Hook.f. et Thompson ex Miq.　ツツジ科
deerberry　ひめこうじ（姫柑子）　*Gaultheria procumbens* L.　ツツジ科
dent corn / maize　デントコーン　*Zea mays* L. var. *indentata* (Sturt.) Bailey　イネ科
deodar(a)　ヒマラヤすぎ（-杉）　*Cedrus deodara* (Roxb. ex D.Don) G.Don　マツ科
derris　デリス　*Derris elliptica* (Roxb.) Benth.　マメ科
desert tea　まおう（麻黄）　*Ephedra sinica* Stapf　マオウ科
dessert palm　おうぎやし（扇椰子）　*Borassus flabellifer* L.　ヤシ科
devil's apple　マンドレイク　*Mandragora officinarum* L.　ナス科
devil's maple　おにもみじ（鬼紅葉）　*Acer diabolicum* Blume ex K.Koch　カエデ科
devil's thorn　はまびし（浜菱）　*Tribulus terrestris* L.　ハマビシ科

devil's-tongue　こんにゃく(蒟蒻)　*Amorphophallus konjac* K.Koch　サトイモ科
digitalis　ジギタリス　*Digitalis purpurea* L.　ゴマノハグサ科
digit grass　パンゴラグラス　*Digitaria decumbens* Stent　イネ科
Dika nut　アフリカマンゴのき(-木)　*Irvingia gabonensis* (Aubrey-Lecomte ex O.Rorke) Baill.　ニガキ科
dill　ディル　*Anethum graveolens* L.　セリ科
dinnerplate tree　もみじばうらじろのき(紅葉葉裏白木)　*Pterospermum acerifolium* (L.) Willd.　アオギリ科
dipper gourd　ゆうがお(夕顔)　*Lagenaria siceraria* (Molina) Standl. var. *hispida* (Thunb.) H.Hara　ウリ科
dishcloth gourd　へちま(糸瓜)　*Luffa cylindrica* M.Roem.　ウリ科
ditch millet　コドラ　*Paspalum scrobiculatum* L.　イネ科
divi-divi　コリアリアじゃけついばら(-蛇結薔)　*Caesalpinia coriaria* (Jacq.) Willd.　ジャケツイバラ科
Djeruk purut　こぶみかん(瘤蜜柑)　*Citrus hystrix* DC.　ミカン科
dock　ぎしぎし(羊蹄)　*Rumex japonicus* Houtt.　タデ科
dog rose　いぬのいばら(犬野薔薇)　*Rosa canina* L.　バラ科
dog-tooth violet　かたくり(片栗)　*Erythronium japonicum* Decne.　ユリ科
double coconut　おおみやし(大実椰子)　*Lodoicea maldivica* (J.F.Gmel.) Pers. ex H.Wendl.　ヤシ科
double tawny day-lily　やぶかんぞう(藪萱草)　*Hemerocallis fulva* L. var. *kwanso* Regel　ユリ科
Douglas fir　べいまつ(米松)　*Pseudotsuga menziesii* (Mirb.) Franco　マツ科
downy myrtle　てんにんか(天人花)　*Rhodomyrtus tomentosa* (Aiton) Hassk.　フトモモ科
downy thorn apple　ちょうせんあさがお(朝鮮朝顔)　*Datura metel* L.　ナス科
dragon's blood palm　きりんけつ(麒麟血)　*Daemonoropus draco* (Willd.) Blume　ヤシ科
dragon fruit　ピタヤ　*Hylocereus undatus* (Haw.) Britton et Rose　サボテン科
dragon tree　りゅうけつじゅ(龍血樹)　*Dracaena draco* L.　リュウゼツラン科
drumstick (tree)　わさびのき(山葵木)　*Moringa oleifera* Lam.　ワサビノキ科
drumstick tree　なんばんさいかち(南蛮皂莢)　*Senna fistula* L.　ジャケツイバラ科
duckweed　うきくさ(浮草)　*Spirodela polyrhiza* (L.) Schleid.　ウキクサ科
dumpling cactus　ペヨーテ　*Lophophora williamsii* (Lem.) J.M.Coult.　サボテン科
durian　ドリアン　*Durio zibethinus* Murray　パンヤ科
durum wheat　マカロニこむぎ(-小麦)　*Triticum durum* Desf.　イネ科
Dutch case-knife bean　べにばないんげん(紅花隠元)　*Phaseolus coccineus* L.　マメ科
Dutch clover　しろクローバ(白-)　*Trifolium repens* L.　マメ科
Dutch rush　とくさ(木賊)　*Equisetum hyemale* L.　トクサ科
Dutch tonga　トンカまめ(-豆)　*Dipteryx odorata* (Aubl.) Willd.　マメ科
dwarf banana　バナナ　*Musa acuminata* Colla　バショウ科
dwarf elm　のにれ(野楡)　*Ulmus pumila* L.　ニレ科
dwarf flowering cherry　にわうめ(庭梅)　*Cerasus japonica* (Thunb.) Loisel.　バラ科
dwarf Japanese quince　くさぼけ(草木瓜)　*Chaenomeles japonica* (Thunb.) Lindl. ex Spach　バラ科
dwarf Japanese stone pine　はいまつ(這松)　*Pinus pumila* (Pall.) Regel　マツ科
dwarf lily-turf　じゃのひげ(蛇鬚)　*Ophiopogon japonicus* (L.f.) Ker Gawl.　ユリ科
dwarf Siberian stone pine　はいまつ(這松)　*Pinus pumila* (Pall.) Regel　マツ科
dwarf sugar palm　くろつぐ(桄榔)　*Arenga engleri* Becc.　ヤシ科
dwarf wheat　クラブこむぎ(-小麦)　*Triticum compactum* Host　イネ科

dyeing silver grass　かりやす(刈安)　*Miscanthus tinctorius* (Steud.) Hack.　イネ科
dyer's bugloss　アルカネット　*Anchusa officinalis* L.　ムラサキ科
dyer's chamomile　こうやカミツレ(紺屋-)　*Anthemis tinctoria* L.　キク科
dyer's greenweed / greenwoad　ひとつばエニシダ(一葉金雀児)　*Genista tinctoria* L.　マメ科
dyer's woad　ほそばたいせい(細葉大青)　*Isatis tinctoria* L.　アブラナ科

[E]

earth almond　しょくようかやつり(食用蚊屋吊)　*Cyperus esculentus* L.　カヤツリグサ科
earth nut　らっかせい(落花生)　*Arachis hypogaea* L.　マメ科
earth pea　バンバラまめ(-豆)　*Vigna subterranea* (L.) Verdc.　マメ科
East Egyptian lotus　はす(蓮)　*Nelumbo nucifera* Gaertn.　ハス科
eastern bracken (fern)　わらび(蕨)　*Pteridium aquilinum* (L.) Kuhn var. *latiusculum* (Dresv.) Underw. ex A.Heller　コバノイシカグマ科
eastern cottonwood　アメリカくろやまならし(-黒山鳴)　*Populus deltoides* Bartram et Marshall　ヤナギ科
eastern daisy fleabane　ひめじょおん(姫女菀)　*Erigeron annuus* (L.) Pers.　キク科
Eastern fir　バルサムもみ(-樅)　*Abies balsamea* (L.) Mill.　マツ科
eastern hemlock　カナダつが(-栂)　*Tsuga canadensis* Carr.　マツ科
eastern red cedar　えんぴつびゃくしん(鉛筆柏槇)　*Sabina virginiana* (L.) Antoine　ヒノキ科
eastern white pine　ストローブまつ(-松)　*Pinus strobus* L.　マツ科
East Indian ebony　こくたん(黒檀)　*Diospyros ebenum* J.König ex Retz.　カキノキ科
East Indian fig tree　ベンガルぼだいじゅ(-菩提樹)　*Ficus benghalensis* L.　クワ科
East Indian galangal　ばんうこん(蕃鬱金)　*Kaempferia galanga* L.　ショウガ科
ebony　こくたん(黒檀)　*Diospyros ebenum* J.König ex Retz.　カキノキ科
echinacea　むらさきばれんぎく(紫馬簾菊)　*Echinacea purpurea* (L.) Moench　キク科
eddo　さといも(里芋)　*Colocasia esculenta* (L.) Schott　サトイモ科
edible adlay　はとむぎ(鳩麦)　*Coix lacryma-jobi* L. var. *ma-yuen* (Rom.-Caill.) Stapf　イネ科
edible asparagus　アスパラガス　*Asparagus officinalis* L. var. *altilis* L.　ユリ科
edible banana　バナナ　*Musa acuminata* Colla / *M.* × *paradisiaca* L.　バショウ科
edible burdock　ごぼう(牛蒡)　*Arctium lappa* L.　キク科
edible canna　しょくようカンナ(食用-)　*Canna edulis* Ker Gawl.　カンナ科
edible euterpe palm　パルミットやし(-椰子)　*Euterpe edulis* Mart.　ヤシ科
edible nasturtium　アヌ　*Tropaeolum tuberosum* Ruiz. et Pav.　ノウゼンハレン科
edible salacca　サラカやし(-椰子)　*Salacca edulis* Reinw.　ヤシ科
edible tuberous oxalis　オカ　*Oxalis tuberosa* Molina　カタバミ科
egg fruit　カニステル　*Pouteria campechiana* (Humb., Bonp. et Kunth) Baehni　アカテツ科
egg plant　なすび(茄)　*Solanum melongena* L.　ナス科
egg tree　たまごのき(卵木)　*Garcinia xanthochymus* Hook.f. ex Anderson　オトギリソウ科
Egyptian bean　ふじまめ(藤豆)　*Lablab purpureus* (L.) Sweet　マメ科
Egyptian clover　エジプトクローバ　*Trifolium alexandrinum* L.　マメ科
Egyptian cotton　かいとうめん(海島棉)　*Gossipium barbadense* L.　アオイ科
Egyptian lotus　はす(蓮)　*Nelumbo nucifera* Gaertn.　ハス科
Egyptian lupine　エジプトルーピン　*Lupinus termis* Forskal　マメ科
Egyptian mimosa　アラビアゴムもどき(-擬)　*Acacia nilotica* (L.) Willd. ex Delile　ネムノキ科
Egyptian paper reed　パピルス　*Cyperus papyrus* L.　カヤツリグサ科

Egyptian thorn　アラビアゴムもどき(-擬)　*Acacia nilotica* (L.) Willd. ex Delile　ネムノキ科
Egyptian wheat　エジプトこむぎ(-小麦)　*Triticum pyramidale* Schult.　イネ科
ekoa　ぎんねむ(銀合歓)　*Leucaena leucocephala* (Lam.) de Wit　ネムノキ科
elecampane　おおぐるま(大車)　*Inula helenium* L.　キク科
elephant apple　ベルのき(-木)　*Aegle marmelos* (L.) Corrêa　ミカン科
elephant-apple　びわもどき(枇杷擬)　*Dillenia indica* L.　ビワモドキ科
elephant ear　インドくわずいも(印度不食芋)　*Alocasia macrorrhiza* (L.) G.Don　サトイモ科
elephant ears　はすいも(蓮芋)　*Colocasia gigantea* (Blume) Hook.f.　サトイモ科
elephant foot　こんにゃく(蒟蒻)　*Amorphophallus konjac* K.Koch　サトイモ科
elephant grass　ネピアグラス　*Pennisetum purpureum* Schumach.　イネ科
emblic myrobalan　あんまろく(按摩勒)　*Emblica officinalis* Gaertn.　トウダイグサ科
emmer wheat　エンマーこむぎ(-小麦)　*Triticum dicoccum* Schubl.　イネ科
endive　エンダイブ　*Cichorium endivia* L.　キク科
English daisy　ひなぎく(雛菊)　*Bellis perennis* L.　キク科
English elm　ヨーロッパにれ(-楡)　*Ulmus procera* Salisb.　ニレ科
English gooseberry　グーズベリー　*Ribes uva-crispa* L. var. *sativum* DC.　スグリ科
English hawthorn　せいようさんざし(西洋山査子)　*Crataegus laevigata* DC.　バラ科
English holly　せいようひいらぎ(西洋柊)　*Ilex aquifolium* L.　モチノキ科
English laurel　せいようばくちのき(西洋博打木)　*Laurocerasus officinalis* (L.) Roem.　バラ科
English lavender　ラベンダー　*Lavandula angustifolia* Mill.　シソ科
English oak　ヨーロッパなら(-楢)　*Quercus robur* Pall.　ブナ科
English plantain　へらおおばこ(箆大葉子)　*Plantago lanceolata* L.　オオバコ科
English walnut　せいようぐるみ(西洋胡桃)　*Juglans regia* L.　クルミ科
English wheat　リベットこむぎ(-小麦)　*Triticum turgidum* L.　イネ科
English yew　ヨーロッパいちい(--一位)　*Taxus baccata* L.　イチイ科
ensete　エンセーテ　*Ensete ventricosum* (Welw.) Cheesman　バショウ科
epaulette tree　おおばあさがら(大葉麻殻)　*Pterostyrax hispida* Sieb. et Zucc.　エゴノキ科
epazote　ありたそう(-有田草)　*Chenopodium ambrosioides* L.　アカザ科
Erman's birch　だけかんば(岳樺)　*Betula ermanii* Cham.　カバノキ科
escarole　エンダイブ　*Cichorium endivia* L.　キク科
eschalot　シャロット　*Allium cepa* L. var. *aggregatum* G.Don　ユリ科
esparcette　セインフォイン　*Onobrychis sativa* Lam.　マメ科
esparto (grass)　エスパルト　*Stipa tenacissima* L.　イネ科
estragon　タラゴン　*Artemisia dracunculus* L.　キク科
Ethiopian eggplant　ひらなす(扁茄子)　*Solanum integrifolium* Poiret　ナス科
Ethiopian mustard　アビシニアからし(-辛子)　*Brassica carinata* A.Braun　アブラナ科
eulalia grass　すすき(薄)　*Miscanthus sinensis* Anders.　イネ科
Eurasian chestnut　ヨーロッパぐり(-栗)　*Castanea sativa* Mill.　ブナ科
Eurasian vetch　コモンベッチ　*Vicia sativa* L.　マメ科
European ash　せいようとねりこ(西洋梣)　*Fraxinus excelsior* L.　モクセイ科
European barberry　せいようめぎ(西洋目木)　*Berberis vulgaris* L.　メギ科
European beach grass　ビーチグラス　*Ammophila arenaria* (L.) Link　イネ科
European bean　そらまめ(空豆)　*Vicia faba* L.　マメ科
European beech　ヨーロッパぶな(-橅)　*Fagus sylvatica* L.　ブナ科
European bird cherry　えぞのうわみずざくら(蝦夷上溝桜)　*Padus racemosa* (Lam.) C.K. Schneid.　バラ科
European blackberry　ブラックベリー　*Rubus fruticosus* Pollich　バラ科

European black currant　くろすぐり(黒酸塊)　*Ribes nigrum* L.　スグリ科
European cantaloup　いぼメロン(疣-)　*Cucumis melo* L. var. *cantalupensis* Naudin　ウリ科
European chestnut　ヨーロッパぐり(-栗)　*Castanea sativa* Mill.　ブナ科
European cranberry　つるこけもも(蔓苔桃)　*Vaccinium oxycoccus* L.　ツツジ科
European cranberry bush / tree　ようしゅかんぼく(洋種肝木)　*Viburnum opulus* L.　スイカズラ科
European elder　せいようにわとこ(西洋接骨木)　*Sambucus nigra* L.　スイカズラ科
European fir　ヨーロッパもみ(-樅)　*Abies alba* Mill.　マツ科
European gooseberry　グーズベリー　*Ribes uva-crispa* L. var. *sativum* DC.　スグリ科
European grape　ヨーロッパぶどう(-葡萄)　*Vitis vinifera* L.　ブドウ科
European hazel　ヘイゼルナッツ　*Corylus avellana* L.　カバノキ科
European hops　ホップ　*Humulus lupulus* L.　アサ科
European hornbeam　せいようしで(西洋四手)　*Carpinus betulus* L.　カバノキ科
European larch　ヨーロッパからまつ(-唐松)　*Larix decidua* Mill.　マツ科
European lily-of-the-valley　ドイツすずらん(-鈴蘭)　*Convallaria majalis* L.　ユリ科
European madder　せいようあかね(西洋茜)　*Rubia tinctorium* L.　アカネ科
European mountain-ash　ヨーロッパななかまど(-七竈)　*Sorbus aucuparia* L.　バラ科
European pasqueflower　せいようおきなぐさ(西洋翁草)　*Pulsatilla vulgaris* Mill.　キンポウゲ科
European pear　せいようなし(西洋梨)　*Pyrus communis* L.　バラ科
European plum　プラム　*Prunus domestica* L.　バラ科
European red raspberry　えぞきいちご(蝦夷木苺)　*Rubus idaeus* L.　バラ科
European sea rocket　おにはまだいこん(鬼浜大根)　*Cakile maritima* Scop.　アブラナ科
European water chestnut　おにびし(鬼菱)　*Trapa natans* L. var. *japonica* Nakai　ヒシ科
European water clover　でんじそう(田字草)　*Marsilea quadrifolia* L.　デンジソウ科
European yellow lupin(e)　きばなルーピン(黄花-)　*Lupinus luteus* L.　マメ科
euterpe palm　アサイやし(-椰子)　*Euterpe oleracea* Engel　ヤシ科
evening primrose　めまつよいぐさ(雌待宵草)　*Oenothera biennis* L.　アカバナ科
evergreen ash　しまとねりこ(島梣)　*Fraxinus griffithii* C.B.Clarke　モクセイ科
evergreen magnolia　たいさんぼく(泰山木)　*Magnolia grandiflora* L.　モクレン科
evergreen red oak　あかがし(赤樫)　*Quercus acuta* Buch.-Ham. ex Wall.　ブナ科
evergreen spindle tree　まさき(柾)　*Euonymus japonicus* Thunb.　ニシキギ科
everlasting pea　ひろはのれんりそう(広葉連理草)　*Lathyrus latifolius* L.　マメ科
ever-ready onion　シャロット　*Allium cepa* L. var. *aggregatum* G.Don　ユリ科

[F]

faba bean　そらまめ(空豆)　*Vicia faba* L.　マメ科
fall crocus　いぬサフラン(犬-)　*Colchicum autumnale* L.　ユリ科
false acacia　にせアカシア(偽-)　*Robinia pseudoacacia* L.　マメ科
false arborvitae　あすなろ(翌檜)　*Thujopsis dolabrata* (L.f.) Sieb. et Zucc.　ヒノキ科
false c(h)amomile　カモミール　*Matricaria chamomilla* L.　キク科
false holly　ひいらぎ(柊)　*Osmanthus heterophyllus* (G.Don) P.S.Green　モクセイ科
false mallow　えのきあおい(榎葵)　*Malvastrum coromandelianum* (L.) Garcke　アオイ科
false oat　トールオートグラス　*Arrhenatherum elatius* (L.) P.Beauv. ex J.Presl et C.Presl　イネ科
false rose wood　さきしまはまぼう(先島黄槿)　*Thespesia populnea* (L.) Sol. ex Corrêa　アオイ科

false saffron	べにばな(紅花)	*Carthamus tinctorius* L.		キク科
false sandalwood	すおう(蘇芳)	*Caesalpinia sappan* L.		ジャケツイバラ科
false turmeric	くすりうこん(薬鬱金)	*Curcuma xanthorrhiza* D.Dietr.		ショウガ科
false unicorn root	ヘロニアス	*Chamaelirium luteum* (L.) A.Gray		ユリ科
fancy yam	はりいも(針芋)	*Dioscorea esculenta* (Lour.) Burkill		ヤマノイモ科
fan flower	くさとべら(草海桐花)	*Scaevola taccada* (Gaertn.) Roxb.		クサトベラ科
fat hen	しろざ(白藜)	*Chenopodium album* L.		アカザ科
fatsia	やつで(八手)	*Fatsia japonica* (Thunb.) Decne. et Planch.		ウコギ科
fawn lily	かたくり(片栗)	*Erythronium japonicum* Decne.		ユリ科
feather cockscomb	のげいとう(野鶏頭)	*Celosia argentea* L.		ヒユ科
feather grass	はねがや(羽茅)	*Achnatherum pekinense* (Hance) Ohwi		イネ科
fehi / fe'i banana	フェイバナナ	*Musa fehi* Bertero ex Vieill.		バショウ科
feijor	フェイジョア	*Acca sellowiana* (Berg) Burret		フトモモ科
felonwood	あまにがなすび(甘苦茄子)	*Solanum dulcamara* L.		ナス科
fennel	ういきょう(茴香)	*Foeniculum vulgare* Mill.		セリ科
fenugrec / fenugreek	ころは(胡蘆巴)	*Trigonella foenum-graecum* L.		マメ科
fern cycas	なんようそてつ(南洋蘇鉄)	*Cycas circinalis* Roxb.		ソテツ科
fern-leaf yarrow	きばなのこぎりそう(黄花鋸草)	*Achillea filipendulina* Lam.		キク科
fern palm	なんようそてつ(南洋蘇鉄)	*Cycas circinalis* Roxb.		ソテツ科
festulolium	フェスツロリュウム	×*Festulolium braunii* Camus		イネ科
feverfew	なつしろぎく(夏白菊)	*Pyrethrum parthenium* (L.) Sm.		キク科
fever grass	レモングラス	*Cymbopogon citratus* (DC. ex Nees) Stapf / *C. flexuosus* Stapf イネ科		
fiddleneck	はぜりそう(葉芹草)	*Phacelia tanacetifolia* Benth.		ハゼリソウ科
field bean	そらまめ(空豆, 蚕豆)	*Vicia faba* L.		マメ科
field beet	かちくビート(家畜-)	*Beta vulgaris* L. var. *crassa* Alef.		アカザ科
field corn	とうもろこし(玉蜀黍)	*Zea mays* L.		イネ科
field horsetail	すぎな(杉菜)	*Equisetum arvense* L.		トクサ科
field mustard	あぶらな(油菜)	*Brassica rapa* L. ssp. *oleifera* (DC.) Metzg.		アブラナ科
field poppy	ひなげし(雛芥子)	*Papaver rhoeas* L.		ケシ科
fig-leaf goosefoot	こあかざ(小藜)	*Chenopodium ficifolium* Smith		アカザ科
fig-leaf gourd	くろだねカボチャ(黒種南瓜)	*Cucurbita ficifolia* Bouché		ウリ科
fig (tree)	いちじく(無花果)	*Ficus carica* L.		クワ科
figwort	せいようごまのはぐさ(西洋胡麻葉草)	*Scrophularia nodosa* L.		ゴマノハグサ科
Fijian longan	しまりゅうがん(島龍眼)	*Pometia pinnata* J.R.Forst. et G.Forst.		ムクロジ科
Fiji arrowroot	タカ	*Tacca leontopetaloides* (L.) Kuntze		タシロイモ科
filbert	ヘイゼルナッツ	*Corylus avellana* L.		カバノキ科
fingered citron	ぶっしゅかん(仏手柑)	*Citrus medica* L. var. *sarcodactylis* (Nooten) Swingle ミカン科		
finger millet	しこくびえ(四国稗)	*Eleusine coracana* (L.) Gaertn.		イネ科
finger pepper	たかのつめ(鷹爪)	*Capsicum annuum* L. var. *acuminatum* Fingerh.		ナス科
finocchio	イタリアういきょう(-茴香)	*Foeniculum azonicum* Thell.		セリ科
fire raspberry	かじいちご(構苺)	*Rubus trifidus* Thunb.		バラ科
fireweed	だんどぼろぎく(段戸襤褸菊)	*Erechtites hieracifolius* (L.) Raf. ex DC.		キク科
fireweed	やなぎらん(柳蘭)	*Epilobium angustifolium* L.		アカバナ科
fishpole bamboo	ほていちく(布袋竹)	*Phyllostachys aurea* (Sieb. ex Miq.) Carr. ex A.Rivière et C.Rivière イネ科		

five-leaf bramble こがねいちご(黄金苺) *Rubus pedatus* Sm. バラ科
five-leaved akebia あけび(通草) *Akebia quinata* (Houtt.) Decne. アケビ科
flagroot しょうぶ(菖蒲) *Acorus calamus* L. ショウブ科
Flanders poppy ひなげし(雛芥子) *Papaver rhoeas* L. ケシ科
flannel plant バーバスカム *Verbascum thapsus* L. ゴマノハグサ科
flat gourd ふくべ(瓢) *Lagenaria siceraria* (Molina) Standl. var. *depressa* (Ser.) H.Hara ウリ科
flat lemon ひらみレモン(扁実-) *Citrus depressa* Hayata ミカン科
flat meadowgrass カナダブルーグラス *Poa compressa* L. イネ科
flat peach はんとう(蟠桃) *Amygdalus persica* L. var. *compressa* (Loudon) T.T.Yu et L.T.Lu バラ科
flatspine prickly ash とうざんしょう(唐山椒) *Zanthoxylum simulans* Hance ミカン科
flax あま(亜麻) *Linum usitatissimum* L. アマ科
fleabane はるじょおん(春女苑) *Erigeron philadelphicus* L. キク科
flexuous bitter cress たねつけばな(種付花) *Cardamine flexuosa* With. アブラナ科
flint corn / maize フリントコーン *Zea mays* L. var. *indurata* (Sturt.) Bailey イネ科
Florence fennel イタリアういきょう(-茴香) *Foeniculum azonicum* Thell. セリ科
flour corn / maize ソフトコーン *Zea mays* L. var. *amylacea* (Sturt.) Bailey イネ科
flowering ash しまとねりこ(島梻) *Fraxinus griffithii* C.B. Clarke モクセイ科
flowering fern ぜんまい(薇) *Osmunda japonica* Thunb. ゼンマイ科
flowering quince ぼけ(木瓜) *Chaenomeles speciosa* (Sweet) Nakai バラ科
flowery knodweed つるどくだみ(蔓蕺草) *Pleuropterus multiflorus* (Thunb.) Turcz. タデ科
fodder beet かちくビート(家畜-) *Beta vulgaris* L. var. *crassa* Alef. アカザ科
forage beet かちくビート(家畜-) *Beta vulgaris* L. var. *crassa* Alef. アカザ科
forest paper さるかけみかん(猿掛蜜柑) *Toddalia asiatica* (L.) Lam. ミカン科
Formosan cypress べにひ(紅檜) *Chamaecyparis formosensis* Matsum. ヒノキ科
Formosan sugar palm くろつぐ(桄榔) *Arenga engleri* Becc. ヤシ科
Formosan sweet gum ふう(楓) *Liquidambar formosana* Hance マンサク科
fountain palm びろう(檳榔) *Livistona chinensis* (Jacq.) R.Br. ex Mart. var. *subglobosa* (Hassk.) Becc. ヤシ科
four-angled bean しかくまめ(四角豆) *Psophocarpus tetragonolobus* (L.) DC. マメ科
four-o'clock おしろいばな(白粉花) *Mirabilis jalapa* L. オシロイバナ科
foxberry こけもも(苔桃) *Vaccinium vitis-idaea* L. ツツジ科
fox brush べにかのこそう(紅鹿子草) *Centranthus ruber* (L.) DC. オミナエシ科
fox geranium ひめふうろ(姫風露) *Geranium robertianum* L. フウロソウ科
foxglove ジギタリス *Digitalis purpurea* L. ゴマノハグサ科
fox grape アメリカやまぶどう(-山葡萄) *Vitis labrusca* L. ブドウ科
fox nut おにばす(鬼蓮) *Euryale ferox* Salisb. スイレン科
foxtail millet あわ(粟) *Setaria italica* (L.) P.Beauv. イネ科
fragrant champac きんこうぼく(金厚木) *Michelia champaca* L. モクレン科
fragrant olive ぎんもくせい(銀木犀) *Osmanthus fragrans* Lour. モクセイ科
fragrant snowbell はくうんぼく(白雲木) *Styrax obassia* Sieb. et Zucc. エゴノキ科
fragrant wormwood かわらよもぎ(河原蓬) *Artemisia capillaris* Thunb. キク科
Frangula alnus フラングラのき(-木) *Rhamnus frangula* L. クロウメモドキ科
freed fescue トールフェスク *Festuca arundinacea* Schreb. イネ科
French bean いんげんまめ(隠元豆) *Phaseolus vulgaris* L. マメ科
French indigo インドあい(印度藍) *Indigofera tinctoria* L. マメ科
French lavender フランスラベンダー *Lavandula stoechas* L. シソ科

French lilac　ガレガそう(-草)　*Galega officinalis* L.　マメ科
French marigold　フレンチマリゴールド　*Tagetes patula* L.　キク科
French rose　フランスのいばら(-野薔薇)　*Rosa gallica* L.　バラ科
French scorzonera　フランスきくごぼう(-菊牛蒡)　*Scorzonera picroides* (L.) Roth.　キク科
fringed lavender　きればラベンダー(切葉-)　*Lavandula dentata* L.　シソ科
fringed pink　なでしこ(撫子)　*Dianthus superbus* L. var. *longicalycinus* (Maxim.) Williams　ナデシコ科
fringed rue　うんこう(芸香)　*Ruta chalepensis* L.　ミカン科
frisolilla　くずもどき(葛擬)　*Calopogonium mucunoides* Desv.　マメ科
fritillaria / fritillary　ばいも(貝母)　*Fritillaria verticillata* Willd. var. *thunbergii* (Miq.) Baker　ユリ科
fruit-salad plant　モンステラ　*Monstera deliciosa* Liebm.　サトイモ科
fuki　ふき(蕗)　*Petasites japonicus* (Sieb. et Zucc.) Maxim.　キク科
Fukien tea　ふくまんぎ　*Ehretia microphylla* Lam.　ムラサキ科
Fukushu kumquat　ちょうじゅきんかん(長寿金柑)　*Fortunella obovata* Tanaka　ミカン科
full-moon maple　はうちわかえで(羽団扇楓)　*Acer japonicum* Thunb.　カエデ科
fulvous day-lily　ほんかんぞう(本萱草)　*Hemerocallis fulva* L.　ユリ科
fumitory　からくさけまん(唐草華鬘)　*Fumaria officinalis* Schimp. ex Hammar　ケマンソウ科
fustet　スモークツリー　*Cotinus coggygria* Scop.　ウルシ科

[G]

galangal　こうりょうきょう(高良姜)　*Alpinia officinarum* Hance　ショウガ科
galangal / galingale　ばんうこん(蕃鬱金)　*Kaempferia galanga* L.　ショウガ科
galega　ガレガ　*Galega orientalis* Lam.　マメ科
gallant soldier　こごめぎく(小米菊)　*Galinsoga parviflora* Cav.　キク科
gambi(e)r (catechu)　ガンビールのき(-木)　*Uncaria gambir* Roxb.　アカネ科
gamboge　たまごのき(卵木)　*Garcinia xanthochymus* Hook.f. ex Anderson　オトギリソウ科
Ganges amaranth　ひゆ(莧)　*Amaranthus tricolor* L. ssp. *mangostanus* (L.) Aellen　ヒユ科
garambulla　りゅうじんぼく(竜神木)　*Myrtillocactus geometrizans* (Mart. ex Pfeiff.) Console　ヤシ科
garbanzo　ひよこまめ(雛豆)　*Cicer arietinum* L.　マメ科
garden angelica　アンゼリカ　*Angelica officinalis* Hoffm.　セリ科
garden asparagus　アスパラガス　*Asparagus officinalis* L. var. *altilis* L.　ユリ科
garden balsam　ほうせんか(鳳仙花)　*Impatiens balsamina* L.　ツリフネソウ科
garden basil　バジル　*Ocimum basilicum* L.　シソ科
garden beet　テーブルビート　*Beta vulgaris* L. var. *conditiva* Alef.　アカザ科
garden burnet　オランダわれもこう(-吾木香)　*Sanguisorba minor* Scop.　バラ科
garden chamomile　ローマカミツレ　*Anthemis nobilis* L.　キク科
garden chervil　チャービル　*Anthriscus cerefolium* Hoffm.　セリ科
garden cress　ガーデンクレス　*Lepidium sativum* L.　アブラナ科
garden currant　カーランツ　*Ribes rubrum* L.　スグリ科
garden heliotrope　せいようかのこそう(西洋鹿子草)　*Valeriana officinalis* L.　オミナエシ科
gardenia　くちなし(梔子)　*Gardenia jasminoides* J.Ellis　アカネ科
garden lettuce　レタス　*Lactuca sativa* L.　キク科
garden marjoram　マージョラム　*Origanum majorana* L.　シソ科

garden nasturtium　のうぜんはれん(凌霄葉蓮)　*Tropaeolum majus* L.　ノウゼンハレン科
garden nightshade　いぬほおずき(犬酸漿)　*Solanum nigrum* L.　ナス科
garden orach　やまほうれんそう(山菠薐草)　*Atriplex hortensis* L.　アカザ科
garden patience　わせすいば(早生酸葉)　*Rumex patientia* L.　タデ科
garden pea　えんどう(豌豆)　*Pisum sativum* L.　マメ科
garden peony　しゃくやく(芍薬)　*Paeonia lactiflora* Pall.　ボタン科
garden plum　プラム　*Prunus domestica* L.　バラ科
garden poppy　けし(罌粟)　*Papaver somniferum* L.　ケシ科
garden purslane　すべりひゆ(滑莧)　*Portulaca oleracea* L.　スベリヒユ科
garden rhubarb　ルバーブ　*Rheum rhaponticum* L.　タデ科
garden rocket　ロケットサラダ　*Eruca sativa* Mill.　アブラナ科
garden sorrel　すいば(酸葉)　*Rumex acetosa* L.　タデ科
garden spinach　ほうれんそう(菠薐草)　*Spinacia oleracea* L.　アカザ科
garden spurge　しまにしきそう(島錦草)　*Euphorbia hirta* L.　トウダイグサ科
garden strawberry　いちご(苺)　*Fragaria* × *magna* Thuill.　バラ科
garden thyme　タイム　*Thymus vulgaris* L.　シソ科
garget　アメリカやまごぼう(-山牛蒡)　*Phytolacca americana* L.　ヤマゴボウ科
garland chrysanthemum　しゅんぎく(春菊)　*Chrysanthemum coronarium* L.　キク科
garlic　にんにく(大蒜)　*Allium sativum* L.　ユリ科
garlic chive　にら(韮)　*Allium tuberosum* Rottler ex Spreng.　ユリ科
gas plant　はくせん(白鮮)　*Dictamnus dasycarpus* Turcz.　ミカン科
gaultheria　しらたまのき(白玉木)　*Gaultheria pyroloides* Hook.f. et Thompson ex Miq.　ツツジ科
gean　せいようみざくら(西洋実桜)　*Cerasus avium* (L.) Moench　バラ科
gelsemium　ゲルセミウム　*Gelsemium sempervirens* (L.) Aiton　マチン科
genge　れんげ(蓮華)　*Astragalus sinicus* L.　マメ科
genip(ap)　ちぶさのき(乳房木)　*Genipa americana* L.　アカネ科
genista　エニシダ(金雀枝)　*Cytisus scoparius* (L.) Link　マメ科
gentian　ゲンチアナ　*Gentiana lutea* L.　リンドウ科
geocarpa bean　ゼオカルパまめ(-豆)　*Macrotyloma geocarpum* (Harms) Maréchal et Baudet　マメ科
Georgia pine　だいおうまつ(大王松)　*Pinus palustris* Mill.　マツ科
Gerard vetch　くさふじ(草藤)　*Vicia cracca* L.　マメ科
German c(h)amomile　カモミール　*Matricaria chamomilla* L.　キク科
German millet　あわ(粟)　*Setaria italica* (L.) P.Beauv.　イネ科
gerong-gang　ゲロンガン　*Cratoxylum arborescens* (Vahl) Blume　オトギリソウ科
geum　だいこんそう(大根草)　*Geum japonicum* Thunb.　バラ科
giant arborvitae　べいすぎ(米杉)　*Thuja plicata* Lamb.　ヒノキ科
giant bulrush　ふとい(太藺)　*Schoenoplectus lacustris* (L.) Palla ssp. *validus* (Vahl) T.Koyama　カヤツリグサ科
giant curcuma　くすりうこん(薬鬱金)　*Curcuma xanthorrhiza* D.Dietr.　ショウガ科
giant dogwood　みずき(水木)　*Cornus controversa* Hemsl.　ミズキ科
giant duckweed　うきくさ(浮草)　*Spirodela polyrhiza* (L.) Schleid.　ウキクサ科
giant fir　アメリカおおもみ(-大樅)　*Abies grandis* (Dougl. ex D.Don) Lindl.　マツ科
giant granadilla　おおみのとけいそう(大実時計草)　*Passiflora quadrangularis* L.　トケイソウ科
giant hyssop　かわみどり(藿香)　*Agastache rugosa* (Fisch. et C.A.Mey.) Kuntze　シソ科
giant Japanese butterbur　あきたぶき(秋田蕗)　*Petasites japonicus* (Sieb. et Zucc.) Maxim. ssp. *giganteus* (F.Schmidt ex Trautv) Kitam.　キク科

giant knotweed　おおいたどり(大虎杖)　*Reynoutria sachalinensis* (F.Schmidt) Nakai　タデ科
giant lentil　ガラスまめ(-豆)　*Lathyrus sativus* L.　マメ科
giant milkweed　アコン　*Calotropis gigantea* (L.) Dryand. ex Aiton　ガガイモ科
giant panic grass　ブルーパニックグラス　*Panicum antidotale* Rets.　イネ科
giant pumpkin　せいようカボチャ(西洋南瓜)　*Cucurbita maxima* Duchesne ex Lam.　ウリ科
giant reed　だんちく(葭竹)　*Arundo donax* L.　イネ科
giant rye　ポーランドこむぎ(-小麦)　*Triticum polonicum* L.　イネ科
giant sequoia　セコイア　*Sequoia sempervirens* (D.Don) Endl.　スギ科
giant spider flower　せいようふうちょうそう(西洋風蝶草)　*Cleome spinosa* Sw.　フウチョウソウ科
giant taro　インドくわずいも(印度不食芋)　*Alocasia macrorrhiza* (L.) G.Don　サトイモ科
giant taro　はすいも(蓮芋)　*Colocasia gigantea* (Blume) Hook.f.　サトイモ科
giant thuya　べいすぎ(米杉)　*Thuja plicata* Lamb.　ヒノキ科
gilly-flower　においあらせいとう(匂紫羅欄花)　*Cheiranthus cheiri* L.　アブラナ科
ginger　しょうが(生姜)　*Zingiber officinale* (Willd.) Roscoe　ショウガ科
gingergrass　ジンジャーグラス　*Cymbopogon martini* Wats. var. *sofia*　イネ科
ginger lily　しゅくしゃ(縮砂)　*Hedychium coronarium* J.König　ショウガ科
gingery oil-plant　ごま(胡麻)　*Sesamum indicum* L.　ゴマ科
ginkgo　いちょう(銀杏)　*Ginkgo biloba* L.　イチョウ科
ginseng　ちょうせんにんじん(朝鮮人参)　*Panax ginseng* C.A.Mey.　ウコギ科
gipsy weed　ジプシーウィード　*Lycopus europaeus* L.　シソ科
girasol　きくいも(菊芋)　*Helianthus tuberosus* L.　キク科
glasswort　あっけしそう(厚岸草)　*Salicornia europaea* L.　アカザ科
glory bower / flower　くさぎ(臭木)　*Clerodendrum trichotomum* Thunb.　クマツヅラ科
glossy privet　とうねずみもち(唐鼠黐)　*Ligustrum lucidum* Aiton　モクセイ科
glove artichoke　アーティチョーク　*Cynara scolymus* L.　キク科
Gmelin's saltbush　ほそばのはまあかざ(細葉浜藜)　*Atriplex gmelinii* C.A.Mey.　アカザ科
gnetum　グネモンのき(-木)　*Gnetum gnemon* L.　グネツム科
Goa bean　しかくまめ(四角豆)　*Psophocarpus tetragonolobus* (L.) DC.　マメ科
goat nut　ホホバ　*Simmondsia chinensis* (Link) C.K.Schneid.　シムモンドシア科
goat pepper　タバスコ　*Capsicum frutescens* L.　ナス科
goatsbeard　やまぶきしょうま(山吹升麻)　*Aruncus dioicus* (Walter) Fernald var. *tenuifolius* (Nakai) H.Hara　バラ科
goat's rue　ガレガそう(-草)　*Galega officinalis* L.　マメ科
goat's rue　なんばんくさふじ(南蛮草藤)　*Tephrosia purpurea* (L.) Pers.　マメ科
goat willow　ばっこやなぎ(-柳)　*Salix caprea* L.　ヤナギ科
gobo　ごぼう(牛蒡)　*Arctium lappa* L.　キク科
gokizuru　ごきづる(御器蔓)　*Actinostemma tenerum* Griff.　ウリ科
gold-banded lily　やまゆり(山百合)　*Lilium auratum* Lindl.　ユリ科
golden apple　トマト　*Lycopersicon esculentum* Mill.　ナス科
golden apple　からたち(唐橘)　*Poncirus trifoliata* (L.) Raf.　ミカン科
golden apple　モンビン　*Spondias mombin* Jacq.　ウルシ科
golden apple　たまごのき(卵木)　*Spondias dulcis* G.Forst.　ウルシ科
golden bamboo　ほていちく(布袋竹)　*Phyllostachys aurea* (Sieb. ex Miq.) Carr. ex A.Rivière et C.Rivière　イネ科
golden bamboo　だいさんちく(泰山竹)　*Bambusa vulgaris* Schrad. ex Wendl.　イネ科
golden bell tree　れんぎょう(連翹)　*Forsythia suspensa* (Thunb.) Vahl　モクセイ科
goldenberry　ケープグーズベリー　*Physalis peruviana* L.　ナス科

golden buttons　タンジー　*Tanacetum vulgare* L.　キク科
golden chamomile　こうやカミツレ(紺屋-)　*Anthemis tinctoria* L.　キク科
golden evergreen raspberry　おにいちご(鬼苺)　*Rubus ellipticus* Sm.　バラ科
golden gram　りょくとう(緑豆)　*Vigna radiata* (L.) R.Wilcz.　マメ科
golden groundsel　まるばだけぶき(丸葉岳蕗)　*Ligularia dentata* (A.Gray) H.Hara　キク科
golden larch　いぬからまつ(犬唐松)　*Pseudolarix amabilis* (J.Nelson) Rehder　マツ科
golden lime　カラマンシー　*Citrus madurensis* Lour.　ミカン科
golden-rain　なんばんさいかち(南蛮皀莢)　*Senna fistula* L.　ジャケツイバラ科
golden rain tree　もくげんじ(木患子)　*Koelreuteria paniculata* Laxm.　ムクロジ科
goldenrod　アメリカあきのきりんそう(-秋麒麟草)　*Solidago virga-aurea* L.　キク科
goldenseal　カナダヒドラチス　*Hydrastis canadensis* L.　キンポウゲ科
golden shower　なんばんさいかち(南蛮皀莢)　*Senna fistula* L.　ジャケツイバラ科
golden thistle　きばなあざみ(黄花薊)　*Scolymus hispanicus* L.　キク科
golden wonder millet　こあわ(小粟)　*Setaria italica* (L.) P.Beauv. var. *germanica* (Mill.) Schrad.　イネ科
goldthread　みつばおうれん(三葉黄連)　*Coptis trifolia* Salisb.　キンポウゲ科
gooseberry　グーズベリー　*Ribes uva-crispa* L. var. *sativum* DC.　スグリ科
goosefoot　あかざ(藜)　*Chenopodium album* L. var. *centrorubrum* Makino　アカザ科
goose grass　おひしば(雄日芝)　*Eleusine indica* (L.) Gaertn.　イネ科
goose plum　アメリカすもも(-酸桃)　*Prunus americana* Marsh.　バラ科
goose tansy　ようしゅつるきんばい(洋種蔓金梅)　*Potentilla anserina* L.　バラ科
goover　らっかせい(落花生)　*Arachis hypogaea* L.　マメ科
grain maize　とうもろこし(玉蜀黍)　*Zea mays* L.　イネ科
grain sorghum　もろこし(蜀黍)　*Sorghum bicolor* (L.) Moench　イネ科
gram　ひよこまめ(雛豆)　*Cicer arietinum* L.　マメ科
granadilla　パッションフルーツ　*Passiflora edulis* Sims　トケイソウ科
granadilla　おおみのとけいそう(大実時計草)　*Passiflora quadrangularis* L.　トケイソウ科
grand emperor　にほんずいせん(日本水仙)　*Narcissus tazetta* L. var. *chinensis* Roem.　ユリ科
grand fir　アメリカおおもみ(-大樅)　*Abies grandis* (Dougl. ex D.Don) Lindl.　マツ科
grapefruit　グレープフルーツ　*Citrus paradisi* Macfad.　ミカン科
grass jelly　せんそう(仙草)　*Mesona chinensis* Benth.　シソ科
grass pea (vine)　ガラスまめ(-豆)　*Lathyrus sativus* L.　マメ科
grass sorghum　スーダングラス　*Sorghum sudanense* (Piper) Stapf　イネ科
grassy-leaved sweet flag　せきしょう(石菖)　*Acorus gramineus* Sol.　ショウブ科
Gray's bird cherry　うわみずざくら(上溝桜)　*Padus grayana* (Maxim.) C.K.Schneid.　バラ科
great burdock　ごぼう(牛蒡)　*Arctium lappa* L.　キク科
great burnet　われもこう(吾木香)　*Sanguisorba officinalis* L.　バラ科
great chervil　スイートシスリー　*Myrrhis odorata* (L.) Scop.　セリ科
greater celandine　ようしゅくさのおう(洋種草王)　*Chelidonium majus* L.　ケシ科
greater yam　だいじょ(大薯)　*Dioscorea alata* L.　ヤマノイモ科
great fun palm　おうぎやし(扇椰子)　*Borassus flabellifer* L.　ヤシ科
great millet　もろこし(蜀黍)　*Sorghum bicolor* (L.) Moench　イネ科
great plantain　おにおおばこ(鬼大葉子)　*Plantago major* L.　オオバコ科
great reed　だんちく(葭竹)　*Arundo donax* L.　イネ科
great reed-mace　がま(蒲)　*Typha latifolia* L.　ガマ科
great sallow　ばっこやなぎ(-柳)　*Salix caprea* L.　ヤナギ科
Grecian foxglove　けジギタリス(毛-)　*Digitalis lanata* Ehrh.　ゴマノハグサ科

Greek fir　ギリシャもみ(-樅)　*Abies cephalonica* Loud.　マツ科
green almond　ピスタチオのき(-木)　*Pistacia vera* L.　ウルシ科
green amaranth　あおびゆ(青莧)　*Amaranthus retroflexus* L.　ヒユ科
green bean　いんげんまめ(隠元豆)　*Phaseolus vulgaris* L.　マメ科
green gram　りょくとう(緑豆)　*Vigna radiata* (L.) R.Wilcz.　マメ科
green mint　スペアミント　*Mentha spicata* L.　シソ科
green panicgrass　グリーンパニック　*Panicum maximum* Jacq. var. *trichoglume* Eyles　イネ科
green pea　えんどう(豌豆)　*Pisum sativum* L.　マメ科
green purslane　すべりひゆ(滑莧)　*Portulaca oleracea* L.　スベリヒユ科
green sorrel　すいば(酸葉)　*Rumex acetosa* L.　タデ科
greenstem forsythia　しなれんぎょう(支那連翹)　*Forsythia viridissima* Lindl.　モクセイ科
grey mangrove　ひるぎだまし(蛭木騙)　*Avicennia marina* (Forssk.) Vierh.　クマツヅラ科
gromwell　むらさき(紫)　*Lithospermum erythrorhizon* Sieb. et Zucc.　ムラサキ科
ground bean　ゼオカルパまめ(-豆)　*Macrotyloma geocarpum* (Harms) Maréchal et Baudet　マメ科
ground cherry　ようしゅほおずき(洋種酸漿)　*Physalis alkekengi* L.　ナス科
ground cherry　ほおずき(酸漿)　*Physalis alkekengi* L. var. *franchetii* (Mast.) Makino　ナス科
ground ivy　かきどおし(垣通)　*Glechoma hederacea* L.　シソ科
groundnut　らっかせい(落花生)　*Arachis hypogaea* L.　マメ科
groundnut　アメリカほどいも(-塊芋)　*Apios americana* Medik.　マメ科
ground pine　ひかげのかずら(日蔭葛)　*Lycopodium clavatum* L. var. *nipponicum* Nakai　ヒカゲノカズラ科
groundsel　のぼろぎく(野襤褸菊)　*Senecio vulgaris* L.　キク科
guaiacum wood　ゆそうぼく(癒瘡木)　*Guaiacum officinale* L.　ハマビシ科
guanabana　とげばんれいし(棘蕃茘枝)　*Annona muricata* L.　バンレイシ科
guar　クラスタまめ(-豆)　*Cyamopsis tetragonoloba* (L.) Taub.　マメ科
guarana (bread)　ガラナ　*Paullinia cupana* Humb., Bonpl. et Kunth　ムクロジ科
guava　グアバ　*Psidium guajava* L.　フトモモ科
guayule　グアユール　*Parthenium argentatum* A.Gray　キク科
guelder rose　かんぼく(肝木)　*Viburnum opulus* L. var. *calvescens* H.Hara　スイカズラ科
Guinea grass　ギニアグラス　*Panicum maximum* Jacq.　イネ科
Guinea hemp　ケナフ　*Hibiscus cannabinus* L.　アオイ科
Guinea millet　アニマルフォニオ　*Brachiaria deflexa* (Schmach.) C.E.Hubb ex Robyns.　イネ科
gum Arabic　アラビアゴムのき(-木)　*Acacia senegal* (L.) Willd.　ネムノキ科
gum benzoin　あんそっこうのき(安息香木)　*Styrax benzoin* Dryand.　エゴノキ科
gumbo　オクラ　*Abelmoschus esculentus* (L.) Moench　アオイ科
gumi　なつぐみ(夏茱萸)　*Elaeagnus multiflora* Thunb.　グミ科
gum Senegal　アラビアゴムのき(-木)　*Acacia senegal* (L.) Willd.　ネムノキ科
gurmar　ギムネマ　*Gymnema sylvestre* (Retz.) R.Br. ex Schult.　ガガイモ科
gutta-percha　グッタペルカのき(-木)　*Palaquium gutta* (Hook.f.) Baill.　アカテツ科
gymnema　ギムネマ　*Gymnema sylvestre* (Retz.) R.Br. ex Schult.　ガガイモ科

[H]

hachiku　はちく(淡竹)　*Phyllostachys nigra* (Lodd. ex Loudon) Munro f. *henonis* (Mitord) Stapf ex Rendle　イネ科

hair-vein agrimony　きんみずひき（金水引）　*Agrimonia pilosa* Ledeb. var. *japonica* (Miq.) Nakai　バラ科
hairy indigo　たぬきこまつなぎ（狸駒繋）　*Indigofera hirsuta* L.　マメ科
hairy tare　すずめのえんどう（雀野豌豆）　*Vicia hirusta* S.F.Gray　マメ科
hairy vetch　ヘアリベッチ　*Vicia villosa* Roth ssp. *valia* (Host) Corb　マメ科
hairy vetch　パープルベッチ　*Vicia benghalensis* L.　マメ科
hamabo　はまぼう（黄槿）　*Hibiscus hamabo* Sieb. et Zucc.　アオイ科
hamabofu　はまぼうふう（浜防風）　*Glehnia littoralis* F.Schmidt ex Miq.　セリ科
hamanas rose　はまなす（浜梨）　*Rosa rugosa* Thunb.　バラ科
Hamilgrass　ギニアグラス　*Panicum maximum* Jacq.　イネ科
hanayu　はなゆ（花柚）　*Citrus hanayu* hort. ex Shirai　ミカン科
Hansen's bush cherry　ゆすらうめ（梅桃）　*Cerasus tomentosa* (Thunb.) Wall.　バラ科
harding grass　ハーディンググラス　*Phalaris tuberosa* L.　イネ科
hard maple　さとうかえで（砂糖楓）　*Acer saccharum* Marshall　カエデ科
hard-stem bulrush　かんがれい（寒枯藺）　*Schoenoplectus mucronatus* (L.) Palla ssp. *robustus* T.Koyama　カヤツリグサ科
hardy cymbidium orchid　しゅんらん（春蘭）　*Cymbidium goeringii* (Rchb.f.) Rchb.f.　ラン科
hardy orange　からたち（唐橘）　*Poncirus trifoliata* (L.) Raf.　ミカン科
hardy rubber tree　とちゅう（杜仲）　*Eucommia ulmoides* Oliv.　トチュウ科
haricot bean　いんげんまめ（隠元豆）　*Phaseolus vulgaris* L.　マメ科
hash(ish)　あさ（麻）　*Cannabis sativa* L. var. *indica* Lam.　アサ科
hassaku orange　はっさく（八朔）　*Citrus hassaku* hort. ex Tanaka　ミカン科
Hausa potato　ハウザポテト　*Solenostemon parviflorus* Benth.　シソ科
hawthorn　せいようさんざし（西洋山査子）　*Crataegus laevigata* DC.　バラ科
hawthorn maple　うりかえで（瓜楓）　*Acer crataegifolium* Sieb. et Zucc.　カエデ科
hazel (nut)　ヘイゼルナッツ　*Corylus avellana* L.　カバノキ科
head cabbage　キャベツ　*Brassica oleracea* L. var. *capitata* L.　アブラナ科
head lettuce　サラダな（-菜）　*Lactuca sativa* L. var. *capitata* L.　キク科
heal-all　セルフヒール　*Prunella vulgaris* L.　シソ科
healing herb　コンフリー　*Symphytum officinale* L.　ムラサキ科
heartleaf hornbeam　さわしば（沢柴）　*Carpinus cordata* Blume　カバノキ科
heart-leaf lily　うばゆり（姥百合）　*Cardiocrinum cordatum* (Thunb.) Makino　ユリ科
heart nut　ひめぐるみ（姫胡桃）　*Juglans ailanthifolia* Carr. var. *cordiformis* (Maxim.) Rehder　クルミ科
heart pea / seed　ふうせんかずら（風船葛）　*Cardiospermum halicacabum* L.　ムクロジ科
heathberry　がんこうらん（岩高蘭）　*Empetrum asiaticum* Nakai　ガンコウラン科
heather　カルーナ　*Calluna vulgaris* Salisb.　ツツジ科
heavenly bamboo　なんてん（南天）　*Nandina domestica* Thunb.　メギ科
hedge bamboo　ほうらいちく（蓬莱竹）　*Bambusa multiplex* (Lour.) Raeusch.　イネ科
hellebore　ばいけいそう（梅蕙草）　*Veratrum album* L. ssp. *oxysepalum* (Trucz.) Hultén　ユリ科
helonias　ヘロニアス　*Chamaelirium luteum* (L.) A.Gray　ユリ科
hemlock　どくにんじん（毒人参）　*Conium maculatum* L.　セリ科
hemp　あさ（麻）　*Cannabis sativa* L. var. *indica* Lam.　アサ科
hemp agrimony　あさばひよどり（麻葉鵯）　*Eupatorium cannabinum* L.　キク科
hemp palm　しゅろ（棕櫚）　*Trachycarpus fortunei* (Hook.) H.Wendl.　ヤシ科
hemp plant　サイザルあさ（-麻）　*Agave sisalana* Perrine ex Engelm.　リュウゼツラン科

hemp tree　せいようにんじんぼく(西洋人参木)　*Vitex agnus-castus* L.　クマツヅラ科
henbane　ヒヨス(菲沃斯)　*Hyoscyamus niger* L.　ナス科
henbit　ほとけのざ(仏座)　*Lamium amplexicaule* L.　シソ科
henequen　ヘネケン　*Agave fourcroydes* Lem.　リュウゼツラン科
henna　ヘンナ　*Lawsonia inermis* L.　ミソハギ科
Henon bamboo　はちく(淡竹)　*Phyllostachys nigra* (Lodd. ex Loudon) Munro f. *henonis* (Mitord) Stapf ex Rendle　イネ科
Henry chinkapin　ヘンリーぐり(-栗)　*Castanea henryi* (Skan) Rehder et E.H.Wils.　ブナ科
hen's eyes　まんりょう(万両)　*Ardisia crenata* Sims　ヤブコウジ科
Heracles-club　たらのき(楤木)　*Aralia elata* (Miq.) Seem.　ウコギ科
herb bennett　せいようだいこんそう(西洋大根草)　*Geum urbanum* L.　バラ科
herb-of-grace　ヘンルーダ　*Ruta graveolens* L.　ミカン科
herb Peter　きばなのくりんざくら(黄花九輪桜)　*Primula veris* L.　サクラソウ科
herb Robert　ひめふうろ(姫風露)　*Geranium robertianum* L.　フウロソウ科
hiba arborvitae　あすなろ(翌檜)　*Thujopsis dolabrata* (L.f.) Sieb. et Zucc.　ヒノキ科
hickory　ヒコリー　*Carya tomentosa* (Poin) Nutt.　クルミ科
highbush blueberry　ブルーベリー[ハイブッシュ]　*Vaccinium corymbosum* L.　ツツジ科
hillberry　ひめこうじ(姫柑子)　*Gaultheria procumbens* L.　ツツジ科
hill gooseberry　てんにんか(天人花)　*Rhodomyrtus tomentosa* (Aiton) Hassk.　フトモモ科
hillside blueberry　ローブルーベリー　*Vaccinium pallidum* Aiton　ツツジ科
Himalayan cedar　ヒマラヤすぎ(-杉)　*Cedrus deodara* (Roxb. ex D.Don) G.Don　マツ科
Himalayan raspberry　おにいちご(鬼苺)　*Rubus ellipticus* Sm.　バラ科
Hindu datura　ちょうせんあさがお(朝鮮朝顔)　*Datura metel* L.　ナス科
hinoki (cypress)　ひのき(檜)　*Chamaecyparis obtusa* (Sieb. et Zucc.) Endl.　ヒノキ科
hirami lemon　ひらみレモン(扁実-)　*Citrus depressa* Hayata　ミカン科
hog millet　きび(黍)　*Panicum miliaceum* L.　イネ科
hog peanut　バンバラまめ(-豆)　*Vigna subterranea* (L.) Verdc.　マメ科
hog plum　アメリカすもも(-酸桃)　*Prunus americana* Marsh.　バラ科
hog plum　アムラのき(-木)　*Spondias pinnata* (L.f.) Kurz　ウルシ科
hog plum　モンビン　*Spondias mombin* Jacq.　ウルシ科
hog plum　たまごのき(卵木)　*Spondias dulcis* G.Forst.　ウルシ科
hogweed　ぶたくさ(豚草)　*Ambrosia artemisiifolia* L.　キク科
hollyhock　たちあおい(立葵)　*Alcea rosea* L.　アオイ科
holly olive　ひいらぎ(柊)　*Osmanthus heterophyllus* (G.Don) P.S.Green　モクセイ科
holy basil　ホーリーバジル　*Ocimum tenuiflorum* Heyne ex Hook.f.　シソ科
holy clover　セインフォイン　*Onobrychis sativa* Lam.　マメ科
holy grass　こうぼう(香茅)　*Hierochloe odorata* (L.) P.Beauv. var. *pubescens* Krylov　イネ科
holy herb　くまつづら(熊葛)　*Verbena officinalis* L.　クマツヅラ科
holy thistle　おおあざみ(大薊)　*Silybum marianum* (L.) Gaertn.　キク科
holy thistle　さんとりそう(-草)　*Cnicus benedictus* L.　キク科
Hondo spruce　とうひ(唐檜)　*Picea jezoensis* (Sieb. et Zucc.) Carr. var. *hondoensis* (Mayr) Rehder　マツ科
Honduras mahogany　おおばマホガニー(大葉-)　*Swietenia macrophylla* King　センダン科
honey locust　アメリカさいかち(-皁莢)　*Gymnocladus dioica* (L.) Koch　マメ科
honeysuckle　においにんどう(匂忍冬)　*Lonicera periclymenum* L.　スイカズラ科
honeysuckle clover　しろクローバ(白-)　*Trifolium repens* L.　マメ科
Honolulu-queen　ピタヤ　*Hylocereus undatus* (Haw.) Britton et Rose　サボテン科

hoop pine　なんようすぎ(南洋杉)　*Araucaria cunninghamii* Sweet　ナンヨウスギ科
hop clover　ブラックメデック　*Medicago lupulina* L.　マメ科
hop-hornbeam　あさだ　*Ostrya japonica* Sarg.　カバノキ科
hops　ホップ　*Humulus lupulus* L.　アサ科
horehound　にがはっか(苦薄荷)　*Marrubium vulgare* L.　シソ科
hornbeam maple　ちどりのき(千鳥木)　*Acer carpinifolium* Sieb.et Zucc.　カエデ科
horn chestnut　おにびし(鬼菱)　*Trapa natans* L. var. *japonica* Nakai　ヒシ科
horned holly　ひいらぎもち(柊黐)　*Ilex cornuta* Lindl. et Paxton　モチノキ科
horned maple　おにもみじ(鬼紅葉)　*Acer diabolicum* Blume ex K.Koch　カエデ科
horn of plenty　ちょうせんあさがお(朝鮮朝顔)　*Datura metel* L.　ナス科
horny goat weed　ほそざきいかりそう(細咲錨草)　*Epimedium sagittatum* Maxim.　メギ科
horse bean　そらまめ(空豆)　*Vicia faba* L.　マメ科
horse chestnut　せいようとちのき(西洋栃)　*Aesculus hippocastatum* L.　トチノキ科
horse gram　ホースグラム　*Macrotyloma uniflorum* (Lam.) Verdc.　マメ科
horseradish　せいようわさび(西洋山葵)　*Armoracia rusticana* P.Gaertn., B.Mey. et Schreb.　アブラナ科
horse radish tree　わさびのき(山葵木)　*Moringa oleifera* Lam.　ワサビノキ科
horsetail　すぎな(杉菜)　*Equisetum arvense* L.　トクサ科
horsetail tree　とくさばもくまおう(木賊葉木麻黄)　*Allocasuarina equisetifolia* L.　モクマオウ科
horseweed　ひめむかしよもぎ(姫昔蓬)　*Erigeron canadensis* L.　キク科
hot pepper　とうがらし(唐辛子)　*Capsicum annuum* L.　ナス科
hot pepper　タバスコ　*Capsicum frutescens* L.　ナス科
hot pepper　ふしみ(伏見)　*Capsicum annuum* L. var. *longum* Sendtn.　ナス科
hound's berry　いぬほおずき(犬酸漿)　*Solanum nigrum* L.　ナス科
house pine　しまなんようすぎ(島南洋杉)　*Araucaria heterophylla* (Salisb.) Franco　ナンヨウスギ科
Huanuco coca　コカのき(-木)　*Erythroxylum coca* Lam.　コカノキ科
huazontle　ファザントル　*Chenopodium nuttaliae* Saff.　アカザ科
hubam　スィートクローバ[白花]　*Melilotus albus* Medik.　マメ科
huisache　きんごうかん(金合歓)　*Acacia farnesiana* (L.) Willd.　ネムノキ科
humble plant　おじぎそう(御辞儀草)　*Mimosa pudica* L.　ネムノキ科
Hungarian bromegrass　スムースブロムグラス　*Bromus inermis* Leyss.　イネ科
Hungarian pepper　パプリカ　*Capsicum annuum* L. var. *cuneatum* Paul　ナス科
Hungarian turnip　コールラビ　*Brassica oleracea* L. var. *gongylodes* L.　アブラナ科
Hungarian vetch　ハンガリアンベッチ　*Vicia pannonica* Crantz　マメ科
husk tomato　しょくようほおずき(食用酸漿)　*Physalis pruinosa* Bailey　ナス科
husked tomato　ほおずきトマト(酸漿-)　*Physalis ixocarpa* Brot.　ナス科
hyacinth bean　ふじまめ(藤豆)　*Lablab purpureus* (L.) Sweet　マメ科
hybrid clover　アルサイククローバ　*Trifolium hybridum* L.　マメ科
hybrid rygrass　ハイブリッドライグラス　*Lolium* × *boucheanum* Kunth　イネ科
hydrangea tea　あまちゃ(甘茶)　*Hydrangea serrata* (Thunb.) Ser. var. *thunbergii* (Sieb.) H.Ohba　アジサイ科
hyssop　ヒソップ　*Hyssopus officinalis* L.　シソ科

[I]

ibota privet　いぼたのき(水蝋樹)　*Ligustrum obtusifolium* Sieb. et Zucc.　モクセイ科

英名	和名	学名	科名
ilang-ilang	イランイランのき(-木)	*Cananga odorata* (Lam.) Hook.f. et T.Thomson	バンレイシ科
ilex	せいようひいらぎ(西洋柊)	*Ilex aquifolium* L.	モチノキ科
impatiens	ほうせんか(鳳仙花)	*Impatiens balsamina* L.	ツリフネソウ科
Inca wheat	アマランサス[赤粒・粳]	*Amaranthus caudatus* L.	ヒユ科
incense cedar	おにひば(鬼檜葉)	*Calocedrus decurrens* (Torr.) Florin	ヒノキ科
Indian almond	ももタマナ(桃-)	*Terminalia catappa* L.	シクンシ科
Indian arrowroot	タカ	*Tacca leontopetaloides* (L.) Kuntze	タシロイモ科
Indian barnyard millet	インドひえ(印度稗)	*Echinochloa frumentacea* (Roxb.) Link	イネ科
Indian bean	はなきささげ(花木豇豆)	*Catalpa speciosa* Warder ex Engelm.	ノウゼンカズラ科
Indian bean	アメリカきささげ(-木豇豆)	*Catalpa binonioides* Walt	ノウゼンカズラ科
Indian beech	くろよな(黒与那)	*Pongamia pinnata* (L.) Pierre	マメ科
Indian big tree	アメリカきささげ(-木豇豆)	*Catalpa binonioides* Walt	ノウゼンカズラ科
Indian buckwheat	ダッタンそば(韃靼蕎麦)	*Fagopyrum tataricum* (L.) Gaertn.	タデ科
Indian cassia	タマラにっけい(-肉桂)	*Cinnamomum tamala* Nees et Eberm.	クスノキ科
Indian cedar	インドチャンチン(印度香椿)	*Cedrela toona* Roxb. ex Rottler	センダン科
Indian cedar	ヒマラヤすぎ(-杉)	*Cedrus deodara* (Roxb. ex D.Don) G.Don	マツ科
Indian coral bean / tree	でいご(梯梧)	*Erythrina variegata* L. var. *orientalis* Merr.	マメ科
Indian corn	とうもろこし(玉蜀黍)	*Zea mays* L.	イネ科
Indian cowpea	はたささげ(畑豇豆)	*Vigna unguiculata* (L.) Walp. var. *catjang* (Burm.f.) H.Ohashi	マメ科
Indian date	タマリンドのき(-木)	*Tamarindus indica* L.	ジャケツイバラ科
Indian date	さとうなつめやし(砂糖棗椰子)	*Phoenix sylvestris* Roxb.	ヤシ科
Indian dillenia	びわもどき(枇杷擬)	*Dillenia indica* L.	ビワモドキ科
Indian dwarf wheat	インドこむぎ(印度小麦)	*Triticum sphaerococcum* Perciv.	イネ科
Indian gooseberry	あんまろく(按摩勒)	*Emblica officinalis* Gaertn.	トウダイグサ科
Indian goosefoot	ありたそう(-有田草)	*Chenopodium ambrosioides* L.	アカザ科
Indian hemp	サンヘンプ	*Crotalaria juncea* L.	マメ科
Indian hemp	あさ(麻)	*Cannabis sativa* L. var. *indica* Lam.	アサ科
Indian indigo	インドあい(印度藍)	*Indigofera tinctoria* L.	マメ科
Indian ironwood	たがやさんのき(鉄刀木)	*Senna siamea* (Lam.) H.S.Irwin et Barneby	ジャケツイバラ科
Indian jujube	いぬなつめ(犬棗)	*Ziziphus vulgaris* Lam. var. *mauritiana* Lam.	クロウメモドキ科
Indian laburnum	なんばんさいかち(南蛮皂莢)	*Senna fistula* L.	ジャケツイバラ科
Indian laurel	てりはぼく(照葉木)	*Calophyllum inophyllum* L.	オトギリソウ科
Indian lettuce	あきののげし(秋野芥子)	*Lactuca indica* L.	キク科
Indian licorice	とうあずき(唐小豆)	*Abrus precatorius* L.	マメ科
Indian lilac	さるすべり(百日紅)	*Lagerstroemia indica* L.	ミソハギ科
Indian long pepper	インドながこしょう(印度長胡椒)	*Piper longum* Blume	コショウ科
Indian lotus	はす(蓮)	*Nelumbo nucifera* Gaertn.	ハス科
Indian madder	あかね(茜)	*Rubia cordifolia* L.	アカネ科
Indian mahogany	インドチャンチン(印度香椿)	*Cedrela toona* Roxb. ex Rottler	センダン科
Indian mallow	たかさごいちび(高砂莔麻)	*Abutilon indicum* (L.) Sweet	アオイ科
Indian mallow	いちび(莔麻)	*Abutilon theophrasti* Medik.	アオイ科
Indian mango (tree)	マンゴー	*Mangifera indica* L.	ウルシ科
Indian millet	きび(黍)	*Panicum miliaceum* L.	イネ科
Indian millet	しこくびえ(四国稗)	*Eleusine coracana* (L.) Gaertn.	イネ科

Indian mombin　アムラのき(-木)　*Spondias pinnata* (L.f.) Kurz　ウルシ科
Indian mulberry　やえやまあおき(八重山青木)　*Morinda citrifolia* L.　アカネ科
Indian mung bean　りょくとう(緑豆)　*Vigna radiata* (L.) R.Wilcz.　マメ科
Indian mustard　せいようからしな(西洋芥子菜)　*Brassica juncea* (L.) Czerniak. et Coss.　アブラナ科
Indian nettle　きだちあみがさ(木立編笠)　*Acalypha indica* L.　トウダイグサ科
Indian nettle tree　うらじろえのき(裏白榎)　*Trema orientalis* (L.) Blume　ニレ科
Indian oak　チークのき (-木)　*Tectona grandis* L.f.　クマツヅラ科
Indian oak　ごばんのあし(碁盤脚)　*Barringtonia asiatica* (L.) Kurz　サガリバナ科
Indian oleander　きょうちくとう(夾竹桃)　*Nerium indicum* Mill.　キョウチクトウ科
Indian paspalum　コドラ　*Paspalum scrobiculatum* L.　イネ科
Indian pennywort　つぼくさ(坪草)　*Centella asiatica* (L.) Urb.　セリ科
Indian pokeweed　やまごぼう(山牛蒡)　*Phytolacca acinosa* Roxb.　ヤマゴボウ科
Indian redwood　ブラジルぼく(-木)　*Caesalpinia echinata* Lam.　ジャケツイバラ科
Indian redwood　すおう(蘇芳)　*Caesalpinia sappan* L.　ジャケツイバラ科
Indian rice　アメリカまこも(-真菰)　*Zizania aquatica* L.　イネ科
Indian rose chestnut　てつざいのき(鉄材木)　*Mesua ferrea* L.　オトギリソウ科
Indian rubber tree　インドゴムのき(印度-木)　*Ficus elastica* Roxb.　クワ科
Indian sagebrush　にしきよもぎ(錦蓬)　*Artemisia indica* Willd.　キク科
Indian saffron　うこん(鬱金)　*Curcuma longa* L.　ショウガ科
Indian snakeroot　インドじゃぼく(印度蛇木)　*Rauvolfia serpentina* (L.) Benth. et Kurtz　キョウチクトウ科
Indian sorrel　ローゼル　*Hibiscus sabdariffa* L.　アオイ科
Indian spice　せいようにんじんぼく(西洋人参木)　*Vitex agnus-castus* L.　クマツヅラ科
Indian strawberry　へびいちご(蛇苺)　*Duchesnea chrysantha* (Zoll. et Moritzi) Miq.　バラ科
Indian sugar cane　ちくしゃ(竹蔗)　*Saccharum sinense* Roxb.　イネ科
Indian sweetclover　こしながわはぎ(小品川萩)　*Melilotus indica* (L.) All.　マメ科
Indian tobacco　ロベリア　*Lobelia inflata* L.　キキョウ科
Indian tulip　さきしまはまぼう(先島黄槿)　*Thespesia populnea* (L.) Sol. ex Corrêa　アオイ科
Indian water chestnut　とうびし(唐菱)　*Trapa bispinosa* Roxb.　ヒシ科
Indian wormseed　ありたそう(-有田草)　*Chenopodium ambrosioides* L.　アカザ科
indigo bush　くろばなえんじゅ(黒花槐)　*Amorpha fruticosa* L.　マメ科
Inga seed　ニガーシード　*Guizotia abyssinica* (L.f.) Cass.　キク科
inkberry　アメリカやまごぼう(-山牛蒡)　*Phytolacca americana* L.　ヤマゴボウ科
insect flower / powder plant　じょちゅうぎく(除虫菊)　*Pyrethrum cinerariifolium* Trevir.　キク科
intermediate wheatgrass　インタミーデートホィートグラス　*Agropyron intermedium* Beauv.　イネ科
interrupted fern　おにぜんまい(鬼薇)　*Osmunda claytoniana* L.　ゼンマイ科
ipecac / ipecacuanha　とこん(吐根)　*Cephaelis ipecacuanha* (Brot.) A.Rich.　アカネ科
Irish potato　ばれいしょ(馬鈴薯)　*Solanum tuberosum* L.　ナス科
iron wood　たしろまめ(田代豆)　*Intsia bijuga* (Colebr.) Kuntze　マメ科
Italian broccoli　ブロッコリ　*Brassica oleracea* L. var. *italica* Plencke　アブラナ科
Italian clover　クリムソンクローバ　*Trifolium incarnatum* L.　マメ科
Italian cypress　いとすぎ(糸杉)　*Cupressus sempervirens* L.　ヒノキ科
Italian edible gourd　ゆうがお(夕顔)　*Lagenaria siceraria* (Molina) Standl. var. *hispida* (Thunb.) H.Hara　ウリ科

Italian millet	あわ(粟)	*Setaria italica* (L.) P.Beauv.		イネ科
Italian millet	おおあわ(大粟)	*Setaria italica* (L.) P.Beauv. var. *maxima* Al.		イネ科
Italian ryegrass	イタリアンライグラス	*Lolium multiflorum* Lam.		イネ科
Italian sainfoin	あかばなおうぎ(赤花黄耆)	*Hedysarum coronarium* L.		マメ科
Italian stone pine	イタリアかさまつ(-傘松)	*Pinus pinea* L.		マツ科
ivy-leaved maple	みつでかえで(三手楓)	*Acer cissifolium* (Sieb. et Zucc.) K.Koch		カエデ科
Iyo orange / tangerine	いよかん(伊予柑)	*Citrus iyo* hort. ex Tanaka		ミカン科

[J]

jaboticaba	ジャボチカバ	*Myrcicaria cauliflora* O.Berg.	フトモモ科
jack bean	なたまめ(鉈豆)	*Canavalia gladiata* (Jacq.) DC.	マメ科
jack bean	たちなたまめ(立刀豆)	*Canavalia ensiformis* (L.) DC.	マメ科
jackfruit	ジャックフルーツ	*Artocarpus heterophyllus* Lam.	クワ科
jack pine	バンクスまつ(-松)	*Pinus banksiana* Lamb.	マツ科
Jacob's ladder	はなしのぶ(花荵)	*Polemonium kiusianum* Kitam.	ハナシノブ科
jalap	ヤラッパ	*Ipomoea purga* Hayne	ヒルガオ科
Jamaica cherry	なんようざくら(南洋桜)	*Muntingia calabura* L.	イイギリ科
Jamaica honeysuckle	みずレモン(水-)	*Passiflora laurifolia* L.	トケイソウ科
Jamaica pepper	オールスパイス	*Pimenta dioica* (L.) Merr.	フトモモ科
Jamaica plum	モンビン	*Spondias mombin* Jacq.	ウルシ科
Jamaica sorrel	ローゼル	*Hibiscus sabdariffa* L.	アオイ科
jambol	おおばげっけい(大葉月桂)	*Acronychia penduculata* (L.) Miq.	ミカン科
jambolan plum	むらさきふともも(紫蒲桃)	*Syzygium cumini* (L.) Skeel	フトモモ科
Japanese aconite	おくとりかぶと(奥鳥兜)	*Aconitum japonicum* Thunb.	キンポウゲ科
Japan cedar	すぎ(杉)	*Cryptomeria japonica* (L.f.) D.Don	スギ科
Japanese alder	はんのき(榛木)	*Alnus japonica* (Thunb.) Steud.	カバノキ科
Japanese andromeda	あせび(馬酔木)	*Pieris japonica* (Thunb.) D.Don ex G.Don	ツツジ科
Japanese anise	しきみ(樒)	*Illicium anisatum* L.	シキミ科
Japanese apricot	うめ(梅)	*Armeniaca mume* Sieb.	バラ科
Japanese aralia	たらのき(楤木)	*Aralia elata* (Miq.) Seem.	ウコギ科
Japanese arborvitae	くろべ(黒檜)	*Thuja standishii* (Gordon) Carr.	ヒノキ科
Japanese arrow-head	くわい(慈姑)	*Sagittaria trifolia* L. var. *edulis* (Sieb.) Ohwi	オモダカ科
Japanese arrow root	くず(葛)	*Pueraria lobata* (Willd.) Ohwi	マメ科
Japanese ardisia	やぶこうじ(藪小路)	*Ardisia japonica* (Thunb.) Blume	ヤブコウジ科
Japanese artichoke	ちょろぎ(草石蚕)	*Stachys sieboldii* Miq.	シソ科
Japanese aspen	やまならし(山鳴)	*Populus sieboldii* Miq.	ヤナギ科
Japanese banana	ばしょう(芭蕉)	*Musa basjoo* Sieb.	バショウ科
Japanese barberry	めぎ(目木)	*Berberis thunbergii* DC.	メギ科
Japanese barnyard millet	ひえ(稗)	*Echinochloa utilis* Ohwi et Yabuno	イネ科
Japanese bead tree	せんだん(棟)	*Melia azedarach* L. var. *subtripinnata* Miq.	センダン科
Japanese beauty-berry	むらさきしきぶ(紫式部)	*Callicarpa japonica* Thunb.	クマツヅラ科
Japanese beech	いぬぶな(犬橅)	*Fagus japonica* Maxim.	ブナ科
Japanese beech	ぶな(橅)	*Fagus crenata* Blume	ブナ科
Japanese bellflower	ききょう(桔梗)	*Platycodon grandiflorum* (Jacq.) A.DC.	キキョウ科
Japanese bindweed	ひるがお(昼顔)	*Calystegia japonica* Choisy	ヒルガオ科

Japanese bitter mandarin　なつみかん（夏蜜柑）　*Citrus natsudaidai* Hayata　ミカン科
Japanese black pine　くろまつ（黒松）　*Pinus thunbergii* Parl.　マツ科
Japanese box tree　つげ（柘植）　*Buxus microphylla* Sieb. et Zucc. var. *japonica* (Müll.-Arg. ex Miq.) Rehder et E.H.Wilson　ツゲ科
Japanese buckthorn　くろうめもどき（黒梅擬）　*Rhamnus japonica* Maxim. var. *decipiens* Maxim.　クロウメモドキ科
Japanese bulrush　ほたるい（蛍藺）　*Schoenoplectus juncoides* (Roxb.) Palla ssp. *hotarui* Soják　カヤツリグサ科
Japanese bunching onion　ねぎ（葱）　*Allium fistulosum* L.　ユリ科
Japanese bush cherry　にわうめ（庭梅）　*Cerasus japonica* (Thunb.) Loisel.　バラ科
Japanese bush cranberry　がまずみ（莢蒾）　*Viburnum dilatatum* Thunb.　スイカズラ科
Japanese butterbur　ふき（蕗）　*Petasites japonicus* (Sieb. et Zucc.) Maxim.　キク科
Japanese cantaloupe　まくわうり（真桑瓜）　*Cucumis melo* L. var. *makuwa* Makino　ウリ科
Japanese catnip　けいがい（荊芥）　*Schizonepeta tenuifolia* Briquet　シソ科
Japanese cedar　すぎ（杉）　*Cryptomeria japonica* (L.f.) D.Don　スギ科
Japanese chaff flower　いのこずち（牛膝）　*Achyranthes bidentata* Blume　ヒユ科
Japanese cherry birch　あずさ（梓）　*Betula grossa* Sieb. et Zucc.　カバノキ科
Japanese chestnut　にほんぐり（日本栗）　*Castanea crenata* Sieb. et Zucc.　ブナ科
Japanese chestnut oak　くぬぎ（櫟）　*Quercus acutissima* Carruth.　ブナ科
Japanese chinquapin　こじい（小椎）　*Castanopsis cuspidata* (Thunb.) Schottky　ブナ科
Japanese chrysanthemum　しまかんぎく（島寒菊）　*Dendranthema indicum* (L.) Des Moul.　キク科
Japanese cinnamon　やぶにっけい（藪肉桂）　*Cinnamomum japonicum* Sieb. ex Nakai　クスノキ科
Japanese climbing fern　かにくさ（蟹草）　*Lygodium japonicum* (Thunb.) Sw.　フサシダ科
Japanese cork oak　あべまき　*Quercus variabilis* Blume　ブナ科
Japanese cornel　さんしゅゆ（山茱萸）　*Cornus officinalis* Sieb. et Zucc.　ミズキ科
Japanese cypress　ひのき（檜）　*Chamaecyparis obtusa* (Sieb. et Zucc.) Endl.　ヒノキ科
Japanese dandelion　たんぽぽ（蒲公英）　*Taraxacum platycarpum* Dahlst.　キク科
Japanese dodder　ねなしかずら（根無葛）　*Cuscuta japonica* Choisy　ヒルガオ科
Japanese dog-tooth violet　かたくり（片栗）　*Erythronium japonicum* Decne.　ユリ科
Japanese Douglas fir　とがさわら（栂椹）　*Pseudotsuga japonica* (Shiras.) Beissn.　マツ科
Japanese elm　はるにれ（春楡）　*Ulmus davidiana* Planch. var. *japonica* (Rehder) Nakai　ニレ科
Japanese eurya　さかき（榊）　*Cleyera japonica* Thunb.　ツバキ科
Japanese fairy bells　ほうちゃくそう（宝鐸草）　*Disporum sessile* (Thunb.) D.Don ex Schult.　ユリ科
Japanese false bindweed　こひるがお（小昼顔）　*Calystegia hederacea* Wall.　ヒルガオ科
Japanese fantail willow　おのえやなぎ（尾上柳）　*Salix udensis* Trautv. et Mey.　ヤナギ科
Japanese fern palm　そてつ（蘇鉄）　*Cycas revoluta* Bedd.　ソテツ科
Japanese flowering apricot　うめ（梅）　*Armeniaca mume* Sieb.　バラ科
Japanese galangal　はなみょうが（花茗荷）　*Alpinia japonica* (Thunb.) Miq.　ショウガ科
Japanese gentian　とうりんどう（唐竜胆）　*Gentiana scabra* Bunge　リンドウ科
Japanese giant bamboo　まだけ（真竹）　*Phyllostachys bambusoides* Sieb. et Zucc.　イネ科
Japanese ginger　みょうが（茗荷）　*Zingiber mioga* (Thunb.) Roscoe　ショウガ科
Japanese goldthread　おうれん（黄連）　*Coptis japonica* (Thunb.) Makino　キンポウゲ科
Japanese grass　あわ（粟）　*Setaria italica* (L.) P.Beauv.　イネ科
Japanese hackberry　えのき（榎）　*Celtis sinensis* Pers.　ニレ科
Japanese hawthorn　しゃりんばい（車輪梅）　*Rhaphiolepis indica* (L.) Lindl. ex Ker var.

umbellata (Thunb.) H.Ohashi　バラ科
Japanese hawthorn　さんざし(山査子)　*Crataegus cuneata* Sieb. et Zucc.　バラ科
Japanese hazel　はしばみ(榛)　*Corylus heterophylla* Fisch. ex Besser var. *thunbergii* Blume　カバノキ科
Japanese hazel　つのはしばみ(角榛)　*Corylus sieboldiana* Blume　カバノキ科
Japanese hedge parsley　やぶじらみ(藪虱)　*Torilis japonica* (Houtt.) DC.　セリ科
Japanese hemlock　つが(栂)　*Tsuga sieboldii* Carr.　マツ科
Japanese hill cherry　やまざくら(山桜)　*Cerasus jamasakura* (Sieb. ex Koidz.) H.Ohba　バラ科
Japanese holly　いぬつげ(犬柘植)　*Ilex crenata* Thunb.　モチノキ科
Japanese honey locust　さいかち(皂莢)　*Gleditsia japonica* Miq.　ジャケツイバラ科
Japanese honeysuckle　すいかずら(吸葛)　*Lonicera japonica* Thunb.　スイカズラ科
Japanese hop　かなむぐら(金葎)　*Humulus japonicus* Sieb. et Zucc.　アサ科
Japanese hornbeam　くましで(熊四手)　*Carpinus japonica* Blume　カバノキ科
Japanese hornwort　みつば(三葉)　*Cryptotaenia japonica* Hassk.　セリ科
Japanese horse chestnut　とちのき(栃)　*Aesculus turbinata* Blume　トチノキ科
Japanese horseradish　わさび(山葵)　*Eutrema japonica* (Miq.) Koidz.　アブラナ科
Japanese ivy　きづた(木蔦)　*Hedera rhombea* (Miq.) Bean　ウコギ科
Japanese Judas tree　かつら(桂)　*Cercidiphyllum japonicum* Sieb. et Zucc.　カツラ科
Japanese knotweed　いたどり(虎杖)　*Reynoutria japonica* Houtt.　タデ科
Japanese lacquer tree　うるし(漆)　*Rhus verniciflua* Stokes　ウルシ科
Japanese lantern plant　ほおずき(酸漿)　*Physalis alkekengi* L. var. *franchetii* (Mast.) Makino　ナス科
Japanese larch　からまつ(唐松)　*Larix kaempferi* (Lamb.) Carr.　マツ科
Japanese laurel　なぎ(梛)　*Podocarpus nagi* (Thunb.) Zoll. et Moritzi ex Makino　マキ科
Japanese lawn grass　しば(芝)　*Zoysia japonica* Steud.　イネ科
Japanese lespedeza　やはずそう(矢筈草)　*Kummerowia striata* (Thunb.) Schindl.　マメ科
Japanese lily　やまゆり(山百合)　*Lilium auratum* Lindl.　ユリ科
Japanese lime / linden　しなのき(科木)　*Tilia japonica* (Miq.) Simonk.　シナノキ科
Japanese loquat　びわ(枇杷)　*Eriobotrya japonica* (Thunb.) Lindl.　バラ科
Japanese mahonia　ひいらぎなんてん(柊南天)　*Mahonia japonica* (Thunb.) DC.　メギ科
Japanese mandarin　うんしゅうみかん(温州蜜柑)　*Citrus unshiu* S.Marcov.　ミカン科
Japanese maple　はうちわかえで(羽団扇楓)　*Acer palmatum* Thunb.　カエデ科
Japanese maple　めいげつかえで(名月楓)　*Acer japonicum* Thunb.　カエデ科
Japanese medlar　びわ(枇杷)　*Eriobotrya japonica* (Thunb.) Lindl.　バラ科
Japanese millet　ひえ(稗)　*Echinochloa utilis* Ohwi et Yabuno　イネ科
Japanese mint　はっか(薄荷)　*Mentha arvensis* L. var. *piperascens* Malinv. ex Holmes　シソ科
Japanese morning-glory　あさがお(朝顔)　*Ipomoea nil* (L.) Roth　ヒルガオ科
Japanese mountain-ash　ななかまど(七竈)　*Sorbus commixta* Hedl.　バラ科
Japanese mountain cherry　やまざくら(山桜)　*Cerasus jamasakura* (Sieb. ex Koidz.) H.Ohba　バラ科
Japanese mugwort　よもぎ(蓬)　*Artemisia princeps* Pamp.　キク科
Japanese mulberry　やまぐわ(山桑)　*Morus bombycis* Koidz.　クワ科
Japanese oak　こなら(小楢)　*Quercus serrata* Thunb.　ブナ科
Japanese pagoda tree　えんじゅ(槐)　*Sophora japonica* L.　マメ科
Japanese parsley　せり(芹)　*Oenanthe javanica* (Blume) DC.　セリ科
Japanese paspalum　すずめのひえ(雀稗)　*Paspalum thunbergii* Kunth et Steud.　イネ科
Japanese pear　にほんなし(日本梨)　*Pyrus pyrifolia* (Burm.f.) Nakai　バラ科

Japanese pearlwort　あぎなし（顎無）　*Sagittaria aginashi* (Makino) Makino　オモダカ科
Japanese pepper　さんしょう（山椒）　*Zanthoxylum piperitum* (L.) DC.　ミカン科
Japanese pepper　ふうとうかずら（風藤葛）　*Piper kadzura* (Choisy) Ohwi　コショウ科
Japanese persimmon (tree)　かき（柿）　*Diospyros kaki* Thunb.　カキノキ科
Japanese pickling turnip　すぐきな（酸茎菜）　*Brassica rapa* L. var. *sugukina* Kitam.　アブラナ科
Japanese plum　にほんすもも（日本酸桃）　*Prunus salicina* Lindl.　バラ科
Japanese plum yew　かや（榧）　*Torreya nucifera* (L.) Sieb. et Zucc.　イチイ科
Japanese plum yew　いぬがや（犬榧）　*Cephalotaxus harringtonia* (Knight ex F.B.Forbes) K.Koch f. *drupacea* (Sieb. et Zucc.) Kitam.　イヌガヤ科
Japanese plume grass　すすき（薄）　*Miscanthus sinensis* Anders.　イネ科
Japanese poplar　どろのき（泥木）　*Populus maximowiczii* A.Henry　ヤナギ科
Japanese poppy　やまぶきそう（山吹草）　*Hylomecon japonicum* (Thunb.) Plantl　ケシ科
Japanese prickly ash　さんしょう（山椒）　*Zanthoxylum piperitum* (L.) DC.　ミカン科
Japanese primrose　くりんそう（九輪草）　*Primula japonica* A.Gray　サクラソウ科
Japanese privet　ねずみもち（鼠黐）　*Ligustrum japonicum* Thunb.　モクセイ科
Japanese pumpkin　にほんカボチャ（日本南瓜）　*Cucurbita moschata* (Duchesne ex Lam.) Duchesne ex Poiret　ウリ科
Japanese pussy willow　あかめやなぎ（赤芽柳）　*Salix chaenomeloides* Kimura　ヤナギ科
Japanese quince　ぼけ（木瓜）　*Chaenomeles speciosa* (Sweet) Nakai　バラ科
Japanese radish　だいこん（大根）　*Raphanus sativus* L.　アブラナ科
Japanese raisin tree　けんぽなし（玄圃梨）　*Hovenia dulcis* Thunb.　クロウメモドキ科
Japanese raspberry　なわしろいちご（苗代苺）　*Rubus parvifolius* L.　バラ科
Japanese red oak　あかがし（赤樫）　*Quercus acuta* Buch.-Ham. ex Wall.　ブナ科
Japanese red pine　あかまつ（赤松）　*Pinus densiflora* Sieb. et Zucc.　マツ科
Japanese rohdea　おもと（万年青）　*Rohdea japonica* (Thunb.) Roth　ユリ科
Japanese rose　やまぶき（山吹）　*Kerria japonica* (L.) DC.　バラ科
Japanese rowan　ななかまど（七竈）　*Sorbus commixta* Hedl.　バラ科
Japanese sago palm　そてつ（蘇鉄）　*Cycas revoluta* Bedd.　ソテツ科
Japanese senega　ひめはぎ（姫萩）　*Polygala japonica* Houtt.　ヒメハギ科
Japanese silver fir　もみ（樅）　*Abies firma* Sieb. et Zucc.　マツ科
Japanese snake gourd　からすうり（烏瓜）　*Trichosanthes cucumeroides* (Ser.) Maxim.　ウリ科
Japanese snowbell　えごのき（-木）　*Styrax japonica* Sieb. et Zucc.　エゴノキ科
Japanese snowflower　うつぎ（空木）　*Deutzia crenata* Sieb. et Zucc.　アジサイ科
Japanese spice wood　だんこうばい（檀香梅）　*Lindera obtusiloba* Blume　クスノキ科
Japanese spindle tree　まさき（柾）　*Euonymus japonicus* Thunb.　ニシキギ科
Japanese spruce　えぞまつ（蝦夷松）　*Picea jezoensis* (Sieb. et Zucc.) Carr.　マツ科
Japanese spurge　ふっきそう（富貴草）　*Pachysandra terminalis* Sieb. et Zucc.　ツゲ科
Japanese stewartia　なつつばき（夏椿）　*Stewartia pseudocamellia* Maxim.　ツバキ科
Japanese striped maple　ほそえかえで（細柄楓）　*Acer capillipes* Maxim.　カエデ科
Japanese sumac　ぬるで（白膠木）　*Rhus javanica* L. var. *chinensis* (Mill) Yamaz.　ウルシ科
Japanese summer orange　なつみかん（夏蜜柑）　*Citrus natsudaidai* Hayata　ミカン科
Japanese sweetheart tree　ごんずい（権萃）　*Euscaphis japonica* (Thunb.) Kanitz　ミツバウツギ科
Japanese sweetspire　ずいな（髄菜）　*Itea japonica* Oliv.　スグリ科
Japanese tallow tree　しらき（白木）　*Sapium japonicum* (Sieb. et Zucc.) Pax et K.Hoffm.　トウダイグサ科

Japanese timber bamboo　まだけ(真竹)　*Phyllostachys bambusoides* Sieb. et Zucc.　イネ科
Japanese torreya　かや(榧)　*Torreya nucifera* (L.) Sieb. et Zucc.　イチイ科
Japanese tree lilac　はしどい　*Syringa reticulata* (Blume) H.Hara　モクセイ科
Japanese tree peony　ぼたん(牡丹)　*Paeonia suffruticosa* Andrews　ボタン科
Japanese umbrella pine　こうやまき(高野槇)　*Sciadopitys verticillata* (Thunb.) Sieb. et Zucc. コウヤマキ科
Japanese umbrella tree　ほおのき(朴木)　*Magnolia hypoleuca* Sieb. et Zucc.　モクレン科
Japanese vetch　ひろはくさふじ(広葉草藤)　*Vicia japonica* A.Gray　マメ科
Japanese viburnum　はくさんぼく(白山木)　*Viburnum japonicum* (Thunb.) Spreng.　スイカズラ科
Japanese walnut　おにぐるみ(鬼胡桃)　*Juglans ailanthifolia* Carr.　クルミ科
Japanese wax tree　はぜのき(櫨木)　*Rhus succedanea* L.　ウルシ科
Japanese white bark magnolia　ほおのき(朴木)　*Magnolia hypoleuca* Sieb. et Zucc. モクレン科
Japanese whitebeam　うらじろのき(裏白木)　*Sorbus japonica* Hedl.　バラ科
Japanese white birch　しらかば(白樺)　*Betula platyphylla* Sukaczev var. *japonica* (Miq.) H. Hara　カバノキ科
Japanese white oak　しらかし(白樫)　*Quercus myrsinaefolia* Blume　ブナ科
Japanese white pine　ごようまつ(五葉松)　*Pinus parviflora* Sieb.et Zucc.　マツ科
Japanese wingnut　さわぐるみ(沢胡桃)　*Pterocarya rhoifolia* Sieb. et Zucc.　クルミ科
Japanese winterberry　うめもどき(梅擬)　*Ilex serrata* Thunb.　モチノキ科
Japanese wisteria　ふじ(藤)　*Wisteria floribunda* (Willd.) DC.　マメ科
Japanese witch hazel　まんさく(満作)　*Hamamelis japonica* Sieb. et Zucc.　マンサク科
Japanese wormwood　よもぎ(蓬)　*Artemisia princeps* Pamp.　キク科
Japanese yam　やまのいも(山芋)　*Dioscorea japonica* Thunb.　ヤマノイモ科
Japanese yew　まき(槇)　*Podocarpus macrophyllus* (Thunb.) Sweet　マキ科
Japanese yew　いちい(一位)　*Taxus cuspidata* Sieb. et Zucc.　イチイ科
Japanese zelkova　けやき(欅)　*Zelkova serrata* (Thunb.) Makino　ニレ科
Japan laurel　あおき(青木)　*Aucuba japonica* Thunb.　ミズキ科
Japan wood-oil tree　あぶらぎり(油桐)　*Aleurites cordatus* (Thunb.) R.Br. ex Steud.　トウダイグサ科
japonica　つばき(椿)　*Camellia japonica* L.　ツバキ科
jarul　おおばなさるすべり(大花百日紅)　*Lagerstroemia speciosa* (L.) Pers.　ミソハギ科
jasmine　まつりか(茉莉花)　*Jasminum sambac* Aiton　モクセイ科
jasmine orange　げっきつ(月橘)　*Murraya paniculata* (L.) Jack　ミカン科
Java almond　カナリアのき(-木)　*Canarium vulgare* Leenh.　カンラン科
Java apple　レンブ(蓮霧)　*Syzygium samarangense* (Bl.) Merr. et L.M.Perry　フトモモ科
Java bishopwood　あかぎ(赤木)　*Bischofia javanica* Blume　トウダイグサ科
Java cardamom　びゃくずく(白豆蔲)　*Amomum compactum* Roem. et Schult.　ショウガ科
Java citronella　ジャワシトロネラ　*Cymbopogon winterianus* Jowitt　イネ科
Java coca　ジャワコカ　*Erythroxylum novogranatense* (Morris) Hieron.　コカノキ科
Java devil pepper　インドじゃぼく(印度蛇木)　*Rauvolfia serpentina* (L.) Benth. et Kurtz　キョウチクトウ科
Javanese long pepper　ジャワながしょう(-長胡椒)　*Piper retrofractum* Vahl　コショウ科
Java plum　むらさきふともも(紫蒲桃)　*Syzygium cumini* (L.) Skeel　フトモモ科
Java rose apple　レンブ(蓮霧)　*Syzygium samarangense* (Bl.) Merr. et L.M.Perry　フトモモ科
jelly okra　ローゼル　*Hibiscus sabdariffa* L.　アオイ科

jellywort　せんそう(仙草)　*Mesona chinensis* Benth.　シソ科
jequirity　とうあずき(唐小豆)　*Abrus precatorius* L.　マメ科
Jerusalem artichoke　きくいも(菊芋)　*Helianthus tuberosus* L.　キク科
Jerusalem pea　はたささげ(畑豇豆)　*Vigna unguiculata* (L.) Walp. var. *catjang* (Burm.f.) H. Ohashi　マメ科
Jerusalem rye　ポーランドこむぎ(‐小麦)　*Triticum polonicum* L.　イネ科
Jew plum　たまごのき(卵木)　*Spondias dulcis* G.Forst.　ウルシ科
Jew's apple　なすび(茄)　*Solanum melongena* L.　ナス科
Jews mallow　たいわんつなそ(台湾綱麻)　*Corchorus olitorius* L.　シナノキ科
jim(p)son (weed)　しろばなちょうせんあさがお(白花朝鮮朝顔)　*Datura stramonium* L.　ナス科
jipijapa　パナマそう(‐草)　*Carludovica palmata* Ruiz et Pav.　パナマソウ科
jiringa　ジリンまめ(‐豆)　*Pithecellobium jiringa* (Jack) Prain　ネムノキ科
Johnson grass　ジョンソングラス　*Sorghum halepense* (L.) Pers.　イネ科
jointhead arthraxon　こぶなぐさ(小鮒草)　*Arthraxon hispidus* (Thunb.) Makino　イネ科
jojoba　ホホバ　*Simmondsia chinensis* (Link) C.K.Schneid.　シムモンドシア科
jujube　なつめ(棗)　*Ziziphus jujuba* Mill.　クロウメモドキ科
juniper　せいようねず(西洋杜松)　*Juniperus communis* L.　ヒノキ科
jute　つなそ(綱麻)　*Corchorus capsularis* L.　シナノキ科

[K]

kabosu　かぼす(香母酢)　*Citrus sphaerocarpa* hort. ex Tanaka　ミカン科
kadzura pepper　ふうとうかずら(風藤葛)　*Piper kadzura* (Choisy) Ohwi　コショウ科
kadsura vine　さねかずら(実葛)　*Kadsura japonica* (Thunb.) Dunal　マツブサ科
Kaffir lime　こぶみかん(瘤蜜柑)　*Citrus hystrix* DC.　ミカン科
kaki　かき(柿)　*Diospyros kaki* Thunb.　カキノキ科
Kalamansi lime　カラマンシー　*Citrus madurensis* Lour.　ミカン科
kale　ケール　*Brassica oleracea* L. var. *acephala* DC.　アブラナ科
kamala tree　くすのはがしわ(楠葉柏)　*Mallotus philippensis* (Lam.) Müll.-Arg.　トウダイグサ科
Kamchatka bilberry　いわつつじ(岩躑躅)　*Vaccinium praestans* Lamb.　ツツジ科
Kamchatka fritillary / lily　くろゆり(黒百合)　*Fritillaria camtschatcensis* (L.) Ker Gawl.　ユリ科
kanghi　たかさごいちび(高砂苘麻)　*Abutilon indicum* (L.) Sweet　アオイ科
Kangra buckwheat　ダッタンそば(韃靼蕎麦)　*Fagopyrum tataricum* (L.) Gaertn.　タデ科
kapok tree　パンヤのき(‐木)　*Ceiba pentandra* (L.) Gaertn.　パンヤ科
karri tree　きり(桐)　*Paulownia tomentosa* (Thunb.) Steud.　ゴマノハグサ科
kassod tree　たがやさんのき(鉄刀木)　*Senna siamea* (Lam.) H.S.Irwin et Barneby　ジャケツイバラ科
katsura (tree)　かつら(桂)　*Cercidiphyllum japonicum* Sieb. et Zucc.　カツラ科
Kauri (pine)　カウリコーパルのき(‐木)　*Agathis australis* Steud.　ナンヨウスギ科
kava / kawa pepper　カヴァ　*Piper methysticum* G.Forst.　コショウ科
kava(-kava)　カヴァ　*Piper methysticum* G.Forst.　コショウ科
kaya　かや(榧)　*Torreya nucifera* (L.) Sieb. et Zucc.　イチイ科
keg fig　かき(柿)　*Diospyros kaki* Thunb.　カキノキ科
kenaf　ケナフ　*Hibiscus cannabinus* L.　アオイ科
Kentucky bluegrass　ケンタッキーブルーグラス　*Poa pratensis* L.　イネ科
Kentucky coffee (bean) tree　アメリカさいかち(‐皂莢)　*Gymnocladus dioica* (L.) Koch　マメ科

Kentucky hemp　あさのはいらくさ(麻葉刺草)　*Urtica cannabina* L.　イラクサ科
kerria　やまぶき(山吹)　*Kerria japonica* (L.) DC.　バラ科
Kersting's bean / groundnut　ゼオカルパまめ(-豆)　*Macrotyloma geocarpum* (Harms) Maréchal et Baudet　マメ科
keyaki　けやき(欅)　*Zelkova serrata* (Thunb.) Makino　ニレ科
khat　アラビアちゃのき(-茶木)　*Catha edulis* (Vahl) Forssk. ex Endl.　ニシキギ科
Khesari dahl　ガラスまめ(-豆)　*Lathyrus sativus* L.　マメ科
khus-khus　ベチベルそう(-草)　*Vetiveria zizanioides* (L.) Nash ex Small　イネ科
kidney bean　いんげんまめ(隠元豆)　*Phaseolus vulgaris* L.　マメ科
kidney vetch　キドニーベッチ　*Anthyllis vulneraria* L.　マメ科
kikuyugrass　キクユグラス　*Pennisetum clandestinum* Hochst et Chiov.　イネ科
kina　キナのき(-木)　*Cinchona pubescens* Vahl　アカネ科
king mandarin / orange　くねんぼ(九年母)　*Citrus* × *nobilis* Lour.　ミカン科
kino　はまべぶどう(浜辺葡萄)　*Coccoloba uvifera* (L.) L.　タデ科
kino (tree)　キノのき(-木)　*Pterocarpus marsupium* Roxb.　マメ科
Kinokuni mandarin　きしゅうみかん(紀州蜜柑)　*Citrus kinokuni* hort. ex Tanaka　ミカン科
kitambilla　セイロンすぐり(-酸塊)　*Dovyalis hebecarpa* (Gaertn.) Warb.　イイギリ科
kitchen-garden purslane　たちすべりひゆ(立滑莧)　*Portulaca oleracea* L. var. *sativa* (Haw.) DC.　スベリヒユ科
kiwano　キワノ　*Cucumis metuliferus* Naudin　ウリ科
kiwi berry / fruit　キーウィフルーツ　*Actinidia chinensis* Planch.　マタタビ科
kneeling angelica　おおばせんきゅう(大葉川芎)　*Angerica genuflexa* Nutt. ex Torr. et A.Gray　セリ科
knotgrass　にわやなぎ(庭柳)　*Polygonum aviculare* L.　タデ科
knot root　ちょろぎ(草石蚕)　*Stachys sieboldii* Miq.　シソ科
knotweed　にわやなぎ(庭柳)　*Polygonum aviculare* L.　タデ科
koa haole　ぎんねむ(銀合歓)　*Leucaena leucocephala* (Lam.) de Wit　ネムノキ科
kobus magnolia　こぶし(辛夷)　*Magnolia praecocissima* Koidz.　モクレン科
kodo millet　コドラ　*Paspalum scrobiculatum* L.　イネ科
ko-hemp　くず(葛)　*Pueraria lobata* (Willd.) Ohwi　マメ科
kohlrabi　コールラビ　*Brassica oleracea* L. var. *gongylodes* L.　アブラナ科
kola nut　ひめコラのき(姫-木)　*Cola acuminata* (P.Beauv.) Schott et Endl.　アオギリ科
kolomikta vine　みやままたたび(深山木天蓼)　*Actinidia kolomikta* (Rupr. et Maxim.) Maxim.　マタタビ科
konara oak　こなら(小楢)　*Quercus serrata* Thunb.　ブナ科
konjac　こんにゃく(蒟蒻)　*Amorphophallus konjac* K.Koch　サトイモ科
Korean angelica　おにのだけ(鬼土当帰)　*Angelica gigas* Nakai　セリ科
Korean fir　ちょうせんもみ(朝鮮樅)　*Abies koreana* Wilson　マツ科
Korean hackberry　こばのちょうせんえのき(小葉朝鮮榎)　*Celtis biondii* Pampan.　ニレ科
Korean hornbeam　いぬしで(犬四手)　*Carpinus tschonoskii* Maxim.　カバノキ科
Korean lawn grass　しば(芝)　*Zoysia japonica* Steud.　イネ科
Korean lawn grass　こうらいしば(高麗芝)　*Zoysia pacifica* Goudswaad　イネ科
Korean lespedeza　まるばやはずそう(丸葉矢筈草)　*Kummerowia stipulacea* (Maxim.) Makino　マメ科
Korean mistletoe　やどりぎ(宿木)　*Viscum album* L. var. *coloratum* Kom.　ヤドリギ科
Korean nut pine　ちょうせんごよう(朝鮮五葉)　*Pinus koraiensis* Sieb. et Zucc.　マツ科
Korean rhubarb　ちょうせんだいおう(朝鮮大黄)　*Rheum coreanum* Nakai　タデ科

Korean spring orchid　しゅんらん(春蘭)　*Cymbidium goeringii* (Rchb.f.) Rchb.f.　ラン科
Korean sweetheart tree　ごんずい(権萃)　*Euscaphis japonica* (Thunb.) Kanitz　ミツバウツギ科
Korean euodia　ちょうせんごしゅゆ(朝鮮呉茱萸)　*Euodia daniellii* Hemsley　ミカン科
Korean velvet grass　こうらいしば(高麗芝)　*Zoysia pacifica* Goudswaad　イネ科
Korean white pine　ちょうせんごよう(朝鮮五葉)　*Pinus koraiensis* Sieb. et Zucc.　マツ科
kousa　やまぼうし(山法師)　*Cornus kousa* Hance　ミズキ科
kudzu (vine)　くず(葛)　*Pueraria lobata* (Willd.) Ohwi　マメ科
kukui　ククイのき(-木)　*Aleurites moluccana* (L.) Willd.　トウダイグサ科
kuma bamboo grass　くまざさ(隈笹)　*Sasa veitchii* (Carr.) Rehder　イネ科
kurogane holly　くろがねもち(黒鉄黐)　*Ilex rotunda* Thunb.　モチノキ科
kuth　もっこう(木香)　*Saussurea lappa* Clarke　キク科
Kuweni mango　においマンゴー(匂-)　*Mangifera odorata* Griff　ウルシ科

[L]

lablab (bean)　ふじまめ(藤豆)　*Lablab purpureus* (L.) Sweet　マメ科
ladino clover　ラジノクローバ　*Trifolium repens* L. var. *giganteum*　マメ科
lady's bed straw　せいようかわらまつば(西洋河原松葉)　*Galium verum* L.　アカネ科
lady's fingers　オクラ　*Abelmoschus esculentus* (L.) Moench　アオイ科
lady-smoke　たねつけばな(種付花)　*Cardamine flexuosa* With.　アブラナ科
lady's thistle　おおあざみ(大薊)　*Silybum marianum* (L.) Gaertn.　キク科
lagoon hibiscus　おおはまぼう(大黄槿)　*Hibiscus tiliaceus* L.　アオイ科
lake weed　たで(蓼)　*Persicaria hydropiper* (L.) Spach　タデ科
lamb's lettuce　コーンサラダ　*Valerianella locusta* (L.) Betcke　オミナエシ科
lamb's quaters　しろざ(白藜)　*Chenopodium album* L.　アカザ科
lamuta　ナムナムのき(-木)　*Cynometra cauliflora* L.　マメ科
lansat　ランサ　*Lansium domesticum* Corrêa　センダン科
large cranberry　クランベリー　*Vaccinium macrocarpon* Aiton　ツツジ科
large disk medic　うずまきうまごやし(渦巻馬肥)　*Medicago orbicularis* (L.) Bartal.　マメ科
large-flowered evening primrose　おおまつよいぐさ(大待宵草)　*Oenothera glaziociana* Micheli　アカバナ科
large-fruited adlay　はとむぎ(鳩麦)　*Coix lacryma-jobi* L. var. *ma-yuen* (Rom.-Caill.) Stapf　イネ科
large Indian cress　のうぜんはれん(凌霄葉蓮)　*Tropaeolum majus* L.　ノウゼンハレン科
large-leaf avens　だいこんそう(大根草)　*Geum japonicum* Thunb.　バラ科
large-leaved lupin(e)　しゅっこんルーピン(宿根-)　*Lupinus polyphyllus* Lindl.　マメ科
large-leaved tepary bean　テパリビーン　*Phaseolus acutifolius* A.Gray var. *latifolius* G.Freem.　マメ科
large lime　ライム　*Citrus aurantiifolia* (Christm.) Swingle　ミカン科
large round kumquat　ねいはきんかん(寧波金柑)　*Fortunella crassifolia* Swingle　ミカン科
large trefoil　ストロベリクローバ　*Trifolium fragiferum* L.　マメ科
late sweet blueberry　ブルーベリー[ローブッシュ]　*Vaccinium angustifolium* Aiton　ツツジ科
laurel　げっけいじゅ(月桂樹)　*Laurus nobilis* L.　クスノキ科
laurel fig　ガジュマル　*Ficus microcarpa* L.f.　クワ科
laurel-leaved clitoria　ねばりまめ(粘豆)　*Clitoria laurifolia* Poiret　マメ科
laurelwood　てりはぼく(照葉木)　*Calophyllum inophyllum* L.　オトギリソウ科

lavandin　ラバンジン　*Lavandula angustifolia*×*latifolia*　シソ科
lawn pennywort　ちどめぐさ(血止草)　*Hydrocotyle sibthorpioides* Lam.　セリ科
Lawson cypress　ローソンひのき(-檜)　*Chamaecyparis lawsoniana* (A.Murray) Parl.　ヒノキ科
lead tree　ぎんねむ(銀合歓)　*Leucaena leucocephala* (Lam.) de Wit　ネムノキ科
leaf beet　ふだんそう(不断草)　*Beta vulgaris* L.　アカザ科
leaf chervil　チャービル　*Anthriscus cerefolium* Hoffm.　セリ科
leaf mustard　せいようからしな(西洋芥子菜)　*Brassica juncea* (L.) Czerniak. et Coss.　アブラナ科
leaf mustard　たかな(高菜)　*Brassica juncea* (L.) Czerniak. et Coss. var. *integrifolia* Sinskaya　アブラナ科
ledgerbark cinchona　ボリビアキナのき(-木)　*Cinchona ledgeriana* Moens ex Trimen　アカネ科
leechee　れいし(茘枝)　*Litchi chinensis* Sonn.　ムクロジ科
leek　リーキ　*Allium porrum* L.　ユリ科
lemon　レモン　*Citrus limon* (L.) Burm.f.　ミカン科
lemon balm　レモンバーム　*Melissa officinalis* L.　シソ科
lemon grass　レモングラス　*Cymbopogon citratus* (DC. ex Nees) Stapf ／ *C. flexuosus* Stapf　イネ科
lemon-scented gum　レモンユーカリ　*Eucalyptus citriodora* Hook.　フトモモ科
lemon thyme　ワイルドタイム　*Thymus serpyllum* L.　シソ科
lemon verbena　レモンバーベナ　*Lippia citriodora* (Ortega) Humb.　クマツヅラ科
lentil　ひらまめ(扁豆)　*Lens culinaris* Medik.　マメ科
leopard plant　つわぶき(石蕗)　*Farfugium japonicum* (L.) Kitam.　キク科
leopard's-bane　アルニカ　*Arnica montana* L.　キク科
leprosy pear　つるれいし(蔓茘枝)　*Momordica charantia* L.　ウリ科
lesser Asiatic yam　はりいも(針芋)　*Dioscorea esculenta* (Lour.) Burkill　ヤマノイモ科
lesser bulrush　ひめがま(姫蒲)　*Typha angustata* Bory et Chaub.　ガマ科
lesser galangal　こうりょうきょう(高良姜)　*Alpinia officinarum* Hance　ショウガ科
lesser giseng　わだそう(和田草)　*Pseudostellaria heterophylla* (Miq.) Pax ex Pax et Hoffm.　ナデシコ科
lettuce　レタス　*Lactuca sativa* L.　キク科
leucaena　ぎんねむ(銀合歓)　*Leucaena leucocephala* (Lam.) de Wit　ネムノキ科
Levant cotton　インドわた(印度棉)　*Gossipium herbaceum* L.　アオイ科
Levant storax　とうようふう(東洋楓)　*Liquidambar orientalis* Miller　マンサク科
Levant wormseed　しなよもぎ(支那蓬)　*Artemisia cina* Berg. ex Poljak.　キク科
Liberian / Liberica coffee　リベリアコーヒーのき(-木)　*Coffea liberica* W.Bull ex Hiern　アカネ科
licorice　つるかんぞう(蔓甘草)　*Glycyrrhiza glabra* L.　マメ科
life plant　おさばふうろ(筬葉風露)　*Biophytum sensitivum* (L.) DC.　カタバミ科
lignum vitae　ゆそうぼく(癒瘡木)　*Guaiacum officinale* L.　ハマビシ科
lilac daphne　ふじもどき(藤擬)　*Daphne genkwa* Sieb. et Zucc.　ジンチョウゲ科
lily magnolia　もくれん(木蓮)　*Magnolia quinquepeta* (Buc'hoz) Dandy　モクレン科
lily-of-China　おもと(万年青)　*Rohdea japonica* (Thunb.) Roth　ユリ科
lily-of-the-valley　ドイツすずらん(-鈴蘭)　*Convallaria majalis* L.　ユリ科
lily-of-the-valley bush　あせび(馬酔木)　*Pieris japonica* (Thunb.) D.Don ex G.Don　ツツジ科
lily-turf　じゃのひげ(蛇鬚)　*Ophiopogon japonicus* (L.f.) Ker Gawl.　ユリ科
lima bean　ライまめ(-豆)　*Phaseolus lunatus* L.　マメ科
lime　せいようしなのき(西洋科木)　*Tilia* × *europaea* L.　シナノキ科
lime　ライム　*Citrus aurantiifolia* (Christm.) Swingle　ミカン科
lime berry　ぐみみかん(茱萸蜜柑)　*Triphasia trifolia* (Burm.f.) P.Wils.　ミカン科

linden　せいようしなのき(西洋科木)　*Tilia* × *europaea* L.　シナノキ科
linden hibiscus　おおはまぼう(大黄槿)　*Hibiscus tiliaceus* L.　アオイ科
linden-leaf maple　ひとつばかえで(一葉楓)　*Acer distylum* Sieb. et Zucc.　カエデ科
linseed　あま(亜麻)　*Linum usitatissimum* L.　アマ科
lipstick tree　べにのき(紅木)　*Bixa orellana* L.　ベニノキ科
liquorice　つるかんぞう(蔓甘草)　*Glycyrrhiza glabra* L.　マメ科
litchi　れいし(茘枝)　*Litchi chinensis* Sonn.　ムクロジ科
little bluestem　リトルブルーステム　*Andropogon scoparius* Michx.　イネ科
little hogweed　すべりひゆ(滑莧)　*Portulaca oleracea* L.　スベリヒユ科
liver bean　もだま(藻玉)　*Entada phaseoloides* (L.) Merr.　ネムノキ科
liver tea tree　カユプテ　*Melaleuca leucadendra* (L.) L.　フトモモ科
lobelia　ロベリア　*Lobelia inflata* L.　キキョウ科
loblolly pine　テーダ松　*Pinus taeda* L.　マツ科
locust　アメリカさいかち(-皂莢)　*Gymnocladus dioica* (L.) Koch　マメ科
locust　にせアカシア(偽-)　*Robinia pseudoacacia* L.　マメ科
locust bean　いなごまめ(稲子豆)　*Ceratonia siliqua* L.　マメ科
lodi clover　ラジノクローバ　*Trifolium repens* L. var. *giganteum*　マメ科
logwood　あかみのき(赤実木)　*Haematoxylum campechianum* L.　ジャケツイバラ科
Lombardy poplar　ポプラ　*Populus* × *canadensis* Moench　ヤナギ科
London plane (tree)　もみじばすずかけのき(紅葉葉鈴懸木)　*Platanus* × *acerifolia* (Aiton.) Willd.　スズカケノキ科
longan　りゅうがん(龍眼)　*Dimocarpus longan* Lour.　ムクロジ科
long(-rooted) Japanese turnip　ひのな(日野菜)　*Brassica rapa* L. var. *akena* Kitam.　アブラナ科
longleaf dock　のだいおう(野大黄)　*Rumex longifolius* DC.　タデ科
longleaf pine　だいおうまつ(大王松)　*Pinus palustris* Mill.　マツ科
long pepper　インドながこしょう(印度長胡椒)　*Piper longum* Blume　コショウ科
long pepper　ふしみ(伏見)　*Capsicum annuum* L. var. *longum* Sendtn.　ナス科
long podded cowpea　じゅうろくささげ(十六豇豆)　*Vigna unguiculata* (L.) Walp. var. *sesquipedalis* (L.) H.Ohashi　マメ科
longstalk holly　そよご(冬青)　*Ilex pedunculosa* Miq.　モチノキ科
long straight-necked gourd　ゆうがお(夕顔)　*Lagenaria siceraria* (Molina) Standl.var. *hispida* (Thunb.) H.Hara　ウリ科
loofa(h)　へちま(糸瓜)　*Luffa cylindrica* M.Roem.　ウリ科
looking glass tree　さきしますおうのき(先島蘇芳木)　*Heritiera littoralis* Dryand.　アオギリ科
loosestrife　おかとらのお(丘虎尾)　*Lysimachia clethroides* Duby　サクラソウ科
lopseed　はえどくそう(蠅毒草)　*Phryma leptostachya* L. ssp. *asiatica* (H.Hara) Kitam.　クマツヅラ科
loquat　びわ(枇杷)　*Eriobotrya japonica* (Thunb.) Lindl.　バラ科
lotus　はす(蓮)　*Nelumbo nucifera* Gaertn.　ハス科
lovage　ロベージ　*Levisticum officinale* Koch.　セリ科
love apple　トマト　*Lycopersicon esculentum* Mill.　ナス科
love lies bleeding　アマランサス［赤粒・粳］　*Amaranthus caudatus* L.　ヒユ科
love parsley　ロベージ　*Levisticum officinale* Koch.　セリ科
lowbush blueberry　ブルーベリー［ローブッシュ］　*Vaccinium angustifolium* Aiton　ツツジ科
lowbush blueberry / huckleberry　ローブルーベリー　*Vaccinium pallidum* Aiton　ツツジ科
low-hanging willow　しだれやなぎ(枝垂柳)　*Salix babylonica* L.　ヤナギ科

lowland fir　アメリカおおもみ(-大樅)　*Abies grandis* (Dougl. ex D.Don) Lindl.　マツ科
low striped bamboo　くまざさ(隈笹)　*Sasa veitchii* (Carr.) Rehder　イネ科
lucerne　アルファルファ　*Medicago sativa* L. / *M. falcata* L. / *M.* × *media* Pers.　マメ科
lucmo / lucuma　あかてつ(赤鉄)　*Pouteria obovata* (R.Br.) Baehni　アカテツ科
lulo　ナランジロ　*Solanum quitoense* Lam.　ナス科
lungan　りゅうがん(龍眼)　*Dimocarpus longan* Lour.　ムクロジ科
lungwort　やくようひめむらさき(薬用姫紫)　*Pulmonaria officinalis* L.　ムラサキ科
luster-leaf holly　たらよう(多羅葉)　*Ilex latifolia* Thunb.　モチノキ科
lychee　れいし(茘枝)　*Litchi chinensis* Sonn.　ムクロジ科
lycium　くこ(枸杞)　*Lycium chinense* Mill.　ナス科

[M]

Ma bamboo　まちく(蔴竹)　*Dendrocalamus latiflorus* Munro　イネ科
mabolo　くろがき(黒柿)　*Diospyros discolor* Willd.　カキノキ科
macadamia nut　マカダミアナッツ　*Macadamia integrifolia* Maiden et Betche / *M. tetraphylla* L.A.S.Johnson　ヤマモガシ科
macaroni wheat　マカロニこむぎ(-小麦)　*Triticum durum* Desf.　イネ科
macaw-fat　あぶらやし(油椰子)　*Elaeis guineensis* Jacq.　ヤシ科
mace　ナツメグ　*Myristica fragrans* Houtt.　ニクズク科
macha wheat　マカこむぎ(-小麦)　*Triticum macha* Decap.　イネ科
Madagascar peanut　バンバラまめ(-豆)　*Vigna subterranea* (L.) Verdc.　マメ科
Madagascar periwinkle　にちにちそう(日日草)　*Catharanthus roseus* (L.) G.Don　キョウチクトウ科
madake　まだけ(真竹)　*Phyllostachys bambusoides* Sieb. et Zucc.　イネ科
madder　あかね(茜)　*Rubia cordifolia* L.　アカネ科
madder　せいようあかね(西洋茜)　*Rubia tinctorium* L.　アカネ科
Madras gram　ホースグラム　*Macrotyloma uniflorum* (Lam.) Verdc.　マメ科
madrone　いちごのき(苺木)　*Arbutus unedo* L.　ツツジ科
magnolia　もくれん(木蓮)　*Magnolia quinquepeta* (Buc'hoz) Dandy　モクレン科
magnolia vine　ちょうせんごみし(朝鮮五味子)　*Schisandra chinensis* (Turcz.) Baill.　マツブサ科
mahogany　マホガニー　*Swietenia mahagoni* (L.) Jacq.　センダン科
mahuang　まおう(麻黄)　*Ephedra sinica* Stapf　マオウ科
maidenhair tree　いちょう(銀杏)　*Ginkgo biloba* L.　イチョウ科
maize　とうもろこし(玉蜀黍)　*Zea mays* L.　イネ科
Malabar cardamom　カルダモン　*Elettaria cardamomum* (L.) Maton　ショウガ科
Malabar gourd　くろだねカボチャ(黒種南瓜)　*Cucurbita ficifolia* Bouché　ウリ科
Malabar plum　ふともも(蒲桃)　*Syzygium jambos* (L.) Alston　フトモモ科
Malabar plum　むらさきふともも(紫蒲桃)　*Syzygium cumini* (L.) Skeel　フトモモ科
Malacca apple　マレーふともも(-蒲桃)　*Syzygium malaccensis* (L.) Merr. et Perry　フトモモ科
Malaya jasmine　とうきょうちくとう(唐夾竹桃)　*Trachelospermum jasminoides* (Lindl.) Lem.　キョウチクトウ科
Malaya lac tree　セイロンオーク　*Schleichera oleosa* (Lour.) Merr.　ムクロジ科
Malay apple　マレーふともも(-蒲桃)　*Syzygium malaccensis* (L.) Merr. et Perry　フトモモ科
Malaya rice paper plant　くさとべら(草海桐花)　*Scaevola taccada* (Gaertn.) Roxb.　クサトベラ科
Malay padauk　インドしたん(印度紫檀)　*Pterocarpus indicus* Willd.　マメ科

Malaysian mango　ビンゼイ　*Mangifera caesia* Jack　ウルシ科
male fern　おしだ(雄羊歯)　*Dryopteris crassirhizoma* Nakai　オシダ科
malting barley　ビールむぎ(-麦)　*Hordeum distichon* L.　イネ科
mallow　ふゆあおい(冬葵)　*Malva verticillata* L.　アオイ科
mammee　マメー　*Calocarpum sapota* (Jacq.) Merr.　アカテツ科
mammey (apple)　マメーりんご(-林檎)　*Mammea americana* L.　オトギリソウ科
mammey sapote　マメー　*Calocarpum sapota* (Jacq.) Merr.　アカテツ科
mammoth clover　ジグザグローバ　*Trifolium medium* L.　マメ科
mammoth tree　セコイア　*Sequoia sempervirens* (D.Don) Endl.　スギ科
Manchu cherry　ゆすらうめ(梅桃)　*Cerasus tomentosa* (Thunb.) Wall.　バラ科
Manchurian alder　けやまはんのき(毛山榛木)　*Alnus hirsuta* Turcz.　カバノキ科
Manchurian apricot　まんしゅうあんず(満州杏)　*Armeniaca mandschurica* (Koehne) Kostina　バラ科
Manchurian catalpa　とうきささげ(唐木豇豆)　*Catalpa bungei* C.A.Mey.　ノウゼンカズラ科
Manchurian wild rice　まこも(真菰)　*Zizania latifolia* (Griseb.) Turcz. ex Stapf　イネ科
mandarin (orange)　マンダリン　*Citrus reticulata* Blanco　ミカン科
mandrake　マンドレイク　*Mandragora officinarum* L.　ナス科
mangel　かちくビート(家畜-)　*Beta vulgaris* L. var. *crassa* Alef.　アカザ科
mangis　マンゴスチン　*Garcinia mangostana* L.　オトギリソウ科
mango (tree)　マンゴー　*Mangifera indica* L.　ウルシ科
mango　においマンゴー(匂-)　*Mangifera odorata* Griff　ウルシ科
mango-ginger　マンゴージンジャー　*Curcuma amada* Roxb.　ショウガ科
mangold　かちくビート(家畜-)　*Beta vulgaris* L. var. *crassa* Alef.　アカザ科
mangosteen　マンゴスチン　*Garcinia mangostana* L.　オトギリソウ科
mangrove　やえやまひるぎ　*Rhizophora stylosa* Griff.　ヒルギ科
mangrove apple　はまざくろ(浜石榴)　*Sonneratia alba* Sm.　ハマザクロ科
mangrove palm　ニッパやし(-椰子)　*Nipa fruticans* Wurmb　ヤシ科
manihot rubber　マニホットゴムのき(-木)　*Manihot glaziovii* Müll.-Arg.　トウダイグサ科
Manila bean　しかくまめ(四角豆)　*Psophocarpus tetragonolobus* (L.) DC.　マメ科
Manila copal tree　マニラコーパルのき(-木)　*Agathis dammara* (Lamb.) Rich.　ナンヨウスギ科
Manila grass　こうしゅんしば(恒春芝)　*Zoysia matrella* (L.) Merr.　イネ科
Manila hemp　マニラあさ(-麻)　*Musa textilis* Née　バショウ科
Manila tamarind　きんじきゅ(金亀樹)　*Pithecellobium dulce* (Roxb.) Benth.　ネムノキ科
manioc　キャッサバ　*Manihot dulcis* Pax / *M. esculenta* Crantz　トウダイグサ科
manioc bean　ポテトビーン　*Pachyrhizus tuberosus* A.Spreng.　マメ科
manioc bean　くずいも(葛薯)　*Pachyrhizus erosus* (L.) Urb　マメ科
maranta　くずうこん(葛鬱金)　*Maranta arundinacea* L.　クズウコン科
marbled bamboo　かんちく(寒竹)　*Chimonobambusa marmorea* (Mitford) Makino　イネ科
marble pea　はたささげ(畑豇豆)　*Vigna unguiculata* (L.) Walp. var. *catjang* (Burm.f.) H.Ohashi　マメ科
marguerite　ひなぎく(雛菊)　*Bellis perennis* L.　キク科
Maries fir　おおしらびそ(大白檜曽)　*Abies mariesii* Mast.　マツ科
marigold　マリゴールド　*Calendura officinalis* L.　キク科
marjoram　オレガノ　*Origanum vulgare* L.　シソ科
marlberry　やぶこうじ(藪小路)　*Ardisia japonica* (Thunb.) Blume　ヤブコウジ科
marmalade box　ちぶさのき(乳房木)　*Genipa americana* L.　アカネ科
marmelo　マルメロ(榲桲)　*Cydonia oblonga* Mill.　バラ科

marrow	ペポカボチャ(-南瓜)	*Cucurbita pepo* L.	ウリ科	
marsh mallow	ビロードあおい(-葵)	*Althaea officinalis* L.	アオイ科	
marsh pepper	たで(蓼)	*Persicaria hydropiper* (L.) Spach	タデ科	
marsh trefoil	みつがしわ(三柏)	*Menyanthes trifoliata* L.	ミツガシワ科	
marsh yellow cress	すかしたごぼう(透田牛蒡)	*Rorippa islandia* (Oeder) Brobás	アブラナ科	
marumi kumquat	まるみきんかん(丸実金柑)	*Fortunella japonica* (Thunb.) Swingle	ミカン科	
marvel-of-Peru	おしろいばな(白粉花)	*Mirabilis jalapa* L.	オシロイバナ科	
mascarene grass	こうらいしば(高麗芝)	*Zoysia pacifica* Goudswaad	イネ科	
mastic tree	にゅうこうじゅ(乳香樹)	*Boswellia carteri* Birdw.	カンラン科	
masurdhal	ひらまめ(扁豆)	*Lens culinaris* Medik.	マメ科	
matai	おおくろぐわい(大黒慈姑)	*Eleocharis dulcis* (Burm.f.) Trin ex Hensch var. *tuberosa* (Roxb.) T.Koyama	カヤツリグサ科	
matara tea	マタラちゃ(-茶)	*Senna auriculata* L.	ジャケツイバラ科	
mat bean	モスビーン	*Vigna aconitifolia* (Jacq.) Maréchal	マメ科	
matchbox bean	もだま(藻玉)	*Entada phaseoloides* (L.) Merr.	ネムノキ科	
mate	マテちゃ(-茶)	*Ilex paraguayensis* St.-Hil.	モチノキ科	
mat rush	いぐさ(藺草)	*Juncus effusus* L. var. *decipiens* Buchenau	イグサ科	
Mauritius raspberry	ばらばきいちご(薔薇葉木苺)	*Rubus rosifolius* Sm.	バラ科	
Maximowicz's birch	うだいかんば(鵜台樺)	*Betula maximowicziana* Regel	カバノキ科	
Maximowicz's lily	こおにゆり(小鬼百合)	*Lilium leichtlinii* Hook.f. var. *maximowiczii* (Regel) Baker	ユリ科	
may bells	ドイツすずらん(-鈴蘭)	*Convallaria majalis* L.	ユリ科	
may berry	もみじいちご(紅葉苺)	*Rubus palmatus* Thunb.	バラ科	
maybush	せいようさんざし(西洋山査子)	*Crataegus laevigata* DC.	バラ科	
may flower	せいようさんざし(西洋山査子)	*Crataegus laevigata* DC.	バラ科	
may lily	ドイツすずらん(-鈴蘭)	*Convallaria majalis* L.	ユリ科	
maypop	チャボとけいそう(矮鶏時計草)	*Passiflora incarnata* L.	トケイソウ科	
mazzard cherry	せいようみざくら(西洋実桜)	*Cerasus avium* (L.) Moench	バラ科	
meadow fescue	メドーフェスク	*Festuca pratensis* Huds.	イネ科	
meadow foxtail	メドーフォクステール	*Alopecurus pratensis* L.	イネ科	
meadow saffron	いぬサフラン(犬-)	*Colchicum autumnale* L.	ユリ科	
meadow sweet	せいようなつゆきそう(西洋夏雪草)	*Filipendura ulmaria* (L.) Maxim.	バラ科	
medical rhubarb	だいおう(大黄)	*Rheum officinale* Baill.	タデ科	
medicinal aloe	アロエ	*Aloe barbadensis* Mill.	アロエ科	
medicinal poppy	けし(罌粟)	*Papaver somniferum* L.	ケシ科	
Mediterranean rocket	ロケットサラダ	*Eruca sativa* Mill.	アブラナ科	
medlar	メドラ	*Mespilus germanica* L.	バラ科	
melastome	のぼたん(野牡丹)	*Melastoma candidum* D.Don	ノボタン科	
melilot	スィートクローバ[黄花]	*Melilotus officinalis* (L.) Lam.	マメ科	
melon	あみメロン(網-)	*Cucumis melo* L. var. *reticulatus* Ser.	ウリ科	
melon pear / shrub	ペピーノ	*Solanum muricatum* Aiton	ナス科	
melon tree	パパイア	*Carica papaya* L.	パパイア科	
mescal	ペヨーテ	*Lophophora williamsii* (Lem.) J.M.Coult.	サボテン科	
mesquite	メスキート	*Prosopis juliflora* DC.	マメ科	
mesta	ケナフ	*Hibiscus cannabinus* L.	アオイ科	
metasequoia (tree)	メタセコイア	*Metasequoia glyptostroboides* Hu et W.C.Cheng	スギ科	
Mexican apple	ホワイトサポテ	*Casimiroa edulis* La Llave	ミカン科	

Mexican aster　コスモス　*Cosmos bipinnatus* Cav.　キク科
Mexican breadfruit　モンステラ　*Monstera deliciosa* Liebm.　サトイモ科
Mexican ground cherry　ほおずきトマト(酸漿-)　*Physalis ixocarpa* Brot.　ナス科
Mexican lime　ライム　*Citrus aurantiifolia* (Christm.) Swingle　ミカン科
Mexican mahogany　おおばマホガニー(大葉-)　*Swietenia macrophylla* King　センダン科
Mexican poppy　あざみのげし(薊野芥子)　*Argemone mexicana* L.　ケシ科
Mexican rubber　グアユール　*Parthenium argentatum* A.Gray　キク科
Mexican rubber tree　アメリカゴムのき(-木)　*Castilla elastica* Cerv.　クワ科
Mexican tarragon　ミントマリゴールド　*Tagetes lucida* Cav.　キク科
Mexican tea　ありたそう(-有田草)　*Chenopodium ambrosioides* L.　アカザ科
Mexican yam bean　くずいも(葛薯)　*Pachyrhizus erosus* (L.) Urb　マメ科
mignonette　もくせいそう(木犀草)　*Reseda odorata* L.　モクセイソウ科
mignonette tree　ヘンナ　*Lawsonia inermis* L.　ミソハギ科
milfoil　せいようのこぎりそう(西洋鋸草)　*Achillea millefolium* L.　キク科
Militi palm　ミリチーやし(-椰子)　*Mauritia flexuosa* L.f.　ヤシ科
milk sow thistle　のげし(野芥子)　*Sonchus oleraceus* L.　キク科
milk thistle　おおあざみ(大薊)　*Silybum marianum* (L.) Gaertn.　キク科
milk vetch　たいつりおうぎ(鯛釣黄耆)　*Astragalus membranaceus* (Fisch.) Bunge　マメ科
millet　きび(黍)　*Panicum miliaceum* L.　イネ科
millet　あわ(粟)　*Setaria italica* (L.) P.Beauv.　イネ科
mimosa　おじぎそう(御辞儀草)　*Mimosa pudica* L.　ネムノキ科
mimosa　アカシア　*Acacia dealbata* Link　ネムノキ科
Mimusops balata (tree)　バラタのき(-木)　*Manilkara bidentata* (A.DC.) A.Chev.　アカテツ科
miner's lettuce　つきぬきぬまはこべ(突抜沼繁縷)　*Montia perfoliata* (Donn) J.T.Howell　スベリヒユ科
mini margueritte　フランスぎく(-菊)　*Leucanthemum paludosum* (Poiret) Bonnet et Barratte　キク科
mint marigold　ミントマリゴールド　*Tagetes lucida* Cav.　キク科
mioga ginger　みょうが(茗荷)　*Zingiber mioga* (Thunb.) Roscoe　ショウガ科
miracle berry / fruit　ミラクルフルーツ　*Synsepalum dulcificum* (Schum. et Thonn.) Daniell　アカテツ科
miraculous fruit / nut　ミラクルフルーツ　*Synsepalum dulcificum* (Schum. et Thonn.) Daniell　アカテツ科
mirasol　ひまわり(向日葵)　*Helianthus annuus* L.　キク科
misteria　いぬサフラン(犬-)　*Colchicum autumnale* L.　ユリ科
mistletoe　せいようやどりぎ(西洋宿木)　*Viscum album* L.　ヤドリギ科
mitsuba　みつば(三葉)　*Cryptotaenia japonica* Hassk.　セリ科
mitsumata　みつまた(三椏)　*Edgeworthia chrysantha* Lindl.　ジンチョウゲ科
Miyabe maple　くろびいたや(黒皮板屋)　*Acer miyabei* Maxim.　カエデ科
miyama cherry　みやまざくら(深山桜)　*Cerasus maximowiczii* (Rupr.) Kom.　バラ科
mochi tree　もちのき(黐木)　*Ilex integra* Thunb.　モチノキ科
mockernut hickory　ヒコリー　*Carya tomentosa* (Poin) Nutt.　クルミ科
mock lime　じゅらん(樹蘭)　*Aglaia odorata* Lour.　センダン科
mock plane　シカモア　*Acer pseudoplatanus* L.　カエデ科
mock tomato　ひらなす(扁茄子)　*Solanum integrifolium* Poiret　ナス科
mole plant　ホルトそう(-草)　*Euphorbia lathyris* L.　トウダイグサ科
Moluccan oil tree　ククイのき(-木)　*Aleurites moluccana* (L.) Willd.　トウダイグサ科

momi fir　もみ(樅)　*Abies firma* Sieb. et Zucc.　マツ科
Momordica melon　モモルディカメロン　*Cucumis melo* L. var. *momordica* (Roxb.) Duthie et Fuller　ウリ科
monarch birch　うだいかんば(鵜台樺)　*Betula maximowicziana* Regel　カバノキ科
Mongolian apricot　もうこあんず(蒙古杏)　*Armeniaca sibirica* (L.) Lam.　バラ科
Mongolian mulberry　もうこぐわ(蒙古桑)　*Morus mongolica* C.K.Schneid.　クワ科
Mongolian oak　モンゴリなら(-楢)　*Quercus mongolica* Fisch. ex Ledeb.　ブナ科
Mongolian snakegourd　ちょうせんからすうり(朝鮮烏瓜)　*Trichosanthes kirilowii* Maxim. ウリ科
monkey bread tree　バオバブ　*Adansonia digitata* L.　パンヤ科
monkey nut　らっかせい(落花生)　*Arachis hypogaea* L.　マメ科
monkey pod　アメリカねむのき(-合歓木)　*Albizia saman* (Jacq.) F.Muell.　ネムノキ科
monkey-puzzle　チリまつ(-松)　*Araucaria araucana* (Molina) K.Koch　ナンヨウスギ科
monkey's ear-ring　きんきじゅ(金亀樹)　*Pithecellobium dulce* (Roxb.) Benth.　ネムノキ科
monkshood　アコニット　*Aconitum napellus* Thunb.　キンポウゲ科
monk's pepper tree　せいようにんじんぼく(西洋人参木)　*Vitex agnus-castus* L.　クマツヅラ科
Monnier's snowparsley　おかぜり(陸芹)　*Cnidium monnieri* (L.) Cusson　セリ科
monstera　モンステラ　*Monstera deliciosa* Liebm.　サトイモ科
Monterey pine　ラジアータまつ(-松)　*Pinus radiata* D.Don　マツ科
moonflower　ゆうがお(夕顔)　*Lagenaria siceraria* (Molina) Standl. var. *hispida* (Thunb.) H.Hara　ウリ科
moorberry　くろまめのき(黒豆木)　*Vaccinium uliginosum* L.　ツツジ科
morello cherry　すみのみざくら(酸味実桜)　*Cerasus vulgaris* Mill.　バラ科
Moreton Bay pine　なんようすぎ(南洋杉)　*Araucaria cunninghamii* Sweet　ナンヨウスギ科
Moriche palm　ミリチーやし(-椰子)　*Mauritia flexuosa* L.f.　ヤシ科
moso bamboo　もうそうちく(孟宗竹)　*Phyllostachys heterocycla* (Carr.) Matsum.　イネ科
moth bean　モスビーン　*Vigna aconitifolia* (Jacq.) Maréchal　マメ科
mother-of-thousands　ゆきのした(雪下)　*Saxifraga stolonifera* Meerb.　ユキノシタ科
mother-of-thyme　ワイルドタイム　*Thymus serpyllum* L.　シソ科
motherwort　めはじき(目弾)　*Leonurus japonicus* Houtt.　シソ科
motherwort　なつしろぎく　*Pyrethrum parthenium* (L.) Sm.　キク科
mountain apple　マレーふともも(-蒲桃)　*Syzygium malaccensis* (L.) Merr. et Perry　フトモモ科
mountain arnica　アルニカ　*Arnica montana* L.　キク科
mountain ash　せいたかユーカリ(背高-)　*Eucalyptus regnans* F.Muell.　フトモモ科
mountain-ash　ヨーロッパなかまど(-七竈)　*Sorbus aucuparia* L.　バラ科
mountain bromgrass　マウンテンブロムグラス　*Bromus marginatus* Nees　イネ科
mountain cranberry　こけもも(苔桃)　*Vaccinium vitis-idaea* L.　ツツジ科
mountain hemlock　ロベージ　*Levisticum officinale* Koch.　セリ科
mountain lily　やまゆり(山百合)　*Lilium auratum* Lindl.　ユリ科
mountain mugwort　おおよもぎ(大蓬)　*Artemisia montana* (Nakai) Pamp.　キク科
mountain papaya　ごかくもっか(五角木瓜)　*Carica pentagona* Heilb.　パパイア科
mountain pine　モンタナまつ(-松)　*Pinus montana* Mill.　マツ科
mountain spice tree　あおもじ(青文字)　*Litsea cubeba* Pers.　クスノキ科
mountain spinach　やまほうれんそう(山菠薐草)　*Atriplex hortensis* L.　アカザ科
mountain tobacco　アルニカ　*Arnica montana* L.　キク科
moutan peony　ぼたん(牡丹)　*Paeonia suffruticosa* Andrews　ボタン科
mugwort　おうしゅうよもぎ(欧州蓬)　*Artemisia vulgaris* L.　キク科
muku tree　むくのき(椋)　*Aphananthe aspera* (Thunb.) Planch.　ニレ科

mulberry からぐわ(唐桑) *Morus alba* L. クワ科
multistemed assai palm アサイやし(-椰子) *Euterpe oleracea* Engel ヤシ科
mulukhiya たいわんつなそ(台湾綱麻) *Corchorus olitorius* L. シナノキ科
mume うめ(梅) *Armeniaca mume* Sieb. バラ科
mung bean けつるあずき(毛蔓小豆) *Vigna mungo* (L.) Hepper マメ科
mung bean / dahl りょくとう(緑豆) *Vigna radiata* (L.) R.Wilcz. マメ科
musk mallow じゃこうあおい(麝香葵) *Olbia moschata* (L.) アオイ科
musk-mallow とろろあおい(黄蜀葵) *Abelmoschus manihot* Medik. アオイ科
musk melon あみメロン(網-) *Cucumis melo* L. var. *reticulatus* Ser. ウリ科
musk okra とろろあおいもどき(黄蜀葵擬) *Abelmoschus moschatus* (L.) Medik. アオイ科
musky pumpkin / squash にほんカボチャ(日本南瓜) *Cucurbita moschata* (Duchesne ex Lam.) Duchesne ex Poiret ウリ科
mustard spinach こまつな(小松菜) *Brassica rapa* L. var. *perviridis* Bailey アブラナ科
myrobalan ももタマナ(桃-) *Terminalia catappa* L. シクンシ科
myrobalan plum ミロバランすもも(-酸桃) *Prunus cerasifera* Ehrh. ssp. *myrobalana* (L.) C.K. Schneid. バラ科
myrrh もつやくじゅ(没薬樹) *Commiphora myrrha* Engl. カンラン科
myrtle ぎんばいか(銀梅花) *Myrtus communis* L. フトモモ科
myrtle lime ぐみみかん(茱萸蜜柑) *Triphasia trifolia* (Burm.f.) P.Wils. ミカン科
myrtle spurge ホルトそう(-草) *Euphorbia lathyris* L. トウダイグサ科
Mysore thorn しなじゃけついばら(支那蛇結薔) *Caesalpinia decapetala* (Roth) Alston ジャケツイバラ科
Mysore thorn じゃけついばら(蛇結薔) *Caesalpinia decapetala* (Roth) Alston var. *japonica* (Sieb. et Zucc.) H.Ohashi ジャケツイバラ科

[N]

nagami kumquat ながみきんかん(長実金柑) *Fortunella margarita* (Lour.) Swingle ミカン科
nagi なぎ(梛) *Podocarpus nagi* (Thunb.) Zoll. et Moritzi ex Makino マキ科
nagi みずあおい(水葵) *Monochoria korsakowii* Regel et Maack ミズアオイ科
nail-rod がま(蒲) *Typha latifolia* L. ガマ科
naked oats はだかえんばく(裸燕麦) *Avena nuda* L. イネ科
Nalta jute たいわんつなそ(台湾綱麻) *Corchorus olitorius* L. シナノキ科
namu-namu ナムナムのき(-木) *Cynometra cauliflora* L. マメ科
nandin(a) なんてん(南天) *Nandina domestica* Thunb. メギ科
Nanking cherry ゆすらうめ(梅桃) *Cerasus tomentosa* (Thunb.) Wall. バラ科
Napier grass ネピアグラス *Pennisetum purpureum* Schumach. イネ科
naranjillo ナランジロ *Solanum quitoense* Lam. ナス科
nard grass セイロンシトロネラ *Cymbopogon nardus* (L.) Rendle イネ科
narra インドしたん(印度紫檀) *Pterocarpus indicus* Willd. マメ科
narrow-leaf cattail ひめがま(姫蒲) *Typha angustata* Bory et Chaub. ガマ科
narrow leaf lupin(e) あおばなルーピン(青花-) *Lupinus angustifolius* L. マメ科
narrow-leaved vetch ナローリーブドベッチ *Vicia angustifolia* L. マメ科
naruko lily なるこゆり(鳴子百合) *Polygonatum falcatum* A.Gray ユリ科
Naruto なるとみかん(鳴門蜜柑) *Citrus medioglobosa* hort. ex Tanaka ミカン科
nashi にほんなし(日本梨) *Pyrus pyrifolia* (Burm.f.) Nakai バラ科

Natal plum　おおばなカリッサ（大花-）　*Carissa macrocarpa* (Ecklon) A.DC.　キョウチクトウ科
natsu-daidai / natsumikan　なつみかん（夏蜜柑）　*Citrus natsudaidai* Hayata　ミカン科
Natta nut　ひろはふさまめ（広葉房豆）　*Parkia africana* R.Br.　ネムノキ科
navel orange　ネーブルオレンジ　*Citrus sinensis* Osbeck var. *brasiliensis* hort. ex Tanaka　ミカン科
Neapolitan violet　においすみれ（匂菫）　*Viola odorata* L.　スミレ科
necklace tree　あかまめのき（赤豆木）　*Ormosia monosperma* Urb.　マメ科
nectarine　ネクタリン　*Amygdalus persica* L. var. *nucipersica* L.　バラ科
needle juniper　ねず（杜松）　*Juniperus rigida* Sieb. et Zucc.　ヒノキ科
neem　ニームのき（-木）　*Azadirachta indica* A.Juss　センダン科
negro coffee　はぶそう（波布草）　*Senna occidentalis* Link　ジャケツイバラ科
netted melon　あみメロン（網-）　*Cucumis melo* L. var. *reticulatus* Ser.　ウリ科
nettle　ネットル　*Urtica dioica* L.　イラクサ科
new year lily　にほんずいせん（日本水仙）　*Narcissus tazetta* L. var. *chinensis* Roem.　ユリ科
New Zealand flax / hemp　ニューさいらん（新西蘭）　*Phormium tenax* J.R.Forst. et G.Forst.　リュウゼツラン科
New Zealand spinach　つるな（蔓菜）　*Tetragonia tetragonoides* (Pall.) O.Kuntze　ハマミズナ科
nigaki　にがき（苦木）　*Picrasma quassioides* (D.Don) Benn.　ニガキ科
Niger (seed)　ニガーシード　*Guizotia abyssinica* (L.f.) Cass.　キク科
night-blooming cereus　ピタヤ　*Hylocereus undatus* (Haw.) Britton et Rose　サボテン科
Nikko day lily　にっこうきすげ（日光黄菅）　*Hemerocallis middendorffii* Trautv. et C.A.Mey var. *esculenta* (Koidz.) Ohwi　ユリ科
Nikko maple　めぐすりのき（目薬木）　*Acer nikoense* Maxim.　カエデ科
Nikko (silver) fir　にっこうもみ（日光樅）　*Abies homolepis* Sieb. et Zucc.　マツ科
Nipa palm　ニッパやし（-椰子）　*Nipa fruticans* Wurmb　ヤシ科
nipplewort　たびらこ（田平子）　*Lapsana apogonoides* Maxim.　キク科
Nitta nut　ひろはふさまめ（広葉房豆）　*Parkia africana* R.Br.　ネムノキ科
noble bottle tree　ピンポンのき（-木）　*Sterculia nobilis* Sm.　アオギリ科
noble cane　さとうきび（砂糖黍）　*Saccharum officinarum* L.　イネ科
noble chamomile　ローマカミツレ　*Anthemis nobilis* L.　キク科
noble fir　ノーブルもみ（-樅）　*Abies procera* Rheder　マツ科
no-eye pea　きまめ（木豆）　*Cajanus cajan* (L.) Millsp.　マメ科
noni fruit　やえやまあおき（八重山青木）　*Morinda citrifolia* L.　アカネ科
Nootka cypress　アラスカひのき（-檜）　*Chamaecyparis nootkatensis* Sudw.　ヒノキ科
Nordmann fir　コーカサスもみ（-樅）　*Abies nordmanniana* (Steven) Spach　マツ科
Norfolk island pine　しまなんようすぎ（島南洋杉）　*Araucaria heterophylla* (Salisb.) Franco　ナンヨウスギ科
northern catalpa　はなきささげ（花木豇豆）　*Catalpa speciosa* Warder ex Engelm.　ノウゼンカズラ科
Northern Japanese hemlock　こめつが（米栂）　*Tsuga diversifolia* (Maxim.) Mast.　マツ科
northern red oak　あかがしわ（赤柏）　*Quercus rubra* L.　ブナ科
northern white cedar　においひば（匂檜葉）　*Thuja occidentalis* L.　ヒノキ科
Norway spruce　ドイツとうひ（-唐檜）　*Picea abies* (L.) H.Karst.　マツ科
nozawana　のざわな（野沢菜）　*Brassica rapa* L. var. *hakabura* Kitam.　アブラナ科
nut grass　はますげ（浜菅）　*Cyperus rotundus* L.　カヤツリグサ科
nutmeg (tree)　ナツメッグ　*Myristica fragrans* Houtt.　ニクズク科
nut sedge　はますげ（浜菅）　*Cyperus rotundus* L.　カヤツリグサ科

[O]

oats　えんばく(燕麦)　*Avena sativa* L.　イネ科
obeche　オベチェ　*Triplochiton scleroxylon* K.Schum.　アオギリ科
obedience plant　くずうこん(葛鬱金)　*Maranta arundinacea* L.　クズウコン科
oca of Peru　オカ　*Oxalis tuberosa* Molina　カタバミ科
octopus plant　きだちアロエ(木立-)　*Aloe arborescens* Mill.　アロエ科
oil palm　あぶらやし(油椰子)　*Elaeis guineensis* Jacq.　ヤシ科
oilseed rape　せいようあぶらな(西洋油菜)　*Brassica napus* L.　アブラナ科
oka　オカ　*Oxalis tuberosa* Molina　カタバミ科
okra　オクラ　*Abelmoschus esculentus* (L.) Moench　アオイ科
Oldham bamboo　りょくちく(緑竹)　*Bambusa oldhamii* Munro　イネ科
oldmaid　にちにちそう(日日草)　*Catharanthus roseus* (L.) G.Don　キョウチクトウ科
oleander　せいようきょうちくとう(西洋夾竹桃)　*Nerium oleander* L.　キョウチクトウ科
oleaster　ほそばぐみ(細葉茱萸)　*Elaeagnus angustifolia* L.　グミ科
olive　オリーブ　*Olea europaea* L.　モクセイ科
one-sided wintergreen　こいちやくそう(小一薬草)　*Pyrola secunda* L.　イチヤクソウ科
onion　たまねぎ(玉葱)　*Allium cepa* L.　ユリ科
opium poppy　けし(罌粟)　*Papaver somniferum* L.　ケシ科
orange　オレンジ　*Citrus sinensis* Osbeck　ミカン科
orange day-lily　ほんかんぞう(本萱草)　*Hemerocallis fulva* L.　ユリ科
orange-eye butterfly bush　ふさふじうつぎ(房藤空木)　*Buddleja davidii* Franch.　フジウツギ科
orange jasmine　げっきつ(月橘)　*Murraya paniculata* (L.) Jack　ミカン科
orange-root　カナダヒドラチス　*Hydrastis canadensis* L.　キンポウゲ科
orchard grass　オーチャードグラス　*Dactylis glomerata* L.　イネ科
oregano　オレガノ　*Origanum vulgare* L.　シソ科
Oregon pine　べいまつ(米松)　*Pseudotsuga menziesii* (Mirb.) Franco　マツ科
organy　オレガノ　*Origanum vulgare* L.　シソ科
oriental bean　つるあずき(蔓小豆)　*Vigna umbellata* (Thunb.) Ohwi et H.Ohashi　マメ科
oriental celery　せり(芹)　*Oenanthe javanica* (Blume) DC.　セリ科
Oriental garlic　にら(韮)　*Allium tuberosum* Rottler ex Spreng.　ユリ科
oriental hedge bamboo　ほうらいちく(蓬莱竹)　*Bambusa multiplex* (Lour.) Raeusch.　イネ科
oriental pear　にほんなし(日本梨)　*Pyrus pyrifolia* (Burm.f.) Nakai　バラ科
oriental pickling melon　しろうり(白瓜)　*Cucumis melo* L. var. *conomon* (Thunb.) Makino　ウリ科
oriental plane　すずかけのき(鈴懸木)　*Platanus orientalis* L.　スズカケノキ科
Oriental poppy　おにげし(鬼罌粟)　*Papaver orientale* L.　ケシ科
oriental radish　だいこん(大根)　*Raphanus sativus* L.　アブラナ科
Oriental senna　えびすぐさ(夷草)　*Senna obtusifolia* (L.) H.S.Irwin et Barneby　ジャケツイバラ科
oriental spruce　コーカサスとうひ(-唐檜)　*Picea orientalis* (L.) Link　マツ科
oriental sweet melon　まくわうり(真桑瓜)　*Cucumis melo* L. var. *makuwa* Makino　ウリ科
oriental walnut　てうちぐるみ(手打胡桃)　*Juglans regia* L. var. *orientis* (Dode) Kitam.　クルミ科
oriental water plantain　さじおもだか(匙面高)　*Alisma plantago-aquatica* L. var. *orientale* Sam.　オモダカ科
oriental white oak　ならがしわ(楢柏)　*Quercus aliena* Blume　ブナ科
origano　オレガノ　*Origanum vulgare* L.　シソ科
orpin(e)　べんけいそう(弁慶草)　*Hylotelephium erythrosticum* (Miq.) H.Ohba　ベンケイソウ科

orris においアイリス(匂-) *Iris florentina* L. アヤメ科
Osage orange アメリカはりぐわ(-針桑) *Maclura pomifera* (Raf.) Schneid. クワ科
Oshima cherry おおしまざくら(大島桜) *Cerasus lannesiana* Carr.var.*speciosa* Makino バラ科
osier たいりくきぬやなぎ(大陸絹柳) *Salix viminalis* L. ヤナギ科
ostrich fern くさそてつ(草蘇鉄) *Matteuccia struthiopteris* (L.) Tod. イワデンダ科
osumund fern ぜんまい(薇) *Osmunda japonica* Thunb. ゼンマイ科
Oswego tea モナルダ *Monarda didyma* L. シソ科
Otaheite apple たまごのき(卵木) *Spondias dulcis* G.Forst. ウルシ科
Otaheite apple / cashew マレーふともも(-蒲桃) *Syzygium malaccensis* (L.) Merr. et Perry フトモモ科
Otaheite gooseberry あめだまのき(飴玉木) *Phyllanthus acidus* (L.) Skeels トウダイグサ科
oval kumquat ながみきんかん(長実金柑) *Fortunella margarita* (Lour.) Swingle ミカン科
oval-leaved blueberry くろうすご(黒臼子) *Vaccinium ovalifolium* Sm. ツツジ科
overlook bean たちなたまめ(立刀豆) *Canavalia ensiformis* (L.) DC. マメ科
ox-eye daisy フランスぎく(-菊) *Leucanthemum paludosum* (Poiret) Bonnet et Barratte キク科
oyster plant サルシフィー *Tragopogon porrifolius* L. キク科
oyster plant はまべんけいそう(浜弁慶草) *Mertensia maritima* (L.) S.F.Gray ssp. *asiatica* Takeda ムラサキ科

[P]

pachouli パチョリ *Pogostemon patchouli* Pell. シソ科
paddy いね(稲) *Oryza sativa* L. イネ科
painted maple いたやかえで(板屋楓) *Acer pictum* Thunb. ssp. *mono* (Maxim.) H.Ohashi カエデ科
pak-choi チンゲンサイ(青梗菜) *Brassica rapa* L. var. *chinensis* (L.) Kitam. アブラナ科
pale-leaved sunflower いぬきくいも(犬菊芋) *Helianthus strumosus* L. キク科
pale vetch ひろはくさふじ(広葉草藤) *Vicia japonica* A.Gray マメ科
palma Christi ひま(蓖麻) *Ricinus communis* L. トウダイグサ科
palmarosa パルマローザ *Cymbopogon martini* Wats. var. *motia* イネ科
palmata butterbur ほろないぶき(幌内蕗) *Petasites palmata* A.Gray キク科
palmyra palm おうぎやし(扇椰子) *Borassus flabellifer* L. ヤシ科
Panama berry なんようざくら(南洋桜) *Muntingia calabura* L. イイギリ科
Panama hat palm / plant パナマそう(-草) *Carludovica palmata* Ruiz et Pav. パナマソウ科
Panama rubber tree アメリカゴムのき(-木) *Castilla elastica* Cerv. クワ科
pandanus たこのき(蛸木) *Pandanus boninensis* Warb. タコノキ科
pangi パンギのき(-木) *Pangium edule* Reinw. ex Blume イイギリ科
pangola grass パンゴラグラス *Digitaria decumbens* Stent イネ科
panicled lady bells そばな(蕎麦菜) *Adenophora remotiflora* (Sieb. et Zucc.) Miq. キキョウ科
paniculate hydrangea のりうつぎ(糊空木) *Hydrangea paniculata* Sieb. アジサイ科
papa lisa ウルコ *Ullucus tuberosus* Caldas ツルムラサキ科
papaw ポーポー *Asimina triloba* (L.) Dunal バンレイシ科
papaya パパイア *Carica papaya* L. パパイア科
papaya bean ふじまめ(藤豆) *Lablab purpureus* (L.) Sweet マメ科
paperbark カユプテ *Melaleuca leucadendra* (L.) L. フトモモ科
paper-bush みつまた(三椏) *Edgeworthia chrysantha* Lindl. ジンチョウゲ科

paper mulberry	かじのき(梶木)	*Broussonetia papyrifera* (L.) L'Hér. ex Vent.	クワ科
paper plant	パピルス	*Cyperus papyrus* L.	カヤツリグサ科
paprika	パプリカ	*Capsicum annuum* L. var. *cuneatum* Paul	ナス科
papyrus	パピルス	*Cyperus papyrus* L.	カヤツリグサ科
Para cress	きばなオランダせんにち(黄花-千日)	*Spilanthes oleracea* L.	キク科
paradise nut	パラダイスナットのき(-木)	*Lecythis paraensis* Huber	サガリバナ科
paradise tree	せんだん(楝)	*Melia azedarach* L. var. *subtripinnata* Miq.	センダン科
Parana pine	パラナまつ(-松)	*Araucaria angustifolia* (Bertol.) Kuntze	ナンヨウスギ科
Para nut	ブラジルナットのき(-木)	*Bertholletia excelsa* Humb. et Bonpl.	サガリバナ科
Para rubber tree	パラゴムのき(-木)	*Hevea brasiliensis* Müll.-Arg.	トウダイグサ科
parasol pine	イタリアかさまつ(-傘松)	*Pinus pinea* L.	マツ科
parasol pine	こうやまき(高野槙)	*Sciadopitys verticillata* (Thunb.) Sieb. et Zucc.	コウヤマキ科
Paris daisy	ひなぎく(雛菊)	*Bellis perennis* L.	キク科
Parma violet	においすみれ(匂菫)	*Viola odorata* L.	スミレ科
Parmito	パルミットやし(-椰子)	*Euterpe edulis* Mart.	ヤシ科
parsley	パセリ	*Petroselinum crispum* (Mill.) Nyman ex A.W.Hill	セリ科
parsnip	パースニップ	*Pastinaca sativa* L.	セリ科
paspalum-grass	ダリスグラス	*Paspalum dilatatum* Poiret	イネ科
pasqueflower	せいようおきなぐさ(西洋翁草)	*Pulsatilla vulgaris* Mill.	キンポウゲ科
passion fruit	パッションフルーツ	*Passiflora edulis* Sims	トケイソウ科
pastel	ほそばたいせい(細葉大青)	*Isatis tinctoria* L.	アブラナ科
patchouli	パチョリ	*Pogostemon patchouli* Pell.	シソ科
patience (dock)	わせすいば(早生酸葉)	*Rumex patientia* L.	タデ科
paullinia	ガラナ	*Paullinia cupana* Humb., Bonpl. et Kunth	ムクロジ科
paulownia	きり(桐)	*Paulownia tomentosa* (Thunb.) Steud.	ゴマノハグサ科
pawn	きんま(蒟醤)	*Piper betle* L.	コショウ科
pawpaw	パパイア	*Carica papaya* L.	パパイア科
pawpaw	ポーポー	*Asimina triloba* (L.) Dunal	バンレイシ科
pea	えんどう(豌豆)	*Pisum sativum* L.	マメ科
peach (tree)	もも(桃)	*Amygdalus persica* L.	バラ科
peach palm	ももみやし(桃実椰子)	*Guilielma gasipaes* (Hume., Bonpl. et Kunth) L.H.Bailey	ヤシ科
peanut	らっかせい(落花生)	*Arachis hypogaea* L.	マメ科
pear	せいようなし(西洋梨)	*Pyrus communis* L.	バラ科
pearl millet	パールミレット	*Pennisetum americanum* (L.) K.Schum.	イネ科
pearly overlasting	やまははこ(山母子)	*Anaphalis margaritacea* (L.) Benth. et Hook.f.	キク科
peavine clover	あかクローバ(赤-)	*Trifolium pratense* L.	マメ科
pecan	ペカン	*Carya illinoinensis* (Wangenh.) K.Koch	クルミ科
pedunculate oak	ヨーロッパなら(-楢)	*Quercus robur* Pall.	ブナ科
peento	はんとう(蟠桃)	*Amygdalus persica* L. var. *compressa* (Loudon) T.T.Yu et L.T.Lu	バラ科
peepal	インドぼだいじゅ(-菩提樹)	*Ficus religiosa* L.	クワ科
pegu cutch	あせんやくのき(阿仙薬木)	*Acacia catechu* (L.f.) Willd.	ネムノキ科
pejibaye	ももみやし(桃実椰子)	*Guilielma gasipaes* (Hume., Bonpl. et Kunth) L.H.Bailey	ヤシ科
Peking cabbage	はくさい(白菜)	*Brassica rapa* L. var. *amplexicaulis* Tanaka et Ono sv. *pe-tsai* (Bailey) Kitam.	アブラナ科
pencil cedar	えんぴつびゃくしん(鉛筆柏槇)	*Sabina virginiana* (L.) Antoine	ヒノキ科

pennyroyal (mint)	ペニロイヤルミント	*Mentha pulegium* L.	シソ科
pepino	ペピーノ	*Solanum muricatum* Aiton	ナス科
pepper	こしょう(胡椒)	*Piper nigrum* L.	コショウ科
pepper-grass	まめぐんばいなずな(豆軍配薺)	*Lepidium virginicum* L.	アブラナ科
pepperidge	ぬまみずき(沼水木)	*Nyssa sylvatica* Marshall	ミズキ科
pepper mint	ペパーミント	*Mentha* × *piperita* L.	シソ科
pepper tree	こしょうぼく(胡椒木)	*Schinus molle* L.	ウルシ科
pepper-wort	でんじそう(田字草)	*Marsilea quadrifolia* L.	デンジソウ科
perennial lespedeza	めどはぎ(目処萩)	*Lespedeza cuneata* (Dum.Cours.) G.Don	マメ科
perennial lupin(e)	しゅっこんルーピン(宿根-)	*Lupinus polyphyllus* Lindl.	マメ科
perennial pea	ひろはのれんりそう(広葉連理草)	*Lathyrus latifolius* L.	マメ科
perennial pepperweed	べんけいなずな(弁慶薺)	*Lepidium latifolium* L.	アブラナ科
perennial ryegrass	ペレニアルライグラス	*Lolium perenne* L.	イネ科
perennial sowthistle	たいわんはちじょうな(台湾八丈菜)	*Sonchus arvensis* L.	キク科
pericon	ミントマリゴールド	*Tagetes lucida* Cav.	キク科
perilla	えごま(荏胡麻)	*Perilla frutescens* (L.) Britton var. *japonica* (Hassk.) H.Hara	シソ科
perilla	しそ(紫蘇)	*Perilla frutescens* (L.) Britton var. *crispa* (Thunb.) W.Deane	シソ科
Persian clover	ペルシャクローバ	*Trifolium resupinatum* L.	マメ科
Persian lime	タヒチライム	*Citrus latifolia* Tanaka	ミカン科
Persian speedwell	おおいぬのふぐり(大犬陰嚢)	*Veronica persica* Poiret	ゴマノハグサ科
Persian walnut	せいようぐるみ(西洋胡桃)	*Juglans regia* L.	クルミ科
Persian wheat	ペルシャこむぎ(-小麦)	*Triticum carthlicum* Nevski	イネ科
persimmon	まめがき(豆柿)	*Diospyros lotus* L.	カキノキ科
persimmon	アメリカがき(-柿)	*Diospyros virginiana* L.	カキノキ科
Peru / Peruvian balsam (tree)	ペルーバルサム	*Myroxylon balsamum* (L.) Harms var. *pereirae* (Royle) Harms	マメ科
Peruvian capucine	アヌウ	*Tropaeolum tuberosum* Ruiz. et Pav.	ノウゼンハレン科
Peruvian carrot	いもぜり(芋芹)	*Arracacia xanthorrhiza* Bancr.	セリ科
Peruvian cherry	ケープグーズベリー	*Physalis peruviana* L.	ナス科
Peruvian coca	ペルーコカ	*Erythroxylum novogranatense* (Morris) Hieron. var. *truxillense* (Rusby) Plowman	コカノキ科
Peruvian mastic tree	こしょうぼく(胡椒木)	*Schinus molle* L.	ウルシ科
Peruvian nasturtium	アヌウ	*Tropaeolum tuberosum* Ruiz. et Pav.	ノウゼンハレン科
Peruvian parsnip	いもぜり(芋芹)	*Arracacia xanthorrhiza* Bancr.	セリ科
pe-tsai	はくさい(白菜)	*Brassica rapa* L. var. *amplexicaulis* Tanaka et Ono sv. *pe-tsai* (Bailey) Kitam.	アブラナ科
peyote	ペヨーテ	*Lophophora williamsii* (Lem.) J.M.Coult.	サボテン科
phasey bean	なんばんあかばなあずき(南蛮赤花小豆)	*Macroptilium lathyroides* (L.) Urb.	マメ科
pheasant's-eye	ふくじゅそう(福寿草)	*Adonis ramosa* Franch.	キンポウゲ科
Philadelphia fleabane	はるじょおん(春女菀)	*Erigeron philadelphicus* L.	キク科
phoenix tree	あおぎり(青桐)	*Firmiana simplex* (L.) W.Wight	アオギリ科
Physic nut	なんようあぶらぎり(南洋油桐)	*Jatropha curcas* L.	トウダイグサ科
pia	タカ	*Tacca leontopetaloides* (L.) Kuntze	タシロイモ科
pick purse	なずな(薺)	*Capsella bursa-pastoris* (L.) Medik.	アブラナ科
pickle plant	あっけしそう(厚岸草)	*Salicornia europaea* L.	アカザ科
pickling melon	しろうり(白瓜)	*Cucumis melo* L. var. *conomon* (Thunb.) Makino	ウリ科

picrorhiza	こおうれん (胡黄連)	*Picrorhiza kurrooa* Loyle ex Benth.	ゴマノハグサ科
pie cherry	すみのみざくら (酸味実桜)	*Cerasus vulgaris* Mill.	バラ科
pie plant	ルバーブ	*Rheum rhaponticum* L.	タデ科
pigeon pea	きまめ (木豆)	*Cajanus cajan* (L.) Millsp.	マメ科
pigweed	あかざ (藜)	*Chenopodium album* L. var. *centrorubrum* Makino	アカザ科
pigweed	すべりひゆ (滑莧)	*Portulaca oleracea* L.	スベリヒユ科
piki	ピキー	*Caryocar brasiliense* Cambess.	バターナット科
pill-bearing spurge	しまにしきそう (島錦草)	*Euphorbia hirta* L.	トウダイグサ科
piment(o)	ピーマン	*Capsicum annuum* L. var. *grossum* Sendtn.	ナス科
pimento	オールスパイス	*Pimenta dioica* (L.) Merr.	フトモモ科
pimpon	ピンポンのき (-木)	*Sterculia nobilis* Sm.	アオギリ科
pincushon flower	まつむしそう (松虫草)	*Scabiosa japonica* Miq.	マツムシソウ科
pineapple	パイナップル	*Ananas comosus* (L.) Merr.	パイナップル科
pineapple guava	フェイジョア	*Acca sellowiana* (Berg) Burret	フトモモ科
pineapple-scented sage	パイナップルセージ	*Salvia elegans* Vahl.	シソ科
pineapple weed	こしかぎく (小鹿菊)	*Matricaria matricarioides* (Less.) Ced.-Porter	キク科
pine-cone ginger	はなしょうが (花生姜)	*Zingiber zerumbet* (L.) Roscoe ex Sm.	ショウガ科
pink	なでしこ (撫子)	*Dianthus superbus* L. var. *longicalycinus* (Maxim.) Williams	ナデシコ科
pink porcelain lily	げっとう (月桃)	*Alpinia zerumbet* (Pers.) B.L.Burtt et R.M.Sm.	ショウガ科
pink siris	ねむのき (合歓木)	*Albizia julibrissin* Durazz.	ネムノキ科
pinstripe ginger	くまたけらん (熊竹蘭)	*Alpinia formosana* K.Schum.	ショウガ科
pipal	インドぼだいじゅ (-菩提樹)	*Ficus religiosa* L.	クワ科
pipe tree	ライラック	*Syringa vulgaris* L.	モクセイ科
piqui	ピキー	*Caryocar brasiliense* Cambess.	バターナット科
pistachio	ピスタチオのき (-木)	*Pistacia vera* L.	ウルシ科
pistacia nut	ピスタチオのき (-木)	*Pistacia vera* L.	ウルシ科
pitanga	スリナムチェリー	*Eugenia uniflora* L.	フトモモ科
pitaya	ピタヤ	*Hylocereus undatus* (Haw.) Britton et Rose	サボテン科
pitch pine	リジダまつ (-松)	*Pinus rigida* Mill.	マツ科
plain-leaved mustard	セリフォン (雪裡紅)	*Brassica juncea* (L.) Czerniak. et Coss. var. *foliosa* Bailey	アブラナ科
plantain	バナナ	*Musa acuminata* Colla / *M.* ×*paradisiaca* L.	バショウ科
plantain	おおばこ (大葉子)	*Plantago asiatica* L.	オオバコ科
plantain lily	おおばぎぼうし (大葉擬宝珠)	*Hosta sieboldiana* (Lodd.) Engl.	ユリ科
platter leaf	はまべぶどう (浜辺葡萄)	*Coccoloba uvifera* (L.) L.	タデ科
pleurisy root	やなぎとうわた (柳唐棉)	*Asclepias tuberosa* L.	ガガイモ科
plum	プラム	*Prunus domestica* L.	バラ科
plum cherry	アメリカチェリー	*Cerasus serotina* (Ehrh.) Loisel.	バラ科
plumed thistle	おにあざみ (鬼薊)	*Cirsium borealinipponense* Kitam.	キク科 食
plume poppy	たけにぐさ (竹似草)	*Macleaya cordata* (Willd.) R.Br.	ケシ科
plum rose	ふともも (蒲桃)	*Syzygium jambos* (L.) Alston	フトモモ科
podocarp	まき (槙)	*Podocarpus macrophyllus* (Thunb.) Sweet	マキ科
pod corn / maize	ポッドコーン	*Zea mays* L. var. *tunicata* Sturt.	イネ科
poets jasmine	そけい (素馨)	*Jasminum officinale* L.f.	モクセイ科
poet's narcissus	くちべにずいせん (口紅水仙)	*Narcissus poeticus* L.	ユリ科
poison hemlock	どくぜり	*Cicuta vilosa* l.	セリ科
poison hemlock	どくにんじん (毒人参)	*Conium maculatum* L.	セリ科

poison nut tree　マチン（馬銭）　*Strychnos nux-vomica* L.　マチン科
pois zombi　あかささげ（赤豇豆）　*Vigna vexillata* (L.) A.Rich.　マメ科
pokeroot / pokeweed　アメリカやまごぼう（-山牛蒡）　*Phytolacca americana* L.　ヤマゴボウ科
Polish wheat　ポーランドこむぎ（-小麦）　*Triticum polonicum* L.　イネ科
polyantha rose　のいばら（野薔薇）　*Rosa multiflora* Thunb.　バラ科
polygonatum　あまどころ（甘野老）　*Polygonatum odoratum* (Mill.) Druce var. *pluriflorum* (Miq.) Ohwi　ユリ科
polygonum indigo　あい（藍）　*Persicaria tinctoria* (Aiton) H.Gross　タデ科
Polynesian arrowroot　タカ　*Tacca leontopetaloides* (L.) Kuntze　タシロイモ科
Polynesian chestnut　たいへいようぐるみ（太平洋胡桃）　*Inocarpus edulis* Horst.　マメ科
Polynesian plum　たまごのき（卵木）　*Spondias dulcis* G.Forst.　ウルシ科
pomegranate　ざくろ（石榴）　*Punica granatum* L.　ザクロ科
pomelo　グレープフルーツ　*Citrus paradisi* Macfad.　ミカン科
pomelo　ザボン（朱欒）　*Citrus grandis* Osbeck　ミカン科
pongam oil tree　くろよな（黒与那）　*Pongamia pinnata* (L.) Pierre　マメ科
ponkan mandarin　ポンかん（椪柑）　*Citrus reticulata* Blanco　ミカン科
poon　てりはぼく（照葉木）　*Calophyllum inophyllum* L.　オトギリソウ科
poor man's weather-glass　るりはこべ（瑠璃繁縷）　*Anagallis arvensis* L. f. *coerulea* (Schreb.) Baumg.　サクラソウ科
pop corn　ポップコーン　*Zea mays* L. var. *everta* (Sturt.) Bailey　イネ科
poplar　ポプラ　*Populus × canadensis* Moench　ヤナギ科
poplar　ヨーロッパくろやまならし（-黒山鳴）　*Populus nigra* L.　ヤナギ科
popping corn / maize　ポップコーン　*Zea mays* L. var. *everta* (Sturt.) Bailey　イネ科
possum apple　アメリカがき（-柿）　*Diospyros virginiana* L.　カキノキ科
potato　ばれいしょ（馬鈴薯）　*Solanum tuberosum* L.　ナス科
potato bean　アメリカほどいも（-塊芋）　*Apios americana* Medik.　マメ科
potato bean　ポテトビーン　*Pachyrhizus tuberosus* A.Spreng.　マメ科
potato bean　ゼオカルパまめ（-豆）　*Macrotyloma geocarpum* (Harms) Maréchal et Baudet　マメ科
potato onion　シャロット　*Allium cepa* L. var. *aggregatum* G.Don　ユリ科
potato yam　はりいも（針芋）　*Dioscorea esculenta* (Lour.) Burkill　ヤマノイモ科
potato yam　かしゅういも（何首烏芋）　*Dioscorea bulbifera* L.　ヤマノイモ科
potherb mustard　きょうな（京菜）　*Brassica rapa* L. var. *laciniifolia* Kitam.　アブラナ科
pot marigold　マリゴールド　*Calendura officinalis* L.　キク科
pot marjoram　オレガノ　*Origanum vulgare* L.　シソ科
Poulard wheat　リベットこむぎ（-小麦）　*Triticum turgidum* L.　イネ科
powder-puff tree　さがりばな（下花）　*Barringtonia racemosa* (L.) Blume ex DC.　サガリバナ科
prairie grass　プレーリーグラス　*Bromus unioloides* Humb., Bonpl. et Kunth　イネ科
prairie smoke　だいこんそう（大根草）　*Geum japonicum* Thunb.　バラ科
prickly artichoke　カルドン　*Cynara cardunculus* L.　キク科
prickly ash　アメリカさんしょう（-山椒）　*Zanthoxylum americanum* Mill.　ミカン科
prickly custard apple　とげばんれいし（棘蕃茘枝）　*Annona muricata* L.　バンレイシ科
prickly poppy　あざみのげし（薊野芥子）　*Argemone mexicana* L.　ケシ科
prickly sesban　きばなつのくさねむ（黄花角草合歓）　*Sesbania bispinosa* (Jacq.) W.F.Wight　マメ科
prickly water-lily　おにばす（鬼蓮）　*Euryale ferox* Salisb.　スイレン科
prickwood　にしきぎ（錦木）　*Euonymus alatus* (Thunb.) Sieb.　ニシキギ科

pride-of-China / India　せんだん(棟)　*Melia azedarach* L. var. *subtripinnata* Miq.　センダン科
prince's feather　アマランサス　*Amaranthus cruentus* L.　ヒユ科
princess pea　しかくまめ(四角豆)　*Psophocarpus tetragonolobus* (L.) DC.　マメ科
princess tree　きり(桐)　*Paulownia tomentosa* (Thunb.) Steud.　ゴマノハグサ科
proso millet　きび(黍)　*Panicum miliaceum* L.　イネ科
prostrate knotweed　にわやなぎ(庭柳)　*Polygonum aviculare* L.　タデ科
Province rose　フランスのいばら(-野薔薇)　*Rosa gallica* L.　バラ科
pudding grass　ペニロイヤルミント　*Mentha pulegium* L.　シソ科
puero　ねったいくず(熱帯葛)　*Pueraria phaseoloides* (Roxb.) Benth　マメ科
Puerto Rican cherry　アセロラ　*Malpighia glabra* L.　キントラノオ科
pulasan　プラサン　*Nephelium ramboutan-ake* (Labill.) Leenh.　ムクロジ科
pulsatilla　せいようおきなぐさ(西洋翁草)　*Pulsatilla vulgaris* Mill.　キンポウゲ科
pummelo　ザボン(朱欒)　*Citrus grandis* Osbeck　ミカン科
pumpkin　ペポカボチャ(-南瓜)　*Cucurbita pepo* L.　ウリ科
pumpkin　ミクスタカボチャ(-南瓜)　*Cucurbita mixta* Pangalo　ウリ科
pungent pepper　タバスコ　*Capsicum frutescens* L.　ナス科
punk tree　カユプテ　*Melaleuca leucadendra* (L.) L.　フトモモ科
purging croton　はず(巴豆)　*Croton tiglium* L.　トウダイグサ科
purging distula　なんばんさいかち(南蛮皁莢)　*Senna fistula* L.　ジャケツイバラ科
purging nut　なんようあぶらぎり(南洋油桐)　*Jatropha curcas* L.　トウダイグサ科
purple amaranth　アマランサス　*Amaranthus cruentus* L.　ヒユ科
purple arrowroot　しょくようカンナ(食用-)　*Canna edulis* Ker Gawl.　カンナ科
purple barrenwort　いかりそう(錨草)　*Epimedium grandiflorum* C.Morren　メギ科
purple betony　かっこうちょろぎ(藿香草石蚕)　*Stachys officinalis* (L.) Trevis.　シソ科
purple clover　あかクローバ(赤-)　*Trifolium pratense* L.　マメ科
purple cornflower　むらさきばれんぎく(紫馬簾菊)　*Echinacea purpurea* (L.) Moench　キク科
purple fleabane　むらさきむかしよもぎ(紫苧蓬)　*Vernonia cinerea* (L.) Less.　キク科
purple foxglove　ジギタリス　*Digitalis purpurea* L.　ゴマノハグサ科
purple granadilla　パッションフルーツ　*Passiflora edulis* Sims　トケイソウ科
purple guava　てりはばんじろう(照葉蕃石榴)　*Psidium littorale* Raddi. var. *longipes* (O.Berg.) McVaugh　フトモモ科
purple loosestrife　えぞみそはぎ(蝦夷禊萩)　*Lythrum salicaria* L.　ミソハギ科
purple natsedge　はますげ(浜菅)　*Cyperus rotundus* L.　カヤツリグサ科
purple vetch　パープルベッチ　*Vicia benghalensis* L.　マメ科
purslane　すべりひゆ(滑莧)　*Portulaca oleracea* L.　スベリヒユ科
pussy willow　ねこやなぎ(猫柳)　*Salix gracilistyla* Miq.　ヤナギ科
pyrethrum　じょちゅうぎく(除虫菊)　*Pyrethrum cinerariifolium* Trevir.　キク科

[Q]

quaking ash　アメリカやまならし(-山鳴)　*Populus tremuloides* Michx.　ヤナギ科
quaking aspen　アメリカやまならし(-山鳴)　*Populus tremuloides* Michx.　ヤナギ科
Queen Anne's lace　どくぜりもどき(毒芹擬)　*Ammi majus* L.　セリ科
queen crape myrtle　おおばなさるすべり(大花百日紅)　*Lagerstroemia speciosa* (L.) Pers.　ミソハギ科
queen of the meadow　せいようなつゆきそう(西洋夏雪草)　*Filipendura ulmaria* (L.) Maxim.

バラ科
queen sago　なんようそてつ(南洋蘇鉄)　*Cycas circinalis* Roxb.　ソテツ科
Queensland arrowroot　しょくようカンナ(食用-)　*Canna edulis* Ker Gawl.　カンナ科
Queensland hemp　きんごじか(金午時花)　*Sida rhombifolia* L.　アオイ科
Queensland nut　マカダミアナッツ　*Macadamia integrifolia* Maiden et Betche / *M. tetraphylla* L.A.S.Johnson　ヤマモガシ科
quickbeam　ヨーロッパななかまど(-七竈)　*Sorbus aucuparia* L.　バラ科
quince　マルメロ(榲桲)　*Cydonia oblonga* Mill.　バラ科
quinoa / quinua　キノア　*Chenopodium quinoa* Willd.　アカザ科

[R]

rabbit-eye blueberry　ラビットアイブルーベリー　*Vaccinium ashei* Reade.　ツツジ科
radish　はつかだいこん(二十日大根)　*Raphanus sativus* L. var. *radicula* Pers.　アブラナ科
rag gourd　へちま(糸瓜)　*Luffa cylindrica* M.Roem.　ウリ科
Ragi millet　しこくびえ(四国稗)　*Eleusine coracana* (L.) Gaertn.　イネ科
ragweed　ぶたくさ(豚草)　*Ambrosia artemisiifolia* L.　キク科
rainbow plant　どくだみ(蕺・蕺草)　*Houttuynia cordata* Thunb.　ドクダミ科
rain tree　アメリカねむのき(-合歓木)　*Albizia saman* (Jacq.) F.Muell.　ネムノキ科
rakkyo　らっきょう(辣韮)　*Allium chinense* G.Don　ユリ科
rambling palm　とう(籐)　*Calamus rotang* L.　ヤシ科
rambutan　ランブータン　*Nephelium lappaceum* L.　ムクロジ科
ramie　ちょま(苧麻)　*Boehmeria nivea* (L.) Gaudich.　イラクサ科
ramin　ラミン　*Gonystylus bancanus* (Miq.) Kurz　ジンチョウゲ科
ramson　くまにんにく(熊大蒜)　*Allium ursinum* L.　ユリ科
Rangoon-creeper　しくんし(使君子)　*Quisqualis indica* L.　シクンシ科
rape　せいようあぶらな(西洋油菜)　*Brassica napus* L.　アブラナ科
rapeseed　あぶらな(油菜)　*Brassica rapa* L. ssp. *oleifera* (DC.) Metzg.　アブラナ科
rapini　かぶ(蕪)　*Brassica rapa* L. var. *glabra* Kitam.　アブラナ科
rattan cane / palm　とう(籐)　*Calamus rotang* L.　ヤシ科
rattlebox　たぬきまめ(狸豆)　*Crotalaria sessiliflora* L.　マメ科
red alder　レッドオルダー　*Alnus rubra* Bong.　カバノキ科
red amaranth　アマランサス　*Amaranthus cruentus* L.　ヒユ科
red beet　テーブルビート　*Beta vulgaris* L. var. *conditiva* Alef.　アカザ科
red-berried elder　にわとこ(接骨木)　*Sambucus racemosa* L. ssp. *sieboldiana* (Miq.) H.Hara　スイカズラ科
red Ceylon spinach　つるむらさき(蔓紫)　*Basella rubra* L.　ツルムラサキ科
red chile pepper　ふしみ(伏見)　*Capsicum annuum* L. var. *longum* Sendtn.　ナス科
red cinchona　キナのき(-木)　*Cinchona pubescens* Vahl　アカネ科
red clover　あかクローバ(赤-)　*Trifolium pratense* L.　マメ科
red cluster pepper　やつぶさ(八房)　*Capsicum annuum* L. var. *fasciculatum* Irish　ナス科
red cole　せいようわさび(西洋山葵)　*Armoracia rusticana* P.Gaertn., B.Mey. et Schreb.　アブラナ科
red currant　カーランツ　*Ribes rubrum* L.　スグリ科
red els　クノニア　*Cunonia capensis* L.　クノニア科
red fescue　レッドフェスク　*Festuca rubra* L.　イネ科

red fir　べいまつ（米松）　*Pseudotsuga menziesii* (Mirb.) Franco　マツ科
red fir　かくばもみ（角葉樅）　*Abies magnifica* Murray　マツ科
red flowered runner bean　べにばないんげん（紅花隠元）　*Phaseolus coccineus* L.　マメ科
red gram　きまめ（木豆）　*Cajanus cajan* (L.) Millsp.　マメ科
red gum　ユーカリのき　*Eucalyptus camaldulensis* Dehnh.　フトモモ科
red gum　もみじばふう（紅葉葉楓）　*Liquidambar styraciflua* L.　マンサク科
red haw(thorn)　おおみさんざし（大実山査子）　*Crataegus pinnatifida* Bunge var. major N.E.Br.　バラ科
red iron bark　あかゴムのき（赤-木）　*Eucalyptus sideroxylon* A.Cunn. ex Benth.　フトモモ科
red jusmine　インドそけい（印度素馨）　*Plumeria acutifolia* Poiret　キョウチクトウ科
red lauan　あかラワン（赤-）　*Shorea negrosensis* Foxw.　フタバガキ科
red Malabar spinach　つるむらさき（蔓紫）　*Basella rubra* L.　ツルムラサキ科
red-leaved hornbeam　あかしで（赤四手）　*Carpinus laxiflora* (Sieb. et Zucc.) Blume　カバノキ科
red mangrove　アメリカひるぎ（-蛭木）　*Rhizophora mangle* L.　ヒルギ科
red maple　アメリカはなのき（-花木）　*Acer rubrum* L.　カエデ科
red mombin　モンビン　*Spondias mombin* Jacq.　ウルシ科
red mulberry　あかみぐわ（赤実桑）　*Morus rubra* Lour.　クワ科
red nutsedge　はますげ（浜菅）　*Cyperus rotundus* L.　カヤツリグサ科
red pepper　とうがらし（唐辛子）　*Capsicum annuum* L.　ナス科
red pine　リムのき（-木）　*Dacrydium cupressinum* Sol. ex G.Forst.　マキ科
red plum　アメリカすもも（-酸桃）　*Prunus americana* Marsh.　バラ科
red poppy　ひなげし（雛芥子）　*Papaver rhoeas* L.　ケシ科
red robin　ひめふうろ（姫風露）　*Geranium robertianum* L.　フウロソウ科
redroot pigweed　あおびゆ（青莧）　*Amaranthus retroflexus* L.　ヒユ科
red sage　たんじん（丹参）　*Salvia miltiorrhiza* Bunge　シソ科
red sage　ランタナ　*Lantana camara* L.　クマツヅラ科
red sandalwood　したん（紫檀）　*Pterocarpus santalinus* L.f.　マメ科
red sandalwood　なんばんあかあずき（南蛮赤小豆）　*Adenanthera pavonina* L.　マメ科
red sanders　したん（紫檀）　*Pterocarpus santalinus* L.f.　マメ科
red shanks　ひめふうろ（姫風露）　*Geranium robertianum* L.　フウロソウ科
red sorrel　ひめすいば（姫酸葉）　*Rumex acetosella* L.　タデ科
red sorrel　ローゼル　*Hibiscus sabdariffa* L.　アオイ科
red spider lily　ひがんばな（彼岸花）　*Lycoris radiata* (L'Hér.) Herb.　ユリ科
red squill　かいそう（海葱）　*Urginea maritima* (L.) Baker　ユリ科
red-stemmed barberry　へびのぼらず（蛇不登）　*Berberis sieboldii* Miq.　メギ科
red tasselflower　うすべににがな（薄紅苦菜）　*Emilia sonchifolia* (L.) DC.　キク科
redtop　レッドトップ　*Agrostis gigantea* Roth　イネ科
red valerian　べにかのこそう（紅鹿子草）　*Centranthus ruber* (L.) DC.　オミナエシ科
red vine spinach　つるむらさき（蔓紫）　*Basella rubra* L.　ツルムラサキ科
redwood　セコイア　*Sequoia sempervirens* (D.Don) Endl.　スギ科
reed　あし（葦）　*Phragmites communis* Trin.　イネ科
reed canary grass　リードカナリーグラス　*Phalaris arundinacea* L.　イネ科
reed grass　あし（葦）　*Phragmites communis* Trin.　イネ科
reed mace　ひめがま（姫蒲）　*Typha angustata* Bory et Chaub.　ガマ科
rehmania　じおう（地黄）　*Rehmannia glutinosa* (Gaertn.) Libosch. ex Fisch. et C.A.Mey. var. purpurea Makino　ゴマノハグサ科
rescuegrass　レスクグラス　*Bromus catharticus* Vahl　イネ科

reversed clover　ペルシャクローバ　*Trifolium resupinatum* L.　マメ科
Rhodes grass　ローズグラス　*Chloris gayana* Kunth　イネ科
rhubarb　ルバーブ　*Rheum rhaponticum* L.　タデ科
ribbed gourd / loofah　とかどへちま(十角糸瓜)　*Luffa acutangula* (L.) Roxb.　ウリ科
ribbon grass　リードカナリーグラス　*Phalaris arundinacea* L.　イネ科
ribgrass　へらおおばこ(箆大葉子)　*Plantago lanceolata* L.　オオバコ科
ribwort　おおばこ(大葉子)　*Plantago asiatica* L.　オオバコ科
ribwort (plantain)　へらおおばこ(箆大葉子)　*Plantago asiatica* L.　オオバコ科
rice　いね(稲)　*Oryza sativa* L.　イネ科
rice bean　つるあずき(蔓小豆)　*Vigna umbellata* (Thunb.) Ohwi et H.Ohashi　マメ科
rice paper tree　かみやつで(紙八手)　*Tetrapanax papyriferus* (Hook.) K.Koch　ウコギ科
ridged gourd　とかどへちま(十角糸瓜)　*Luffa acutangula* (L.) Roxb.　ウリ科
ring cupped oak　あらがし(粗樫)　*Quercus glauca* Thunb.　ブナ科
ringworm cassia　はねみセンナ(羽根実-)　*Senna alata* L.　ジャケツイバラ科
river bulrush　うきやがら(浮矢幹)　*Bolboschoenus fluviatilis* (Torr.) T.Koyama ssp. *yagara* (Ohwi) T.Koyama　カヤツリグサ科
river oak　もくまおう(木麻黄)　*Allocasuarina verticillata* (Lam.) L.A.S.Jhonson　モクマオウ科
river red gum　ユーカリのき(-木)　*Eucalyptus camaldulensis* Dehnh.　フトモモ科
rivet wheat　リベットこむぎ(-小麦)　*Triticum turgidum* L.　イネ科
robusta coffee　ロブスタコーヒーのき(-木)　*Coffea robusta* L.Linden　アカネ科
rocket (salad)　ロケットサラダ　*Eruca sativa* Mill.　アブラナ科
rock maple　さとうかえで(砂糖楓)　*Acer saccharum* Marshall　カエデ科
rock melon　いぼメロン(疣-)　*Cucumis melo* L. var. *cantalupensis* Naudin　ウリ科
Rocky Mountain beeplant　せいようふうちょうそう(西洋風蝶草)　*Cleome spinosa* Sw.　フウチョウソウ科
romaine (lettuce)　たちぢしゃ(立萵苣)　*Lactuca sativa* L. var. *longifolia* Lam.　キク科
Roman chamomile　ローマカミツレ　*Anthemis nobilis* L.　キク科
rooi-els　クノニア　*Cunonia capensis* L.　クノニア科
roquette　ロケットサラダ　*Eruca sativa* Mill.　アブラナ科
rosary bean　たんきりまめ(痰切豆)　*Rhynchosia volubilis* Lour.　マメ科
rosary pea　とうあずき(唐小豆)　*Abrus precatorius* L.　マメ科
rose apple　ふともも(蒲桃)　*Syzygium jambos* (L.) Alston　フトモモ科
rose balsam　ほうせんか(鳳仙花)　*Impatiens balsamina* L.　ツリフネソウ科
rosebay　やなぎらん(柳蘭)　*Epilobium angustifolium* L.　アカバナ科
rosebay　せいようきょうちくとう(西洋夾竹桃)　*Nerium oleander* L.　キョウチクトウ科
rose bay willow herb　やなぎらん(柳蘭)　*Epilobium angustifolium* L.　アカバナ科
rose camellia　つばき(椿)　*Camellia japonica* L.　ツバキ科
rose clover　ローズクローバ　*Trifolium hirtum* All.　マメ科
rose geranium　においてんじくあおい(匂天竺葵)　*Pelargonium graveolens* L'Herit　フウロソウ科
rosegold pussy willow　ねこやなぎ(猫柳)　*Salix gracilistyla* Miq.　ヤナギ科
roselle　ローゼル　*Hibiscus sabdariffa* L.　アオイ科
rose mallow　むくげ(木槿)　*Hibiscus syriacus* L.　アオイ科
rosemary　ローズマリー　*Rosmarinus officinalis* L.　シソ科
rose myrtle　てんにんか(天人花)　*Rhodomyrtus tomentosa* (Aiton) Hassk.　フトモモ科
rose of Sharon　むくげ(木槿)　*Hibiscus syriacus* L.　アオイ科
rose periwinkle　にちにちそう(日日草)　*Catharanthus roseus* (L.) G.Don　キョウチクトウ科
rose-scented geranium　においてんじくあおい(匂天竺葵)　*Pelargonium graveolens* L'Herit

rosette pakchoi　ターツァイ(大菜)　*Brassica rapa* L. var. *narinosa* (Bailey) Kitam.　アブラナ科
rose water apple　みずレンブ(水蓮霧)　*Syzygium aqueum* (Burm.f.) Alston　フトモモ科
rosewood　ローズウッド　*Aniba rosiodora* Ducke　クスノキ科
rouge plant　じゅずさんご(数珠珊瑚)　*Rivina humilis* L.　ヤマゴボウ科
rough lemon　ラフレモン　*Citrus jambhiri* Lush.　ミカン科
roughseed purslane　アメリカすべりひゆ(-滑莧)　*Portulaca retusa* Engelm.　スベリヒユ科
rough(-stalk) bluegrass　ラフストークメドーグラス　*Poa privialis* L.　イネ科
rough(-stalk) meadow grass　ラフストークメドーグラス　*Poa privialis* L.　イネ科
round cardamom　カルダモン　*Elettaria cardamomum* (L.) Maton　ショウガ科
round cardamom　びゃくずく(白豆蔲)　*Amomum compactum* Roem. et Schult.　ショウガ科
round guava　グアバ　*Psidium guajava* L.　フトモモ科
round kumquat　まるみきんかん(丸実金柑)　*Fortunella japonica* (Thunb.) Swingle　ミカン科
round-leaf vitex　はまごう(蔓荊)　*Vitex rotundifolia* L.f.　クマツヅラ科
rowan　ヨーロッパななかまど(-七竈)　*Sorbus aucuparia* L.　バラ科
Roxburgh fig　おおばいちじく(大葉無花果)　*Ficus auriculata* Lour.　クワ科
royal bay　げっけいじゅ(月桂樹)　*Laurus nobilis* L.　クスノキ科
royal fern　ぜんまい(薇)　*Osmunda japonica* Thunb.　ゼンマイ科
royal jasmine　ジャスミン　*Jasminum grandiflorum* L.　モクセイ科
royal roselle　ローゼル　*Hibiscus sabdariffa* L.　アオイ科
rue　ヘンルーダ　*Ruta graveolens* L.　ミカン科
rugosa rose　はまなす(浜茄子)　*Rosa rugosa* Thunb.　バラ科
rukam　ルカム　*Flacourtia rukam* Zoll. et Mor.　イイギリ科
rum　りゅうきゅうあい(琉球藍)　*Strobilanthes cusia* (Nees) O.Kuntze　キツネノマゴ科
rum cherry　アメリカチェリー　*Cerasus serotina* (Ehrh.) Loisel.　バラ科
running pine　ひかげのかずら(日蔭葛)　*Lycopodium clavatum* L. var. *nipponicum* Nakai　ヒカゲノカズラ科
rush　いぐさ(藺草)　*Juncus effusus* L. var. *decipiens* Buchenau　イグサ科
rush nut　くろぐわい(黒慈姑)　*Eleocharis kuroguwai* Ohwi　カヤツリグサ科
Russian almond　ロシアアーモンド　*Amygdalus nana* L.　バラ科
Russian cedar　しもふりまつ(霜降松)　*Pinus cembra* L.　マツ科
Russian dandelion　ゴムたんぽぽ(-蒲公英)　*Taraxacum kok-saghyz* L.E.Rodin　キク科
Russian olive　ほそばぐみ(細葉茱萸)　*Elaeagnus angustifolia* L.　グミ科
Russian licorice　なんきんかんぞう(南京甘草)　*Glycyrrhiza glabra* L. var. *glandulifera* (Waldst. et Kitam.) Regel et Herder　マメ科
rustica tobacco　ルスチカタバコ　*Nicotiana rustica* L.　ナス科
rutabaga　ルタバガ　*Brassica napus* L. var. *napobrassica* Rchb.　アブラナ科
rye　ライむぎ(-麦)　*Secale cereale* L.　イネ科

[S]

sacred bamboo　なんてん(南天)　*Nandina domestica* Thunb.　メギ科
sacred basil　ホーリーバジル　*Ocimum tenuiflorum* Heyne ex Hook.f.　シソ科
sacred Chinese lily　にほんずいせん(日本水仙)　*Narcissus tazetta* L. var. *chinensis* Roem.　ユリ科
sacred datura　けちょうせんあさがお(毛朝鮮朝顔)　*Datura innoxia* Mill.　ナス科

sacred lotus　はす（蓮）　*Nelumbo nucifera* Gaertn.　ハス科
safflower　べにばな（紅花）　*Carthamus tinctorius* L.　キク科
saffron (crocus)　サフラン　*Crocus sativus* L.　アヤメ科
sage　セージ　*Salvia officinalis* L.　シソ科
sage-leaved salvia　ウッドセージ　*Teucrium scorodonia* L.　シソ科
sage tree　せいようにんじんぼく（西洋人参木）　*Vitex agnus-castus* L.　クマツヅラ科
sago cycas　そてつ（蘇鉄）　*Cycas revoluta* Bedd.　ソテツ科
sago palm　サゴやし（-椰子）　*Metroxylon sagu* Rottb.　ヤシ科
sago palm　なんようそてつ（南洋蘇鉄）　*Cycas circinalis* Roxb.　ソテツ科
Saigon cinnamon　にっけい（肉桂）　*Cinnamomum sieboldii* Meissn.　クスノキ科
sainfoin　セインフォイン　*Onobrychis sativa* Lam.　マメ科
Saipan mango　においマンゴー（匂-）　*Mangifera odorata* Griff　ウルシ科
sakaki　さかき（榊）　*Cleyera japonica* Thunb.　ツバキ科
Sakhalin fir　とどまつ（椴松）　*Abies sachalinensis* (F.Schmidt) Mast.　マツ科
Sakhalin knotweed　おおいたどり（大虎杖）　*Reynoutria sachalinensis* (F.Schmidt) Nakai　タデ科
Sakhalin spruce　あかえぞまつ（赤蝦夷松）　*Picea glehnii* (F.Schmidt) Mast.　マツ科
sal　さらそうじゅ（沙羅双樹）　*Shorea robusta* C.F.Gaertn.　フタバガキ科
salac palm　サラカやし（-椰子）　*Salacca edulis* Reinw.　ヤシ科
salad bean　いんげんまめ（隠元豆）　*Phaseolus vulgaris* L.　マメ科
salad burnet　オランダわれもこう（-吾木香）　*Sanguisorba minor* Scop.　バラ科
salad chervil　チャービル　*Anthriscus cerefolium* Hoffm.　セリ科
salamander tree　なんようごみし（南洋五味子）　*Antidesma bunius* (L.) Spreng.　トウダイグサ科
saligot　ひし（菱）　*Trapa japonica* Flerow　ヒシ科
sallow　ねこやなぎ（猫柳）　*Salix gracilistyla* Miq.　ヤナギ科
salsify　サルシフィー　*Tragopogon porrifolius* L.　キク科
sal tree　さらそうじゅ（沙羅双樹）　*Shorea robusta* C.F.Gaertn.　フタバガキ科
saltwort　おかひじき（陸鹿尾菜）　*Salsola komarovii* Iljin　アカザ科
saltwort　あっけしそう（厚岸草）　*Salicornia europaea* L.　アカザ科
Samarang rose apple　レンブ（蓮霧）　*Syzygium samarangense* (Bl.) Merr. et L.M.Perry　フトモモ科
sambong　たかさごぎく（高砂菊）　*Blumea balsamifera* (L.) DC.　キク科
sanbô　さんぽうかん（三宝柑）　*Citrus sulcata* hort. ex Tanaka　ミカン科
sandalwood　びゃくだん（白檀）　*Santalum album* L.　ビャクダン科
sandanqua / sandankwa viburnum　ごもじゅ（聖瑞花）　*Viburnum suspensum* Lindl.　スイカズラ科
sand blackberry　なわしろいちご（苗代苺）　*Rubus parvifolius* L.　バラ科
sand pear　にほんなし（日本梨）　*Pyrus pyrifolia* (Burm.f.) Nakai　バラ科
santonica　しなよもぎ（支那蓬）　*Artemisia cina* Berg. ex Poljak.　キク科
santonica　みぶよもぎ（壬生蓬）　*Artemisia maritima* L.　キク科
sapodilla　サポジラ　*Manilkara zapota* (L.) P.Royen　アカテツ科
saponaria　サボンそう（石鹸草）　*Saponaria officinalis* L.　ナデシコ科
sapota　サポジラ　*Manilkara zapota* (L.) P.Royen　アカテツ科
sapote　ホワイトサポテ　*Casimiroa edulis* La Llave　ミカン科
sappan (wood)　すおう（蘇芳）　*Caesalpinia sappan* L.　ジャケツイバラ科
sapucaia nut　サプカイアナットのき（-木）　*Lecythis zabucajo* (Aubl.) Hook.　サガリバナ科
sargent cherry　おおやまざくら（大山桜）　*Cerasus sargentii* (Rehder) H.Ohba　バラ科

sasanqua (camellia)　さざんか(山茶花)　*Camellia sasanqua* Thunb.　ツバキ科
sassafras　サッサフラスのき(-木)　*Sassafras albidum* Nees　クスノキ科
Satsuma mandarin　うんしゅうみかん(温州蜜柑)　*Citrus unshiu* S.Marcov.　ミカン科
Saturn's tree　ぎんねむ(銀合歓)　*Leucaena leucocephala* (Lam.) de Wit　ネムノキ科
sausage tree　ソーセージのき(-木)　*Kigelia pinnata* (Jacq.) DC.　ノウゼンカズラ科
savin(e)　サビナびゃくしん(-柏槇)　*Sabina vulgaris* Antoine　ヒノキ科
savory　セイボリー　*Satureja hortensis* L.　シソ科
sawara cypress　さわら(椹)　*Chamaecyparis pisifera* (Sieb. et Zucc.) Endl.　ヒノキ科
saw-leaf zelkova　けやき(欅)　*Zelkova serrata* (Thunb.) Makino　ニレ科
scabious　まつむしそう(松虫草)　*Scabiosa japonica* Miq.　マツムシソウ科
scallion　わけぎ(分葱)　*Allium × wakegi* Araki　ユリ科
scarlet clover　クリムソンクローバ　*Trifolium incarnatum* L.　マメ科
scarlet eggplant　ひらなす(扁茄子)　*Solanum integrifolium* Poiret　ナス科
scarlet kadsura　さねかずら(実葛)　*Kadsura japonica* (Thunb.) Dunal　マツブサ科
scarlet maple　アメリカはなのき(-花木)　*Acer rubrum* L.　カエデ科
scarlet pimpernel　るりはこべ(瑠璃繁縷)　*Anagallis arvensis* L. f. *coerulea* (Schreb.) Baumg.　サクラソウ科
scarlet runner (bean)　べにばないんげん(紅花隠元)　*Phaseolus coccineus* L.　マメ科
scarlet wistaria tree　しろごちょう(白胡蝶)　*Sesbania grandiflora* (L.) Poiret　マメ科
schisandra　ちょうせんごみし(朝鮮五味子)　*Schisandra chinensis* (Turcz.) Baill.　マツブサ科
scimitar bean　なたまめ(鉈豆)　*Canavalia gladiata* (Jacq.) DC.　マメ科
scoke　アメリカやまごぼう(-山牛蒡)　*Phytolacca americana* L.　ヤマゴボウ科
scoring rush　とくさ(木賊)　*Equisetum hyemale* L.　トクサ科
Scotch broom　エニシダ(金雀枝)　*Cytisus scoparius* (L.) Link　マメ科
Scotch elm　せいようはるにれ(西洋春楡)　*Ulmus glabra* Huds.　ニレ科
Scotch fir　ヨーロッパあかまつ(-赤松)　*Pinus sylvestris* L.　マツ科
Scotch / Scots pine　ヨーロッパあかまつ(-赤松)　*Pinus sylvestris* L.　マツ科
screw pine　たこのき(蛸木)　*Pandanus boninensis* Warb.　タコノキ科
scurvy grass　ともしりそう(友知草)　*Cochlearia oblongifolia* DC.　アブラナ科
sea bean　もだま(藻玉)　*Entada phaseoloides* (L.) Merr.　ネムノキ科
sea-blite　はままつな(浜松菜)　*Suaeda maritima* (L.) Dumort.　アカザ科
sea buckthorn　うみくろうめもどき(海黒梅擬)　*Hippophae rhamnoides* L.　グミ科
sea coconut　おおみやし(大実椰子)　*Lodoicea maldivica* (J.F.Gmel.) Pers. ex H.Wendl.　ヤシ科
sea grape　はまべぶどう(浜辺葡萄)　*Coccoloba uvifera* (L.) L.　タデ科
sea hibiscus　おおはまぼう(大黄槿)　*Hibiscus tiliaceus* L.　アオイ科
sea island cotton　かいとうめん(海島棉)　*Gossipium barbadense* L.　アオイ科
sea kale　はまな(浜菜)　*Crambe maritima* L.　アブラナ科
sea lungwort　はまべんけいそう(浜弁慶草)　*Mertensia maritima* (L.) S.F.Gray ssp. *asiatica* Takeda　ムラサキ科
sea onion　かいそう(海葱)　*Urginea maritima* (L.) Baker　ユリ科
sea pea　はまえんどう(浜豌豆)　*Lathyrus japonicus* Willd.　マメ科
sea rocket　おにはまだいこん(鬼浜大根)　*Cakile maritima* Scop.　アブラナ科
seaside arrow-grass　しばな(塩場菜)　*Triglochin maritimum* L.　シバナ科
seaside grape　はまべぶどう(浜辺葡萄)　*Coccoloba uvifera* (L.) L.　タデ科
seaside pea　はまえんどう(浜豌豆)　*Lathyrus japonicus* Willd.　マメ科
sea wormwood　みぶよもぎ(壬生蓬)　*Artemisia maritima* L.　キク科
self-heal　セルフヒール　*Prunella vulgaris* L.　シソ科

semen cina しなよもぎ(支那蓬) *Artemisia cina* Berg. ex Poljak. キク科
seneca / senega セネガ *Polygala senega* L. ヒメハギ科
Senegal rosewood アフリカキノかりん(-花欄) *Pterocarpus erinaceus* Poiret マメ科
senji こしながわはぎ(小品川萩) *Melilotus indica* (L.) All. マメ科
sensitive plant おじぎそう(御辞儀草) *Mimosa pudica* L. ネムノキ科
sericea めどはぎ(目処萩) *Lespedeza cuneata* (Dum.Cours.) G.Don マメ科
serpent cucumber へびメロン(蛇-) *Cucumis melo* L. var. *flexuosus* (L.) Naudin ウリ科
serpent gourd へびうり(蛇瓜) *Trichosanthes cucumerina* Buch.-Ham. ex Wall. ウリ科
serpentine tree インドじゃぼく(印度蛇木) *Rauvolfia serpentina* (L.) Benth. et Kurtz キョウチクトウ科
serpent melon へびメロン(蛇-) *Cucumis melo* L. var. *flexuosus* (L.) Naudin ウリ科
serradella セラデラ *Ornithopus sativus* Brot. マメ科
sesame ごま(胡麻) *Sesamum indicum* L. ゴマ科
sesban しろごちょう(白胡蝶) *Sesbania grandiflora* (L.) Poiret マメ科
setwall がじゅつ(莪術) *Curcuma zedoaria* (Christm.) Roscoe ショウガ科
seven-top turnip かぶ(蕪) *Brassica rapa* L. var. *glabra* Kitam. アブラナ科
seven year bean べにばないんげん(紅花隠元) *Phaseolus coccineus* L. マメ科
Seville orange だいだい(橙) *Citrus aurantium* L. ミカン科
Seychelles nut おおみやし(大実椰子) *Lodoicea maldivica* (J.F.Gmel.) Pers. ex H.Wendl. ヤシ科
shadblow / shadbush ざいふりぼく(采振木) *Amelanchier asiatica* (Sieb. et Zucc.) Endl. ex Walp. バラ科
shaddock ザボン(朱欒) *Citrus grandis* Osbeck ミカン科
shallot シャロット *Allium cepa* L. var. *aggregatum* G.Don ユリ科
shame plant おじぎそう(御辞儀草) *Mimosa pudica* L. ネムノキ科
shea (butter) tree シアーバターのき(-木) *Vitellaria paradoxa* (A.DC.) C.F.Gaertn. アカテツ科
sheep fescue シープフェスク *Festuca ovina* L. イネ科
sheep's sorrel ひめすいば(姫酸葉) *Rumex acetosella* L. タデ科
shekwasha ひらみレモン(扁実-) *Citrus depressa* Hayata ミカン科
shell flower / ginger げっとう(月桃) *Alpinia zerumbet* (Pers.) B.L.Burtt et R.M.Sm. ショウガ科
shepherd's purse なずな(薺) *Capsella bursa-pastoris* (L.) Medik. アブラナ科
shiso しそ(紫蘇) *Perilla frutescens* (L.) Britton var. *crispa* (Thunb. et Murray) W.Deane シソ科
short-fruited pepper ことうがらし(小唐辛子) *Capsicum annuum* L. var. *abbreviatum* Fingerh. ナス科
short-staple cotton インドわた(印度棉) *Gossipium herbaceum* L. アオイ科
shrub althea むくげ(木槿) *Hibiscus syriacus* L. アオイ科
shungiku しゅんぎく(春菊) *Chrysanthemum coronarium* L. キク科
Siam bean クラスタまめ(-豆) *Cyamopsis tetragonoloba* (L.) Taub. マメ科
Siam cardamom びゃくずく(白豆蔲) *Amomum compactum* Roem. et Schult. ショウガ科
Siam rosewood したん(紫檀) *Dalbergia cochinchinensis* Pierre ex Laness. マメ科
Siberian apricot もうこあんず(蒙古杏) *Armeniaca sibirica* (L.) Lam. バラ科
Siberian cedar シベリアまつ(-松) *Pinus sibirica* Turcz. マツ科
Siberian elm のにれ(野楡) *Ulmus pumila* L. ニレ科
Siberian filbert おおはしばみ(大榛) *Corylus heterophylla* Fisch. ex Besser カバノキ科
Siberian fir シベリアもみ(-樅) *Abies sibirica* Ledeb. マツ科
Siberian ginseng えぞこぎ(蝦夷五加木) *Eleutherococcus senticosus* (Rupr. et Maxim.) Maxim. ウコギ科

Siberian hazelnut　おおはしばみ（大榛）　*Corylus heterophylla* Fisch. ex Besser　カバノキ科
Siberian motherwort　めはじき（目弾）　*Leonurus japonicus* Houtt.　シソ科
Siberian yarrow　のこぎりそう（鋸草）　*Achillea alpina* L.　キク科
Sichuan pickling mustard　ザーサイ（搾菜）　*Brassica juncea* (L.) Czerniak. et Coss. var. *tumida* Tsen et Lee　アブラナ科
sickle medic　アルファルファ　*Medicago falcata* L.　マメ科
sickle pod / senna　えびすぐさ（夷草）　*Senna obtusifolia* (L.) H.S.Irwin et Barneby　ジャケツイバラ科
sida hemp　きんごじか（金午時花）　*Sida rhombifolia* L.　アオイ科
Siebold hemlock　つが（栂）　*Tsuga sieboldii* Carr.　マツ科
Siebold's beech　ぶな（橅）　*Fagus crenata* Blume　ブナ科
Siebold's plantain lily　こばぎぼうし（小葉擬宝珠）　*Hosta sieboldii* (Paxton) J.W.Ingram　ユリ科
Siebold walnut　おにぐるみ（鬼胡桃）　*Juglans ailanthifolia* Carr.　クルミ科
silk cotton tree　インドわたのき（印度綿木）　*Bombax ceiba* L.　パンヤ科
silk-cotton tree　パンヤのき（-木）　*Ceiba pentandra* (L.) Gaertn.　パンヤ科
silk grass　いとらん（糸欄）　*Yucca filamentosa* L.　リュウゼツラン科
silk oak　はごろものき（羽衣木）　*Grevillea robusta* A.Cunn.　ヤマモガシ科
silk tree　ねむのき（合歓木）　*Albizia julibrissin* Durazz.　ネムノキ科
silkworm mulberry　ろぐわ（魯桑）　*Morus latifolia* Poiret　クワ科
silk-worm thorn　はりぐわ（針桑）　*Cudrania tricuspidata* (Carr.) Bureau ex Lavallée　クワ科
silky gourd　とかどへちま（十角糸瓜）　*Luffa acutangula* (L.) Roxb.　ウリ科
silky oak　はごろものき（羽衣木）　*Grevillea robusta* A.Cunn.　ヤマモガシ科
silverberry　ぎんようぐみ（銀葉茱萸）　*Elaeagnus commutata* Bernh. ex Rydb.　グミ科
silver birch　しだれかんば（枝垂樺）　*Betula pendula* Roth　カバノキ科
silver fir　ヨーロッパもみ（-樅）　*Abies alba* Mill.　マツ科
silverhull buckwheat　そば（蕎麦）　*Fagopyrum esculentum* Moench　タデ科
silver-leaved poplar　うらじろはこやなぎ（裏白箱柳）　*Populus alba* L.　ヤナギ科
silver vine　またたび（木天蓼）　*Actinidia polygama* (Sieb. et Zucc.) Planch. ex Maxim.　マタタビ科
silver wattle　アカシア　*Acacia dealbata* Link　ネムノキ科
silver weed　ようしゅつるきんばい（洋種蔓金梅）　*Potentilla anserina* L.　バラ科
Simon bamboo　めだけ（女竹）　*Pleioblastus simonii* (Carr.) Nakai　イネ科
sisal agave / hemp　サイザルあさ（-麻）　*Agave sisalana* Perrine ex Engelm.　リュウゼツラン科
Sitka spruce　シトカとうひ（-唐檜）　*Picea sitchensis* (Bong.) Carr.　マツ科
six-rowed barley　おおむぎ（大麦）　*Hordeum vulgare* L.　イネ科
skullcap　たつなみそう（立浪草）　*Scutellaria indica* L.　シソ科
skunk grape　アメリカやまぶどう（-山葡萄）　*Vitis labrusca* L.　ブドウ科
skunk vine　へくそかずら（屁糞葛）　*Paederia scandens* (Lour.) Merr.　アカネ科
slender rush　くさい（草藺）　*Juncus tenuis* Willd.　イグサ科
slenderstalk honeysuckle　うぐいすかぐら（鶯神楽）　*Lonicera gracilipes* Miq.　スイカズラ科
slenderstem　パンゴラグラス　*Digitaria decumbens* Stent　イネ科
slender wheatgrass　スレンダーホイートグラス　*Agropyron pauciflorum* Hitchec.　イネ科
sloe　アメリカすもも（-酸桃）　*Prunus americana* Marsh.　バラ科
smallage　セルリー　*Apium graveolens* L. var. *dulce* (Mill.) Pers.　セリ科
small bulrush　ひめがま（姫蒲）　*Typha angustata* Bory et Chaub.　ガマ科
small chestnut　にほんぐり（日本栗）　*Castanea crenata* Sieb. et Zucc.　ブナ科
small cranberry　つるこけもも（蔓苔桃）　*Vaccinium oxycoccus* L.　ツツジ科
small-flower galinsoga　こごめぎく（小米菊）　*Galinsoga parviflora* Cav.　キク科

smallfruit fig　ガジュマル　*Ficus microcarpa* L.f.　クワ科
small green pepper　ししとう(獅子唐)　*Capsicum annuum* L. var. *grossum* Sendtn.　ナス科
small jackfruit　こぱらみつ(小波羅蜜)　*Artocarpus integer* (Thunb.) Merr.　クワ科
small red bean　あずき(小豆)　*Vigna angularis* (Willd.) Ohwi et H.Ohashi　マメ科
small sweet pepper　ししとう(獅子唐)　*Capsicum annuum* L. var. *grossum* Sendtn.　ナス科
smartweed　たで(蓼)　*Persicaria hydropiper* (L.) Spach　タデ科
smoke bush / plant / tree　スモークツリー　*Cotinus coggygria* Scop.　ウルシ科
smooth bromegrass　スムーズブロムグラス　*Bromus inermis* Leyss.　イネ科
smooth crotalaria　おおみつばたぬきまめ(大三葉狸豆)　*Crotalaria pallida* Aiton　マメ科
smooth loofa(h)　へちま(糸瓜)　*Luffa cylindrica* M.Roem.　ウリ科
smooth meadow grass　ケンタッキーブルーグラス　*Poa pratensis* L.　イネ科
smooth sago palm　サゴやし(-椰子)　*Metroxylon sagu* Rottb.　ヤシ科
smooth-skinned peach　ネクタリン　*Amygdalus persica* L. var. *nucipersica* L.　バラ科
smooth vetch　ヘアリベッチ　*Vicia villosa* Roth ssp. *varia* (Host) Corb.　マメ科
snail seed　いそやまあおき(磯山青木)　*Cocculus laulifolius* DC.　ツヅラフジ科
snake-bark maple　うりはだかえで(瓜膚楓)　*Acer rufinerve* Sieb. et Zucc.　カエデ科
snake cucumber　へびメロン(蛇-)　*Cucumis melo* L. var. *flexuosus* (L.) Naudin　ウリ科
snake gourd　へびうり(蛇瓜)　*Trichosanthes cucumerina* Buch.-Ham. ex Wall.　ウリ科
snake melon　へびメロン(蛇-)　*Cucumis melo* L. var. *flexuosus* (L.) Naudin　ウリ科
snake palm　サラカやし(-椰子)　*Salacca edulis* Reinw.　ヤシ科
snakeroot　セネガ　*Polygala senega* L.　ヒメハギ科
snake's beard　じゃのひげ(蛇鬚)　*Ophiopogon japonicus* (L.f.) Ker Gawl.　ユリ科
snakeweed　いぶきとらのお(伊吹虎尾)　*Bistorta major* S.F.Gray　タデ科
snap bean　いんげんまめ(隠元豆)　*Phaseolus vulgaris* L.　マメ科
snow daisy　フランスぎく(-菊)　*Leucanthemum paludosum* (Poiret) Bonnet et Barratte　キク科
snowdrop bush　せいようえごのき(西洋-木)　*Styrax officinalis* L.　エゴノキ科
soap-bark tree　シャボンのき(石鹸木)　*Quillaja saponaria* Molina　バラ科
soap (nut) tree　むくろじ(無患子)　*Sapindus mukorossi* Gaertn.　ムクロジ科
soapwort　サボンそう(石鹸草)　*Saponaria officinalis* L.　ナデシコ科
Socotrine aloe　ソコトラアロエ　*Aloe perryi* Baker　アロエ科
soft acanthus　はあざみ(葉薊)　*Acanthus mollis* L.　キツネノマゴ科
soft corn　ソフトコーン　*Zea mays* L. var. *amylacea* (Sturt.) Bailey　イネ科
soft-leaved bear's breech　はあざみ(葉薊)　*Acanthus mollis* L.　キツネノマゴ科
soft maize　ソフトコーン　*Zea mays* L. var. *amylacea* (Sturt.) Bailey　イネ科
soft maple　アメリカはなのき(-花木)　*Acer rubrum* L.　カエデ科
soft-stem bulrush　ふとい(太藺)　*Schoenoplectus lacustris* (L.) Palla ssp. *validus* (Vahl) T. Koyama　カヤツリグサ科
soft wind-flower　にりんそう(二輪草)　*Anemone flaccida* F.Schmidt　キンポウゲ科
soja bean　だいず(大豆)　*Glycine max* (L.) Merr.　マメ科
Solomon's seal　なるこゆり(鳴子百合)　*Polygonatum falcatum* A.Gray　ユリ科
sorghum　もろこし(蜀黍)　*Sorghum bicolor* (L.) Moench　イネ科
sorgo　スィートソルガム　*Sorghum bicolor* (L.) Moench var. *saccharatum* (L.) Mohlenbr.　イネ科
sorrel　すいば(酸葉)　*Rumex acetosa* L.　タデ科
sorrel vine　やぶがらし(藪枯)　*Cayratia japonica* (Thunb.) Gagnep.　ブドウ科
sorrowless tree　むゆうじゅ(無憂樹)　*Saraca asoca* (Roxb.) de Wilde　ジャケツイバラ科
souari nut tree　バターナットのき(-木)　*Caryocar nuciferum* L.　バターナット科
soup celery　きんさい(芹菜)　*Apium graveolens* L. var. *secalinum* Alef.　セリ科

sour cherry	すみのみざくら（酸味実桜）	*Cerasus vulgaris* Mill.	バラ科
sour-clover	こしながわはぎ（小品川萩）	*Melilotus indica* (L.) All.	マメ科
sour dock	すいば（酸葉）	*Rumex acetosa* L.	タデ科
sour-fruited jujube	さねぶとなつめ（実太棗）	*Ziziphus jujuba* Mill. var. *spinosa* (Bunge) Hu ex H.F.Chow	クロウメモドキ科
sour gum	ぬまみずき（沼水木）	*Nyssa sylvatica* Marshall	ミズキ科
sour jujube	いぬなつめ（犬棗）	*Ziziphus vulgaris* Lam. var. *mauritiana* Lam.	クロウメモドキ科
sour lime	ライム	*Citrus aurantiifolia* (Christm.) Swingle	ミカン科
sour orange	だいだい（橙）	*Citrus aurantium* L.	ミカン科
soursop	とげばんれいし（棘蕃荔枝）	*Annona muricata* L.	バンレイシ科
South American acasia	アメリカねむのき（-合歓木）	*Albizia saman* (Jacq.) F.Muell.	ネムノキ科
South American apricot	マメーりんご（-林檎）	*Mammea americana* L.	オトギリソウ科
southern burclover	もんつきうまごやし（紋付馬肥）	*Medicago arabica* (L.) Huds.	マメ科
southern catalpa	アメリカきささげ（-木豇豆）	*Catalpa binonioides* Walt	ノウゼンカズラ科
southern crabgrass	めひしば（雌日芝）	*Digitaria adscendens* (Humb., Bonpl.et Kunth) Henrard	イネ科
southern magnolia	たいさんぼく（泰山木）	*Magnolia grandiflora* L.	モクレン科
southern rockbell	ひなぎきょう（雛桔梗）	*Wahlenbergia marginata* (Thunb.) A.DC.	キキョウ科
southernwood	せいようかわらにんじん（西洋河原人参）	*Artemisia abrotanum* L.	キク科
sowa	ディル	*Anethum graveolens* L.	セリ科
sow-teat strawberry	えぞへびいちご（蝦夷蛇苺）	*Fragaria vesca* L.	バラ科
sow-teat strawberry	もりいちご（森苺）	*Fragaria nipponica* Makino	バラ科
sow thistle	のげし（野芥子）	*Sonchus oleraceus* L.	キク科
soya bean	だいず（大豆）	*Glycine max* (L.) Merr.	マメ科
soybean	だいず（大豆）	*Glycine max* (L.) Merr.	マメ科
Spanish broom	レダマ（連玉）	*Spartium junceum* L.	マメ科
Spanish cedar	にしインドチャンチン（西印度香椿）	*Cedrela odorata* Ruiz et Pav.	センダン科
Spanish chestnut	ヨーロッパぐり（-栗）	*Castanea sativa* Mill.	ブナ科
Spanish dock	わせすいば（早生酸葉）	*Rumex patientia* L.	タデ科
Spanish grass	エスパルト	*Stipa tenacissima* L.	イネ科
Spanish jasmine	ジャスミン	*Jasminum grandiflorum* L.	モクセイ科
Spanish lavender	フランスラベンダー	*Lavandula stoechas* L.	シソ科
Spanish lentil	ガラスまめ（-豆）	*Lathyrus sativus* L.	マメ科
Spanish oyster plant	さんとりそう（-草）	*Cnicus benedictus* L.	キク科
Spanish plum	モンビン	*Spondias mombin* Jacq.	ウルシ科
Spanish reed	だんちく（葭竹）	*Arundo donax* L.	イネ科
Spanish sainfoin	あかばなおうぎ（赤花黄耆）	*Hedysarum coronarium* L.	マメ科
Spanish trefoil	アルファルファ	*Medicago sativa* L. / *M. falcata* L. / *M.* × *media* Pers.	マメ科
spatterdock	こうほね（河骨）	*Nuphar japonicum* DC.	スイレン科
spearflower	まんりょう（万両）	*Ardisia crenata* Sims	ヤブコウジ科
spearmint	スペアミント	*Mentha spicata* L.	シソ科
spelt (wheat)	スペルトこむぎ（-小麦）	*Triticum abyssinicum* Vavilov ssp. *spelta* (L.) Thell.	イネ科
spice berry	ひめこうじ（姫柑子）	*Gaultheria procumbens* L.	ツツジ科
spice bush / wood	アメリカくろもじ（-黒文字）	*Lindera benzoin* Meisn.	クスノキ科
spicy wintergreen	ひめこうじ（姫柑子）	*Gaultheria procumbens* L.	ツツジ科
spider endive	エンダイブ	*Cichorium endivia* L.	キク科

spider lily	ひがんばな(彼岸花)	*Lycoris radiata* (L'Hér.) Herb.	ユリ科
spiderwort	つゆくさ(露草)	*Commelina communis* L.	ツユクサ科
spiked loosestrife	えぞみそはぎ(蝦夷禊萩)	*Lythrum salicaria* L.	ミソハギ科
spike lavender	スパイクラベンダー	*Lavandula latifolia* Medik.	シソ科
spike winter hazel	とさみずき(土佐水木)	*Corylopsis spicata* Sieb. et Zucc.	マンサク科
spinach	ほうれんそう(菠薐草)	*Spinacia oleracea* L.	アカザ科
spinach beet	ふだんそう(不断草)	*Beta vulgaris* L.	アカザ科
spinach mustard	こまつな(小松菜)	*Brassica rapa* L. var. *perviridis* Bailey	アブラナ科
spindle tree	まさき(柾)	*Euonymus japonicus* Thunb.	ニシキギ科
spiny jujube	さねぶとなつめ(実太棗)	*Ziziphus jujuba* Mill. var. *spinosa* (Bunge) Hu ex H.F. Chow	クロウメモドキ科
spiny-leaved sow thistle	おにのげし(鬼野芥子)	*Soncus asper* (L.) Hill.	キク科
sponge gourd	へちま(糸瓜)	*Luffa cylindrica* M.Roem.	ウリ科
sponge tree	きんごうかん(金合歓)	*Acacia farnesiana* (L.) Willd.	ネムノキ科
spotted burclover	もんつきうまごやし(紋付馬肥)	*Medicago arabica* (L.) Huds.	マメ科
spreading sneezeweed	ときんそう(吐金草)	*Centipeda minima* (L.) A.Br. et Asch.	キク科
spring adonis	ようしゅふくじゅそう(洋種福寿草)	*Adonis vernalis* L.	キンポウゲ科
spring cress	きばなクレス(黄花-)	*Barbarea verna* (Mill.) Asch.	アブラナ科
spring vetch	コモンベッチ	*Vicia sativa* L.	マメ科
spring vetch	キドニーベッチ	*Anthyllis vulneraria* L.	マメ科
sprouting broccoli	ブロッコリ	*Brassica oleracea* L. var. *italica* Plencke	アブラナ科
spruce	ドイツとうひ(-唐檜)	*Picea abies* (L.) H.Karst.	マツ科
square stem statice	はまさじ(浜匙)	*Limonium tetragonum* (Thunb.) Bullock	イソマツ科
squawroot	アメリカるいようぼたん(-類葉牡丹)	*Caulophyllum thalictroides* (L.) Michx.	メギ科
squill	かいそう(海葱)	*Urginea maritima* (L.) Baker	ユリ科
star anise	とうしきみ(唐樒)	*Illicium verum* Hook.f.	シキミ科
star apple	スターアップル	*Chrysophyllum cainito* L.	アカテツ科
star fruit	スターフルーツ	*Averrhoa carambola* L.	カタバミ科
star gooseberry	あめだまのき(飴玉木)	*Phyllanthus acidus* (L.) Skeels	トウダイグサ科
star jasmine	とうきょうちくとう(唐夾竹桃)	*Trachelo jasminoides* (Lindl.) Lem.	キョウチクトウ科
starwort	しおん(紫苑)	*Aster tataricus* L.f.	キク科
starwort	はこべ(繁縷)	*Stellaria media* (L.) Vill.	ナデシコ科
stauntonia vine	むべ(郁子)	*Stauntonia hexaphylla* (Thunb.) Decne.	アケビ科
stevia	あまはステビア(甘葉-)	*Stevia rebaudiana* (Bertoni) Hemsl.	キク科
stinking weed	はぶそう(波布草)	*Senna occidentalis* Link	ジャケツイバラ科
stitchwort	はこべ(繁縷)	*Stellaria media* (L.) Vill.	ナデシコ科
St.John's-bread	いなごまめ(稲子豆)	*Ceratonia siliqua* L.	マメ科
St.John's wort	せいようおとぎり(西洋弟切)	*Hypericum perforatum* L.	オトギリソウ科
stock beet	かちくビート(家畜-)	*Beta vulgaris* L. var. *crassa* Alef.	アカザ科
stone pine	イタリアかさまつ(-傘松)	*Pinus pinea* L.	マツ科
storax	せいようえごのき(西洋-木)	*Styrax officinalis* L.	エゴノキ科
strawberry	いちご(苺)	*Fragaria* × *magna* Thuill.	バラ科
strawberry(-headed) clover	ストロベリクローバ	*Trifolium fragiferum* L.	マメ科
strawberry guava	てりはばんじろう(照葉蕃石榴)	*Psidium littorale* Raddi. var. *longipes* (O.Berg.) McVaugh	フトモモ科
strawberry-raspberry	ばらいちご(薔薇苺)	*Rubus illecebrosus* Focke	バラ科
strawberry stone-break	ゆきのした(雪下)	*Saxifraga stolonifera* Meerb.	ユキノシタ科

strawberry tomato　しょくようほおずき(食用酸漿)　*Physalis pruinosa* Bailey　ナス科
strawberry tomato　ようしゅほおずき(洋種酸漿)　*Physalis alkekengi* L.　ナス科
strichnine tree　マチン(馬銭)　*Strychnos nux-vomica* L.　マチン科
string bean　いんげんまめ(隠元豆)　*Phaseolus vulgaris* L.　マメ科
stump tree　アメリカさいかち(-皂莢)　*Gymnocladus dioica* (L.) Koch　マメ科
sub- / subterranean clover　サブタレニアンクローバ　*Trifolium subterraneum* L.　マメ科
succory　チコリー　*Cichorium intybus* L.　キク科
sudachi　すだち(酢橘)　*Citrus sudachi* hort. ex Shirai　ミカン科
Sudan grass　スーダングラス　*Sorghum sudanense* (Piper) Stapf　イネ科
sugar apple　ばんれいし(蕃茘枝)　*Annona squamosa* L.　バンレイシ科
sugar bean　ライまめ(-豆)　*Phaseolus lunatus* L.　マメ科
sugar beet　てんさい(甜菜)　*Beta vulgaris* L. var. *altissima* Döll　アカザ科
sugar cane　さとうきび(砂糖黍)　*Saccharum officinarum* L.　イネ科
sugar corn　スィートコーン　*Zea mays* L. var. *saccharata* (Sturt.) Bailey　イネ科
sugar date　さとうなつめやし(砂糖棗椰子)　*Phoenix sylvestris* Roxb.　ヤシ科
sugar maize　スィートコーン　*Zea mays* L. var. *saccharata* (Sturt.) Bailey　イネ科
sugar maple　さとうかえで(砂糖楓)　*Acer saccharum* Marshall　カエデ科
sugar palm　さとうやし(砂糖椰子)　*Arenga pinnata* (Wurmb) Merr.　ヤシ科
sugar pine　さとうまつ(砂糖松)　*Pinus lambertiana* Douglas　マツ科
sugar sorghum　スィートソルガム　*Sorghum bicolor* (L.) Moench var. *saccharatum* (L.) Mohlenbr.　イネ科
Sulawesi ebony　スラウェシこくたん(-黒檀)　*Diospyros celebica* Bakh.　カキノキ科
sulla (sweetvetch)　あかばなおうぎ(赤花黄耆)　*Hedysarum coronarium* L.　マメ科
sumac　ぬるで(白膠木)　*Rhus javanica* L. var. *chinensis* (Mill) Yamaz.　ウルシ科
summer cypress　ほうきぎ(箒木)　*Kochia scoparia* (L.) Schrad.　アカザ科
summer grass　めひしば(雌日芝)　*Digitaria adscendens* (Humb., Bonpl. et Kunth) Henrard　イネ科
summer pumpkin　ペポカボチャ(-南瓜)　*Cucurbita pepo* L.　ウリ科
summer savory　セイボリー　*Satureja hortensis* L.　シソ科
summer vetch　コモンベッチ　*Vicia sativa* L.　マメ科
sunflower　ひまわり(向日葵)　*Helianthus annuus* L.　キク科
sun(n) hemp　サンヘンプ　*Crotalaria juncea* L.　マメ科
sunset hibiscus / musk-mallow　とろろあおい(黄蜀葵)　*Abelmoschus manihot* (L.) Medik.　アオイ科
sun spurge　とうだいぐさ(燈台草)　*Euphorbia helioscopia* L.　トウダイグサ科
Surinam cherry　スリナムチェリー　*Eugenia uniflora* L.　フトモモ科
swallowwort　ようしゅくさのおう(洋種草王)　*Chelidonium majus* L.　ケシ科
swamp bean　しろごちょう(白胡蝶)　*Sesbania grandiflora* (L.) Poiret　マメ科
swamp blueberry　ブルーベリー［ハイブッシュ］　*Vaccinium corymbosum* L.　ツツジ科
swamp cabbage　ようさい(甕菜)　*Ipomoea aquatica* Forssk.　ヒルガオ科
swamp cypress　ぬますぎ(沼杉)　*Taxodium distichum* (L.) Rich.　スギ科
swamp cypress　すいしょう(水松)　*Glyptostrobus pensilis* (D.Don) K.Koch　スギ科
swamp gum　せいたかユーカリ(背高-)　*Eucalyptus regnans* F.Muell.　フトモモ科
swamp hypericum　ひめおとぎり(姫弟切)　*Hypericum japonicum* Thunb.　オトギリソウ科
swamp maple　アメリカはなのき(-花木)　*Acer rubrum* L.　カエデ科
swamp oak　とくさばもくまおう(木賊葉木麻黄)　*Allocasuarina equisetifolia* L.　モクマオウ科
swamp oak　もくまおう(木麻黄)　*Allocasuarina verticillata* (Lam.) L.A.S.Jhonson　モクマオウ科

swangi　こぶみかん(瘤蜜柑)　*Citrus hystrix* DC.　ミカン科
Swede　ルタバガ　*Brassica napus* L. var. *napobrassica* Rchb.　アブラナ科
Swedish clover　アルサイククローバ　*Trifolium hybridum* L.　マメ科
Swedish turnip　ルタバガ　*Brassica napus* L. var. *napobrassica* Rchb.　アブラナ科
sweet acacia　きんごうかん(金合歓)　*Acacia farnesiana* (L.) Willd.　ネムノキ科
sweet almond　スィートアーモンド　*Amygdalus communis* L. var. *dulcis* Borkh. ex DC.　バラ科
sweet autumn clematis　せんにんそう(仙人草)　*Clematis terniflora* DC.　キンポウゲ科
sweet balm　レモンバーム　*Melissa officinalis* L.　シソ科
sweet basil　バジル　*Ocimum basilicum* L.　シソ科
sweet bay　げっけいじゅ(月桂樹)　*Laurus nobilis* L.　クスノキ科
sweetberry honeysuckle　けよのみ　*Lonicera caerulea* L. ssp. *edulis* (Turcz.) Hultén　スイカズラ科
sweet-brier　はまなす(浜梨)　*Rosa rugosa* Thunb.　バラ科
sweet buckwheat　そば(蕎麦)　*Fagopyrum esculentum* Moench　タデ科
sweet cassava　キャッサバ[甘味種]　*Manihot dulcis* Pax　トウダイグサ科
sweet c(h)amomile　カモミール　*Matricaria chamomilla* L.　キク科
sweet cherry　せいようみざくら(西洋実桜)　*Cerasus avium* (L.) Moench　バラ科
sweet cicely　スイートシスリー　*Myrrhis odorata* (L.) Scop.　セリ科
sweet clover　スィートクローバ　*Melilotus suaveolens* Ledeb.　マメ科
sweet coltsfoot　ほろないぶき(幌内蕗)　*Petasites palmata* A.Gray　キク科
sweet corn　スィートコーン　*Zea mays* L. var. *saccharata* (Sturt.) Bailey　イネ科
sweet elder　アメリカにわとこ(-接骨木)　*Sambucus canadensis* L.　スイカズラ科
sweet fennel　ういきょう(茴香)　*Foeniculum vulgare* Mill.　セリ科
sweet flag　しょうぶ(菖蒲)　*Acorus calamus* L.　ショウブ科
sweet-fleshed pumpkin / squash　せいようカボチャ(西洋南瓜)　*Cucurbita maxima* Duchesne ex Lam.　ウリ科
sweet grass　こうぼう(香茅)　*Hierochloe odorata* (L.) P.Beauv. var. *pubescens* Krylov　イネ科
sweet gum　もみじばふう(紅葉葉楓)　*Liquidambar styraciflua* L.　マンサク科
sweetleaf　はいのき(灰木)　*Symplocos myrtacea* Sieb. et Zucc.　ハイノキ科
sweet maize　スィートコーン　*Zea mays* L. var. *saccharata* (Sturt.) Bailey　イネ科
sweet marjoram　マージョラム　*Origanum majorana* L.　シソ科
sweet olive　ぎんもくせい(銀木犀)　*Osmanthus fragrans* Lour.　モクセイ科
sweet orange　オレンジ　*Citrus sinensis* Osbeck　ミカン科
sweet pepper　ピーマン／ししとう(獅子唐)　*Capsicum annuum* L. var. *grossum* Sendtn.　ナス科
sweet potato　さつまいも(薩摩芋)　*Ipomoea batatas* (L.) Lam.　ヒルガオ科
sweet-scented oleander　きょうちくとう(夾竹桃)　*Nerium indicum* Mill.　キョウチクトウ科
sweet-scented squinancy　くるまばそう(車葉草)　*Asperula odorata* L.　アカネ科
sweet sedge　しょうぶ(菖蒲)　*Acorus calamus* L.　ショウブ科
sweetsop　ばんれいし(蕃茘枝)　*Annona squamosa* L.　バンレイシ科
sweet sorghum　スィートソルガム　*Sorghum bicolor* (L.) Moench var. *saccharatum* (L.) Mohlenbr.　イネ科
sweet tamarind　タマリンドのき(-木)　*Tamarindus indica* L.　ジャケツイバラ科
sweet vernal grass　はるがや(春茅)　*Anthoxanthum odoratum* L.　イネ科
sweet viburnum　さんごじゅ(珊瑚樹)　*Viburnum odoratissimum* Ker Gawl.　スイカズラ科
sweet violet　においすみれ(匂菫)　*Viola odorata* L.　スミレ科
sweet woodruff　くるまばそう(車葉草)　*Asperula odorata* L.　アカネ科

sweet wormwood　ほそばにんじん(細葉人参)　*Artemisia annua* L.　キク科
Swiss chard　ふだんそう(不断草)　*Beta vulgaris* L.　アカザ科
Swiss mountain pine　モンタナまつ(-松)　*Pinus montana* Mill.　マツ科
Swiss stone pine　しもふりまつ(霜降松)　*Pinus cembra* L.　マツ科
sword bean　なたまめ(鉈豆)　*Canavalia gladiata* (Jacq.) DC.　マメ科
sword bean　たちなたまめ(立刀豆)　*Canavalia ensiformis* (L.) DC.　マメ科
sycamore　すずかけのき(鈴懸木)　*Platanus orientalis* L.　スズカケノキ科
sycamore fig　エジプトいちじく(-無花果)　*Ficus sycomorus* L.　クワ科
sycamore maple　シカモア　*Acer pseudoplatanus* L.　カエデ科
Syrian bead tree　せんだん(楝)　*Melia azedarach* L. var. *subtripinnata* Miq.　センダン科
Syrian rose　むくげ(木槿)　*Hibiscus syriacus* L.　アオイ科
Szechuan pepper　とうざんしょう(唐山椒)　*Zanthoxylum simulans* Hance　ミカン科

[T]

tabasco　タバスコ　*Capsicum frutescens* L.　ナス科
table beet　テーブルビート　*Beta vulgaris* L. var. *conditiva* Alef.　アカザ科
table nectarine　ネクタリン　*Amygdalus persica* L. var. *nucipersica* L.　バラ科
tacaco　タカコ　*Polakowskia tacaco* Pittier　ウリ科
tacca　タカ　*Tacca leontopetaloides* (L.) Kuntze　タシロイモ科
Tahiti chestnut　たいへいようぐるみ(太平洋胡桃)　*Inocarpus edulis* Horst.　マメ科
Tahitian lime　タヒチライム　*Citrus latifolia* Tanaka　ミカン科
Tahitian screwpine　あだん(阿檀)　*Pandanus tectorius* Soland. ex Parkins.　タコノキ科
Taiwan acacia　そうじゅ(相思樹)　*Acacia confusa* Merr.　ネムノキ科
Taiwan giant bamboo　まちく(蔴竹)　*Dendrocalamus latiflorus* Munro　イネ科
Taiwan hinoki cypress　たいわんさわら(台湾榁)　*Chamaecyparis obtusa* (Sieb. et Zucc.) Endl. var. *formosana* (Hayata) Rehder　ヒノキ科
Taiwan rattan palm　たいわんとう(台湾籐)　*Calamus formosanus* Becc.　ヤシ科
Taiwan sugar palm　くろつぐ(桄榔)　*Arenga engleri* Becc.　ヤシ科
tala palm　おうぎやし(扇椰子)　*Borassus flabellifer* L.　ヤシ科
talewort　るりじさ(瑠璃萵苣)　*Borago officinalis* L.　ムラサキ科
talipot palm　こうりばやし(行李葉椰子)　*Corypha umbraculifera* L.　ヤシ科
tall (meadow) fescue　トールフェスク　*Festuca arundinacea* Schreb.　イネ科
tall morning-glory　まるばあさがお(丸葉朝顔)　*Ipomoea purpurea* (L.) Roth　ヒルガオ科
tall oatgrass　トールオートグラス　*Arrhenatherum elatius* (L.) P.Beauv. ex J.Presl et C.Presl　イネ科
tallow gourd　とうがん(冬瓜)　*Benincasa hispida* (Thunb.) Cogn.　ウリ科
Tamala cassia　タマラにっけい(-肉桂)　*Cinnamomum tamala* Nees et Eberm.　クスノキ科
tamanu　てりはぼく(照葉木)　*Calophyllum inophyllum* L.　オトギリソウ科
tamarillo　トマトのき(-木)　*Cyphomandra betacea* (Cav.) Sendtn.　ナス科
tamarind　タマリンドのき(-木)　*Tamarindus indica* L.　ジャケツイバラ科
tangerine　おおべにみかん(大紅蜜柑)　*Citrus tangerina* hort. ex Tanaka　ミカン科
taniar　アメリカさといも(-里芋)　*Xanthosoma sagittifolium* Liebm.　サトイモ科
tankan mandarin　たんかん(桶柑)　*Citrus tankan* Hayata　ミカン科
Tanner's cassia　マタラちゃ(-茶)　*Senna auriculata* L.　ジャケツイバラ科
tannia　アメリカさといも(-里芋)　*Xanthosoma sagittifolium* Liebm.　サトイモ科

tansy	タンジー	*Tanacetum vulgare* L.	キク科
tapa-cloth tree	かじのき(梶木)	*Broussonetia papyrifera* (L.) L'Hér. ex Vent.	クワ科
tape vine	はすのはかずら(蓮葉葛)	*Stephania japonica* (Thunb.) Miers	ツヅラフジ科
tapioca (plant)	キャッサバ	*Manihot dulcis* Pax / *M. esculenta* Crantz	トウダイグサ科
tarajo	たらよう(多羅葉)	*Ilex latifolia* Thunb.	モチノキ科
tara vine	さるなし(猿梨)	*Actinidia arguta* (Sieb. et Zucc.) Planch. ex Miq.	マタタビ科
tare vetch	すずめのえんどう(雀野豌豆)	*Vicia hirusta* S.F.Gray	マメ科
taro	さといも(里芋)	*Colocasia esculenta* (L.) Schott	サトイモ科
tarragon	タラゴン	*Artemisia dracunculus* L.	キク科
Tartarian aster	しおん(紫苑)	*Aster tataricus* L.f.	キク科
Tartarian buckwheat	ダッタンそば(韃靼蕎麦)	*Fagopyrum tataricum* (L.) Gaertn.	タデ科
Tasmanian blue gum	ユーカリのき(-木)	*Eucalyptus globulus* Labill.	フトモモ科
tassel flower	アマランサス[赤粒・粳]	*Amaranthus caudatus* L.	ヒユ科
ta-tsai	ターツァイ(大菜)	*Brassica rapa* L. var. *narinosa* (Bailey) Kitam.	アブラナ科
tawny day-lily	ほんかんぞう(本萱草)	*Hemerocallis fulva* L.	ユリ科
tea	ちゃ(茶)	*Camellia sinensis* (L.) Kuntze	ツバキ科
tea berry	ひめこうじ(姫柑子)	*Gaultheria procumbens* L.	ツツジ科
teak	チークのき(-木)	*Tectona grandis* L.f.	クマツヅラ科
tea-of-heaven	やまあじさい(山紫陽花)	*Hydrangea serrata* (Thunb.) Ser.	アジサイ科
tea oil camellia	ゆちゃ(油茶)	*Camellia oleifera* C.Abel	ツバキ科
tea olive	ぎんもくせい(銀木犀)	*Osmanthus fragrans* Lour.	モクセイ科
tea plant	きんごじか(金午時花)	*Sida rhombifolia* L.	アオイ科
tea plant	ちゃ(茶)	*Camellia sinensis* (L.) Kuntze	ツバキ科
tea tree	ごせいカユプテ(互生-)	*Melaleuca alternifolia* Cheel	フトモモ科
tea tree	ちゃ(茶)	*Camellia sinensis* (L.) Kuntze	ツバキ科
teel oil-plant	ごま(胡麻)	*Sesamum indicum* L.	ゴマ科
tef(f)	テフ	*Eragrostis abyssinica* (Jacq.) Link	イネ科
temple flower / tree	インドそけい(印度素馨)	*Plumeria acutifolia* Poiret	キョウチクトウ科
teosinte (grass)	テオシント	*Euchlaena mexicana* Schrad.	イネ科
tepary bean	テパリビーン	*Phaseolus acutifolius* A.Gray var. *latifolius* G.Freem.	マメ科
tequila	テキラりゅうぜつ(-龍舌)	*Agave tequilana* Weber	リュウゼツラン科
terebinth	テレピンのき(-木)	*Pistacia terebinthus* L.	ウルシ科
termis	エジプトルーピン	*Lupinus termis* Forskal	マメ科
Thai marrow	くろだねカボチャ(黒種南瓜)	*Cucurbita ficifolia* Bouché	ウリ科
Thatch screwpine	あだん(阿檀)	*Pandanus tectorius* Soland. ex Parkins.	タコノキ科
thorn apple	ようしゅちょうせんあさがお(洋種朝鮮朝顔)	*Datura metel* L. var. *chalybea* Koch	ナス科
thorny ealaeagnus	なわしろぐみ(苗代茱萸)	*Elaeagnus pungens* Thunb.	グミ科
thoroughwort	ふじばかま(藤袴)	*Eupatorium japonicum* Thunb.	キク科
threeleaf goldthread	みつばおうれん(三葉黄連)	*Coptis trifolia* (L.) Salisb.	キンポウゲ科
three-leaved akebia	みつばあけび(三葉通草)	*Akebia trifoliata* (Thunb.) Koidz.	アケビ科
three-leaved caper	ぎょぼく(魚木)	*Crateva religiosa* Forst.	フウチョウソウ科
three-seeded copperleaf	えのきぐさ(榎草)	*Acalypha australis* L.	トウダイグサ科
three-seeded mercury	きだちあみがさ(木立編笠)	*Acalypha indica* L.	トウダイグサ科
thyme	タイム	*Thymus vulgaris* L.	シソ科
tiger lily	おにゆり(鬼百合)	*Lilium lancifolium* Thunb.	ユリ科
tiger nut	しょくようかやつり(食用蚊屋吊)	*Cyperus esculentus* L.	カヤツリグサ科

tiger-tail spruce　はりもみ(針樅)　*Picea polita* Carr.　マツ科
till-seed　ひらまめ(扁豆)　*Lens culinaris* Medik.　マメ科
timothy　チモシー　*Phleum pratense* L.　イネ科
Tinnevelly senna　ほそばセンナ(細葉-)　*Senna angustifolia* Betka　ジャケツイバラ科
tiny vetch　すずめのえんどう(雀野豌豆)　*Vicia hirusta* S.F.Gray　マメ科
tobacco (plant)　タバコ(煙草)　*Nicotiana tabacum* L.　ナス科
toddy palm　くじゃくやし(孔雀椰子)　*Caryota urens* Jacq.　ヤシ科
todo fir　とどまつ(椴松)　*Abies sachalinensis* (F.Schmidt) Mast.　マツ科
tolu balsam / resin (tree)　トールバルサム　*Myroxylon balsamum* (L.) Harms　マメ科
tomate　ほおずきトマト(酸漿-)　*Physalis ixocarpa* Brot.　ナス科
tomato　トマト　*Lycopersicon esculentum* Mill.　ナス科
tomato tree　トマトのき(-木)　*Cyphomandra betacea* (Cav.) Sendtn.　ナス科
tonga　トンカまめ(-豆)　*Dipteryx odorata* (Aubl.) Willd.　マメ科
tonka bean　トンカまめ(-豆)　*Dipteryx odorata* (Aubl.) Willd.　マメ科
toog　あかぎ(赤木)　*Bischofia javanica* Blume　トウダイグサ科
toothache tree　アメリカさんしょう(-山椒)　*Zanthoxylum americanum* Mill.　ミカン科
toothed burclover　バークローバ　*Medicago polymorpha* L.　マメ科
topinamber　きくいも(菊芋)　*Helianthus tuberosus* L.　キク科
top onion　やぐらたまねぎ(櫓玉葱)　*Allium cepa* L. var. *bulbillifera* Bailey　ユリ科
torch plant　きだちアロエ(木立-)　*Aloe arborescens* Mill.　アロエ科
toringo crab apple　ずみ(染)　*Malus toringo* (Sieb.) Sieb. ex de Vriese　バラ科
Tossa jute　たいわんつなそ(台湾綱麻)　*Corchorus olitorius* L.　シナノキ科
totora　トトラ　*Schoenoplectus californicus* (C.A.Mey) Soják ssp. *totora* (Kunth) T.Koyama　カヤツリグサ科
touch-me-not　おじぎそう(御辞儀草)　*Mimosa pudica* L.　ネムノキ科
touch-me-not　ほうせんか(鳳仙花)　*Impatiens balsamina* L.　ツリフネソウ科
tragacanth　トラガカントゴム　*Astragalus gummifer* Labill.　マメ科
trailing arbutus　いわなし(岩梨)　*Epigaea asiatica* Maxim.　ツツジ科
trailing eclipta　たかさぶろう(高三郎)　*Eclipta thermalis* Bunge　キク科
trailing raspberry　こがねいちご(黄金苺)　*Rubus pedatus* Sm.　バラ科
traveler's palm / tree　おうぎばしょう(扇芭蕉)　*Ravenala madagascariensis* J.F.Gmel.　ゴクラクチョウカ科
tree cotton　アジアわた(-棉)　*Gossipium arboreum* L.　アオイ科
tree heath　ブライア　*Erica arborea* L.　ツツジ科
tree mallow　ぜにあおい(銭葵)　*Malva sylvestris* L. var. *mauritiana* (L.) Boiss.　アオイ科
tree of heaven　にわうるし(庭漆)　*Ailanthus altissima* (Mill.) Swingle　ニガキ科
tree onion　やぐらたまねぎ(櫓玉葱)　*Allium cepa* L. var. *bulbillifera* Bailey　ユリ科
tree peony　ぼたん(牡丹)　*Paeonia suffruticosa* Andrews　ボタン科
tree sorrel　ビリンビ　*Averrhoa bilimbi* L.　カタバミ科
tree tomato　トマトのき(-木)　*Cyphomandra betacea* (Cav.) Sendtn.　ナス科
trefoil　しゃじくそう(車軸草)　*Trifolium lupinaster* L.　マメ科
trembling poplar　ヨーロッパくろやまならし(-黒山鳴)　*Populus nigra* L.　ヤナギ科
trifoliate orange　からたち(唐橘)　*Poncirus trifoliata* (L.) Raf.　ミカン科
trillium　えんれいそう(延齢草)　*Trillium apetalon* Makino　ユリ科
triticale　ライこむぎ(-小麦)　× *Triticosecale* Wittm.　イネ科
tropic ageratum　かっこうあざみ(藿香薊)　*Ageratum conyzoides* L.　キク科
tropical almond　ももタマナ(桃-)　*Terminalia catappa* L.　シクンシ科

tropical carpetgrass　つるめひしば(蔓雌日芝)　*Axonopus compressus* (Sw.) P.Beauv.　イネ科
tropical guava　グアバ　*Psidium guajava* L.　フトモモ科
tropical kudsu　ねったいくず(熱帯葛)　*Pueraria phaseoloides* (Roxb.) Benth　マメ科
tropical spinach　ようさい(甕菜)　*Ipomoea aquatica* Forssk.　ヒルガオ科
true aloe　アロエ　*Aloe barbadensis* Mill.　アロエ科
true cantaloup　いぼメロン(疣-)　*Cucumis melo* L. var. *cantalupensis* Naudin　ウリ科
true daisy　ひなぎく(雛菊)　*Bellis perennis* L.　キク科
true hemp　あさ(麻)　*Cannabis sativa* L. var. *indica* Lam.　アサ科
true indigo　インドあい(印度藍)　*Indigofera tinctoria* L.　マメ科
true jalap　ヤラッパ　*Ipomoea purga* Hayne　ヒルガオ科
true lavender　ラベンダー　*Lavandula angustifolia* Mill.　シソ科
true mangrove　やえやまひるぎ(八重山蛭木)　*Rhizophora stylosa* Griff.　ヒルギ科
true millet　きび(黍)　*Panicum miliaceum* L.　イネ科
true sago palm　サゴやし(-椰子)　*Metroxylon sagu* Rottb.　ヤシ科
true Spanish mahogany　マホガニー　*Swietenia mahagoni* (L.) Jacq.　センダン科
true turnip　かぶ(蕪)　*Brassica rapa* L. var. *glabra* Kitam.　アブラナ科
truffle oak　ヨーロッパなら(-楢)　*Quercus robur* Pall.　ブナ科
Trujillo coca　ペルーコカ　*Erythroxylum novogranatense* (Morris) Hieron. var. *truxillense* (Rusby) Plowman　コカノキ科
trumpet creeper / flower　のうぜんかずら(凌霄花)　*Campsis grandiflora* (Thunb.) K.Schum.　ノウゼンカズラ科
tuba merah / rabut / root　たちトバ(立-)　*Derris malaccensis* (Benth.) Prain　マメ科
tuba root　デリス　*Derris elliptica* (Roxb.) Benth.　マメ科
tuber nasturtium　アヌウ　*Tropaeolum tuberosum* Ruiz. et Pav.　ノウゼンハレン科
tuberose　チュベローズ　*Polianthes tuberosa* L.　リュウゼツラン科
tuberous basella　ウルコ　*Ullucus tuberosus* Caldas　ツルムラサキ科
tuberous gram　ポテトビーン　*Pachyrhizus tuberosus* A.Spreng.　マメ科
tufted knotweed　いぬたで(犬蓼)　*Persicaria longiseta* (Bruyn) Kitag.　タデ科
tufted vetch　くさふじ(草藤)　*Vicia cracca* L.　マメ科
tulip poplar / tree　ゆりのき(百合木)　*Liriodendron tulipifera* L.　モクレン科
tung　しなあぶらぎり(支那油桐)　*Aleurites fordii* Hemsl.　トウダイグサ科
tung-oil tree　カントンあぶらぎり(広東油桐)　*Aleurites montana* (Lour.) E.H.Wilson　トウダイグサ科
tupelo　ぬまみずき(沼水木)　*Nyssa sylvatica* Marshall　ミズキ科
Turkish gram　モスビーン　*Vigna aconitifolia* (Jacq.) Maréchal　マメ科
turmeric　うこん(鬱金)　*Curcuma longa* L.　ショウガ科
turnera　トゥルネラ　*Turnera diffusa* Willd. ex Schult. var. *aphrodisiaca* (Wald) Urb.　トゥルネラ科
turnip　かぶ(蕪)　*Brassica rapa* L. var. *glabra* Kitam.　アブラナ科
turnip rape　あぶらな(油菜)　*Brassica rapa* L. ssp. *oleifera* (DC.) Metzg.　アブラナ科
turnip-rooted celery　セルリアク　*Apium graveolens* L. var. *rapaceum* (Mill.) Gaudich.　セリ科
turnip-stemmed cabbage　コールラビ　*Brassica oleracea* L. var. *gongylodes* L.　アブラナ科
twiggy willow　たいりくきぬやなぎ(大陸絹柳)　*Salix viminalis* L.　ヤナギ科
twinleaf　たつたそう(龍田草)　*Jeffersonia dubia* Benth. et Hook.f.　メギ科
two-colored gynura　すいぜんじな(水前寺菜)　*Gynura bicolor* DC.　キク科
two-grained wheat　エンマーこむぎ(-小麦)　*Triticum dicoccum* Schubl.　イネ科
two-leaved vetch　なんてんはぎ(南天萩)　*Vicia unijuga* A.Br.　マメ科

two-rowed barley　ビールむぎ(-麦)　*Hordeum distichon* L.　イネ科

[U]

udo　うど(独活)　*Aralia cordata* Thunb.　ウコギ科
ulluco　ウルコ　*Ullucus tuberosus* Caldas　ツルムラサキ科
umbelweed　みつば(三葉)　*Cryptotaenia japonica* Hassk.　セリ科
umbrella palm　こうりばやし(行李葉椰子)　*Corypha umbraculifera* L.　ヤシ科
umbrella pine　イタリアかさまつ(-傘松)　*Pinus pinea* L.　マツ科
umbrella pine　こうやまき(高野槇)　*Sciadopitys verticillata* (Thunb.) Sieb. et Zucc.　コウヤマキ科
umbrella tree　さきしまはまぼう(先島黄槿)　*Thespesia populnea* (L.) Sol. ex Corrêa　アオイ科
ume　うめ(梅)　*Armeniaca mume* Sieb.　バラ科
unicorn flower / plant　つのごま(角胡麻)　*Proboscidea louisianica* (Mill.) Thell.　ゴマ科
Unshu mandarin / orange　うんしゅうみかん(温州蜜柑)　*Citrus unshiu* S.Marcov.　ミカン科
upas (tree)　ウパス　*Antiaris toxicaria* (Pers.) Lesch.　クワ科
upland cotton　りくちめん(陸地綿)　*Gossipium hirsutum* L.　アオイ科
urd　けつるあずき(毛蔓小豆)　*Vigna mungo* (L.) Hepper　マメ科
Ussuri pear　ほくしやまなし(北支山梨)　*Pyrus ussuriensis* Maxim.　バラ科
uva-ursi　くまこけもも(熊苔桃)　*Arctostaphylos uva-ursi* (L.) Spreng.　ツツジ科

[V]

vada tree　ベンガルぼだいじゅ(-菩提樹)　*Ficus benghalensis* L.　クワ科
valerian　せいようかのこそう(西洋鹿子草)　*Valeriana officinalis* L.　オミナエシ科
vanilla　バニラ　*Vanilla planifolia* Andrews　ラン科
vanilla grass　こうぼう(香茅)　*Hierochloe odorata* (L.) P.Beauv. var. *pubescens* Krylov　イネ科
variegated mugwort　にしきよもぎ(錦蓬)　*Artemisia indica* Willd.　キク科
varnish tree　ククイのき(-木)　*Aleurites moluccana* (L.) Willd.　トウダイグサ科
varnish tree　うるし(漆)　*Rhus verniciflua* Stokes　ウルシ科
vegetable marrow　ペポカボチャ(-南瓜)　*Cucurbita pepo* L.　ウリ科
vegetable marrow　ズッキーニ　*Cucurbita pepo* L. var. *cylindrica* Paris　ウリ科
vegetable mercury　トマトのき(-木)　*Cyphomandra betacea* (Cav.) Sendtn.　ナス科
vegetable oyster　サルシフィー　*Tragopogon porrifolius* L.　キク科
vegetable pear　はやとうり(隼人瓜)　*Sechium edule* (Jacq.) Swartz　ウリ科
vegetable tallow　なんきんはぜ(南京櫨)　*Sapium sebiferum* (L.) Roxb.　トウダイグサ科
vegetable turnip　かぶ(蕪)　*Brassica rapa* L. var. *glabra* Kitam.　アブラナ科
vegetable wild rice　まこも(真菰)　*Zizania latifolia* (Griseb.) Turcz. ex Stapf　イネ科
Veitch screwpine　あだん(阿檀)　*Pandanus tectorius* Soland. ex Parkins.　タコノキ科
Veitch's silver fir　しらびそ(白檜曽)　*Abies veitchii* Lindl.　マツ科
velvet apple　くろがき(黒柿)　*Diospyros discolor* Willd.　カキノキ科
velvet bean　はっしょうまめ(八升豆)　*Mucuna pruriens* (L.) DC. var. *utilis* (Wight) Burck
　　マメ科
velvet flower　アマランサス [赤粒・粳]　*Amaranthus caudatus* L.　ヒユ科
velvetgrass　ベルベットグラス　*Holcus lanatus* L.　イネ科
velvet plant　バーバスカム　*Verbascum thapsus* L.　ゴマノハグサ科

velvet weed　いちび(苘麻)　*Abutilon theophrasti* Medik.　アオイ科
vervain　くまつづら(熊葛)　*Verbena officinalis* L.　クマツヅラ科
vetchling　れんりそう(連理草)　*Lathyrus quinquenervis* (Miq.) Litv.　マメ科
vetiver　ベチベルそう(-草)　*Vetiveria zizanioides* (L.) Nash ex Small　イネ科
viburnum　がまずみ(莢蒾)　*Viburnum dilatatum* Thunb.　スイカズラ科
victor's laurel　げっけいじゅ(月桂樹)　*Laurus nobilis* L.　クスノキ科
violet　すみれ(菫)　*Viora mandshurica* W.Becker　スミレ科
violet wood-sorrel　むらさきかたばみ(紫酢漿草)　*Oxalis corymbosa* DC.　カタバミ科
viper's bugloss　しべながむらさき(蕊長紫)　*Echium vulgare* L.　ムラサキ科
Virginia pepper-grass　まめぐんばいなずな(豆軍配薺)　*Lepidium virginicum* L.　アブラナ科
virglia　みやまふじき(深山藤木)　*Cladrastis sikokiana* (Makino) Makino　マメ科

[W]

waiawi　きのみばんじろう(黄実蕃石榴)　*Psidium littorale* Raddi.　フトモモ科
wakegi onion　わけぎ(分葱)　*Allium × wakegi* Araki　ユリ科
wall germander　ジャーマンダー　*Teucrium chamaedrys* L.　シソ科
walnut squash　ミクスタカボチャ(-南瓜)　*Cucurbita mixta* Pangalo　ウリ科
Warringal cabbage　つるな(蔓菜)　*Tetragonia tetragonoides* (Pall.) O.Kuntze　ハマミズナ科
wartweed　とうだいぐさ(灯台草)　*Euphorbia helioscopia* L.　トウダイグサ科
wasabi　わさび(山葵)　*Eutrema japonica* (Miq.) Koidz.　アブラナ科
water apple　レンブ(蓮霧)　*Syzygium samarangense* (Bl.) Merr. et L.M.Perry　フトモモ科
water apple　みずレンブ(水蓮霧)　*Syzygium aqueum* (Burm.f.) Alston　フトモモ科
water caltrops / chestnut　おにびし(鬼菱)　*Trapa natans* L. var. *japonica* Nakai　ヒシ科
water chestnut　おおくろぐわい(大黒慈姑)　*Eleocharis dulcis* (Burm.f.) Trin ex Hensch. var. *tuberosa* (Roxb.) T.Koyama　カヤツリグサ科
water chestnut　ひし(菱)　*Trapa japonica* Flerow　ヒシ科
water convolvulus　ようさい(甕菜)　*Ipomoea aquatica* Forssk.　ヒルガオ科
water-cress　クレソン　*Nasturtium officinale* R.Br.　アブラナ科
water dropwort　せり(芹)　*Oenanthe javanica* (Blume) DC.　セリ科
water fir　メタセコイア　*Metasequoia glyptostroboides* H.H.Hu et W.C.Cheng　スギ科
water-fringe　あさざ(莕菜)　*Nymphoides peltata* (S.G.Gmel.) Kuntze　ミツガシワ科
water grass　ダリスグラス　*Paspalum dilatatum* Poiret　イネ科
water hemlock　どくぜり(毒芹)　*Cicuta vilosa* L.　セリ科
water horehound　しろね(白根)　*Lycopus lucidus* Turcz.　シソ科
water-lemon　みずレモン(水-)　*Passiflora laurifolia* L.　トケイソウ科
watermelon　すいか(西瓜)　*Citrullus lanatus* (Thunb.) Matsum. et Nakai　ウリ科
water mint　ウォーターミント　*Mentha aquatica* L.　シソ科
water oat　まこも(真菰)　*Zizania latifolia* (Griseb.) Turcz. ex Stapf　イネ科
water pepper　たで(蓼)　*Persicaria hydro-piper* (L.) Spach　タデ科
water plantain　さじおもだか(匙面高)　*Alisma plantago-aquatica* L. var. *orientale* Sam.　オモダカ科
water shield　じゅんさい(蓴菜)　*Brasenia schreberi* J.F.Gmel.　ハゴロモモ科
water spinach　ようさい(甕菜)　*Ipomoea aquatica* Forssk.　ヒルガオ科
water starwort　うしはこべ(牛繁縷)　*Stellaria aquatica* (L.) Scop.　ナデシコ科
water target　じゅんさい(蓴菜)　*Brasenia schreberi* J.F.Gmel.　ハゴロモモ科

water willow　きつねのまご(狐孫)　*Rostellularia procumbens* (L.) Nees　キツネノマゴ科
water yam　だいじょ(大薯)　*Dioscorea alata* L.　ヤマノイモ科
wavy bitter cress　たねつけばな(種付花)　*Cardamine flexuosa* With.　アブラナ科
wax apple　レンブ(蓮霧)　*Syzygium samarangense* (Bl.) Merr. et L.M.Perry　フトモモ科
wax bean　いんげんまめ(隠元豆)　*Phaseolus vulgaris* L.　マメ科
wax gourd　とうがん(冬瓜)　*Benincasa hispida* (Thunb.) Cogn.　ウリ科
waxleaf privet　ねずみもち(鼠黐)　*Ligustrum japonicum* Thunb.　モクセイ科
wax myrtle　しろこやまもも(白粉山桃)　*Myrica cerifera* L.　ヤマモモ科
wax tree　はぜのき(櫨木)　*Rhus succedanea* L.　ウルシ科
wax tree　とうねずみもち(唐鼠黐)　*Ligustrum lucidum* Aiton　モクセイ科
waxy corn / maize　ワキシーコーン　*Zea mays* L. var. *ceratina* (Sturt.) Bailey　イネ科
Weaver's broom　レダマ(連玉)　*Spartium junceum* L.　マメ科
weeping forsythia　れんぎょう(連翹)　*Forsythia suspensa* (Thunb.) Vahl　モクセイ科
weeping lovegrass　ウィーピングラブグラス　*Eragrostis curvula* (Schrad.) Nees　イネ科
weeping willow　しだれやなぎ(枝垂柳)　*Salix babylonica* L.　ヤナギ科
Welsh onion　ねぎ(葱)　*Allium fistulosum* L.　ユリ科
west coast creeper　イエライシャン(夜来香)　*Telosma cordata* (Burm.f.) Merr.　ガガイモ科
western catalpa　はなきささげ(花木豇豆)　*Catalpa speciosa* Warder ex Engelm.　ノウゼンカズラ科
western hemlock　アメリカつが(-栂)　*Tsuga heterophylla* (Raf.) Sarg.　マツ科
western mugwort　おとこよもぎ(牡蓬)　*Artemisia japonica* Thunb.　キク科
Western plane　アメリカすずかけのき(-鈴懸木)　*Platanus occidentalis* L.　スズカケノキ科
western red cedar　べいすぎ(米杉)　*Thuja plicata* Lamb.　ヒノキ科
western wheatgrass　ウェスタンホィートグラス　*Agropyron smithii* Rydb.　イネ科
West Indian arrowroot　くずうこん(葛鬱金)　*Maranta arundinacea* L.　クズウコン科
West Indian cedar　にしインドチャンチン(西印度香椿)　*Cedrela odorata* Ruiz et Pav.　センダン科
West Indian cherry　アセロラ　*Malpighia glabra* L.　キントラノオ科
West Indian indigo　きあい(木藍)　*Indigofera suffruticosa* Mill.　マメ科
West Indian mahogany　マホガニー　*Swietenia mahagoni* (L.) Jacq.　センダン科
Weymouth pine　ストローブまつ(-松)　*Pinus strobus* L.　マツ科
wheat　こむぎ(小麦)　*Triticum abyssinicum* Vavilov ssp. *vulgare* (Vill.) Thell.　イネ科
wheel tree　やまぐるま(山車)　*Trochodendron aralioides* Sieb. et Zucc.　ヤマグルマ科
white ash　アメリカとねりこ(-梣)　*Fraxinus americana* L.　モクセイ科
white-barked crape myrtle　しまさるすべり(島百日紅)　*Lagerstroemia subcostata* Koehne　ミソハギ科
white beet　かちくビート(家畜-)　*Beta vulgaris* L. var. *crassa* Alef.　アカザ科
white buffalo grass　カラードギニアグラス　*Panicum coloratum* L.　イネ科
white cabbage　キャベツ　*Brassica oleracea* L. var. *capitata* L.　アブラナ科
white carrot　パースニップ　*Pastinaca sativa* L.　セリ科
white (Dutch) clover　しろクローバ(白-)　*Trifolium repens* L.　マメ科
white dandelion　しろばなたんぽぽ(白花蒲公英)　*Taraxacum albidum* Dahlst.　キク科
white deadnettle　せいようおどりこそう(西洋踊子草)　*Lamium album* L.　シソ科
white elm　アメリカにれ(-楡)　*Ulmus americana* L.　ニレ科
white endive　エンダイブ　*Cichorium endivia* L.　キク科
white fir　べいもみ(米樅)　*Abies concolor* (Gord. et Glend.) Lindl.　マツ科
white-flower gourd　ゆうがお(夕顔)　*Lagenaria siceraria* (Molina) Standl. var. *hispida*

(Thunb.) H.Hara ウリ科
white fonio　フォニオ　*Brachiaria exilis* Stapf　イネ科
white goose-foot　しろざ（白藜）　*Chenopodium album* L.　アカザ科
white gourd　とうがん（冬瓜）　*Benincasa hispida* (Thunb.) Cogn.　ウリ科
white Guinea yam　しろギニアヤム（白-）　*Dioscorea rotundata* Poiret　ヤマノイモ科
white gum　やなぎユーカリ（柳-）　*Eucalyptus leucoxylon* F.Muell.　フトモモ科
white horehound　にがはっか（苦薄荷）　*Marrubium vulgare* L.　シソ科
white iron bark　やなぎユーカリ（柳-）　*Eucalyptus leucoxylon* F.Muell.　フトモモ科
white jasmine　そけい（素馨）　*Jasminum officinale* L.f.　モクセイ科
white jute　つなそ（綱麻）　*Corchorus capsularis* L.　シナノキ科
white lupine　しろばなルーピン（白花-）　*Lupinus albus* L.　マメ科
white magnolia　はくもくれん（白木蓮）　*Magnolia heptapeta* (Buc'hoz) Dandy　モクレン科
white mallow　ビロードあおい（-葵）　*Althaea officinalis* L.　アオイ科
white melilot　スイートクローバ［白花］　*Melilotus albus* Medik.　マメ科
white mugwort　よもぎな（蓬菜）　*Artemisia lactiflora* Wall. ex DC.　キク科
white mulberry　からぐわ（唐桑）　*Morus alba* L.　クワ科
white mustard　しろがらし（白芥子）　*Sinapis alba* L.　アブラナ科
white oak　ホワイトオーク　*Quercus alba* L.　ブナ科
white peony　しゃくやく（芍薬）　*Paeonia lactiflora* Pall.　ボタン科
white pepper　こしょう（胡椒）　*Piper nigrum* L.　コショウ科
white popinac　ぎんねむ（銀合歓）　*Leucaena leucocephala* (Lam.) de Wit　ネムノキ科
white poplar　うらじろはこやなぎ（裏白箱柳）　*Populus alba* L.　ヤナギ科
white potato　ばれいしょ（馬鈴薯）　*Solanum tuberosum* L.　ナス科
white sandalwood　びゃくだん（白檀）　*Santalum album* L.　ビャクダン科
white sapote　ホワイトサポテ　*Casimiroa edulis* La Llave　ミカン科
white spruce　カナダとうひ（-唐檜）　*Picea glauca* (Moench) Voss　マツ科
white sweet clover　スイートクローバ［白花］　*Melilotus albus* Medik.　マメ科
white tephrosia　しろばなくさふじ（白花草藤）　*Tephrosia candida* (Roxb.) DC.　マメ科
white thorn　せいようさんざし（西洋山査子）　*Crataegus laevigata* DC.　バラ科
whitetip clover　ホワイトチップクローバ　*Trifolium variegatum* Nutt.　マメ科
white turmeric　がじゅつ（莪術）　*Curcuma zedoaria* (Christm.) Roscoe　ショウガ科
white walnut　しろぐるみ（白胡桃）　*Juglans cineria* L.　クルミ科
white water lily　しろばなひつじぐさ（白花羊草）　*Nymphaea alba* L.　スイレン科
white wax tree　とうねずみもち（唐鼠黐）　*Ligustrum lucidum* Aiton　モクセイ科
white willow　せいようしろやなぎ（西洋白柳）　*Salix alba* L.　ヤナギ科
white yam　だいじょ（大薯）　*Dioscorea alata* L.　ヤマノイモ科
white yam　しろギニアヤム（白-）　*Dioscorea rotundata* Poiret　ヤマノイモ科
whitlow grass　いぬなずな（犬薺）　*Draba nemorosa* L. var. *hebecarpa* Lindblon　アブラナ科
whortle berry　ビルベリー　*Vaccinium myrtillus* L.　ツツジ科
wig tree　スモークツリー　*Cotinus coggygria* Scop.　ウルシ科
wild African aubergine　ひらなす（扁茄子）　*Solanum integrifolium* Poiret　ナス科
wild allspice　アメリカくろもじ（-黒文字）　*Lindera benzoin* Meisn.　クスノキ科
wild banana　バナナ　*Musa acuminata* Colla　バショウ科
wild bean　アメリカほどいも（-塊芋）　*Apios americana* Medik.　マメ科
wild bean　やぶまめ（藪豆）　*Amphicarpaea bracteata* (L.) Fernald ssp. *edgeworthii* (Benth.) H.Ohashi var. *japonica* (Oliv.) H.Ohashi　マメ科
wild bee balm　やぐるまはっか（矢車薄荷）　*Monarda fistulosa* L.　シソ科

wild bergamot　やぐるまはっか(矢車薄荷)　*Monarda fistulosa* L.　シソ科
wild buckwheat　しゅっこんそば(宿根蕎麦)　*Fagopyrum cymosum* Meisn.　タデ科
wild camphor　だんこうばい(檀香梅)　*Lindera obtusiloba* Blume　クスノキ科
wild cowpea　あかささげ(赤豇豆)　*Vigna vexillata* (L.) A.Rich.　マメ科
wild date　さとうなつめやし(砂糖棗椰子)　*Phoenix sylvestris* Roxb.　ヤシ科
wild ginger　はなしょうが(花生姜)　*Zingiber zerumbet* (L.) Roscoe ex Sm.　ショウガ科
wild gourd　コロシントうり(-瓜)　*Citrullus colocynthis* (L.) Schrad.　ウリ科
wild grape　のぶどう(野葡萄)　*Ampelopsis glandulosa* (Wall.) Momiy. var. *heterophylla* (Thunb.) Momiy.　ブドウ科
wild indigo　なんばんくさふじ(南蛮草藤)　*Tephrosia purpurea* (L.) Pers.　マメ科
wild indigo　そめものむらさきせんだいはぎ(染物紫千代萩)　*Baptisia tinctoria* (L.) Vernt.　マメ科
wild iris　ブルーフラッグ　*Iris versicolor* L.　アヤメ科
wild lettuce　けぢしゃ(毛萵苣)　*Lactuca virosa* L.　キク科
wild licorice　とうあずき(唐小豆)　*Abrus precatorius* L.　マメ科
wild marjoram　オレガノ　*Origanum vulgare* L.　シソ科
wild oats　からすむぎ(烏麦)　*Avena fatua* L.　イネ科
wild olive　ほそばぐみ(細葉茱萸)　*Elaeagnus angustifolia* L.　グミ科
wild orange tree　さるかけみかん(猿掛蜜柑)　*Toddalia asiatica* (L.) Lam.　ミカン科
wild passion flower　チャボとけいそう(矮鶏時計草)　*Passiflora incarnata* L.　トケイソウ科
wild pepper　せいようにんじんぼく(西洋人参木)　*Vitex agnus-castus* L.　クマツヅラ科
wild plum　アメリカすもも(-酸桃)　*Prunus americana* Marsh.　バラ科
wild rice　アメリカまこも(-真菰)　*Zizania aquatica* L.　イネ科
wild rocambole　のびる(野蒜)　*Allium grayi* Regel　ユリ科
wild rose　のいばら(野薔薇)　*Rosa multiflora* Thunb.　バラ科
wild rosemary　いそつつじ(磯躑躅)　*Ledum palustre* L. var. *diversipilosum* Nakai　ツツジ科
wild Siamese cardamom　しゅくしゃ(縮砂)　*Hedychium coronarium* J.König　ショウガ科
wild spinach　あかざ(藜)　*Chenopodium album* L. var. *centrorubrum* Makino　アカザ科
wild strawberry　えぞへびいちご(蝦夷蛇苺)　*Fragaria vesca* L.　バラ科
wild strawberry　もりいちご(森苺)　*Fragaria nipponica* Makino　バラ科
wild tamarind　ぎんねむ(銀合歓)　*Leucaena leucocephala* (Lam.) de Wit　ネムノキ科
wild thyme　ワイルドタイム　*Thymus serpyllum* L.　シソ科
wild tobacco　ルスチカタバコ　*Nicotiana rustica* L.　ナス科
wild turmeric　きょうおう(姜黄)　*Curcuma aromatica* Salisb.　ショウガ科
wild vine　アメリカやまぶどう(-山葡萄)　*Vitis labrusca* L.　ブドウ科
wild vine　のぶどう(野葡萄)　*Ampelopsis glandulosa* (Wall.) Momiy. var. *heterophylla* (Thunb.) Momiy.　ブドウ科
Williams lovegrass　テフ　*Eragrostis abyssinica* (Jacq.) Link　イネ科
wilted thistle　ひれあざみ(鰭薊)　*Carduus crispus* L.　キク科
wimmera ryegrass　ウィメラライグラス　*Lolium rigidum* Gaud.　イネ科
windmill palm　しゅろ(棕櫚)　*Trachycarpus fortunei* (Hook.) H.Wendl.　ヤシ科
Windsor bean　そらまめ(空豆)　*Vicia faba* L.　マメ科
wine grape　ヨーロッパぶどう(-葡萄)　*Vitis vinifera* L.　ブドウ科
wine palm　おうぎやし(扇椰子)　*Borassus flabellifer* L.　ヤシ科
wine palm　くじゃくやし(孔雀椰子)　*Caryota urens* Jacq.　ヤシ科
wine plant　ルバーブ　*Rheum rhapon-ticum* L.　タデ科
wine raspberry　えびがらいちご(海老殻苺)　*Rubus phoenicolasius* Maxim.　バラ科
winged bean　しかくまめ(四角豆)　*Psophocarpus tetragonolobus* (L.) DC.　マメ科

winged-leaved clitoria	ちょうまめ(蝶豆)	*Clitoria ternatea* L.	マメ科
winged spindle tree	にしきぎ(錦木)	*Euonymus alatus* (Thunb.) Sieb.	ニシキギ科
winter broccoli	ブロッコリ	*Brassica oleracea* L. var. *italica* Plencke	アブラナ科
winter cherry	ようしゅほおずき(洋種酸漿)	*Physalis alkekengi* L.	ナス科
winter cress	やまがらし(山辛子)	*Barbarea orthoceras* Ledeb.	アブラナ科
winter crookneck squash	にほんカボチャ(日本南瓜)	*Cucurbita moschata* (Duchesne ex Lam.) Duchesne ex Poiret	ウリ科
winter daphne	じんちょうげ(沈丁花)	*Daphne odora* Thunb.	ジンチョウゲ科
wintergreen	ひめこうじ(姫柑子)	*Gaultheria procumbens* L.	ツツジ科
winter hazel	とさみずき(土佐水木)	*Corylopsis spicata* Sieb. et Zucc.	マンサク科
winter melon	ふゆメロン(冬-)	*Cucumis melo* L. var. *inodorus* Naudin	ウリ科
winter purslane	つきぬきぬまはこべ(突抜沼繁縷)	*Montia perfoliata* (Donn) J.T.Howell	スベリヒユ科
winter radish	だいこん(大根)	*Raphanus sativus* L.	アブラナ科
winter savory	ウィンターセイボリー	*Satureja montana* L.	シソ科
winter squash	ミクスタカボチャ(-南瓜)	*Cucurbita mixta* Pangalo	ウリ科
winter squash	せいようカボチャ(西洋南瓜)	*Cucurbita maxima* Duchesne ex Lam.	ウリ科
winter straightneck squash	にほんカボチャ(日本南瓜)	*Cucurbita moschata* (Duchesne ex Lam.) Duchesne ex Poiret	ウリ科
winter tarragon	ミントマリゴールド	*Tagetes lucida* Cav.	キク科
winter vetch	ヘアリベッチ	*Vicia villosa* Roth ssp. *varia* (Host) Corb.	マメ科
winter vetch	パープルベッチ	*Vicia benghalensis* L.	マメ科
wire grass	おひしば(雄日芝)	*Eleusine indica* (L.) Gaertn.	イネ科
wire weed	にわやなぎ(庭柳)	*Polygonum aviculare* L.	タデ科
wisteria	ふじ(藤)	*Wisteria floribunda* (Willd.) DC.	マメ科
witch hazel	アメリカまんさく(-満作)	*Hamamelis virginiana* L.	マンサク科
withania	インドにんじん(印度人参)	*Withania sommifera* Dunal	ナス科
witloof	チコリー	*Cichorium intybus* L.	キク科
woad	たいせい(大青)	*Isatis indigotica* Fortune ex. Lindl.	アブラナ科
wolfberry	ぎんようぐみ(銀葉茱萸)	*Elaeagnus commutata* Bernh. ex Rydb.	グミ科
wonder bean	たちなたまめ(立刀豆)	*Canavalia ensiformis* (L.) DC.	マメ科
wood avens	せいようだいこんそう(西洋大根草)	*Geum urbanum* L.	バラ科
wood betony	かっこうちょろぎ(藿香草石蚕)	*Stachys officinalis* (L.) Trevis.	シソ科
woodbine	においにんどう(匂忍冬)	*Lonicera periclymenum* L.	スイカズラ科
woodland sunflower	いぬくいも(犬菊芋)	*Helianthus strumosus* L.	キク科
wood sage	ウッドセージ	*Teucrium scorodonia* L.	シソ科
woodwaxen	ひとつばエニシダ(一葉金雀兒)	*Genista tinctoria* L.	マメ科
woody nightshade	あまにがなすび(甘苦茄子)	*Solanum dulcamara* L.	ナス科
woody nightshade	ひよどりじょうご(鴨上戸)	*Solanum lyratum* Thunb.	ナス科
woollypod vetch	ヘアリベッチ	*Vicia villosa* Roth ssp. *varia* (Host) Corb.	マメ科
woolly softgrass	ベルベットグラス	*Holcus lanatus* L.	イネ科
wormseed	みぶよもぎ(壬生蓬)	*Artemisia maritima* L.	キク科
wormseed wallflower	えぞすずしろ(蝦夷清白)	*Erysimum cheiranthoides* L.	アブラナ科
wormwood	よもぎ(蓬)	*Artemisia princeps* Pamp.	キク科
Wright viburnum	みやまがまずみ(深山莢蒾)	*Viburnum wrightii* Miq.	スイカズラ科
wulawula	ホースグラム	*Macrotyloma uniflorum* (Lam.) Verdc.	マメ科
wych elm	せいようはるにれ(西洋春楡)	*Ulmus glabra* Huds.	ニレ科

[Y]

yacon (strawberry)　ヤーコン　*Polymnia sonchifolia* Poepp. et Endl.　キク科
yam bean　くずいも（葛薯）　*Pachyrhizus erosus* (L.) Urb.　マメ科
yam bean　ポテトビーン　*Pachyrhizus tuberosus* A.Spreng.　マメ科
yampee　クスクスヤム　*Dioscorea trifida* L.f.　ヤマノイモ科
yard grass　おひしば（雄日芝）　*Eleusine indica* (L.) Gaertn.　イネ科
yard-long bean / cowpea　じゅうろくささげ（十六豇豆）　*Vigna unguiculata* (L.) Walp. var.
　　sesquipedalis (L.) H.Ohashi　マメ科
yarrow　せいようのこぎりそう（西洋鋸草）　*Achillea millefolium* L.　キク科
yatsude plant　やつで（八手）　*Fatsia japonica* (Thunb.) Decne. et Planch.　ウコギ科
yautia　アメリカさといも（-里芋）　*Xanthosoma sagittifolium* Liebm.　サトイモ科
Yeddo hawthorn　しゃりんばい（車輪梅）　*Rhaphiolepis indica* (L.) Lindl. ex Ker var.
　　umbellata (Thunb.) H.Ohashi　バラ科
Yeddo spruce　えぞまつ（蝦夷松）　*Picea jezoensis* (Sieb. et Zucc.) Carr.　マツ科
yellow alfalfa　アルファルファ　*Medicago falcata* L.　マメ科
yellow-berry　ほろむいいちご（幌向苺）　*Rubus chamaemorus* L.　バラ科
yellow broom　エニシダ（金雀枝）　*Cytisus scoparius* (L.) Link　マメ科
yellow Cattley guava　きのみばんじろう（黄実蕃石榴）　*Psidium littorale* Raddi.　フトモモ科
yellow chamomile　こうやカミツレ（紺屋-）　*Anthemis tinctoria* L.　キク科
yellow cypress　アラスカひのき（-檜）　*Chamaecyparis nootkatensis* Sudw.　ヒノキ科
yellow dock　ながばぎしぎし（長葉羊蹄）　*Rumex crispus* L.　タデ科
yellow flag　きしょうぶ（黄菖蒲）　*Iris pseudacorus* L.　アヤメ科
yellow floating-heart　あさざ（莕菜）　*Nymphoides peltata* (S.G.Gmel.) Kuntze　ミツガシワ科
yellow foxglove　きばなきつねのてぶくろ（黄花狐手袋）　*Digitalis lutea* L.　ゴマノハグサ科
yellow gentian　ゲンチアナ　*Gentiana lutea* L.　リンドウ科
yellow ginger　うこん（鬱金）　*Curcuma longa* L.　ショウガ科
yellow grandilla　みずレモン（水-）　*Passiflora laurifolia* L.　トケイソウ科
yellow guava　グアバ　*Psidium guajava* L.　フトモモ科
yellow Guinea yam　きいろギニアヤム（黄色-）　*Dioscorea cayenensis* Lam.　ヤマノイモ科
yellow hibiscus　とろろあおい（黄蜀葵）　*Abelmoschus manihot* (L.) Medik.　アオイ科
yellowhorn　ぶんかんか（文冠花）　*Xanthoceras sorbifolia* Bunge　ムクロジ科
yellow iris　きしょうぶ（黄菖蒲）　*Iris pseudacorus* L.　アヤメ科
yellow jasmine　ゲルセミウム　*Gelsemium sempervirens* (L.) Aiton　マチン科
yellow locust　にせアカシア（偽-）　*Robinia pseudoacacia* L.　マメ科
yellow loosestrife　せいようくされだま（西洋草連玉）　*Lysimachia vulgaris* L.　サクラソウ科
yellow lupin(e)　きばなルーピン（黄-）　*Lupinus luteus* L.　マメ科
yellow melilot　スィートクローバ［黄花］　*Melilotus officinalis* (L.) Lam.　マメ科
yellow mombin　モンビン　*Spondias mombin* Jacq.　ウルシ科
yellow nutsedge　しょくようかやつり（食用蚊屋吊）　*Cyperus esculentus* L.　カヤツリグサ科
yellow pheasant's eye　ようしゅふくじゅそう（洋種福寿草）　*Adonis vernalis* L.　キンポウゲ科
yellow sage　ランタナ　*Lantana camara* L.　クマツヅラ科
yellow star-of-Betlehem　きばなのあまな（黄花甘菜）　*Gagea lutea* (L.) Ker Gawl.　ユリ科
yellow starwort　おおぐるま（大車）　*Inula helenium* L.　キク科
yellow strawberry guava　きのみばんじろう（黄実蕃石榴）　*Psidium littorale* Raddi.　フトモモ科
yellow sweet clover　スィートクローバ［黄花］　*Melilotus officinalis* (L.) Lam.　マメ科
yellow trefoil　ブラックメデック　*Medicago lupulina* L.　マメ科

yellowwood　みやまふじき(深山藤木)　*Cladrastis sikokiana* (Makino) Makino　マメ科
yellow wood-sorrel　かたばみ(酢漿草)　*Oxalis corniculata* L.　カタバミ科
yellow yam　きいろギニアヤム(黄色-)　*Dioscorea cayenensis* Lam.　ヤマノイモ科
yellow yarrow　きばなのこぎりそう(黄花鋸草)　*Achillea filipendulina* Lam.　キク科
yellow zedoary　きょうおう(姜黄)　*Curcuma aromatica* Salisb.　ショウガ科
Yemen iris　においアイリス(匂-)　*Iris florentina* L.　アヤメ科
yerba mate　マテちゃ(-茶)　*Ilex paraguayensis* St.-Hil.　モチノキ科
yew　ヨーロッパいちい(--一位)　*Taxus baccata* L.　イチイ科
Yezo spruce　えぞまつ(蝦夷松)　*Picea jezoensis* (Sieb. et Zucc.) Carr.　マツ科
ylang-ylang　イランイランのき(-木)　*Cananga odorata* (Lam.) Hook.f. et T.Thomson　バンレイシ科
Yokohama bean　はっしょうまめ(八升豆)　*Mucuna pruriens* (L.) DC. var. *utilis* (Wight) Burck　マメ科
yuca　キャッサバ　*Manihot dulcis* Pax / *M. esculenta* Crantz　トウダイグサ科
Yucatan sisal　ヘネケン　*Agave fourcroydes* Lem.　リュウゼツラン科
yulan　はくもくれん(白木蓮)　*Magnolia heptapeta* (Buc'hoz) Dandy　モクレン科
Yunnan jujube　いぬなつめ(犬棗)　*Ziziphus vulgaris* Lam. var. *mauritiana* Lam.　クロウメモドキ科
yuzu orange　ゆず(柚子)　*Citrus junos* Sieb. ex Tanaka　ミカン科

[Z]

Zanzibar aloe　ソコトラアロエ　*Aloe perryi* Baker　アロエ科
zebra grass　すすき(薄)　*Miscanthus sinensis* Anders.　イネ科
zebrawood　はてるまぎり(波照間桐)　*Guettarda speciosa* L.　アカネ科
zedoary (turmeric)　がじゅつ(莪術)　*Curcuma zedoaria* (Christm.) Roscoe　ショウガ科
zigzag clover　ジグザグクローバ　*Trifolium medium* L.　マメ科
zombi pea　あかささげ(赤豇豆)　*Vigna vexillata* (L.) A.Rich.　マメ科
zucchini　ズッキーニ　*Cucurbita pepo* L. var. *cylindrica* Paris　ウリ科

第IV部

科名一覧
― 和名・学名を調べる ―

(1) （ ）内の科名は古くから用いられているもので，国際植物命名規約ではその使用も認めている。
(2) 【　】内の科名は新エングラーの分類による。クロンキストはその中の属あるいは亜科を科として独立させた。スイレン科など後の変更を含む。なお，新エングラーによるヌマミズキ科(Nissaceae)，ヒガンバナ科(Amaryllidaceae) は クロンキストの分類でそれぞれミズキ科，ユリ科に含められた。
(3) ［単］は単子葉植物，［裸］は裸子植物，［シ］はシダ植物を表し，［　］のないものは双子葉植物である。

〔**ア**行〕
アオイ科　Malvaceae
アオギリ科　Sterculiaceae
アカザ科　Chenopodiaceae
アカテツ科　Sapotaceae
アカネ科　Rubiaceae
アカバナ科　Onagraceae
アケビ科　Lardizabalaceae
アサ科【クワ科】　Cannabaceae
アジサイ科【ユキノシタ科】　Hydrangeaceae
アブラナ科　Brassicaceae (Cruciferae)
アマ科　Linaceae
アヤメ科　Iridaceae［単］
アロエ科【ユリ科】　Aloaceae［単］
アワブキ科　Sabiaceae
イイギリ科　Flacourtiaceae
イグサ科　Juncaceae［単］
イソマツ科　Plumbaginaceae
イチイ科　Taxaceae［裸］
イチヤクソウ科　Pyrolaceae
イチョウ科　Ginkgoaceae［裸］
イヌガヤ科　Cephalotaxaceae［裸］
イネ科　Poaceae (Gramineae)［単］
イラクサ科　Urticaceae
イワタバコ科　Gesneriaceae
イワデンダ科　Woodsiaceae［シ］
ウキクサ科　Lemnaceae［単］
ウコギ科　Araliaceae
ウマノスズクサ科　Aristolochiaceae
ウリ科　Cucurbitaceae
ウリノキ科　Alangiaceae
ウルシ科　Anacardiaceae
エゴノキ科　Styracaceae
オオバコ科　Plantaginaceae
オシダ科　Dryopteridaceae［シ］
オシロイバナ科　Nyctaginaceae
オトギリソウ科　Clusiaceae (Guttiferae, Hypericaceae)
オミナエシ科　Valerianaceae
オモダカ科　Alismataceae［単］

〔**カ**行〕
カイナンボク科　Dichapetalaceae
カエデ科　Aceraceae
ガガイモ科　Asclepiadaceae
カキノキ科　Ebenaceae
カタバミ科　Oxalidaceae

カツラ科　Cercidiphyllaceae
カバノキ科　Betulaceae
ガマ科　Typhaceae［単］
カヤツリグサ科　Cyperaceae［単］
ガンコウラン科　Empetraceae
カンナ科　Cannaceae［単］
カンラン科　Burseraceae
キキョウ科　Campanulaceae
キク科　Asteraceae (Compositae)
キジノオシダ科　Plagiogyriaceae［シ］
キツネノマゴ科　Acanthaceae
キブシ科　Stachyuraceae
キョウチクトウ科　Apocynaceae
ギョリュウ科　Tamaricaceae
キントラノオ科　Malpighiaceae
キンポウゲ科　Ranunculaceae
クサトベラ科　Goodeniaceae
クズウコン科　Marantaceae［単］
クスノキ科　Lauraceae
グネツム科　Gnetaceae［裸］
クノニア科　Cunoniaceae
クマツヅラ科　Verbenaceae
グミ科　Elaeagnaceae
クルミ科　Juglandaceae
クロウメモドキ科　Rhamnaceae
クワ科　Moraceae
グンネラ科　Gunneraceae
ケシ科　Papaveraceae
ケマンソウ科【ケシ科】　Fumariaceae
コウヤマキ科　Sciadopityaceae［裸］
コカノキ科　Erythroxylaceae
ゴクラクチョウカ科【バショウ科】　Strelitziaceae［単］
コショウ科　Piperaceae
コバノイシカグマ科　Dennstaedtiaceae［シ］
ゴマ科　Pedaliaceae
ゴマノハグサ科　Scrophulariaceae

〔**サ**行〕
サガリバナ科　Lecythidaceae
サクラソウ科　Primulaceae
ザクロ科　Punicaceae
ザクロソウ科　Molluginaceae
サトイモ科　Araceae［単］
サボテン科　Cactaceae
サルトリイバラ科【ユリ科】　Smilacaceae［単］
シキミ科　Illiciaceae
シクンシ科　Combretaceae

シシラン科　Vittariaceae ［シ］
シソ科　Lamiaceae (Labiatae)
シナノキ科　Tiliaceae
シバナ科　Juncaginaceae ［単］
シムモンドシア科　Simmondsiaceae
ジャケツイバラ科【マメ科】Caesalpiniaceae
ショウガ科　Zingiberaceae ［単］
ショウブ科【サトイモ科】Acoraceae ［単］
ジンチョウゲ科　Thymelaeaceae
スイカズラ科　Caprifoliaceae
スイレン科　Nymphaeaceae
スギ科　Taxodiaceae ［裸］
スグリ科【ユキノシタ科】Grossulariaceae
スズカケノキ科　Platanaceae
ススキノキ科　Xanthorrhoeaceae ［単］
スベリヒユ科　Portulacaceae
スミレ科　Violaceae
セリ科　Apiaceae (Umbelliferae)
センダン科　Meliaceae
ゼンマイ科　Osmundaceae ［シ］
センリョウ科　Chloranthaceae
ソテツ科　Cycadaceae ［裸］

〔タ行〕
タコノキ科　Pandanaceae ［単］
タシロイモ科　Taccaceae ［単］
タデ科　Polygonaceae
チャセンシダ科　Aspleniaceae ［シ］
ツゲ科　Buxaceae
ツツジ科　Ericaceae
ツヅラフジ科　Menispermaceae
ツバキ科　Theaceae
ツユクサ科　Commelinaceae ［単］
ツリフネソウ科　Balsaminaceae
ツルムラサキ科　Basellaceae
デンジソウ科　Marsileaceae ［シ］
トウダイグサ科　Euphorbiaceae
トゥルネラ科　Turneraceae
ドクウツギ科　Coriariaceae
トクサ科　Equisetaceae ［シ］
ドクダミ科　Saururaceae
トケイソウ科　Passifloraceae
トチノキ科　Hippocastanaceae
トチュウ科　Eucommiaceae

〔ナ行〕
ナス科　Solanaceae

ナデシコ科　Caryophyllaceae
ナンヨウスギ科　Araucariaceae ［裸］
ニガキ科　Simaroubaceae
ニクズク科　Myristicaceae
ニシキギ科　Celastraceae
ニレ科　Ulmaceae
ネムノキ科【マメ科】Mimosaceae
ノウゼンカズラ科　Bignoniaceae
ノウゼンハレン科　Tropaeolaceae
ノボタン科　Melastomataceae

〔ハ行〕
パイナップル科　Bromeliaceae ［単］
ハイノキ科　Symplocaceae
ハゴロモモ科【スイレン科】Cabombaceae
バショウ科　Musaceae ［単］
ハス科【スイレン科】Nelumbonaceae
ハスノハギリ科　Hernandiaceae
ハゼリソウ科　Hydrophyllaceae
バターナット科　Caryocaraceae
ハナシノブ科　Polemoniaceae
パナマソウ科　Cyclanthaceae ［単］
ハナヤスリ科　Ophioglossaceae ［シ］
パパイア科　Caricaceae
ハマウツボ科　Orobanchaceae
ハマザクロ科　Sonneratiaceae
ハマビシ科　Zygophyllaceae
ハマミズナ科　Aizoaceae
バラ科　Rosaceae
パンヤ科　Bombacaceae
バンレイシ科　Annonaceae
ヒカゲノカズラ科　Lycopodiaceae ［シ］
ヒシ科　Trapaceae
ヒノキ科　Cupressaceae ［裸］
ヒメハギ科　Polygalaceae
ビャクダン科　Santalaceae
ビャクブ科　Stemonaceae ［単］
ヒユ科　Amaranthaceae
ヒルガオ科　Convolvulaceae
ヒルギ科　Rhizophoraceae
ビワモドキ科　Dilleniaceae
フウチョウソウ科　Capparaceae
フウロソウ科　Geraniaceae
フサザクラ科　Eupteleaceae
フサシダ科　Schizaeaceae ［シ］
フジウツギ科　Buddlejaceae
フタバガキ科　Dipterocarpaceae

ブドウ科　Vitaceae
フトモモ科　Myrtaceae
ブナ科　Fagaceae
ヘゴ科　Cyatheaceae［シ］
ベニノキ科　Bixaceae
ベンケイソウ科　Crassulaceae
ヘンルーダ科　→　ミカン科
ホシクサ科　Eriocaulaceae［単］
ボタン科【キンポウゲ科】　Paeoniaceae
ホルトノキ科　Elaeocarpaceae

〔マ行〕
マオウ科　Ephedraceae［裸］
マキ科　Podocarpaceae［裸］
マタタビ科　Actinidiaceae
マチン科　Loganiaceae
マツ科　Pinaceae［裸］
マツブサ科　Schisandraceae
マツムシソウ科　Dipsacaceae
マメ科　Fabaceae (Legminosae,
　　　　Papilionaceae)
マンサク科　Hamamelidaceae
ミカン科　Rutaceae
ミクリ科　Sparganiaceae［単］
ミズアオイ科　Pontederiaceae［単］
ミズキ科　Cornaceae
ミソハギ科　Lythraceae
ミツガシワ科　Menyanthaceae
ミツバウツギ科　Staphyleaceae
ムクロジ科　Sapindaceae

ムラサキ科　Boraginaceae
メギ科　Berberidaceae
モクセイ科　Oleaceae
モクセイソウ科　Resedaceae
モクマオウ科　Casuarinaceae
モクレン科　Magnoliaceae
モチノキ科　Aquifoliaceae

〔ヤ行〕
ヤシ科　Arecaceae［単］
ヤドリギ科　Viscaceae
ヤナギ科　Salicaceae
ヤブコウジ科　Myrsinaceae
ヤマグルマ科　Trochodendracea
ヤマゴボウ科　Phytolaccaceae
ヤマノイモ科　Dioscoreaceae［単］
ヤマモガシ科　Proteaceae
ヤマモモ科　Myricaceae
ユキノシタ科　Saxifragaceae
ユズリハ科　Daphniphyllaceae
ユリ科　Liliaceae［単］

〔ラ行〕
ラン科　Orchidaceae［単］
リュウゼツラン科　Agavaceae［単］
リョウブ科　Clethraceae
リンドウ科　Gentianaceae

〔ワ行〕
ワサビノキ科　Moringaceae

〔A〕
Acanthaceae　キツネノマゴ科
Aceraceae　カエデ科
Acoraceae　ショウブ科【サトイモ科】〔単〕
Actinidiaceae　マタタビ科
Agavaceae　リュウゼツラン科〔単〕
Aizoaceae　ハマミズナ科
Alangiaceae　ウリノキ科
Alismataceae　オモダカ科〔単〕
Aloaceae　アロエ科【ユリ科】〔単〕
Amaranthaceae　ヒユ科
Anacardiaceae　ウルシ科
Annonaceae　バンレイシ科
Apiaceae　セリ科
Apocynaceae　キョウチクトウ科
Aquifoliaceae　モチノキ科
Araceae　サトイモ科〔単〕
Araliaceae　ウコギ科
Araucariaceae　ナンヨウスギ科〔裸〕
Arecaceae　ヤシ科〔単〕
Aristolochiaceae　ウマノスズクサ科
Asclepiadaceae　ガガイモ科
Aspleniaceae　チャセンシダ科〔シ〕
Asteraceae　キク科

〔B〕
Balsaminaceae　ツリフネソウ科
Basellaceae　ツルムラサキ科
Berberidaceae　メギ科
Betulaceae　カバノキ科
Bignoniaceae　ノウゼンカズラ科
Bixaceae　ベニノキ科
Bombacaceae　パンヤ科
Boraginaceae　ムラサキ科
Brassicaceae　アブラナ科
Bromeliaceae　パイナップル科〔単〕
Buddlejaceae　フジウツギ科
Burseraceae　カンラン科
Buxaceae　ツゲ科

〔C〕
Cabombaceae　ハゴロモモ科【スイレン科】
Cactaceae　サボテン科
Caesalpiniaceae　ジャケツイバラ科【マメ科】
Campanulaceae　キキョウ科
Cannabaceae　アサ科【クワ科】
Cannaceae　カンナ科〔単〕

Capparaceae　フウチョウソウ科
Caprifoliaceae　スイカズラ科
Caricaceae　パパイア科
Caryocaraceae　バターナット科
Caryophyllaceae　ナデシコ科
Casuarinaceae　モクマオウ科
Celastraceae　ニシキギ科
Cephalotaxaceae　イヌガヤ科〔裸〕
Cercidiphyllaceae　カツラ科
Chenopodiaceae　アカザ科
Chloranthaceae　センリョウ科
Clethraceae　リョウブ科
Clusiaceae　オトギリソウ科
Combretaceae　シクンシ科
Commelinaceae　ツユクサ科〔単〕
(Compositae) → Asteraceae
Convolvulaceae　ヒルガオ科
Coriariaceae　ドクウツギ科
Cornaceae　ミズキ科
Crassulaceae　ベンケイソウ科
(Cruciferae) → Brassicaceae
Cucurbitaceae　ウリ科
Cunoniaceae　クノニア科
Cupressaceae　ヒノキ科〔裸〕
Cyatheaceae　ヘゴ科〔シ〕
Cycadaceae　ソテツ科〔裸〕
Cyclanthaceae　パナマソウ科〔単〕
Cyperaceae　カヤツリグサ科〔単〕

〔D〕
Daphniphyllaceae　ユズリハ科
Dennstaedtiaceae　コバノイシカグマ科〔シ〕
Dichapetalaceae　カイナンボク科
Dilleniaceae　ビワモドキ科
Dioscoreaceae　ヤマノイモ科〔単〕
Dipsacaceae　マツムシソウ科
Dipterocarpaceae　フタバガキ科
Dryopteridaceae　オシダ科〔シ〕

〔E〕
Ebenaceae　カキノキ科
Elaeagnaceae　グミ科
Elaeocarpaceae　ホルトノキ科
Empetraceae　ガンコウラン科
Ephedraceae　マオウ科〔裸〕
Equisetaceae　トクサ科〔シ〕
Ericaceae　ツツジ科

Eriocaulaceae　ホシクサ科［単］
Erythroxylaceae　コカノキ科
Eucommiaceae　トチュウ科
Euphorbiaceae　トウダイグサ科
Eupteleaceae　フサザクラ科

〔F〕
Fabaceae　マメ科
Fagaceae　ブナ科
Flacourtiaceae　イイギリ科
Fumariaceae　ケマンソウ科【ケシ科】

〔G〕
Gentianaceae　リンドウ科
Geraniaceae　フウロソウ科
Gesneriaceae　イワタバコ科
Ginkgoaceae　イチョウ科［裸］
Gnetaceae　グネツム科［裸］
Goodeniaceae　クサトベラ科
(Gramineae) → Poaceae
Grossulariaceae　スグリ科【ユキノシタ科】
Gunneraceae　グンネラ科
(Guttiferae) → Clusiaceae

〔H〕
Hamamelidaceae　マンサク科
Hernandiaceae　ハスノハギリ科
Hippocastanaceae　トチノキ科
Hydrangeaceae　アジサイ科【ユキノシタ科】
Hydrophyllaceae　ハゼリソウ科
(Hypericaceae) → Clusiaceae

〔I〕
Illiciaceae　シキミ科
Iridaceae　アヤメ科［単］

〔J〕
Juglandaceae　クルミ科
Juncaceae　イグサ科［単］
Juncaginaceae　シバナ科［単］

〔L〕
(Labiatae) → Lamiaceae
Lamiaceae　シソ科
Lardizabalaceae　アケビ科
Lauraceae　クスノキ科
Lecythidaceae　サガリバナ科

(Leguminosae) → Fabaceae
Lemnaceae　ウキクサ科［単］
Liliaceae　ユリ科［単］
Linaceae　アマ科
Loganiaceae　マチン科
Lycopodiaceae　ヒカゲノカズラ科［シ］
Lythraceae　ミソハギ科

〔M〕
Magnoliaceae　モクレン科
Malpighiaceae　キントラノオ科
Malvaceae　アオイ科
Marantaceae　クズウコン科［単］
Marsileaceae　デンジソウ科［シ］
Melastomataceae　ノボタン科
Meliaceae　センダン科
Menispermaceae　ツヅラフジ科
Menyanthaceae　ミツガシワ科
Mimosaceae　ネムノキ科【マメ科】
Molluginaceae　ザクロソウ科
Moraceae　クワ科
Moringaceae　ワサビノキ科
Musaceae　バショウ科［単］
Myricaceae　ヤマモモ科
Myristicaceae　ニクズク科
Myrsinaceae　ヤブコウジ科
Myrtaceae　フトモモ科

〔N〕
Nelumbonaceae　ハス科【スイレン科】
Nyctaginaceae　オシロイバナ科
Nymphaeaceae　スイレン科

〔O〕
Oleaceae　モクセイ科
Onagraceae　アカバナ科
Ophioglossaceae　ハナヤスリ科［シ］
Orchidaceae　ラン科［単］
Orobanchaceae　ハマウツボ科
Osmundaceae　ゼンマイ科［シ］
Oxalidaceae　カタバミ科

〔P〕
Paeoniaceae　ボタン科【キンポウゲ科】
Pandanaceae　タコノキ科［単］
Papaveraceae　ケシ科
(Papilionaceae) → Fabaceae

Passifloraceae トケイソウ科
Pedaliaceae ゴマ科
Phytolaccaceae ヤマゴボウ科
Pinaceae マツ科［裸］
Piperaceae コショウ科
Plagiogyriaceae キジノオシダ科［シ］
Plantaginaceae オオバコ科
Platanaceae スズカケノキ科
Plumbaginaceae イソマツ科
Poaceae イネ科［単］
Podocarpaceae マキ科［裸］
Polemoniaceae ハナシノブ科
Polygalaceae ヒメハギ科
Polygonaceae タデ科
Pontederiaceae ミズアオイ科［単］
Portulacaceae スベリヒユ科
Primulaceae サクラソウ科
Proteaceae ヤマモガシ科
Punicaceae ザクロ科
Pyrolaceae イチヤクソウ科

〔R〕
Ranunculaceae キンポウゲ科
Resedaceae モクセイソウ科
Rhamnaceae クロウメモドキ科
Rhizophoraceae ヒルギ科
Rosaceae バラ科
Rubiaceae アカネ科
Rutaceae ミカン科（ヘンルーダ科）

〔S〕
Sabiaceae アワブキ科
Salicaceae ヤナギ科
Santalaceae ビャクダン科
Sapindaceae ムクロジ科
Sapotaceae アカテツ科
Saururaceae ドクダミ科
Saxifragaceae ユキノシタ科
Schisandraceae マツブサ科
Schizaeaceae フサシダ科［シ］
Sciadopityaceae コウヤマキ科［裸］
Scrophulariaceae ゴマノハグサ科
Simaroubaceae ニガキ科
Simmondsiaceae シムモンドシア科
Smilacaceae サルトリイバラ科【ユリ科】［単］
Solanaceae ナス科

Sonneratiaceae ハマザクロ科
Sparganiaceae ミクリ科［単］
Stachyuraceae キブシ科
Staphyleaceae ミツバウツギ科
Stemonaceae ビャクブ科［単］
Sterculiaceae アオギリ科
Strelitziaceae ゴクラクチョウカ科【バショウ科】［単］
Styracaceae エゴノキ科
Symplocaceae ハイノキ科

〔T〕
Taccaceae タシロイモ科［単］
Tamaricaceae ギョリュウ科
Taxaceae イチイ科［裸］
Taxodiaceae スギ科［裸］
Theaceae ツバキ科
Thymelaeaceae ジンチョウゲ科
Tiliaceae シナノキ科
Trapaceae ヒシ科
Trochodendraceae ヤマグルマ科
Tropaeolaceae ノウゼンハレン科
Turneraceae トゥルネラ科
Typhaceae ガマ科［単］

〔U〕
Ulmaceae ニレ科
(Umbelliferae) → Apiaceae
Urticaceae イラクサ科

〔V〕
Valerianaceae オミナエシ科
Verbenaceae クマツヅラ科
Violaceae スミレ科
Viscaceae ヤドリギ科
Vitaceae ブドウ科
Vittariaceae シシラン科［シ］

〔W〕
Woodsiaceae イワデンタ科［シ］

〔X〕
Xanthorrhoeaceae ススキノキ科［単］

〔Z〕
Zingiberaceae ショウガ科［単］
Zygophyllaceae ハマビシ科

あとがき

　約30年にわたって折に触れ書き留めてきた植物名のメモをもとに，多数の参考書を改めてひもといて確認し，追加し，削除し，要するに編集してできあがったのが本書である。有用として選んだ植物は筆者の判断による。パソコンのおかげでデータの整理は楽であったが，個々の植物について和名，学名，英名を並行して確認していく作業にはそれなりに時間を要した。別名や異名については，植物によって詳細に記載したものもあれば，思い切って省略したものもあり，十分に調べきれなかった植物もある。情報は増える一方で，どこで終止符を打つか，それが本書を仕上げる上での最大の悩みであった。

　分類学の世界は錯雑にして無辺である，との感を禁じえない。同じ和名であっても，広義に解釈するか狭義に限定するかで学名が違ってくるとか，異名の扱いにいくつもの説があったり，命名者が変更されることさえある。筆者は作物学の一学徒にすぎないから，学名の選択が果たして妥当であったかどうか，未だに不安が残る。しかし逆に，植物分類学の専門でないが故に（無謀にも）本書の類を編むことができたのかもしれない。

　明らかな誤りはもとより，不足な部分については読者からの指摘と情報提供をお願いしたい。なお，和名の中には差別的な表現を含むものもあるが，本書の性格上，変更を加えずに収録した。

　情報の収集には多数の文献を参考にした。インターネット上の関連サイトを閲覧し，得た情報も少なくない。以下に主要な参考書と便利なWebサイトの一部をあげておく。

OUTODOOR GRAPHICS　樹木大図鑑　1991　高橋秀男監修　北隆館
OUTODOOR GRAPHICS　野草大図鑑　1990　高橋秀男監修　北隆館
園芸植物大事典　1994　塚本洋太郎監修　小学館
グランドコンサイス和英辞典　2002　三省堂
原色牧野植物大図鑑　1996　牧野富太郎　北隆館
原色牧野和漢薬草図鑑　1988　三橋博監修　北隆館
資源植物事典　2001　柴田桂編　北隆館
樹木大図説　上原敬二　1985　有明書房
植物学名辞典　1977　牧野富太郎・清水藤太郎　第一書房
植物学名大辞典　1995　万谷幸男編　植物学名大辞典刊行会

植物学ラテン語辞典　1997　豊国秀夫　至文堂
植物の世界　1997　岩槻邦男ら監修　朝日新聞社
植物の名前のつけかた　1997　L.H.ベイリー　八坂書房
世界大百科事典　1978　下中邦彦編　平凡社
世界薬用植物百科事典　2000　A.シェヴァリエ　誠文堂新光社
世界有用植物事典　1989　堀田満・山崎耕宇・星川清親編　平凡社
世界有用マメ科植物ハンドブック　1986　J.A.デューク　日本豆類基金協会
食べられる野生植物大事典　2003　橋本郁三　柏書房
日本国語大辞典　1995　日本国語大辞典刊行会編　小学館
日本大百科全書(CD-ROM版)　1998　小学館
日本の樹木　1999　林弥栄編　山と渓谷社
熱帯の有用果実　2000　土橋豊　トンボ出版
熱帯の有用作物　1975　農水省熱帯農業研究センター編　農林統計協会
北海道の森林植物図鑑　1976　北海道林務部監修　北海道国土緑化推進委員会
北海道薬草図鑑　1992　山岸喬　北海道新聞社
POINT図鑑　香りの植物　吉田よし子　2000　山と渓谷社
野草大百科　1992　山田卓三監修　北隆館
ヤマケイポケットガイド④　ハーブ　2002　亀田龍吉　山と渓谷社
有用樹木図説　林木編　1969　林弥栄　誠文堂新光社
ランダムハウス英語辞典(CD-ROM版)　2002　小学館

http://gmr.landfood.unimelb.edu.au/Plantnames/
http://hortiplex.gardenweb.com/plants/
http://plantdatabase.com/
http://www.backyardgardener.com/names/

　本書の作成にあたって，北海道大学総合博物館(植物体系学)の高橋英樹教授に懇篤なご助言をいただいた。また，北海道大学図書刊行会の成田和男氏には1万に及ぶ項目の照合をしていただいた。記して厚くお礼申し上げる。

2004年4月20日　　　　北海道大学 北方生物圏フィールド科学センター
　　　　　　　　　　　　　　　　　生物生産研究農場

　　　　　　　　　　　　　　　　　　　　由 田 宏 一

由田　宏一（よしだ　こういち）
　1942年　北海道池田町に生まれる
　1966年　北海道大学大学院農学研究科修士課程中退
　現　在　北海道大学北方生物圏フィールド科学センター教授　農学博士

有用植物和・英・学名便覧
2004年5月25日　第1刷発行
2005年4月10日　第2刷発行

　　　　　編　者　由田宏一
　　　　　発行者　佐伯　浩

　　　発行所　北海道大学図書刊行会
　　札幌市北区北9条西8丁目　北海道大学構内（〒060-0809）
　　Tel. 011(747)2308・Fax. 011(736)8605・http://www.hup.gr.jp/

アイワード　　　　　　　　　　　　　　　© 2004　由田宏一

ISBN4-8329-8071-8

近世蝦夷地農作物年表	山本　正編	A5・146頁 価格2800円
近世蝦夷地農作物地名別集成	山本　正編	A5・252頁 価格3200円
野生イネの自然史 ―実りの進化生態学―	森島啓子編著	A5・228頁 価格3000円
雑穀の自然史 ―その起源と文化を求めて―	山口裕文 河瀬眞琴 編著	A5・262頁 価格3000円
栽培植物の自然史 ―野生植物と人類の共進化―	山口裕文 島本義也 編著	A5・256頁 価格3000円
雑草の自然史 ―たくましさの生態学―	山口裕文編著	A5・248頁 価格3000円
植物の自然史 ―多様性の進化学―	岡田　博 植田邦彦編著 角野康郎	A5・280頁 価格3000円
花の自然史 ―美しさの進化学―	大原　雅編著	A5・278頁 価格3000円
高山植物の自然史 ―お花畑の生態学―	工藤　岳編著	A5・238頁 価格3000円
森の自然史 ―複雑系の生態学―	菊沢喜八郎 甲山隆司 編	A5・250頁 価格3000円
植物の耐寒戦略 ―寒極の森林から熱帯雨林まで―	酒井　昭著	四六・260頁 価格2200円
新版　北海道の花［増補版］	鮫島惇一郎 辻井達一著 梅沢　俊	四六・376頁 価格2600円
新版　北海道の樹	辻井達一 梅沢　俊著 佐藤孝夫	四六・320頁 価格2400円
普及版　北海道主要樹木図譜	宮部金吾著 工藤祐舜 須崎忠助画	B5・188頁 価格4800円
北海道の湿原と植物	辻井達一 橘ヒサ子 編著	四六・266頁 価格2800円
札幌の植物 ―目録と分布表―	原　松次編著	B5・170頁 価格3800円
植物生活史図鑑 I ―春の植物No.1―	河野昭一監修	A4・122頁 価格3000円
植物生活史図鑑 II ―春の植物No.2―	河野昭一監修	A4・120頁 価格3000円

―――――北海道大学図書刊行会―――――

価格は税別